高等学校土木工程学科专业指导委员会规划教材

高等学校土木工程本科指导性专业规范配套系列教材

总主编 何若全

钢结构设计（第2版）

GANGJIEGOU
SHEJI

主　编　郑廷银

副主编　王治均

参　编　唐柏鉴　杜　咏

主　审　桂国庆

重庆大学出版社

内容提要

本书根据《高等学校土本工程本科指导性专业规范》的精神和原则,并结合作者多年的教学经验和工程设计的体会编写而成。全书共分6章,分别为概论、轻型门式刚架钢结构设计、普钢厂房结构设计、大跨屋盖钢结构设计、多高层房屋钢结构设计、钢结构防火与防腐设计。本书既注重理论的系统性和应用的可操作性,又注重学科前沿知识和方法的介绍,并遵循以学生为本、简明适用、可读性强的编写原则。为便于学生学习和复习巩固,每章前有导读,后有小结或设计流程图,并列出了较多的思考题和习题。

本书编写最大限度地贴近工程设计的基本程序,工程设计实例突出实用性,可作为高等学校土木工程专业的教材,也可供相关工程技术人员参考使用。

图书在版编目(CIP)数据

钢结构设计 / 郑廷银主编. -- 2版. -- 重庆 : 重庆大学出版社,2018.11(2023.1重印)
高等学校土木工程本科指导性专业规范配套系列教材
ISBN 978-7-5624-7426-5

Ⅰ.①钢… Ⅱ.①郑… Ⅲ.①钢结构—结构设计—高等学校—教材 Ⅳ.①TU391.04

中国版本图书馆 CIP 数据核字(2018)第 018937 号

高等学校土木工程本科指导性专业规范配套系列教材

钢结构设计

(第2版)

主　编　郑廷银
副主编　王治均
主　审　桂国庆

责任编辑:刘颖果　　版式设计:莫　西
责任校对:邬小梅　　责任印制:赵　晟

*

重庆大学出版社出版发行
出版人:饶帮华
社址:重庆市沙坪坝区大学城西路 21 号
邮编:401331
电话:(023) 88617190　88617185(中小学)
传真:(023) 88617186　88617166
网址:http://www.cqup.com.cn
邮箱:fxk@ cqup.com.cn(营销中心)
全国新华书店经销
重庆升光电力印务有限公司印刷

*

开本:787mm×1092mm　1/16　印张:28　字数:776 千　插页:8 开12 页
2018 年 11 月第 2 版　　2023 年 1 月第 7 次印刷
印数:8 501—9 500
ISBN 978-7-5624-7426-5　定价:69.00 元

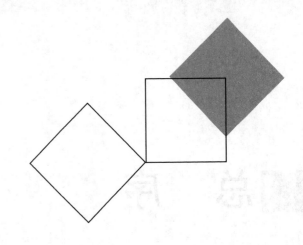

编委会名单

总　序

进入 21 世纪的第二个十年,土木工程专业教育的背景发生了很大的变化。"国家中长期教育改革和发展规划纲要(2010—2020 年)"正式启动,中国工程院和国家教育部倡导的"卓越工程师教育培养计划"开始实施,这些都为高等工程教育的改革指明了方向。截至 2010 年底,我国已有 300 多所大学开设土木工程专业,在校生达 30 多万人,这无疑是世界上该专业在校大学生最多的国家。如何培养面向产业、面向世界、面向未来的合格工程师,是土木工程界一直在思考的问题。

由住房和城乡建设部土建学科教学指导委员会下达的重点课题"高等学校土木工程本科指导性专业规范"的研制,是落实国家工程教育改革战略的一次尝试。"专业规范"为土木工程本科教育提供了一个重要的指导性文件。

由"高等学校土木工程本科指导性专业规范"(以下简称"专业规范")研制项目负责人何若全教授担任总主编,重庆大学出版社出版的"高等学校土木工程本科指导性专业规范配套系列教材"力求体现"专业规范"的原则和主要精神,按照土木工程专业本科期间有关知识、能力、素质的要求设计了各教材的内容,同时对大学生增强工程意识、提高实践能力和培养创新精神作了许多有意义的尝试。这套教材的主要特色体现在以下方面:

(1)系列教材的内容覆盖了"专业规范"要求的所有核心知识点,并且教材之间尽量避免了知识的重复;

(2)系列教材更加贴近工程实际,满足培养应用型人才对知识和动手能力的要求,符合工程教育改革的方向;

(3)教材主编们大多具有较为丰富的工程实践能力,他们力图通过教材这个重要手段实现"基于问题、基于项目、基于案例"的研究型学习方式。

据悉,本系列教材编委会的部分成员参加了"专业规范"的研究工作,而大部分成员曾为"专业规范"的研制提供了丰富的背景资料。我相信,这套教材的出版将为"专业规范"的推广实施,为土木工程教育事业的健康发展起到积极的作用!

中国工程院院士　哈尔滨工业大学教授

沈世钊

前 言
（第 2 版）

本书第 1 版与同类教材相比具有以下鲜明特色：

（1）增加了第 1 章概述（主要介绍钢结构的构成特点、建造特点、设计依据与设计文件的编制、设计方法评述与展望），让读者在学习具体内容之前，对钢结构设计的相关知识有一定的宏观了解与把控。

（2）教材内容全面覆盖《高等学校土木工程本科指导性专业规范》的知识单元和知识点，体现新的专业规范思想。

（3）尽量突出钢结构设计课程教学的特色，最大限度地贴近工程设计的基本程序，每章后均编写了工程设计实例与设计流程图，突出应用的可操作性。特别是每章后的工程设计实例，基本满足《华盛顿协议》中"对复杂工程问题提出解决方案时具有创新意识"的毕业要求。从教学方法选用角度考虑，每章后的工程设计实例与设计流程图，作为对分课堂或反转课堂的教学内容也是较为合适的，为"以学生为中心"的教学方法改革提供了较合适的素材。

由于第 1 版的教学内容编排与编写特色，基本能体现《华盛顿协议》中以学生为中心、以培养目标和毕业要求为导向的专业认证标准。因此，为了继续体现第 1 版的这些编写特色及合理的编写内容，第 2 版的目录基本保持与第 1 版相同，但其内容根据新规范进行了重新编写，主要修改的章节内容为：

（1）第 2 章（包括工程设计实例）基本全面修改。主要结合《门式刚架轻型房屋钢结构技术规范》（GB 51022—2015）、《钢结构设计标准》（GB 50017—2017）、《建筑结构荷载规范》（GB 50009—2012）、《冷弯薄壁型钢结构技术规范》（GB 50018—2002）等一批新的现行规范进行修改。

（2）第 3 章（包括工程设计实例）局部修改。主要结合《钢结构设计标准》（GB 50017—2017）、《建筑结构荷载规范》（GB 50009—2012）、《建筑抗震设计规范》（GB 50011—2010，2016 年版）等一批新的现行规范进行修改。

（3）第 5 章（包括工程设计实例）基本全面修改。在原多层内容基础上，增加了高层钢结构设计内容，主要结合《高层民用建筑钢结技术规程》（JGJ 99—2015）、《钢结构设计标准》（GB 50017—2017）、《建筑结构荷载规范》（GB 50009—2012）、《建筑抗震设计规范》（GB 50011—

2010,2016 年版)等一批新的现行规范进行修改。

（4）第 6 章局部修改。主要结合《建筑设计防火规范》（GB 50016—2014,2018 年版）和《建筑钢结构防火技术规范》（GB 51249—2017）对钢结构防火设计的相关内容进行了修改。

其他章节只进行局部修改或勘误调整。

虽然我们已尽自己之力，但由于时间所限，对新规范、新标准与规程的理解有限，书中值得商榷及改进之处在所难免，敬请读者批评指正，并提出宝贵意见。联系邮箱:zhty55@163.com。

2018 年 7 月 28 日于南京

前　言
（第1版）

本书为"高等学校土木工程本科指导性专业规范配套系列教材"之一。全书遵循专业指导委员会组织编制并最新颁布的《高等学校土木工程本科指导性专业规范》的精神和原则，结合作者多年从事钢结构设计教学的经验和工程设计的体会而编写。本书可作为高等院校土木工程专业钢结构基本原理课程的后续课程教材，也可供相关工程技术人员参考使用。

本书力求突出下列特色：

（1）全面覆盖《高等学校土木工程本科指导性专业规范》的知识单元和知识点，体现新的专业规范思想；

（2）既注重传统基本理论和基本概念的阐述，又注重学科前沿知识的介绍，尽量反映现代建筑理念和建筑科学技术水平；

（3）既注重理论的系统性，又注重应用的可操作性，尽量突出钢结构设计课程教学的特色；

（4）最大限度地贴近工程设计的基本程序，工程设计实例突出应用的可操作性；

（5）每章前有导读，后有小结或设计流程图，可读性强，便于学生学习；

（6）每章末列出了较多的复习思考题和习题，以便于学生复习巩固。

本书共6章，其内容包括概论、轻型门式刚架钢结构设计、普钢厂房结构设计、大跨屋盖钢结构设计、多层房屋钢结构设计、钢结构防火与防腐设计。

本书由郑廷银教授提出初步编写大纲，在2011年7月2日重庆大学出版社组织的"高等学校土木工程本科指导性专业规范配套系列教材编写研讨会"上作了交流讨论，修改后经总主编何若全教授和桂国庆教授审定，全体参编者认真讨论编写大纲后分工编写。第1和第5章由南京工业大学郑廷银教授编写，第2和第4章由江苏科技大学王治均副教授编写，第3章由江苏科技大学唐柏鉴副教授编写，第6章由南京工业大学杜咏教授编写，附表由郑廷银教授编写。全书由郑廷银教授任主编，王治均副教授任副主编。主编对全书进行了细致统稿，并对每章导读、工程设计实例、设计流程图等关键部分进行了反复推敲。

桂国庆教授在百忙之中及时认真审阅了全书，并提出了宝贵的修改意见，在此致以衷心的感谢。

本书在编写过程中，部分引用了同行专家论著中的成果，陈杰、曹昊鹏、吴鑫等研究生对本书第 5 章中的设计实例及附表录制付出了辛勤劳动，在此一并致谢。

由于时间所限，书中难免有引用同行专家论著或资料中的某些内容而未能详细说明出处，敬请谅解！

虽然我们已尽自己之力，但由于水平所限，值得商榷及改进之处在所难免，敬请读者批评指正，并提出宝贵意见。联系邮箱：zhtyzhh@ njut. edu. cn。

郑廷银

2013 年 4 月 18 日于南京

目　录

第1章 概 论

本章导读

内容及要求：钢结构的构成特点、钢结构的建造特点与基本程序、钢结构设计的依据与成果、钢结构设计方法的评述与展望。通过本章学习，应对钢结构的构成特点、建造特点、设计文件的形成以及设计方法的改进与展望等钢结构设计的相关知识有所了解。

重点：钢结构的构成特点、钢结构的建造特点与基本程序、钢结构设计的依据与成果。

难点：钢结构设计方法的评述。

1.1 钢结构的构成特点

任何结构都必须是几何不变的空间整体，并且要求在各类作用下保持其稳定性、必要的承载力和刚度。根据其承重主体的特点，其构成方式可分为基于平面单元（体系）的构成方式与基于空间单元（体系）的构成方式。

1.1.1 基于平面单元（体系）的构成方式

该构成方式为：结构的承重主体是由平面体系（二维刚架或排架等）通过纵向构件（檩条、支撑、墙梁、吊车梁等）连接形成几何不变的空间整体稳定结构体系。

图 1.1 所示的门式刚架结构和图 1.2 所示的普钢厂房结构，就是这种构成方式的典型代表。图 1.1 所示的门式刚架结构是由变截面实腹梁与变截面实腹柱所构成的平面刚架，通过檩条、支撑、墙梁等纵向构件连接而成的空间稳定结构体系。而图 1.2 所示的普钢厂房结构，其构成原理与图 1.1 完全相同，主要区别在于所构成平面刚架的梁、柱构件以及纵向构件的截面形式不同。

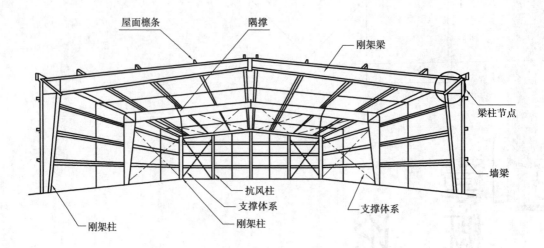

图 1.1　门式刚架结构

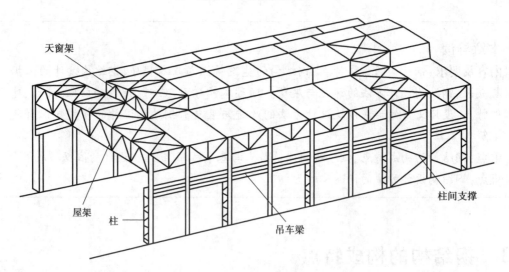

图 1.2　普钢厂房结构

1.1.2　基于空间单元(体系)的构成方式

该构成方式为:结构的承重主体是由空间单元或体系(如四角锥网架中的四角锥单元或多高层建筑中的立体构件等)相互连接形成几何不变的空间整体稳定结构体系。

图 1.3 所示是以各四角锥单元(空间单元)相互连接的方式而构成的四角锥平板网架屋面结构。图 1.4 所示的美国西尔斯大厦,是以各框架筒(立体构件—空间单元)相互连接的方式构成束筒结构体系而成。图 1.5 所示的香港中国银行大楼,分析其组成可知,是以由每 3 榀钢支撑(底部平面共 8 榀)构成的三棱柱体(立体构件—空间单元)相互连接的方式构成。图 1.6 所示的法兰克福商业银行新大楼,则是以北、西、南 3 个筒(立体构件—空间单元)通过各楼层构件相互连接的方式构成整幢大楼。

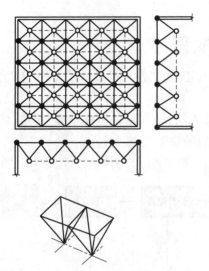

图 1.3 四角锥平板网架

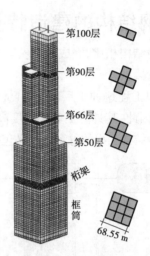

图 1.4 美国西尔斯大厦

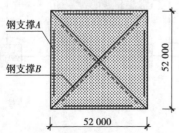

图 1.5 香港中国银行大楼

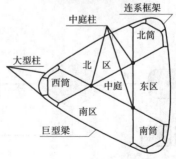

图 1.6 法兰克福商业银行新大楼

3

1.2　钢结构的建造特点与基本程序

　　与其他结构相比,完成一个实际钢结构工程的建造,通常包括设计院设计、工厂制作、工地安装 3 个阶段。

　　钢结构工程这种工厂制造、工地拼装的建造方法,使其构件制作精确、快速,结构安装便捷、高效。因此,其具有工业化程度高、施工周期短的建造特点。

　　实际钢结构工程的每个阶段又包括多个环节,其基本程序分别如图 1.7、图 1.8、图 1.9 所示。

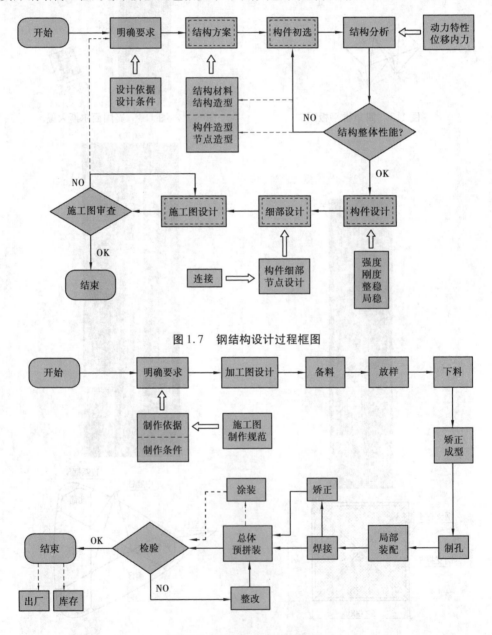

图 1.7　钢结构设计过程框图

图 1.8　钢结构制作过程框图

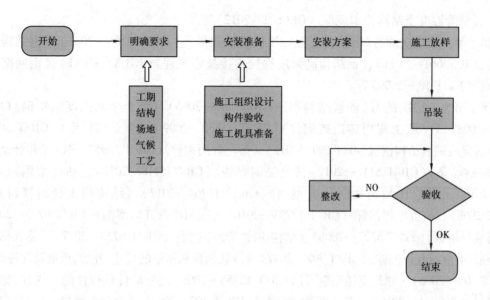

图 1.9 钢结构安装过程框图

1.3 钢结构设计的依据与成果

1.3.1 规范体系与法规性文件

钢结构设计与施工的标准、规范、规程同其他材料的结构规范、规程一样,是技术性法律文件,是广大设计、施工技术人员必须遵守的规则。因此,对从事钢结构设计与施工的技术人员来说,学习和掌握钢结构设计与施工标准、规范、规程就显得十分必要。只有充分理解和掌握标准、规范、规程,方能准确地执行和贯彻标准、规范、规程。

我国钢结构工程所涉及的标准、规范、规程从总体上可划分为 5 个层次。第 1 个层次为规范制定的原则;第 2 个层次为荷载代表值的取用;第 3 个层次为各种结构设计规范;第 4 个层次为与设计规范配套的施工规范;第 5 个层次为与设计、施工相配套的各种材料、连接方面的规程及标准等。另外,根据工程所处的环境条件,还将涉及防火、防腐、防震等方面的有关标准、规范、规程等。

属于第 1 个层次的有《建筑结构可靠度设计统一标准》(GB 50068—2001)、《工程结构可靠性设计统一标准》(GB 50153—2008)、《工程结构设计基本术语标准》(GB/T 50083—2014)、《建筑结构制图标准》(GB/T 50105—2010)。

属于第 2 个层次的有《建筑结构荷载规范》(GB 50009—2012)。

属于第 3 个层次的有《钢结构设计标准》(GB 50017—2017)、《冷弯薄壁型钢结构技术规范》(GB 50018—2002)、《门式刚架轻型房屋钢结构技术规范》(GB 51022—2015)、《高层民用建筑钢结构技术规程》(JGJ 99—2015,以下简称《高钢规程》)、《空间网格结构技术规程》(JGJ 7—2010)、《钢骨混凝土结构技术规程》(YB 9082—2006)、《组合结构设计规范》(JGJ 138—

2016）、《钢管混凝土结构技术规程》（CECS 28：2012）等。

属于第 4 个层次的有《钢结构工程施工质量验收规范》（GB 50205—2001）、《钢结构焊接规范》（GB 50661—2011）、《钢结构高强度螺栓连接技术规程》（JGJ 82—2011）、《钢网架螺栓球节点》（JG/T 10—2009）等。

属于第 5 个层次的有《碳素结构钢》（GB/T 700—2006）、《低合金高强度结构钢》（GB/T 1591—2008）、《一般工程用铸造碳钢件》（GB/T 11352—2009）、《合金结构钢》（GB/T 3077—2015）、《优质碳素结构钢》（GB/T 699—2015）、《熔化焊用钢丝》（GB/T 14957—94）、《非合金钢及细晶粒钢焊条》（GB/T 5117—2012）、《热强钢焊条》（GB/T 5118—2012）、《热轧型钢》（GB/T 706—2016）、《热轧 H 型钢和剖分 T 型钢》（GB/T 11263—2017）、《结构用无缝钢管》（GB/T 8162—2008）、《直缝电焊钢管》（GB/T 13793—2016）、《通用冷弯开口型钢》（GB/T 6723—2017）、《冷弯波形钢板》（YB/T 5327—2006）、《结构用冷弯空心型钢》（GB/T 6728—2017）、《热轧钢棒尺寸、外形、重量及允许偏差》（GB/T 702—2017）、《冷轧钢板和钢带的尺寸、外形、重量及允许偏差》（GB/T 708—2006）、《建筑用压型钢板》（GB/T 12755—2008）、《紧固件机械性能 螺栓、螺钉和螺柱》（GB 3098.1—2010）、《普通螺纹 公差》（GB/T 197—2003）、《六角头螺栓 C 级》（GB/T 5780—2016）、《六角头螺栓》（GB/T 5782—2016）、《I 型六角螺母 C 级》（GB/T 41—2016）、《I 型六角螺母》（GB/T 6170—2015）、《平垫圈 C 级》（GB/T 95—2002）、《平垫圈 A 级》（GB/T 97.1—2002）、《平垫圈 倒角型 A 级》（GB/T 97.2—2002）、《工字钢用方斜垫圈》（GB/T 852—88）、《槽钢用方斜垫圈》（GB/T 853—88）、《止动垫圈技术条件》（GB/T 98—88）、《标准型弹簧垫圈》（GB/T 93—87）、《轻型弹簧垫圈》（GB/T 859—87）、《弹性垫圈技术条件 鞍形、波形弹性垫圈》（GB/T 94.3—2008）、《钢结构用高强度大六角头螺栓》（GB/T 1228—2006）、《钢结构用高强度大六角螺母》（GB/T 1229—2006）、《钢结构用高强度垫圈》（GB/T 1230—2006）、《钢结构用扭剪型高强度螺栓连接副》（GB/T 3632—2008）、《电弧螺柱焊用圆柱头焊钉》（GB/T 10433—2002）、《气焊、焊条电弧焊、气体保护焊和高能束焊的推荐坡口》（GB/T 985.1—2008）、《埋弧焊的推荐坡口》（GB/T 985.2—2008）。

对有抗震设防要求的钢结构建筑，其设计和施工尚应符合《建筑抗震设计规范》（GB 50011—2010,2016 年版）的规定。对有防火要求的建筑，尚应符合《建筑设计防火规范》（GB 50016—2014,2018 年版）中对钢结构构件的要求。在防腐方面，尚应满足《建筑防腐蚀工程施工规范》（GB 50212—2014）和《工业建筑防腐蚀设计规范》（GB 50046—2008）的要求。各层次规范的相互关系如图 1.10 所示。

在现行规范体系中，《建筑结构可靠度设计统一标准》（以下简称《统一标准》）是最高层次的标准。它不仅是制定《建筑结构荷载规范》（GB 50009—2012,以下简称《荷载规范》）、《钢结构设计标准》（GB 50017—2017）应遵守的准则，也是制定《混凝土结构设计规范》（GB 50010—2010,2015 年版）、《砌体结构设计规范》（GB 50003—2011）、《木结构设计规范》（GB 50005—2003,2005 年版）、《建筑地基基础设计规范》（GB 50007—2011）、《建筑抗震设计规范》（GB 50011—2010,2016 年版,以下简称《抗震规范》）等应遵守的原则。它不仅适用于建筑物（包括一般构筑物）的整个结构以及组成结构的构件和基础的设计，而且还适用于结构的使用阶段以及结构构件的制作、运输与安装等施工阶段。因此，有关的建筑结构施工及验收规范以及其他标准均是按照其规定的原则制定的。

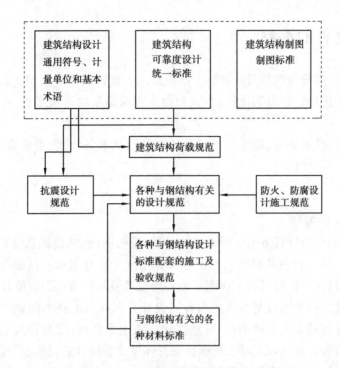

图 1.10 各种规范之间的相互关系

由于《荷载规范》是按《统一标准》规定的原则制定的,因此在施行时,必须与根据《统一标准》编制的各项建筑结构设计国家标准、规范配套使用,不得与未按《统一标准》编制的各项建筑结构设计国家标准、规范混用。如《工业与民用建筑灌注桩基础设计与施工规程》(JGJ 4—80)、《高层建筑筏形与箱形基础技术规范》(JGJ 6—2011)、《烟囱设计规范》(GB 50051—2013)、《钢筋混凝土筒仓设计规范》(GB 50077—2003)等均未根据《统一标准》制定,所以不能与《荷载规范》配套使用。第 3 个层次中所列几种钢结构规范,都是以《统一标准》规定的原则制定的,可以与《荷载规范》配套使用。《荷载规范》依据第 1 个层次的标准制定,同时又为第 3 个层次的规范提供了荷载代表值及其组合方式,所以称其为第 2 个层次的规范。

本节所列第 3、第 4 个层次的规范、规程是在第 1 个层次所列标准的指导下,采用第 2 个层次规范规定的荷载代表值及其组合方式、第 5 个层次规范中所规定的材料,为不同类型钢结构的设计与施工而制定的规范、规程。

第 5 个层次的标准,既是制定各种钢结构规范的依据,又是施工现场材料检验的标准。

《抗震规范》是根据《统一标准》修订的,可以与钢结构设计与施工方面的规范、规程配套使用。该规范是各类建筑抗震设防的依据。

《建筑设计防火规范》(GB 50016—2014,2018 年版)对房屋的耐火等级及钢构件的耐火极限作了规定,它是我国建筑钢结构防火设计的依据。

建筑防腐设计在《钢结构设计标准》(GB 50017—2017)、《冷弯薄壁型钢结构技术规范》(GB 50018—2002)中均有相应的规定。防锈等级及钢基层的处理等规定见《工业建筑防腐蚀设计规范》(GB 50046—2008)和《建筑防腐蚀工程施工规范》(GB 50212—2014)。

1.3.2 设计文件的编制

建筑工程设计一般分为初步设计和施工图设计两个设计阶段。大型和重要的民用建筑工程,在初步设计前应进行设计方案优选;小型和技术要求简单的建筑工程,可以方案设计代替初步设计。

在设计前应进行调查研究,搞清与工程设计有关的基本条件,收集必要的设计基础资料,并进行认真分析。

1)初步设计

(1)初步设计文件编制

初步设计文件根据设计任务书进行编制,由设计说明书(包括设计总说明和各专业的设计说明书)、设计图纸、主要设备及材料表和工程概算书4个部分组成。其编排顺序为封面→扉页→初步设计文件目录→设计说明书→图纸→主要设备及材料表→工程概算书。

在初步设计阶段,各专业应对本专业内容的设计方案或重大技术问题的解决方案进行综合技术经济分析,论证技术上的适用性、可靠性和经济上的合理性,并将其主要内容写进本专业的设计说明书中;设计总负责人对工程项目的总体设计在设计总说明中予以论述。

为编制初步设计文件,应进行必要的内部作业。有关的计算书、计算机辅助设计的计算资料、方案比较资料、内部作业草图、编制概算所依据的补充资料等,均须妥善保存。

(2)初步设计文件的深度

初步设计文件的深度应满足审批的要求,即

①应符合已审定的设计方案;

②能据以确定土地征用范围;

③能据以准备主要设备及材料;

④应提供工程设计概算,作为审批确定项目投资的依据;

⑤能据以进行施工图设计;

⑥能据以进行施工准备。

2)施工图设计

(1)设计根据

施工图设计应根据已批准的初步设计进行编制,内容以图纸为主,应包括封面、图纸目录、设计说明(或首页)、图纸、工程预算书等。

施工图设计文件一般以子项为编排单位,各专业的工程计算书(包括计算机辅助设计的计算资料)应经校审、签字后,整理归档。

(2)施工图设计文件的深度

施工图设计文件的深度应满足以下要求:

①能据以编制施工图预算;

②能据以安排材料、设备订货和非标准设备的制作;

③能据以进行施工和安装;

④能据以进行工程验收。

在设计中应因地制宜地积极推广和正确选用国家、行业和地方的建筑标准设计图集,并在设计文件的图纸目录中注明图集名称与页次。

重复利用其他工程的图纸时,要详细了解原图利用的条件和内容,并作必要的核算和修改。

3)钢结构施工图的编制

目前,我国钢结构施工图的编制分两阶段进行,即设计图阶段和施工详图阶段。设计图由设计单位负责编制,施工详图则由钢结构制造厂根据设计单位提供的设计图和技术要求编制。当钢结构制造厂的技术力量不足以承担编制工作时,亦可委托设计单位进行。本节主要介绍钢结构设计图的编制方法。

钢结构设计图是提供给制造厂编制钢结构施工详图的依据,因此,设计图的内容和深度应以满足编制施工详图的要求为原则。钢结构设计图的编制人员应熟悉钢结构的构造要求,考虑钢结构制作安装的实际需要,并对钢结构施工详图的编制方法有所了解。

钢结构设计图应尽量用图形或表格表示,配以必要的文字说明。图面表示做到层次分明,图形之间关系明确,使整套图纸清晰、简明和完整,同时又尽可能减少图纸的绘制工作量,以提高设计图的编制效率。

(1)钢结构设计图纸的组成

钢结构设计图纸的组成:图纸目录、结构设计总说明、基础平面布置图及其详图、结构布置图、构件截面表、标准节点图、标准焊缝详图、钢材订货表。

(2)结构设计总说明的主要内容

①设计依据:主要包括业主提供的设计任务书及工程概况,设计依据的标准、规范、规程和规定等。

②自然条件:主要包括基本风压,基本雪压,地震基本烈度,本设计采用的抗震设防烈度,地基和基础设计依据的工程地质勘察报告、场地土类别、地下水位埋深等。

③材料要求:主要包括各部分构件选用的钢材牌号、标准及其性能要求;相应钢材选用的焊接材料型号、标准及其性能要求,当采用气体保护焊时,还需注明气体纯度及含水量限值;高强度螺栓连接副型式、性能等级、摩擦系数值及预拉力值;焊接栓钉的钢号、标准及规格;楼板用压型钢板的型号;有关混凝土的强度等级等。

④设计计算中的主要要求:主要包括楼面活荷载及其折减系数、设备层主要荷载;抗震设计的计算方法、层间剪力分配系数、按两阶段抗震设计采用的峰值加速度、选用的输入地震加速度波等;地震作用下的侧移限值(层间侧移、整体侧移和扭转变形)等。

⑤结构的主要参数和选型:主要包括结构总高度、标准柱距、标准层高、最大层高、建筑物高宽比、建筑物平面;结构的抗侧力体系,梁、柱截面形式,楼板结构做法等。

⑥制作与安装要求:主要包括柱的修正长度、切割精度、焊接坡口、熔化及熔嘴电渣焊等;高强度螺栓摩擦面的处理方法及预拉力施拧方法;构件各部位焊缝质量等级及检验标准、焊接试验、焊前预热及焊后热处理要求等;构件表面处理采用的除锈方法、要求达到的除锈等级,涂料品种、涂装遍数和要求的涂膜总厚度;建筑物防火等级、构件的耐火极限、要求采用的防火材

料、采用的防火规范。

（3）基础平面布置图及其详图

①应绘出柱网布置、纵横轴线关系，基础和基础梁及其编号、柱号，地坑和设备基础的平面位置、尺寸、标高。

②应绘出基础的平面及剖面、配筋，标注总、分尺寸，标高及轴线关系，基础垫层等。

③附注说明：本工程 ±0.000 相应的绝对标高，基础埋置在地基中的位置及所在土层，基底处理措施，地基或桩的承载能力，基础材料、垫层材料、杯口填充材料，防潮层做法，对回填土的技术要求以及对施工的有关要求等。

（4）结构布置图

结构布置图分为结构平面布置图和结构立（剖）面布置图。它们分别表示钢结构水平和竖向构件的布置情况及其支撑体系。布置图应注明柱列轴线编号和柱距，在立（剖）面图中应注明各层的相对标高。

①通常平面布置图中的梁柱均用粗实线表示，支撑用虚线表示。立面布置图中的梁柱及支撑均用粗实线表示，也可用截面形式表示。布置图中应明确表示构件连接点的位置、柱截面变化处的标高。布置图中如部分为钢骨混凝土构件时，同样可以只表示钢结构部分的连接，混凝土部分另行出图配合使用。

②结构平面布置相同的楼层（标准层），可以合并绘制。平面布置较复杂的楼层，必要时可增加辅助剖面，以表示同一楼层中构件间的竖向关系。

③各结构系统的布置图可单独编制，如支撑（剪力墙）系统、屋顶结构系统（包括透光厅）均需编制专门的布置图。其节点图可与布置图合并编制。

④柱脚基础锚栓平面图，应标注各柱脚锚栓相对于柱轴线的位置尺寸、锚栓规格、基础平面的标高。当锚栓用固定件固定时，应给出固定件详图，同时应表示出锚栓与柱脚的连接关系。

注：当建筑中有钢和混凝土两种结构时，应分别冠以不同的字首，以示区别。

（5）构件截面表

钢结构的构件截面一般可在结构布置图中列表表示，表中主要标明构件编号、截面形状与尺寸或型钢型号、钢材牌号等信息。

（6）标准节点图

节点图用以表示各构件间的相互连接关系及其构造特点，图中应注明各相关尺寸。对比较复杂的节点，应以局部放大的剖面图表示各构件的相互关系。

节点图主要包括柱脚、梁与柱的连接、主梁和次梁的连接、柱与柱的连接、梁与梁的连接、支撑与柱（梁）的连接、剪力墙板与柱（梁）的连接，以及箱形柱内横向加劲板的焊接等。

节点图中还应包括梁与混凝土核心筒的连接、主梁端部塑性铰区小隅撑的连接、梁腹板开洞的局部加强做法等。

（7）标准焊缝详图

多高层钢结构大量采用焊接连接，为了统一焊接坡口和焊接尺寸，减少制图工作量，并便于施工图的编制，一般均编制标准焊缝详图，分别适用于手工电弧焊、自动埋弧焊、半自动气体保护焊、熔化及熔嘴电渣焊和横向水平坡口自动焊。坡口焊缝分工厂焊和工地焊两种，应分别列表并统一编号。标准焊缝详图以焊缝的横剖面详图表示,图中应详细表示:母材加工要求、坡口形式、焊缝形式及尺寸、垫板要求及规格、角焊缝的焊脚尺寸等。所有的标准焊缝均须按规定的焊缝符号绘制。

(8)钢材材料表

钢材材料表供制造厂制订材料计划和订货使用,应按钢材规格、材质、质量等项列表。要求钢材定尺的应注明定尺长度,对材质有特殊要求的(如 Z 向性能)应在备注中注明。钢材用量是按设计图计算的,可能有一定的误差,准确的钢材用量应以施工详图为准。

1.4 钢结构设计方法的评述与展望

钢结构设计的基本原则是做到技术先进、经济合理、安全适用和确保质量。因此,结构设计要解决的根本问题是在结构的可靠和经济之间选择一种最佳的平衡,使由最经济的途径建成的结构能以适当的可靠度满足各种预定的功能要求,即要求结构在施工和使用期间经受各种自然和人为作用的考验,而且不妨碍建筑物的正常使用。为此,在结构设计中应主要考虑如下两个方面的问题:一是,结构在各种作用下的效应计算,即结构分析;二是,结构作为工程系统正常运行的可靠性确定,即可靠性分析。无论是从结构分析方法演进的历史,还是从其未来发展的趋势上看,只有将结构分析与可靠性分析两者相结合,相得益彰,才能使结构设计方法逐步前进,臻于完善。

1.4.1 钢结构设计方法的演进

钢结构设计方法的发展历程可描述为:容许应力法→塑性设计法→极限状态法。

1)容许应力法(ASD)

ASD 的设计原则是:结构构件的计算应力不得大于结构设计标准规范给定的容许应力。结构构件的计算应力是按结构设计标准规范规定的标准荷载,以一阶弹性理论计算得到;容许应力则是用一个由经验判断的大于 1 的安全系数除材料的屈服应力或极限应力而确定。

ASD 设计公式的通式为:

$$\sum S_{ni} \leq [\sigma] = \frac{R_n}{K} \tag{1.1}$$

式中 R_n——材料的屈服应力或极限应力的标准值;

K——安全系数;

S_{ni}——代表结构构件在某一工况下由荷载标准值求得的计算应力;

n——工况数;

i——某一工况下的荷载数。

容许应力法的主要优点是计算简单,但存在如下主要不足:

①对于塑性材料,由于没有考虑结构在塑性阶段的承载潜力,其实际的安全水平偏高;

②不能合理考虑结构几何非线性的影响;

③由于采用单一安全系数,无法有效地反映抗力和荷载变异的独立性,致使承受不同类型

荷载(如活载的变异性要比恒载的变异性大得多)的结构的安全水平相差甚远;

④不能从定量上度量结构的可靠度,更不能使各类结构的安全度达到同一水准。

2)塑性设计法(PD)

PD 的设计原则是:结构构件的塑性极限承载力应不低于标准荷载引起的构件内力乘以安全系数。在结构分析中常采用一阶塑性分析法或刚塑性分析法。

PD 设计公式的通式为:

$$K \cdot \sum S_{ni} \leqslant R_n \tag{1.2}$$

式中　R_n——考虑结构材料的塑性性质及其极限强度而确定的极限承载力;

其他符号含义同前。

塑性设计法的主要优点是允许结构在进入塑性后进行内力重分布,这就要求结构和构件有足够的延性,因此在塑性设计中截面腹板和翼缘的尺寸比例有严格的限制。虽然塑性设计法考虑了材料的非线性,可克服容许应力法的缺陷①,但材料屈服的扩展和结构构件的稳定性在结构设计中仍然没有反映;同时,在结构可靠性方面,塑性设计法同容许应力法一样,还是由经验性的安全系数来保证。

3)极限状态设计法(LRFD)

为了克服上述缺陷,采用抗力和荷载分项系数代替原来单一安全系数的极限状态设计法,成为世界各国现行的主要设计方法。由于荷载的作用,结构在使用周期内有可能达到各种极限状态,这些极限状态可分为两类:承载能力极限状态和正常使用极限状态。结构的安全性对应结构的承载能力极限状态,包括构件断裂、失稳、过大的塑性变形等所导致的结构破坏。极限状态设计法就是保证结构在使用期内不超越各种极限状态。

LRFD 设计公式的通式为:

$$\sum \gamma_i \cdot S_{ni} \leqslant \varphi \cdot R_n \tag{1.3}$$

式中　R_n——结构构件抗力标准值;

S_{ni}——荷载效应的标准值;

φ——抗力分项系数;

γ_i——荷载分项系数。

它们是通过概率分析和可靠度校核得到的,同经验性的安全系数相比,在概念上有本质的区别。在极限状态设计法中,可进行二阶分析,考虑几何非线性的影响,从而克服容许应力法与塑性设计法的缺陷②。在结构的可靠性方面,由于采用不同的荷载分项系数和极限状态方程,极限状态设计法从根本上克服了上述缺陷③,使结构构件具有比较一致的可靠度水平。

1.4.2　现行钢结构设计方法的缺陷

虽然极限状态设计法是结构从经验设计向概率设计的一次变革,但现行的钢结构安全性设计方法仍有待进一步完善。目前世界各国关于钢结构安全性设计的一般步骤为:首先按一阶或二阶弹性方法计算各种荷载及其组合作用下结构的位移和各构件的内力,即整体结构的弹性分析;然后将结构分析所得内力用于构件的各种极限状态方程,进行构件设计,即单个构件的非弹性设计。若构件满足各种规定的极限状态方程,则认为结构设计符合规范要求。这种设计方法实质上是基于构件承载力极限状态的结构设计,主要存在着如下缺陷:

①结构内力计算模式与构件承载力计算模式不一致。由于整体结构的弹性分析未考虑材料非线性和(或)几何非线性的影响,而构件的非弹性设计却考虑了材料非线性和(或)几何非线性的影响,一般情况下,结构构件达到极限承载力时已处于非线性弹塑性状态,其内力会重新分配。因此,按弹性状态计算结构各构件的内力并不是该构件达到极限承载力时的实际内力。换句话说,整体结构的弹性分析与单个构件的非弹性设计方法的不协调。

②结构整体失稳的计算模式与实际失稳状态不一致。现行标准规范对结构失稳的计算模式是基于"结构同一层柱同时按相同模式对称或反对称失稳"假定(即未考虑同一层中后失稳柱对先失稳柱的支持,也未考虑相邻层中柱对本层柱的约束作用),结构的整体稳定是通过构件设计中考虑计算长度的方法来近似保证。这一计算模式与一般情况下结构中个别或少数构件首先达到弹塑性失稳的实际形式不一致。换句话说,计算长度的概念并不能真实有效地反映结构和构件之间的相互关系。

③现行设计方法不能准确预测结构体系的破坏模式和极限承载力。由于现行钢结构设计方法一般先对整体结构进行弹性分析,然后对各构件按极限状态方程逐个检验其安全性。这种设计方法实质上是一种基于构件承载力极限状态的结构设计法,这种方法只能预测构件的极限承载力,而不能预测结构体系的破坏模式和极限承载力。其主要原因是:存在整体结构的弹性分析与逐一对单个构件进行非弹性设计之间的不协调现象,未能反映单个构件与整体结构之间的耦合关系;缺乏可以准确而直接地描述结构处于极限状态时的各种主要非线性性能的结构分析模型。实际上,尽管构件是结构的组成部分,但单个或某些构件达到极限状态并不表示整个结构体系达到极限状态。例如,刚架中一根本身不承受横向荷载的梁,当该梁两端形成塑性铰时,整个刚架仍然可以继续加载,即刚架并未达到极限状态。

④不同结构整体承载力极限状态可靠度水平不一致。结构作为整体承受各种荷载作用是建筑结构最重要的基本功能,但现行设计理论由于以结构构件为设计对象,只能保证结构构件极限承载状态的名义可靠度水平,而不能保证结构整体承载极限状态的可靠度水平。因为结构的整体极限状态不仅与各构件的极限承载力有关,还与结构各构件间的相关性、抗力与荷载间的相关性、结构的赘余度、结构形式以及结构的受载状态等诸多因素有关。

1.4.3 钢结构分析设计方法的研究现状

目前,钢结构分析设计方法的研究主要表现在下列3个方面:

(1)对现行方法的改进

由于现行钢结构设计方法存在上述缺陷,不少研究者试图在弹性范围内对现行方法加以改进,这些工作包括对计算长度的改进、采用名义荷载模型、运用等效切线模量的概念等。

然而,无论这些方法本身的精度如何,它们都是试图以结构的弹性分析达到非弹性分析的结果,存在根本的局限性,因而在设计方法上无实质性突破。

（2）对新的结构分析设计方法的探讨

要彻底克服前述现行建筑钢结构设计方法中的前 3 种缺陷，必须建立以结构整体承载极限状态和结构整体极限承载力为目标的结构分析设计方法。为此，近年来一些研究者已提出了所谓的集成非弹性设计（Integrated Inelastic Design）和高等分析设计（Advanced Analysis Design）方法等。

这些方法主张在结构分析中充分考虑影响结构性能的各种因素，特别是非线性因素，直接计算和验算结构的整体极限承载力，以彻底免除构件计算长度和构件相关方程的概念，即免除构件验算的步骤。

欧洲规范（EC3,1992）和澳大利亚极限状态标准（AS4100,1990）已包含了针对钢框架结构的此类设计方法的试用性条文。2005 年中国香港颁布的钢结构设计规范（HKSC:2005）也已包含了针对钢框架结构设计的高等分析设计方法的条文。

目前，二维结构的高等分析理论已发展成熟，现在基本可以用于一般框架结构的设计之中。然而，分析三维框架结构的相关理论和数学表达式以及求解精度与适用性等问题还未能得到很好解决，而这些又是三维结构分析方法向高等分析发展不可回避的问题。如此看来，对于三维结构的高等分析，还有大量的工作有待人们去探讨。

（3）对结构体系可靠度计算方法的探讨

结构体系可靠度的计算方法大致可概括为失效模式法、Monte Carlo 法、响应面法和随机有限元法等。探讨时可根据其研究精度和结构体系的复杂程度选择合适的方法进行。

尽管目前结构高等分析理论还很不完善，还有许多工作有待人们深入探讨，但经国内外学者的不懈努力，该理论终将日臻完善。可以预计，代表最新技术的结构高等分析将成为 21 世纪结构工程师的基本设计工具，建立在以结构整体极限状态和结构整体极限承载力为目标的结构集成设计方法，终将取代基于构件承载力极限状态的现行钢结构设计方法。这是结构设计方法发展的必然趋势。

本章小结

（1）任何结构都必须是几何不变的空间整体，且要求在各类作用下保持其稳定性、必要的承载力和刚度。

（2）根据结构承重主体的特点，可将其分为基于平面单元（体系）的构成方式和基于空间单元（体系）的构成方式。

（3）与其他结构相比，完成一个实际钢结构工程的建造，通常包括设计院设计、工厂制作、工地安装 3 个阶段。其总体顺序为：设计院设计→工厂制作→工地安装。

（4）我国钢结构工程所涉及的标准、规范、规程，从总体上可划分为 5 个层次。第 1 个层次为规范制定的原则；第 2 个层次为荷载代表值的取用；第 3 个层次为各种结构设计规范；第 4 个层次为与设计规范配套的施工规范；第 5 个层次为与设计、施工相配套的各种材料、连接方面的规程及标准等。

（5）目前，我国钢结构施工图的编制分为设计图和施工详图两阶段进行。设计图由设计单位负责编制，施工详图则由钢结构制造厂根据设计单位提供的设计图和技术要求编制。

（6）钢结构设计图纸的组成：图纸目录、结构设计总说明、基础平面布置图及其详图、结构布置图、构件截面表、标准节点图、标准焊缝详图、钢材订货表。

（7）现行钢结构设计方法主要存在如下缺陷：

①结构内力计算模式与构件承载力计算模式不一致；

②结构整体失稳的计算模式与实际失稳状态不一致；

③现行设计方法不能准确预测结构体系的破坏模式和极限承载力；

④不同结构整体承载力极限状态可靠度水平不一致。

（8）钢结构分析设计方法的研究主要表现在下列 3 个方面：对现行方法的改进；对新的结构分析设计方法的探讨；对结构体系可靠度计算方法的探讨。

（9）代表最新技术的结构高等分析将成为 21 世纪结构工程师的基本设计工具，建立在以结构整体极限状态和结构整体极限承载力为目标的结构集成设计方法，终将取代基于构件承载力极限状态的现行钢结构设计方法。

复习思考题

1.1　钢结构有哪几种构成方式？举例说明其构成特点。

1.2　简述钢结构的建造特点与基本顺序。

1.3　简述钢结构设计、制作、安装的基本程序。

1.4　规范体系的构成方式或结构形式是什么？

1.5　现行钢结构设计标准、规范、规程在规范体系中属于哪个层次？列出这些标准、规范、规程。

1.6　建筑工程设计一般分为哪几个设计阶段？各设计阶段的文件编制内容是什么？

1.7　简述钢结构设计图纸的组成与各组成部分的内容。

1.8　简述钢结构安全性设计的一般步骤。

1.9　现行钢结构设计方法存在四大缺陷的原因是什么？

1.10　简述钢结构分析设计方法的研究现状与发展趋势。

第2章
轻型门式刚架钢结构设计

本章导读

内容及要求：轻型门式刚架钢结构的组成特点与应用、设计步骤与内容、结构选型与布置，刚架设计，压型钢板设计，檩条和墙梁设计及支撑构件设计。通过本章学习，应熟悉轻型门式刚架钢结构的组成、特点及应用；掌握轻型门式刚架钢结构的设计流程、结构选型与结构布置、刚架设计；熟悉压型钢板设计；掌握檩条与墙梁设计；熟悉支撑构件设计。

重点：主刚架设计、檩条设计。

难点：刚架斜梁、柱的计算及刚架梁、柱节点设计。

2.1 概　述

2.1.1 轻型门式刚架钢结构的组成

　　轻型门式刚架钢结构是指将钢斜梁和钢柱在节点处刚接（或大部分刚接，部分铰接），柱脚铰接或刚接于基础而形成的门式刚架作为主要承重骨架，以冷弯薄壁型钢檩条、墙梁和压型金属板屋面、墙面作为围护结构，以聚苯乙烯泡沫塑料、硬质聚氨酯泡沫塑料、岩棉、矿棉、玻璃棉等作为保温隔热材料，并适当设置支撑的一种轻型单层房屋结构体系，如图 2.1 所示。

　　轻型门式刚架钢结构主要由以下几部分组成：

　　①主结构：横向门式刚架由屋面梁、柱和基础组成（图 2.2），是该体系的主要承重结构。房屋所承受的竖向荷载、吊车横向水平荷载以及横向水平地震作用均是通过门式刚架承受并传递给基础的。

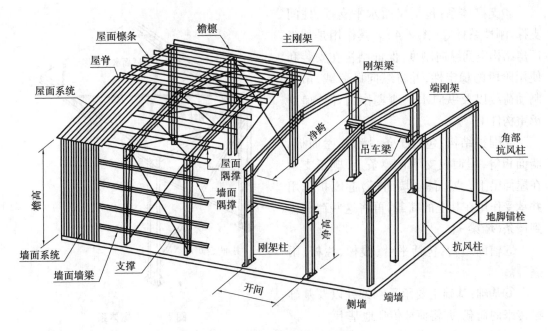

图 2.1　轻型门式刚架钢结构的组成

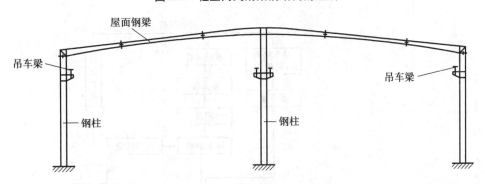

图 2.2　门式刚架主结构

②纵向排架结构:纵向排架结构由纵向柱列、吊车梁(如果有)、柱间支撑、刚性系杆和基础等组成(图2.3)。其主要作用是保证厂房的纵向刚度和稳定性,承受作用于厂房端部山墙以及通过屋面传来的纵向风荷载、吊车纵向水平荷载、温度应力以及纵向水平地震作用,并传递给基础。

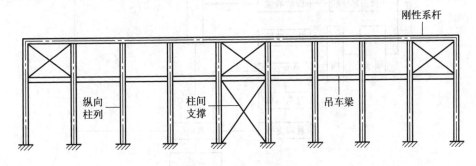

图 2.3　纵向排架结构

③支撑体系:包括屋面水平支撑、柱间支撑、刚性系杆等(图2.4)。其作用是加强厂房结构空间纵向刚度,保证结构在安装和使用阶段的稳定性,并将纵向风荷载、吊车制动荷载以及纵向水平地震作用等传递到承重构件上。

④围护结构:包括檩条、墙梁、屋面板、墙面板等,屋面板支承在檩条上,檩条支承在屋面梁上。屋面板(墙面板)起围护作用并承受作用在其上的荷载,再将这些荷载传到檩条(墙梁)上。

⑤辅助结构:包括平台、楼梯、栏杆、雨篷等。

⑥基础:基础主要承受刚架柱以及基础梁传来的荷载,并将荷载传到地基上。

轻型门式刚架钢结构的传力路径如图2.5所示。

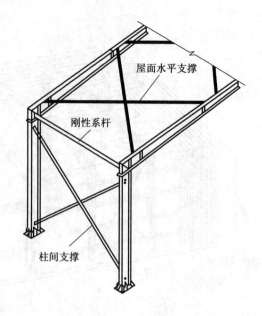

图 2.4 支撑体系

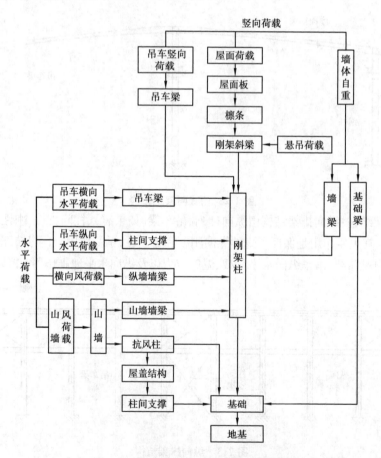

图 2.5 轻型门式刚架钢结构的传力路径

2.1.2　轻型门式刚架钢结构的特点与应用

1）轻型门式刚架钢结构的特点

轻型门式刚架钢结构与钢筋混凝土结构及一般普通钢结构相比具有以下特点：

（1）自重轻

屋面、墙面等围护结构采用压型金属板、玻璃棉及冷弯薄壁型钢等轻型材料组成，自重很小，因此支撑它们的门式刚架的用钢量较小，自重也很小。根据国内的已建工程统计，单层门式刚架房屋承重结构的用钢量一般为 10～30 kg/m²，自重仅为在相同的跨度和荷载条件下钢筋混凝土结构的 1/30～1/20、普通钢屋架的 1/10～1/5。由于单层门式刚架钢结构的自重轻，基础可以做得比较小。

（2）柱网布置灵活

门式刚架钢结构的围护体系采用金属压型板，因此柱网布置不受模数限制，柱距大小主要根据使用要求和用钢量经济的原则来确定。

（3）支撑系统简洁

由于门式刚架屋面体系的整体性可以依靠檩条、隅撑来保证，从而减少了屋面支撑的数量，结构的支撑系统比较简洁明了，一般可采用柔性支撑将其直接或用节点板连接在腹板上即可。当然，当厂房内有起重量超过 5 t 的吊车时，应采用刚性支撑作为结构的支撑。

（4）工业化程度高，施工周期短

门式刚架钢结构的主要构件和配件均为工厂制作，易于实现标准化、工业化，工地只需螺栓连接，现场安装方便，施工周期短，质量易于保证。工厂构件加工与现场基础施工在时间安排上较为灵活，从而可以节省工艺间歇时间。

（5）综合经济效益高

门式刚架钢结构设计周期短，构件可采用先进自动化设备制造；原材料的种类较少，易于筹措，便于运输；大部分材料可回收利用、再生或降解，不会造成很多垃圾。因此，门式刚架钢结构的工程周期短、资金回报快、投资效益高。

2）轻型门式刚架钢结构的应用

轻型门式刚架钢结构起源于第二次世界大战时期的美国，在美国发展最快、应用也最广泛，随后在欧洲以及日本和澳大利亚等地区和国家也得到了广泛应用。在这些国家已实现了生产商品化，结构分析、设计、出图的程序化，构件加工工厂化，安装施工和经营管理一体化的流程。目前，在欧美国家的大型工业厂房、商业建筑、交通设施等非居住单层建筑中 50% 以上为轻型门式刚架钢结构体系。

我国轻型门式刚架钢结构应用和研究起步较晚，20 世纪 80 年代中后期，首先由深圳蛇口工业区外资企业从国外引入，而后发展到其他沿海城市、内陆城市及经济开发区。随着经验的积累和材料供应的逐渐丰富，特别是《门式刚架轻型房屋钢结构技术规程》（CECS102:2002）的颁布，使得轻型门式刚架钢结构的应用得到迅速发展，工程数量越来越多，规模也越来越大，广泛应用于各类轻型厂房及仓库、物流中心、交易市场、超市、体育场馆、车站候车大厅、码头建筑、展览厅、加层建筑等民用建筑中。

《门式刚架轻型房屋钢结构技术规范》(GB 51022—2015,以下简称《门式刚架规范》)的实施,标志着我国在门式刚架结构设计理论方面日趋完善。轻型门式刚架钢结构常用跨度为12~48 m,柱距为6~9 m,柱高为4.5~12 m;在某些情况下,跨度也可大于48 m,柱距可为12 m。当设置桥式吊车时,应选择起重量不大于20 t的中、轻级工作制的吊车;设置悬挂吊车时,起重量不宜大于3 t。

2.1.3 轻型门式刚架钢结构的设计步骤与内容

在工业厂房的工艺条件明确之后,结构设计一般按如下步骤进行:

(1)结构选型与布置

确定结构形式,拟订建筑尺寸,确定结构平面、立面布置(包括各种支撑与系杆的布置)。

(2)吊车梁、托梁及次结构设计

吊车梁(如果有)、托梁(如果有抽柱),隅撑、支撑结构的屋面支撑、系杆与柱间支撑,围护结构的檩条、墙梁,以及抗风柱等构件截面的截面预估、荷载计算与荷载组合、内力计算及构件验算等。

(3)主刚架设计

①确定刚架计算单元与计算模型,预估构件截面。

②荷载计算与荷载组合:包括确定刚架所承受的永久荷载和可变荷载,列出可能的荷载组合形式。

③内力与侧移计算:依据《门式刚架规范》,采用结构力学方法或有限元分析软件计算刚架所承受的永久荷载和可变荷载内力,画出刚架在相应荷载作用下的弯矩图、剪力图和轴力图,计算水平荷载作用下刚架的侧移。

④确定控制截面,进行内力组合:确定刚架梁、柱内力控制截面位置及相应内力大小,按第②步荷载组合原则进行内力组合。

⑤构件强度、刚度、稳定性校核:当计算校核结果满足安全、经济要求时,可转到下一步骤,否则需调整截面后重新考虑结构自重,重复步骤③~⑤的计算。

⑥节点和柱脚设计。

(4)其他构造措施的设计

(5)基础设计计算

关于柱脚以下部分的设计,可参考基础及混凝土相关资料。

(6)图纸绘制

设计图中应将结构布置、构件截面选用以及结构的主要节点构造等表示清楚,以利于施工详图的顺利编制,并能正确体现设计的意图;施工详图深度须能满足车间直接制造加工。

2.2　结构选型与布置

2.2.1　刚架形式与布置

1)刚架结构形式

门式刚架又称为山形门式刚架,其结构形式按跨数可分为单跨[图 2.6(a),(b),(h)]、双跨[图 2.6(e),(f),(g),(i)]和多跨[图 2.6(c),(d)];按屋面坡脊数可分为单脊单坡[图 2.6(a)]、单脊双坡[图 2.6(b),(c),(d),(g),(h)]、多脊多坡[图 2.6(e),(f),(i)]。屋面坡度宜取 1/20 ~ 1/8,大多数轻型厂房的屋面坡度在 1/12 以下,但在雨水较多的地区取其中的较大值。

结构形式的选取应考虑生产工艺、吊车吨位及建筑尺寸等因素的影响。对于多跨刚架,在相同跨度条件下,多脊多坡与单脊双坡的刚架用钢量大致相当,常做成一个屋脊的双坡屋面。这是因为金属压型板屋面为长坡面排水创造了条件,而多脊多坡刚架的内天沟容易产生渗漏及堆雪现象。不等高刚架[图 2.6(f)]的这一问题更为严重,在实际工程中应尽量避免采用这种刚架形式。

单脊双坡多跨刚架用于无桥式吊车房屋时,当刚架柱不是特别高且风荷载也不是很大时,中柱宜采用两端铰接的摇摆柱[图 2.6(c),(g)],中间摇摆柱和梁的连接构造简单,而且制作和安装都省工。这些柱不参与抵抗侧力(仅承受轴力,全部的抗侧力由边柱和梁形成的刚架承担),截面也比较小。但是在设有桥式吊车的房屋时,中柱宜为两端刚接[图 2.6(d)],以增加刚架的侧向刚度。

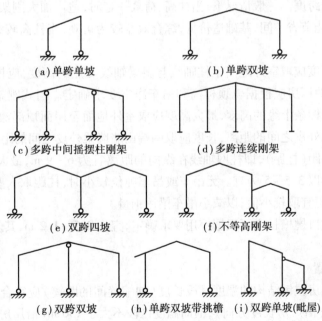

(a)单跨单坡　　　　　(b)单跨双坡

(c)多跨中间摇摆柱刚架　　　(d)多跨连续刚架

(e)双跨四坡　　　　(f)不等高刚架

(g)双跨双坡　　(h)单跨双坡带挑檐　(i)双跨单坡(毗屋)

图 2.6　门式刚架的结构形式

门式刚架的柱脚多按铰接设计。当用于工业厂房且有 5 t 以上桥式吊车时,可将柱脚设计成刚接。

2）刚架结构布置

（1）基本尺寸要求

门式刚架轻型房屋钢结构的基本尺寸应符合下列规定：

①柱的轴线可取通过柱下端（变截面时取较小端）中心的竖向轴线；工业建筑边柱的定位轴线宜取柱外皮；斜梁的轴线可取通过变截面梁段最小端中心与斜梁上翼缘平行的轴线（图2.7）。

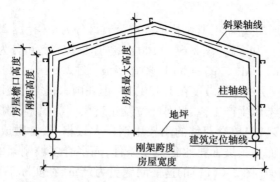

图2.7 门式刚架的轴线和尺寸

②门式刚架的跨度应取横向刚架柱轴线间的距离，宜为 12～48 m，以 3 m 为模数，也可采用非模数跨度。当无吊车或吊车吨位较小时，经济跨度在 18～21 m；当吊车吨位较大时，经济跨度在 24～30 m。边柱宽度不相等时，其外侧应对齐。不同的生产工艺流程和使用功能在很大程度上决定着厂房的跨度选择，应在满足业主的生产工艺和使用功能的基础上，根据房屋的高度确定较为合理的跨度。一般情况下，当柱高、荷载一定时，适当加大刚架跨度，刚架的用钢量增加不太明显，但能节省空间，基础造价低，综合效益较为可观；当柱高较大时，采用大跨度，用钢量增加较快。

③门式刚架的高度应取室外地面至柱轴线与斜梁轴线交点的高度，应根据使用要求的室内净高确定，有吊车的厂房应根据轨顶标高和吊车净空要求确定。门式刚架的檐口高度应取室外地面至房屋外侧檩条上缘的高度，最大高度应取室外地面至屋面顶部檩条上缘的高度，宽度应取房屋侧墙墙梁外皮之间的距离，长度应取两端山墙墙梁外皮之间的距离。

④门式刚架的间距（柱距），即柱网轴线在纵向的距离宜为 6～9 m，最大可采用 12 m。跨度与柱距的比值一般以 3.5～5 为宜。无吊车或吊车吨位较小时，柱距取大些，用钢量较省；当吊车吨位较大时，柱距宜取较小值，以减小吊车梁用钢量。

⑤门式刚架的檐口挑檐长度可根据使用要求确定，宜为 0.5～1.2 m，其上翼缘坡度宜与斜梁坡度相同。

（2）结构平面布置

①门式刚架轻型房屋钢结构的温度区段长度（伸缩缝间的距离）应符合下列规定：纵向温度区段不大于 300 m（沿厂房长度方向），横向温度区段不大于 150 m（沿厂房跨度方向）。当建筑尺寸大于以上要求，需要设置伸缩缝时，可采用以下两种做法：

一种做法是：在建筑使用要求允许条件下，可设置双柱（图2.8）。对有吊车的厂房，当设置双柱形式的纵向伸缩缝时，伸缩缝两侧刚架的横向定位轴线可加插入距。

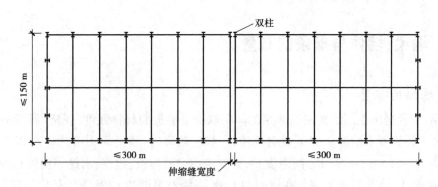

图 2.8　温度区段结构平面布置图

另一种做法是:在搭接檩条(墙梁)的螺栓连接处采用长圆孔连接(图 2.9),并使此处屋面板(墙面板)在构造上允许胀缩。吊车梁与柱的连接处也采用长圆孔。

②在刚架局部抽柱处,可布置托架或托梁。此时应在其两侧(或一侧)布置纵向水平支撑,并向两端各延伸一个开间(图 2.10),以加强整体刚度,并保证托梁(托架)的整体稳定性。

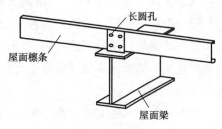

图 2.9　檩条长圆孔构造图

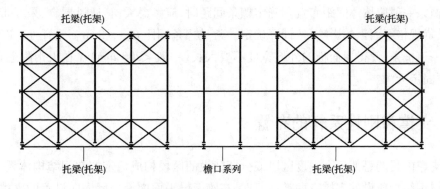

图 2.10　托梁(托架)平面布置图

③山墙可设置由斜梁、抗风柱和墙梁及其支撑组成的山墙墙架,或采用门式刚架。在屋面材料能够适应较大变形时,抗风柱柱顶可采用固定连接(图 2.11),作为屋面斜梁的中间竖向铰支座。下端与基础的连接方式有刚接和铰接。抗风柱作为压弯杆件验算强度和稳定性。

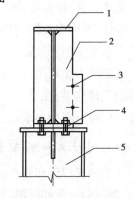

图 2.11　抗风柱与端部刚架连接

1—厂房端部屋面梁;2—加劲肋;3—屋面支撑连接孔;4—抗风柱与屋面梁的连接;5—抗风柱

2.2.2　墙梁、墙体与檩条的布置

1)墙梁、墙体的布置

门式刚架轻型房屋钢结构侧墙墙梁的间距取决于墙板的材料强度、规格、所受荷载的大小等,不应大于计算要求的值。如压型钢板较长、强度较高时,墙梁间距可达 3 m 以上。一般墙梁的间距取 1~1.5 m,应尽量等间距设置,并应考虑设置门窗、挑檐、雨篷等构件和围护材料等细部尺寸的要求,并作特殊处理。在墙面的上沿、下沿及窗框的上沿、下沿处应设置一道墙梁。

当钢柱间距等于或大于 12 m 时,可在墙梁跨中设置墙架柱,以减少墙梁的跨度。

轻型单层工业厂房的墙板普遍采用压型钢板或夹芯板。墙梁宜布置在刚架柱的外侧。墙板布置在墙梁靠厂房外部的一侧,当采用双层墙板时,则在墙梁两侧布置。墙板通过自攻螺钉与墙梁连接。墙板通常处理成自承重式。门式刚架底部 1~1.5 m 墙体一般采用砌体结构,砌筑于基础梁上。

安装后的墙板主要承受水平向的风荷载作用,风荷载引起墙板受弯。

2)檩条的布置

屋面檩条一般应按等间距布置。确定檩条间距时,应考虑天窗、通风屋脊、采光带、屋面材料、檩条供货规格等因素的影响,按计算确定。常见檩条间距在 1~3 m。屋脊处,应沿屋脊两侧各布置一道檩条,使得屋面板的外伸宽度不要太长(一般 <200 mm)。在天沟附近布置一道檩条,以便固定天沟。

2.2.3　支撑和刚性系杆的布置

布置支撑的目的是使每个温度区段或分期建设的区段构成稳定的空间结构体系。门式刚架轻型房屋钢结构所设的支撑有两类:一种是在刚架梁平面内沿房屋横向设置的支撑,称为屋面横向水平支撑;另一种是在刚架柱平面内设置的支撑,称为柱间支撑。屋面水平支撑和柱间支撑是一个整体,共同保持结构的稳定,并将纵向水平荷载通过屋面水平支撑,经柱间支撑传至基础。屋面水平支撑一般由交叉杆和刚性系杆共同构成。

支撑布置的基本原则是:在每个温度区段或分期建设的区段中,应分别设置能独立构成空间稳定结构的支撑体系;在设置柱间支撑的开间,宜同时设置屋面横向支撑,以组成几何不变体系。布置时应符合下列要求。

1)屋面支撑与刚性系杆的布置

屋面端部横向支撑应布置在房屋端部和温度区段第一或第二道开间,当布置在第二开间时,应在房屋端部第一开间抗风柱顶部对应位置布置刚性系杆。当建筑物或温度伸缩区段较长时,应增设一道或多道水平支撑,间距一般不大于 50 m,宜与柱间支撑布置在同一开间。

在设有带驾驶室且起重量大于 15 t 桥式吊车的跨间,应在屋面边缘设置纵向支撑桁架。当桥式吊车起重量较大时,尚应采取措施增加吊车梁的侧向刚度。

在刚架转折处（单跨房屋边柱柱顶和屋脊，以及多跨房屋某些中间柱柱顶和屋脊）应沿房屋全长设置刚性系杆。对跨度较大的刚架，中部也宜设置适量的刚性系杆，以保证刚架的平面外稳定。刚性系杆可由檩条兼作，此时檩条应满足对压弯杆件的刚度和承载力要求。当不满足时，可在刚架斜梁间设置钢管、H 型钢或其他截面的杆件，以减少斜梁的平面外计算长度。由支撑斜杆等组成的水平桁架，其直腹杆宜按刚性系杆考虑，可由檩条兼作。

2）柱间支撑的布置

柱间支撑的间距应根据房屋纵向柱距、受力情况和安装条件确定。当无吊车时宜取 30 ~ 45 m；当有吊车时宜设在温度区段中部，或当温度区段较长时宜设在三分点处，且间距不宜大于 50 m；柱间支撑宜设置在侧墙柱列，当建筑物宽度大于 60 m 时，在内柱列宜适当设置柱间支撑。

门式刚架柱间支撑一般设计成一层，如建筑物的高度大于柱距时，柱间支撑也可设计成 2 层或 3 层，斜杆可设计成拉杆，水平杆件必须设置且应按刚性杆件设计。有吊车时，应在厂房单元中部设置上下柱间支撑，并应在厂房单元两端增设上柱支撑。当抗震设防烈度为 7 度且结构单元长度大于 120 m，或为 8 度、9 度且结构单元长度大于 90 m 时，应在单元中部 1/3 区段内设置两道上下柱间支撑。柱顶水平系杆需设计成刚性系杆，以便将屋面水平支撑所承受的荷载传递到柱间支撑上。

当设有起重量不小于 5 t 的桥式吊车时，柱间宜采用型钢支撑。在温度区段端部吊车梁以下不宜设置柱间刚性支撑。

当不允许设置交叉柱间支撑时，可设置其他形式的支撑；当不允许设置任何支撑时，可设置纵向刚架。

2.3　刚架设计

2.3.1　确定刚架计算单元与计算模型

1）确定计算单元与计算模型

满足一定条件的压型钢板以及轻型钢框架组成的门式刚架体系中，存在着较大的蒙皮效应。蒙皮效应是指将屋面板视为沿屋面全长伸展的深梁，可用来承受平面内的荷载。其工作原理是：屋面板与檩条以及板与板之间通过不同的紧固件连接起来，形成以檩条作为其肋的一系列隔板。这种板在平面内具有相当大的刚度，类似于薄壁深梁中的腹板，承受腹板平面内横向剪力；板的屋脊和屋檐处连接檩条类似于薄壁深梁中的翼缘，承受轴向力。

尽管应力蒙皮效应可以提高刚架结构的整体刚度和承载力，但是目前由于对有关屋面板抗剪性能和板与构件螺栓连接性能的研究尚不充分，因此在进行内力分析时，通常把刚架当作平面结构对待，一般不考虑蒙皮效应，只是把它当作一种结构上的安全储备。

忽略实际结构的蒙皮效应后的轻型门式刚架钢结构，经过简化将空间结构转化为平面结构,从而简化为单榀的平面刚架来计算。简化过程如图 2.12 所示。

框架计算单元的划分应根据柱网的布置确定。对于各列柱距均相等的厂房,只计算一个框架;对有抽柱的计算单元,一般以最大柱距作为划分计算单元的标准,如图 2.13 所示。典型门式刚架的计算简图如图 2.14 所示。

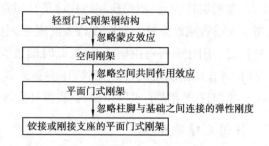

图 2.12　轻型门式刚架钢结构的计算模型建立

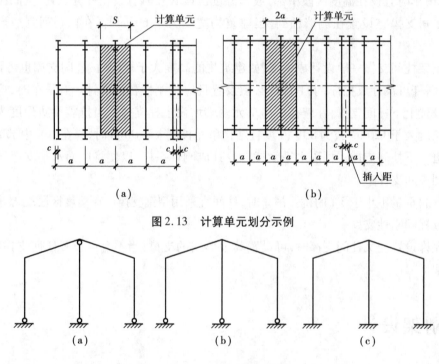

图 2.13　计算单元划分示例

图 2.14　计算简图示例

2) 构件截面预估

轻型门式刚架一般可选用 Q235B 级钢,当跨度、柱距较大或有吊车时宜选用 Q345A 或 B 级钢。

根据跨度、高度及荷载不同,轻型门式刚架的梁、柱可采用等截面或变截面实腹焊接工字形截面或轧制 H 形截面。当采用焊接工字形截面时,截面高度一般以 10 mm 为模数,截面宽度以5 mm 或 10 mm 为模数。构件腹板厚度不宜小于 4 mm,一般取 6 mm。构件翼缘厚度应大于6 mm,以 2 mm 为模数,可采用 10 mm 或 12 mm。

一般当厂房横向跨度不超过 15 m、柱高不超过 6 m 时,斜梁可采用等截面梁形式。等截面梁的截面高度一般取跨度的 1/40 ~ 1/30。设有梁式或桥式吊车时,刚架柱宜采用等截面构件,柱截面高度不小于其高度的 1/20。等截面梁、柱一般采用轧制 H 型钢或焊接工字型钢。

变截面构件通常改变腹板的高度,做成楔形截面;必要时,也可以改变腹板厚度。结构构件在运输单元内一般不改变翼缘截面,必要时可改变翼缘厚度;邻接的运输单元可采用不同的翼缘截面。变截面与等截面相比较，其截面形状与内力图形吻合较好，受力合理、节省材料，但制作、运输和安装方面都不如后者方便。因此，只有当刚架跨度较大或房屋高度较高时，才将其设计成变截面。一般当厂房横向跨度大于 15 m、柱高超过 6 m 时，宜采用梁端加高的变截面梁，其端高不宜小于跨度的 1/35，中段最小高度则不小于跨度的 1/60，自梁端计起的变截面长度一般可取为跨度的 1/6～1/5，截面高宽比一般为 2～3。当采用铰接柱脚刚架时，为了美观及节约用材，宜采用渐变楔形截面柱。变截面柱在铰接柱脚处的高度不宜小于 250 mm，楔形柱的最大截面高度取最小截面高度的 2～3 倍为宜。变截面梁、柱一般采用焊接工字型钢。

门式刚架可由多个梁、柱单元构件组成，柱一般为单独单元构件，斜梁可根据运输条件划分为若干个单元。单元构件本身采用焊接，单元之间可通过端板用高强度螺栓连接。

2.3.2 荷载计算与荷载组合

1）荷载计算

作用在门式刚架轻型钢结构房屋上的荷载分为永久荷载、可变荷载和偶然荷载（作用）。

（1）永久荷载

作用在门式刚架上的永久荷载主要有以下两项：

①结构自重：包括屋面板、檩条、支撑体系、刚架以及墙面构件等自重。在初步计算时，若通过手工计算，一般此项折算荷载标准值为 0.45～0.55 kN/m²；若通过有限元软件来计算，因一般软件自动考虑刚架自重，屋面板、檩条、支撑体系及墙面构件的自重标准值一般取为 0.30～0.40 kN/m²。

②非结构构件自重：即悬挂在结构上的附属部分重力荷载，包括结构的吊顶、管线、门窗及天窗架等自重。

（2）可变荷载

①屋面活荷载：当采用压型钢板轻型屋面时，屋面竖向均布活荷载的标准值（按水平投影面积计算）应取 0.50 kN/m²；对承受荷载水平投影面积大于 60 m² 的刚架构件，计算时采用的竖向均布活荷载标准值可取不小于 0.30 kN/m²。设计屋面板和檩条时，尚应考虑施工和检修集中荷载（人和小工具的重力），其标准值应取 1 kN，且在最不利位置进行验算。

②屋面雪荷载：可按式（2.1）计算。

$$S_k = \mu_r S_0 \tag{2.1}$$

式中 S_k——雪荷载标准值，kN/m²；

μ_r——屋面积雪分布系数，按照《门式刚架规范》的规定采用；

S_0——基本雪压，kN/m²，按照《荷载规范》的规定采用。

③吊车荷载：包括竖向荷载和纵向及横向水平荷载，按照《荷载规范》的规定采用。

④风荷载：风荷载的作用面积应取垂直于风向的最大投影面积。垂直于建筑物表面的单位面积风荷载标准值，可按式（2.2）计算。

$$w_k = \beta \mu_w \mu_z w_0 \tag{2.2}$$

式中　w_k——风荷载标准值，kN/m^2；

　　　　w_0——基本风压，kN/m^2，按照《荷载规范》的规定采用；

　　　　μ_z——风压高度变化系数，按照《荷载规范》的规定采用，当高度小于 10 m 时，应按10 m
　　　　　　　高度处的数值采用；

　　　　μ_w——风荷载系数，考虑内、外风压最大值的组合，按照《门式刚架规范》的规定采用；

　　　　β——系数，计算主刚架时取 1.1，计算檩条、墙梁、屋面板和墙面板及其连接时取 1.5。

　　结构设计时，考虑以下两种工况，并取用最不利工况下的荷载：一种为"鼓风效应"（$+i$）与外部压力系数组合，另一种为"吸风效应"（$-i$）与外部压力系数组合。

　　（3）偶然荷载（作用）

　　地震作用：按《抗震规范》的规定计算。

　　计算刚架地震作用时，一般可采用底部剪力法，对无吊车且高度不大的等高刚架可采用单质点体系，假定柱上半部及以上的各种竖向荷载质量均集中于质点 m_1 处，如图 2.15（a）所示；当有吊车荷载时，可采用三质点体系，屋面质量及牛腿以上部分柱上半区段的构件质量集中于 m_1 质点（屋面处），吊车桥架、吊车梁及牛腿以上部分柱下半区段与牛腿以下部分柱上半区段（包括墙体）的相应质量集中于 m_2 质点（牛腿处），如图 2.15（b）所示。结构的阻尼比对于封闭式房屋可取 0.05，对于敞开式房屋可取 0.035。

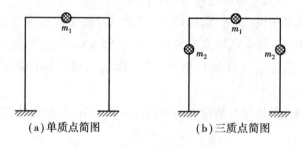

(a)单质点简图　　　　　　　　(b)三质点简图

图 2.15　刚架质点的质量集中

　　由于门式刚架钢结构的自重较轻，地震作用产生的荷载效应一般较小。当抗震设防烈度为 7 度（0.15 g）及以上时，应进行地震作用的效应验算。单跨房屋、多跨等高房屋可采用底部剪力法计算，不等高房屋可按振型分析反应谱法计算。当抗震设防烈度为 8 度、9 度时，应计算竖向地震作用，可分别取该结构重力荷载代表值的 10% 和 20%，设计基本加速度为 0.3 g 时，可取该结构重力荷载代表值的 15%。

2）荷载组合

　　（1）荷载组合原则

　　①屋面均布活荷载不与雪荷载同时考虑，应取两者中的较大值；

　　②积灰荷载应与雪荷载或屋面均布活荷载中的较大值同时考虑；

　　③施工或检修集中荷载不与屋面材料或檩条自重以外的其他荷载同时考虑；

　　④多台吊车的组合应符合《荷载规范》的规定；

　　⑤风荷载不与地震作用同时考虑。

（2）荷载组合

计算承载能力极限状态时，可取如下荷载组合：

①
$$S_d = \gamma_G S_{Gk} + \psi_Q \gamma_Q S_{Qk} + \psi_w \gamma_w S_{wk} \tag{2.3}$$

式中　S_d——荷载组合的效应设计值。

γ_G——永久荷载分项系数。当其效应对结构承载力不利时，对由可变荷载效应控制的组合应取 1.2，对由永久荷载效应控制的组合应取 1.35；当其效应对结构承载力有利时，应取 1.0。

γ_Q——竖向可变荷载分项系数，取 1.4。

γ_w——风荷载分项系数，取 1.4。

S_{Gk}——永久荷载效应标准值。

S_{Qk}——竖向可变荷载效应标准值。

S_{wk}——风荷载效应标准值。

ψ_Q, ψ_w——可变荷载组合值系数和风荷载组合值系数。当永久荷载效应起控制作用时，应分别取 0.7 和 0；当可变荷载效应起控制作用时，应分别取 1.0 和 0.6 或 0.7 和 1.0。

②
$$S_E = \gamma_G S_{GE} + \gamma_{Eh} S_{Ehk} + \gamma_{Ev} S_{Evk} \tag{2.4}$$

式中　S_E——荷载和地震效应组合的效应设计值；

S_{GE}——重力荷载代表值的效应；

S_{Ehk}——水平地震作用标准值的效应；

S_{Evk}——竖向地震作用标准值的效应；

γ_G——重力荷载分项系数，一般取 1.2，当重力荷载效应对结构承载力有利时，γ_G 不应大于 1.0；

γ_{Eh}——水平地震作用分项系数，取 1.3；

γ_{Ev}——竖向地震作用分项系数，8 度、9 度抗震设计时考虑，一般取 1.3，当同时考虑水平地震作用时取 0.5。

计算结构内力时，对于应考虑左风、右风荷载，左震、右震作用，组合时取最不利工况。

2.3.3　内力与侧移计算

门式刚架结构的内力和侧移应采用弹性分析方法，通过一般结构力学方法、有限元软件或编制程序进行计算。进行内力分析时，通常取单榀刚架按平面结构分析内力，一般不考虑应力蒙皮效应，而把它当作安全储备。国内外有限元分析软件一般都能对门式刚架的内力和侧移进行计算，有些软件可完成结构的设计工作，甚至完成施工图绘制工作。

对梁、柱截面为变截面的刚架，应计入截面变化对内力分析的影响。计算时可将变截面刚架梁、柱构件划分为若干单元，每个单元视为等截面，单元数越多，精度越高，一般可按单元两端惯性矩的比值不小于 0.8 来确定单元长度，单元的截面参数可取该单元的平均值；也可采用楔形单元。

图 2.16 至图 2.19 是单跨柱脚铰接门式刚架在几种典型荷载作用下的弯矩图。

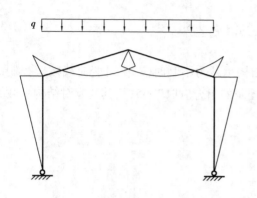

图 2.16　恒(活)载作用下弯矩图

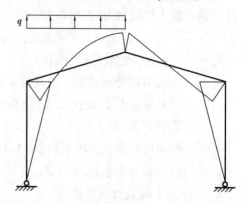

图 2.17　左半跨风吸力作用下弯矩图

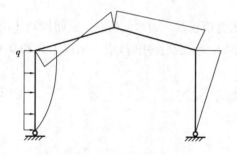

图 2.18　左柱身迎风作用下弯矩图

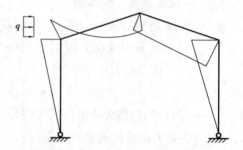

图 2.19　左屋面迎风作用下弯矩图

位移计算属于正常使用极限状态,荷载取标准值,无须考虑荷载分项系数。单层门式刚架在相应荷载标准值作用下的柱顶侧移值应不大于表 2.1 的限制。夹层柱顶的水平位移限值宜为 $H/250$,H 为夹层处柱高。由于柱顶侧移和构件挠度产生的屋面坡度改变值不应大于坡度设计值的 1/3。

表 2.1　单层门式刚架柱顶侧移限值

变形条件		容许变形
不设吊车时	砌体墙围护	$H/240$
	轻型钢板墙围护	$H/60$
设桥式吊车时	地面操纵	$H/180$
	吊车带驾驶室	$H/400$

注:H 为柱高。

由于门式刚架钢结构较柔,在很多情况下构件截面是由位移控制的。如果最后验算时刚架的侧移不满足要求,则需要采用下列措施之一进行调整:放大柱或(和)梁的截面尺寸;改铰接柱脚为刚接柱脚;把多跨框架中的个别摇摆柱改为上端和梁刚接。

2.3.4　控制截面与内力组合

门式刚架内力计算完毕后,尚应分别进行梁、柱控制截面的内力组合,以确定最不利内力。一般可选柱顶、柱底、阶形柱变截面处、梁端、梁跨中等截面进行组合和截面的验算。进行内力计算时均应考虑风荷载、吊车水平荷载、地震作用等,可正向或反向作用以及最大、最小吊车轮压可分别在左柱或右柱作用的最不利组合。一般列表进行内力组合计算。

控制截面的内力组合主要有:

梁:①$+M_{max}$及相应N,V;　　　　②$-M_{max}$及相应N,V;

③$+V_{max}$及相应M,N;　　　　④$-V_{max}$及相应M,N。

柱:①$+M_{max}$及相应N,V;　　　　②$-M_{max}$及相应N,V;

③$+N_{max}$及相应M,V;　　　　④$-N_{max}$及相应M,V。

对柱脚锚栓、抗剪连接件的计算尚应考虑$|M|_{max}$相应N尽可能小、$|V|_{max}$相应N尽可能小的组合。

2.3.5　刚架构件设计

门式刚架的梁、柱均为压弯构件,应计算构件的强度、平面内稳定和平面外稳定、局部稳定、刚度(变形)。梁、柱构件的受拉强度应按净截面计算,受压强度应按有效净截面计算,稳定应按有效截面计算,变形和各种稳定系数均可按毛截面计算。

1)强度验算

工字形截面受弯构件中腹板以抗剪为主,翼缘以抗弯为主,增大腹板的高度可以使翼缘的抗弯承载力发挥得更加充分。如果在增大腹板高度的同时,也相应地增大腹板厚度,则用钢量将会增大,不经济。因此,采用较薄的腹板厚度,利用板件屈曲后的强度是比较经济合理的。

变截面柱下端铰接时,应验算柱端的受剪承载力,按式(2.7)计算。当不满足承载力要求时,应对该处腹板进行加强。

工字形截面门式刚架,可按考虑腹板屈曲后强度进行计算。其计算特点类似于考虑腹板屈曲后强度时梁的计算方法。

(1)在剪力V和弯矩M共同作用下的工字形截面受弯构件

当$V \leqslant 0.5V_d$时

$$M \leqslant M_e \tag{2.5a}$$

当$0.5V_d < V \leqslant V_d$时

$$M \leqslant M_f + (M_e - M_f)\left[1 - \left(\frac{V}{0.5V_d} - 1\right)^2\right] \tag{2.5b}$$

(2)在剪力V、弯矩M和轴压力N共同作用下的工字形截面压弯构件

当$V \leqslant 0.5V_d$时

$$\frac{N}{A_e} + \frac{M}{W_e} \leq f \tag{2.6a}$$

当 $0.5V_d < V \leq V_d$ 时

$$M \leq M_f^N + (M_e^N - M_f^N) \left[1 - \left(\frac{V}{0.5V_d} - 1 \right)^2 \right] \tag{2.6b}$$

式(2.5)、式(2.6)中

M_f——两翼缘所承担的弯矩设计值,当截面为双轴对称时,$M_f = A_f(h_w + t_f)f$, t_f 为计算截面的翼缘厚度。

A_f——构件翼缘的截面面积;

h_w——腹板高度,对楔形腹板取板幅平均高度;

M_e——构件有效截面所能承受的弯矩,$M_e = W_e f$;

M_e^N——兼受压力 N 时构件有效截面所能承受的弯矩,$M_e^N = M_e - \dfrac{NW_e}{A_e}$;

M_f^N——兼受压力 N 时两翼缘所能承受的弯矩设计值,当截面为双轴对称时,$M_f^N = A_f(h_w + t_f)(f - N/A_e)$;

A_e, W_e——构件有效截面面积和有效截面最大受压纤维的截面模量;

V_d——腹板屈曲后的抗剪承载力设计值,按下列公式计算:

$$V_d = \chi_{tap} \varphi_{ps} h_{w1} t_w f_v \leq h_{w0} t_w f_v \tag{2.7}$$

$$\varphi_{ps} = \frac{1}{(0.51 + \lambda_s^{3.2})^{1/2.6}} \leq 1.0 \tag{2.8a}$$

$$\chi_{tap} = 1 - 0.35\alpha^{0.2}\gamma_p^{2/3} \tag{2.8b}$$

$$\gamma_p = \frac{h_{w1}}{h_{w0}} - 1 \tag{2.8c}$$

$$\alpha = \frac{a}{h_{w1}} \tag{2.8d}$$

式(2.7)、式(2.8)中

f_v——钢材抗剪强度设计值,N/mm^2;

h_{w1}, h_{w0}——楔形腹板大端和小端腹板高度,mm;

t_w——腹板厚度,mm;

χ_{tap}——腹板屈曲后抗剪强度的楔率折减系数;

γ_p——腹板区格的楔率;

α——区格的长度与高度之比;

a——横向加劲肋间距;

λ_s——用于腹板受剪计算时的参数,按下列公式计算:

$$\lambda_s = \frac{h_{w1}/t_w}{37\sqrt{k_\tau}\sqrt{235/f_y}} \tag{2.9}$$

当 $a/h_w < 1$ 时

$$k_\tau = 4 + \frac{5.34}{(a/h_{w1})^2} \tag{2.10a}$$

当 $a/h_w \geqslant 1$ 时

$$k_\tau = \eta_s \left[5.34 + \frac{4}{(a/h_{w1})^2} \right] \tag{2.10b}$$

$$\eta_s = 1 - \omega_1 \sqrt{\gamma_p} \tag{2.10c}$$

$$\omega_1 = 0.41 - 0.897\alpha + 0.363\alpha^2 - 0.041\alpha^3 \tag{2.10d}$$

式(2.9)、式(2.10)中

k_τ——受剪腹板的凸屈系数,当不设横向加劲肋时取 $k_\tau = 5.34\eta_s$。

A_e, W_e 应取腹板屈曲后构件的有效截面进行计算,即翼缘取全部截面,腹板则取其有效高度截面,如图 2.20 所示。腹板受压区有效高度 h_e 应按下列公式计算:

当截面全部受压时[图 2.20(a)]

$$h_e = \rho h_w \tag{2.11a}$$

当截面部分受拉时[图 2.20(b)],受拉区全部有效,则

$$h_e = \rho h_c \tag{2.11b}$$

式中　h_t, h_c——腹板受拉区和受压区高度。

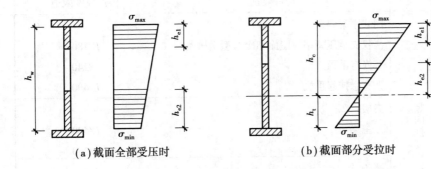

(a)截面全部受压时　　　　　　(b)截面部分受拉时

图 2.20　构件有效截面和腹板有效高度的分布

腹板屈曲区一般较靠近最大压应力 σ_{max} 一侧翼缘,故有效高度的分布应按下列公式计算:

当 $0 < \beta \leqslant 1$ 时(截面全部受压)

$$h_{e1} = \frac{2h_e}{5 - \beta} \tag{2.12a}$$

$$h_{e2} = h_e - h_{e1} \tag{2.12b}$$

当 $-1 \leqslant \beta < 0$ 时(截面部分受拉)

$$h_{e1} = 0.4h_e \tag{2.13a}$$

$$h_{e2} = 0.6h_e \tag{2.13b}$$

β 为截面边缘正应力比值,$-1 \leqslant \beta = \dfrac{\sigma_{min}}{\sigma_{max}} \leqslant 1$,$\sigma_{max}$ 和 σ_{min} 分别为板边的最大和最小正应力,且 $|\sigma_{min}| \leqslant |\sigma_{max}|$。压应力取正值,拉应力取负值。

式(2.11)中的 ρ 为腹板受压区有效高度系数,应按下列公式计算:

$$\rho = \frac{1}{(0.243 + \lambda_p^{1.25})^{0.9}} \leqslant 1.0 \tag{2.14}$$

式中　λ_p——与腹板受弯、受压有关的参数,按下列公式计算:

$$\lambda_p = \frac{h_w/t_w}{28.1 \sqrt{k_\sigma} \sqrt{235/f_y}} \tag{2.15a}$$

$$k_\sigma = \frac{16}{\sqrt{(1+\beta)^2 + 0.112(1-\beta)^2} + (1+\beta)} \tag{2.15b}$$

h_w——腹板的高度,mm,对楔形腹板取板幅平均高度;

k_σ——杆件在正应力作用下的屈曲系数。

当腹板边缘最大压应力 $\sigma_{max} < f$ 时,式(2.15a)中的 f_y 可用实际的 $\gamma_R \sigma_{max}$ 代替,γ_R 为抗力分项系数,对 Q235 和 Q345 钢,统一取 $\gamma_R = 1.1$。

2)**刚度验算**

门式刚架的受弯构件的挠度与其跨度的比值不应大于表 2.2 中规定的限值,受压构件和受拉构件的长细比不宜大于表 2.3 和表 2.4 中规定的限值。

表 2.2　受弯构件的挠度与跨度比限值

构件类别		构件挠度限值
竖向挠度	门式刚架斜梁	
	仅支承压型钢板屋面和冷弯型钢檩条	$L/180$
	尚有吊顶	$L/240$
	有悬挂起重机	$L/400$
	夹层	
	主梁	$L/400$
	次梁	$L/250$
	檩条	
	仅支承压型钢板屋面	$L/150$
	尚有吊顶	$L/240$
	压型钢板屋面板	$L/150$
水平挠度	墙板	$L/100$
	抗风柱或抗风桁架	$L/250$
	墙梁	
	仅支承压型钢板墙	$L/100$
	支承砌体墙	$L/180$ 且 $\leqslant 50$ mm

注:①表中 L 为构件跨度,对门式刚架斜梁 L 取全跨;

②对悬臂梁,按悬伸长度的 2 倍计算受弯构件的跨度。

表 2.3　受压构件的长细比限值

构件类别	长细比限值
主要构件	180
其他构件及支撑	220

表 2.4　受拉构件的长细比限值

构件类别	承受静力荷载或间接承受动力荷载的结构	直接承受动力荷载的结构
桁架构件	350	250
吊车梁或吊车桁架以下的柱间支撑	300	—
其他支撑(张紧的圆钢或钢索支撑除外)	400	—

注:①对承受静力荷载的结构,可仅计算受拉构件在竖向平面内的长细比。

②对直接或间接承受动力荷载的结构,计算单角钢受拉构件的长细比时,应采用角钢的最小回转半径;在计算单角钢交叉受拉杆件平面外长细比时,应采用与角钢肢边平行轴的回转半径。

③在永久荷载与风荷载组合作用下受压时,其长细比不宜大于250。

3)整体稳定性验算

(1)刚架柱整体稳定验算

不论等截面柱还是变截面柱,其整体稳定计算的方法是相同的,只是在公式形式上变截面柱因截面有变化而较烦琐,故现以其为例叙述。等截面柱只需将公式稍作简化,同样适用。

①变截面柱在刚架平面内的稳定计算。刚架柱应按压弯构件计算整体稳定。变截面柱在刚架平面内的稳定应按下式计算:

$$\frac{N_1}{\eta_t \varphi_x A_{e1}} + \frac{\beta_{mx} M_1}{(1 - N_1/N_{cr}) W_{e1}} \leqslant f \tag{2.16}$$

式中　N_{cr}——欧拉临界力(N),$N_{cr} = \pi^2 E A_{e1}/\lambda_1^2$,$\lambda_1$ 为按大端截面计算的、考虑计算长度系数的长细比,即 $\lambda_1 = \mu H/i_{x1}$,H 为柱高,i_{x1} 为大端截面绕强轴的回转半径(mm),μ 为计算长度系数,按《门式刚架规范》附录 A 的规定计算;

A_{e1}——大端的有效截面面积,mm^2;

N_1——大端的轴向压力设计值,N;

M_1,W_{e1}——大端的弯矩设计值(N·mm)和大端有效截面最大受压纤维的截面模量(mm^3),当柱的最大弯矩不出现在大端时,M_1 和 W_{e1} 分别取最大弯矩和该弯矩所在截面的有效截面模量;

β_{mx}——等效弯矩系数,对有侧移刚架柱 $\beta_{mx} = 1.0$;

φ_x——轴心受压构件稳定系数,楔形柱按《门式刚架规范》附录 A 规定的计算长度系数,由《钢结构设计标准》(GB 50017—2017)查得,计算长细比时取大端截面的回转半径;

η_t——系数,按下式采用:

当 $\overline{\lambda}_1 \geqslant 1.2$ 时　　　　　　　$\eta_t = 1$ 　　　　　　　(2.17a)

当 $\overline{\lambda}_1 < 1.2$ 时　　　　$\eta_t = \dfrac{A_0}{A_1} + \left(1 - \dfrac{A_0}{A_1}\right)\dfrac{\overline{\lambda}_1^2}{1.44}$ 　　　(2.17b)

式 (2.17b) 中,$\overline{\lambda}_1$ 为通用长细比,$\overline{\lambda}_1 = \dfrac{\lambda_1}{\pi}\sqrt{\dfrac{f_y}{E}}$;$A_0$,$A_1$ 为小端和大端截面的毛截面面积;E

为柱钢材的弹性模量；f_y 为柱钢材的屈服强度值。

②变截面柱在刚架平面外的稳定计算。变截面柱的平面外稳定性应分段按下列公式计算，当不能满足时，应设侧向支撑或隔撑，并验算每段的平面外稳定。

$$\frac{N_1}{\eta_{ty}\varphi_y A_{e1} f} + \left(\frac{M_1}{\varphi_b \gamma_x W_{e1} f}\right)^{1.3 - 0.3k_\sigma} \leqslant 1 \qquad (2.18)$$

式中　N_1——所计算构件段大端截面的轴向压力设计值，N；

　　　　M_1——所计算构件段大端截面的弯矩设计值，N·mm；

　　　　η_{ty}——系数，按式（2.19）计算。

　　　　φ_y——轴心受压构件弯矩作用平面外的稳定系数，以大端为准，按《钢结构设计标准》（GB 50017—2017）的规定采用，计算长度取纵向柱间支承点间的距离；

　　　　φ_b——楔形变截面梁端的整体稳定系数，按式（2.20）计算；

　　　　γ_x——截面塑性开展系数。

当 $\overline{\lambda}_{1y} \geqslant 1.3$ 时　　　　　　　　　　$\eta_{ty} = 1$　　　　　　　　　　　　　　　（2.19a）

当 $\overline{\lambda}_{1y} < 1.3$ 时　　　　　$\eta_{ty} = \dfrac{A_0}{A_1} + \left(1 - \dfrac{A_0}{A_1}\right) \times \dfrac{\overline{\lambda}_{1y}^2}{1.69}$　　　　（2.19b）

式（2.19b）中，$\overline{\lambda}_{1y}$ 为绕弱轴的通用长细比，$\overline{\lambda}_{1y} = \dfrac{\lambda_{1y}}{\pi}\sqrt{\dfrac{f_y}{E}}$；$\lambda_{1y}$ 为绕弱轴的长细比，$\lambda_{1y} = L/i_{y1}$；i_{y1} 为大端截面绕弱轴的回转半径，mm。

$$\varphi_b = \frac{1}{(1 - \lambda_{b0}^{2n} + \lambda_b^{2n})^{1/n}} \leqslant 1.0 \qquad (2.20a)$$

$$\lambda_{b0} = \frac{0.55 - 0.25k_\sigma}{(1 + \gamma)^{0.2}} \qquad (2.20b)$$

$$n = \frac{1.51}{\lambda_b^{0.1}}\left(\frac{b_1}{h_1}\right)^{1/3} \qquad (2.20c)$$

$$k_\sigma = k_M \frac{W_{x1}}{W_{x0}} \qquad (2.20d)$$

$$\lambda_b = \sqrt{\frac{\gamma_x W_{x1} f_y}{M_{cr}}} \qquad (2.20e)$$

$$k_M = \frac{M_0}{M_1} \qquad (2.20f)$$

$$\gamma = (h_1 - h_0)/h_0 \qquad (2.20g)$$

$$M_{cr} = C_1 \frac{\pi^2 E I_y}{L^2}\left[\beta_{x\eta} + \sqrt{\beta_{x\eta}^2 + \frac{I_{\omega\eta}}{I_y}\left(1 + \frac{GJ_\eta L^2}{\pi^2 E I_{\omega\eta}}\right)}\right] \qquad (2.20h)$$

$$C_1 = 0.46k_M^2 \eta_i^{0.346} - 1.32k_M \eta_i^{0.132} + 1.86\eta_i^{0.023} \qquad (2.20i)$$

$$\beta_{x\eta} = 0.45(1 + \gamma\eta)h_0 \frac{I_{yT} - I_{yB}}{I_y} \qquad (2.20j)$$

$$\eta = 0.55 + 0.04(1 - k_\sigma)\eta_i^{1/3} \qquad (2.20k)$$

$$I_{\omega\eta} = I_{\omega 0}(1 + \gamma\eta)^2 \qquad (2.20l)$$

$$I_{\omega 0} = I_{yT} h_{sT0}^2 + I_{yB} h_{sB0}^2 \tag{2.20m}$$

$$J_\eta = J_0 + \frac{1}{3} \gamma \eta (h_0 - t_f) t_w^3 \tag{2.20n}$$

$$\eta_i = \frac{I_{yB}}{I_{yT}} \tag{2.20o}$$

式（2.20）中：

k_σ——小端截面压应力除以大端截面压应力得到的比值；

k_M——弯矩比，为较小弯矩除以较大弯矩；

λ_b——梁的通用长细比；

M_{cr}——楔形变截面梁弹性屈曲临界弯矩，N·mm；

b_1, h_1——弯矩较大截面的受压翼缘宽度和上、下翼缘中面之间的距离，mm；

W_{x1}——弯矩较大截面受压边缘的截面模量，mm³；

γ——变截面梁楔率；

h_0——小端截面上、下翼缘中面之间的距离，mm；

M_0, M_1——小端弯矩和大端弯矩，N·mm；

C_1——等效弯矩系数，不大于 2.75；

η_i——惯性矩比；

I_{yT}, I_{yB}——弯矩最大截面受压翼缘和受拉翼缘绕弱轴的惯性矩，mm⁴；

$\beta_{x\eta}$——截面不对称系数；

I_y——变截面梁绕弱轴的惯性矩，mm⁴；

$I_{\omega\eta}, I_{\omega 0}$——变截面梁的等效翘曲惯性矩和小端截面的翘曲惯性矩，mm⁴；

J_η——变截面梁等效圣维南扭转常数；

J_0——小端截面自由扭转常数；

h_{sT0}, h_{sB0}——小端截面上、下翼缘到剪切中心的距离，mm；

L——梁段平面外计算长度，mm。

计算平面外稳定时，钢柱平面外的计算长度为柱间支撑的支承点，当柱间支撑仅设置在柱子截面一个翼缘（或其附近）时，应在此处设置隔撑（连接于另一翼缘和檩条上）以支撑柱全截面。对工字形截面柱，由于双主轴方向的回转半径相差较多，故一般均采用中间带撑杆的交叉支撑。

（2）斜梁验算和隔撑设计

①斜梁验算。当斜梁坡度不超过 1∶5 时，因轴力很小可按压弯构件计算其平面内的强度和平面外的稳定，不计算平面内的稳定；当斜梁坡度超过 1∶5 和刚架斜梁上作用有悬挂吊车时（此时斜梁轴力较大），应补充验算斜梁平面内稳定性。

实腹式刚架斜梁的平面外计算长度，应取侧向支承点的间距，即应取截面上、下翼缘均同时被支承的侧向支承点间的距离，一般为在屋面横向支承点同时设置隔撑处。当斜梁两翼缘侧向支承点间的距离不等时，应取最大受压翼缘侧向支承点间的距离。侧向支承点由檩条（或刚性系杆）、隔撑配合支撑体系来提供。

实腹式刚架斜梁在侧向支承点间为变截面时,其平面内的强度和平面外整体稳定性计算应参照变截面柱在刚架平面外稳定进行,其截面特性按有效截面积计算。

②隅撑设计。为了保证斜梁在刚架平面外的稳定,通常在下翼缘受压区两侧设置隅撑,作为斜梁的侧向支撑,使用螺栓与斜梁或边柱和檩条或墙梁相连,如图 2.21 所示,隅撑上支承点的位置不低于檩条形心线。

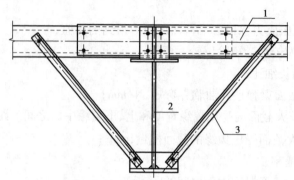

图 2.21　屋面斜梁的隅撑
1—檩条;2—钢梁;3—隅撑

考虑到斜梁在风荷载作用下在跨中可能出现下翼缘受压的情况,所以一般情况下隅撑宜在刚架斜梁全跨度内设置。如经过校核各种荷载组合后跨中不存在下翼缘受压的可能时,可仅在支座附近斜梁下翼缘受压的区域内设置。

隅撑是一种辅助杆件,不独立成为一个系统。隅撑宜用单角钢,最小可采用L 40 ×4 角钢。隅撑应按轴心受压构件设计。轴力设计值 N 可按下式计算,当隅撑成对布置时,每根隅撑的计算轴力可取计算值的1/2。

$$N = \frac{Af}{60\cos\theta} \qquad (2.21)$$

式中　A——被支撑翼缘的截面面积,mm²;

f——被支撑翼缘钢材的强度设计值,N/mm²;

θ——隅撑与檩条轴线的夹角。

当隅撑成对布置时,每根隅撑的轴心压力可取式(2.21)计算值的一半。

刚架柱在平面外的稳定亦可通过设置若干隅撑来保证,这样在计算时可缩短构件段的长度。隅撑一端连于柱内受压翼缘,另一端连于墙梁。对于边柱,考虑到风荷载的双向作用,一般应沿柱全高设置隅撑。柱隅撑的构造和计算同斜梁隅撑(图 2.21)。

4)局部稳定性验算

(1)梁、柱翼缘板件最大宽厚比限值(图 2.22)

工字形截面构件受压翼缘板　$\dfrac{b_1}{t} \le 15\sqrt{\dfrac{235}{f_y}}$ 　(2.22)

工字形截面梁、柱构件腹板　$\dfrac{h_w}{t_w} \le 250\sqrt{\dfrac{235}{f_y}}$ 　(2.23)

式中　b_1,t——受压翼缘的外伸宽度与厚度,mm;

h_w, t_w——腹板的高度与厚度,mm。

（2）斜梁腹板加劲肋配置和计算

梁腹板应在中柱连接处、较大固定集中荷载作用处和翼缘转折处设置横向加劲肋。其他部位是否设置中间横向加劲肋,应根据计算需要确定。

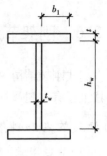

图 2.22　截面尺寸

工字形截面构件腹板的受剪板幅,考虑屈曲后强度时,应设置横向加劲肋,加劲肋的间距宜取 $(1 \sim 2) h_w$。若考虑隅撑连在加劲肋上,则采用的间距宜与檩条间距匹配。

当梁腹板在剪应力作用下发生屈曲后,将以拉力带的方式承受继续增加的剪力,即起类似桁架斜腹杆的作用,而横向加劲肋则相当于受压的桁架竖杆（图2.23）。因此,中间横向加劲肋除承受集中荷载和翼缘转折产生的压力外,还要承受拉力场产生的压力。压力按下列公式计算:

$$N_s = V - 0.9\varphi_s h_w t_w f_v \tag{2.24}$$

$$\varphi_s = (0.738 + \lambda_s^6)^{-\frac{1}{3}} \leqslant 1.0 \tag{2.25}$$

式中　N_s——拉力场产生的压力,N;

　　　φ_s——腹板剪切屈曲稳定系数;

　　　λ_s——通用高厚比,按式(2.9)计算。

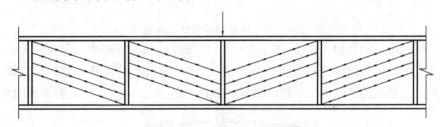

图 2.23　腹板屈曲后受力模型

加劲肋强度和稳定性验算按《钢结构设计标准》（GB 50017—2017）的规定进行,其截面应包括每侧 $15\sqrt{235/f_y}$ 宽度范围内的腹板面积,计算长度取 h_w,按两端铰接轴心受压构件计算。

当斜梁上翼缘承受集中荷载处不设横向加劲肋时,除应按《钢结构设计标准》（GB 50017—2017）验算腹板上边缘在正应力、剪应力和局部压应力共同作用下的折算应力外,尚应保证腹板在集中荷载作用下不能产生屈皱,即还需满足式(2.26)的要求。

$$F \leqslant 15\alpha_m t_w^2 f \sqrt{\frac{t_f}{t_w}} \sqrt{\frac{235}{f_y}} \tag{2.26}$$

式中　F——上翼缘所受的集中荷载,N;

　　　t_f, t_w——斜梁翼缘和腹板的厚度,mm;

　　　α_m——参数,$\alpha_m = 1.5 - M/(W_e f) \leqslant 1.0$,在斜梁负弯矩区取 1.0;

　　　M——集中荷载作用处的弯矩,N·mm;

　　　W_e——有效截面最大受压纤维的截面模量,mm³。

2.3.6　刚架节点设计

门式刚架结构中的节点有梁与柱连接节点、梁和梁拼接节点及柱脚。当有桥式吊车时,刚架柱上还有牛腿。

1)梁柱节点和斜梁拼接节点

（1）节点构造

门式刚架斜梁与柱的刚接连接,一般采用高强度螺栓端板连接,具体构造有端板竖放、端板平放和端板斜放3种形式,如图2.24所示。图2.24所示节点也称为端板连接节点,都必须按照刚接节点进行设计,即在保证必要的强度的同时,提供足够的转动刚度。

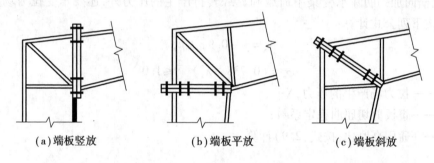

(a)端板竖放　　　　　(b)端板平放　　　　　(c)端板斜放

图2.24　刚架斜梁与柱的连接

斜梁拼接时应采用外伸式连接（图2.25）,并使翼缘内外螺栓群中心与翼缘中心重合或接近。拼接时宜使端板与构件的外边缘垂直,且宜选择弯矩较小的位置设置拼接。斜梁拼接应按所受最大内力和按能承受不小于较小被连接截面承载力的一半设计,并取两者的大值。

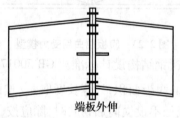

端板外伸

图2.25　刚架斜梁的拼接

节点构造要求如下:

①门式刚架构件的连接应采用高强度螺栓（承压型或摩擦型螺栓）连接。高强度螺栓的直径大小可根据需要选用,通常采用M16~M24螺栓。当为端板连接且只受轴向力和弯矩,或剪力小于其抗滑移承载力（抗滑移系数按 $\mu = 0.3$ 时,端板表面可不作摩擦面处理。

②端板连接的螺栓应成对对称布置。在梁柱节点处,在受拉翼缘和受压翼缘的内外两侧均应设置,并宜使每个翼缘的螺栓群中心与翼缘的中心重合或接近。在斜梁拼接处,宜在受拉翼缘和受压翼缘内外两侧设置高强度螺栓的两端端板外伸式连接（图2.25）。当采用端板外伸式连接（一端或两端）时,宜使翼缘内外的螺栓群中心与翼缘的中心重合或比较接近。只有当螺栓群的力臂足够大[如端板斜放,图2.24（c）]或受力较小（斜梁拼接）时,才可以采用全部高强度螺栓均设置在构件截面高度范围内的端板平齐连接方式。

③高强度螺栓中心至翼缘板表面的距离应满足螺栓的施工空间净距要求（图 2.26 中的 e_w，e_f），通常不宜小于 35 mm。螺栓端距不应小于 $2d_0$（d_0 为螺栓的孔径）。

④受压翼缘的螺栓排列数不宜少于两排。当在受拉翼缘两侧各设置一排螺栓尚不能满足节点承载力要求时，可在翼缘内侧增设螺栓，其间距可取 75 mm，且不小于 $3d_0$（d_0 为螺栓的孔径）。

⑤与斜梁端板连接的柱内侧翼缘（端板竖放），或与柱端板连接的斜梁下翼缘（端板平放），应与端板等厚。在施工过程中，对于型钢构件，一般采用换板方式来实现，即将原型钢相应位置的翼缘切割之后再补焊一块与端板等厚的钢板。若端板上两对螺栓的最大距离大于 400 mm 时，还应在端板的中部增设一对螺栓。

⑥被连接构件的翼缘与端板的连接应采用全熔透对接焊缝，焊缝质量等级应为一级焊缝。腹板与端板的连接应采用角焊缝、对接组合焊缝或与腹板等强的角焊缝。

（2）端板连接节点设计

端板连接节点设计应包括连接螺栓设计、端板厚度确定、节点域剪应力验算、端板螺栓处构件腹板强度验算、端板连接刚度验算。

①连接螺栓设计。连接螺栓应按《钢结构设计标准》（GB 50017—2017）的规定，验算螺栓在拉力、剪力或拉剪共同作用下的强度。

②端板厚度确度。端板的宽度和长度可根据构件的截面尺寸和高强度螺栓的布置按构造要求确定。端板的厚度 t 可根据支承条件（图 2.26）确定。各种支承条件端板区格的厚度应分别按下列公式计算，但不应小于 16 mm 及 0.8 倍的高强度螺栓直径。

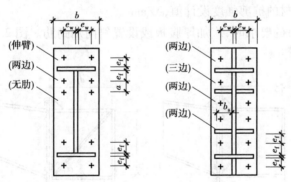

图 2.26　端板的支承条件

a. 伸臂类区格：

$$t \geqslant \sqrt{\frac{6e_f N_t}{bf}} \tag{2.27a}$$

b. 无加劲肋类区格：

$$t \geqslant \sqrt{\frac{3e_w N_t}{(0.5a + e_w)f}} \tag{2.27b}$$

c. 两边支承类区格：

当端板外伸时

$$t \geqslant \sqrt{\frac{6e_f e_w N_t}{[e_w b + 2e_f(e_f + e_w)]f}} \tag{2.27c}$$

当端板平齐时
$$t \geqslant \sqrt{\frac{12e_f e_w N_t}{[e_w b + 4e_f(e_f + e_w)]f}}$$
(2.27d)

d. 三边支承类区格：

$$t \geqslant \sqrt{\frac{6e_f e_w N_t}{[e_w(b + 2b_s) + 4e_f^2]f}}$$
(2.27e)

式中　N_t——一个高强度螺栓受拉承载力设计值,N;

　　e_w,e_f——螺栓中心至腹板和翼缘板表面的距离,mm;

　　b,b_s——端板和加劲肋板的宽度,mm;

　　a——螺栓的间距,mm;

　　f——端板钢材的抗拉强度设计值,N/mm²。

③节点域剪应力验算。在门式刚架斜梁与柱相交的节点域[图2.27(a)],应按下列公式验算剪应力:

$$\tau = \frac{M}{d_b d_c t_c} \leqslant f_v$$
(2.28)

式中　d_c,t_c——节点域的宽度和厚度,mm;

　　d_b——斜梁端部高度或节点域高度,mm;

　　M——节点承受的弯矩,对多跨刚架中间柱处,应取两侧斜梁端弯矩的代数和或柱端弯矩,N·mm;

　　f_v——节点域钢材的抗剪强度设计值,N/mm²。

当不满足式(2.28)的要求时,应加厚腹板或设置斜向加劲肋。图2.27(b)为使用斜向加劲肋补强的节点域。

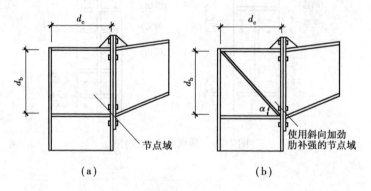

图2.27　节点域

④端板螺栓处构件腹板强度验算。在端板设置螺栓处,应按下列公式验算构件腹板的强度:

当 $N_{t2} \leqslant 0.4P$ 时
$$\frac{0.4P}{e_w t_w} \leqslant f$$
(2.29a)

当 $N_{t2} > 0.4P$ 时
$$\frac{N_{t2}}{e_w t_w} \leqslant f$$
(2.29b)

式中　N_{t2}——翼缘内第二排一个螺栓的轴向拉力设计值,N;

　　P——1个高强度螺栓的预拉力设计值,N;

e_w——螺栓中心至腹板表面的距离,mm;

t_w——腹板厚度,mm;

f——腹板钢材的抗拉强度设计值,N/mm^2。

当不满足式(2.29)的要求时,应加厚腹板或设置斜向加劲肋。

⑤端板连接刚度验算。梁柱连接节点刚度应满足下式要求:

$$R \geqslant 25EI_b/l_b \tag{2.30}$$

式中　I_b——刚架横梁跨间的平均截面惯性矩,mm^4;

l_b——刚架横梁跨度,mm,中柱为摇摆柱时,取摇摆柱与刚架柱距离的2倍;

E——钢材的弹性模量,N/mm^2;

R——刚架梁柱转动刚度(N·mm),按下式计算:

$$R = \frac{R_1 R_2}{R_1 + R_2}$$

$$R_1 = Gh_1 d_c t_p + E d_b A_{st} \cos^2\alpha \sin\alpha$$

$$R_2 = \frac{6EI_e h_1^2}{1.1 e_f^3}$$

其中　R_1——与节点域剪切变形对应的刚度,N·mm;

R_2——连接的弯曲刚度,包括端板弯曲、螺栓拉伸和柱翼缘弯曲所对应的刚度,N·mm;

h_1——梁端翼缘板中心间的距离,mm;

t_p——柱节点域腹板厚度,mm;

I_e——端板惯性矩,mm^4;

e_f——端板外伸部分的螺栓中心到其加劲肋外边缘的距离,mm;

A_{st}——两条斜加劲肋的总截面面积,mm^2;

α——斜加劲肋倾角;

G——钢材的剪切模量,N/mm^2。

(3)屋面梁与摇摆柱连接节点

屋面梁与摇摆柱连接节点应设计成铰接节点,采用端板横放的顶接连接方式,如图2.28所示。

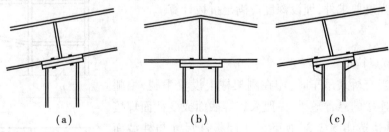

|（a）|（b）|（c）|

图2.28　屋面梁和摇摆柱连接节点

2）柱脚

门式刚架轻型房屋钢结构的柱脚分为铰接和刚接两种情况。采用铰接柱脚时,通常为平板支座,设一对或两对地脚螺栓,此时柱脚只承受剪力和轴力,如图2.29(a),(b)所示;当厂房内设有5 t以上桥式吊车或刚架侧向刚度过弱时,应将柱脚设计成刚接,此时柱脚不仅能承受剪力和轴力,还能承受弯矩,如图2.29(c),(d)所示。

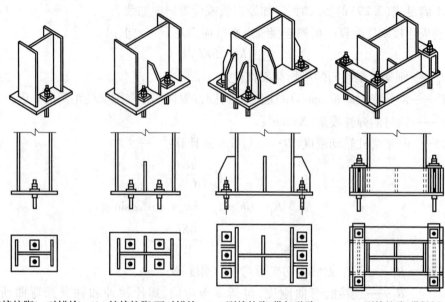

(a)铰接柱脚(一对锚栓) (b)铰接柱脚(两对锚栓) (c)刚接柱脚(带加劲肋) (d)刚接柱脚(带靴梁)

图2.29 门式刚架柱脚形式

平板式铰接柱脚的设计主要包括底板计算、靴梁计算、隔板(或肋板)计算、焊缝计算和锚栓计算等内容。

计算带有柱间支撑的柱脚锚栓在风荷载作用下的上拔力时,应计入柱间支撑产生的最大竖向分力,且不考虑活荷载(或雪荷载)、积灰荷载和附加荷载的影响,恒荷载分项系数应取1.0。

带靴梁的锚栓不宜受剪,柱底受剪承载力按底板与混凝土基础间的摩擦力取用,摩擦系数可取0.4,计算摩擦力时应考虑屋面风吸力产生的上拔力的影响。当剪力由不带靴梁的锚栓承担时,应将螺母、垫板与底板焊接,柱底的受剪承载力可按0.6倍锚栓受剪承载力取用。当柱底水平承载力大于受剪承载力时,应设置抗剪键。锚栓的直径不宜小于24 mm,且应采用双螺母。受拉锚栓应进行计算,除其直径应满足强度要求外,埋设深度应满足抗拔计算。

3)牛腿

(1)牛腿节点构造

工业厂房当有桥式吊车时,需在刚架柱上设置牛腿,牛腿是刚架柱焊接连接的悬臂短梁,一般采用等截面或变截面焊接工字形截面,其构造如图2.30所示。牛腿板件尺寸与柱截面尺寸相一致,牛腿各部分焊缝由计算确定。在钢牛腿与钢柱连接位置处,钢柱上对应牛腿的翼缘位置需设置横向加劲肋。在吊车梁下对应位置应设置支承加劲肋。吊车梁与牛腿的连接

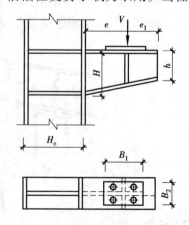

图2.30 牛腿构造

宜设置长圆孔。高强度螺栓的直径可根据需要选用,通常采用 M16 ~ M24 螺栓。

(2)牛腿的荷载计算

钢牛腿承担的荷载主要是吊车梁体系的自重以及吊车轮压。根据图 2.30 可得钢牛腿根部截面上的弯矩设计值 M 和剪力设计值 V,分别按式(2.31)计算:

$$V = 1.2P_\mathrm{D} + 1.4D_\mathrm{max} \tag{2.31a}$$

$$M = Ve \tag{2.31b}$$

式中　P_D——吊车梁及轨道的自重;

　　　e——吊车轨道中心点至柱内翼缘边的距离;

　　　D_max——吊车全部最大轮压通过吊车梁传给一根柱的最大反力。

(3)牛腿截面设计

牛腿根部的截面尺寸根据 M 和 V 确定。为简化计算,一般可认为弯矩 M 由根部的上下翼缘板承担,剪力 V 由腹板承担。主要验算翼缘的正应力、腹板的剪应力及折算应力。当牛腿为变截面时,端部截面高 $h \geqslant H/2$。

(4)牛腿与柱连接焊缝的构造与计算

牛腿上翼缘与柱的连接宜采用焊透的 V 形对接焊缝,下翼缘和腹板与柱的连接也可采用角焊缝。下翼缘与柱的连接角焊缝焊脚尺寸由牛腿翼缘传来的水平力 $F = M/H$ 确定。牛腿腹板与柱的连接角焊缝焊脚尺寸由剪力 V 确定。

【例 2.1】　某单跨门式刚架如图 2.31(a)所示,梁、柱截面均为焊接工字形,其中柱截面为楔形,梁为等截面,翼缘板为火焰切割边。柱脚铰接,梁截面和柱的大端截面如图 2.31(b)所示,柱小端截面如图 2.31(c)所示。柱大端截面的内力:$M_1 = 126$ kN·m,$N_1 = 64.5$ kN,$V_1 = 28$ kN;柱小端截面的内力:$N_0 = 86.8$ kN,$V_0 = 39$ kN。钢材为 Q235B。在刚架平面外设置单层柱间支撑,侧向支承点位于柱顶和柱底。试验算刚架柱的强度及整体稳定性是否满足设计要求。

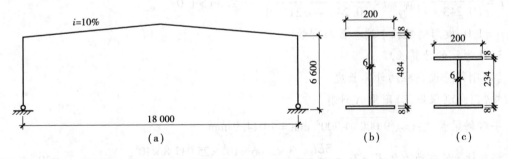

图 2.31　单跨门式刚架

【解】　1)楔形柱截面的几何参数

$A_1 = 6\ 104$ mm²,$I_{x1} = 25\ 035.8 \times 10^4$ mm⁴,$I_{y1} = 1\ 067.5 \times 10^4$ mm⁴,$W_{x1} = 1\ 001 \times 10^3$ mm³,$i_{x1} = 202.5$ mm,$i_{y1} = 41.8$ mm;$A_0 = 4\ 604$ mm²,$I_{x0} = 5\ 327.5 \times 10^4$ mm⁴,$I_{y0} = 1\ 067.1 \times 10^4$ mm⁴,$W_{x0} = 426 \times 10^3$ mm³,$i_{x0} = 107.6$ mm,$i_{y0} = 48.1$ mm。

2)腹板有效截面计算

(1)大端腹板边缘的最大正应力

$$\sigma_{max} = \frac{My}{I_{x1}} + \frac{N}{A_1} = \frac{126 \times 10^6 \times 242}{25\ 035.8 \times 10^4} N/mm^2 + \frac{64.5 \times 10^3}{6\ 104} N/mm^2$$

$$= (121.79 + 10.57) N/mm^2 = 132.36\ N/mm^2 < f = 215\ N/mm^2$$

$$\sigma_{min} = (-121.79 + 10.57) N/mm^2 = -111.22\ N/mm^2$$

腹板边缘的正应力比值 $\beta = \sigma_{min}/\sigma_{max} = -111.22/132.36 = -0.840 < 0$，腹板部分受压。

$$k_\sigma = \frac{16}{\sqrt{(1+\beta)^2 + 0.112(1-\beta)^2} + (1+\beta)}$$

$$= \frac{16}{\sqrt{(1-0.840)^2 + 0.112 \times (1+0.840)^2} + (1-0.840)} = 20.09$$

$\sigma_{max} < f$，用 $\gamma_R \sigma_{max}$ 代替式(2.15a)中的 f_y。

$$\lambda_p = \frac{h_w/t_w}{28.1\sqrt{k_\sigma}\sqrt{235/(\gamma_R \sigma_{max})}} = \frac{484/6}{28.1\sqrt{20.09}\sqrt{235/(1.1 \times 132.36)}} = 0.50$$

$$\rho = \frac{1}{(0.243 + \lambda_p^{1.25})^{0.9}} = \frac{1}{(0.243 + 0.5^{1.25})^{0.9}} = 1.44 > 1.0$$

$\rho = 1.0$，楔形刚架柱大端全截面有效。

(2)小端腹板边缘的压应力，柱小端无弯矩作用

$$\sigma_0 = \frac{86.8 \times 10^3}{4\ 604} N/mm^2 = 18.85\ N/mm^2 < f = 215\ N/mm^2, \beta = 1, k_\sigma = \frac{16}{\sqrt{2^2} + 2} = 4$$

$$\lambda_p = \frac{h_w/t_w}{28.1\sqrt{k_\sigma}\sqrt{235/(\gamma_R \sigma_1)}} = \frac{234/6}{28.1\sqrt{4}\sqrt{235/(1.1 \times 18.85)}} = 0.21$$

$$\rho = \frac{1}{(0.243 + \lambda_p^{1.25})^{0.9}} = \frac{1}{(0.243 + 0.21^{1.25})^{0.9}} = 2.36 > 1.0$$

$\rho = 1.0$，楔形刚架柱小端全截面有效。

3)楔形柱的计算长度

(1)刚架平面内柱的计算长度

按《门式刚架规范》附录 A 计算。

半跨斜梁长度：$s = \sqrt{9\ 000^2 + 900^2}\ mm = 9\ 044.9\ mm$

梁对柱子的转动约束：$K_z = 3i_b = \frac{3EI_b}{s} = \frac{3 \times 2.06 \times 10^5 \times 25\ 035.8 \times 10^4}{9\ 044.9} N \cdot mm = 1.71 \times 10^{10}\ N \cdot mm$

柱的线刚度：$i_{c1} = \frac{EI_1}{H} = \frac{2.06 \times 10^5 \times 25\ 035.8 \times 10^4}{6\ 600} N \cdot mm = 7.81 \times 10^9\ N \cdot mm$

$$K = \frac{K_z}{6i_{c1}}\left(\frac{I_1}{I_0}\right)^{0.29} = \frac{1.71 \times 10^{10}}{6 \times 7.81 \times 10^9} \times \left(\frac{25\ 035.8 \times 10^4}{5\ 327.5 \times 10^4}\right)^{0.29} = 0.572$$

则刚架平面内柱的计算长度系数为：

$$\mu = 2\left(\frac{I_1}{I_0}\right)^{0.145}\sqrt{1 + \frac{0.38}{K}} = 2 \times \left(\frac{25\ 035.8 \times 10^4}{5\ 327.5 \times 10^4}\right)^{0.145} \times \sqrt{1 + \frac{0.38}{0.572}} = 3.23$$

刚架平面内柱的计算长度为：$l_{0x} = \mu H = 3.23 \times 6\ 600\ mm = 21\ 318\ mm$

（2）刚架平面外柱的计算长度

设置单层柱间支撑，$l_{0y} = 6\ 600\ mm$。

4）刚架柱的强度计算

（1）楔形柱大端强度计算

楔形柱大端承受弯矩、剪力和轴向压力共同作用。

柱腹板上不设加劲肋，区格的长度与高度之比 $\alpha = \dfrac{a}{h_{w1}} = \dfrac{6\ 600}{484} = 13.64$。

腹板区格的楔率：$\gamma_p = \dfrac{h_{w1}}{h_{w0}} - 1 = \dfrac{484}{234} - 1 = 1.07$

腹板屈曲后抗剪强度的楔率折减系数：

$\chi_{tap} = 1 - 0.35\alpha^{0.2}\gamma_p^{2/3} = 1 - 0.35 \times 13.64^{0.2} \times 1.07^{2/3} = 0.383$

$\omega_1 = 0.41 - 0.897\alpha + 0.363\alpha^2 - 0.041\alpha^3$

$\quad\ = 0.41 - 0.897 \times 13.64 + 0.363 \times 13.64^2 - 0.041 \times 13.64^3 = -48.34$

$\eta_s = 1 - \omega_1 \sqrt{\gamma_p} = 1 + 48.34 \sqrt{1.07} = 50.65$

受剪腹板的凸屈系数：$k_\tau = 5.34\eta_s = 5.34 \times 50.65 = 270.47$

$\lambda_s = \dfrac{h_{w1}/t_w}{37\sqrt{k_\tau}\sqrt{235/f_y}} = \dfrac{484/6}{37 \times \sqrt{270.47}} = 0.133$

$\varphi_{ps} = \dfrac{1}{(0.51 + \lambda_s^{3.2})^{1/2.6}} = \dfrac{1}{(0.51 + 0.133^{3.2})^{1/2.6}} = 1.294 > 1.0$

取 $\varphi_{ps} = 1.0$，则腹板屈曲后的抗剪承载力设计值为：

$V_d = \chi_{tap}\varphi_{ps}h_{w1}t_w f_v = 0.383 \times 1.0 \times 484\ mm \times 6\ mm \times 125\ N/mm^2 = 139\ 029\ N \leqslant h_{w0}t_w f_v = 234\ mm \times 6\ mm \times 125\ N/mm^2 = 175\ 500\ N$

$V_1 = 28\ kN < 0.5V_d = 69.5\ kN$

$\dfrac{N}{A_e} + \dfrac{M}{W_e} = \dfrac{64.5 \times 10^3}{6\ 104}N/mm^2 + \dfrac{126 \times 10^6}{1\ 001 \times 10^3}N/mm^2 = 136.44\ N/mm^2 < f = 215\ N/mm^2$

满足强度要求。

（2）楔形柱小端强度计算

楔形柱小端承受剪力和轴向压力共同作用。

正应力：$\sigma_0 = \dfrac{86.8 \times 10^3}{4\ 604}N/mm^2 = 18.85\ N/mm^2 < f = 215\ N/mm^2$

剪应力：$\tau_{max} = \dfrac{V_0 S}{I_{x0}t_w} = \dfrac{39 \times 10^3 \times (200 \times 8 \times 121 + 117 \times 6 \times 58.5)}{5\ 327.5 \times 10^4 \times 6}N/mm^2 = 28.63\ N/mm^2 <$

$f_v = 125\ N/mm^2$

满足强度要求。

5）刚架柱的整体稳定性验算

（1）刚架平面内的整体稳定性验算

按大端截面计算长细比 $\lambda_1 = l_{0x}/i_{x1} = 21\ 318/202.5 = 105.3$，截面关于 x 轴类别为 b 类，

$\varphi_x = 0.522$。

通用长细比：$\overline{\lambda}_1 = \dfrac{\lambda_1}{\pi}\sqrt{\dfrac{f_y}{E}} = \dfrac{105.3}{\pi}\sqrt{\dfrac{235}{2.06 \times 10^5}} = 1.13 < 1.2$

$\eta_t = \dfrac{A_0}{A_1} + \left(1 - \dfrac{A_0}{A_1}\right) \times \dfrac{\overline{\lambda}_1^2}{1.44} = \dfrac{4\,604}{6\,104} + \left(1 - \dfrac{4\,604}{6\,104}\right) \times \dfrac{1.13^2}{1.44} = 0.937$

欧拉临界力：$N_{cr} = \dfrac{\pi^2 E A_{e1}}{\lambda_1^2} = \dfrac{\pi^2 \times 2.06 \times 10^5 \times 6\,104}{105.3^2}\text{N} = 1\,118\,109.4 \text{ N}$

刚架可发生侧移，$\beta_{mx} = 1.0$。

$\dfrac{N_1}{\eta_t \varphi_x A_{e1}} + \dfrac{\beta_{mx} M_1}{(1 - N_1/N_{cr})W_{e1}}$

$= \dfrac{64.5 \times 10^3}{0.937 \times 0.522 \times 6\,104}\text{N/mm}^2 + \dfrac{1.0 \times 126 \times 10^6}{\left[1 - \dfrac{64.5 \times 10^3}{1\,118\,109.4}\right] \times 1\,001 \times 10^3}\text{N/mm}^2$

$= 155.2 \text{ N/mm}^2 < f = 215 \text{ N/mm}^2$

满足要求。

（2）刚架平面外的整体稳定性验算

$\lambda_{1y} = l_{0y}/i_{y1} = 6\,600/41.8 = 157.9$，截面关于 y 轴类别为 b 类，$\varphi_y = 0.282$。

绕弱轴的通用长细比 $\overline{\lambda}_{1y} = \dfrac{\lambda_{1y}}{\pi}\sqrt{\dfrac{f_y}{E}} = \dfrac{157.9}{\pi}\sqrt{\dfrac{235}{2.06 \times 10^5}} = 1.7 \geq 1.3$，则 $\eta_{ty} = 1$。

$\dfrac{b_1}{t} = \dfrac{200 - 6}{2 \times 8} = 12.12 < 13\sqrt{\dfrac{235}{f_y}}$，则 $\gamma_x = 1.05$。

弯矩比 $k_M = \dfrac{M_0}{M_1} = 0$，则 $k_\sigma = k_M \dfrac{W_{x1}}{W_{x0}} = 0$。

楔率：$\gamma = (h_1 - h_0)/h_0 = (492 - 242)/242 = 1.03$

弯矩最大截面受压翼缘和受拉翼缘绕弱轴的惯性矩 $I_{yT} = I_{yB} = \dfrac{1}{12} \times 8 \times 200^3 \text{ mm}^4 = 5.33 \times 10^6 \text{ mm}^4$，则 $\eta_i = I_{yB}/I_{yT} = 1$。

$\eta = 0.55 + 0.04(1 - k_\sigma)\eta_i^{1/3} = 0.55 + 0.04 \times (1 - 0) \times 1^{1/3} = 0.59$

小端截面自由扭转常数：$J_0 = \dfrac{k}{3}\sum_{i=1}^{m} b_i t_i^3 = \dfrac{1}{3} \times 1.3 \times (2 \times 200 \times 8^3 + 234 \times 6^3)\text{mm}^4$

$\qquad\qquad = 110\,649.1 \text{ mm}^4$

圣维南扭转常数：$J_\eta = J_0 + \dfrac{1}{3}\gamma\eta(h_0 - t_f)t_w^3 = 110\,649.1 + \dfrac{1}{3} \times 1.03 \times 0.59 \times (242 - 8) \times 6^3$

$\qquad\qquad = 120\,887.6 \text{ mm}^4$

截面不对称系数：$\beta_{x\eta} = 0.45(1 + \gamma\eta)h_0 \dfrac{I_{yT} - I_{yB}}{I_y} = 0$

$I_{\omega 0} = I_{yT}h_{sT0}^2 + I_{yB}h_{sB0}^2 = 2 \times 5.33 \times 10^6 \times \left(\dfrac{242}{2}\right)^2 \text{mm}^4 = 1.56 \times 10^{11} \text{ mm}^4$

$I_{\omega\eta} = I_{\omega 0}(1 + \gamma\eta)^2 = 1.56 \times 10^{11} \times (1 + 1.03 \times 0.59)^2 \text{mm}^4 = 4.03 \times 10^{11} \text{ mm}^4$

$$C_1 = 0.46 k_M^2 \eta_i^{0.346} - 1.32 k_M \eta_i^{0.132} + 1.86 \eta_i^{0.023} = 0 - 0 + 1.86 \times 1 = 1.86 \leqslant 2.75$$

$$M_{cr} = C_1 \frac{\pi^2 E I_y}{L^2} \left[\beta_{x\eta} + \sqrt{\beta_{x\eta}^2 + \frac{I_{\omega\eta}}{I_y} \left(1 + \frac{G J_\eta L^2}{\pi^2 E I_{\omega\eta}} \right)} \right]$$

$$= 1.86 \times \frac{\pi^2 \times 2.06 \times 10^5 \times 1\,067.5 \times 10^4}{6\,600^2} \times$$

$$\left[0 + \sqrt{0 + \frac{4.03 \times 10^{11}}{1\,067.5 \times 10^4} \times \left(1 + \frac{79 \times 10^3 \times 1.21 \times 10^5 \times 6\,600^2}{\pi^2 \times 2.06 \times 10^5 \times 4.03 \times 10^{11}} \right)} \right] N \cdot mm$$

$$= 2.21 \times 10^8 \ N \cdot mm$$

$$\lambda_b = \sqrt{\frac{\gamma_x W_{x1} f_y}{M_{cr}}} = \sqrt{\frac{1.05 \times 1\,001 \times 10^3 \times 235}{2.21 \times 10^8}} = 1.06$$

$$n = \frac{1.51}{\lambda_b^{0.1}} \left(\frac{b_1}{h_1} \right)^{1/3} = \frac{1.51}{1.06^{0.1}} \left(\frac{200}{492} \right)^{1/3} = 1.11$$

$$\lambda_{b0} = \frac{0.55 - 0.25 k_\sigma}{(1 + \gamma)^{0.2}} = \frac{0.55 - 0}{(1 + 1.03)^{0.2}} = 0.477$$

$$\varphi_b = \frac{1}{(1 - \lambda_{b0}^{2n} + \lambda_b^{2n})^{1/n}} = \frac{1}{(1 - 0.477^{2 \times 1.11} + 1.06^{2 \times 1.11})^{1/1.11}} = 0.55 \leqslant 1.0$$

$$\frac{N_1}{\eta_{ty} \varphi_y A_{e1} f} + \left(\frac{M_1}{\varphi_b \gamma_x W_{e1} f} \right)^{1.3 - 0.3 k_\sigma}$$

$$= \frac{64.5 \times 10^3}{1 \times 0.282 \times 6\,104 \times 215} + \left(\frac{126 \times 10^6}{0.55 \times 1.05 \times 1\,001 \times 10^3 \times 215} \right)^{1.3} = 1.19 > 1$$

不满足要求。

2.4　压型钢板设计

2.4.1　压型钢板的材料与类型

压型钢板是目前轻型屋面有檩体系中应用最广泛的屋面材料,它是将涂层板或镀层板经辊压冷弯,沿板宽方向形成 V 形、U 形、W 形等类似形状的波纹板材,具有自重轻、强度高、刚度较大、抗震性能较好、施工安装方便、工业化生产的特点,是一种较为理想的围护结构用材。它广泛用于工业建筑、公共建筑物的屋面、墙面等围护结构及建筑物内部的隔断;还大量用作组合楼板或混凝土楼板,并作为承载构件或永久性模板使用。单层板的自重为 0.10 ~ 0.18 kN/m²,当有保温隔热要求时,可采用双层钢板中间夹保温层(保温芯材一般为聚苯乙烯泡沫塑料、聚氨酯泡沫塑料、岩棉或超细玻璃纤维棉等)的做法。

压型钢板由基材、镀层和涂层组成。基材由薄钢板经冷轧或冲压成型,压型钢板基板材料的选择应综合考虑建筑功能、使用条件、使用年限和结构形式等因素,其强度级别宜选用 250级(MPa)与 350 级(MPa)结构钢。基板的钢厚通常为 0.4 ~ 1.6 mm,长度不限,应优先选用卷板。基板的展开宽度宜符合 600 mm,1 000 mm 或 1 200 mm 的要求,常用宽度尺寸宜为

1 000 mm。镀层一般为热镀锌、热镀锌铝、热镀铝锌、热镀铁等。涂层有聚酯涂料、有机硅改性聚酯涂料等。

压型钢板的截面形式(板型)较多,国内生产的轧机已能生产几十种板型,但在工程中应用较多的板型也就十几种。图 2.32 给出了几种压型钢板的截面形式。图 2.32（a）,（b）是早期的压型钢板板型,截面形式较为简单,板和檩条、墙梁的固定采用钩头螺栓和自攻螺钉、拉铆钉。当作屋面板时,因板需开孔,所以防水问题难以解决,目前已不在屋面上采用。图 2.32（c）,（d）属于带加劲的板型,增加了压型钢板的截面刚度,用作墙板时加劲产生的竖向线条还可增加墙板的美感。图 2.32（e）,（f）是近年来用在屋面上的板型,其特点是板和板、板与檩条的连接通过支架咬合在一起,板上无须开孔,屋面上没有明钉,从而有效地解决了防水、渗漏问题。

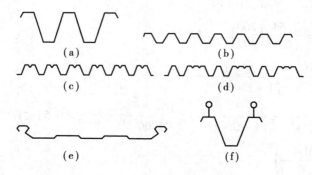

图 2.32　压型钢板的截面形式

压型钢板板型的表示方法为 YX 波高-波距-有效覆盖宽度,如 YX35-125-750 即表示波高为 35 mm,波距为 125 mm,板的有效覆盖宽度为 750 mm 的板型。压型钢板的厚度需另外注明。

压型钢板根据波高的不同,一般分为低波板(波高小于 30 mm)、中波板(波高为 30 ~ 70 mm)和高波板(波高大于 70 mm)。波高越高,截面的抗弯刚度就越大,承受的荷载也就越大。

压型钢板按搭接缝构造不同,分为搭接式、扣合式或咬合式,如图 2.33 所示。屋面板一般选用扣合式或咬合式的中波板和高波板,中波板在实际工程中采用得最多;墙板常采用搭接式的低波板,因高波板、中波板的装饰效果较差,一般不在墙板中采用。

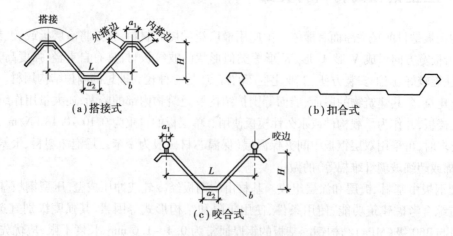

图 2.33　压型钢板的侧向连接方式

2.4.2　压型钢板的截面几何特性

压型钢板截面几何特性可用单槽口的特性来计算。压型钢板板厚较薄且各部分板厚不变,它的截面特性可采用"线性元件算法"计算。线性元件算法是指将平面薄板由其"中轴线"代替,根据中轴线计算截面各项几何特性后,乘以板厚 t,便是单槽口截面的各特性值。压型钢板单槽口截面的折线形中线如图 2.34 所示。

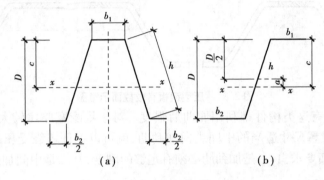

图 2.34　压型钢板的截面特性

槽口中线总长

$$\sum b = b_1 + b_2 + 2h \tag{2.32}$$

形心轴 x 与受压翼缘 b_1 中线之间的距离

$$c = \frac{D(b_2 + 2h)}{\sum b} \tag{2.33}$$

在图 2.34(b)中,板件 b_1 对于 x 轴的惯性矩为 $b_1 c^2$,同理板件 b_2 对于 x 轴的惯性矩为 $b_2(D-c)^2$。板件 h 是一个斜板段,对于和 x 轴平行的自身形心轴的惯性矩,根据力学原理不难得出为 $hD^2/12$。板件 h 对于 x 轴的惯性矩为 $h(a^2 + D^2/12)$。以上都是线性值,尚未乘以板厚。注意到单槽口截面中共有两个板件 h,整理得到单槽口对于形心轴(x 轴)的惯性矩为:

$$I_x = \frac{tD^2}{\sum b}\left(b_1 b_2 + \frac{2}{3}h\sum b - h^2\right) \tag{2.34}$$

单槽口对于上翼缘边和下翼缘边的截面模量抵抗矩分别为:

上翼缘
$$W_x^c = \frac{I_x}{c} = \frac{tD\left(b_1 b_2 + \dfrac{2}{3}h\sum b - h^2\right)}{b_2 + h} \tag{2.35a}$$

下翼缘
$$W_x^x = \frac{I_x}{D-c} = \frac{tD\left(b_1 b_2 + \dfrac{2}{3}h\sum b - h^2\right)}{b_1 + h} \tag{2.35b}$$

线性元件法计算是按折线截面原则进行的,略去了各转折处圆弧过渡的影响。精确计算表明,其影响在 0.5% ~ 4.5%,可以略去不计。当板件的受压部分为部分有效时,应采用有效宽度代替它的实际宽度。

压型钢板和用于檩条、墙梁的卷边槽钢和 Z 型钢都属于冷弯薄壁构件,这类构件允许板件受压后屈曲并利用其屈曲后强度。因此,在其强度和稳定性计算公式中截面特性一般以有效截面为准。

压型钢板受压翼缘的有效截面分布如图 2.35 所示。计算压型钢板的有效截面时应扣除图中所示阴影部分面积,按《冷弯薄壁型钢结构技术规范》(GB 50018—2002,以下简称《冷弯薄壁型钢规范》)的有关规定确定。

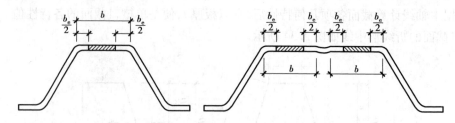

图 2.35 压型钢板有效截面示意图

然而,也并非所有这类构件都利用屈曲后强度。对于翼缘宽厚比较大的压型钢板,如图 2.32(c),(d)所示设置尺寸适当的中间纵向加劲肋,就可以保证翼缘受压时全部有效。所谓尺寸适当包括两方面要求:其一是加劲肋必须有足够的刚度;其二是中间加劲肋的惯性矩符合下列两方面要求。

要求 1:中间加劲肋应符合以下公式要求

$$I_{is} \geq 3.66t^4 \sqrt{\left(\frac{b_s}{t}\right)^2 - \frac{27\,100}{f_y}} \qquad (2.36a)$$

且
$$I_{is} \geq 18t^4 \qquad (2.36b)$$

式中 I_{is}——中间加劲肋截面对平行于被加劲板件之重心轴的惯性矩;

　　　b_s——子板件的宽度;

　　　t——板件的厚度。

对边加劲肋(图 2.36),其惯性矩 I_{es} 要求不小于中间加劲肋的一半,计算时在以上公式中用 b(边加劲肋的宽度)代替 b_s,即

$$I_{es} \geq 1.83t^4 \sqrt{\left(\frac{b}{t}\right)^2 - \frac{27\,100}{f_y}} \qquad (2.37a)$$

且
$$I_{es} \geq 9t^4 \qquad (2.37b)$$

式中 I_{es}——边加劲肋截面对平行于被加劲板件截面重心轴的惯性矩;

　　　b——边加劲板件的宽度。

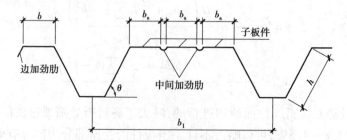

图 2.36 带中间加劲肋的压型钢板截面示意图

要求2:中间加劲肋的间距不能过大,即满足

$$\frac{b_{\mathrm{s}}}{t} \leqslant 36\sqrt{\frac{205}{\sigma_{1}}}\tag{2.38}$$

式中　σ_{1}——受压翼缘的压应力(设计值)。

对于设置边加劲肋的受压翼缘宽厚比,亦要求不小于中间加劲肋的一半,即

$$\frac{b}{t} \leqslant 18\sqrt{\frac{205}{\sigma_{1}}}\tag{2.39}$$

以上计算没有考虑相邻板件之间的约束作用,一般偏于安全。

2.4.3　压型钢板的荷载与荷载组合

压型钢板用作墙板时,主要承受水平风荷载作用,荷载和荷载组合都比较简单。本小节主要介绍压型钢板用作屋面板时的情况。

1)压型钢板的荷载

(1)永久荷载

当屋面板为单层压型钢板构造时,永久荷载仅为压型钢板的自重;当为双层板构造时(中间设置玻璃棉保温层),作用在底板(下层压型钢板)上的永久荷载除其自重外,还需考虑保温材料和龙骨的质量。

(2)可变荷载

在计算屋面压型钢板的可变荷载时,除与刚架荷载计算类似,要考虑屋面均布活荷载、雪荷载和积灰荷载外,还需考虑施工或检修集中荷载(一般取1.0 kN),当施工或检修集中荷载大于1.0 kN 时,应按实际情况取用。当按单槽口截面受弯构件设计屋面板时,需要按下式将作用在一个波距上的集中荷载折算成沿板宽方向的均布线荷载(图2.37):

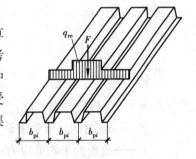

图2.37　折算线荷载

$$q_{\mathrm{re}} = \eta\frac{F}{b_{\mathrm{pi}}}\tag{2.40}$$

式中　b_{pi}——压型钢板的波距;

　　　F——集中荷载;

　　　η——折算系数,由试验确定,无试验依据时可取$\eta=0.5$。

进行上述换算,主要是考虑相邻槽口的共同工作提高了板承受集中荷载的能力。折算系数取0.5,则相当于在单槽口的连续梁上作用了一个$0.5F$的集中荷载。

2)压型钢板的荷载组合

计算压型钢板的内力时,主要考虑两种荷载组合:

①1.2×永久荷载标准值 +1.4×max{屋面均布活荷载标准值,雪荷载标准值}。

②1.2×永久荷载标准值 +1.4×施工或检修集中荷载换算标准值。

当需考虑风吸力对屋面压型钢板的受力影响时,还应进行③的荷载组合。

③$1.0 \times$ 永久荷载标准值 $+1.4 \times$ 风吸力荷载标准值。

2.4.4 压型钢板的强度和挠度计算

压型钢板的截面设计多数是由刚度控制的,但有时截面设计也可能是强度起控制作用。压型钢板的强度和挠度取单槽口的有效截面,按受弯构件计算。内力计算时,把檩条视为压型钢板的支座,考虑不同的荷载组合,对单跨支承压型钢板应按简支板计算,对常用的多跨支承压型钢板均可简化为多跨连续板计算。

1)强度计算

压型钢板的强度与挠度计算均先假定截面尺寸后再进行计算校核,其强度计算按下列公式进行。

(1)抗弯强度

$$\sigma_{\max} = \frac{M_{\max}}{W_{\mathrm{ef}}} \leqslant f \tag{2.41}$$

式中 $M_{\max}$——压型钢板跨内最大弯矩;

W_{ef}——压型钢板有效截面抵抗矩;

f——压型钢板的抗弯强度设计值。

(2)腹板的剪应力

当 $\dfrac{h}{t} < 100$ 时 $\qquad\qquad \tau \leqslant \tau_{\mathrm{cr}} = \dfrac{8\,550}{h/t} \tag{2.42a}$

$$\tau \leqslant f_{\mathrm{v}} \tag{2.42b}$$

当 $\dfrac{h}{t} \geqslant 100$ 时 $\qquad\qquad \tau \leqslant \tau_{\mathrm{cr}} = \dfrac{855\,000}{(h/t)^2} \tag{2.42c}$

式中 h/t——腹板的高厚比;

f_{v}——钢材的抗剪强度设计值;

τ——腹板的平均剪应力;

τ_{cr}——腹板的剪切屈曲临界剪应力。

(3)压型钢板支座处腹板的局部受压承载力

$$R \leqslant R_{\mathrm{w}} \tag{2.43}$$

$$R_{\mathrm{w}} = \alpha t^2 \sqrt{fE}\left(0.5 + \sqrt{\frac{0.02 l_{\mathrm{c}}}{t}}\right)\left[2.4 + \left(\frac{\theta}{90}\right)^2\right] \tag{2.44}$$

式中 R——压型钢板支座处的反力;

R_{w}——一块腹板的局部受压承载力设计值;

α——计算系数,中间支座取 $\alpha = 0.12$,端部支座取 $\alpha = 0.06$;

t——腹板厚度;

l_{c}——支座处的支承长度,一般取 $10\text{ mm} < l_{\mathrm{c}} \leqslant 200\text{ mm}$,端部支座处可取 $l_{\mathrm{c}} = 10\text{ mm}$;

θ——腹板倾角($45° \leqslant \theta \leqslant 90°$)。

（4）压型钢板同时承受弯矩 M 和支座反力 R 的截面

压型钢板同时承受弯矩 M 和支座反力 R 的截面应满足下列要求：

$$\frac{M}{M_u} \leqslant 1.0 \tag{2.45}$$

$$\frac{R}{R_w} \leqslant 1.0 \tag{2.46}$$

$$\frac{M}{M_u} + \frac{R}{R_w} \leqslant 1.25 \tag{2.47}$$

式中　M_u——截面的抗弯承载力设计值，$M_u = W_{ef}f$。

（5）压型钢板同时承受弯矩和剪力的截面

压型钢板同时承受弯矩和剪力的截面应满足下列要求：

$$\left(\frac{M}{M_u}\right)^2 + \left(\frac{V}{V_u}\right)^2 \leqslant 1.0 \tag{2.48}$$

式中　V_u——截面的抗剪承载力设计值，$V_u = (ht\sin\theta)\tau_{cr}$。

2）压型钢板的挠度计算

均布荷载作用下压型钢板构件的挠度应满足下列公式：

$$w_{max} \leqslant [w] \tag{2.49}$$

式中　w_{max}——由荷载标准值及压型钢板有效截面计算的最大挠度值，按结构力学方法计算。

　　　　$[w]$——压型钢板的挠度容许值。根据《冷弯薄壁型钢规范》的规定，对屋面板：屋面坡度 $<1/20$ 时，$[w] = l/250$；屋面坡度 $\geqslant 1/20$ 时，$[w] = l/200$。对墙面板：$[w] = l/150$。对楼面板：$[w] = l/200$。l 为压型钢板跨度。

2.4.5　压型钢板的构造

①压型钢板腹板与翼缘水平面之间的夹角不宜小于 45°。

②屋面、墙面压型钢板的基材厚度宜取 0.4 ~ 1.6 mm，用作楼面模板的压型钢板厚度不宜小于 0.5 mm。压型钢板宜采用长尺寸板材，以减少板长方向的搭接。

③压型钢板长度方向的搭接端必须与支撑构件（如檩条、墙梁等）有可靠的连接，搭接部位应设置防水密封胶带，搭接长度不宜小于下列限值：

a. 波高 $\geqslant 70$ mm 的高波屋面压型钢板：350 mm。

b. 波高 <70 mm 的低波屋面压型钢板：屋面坡度 $\leqslant 1/10$ 时，250 mm；屋面坡度 $>1/10$ 时，200 mm。

c. 墙面压型钢板：120 mm。

④当屋面压型钢板侧向采用搭接式连接时，通常搭接一个波，特殊要求时可搭接两波。搭接处用连接件紧固，连接件应设置在波峰上，并应采用带有防水密封胶垫的自攻螺钉。对高波压型钢板，连接件间距一般为 700 ~ 800 mm；对低波压型钢板，连接件间距一般为 300 ~ 400 mm。

⑤当屋面压型钢板侧向采用扣合式或咬合式连接时，应在檩条上设置与压型钢板波形相配套的专用固定支座，固定支座与檩条用自攻螺钉或射钉连接，压型钢板搁置在固定支座上。两片压型钢板的侧边应确保在风吸力等因素作用下的扣合或咬合连接可靠。

⑥墙面压型钢板之间的侧向连接宜采用搭接连接,通常搭接一个波峰,板与板的连接件可设在波峰,亦可设在波谷。连接件宜采用带有防水密封胶垫的自攻螺钉。

⑦铺设高波压型钢板屋面时,应在檩条上设置固定支架,檩条上翼缘宽度应比固定支架宽度大 10 mm。固定支架用自攻螺钉或射钉与檩条连接,每波设置一个。低波压型钢板可不设固定支架,宜在波峰处采用带有防水密封胶垫的自攻螺钉或射钉与檩条连接,连接件可每波或隔波设置 1 个,但每块低波压型钢板不得小于 3 个连接件。

2.5 檩条设计

2.5.1 檩条的类型与截面形式

檩条的截面形式分为实腹式、空腹式和格构式 3 种。当檩条跨度(柱距)不超过 9 m 时,应优先选用实腹式檩条。实腹式檩条的截面分为普通或轻型热轧型钢截面和冷弯薄壁型钢截面。图 2.38(a)为普通热轧槽钢或轻型热轧槽钢截面,因板件较厚,技术经济性差,目前在轻型屋面工程中很少采用;图 2.38(b)为高频焊接 H 型钢截面,具有抗弯性能好的特点,适用于檩条跨度较大或荷载较大的屋面,但 H 型钢截面檩条与斜梁的连接构造比较复杂;图 2.38(c)为冷弯薄壁型钢 C 形截面,适用于屋面坡度 $i \leq 1/3$ 的情况;图 2.38(d),(e)为冷弯薄壁型钢直卷边和斜卷边 Z 形截面,适用于屋面坡度 $i > 1/3$ 的情况。由于制作、安装简单,用钢量经济,冷弯薄壁型钢截面是目前轻型钢结构屋面工程中应用最普遍的截面形式。冷弯薄壁型钢截面采用基板为 1.5~3.0 mm 厚的薄钢板在常温下辊压而成,因板件较薄,其防锈要求较高。

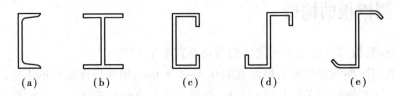

(a)　　　　(b)　　　　(c)　　　　(d)　　　　(e)

图 2.38　实腹式檩条

空腹式檩条由角钢的上、下弦和缀板焊接组成,如图 2.39 所示。此种类型的檩条用钢量少,但拼接和焊接量大,侧向刚度较差。

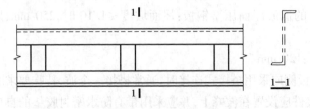

图 2.39　空腹式檩条

当屋面荷载较大或檩条跨度大于 9 m 时,宜选用格构式檩条。格构式檩条又分为平面桁架式和空间桁架式。平面桁架式檩条可分为由冷弯薄壁型钢和圆钢制成[图 2.40(a)]以及由热轧型钢和圆钢制成[图 2.40(b)]两类。这种檩条平面内刚度大,用钢量较低,但制作较复杂,且侧向刚度较差,需要与屋面材料、支撑等组成稳定的空间结构,适用于屋面荷载或檩距相对较小的屋面结构。空间桁架式檩条横截面呈三角形,如图 2.41 所示,由①,②,③这 3 个平面桁架组成了一个完整的空间桁架体系,称为空间桁架式。这种檩条结构合理、受力明确、整体刚度大、不需设置拉条、安装方便,但制作加工复杂、用钢量大,适用于跨度、荷载和檩距均较大的情况。

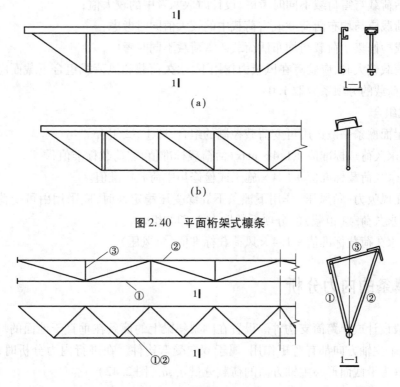

(a)

(b)

图 2.40　平面桁架式檩条

图 2.41　空间桁架式檩条

　　本节只介绍冷弯薄壁型钢实腹式檩条的设计和构造,空腹式檩条和格构式檩条的设计可以参见相关设计手册。

2.5.2　檩条的荷载与组合

1)荷载

　　(1)永久荷载

　　作用在檩条上的永久荷载主要有屋面围护材料(包括压型钢板、防水层、保温或隔热层等)、檩条、拉条和支撑自重,附加荷载(悬挂于檩条上的附属物)自重等。

　　(2)可变荷载

　　屋面可变荷载主要有屋面均布活荷载、雪荷载、积灰荷载和风荷载。屋面均布活荷载标准值按受荷水平投影面积取用,对于檩条一般取 $0.5\ kN/m^2$;雪荷载和积灰荷载按《荷载规范》或当地资料取用,对于在屋面天沟、阴角、天窗挡风板以及高低跨相接等有落差部位,应考虑荷载不均匀分布增大系数。

对檩距小于 1 m 的檩条,尚应验算 1.0 kN 的施工或检修集中荷载标准值作用于跨中时的檩条强度。

2)荷载组合

(1)荷载组合原则

①均布活荷载与雪荷载不同时考虑,设计时取两者中的较大值;

②积灰荷载应与均布活荷载或雪荷载中的较大值同时考虑;

③施工或检修集中荷载与均布活荷载或雪荷载不同时考虑;

④当风荷载较大时,应验算在风吸力作用下,永久荷载和风荷载组合下截面应力反号的情况,此时永久荷载的分项系数取 1.0。

(2)荷载组合

对轻型屋面檩条一般选用可变荷载控制的组合,即①,②组合

①1.2×永久荷载标准值 +1.4×max｛活荷载标准值,雪荷载标准值｝。

②1.2×永久荷载标准值 +1.4×施工或检修集中荷载标准值。

当验算在风吸力(负风压)作用下檩条下翼缘受压稳定性时,应采用由可变荷载控制的组合,此时屋面永久荷载(恒载)的分项系数取 1.0,即③组合。

③1.0×永久荷载标准值 +1.4×风荷载标准值(负风压)。

2.5.3 檩条的内力分析

檩条一般设计成单跨简支构件。设置在刚架斜梁上的檩条在垂直于地面的均布荷载作用下,沿截面两个主轴方向都有弯矩作用,属于双向受弯构件。在进行内力分析时,首先要把均布荷载 q 分解为沿截面形心主轴方向的荷载分量 q_x,q_y(图 2.42)。

$$q_x = q\sin\alpha_0 \tag{2.50a}$$
$$q_y = q\cos\alpha_0 \tag{2.50b}$$

式中　α_0——竖向均布荷载设计值 q 和形心主轴 y 轴的夹角。

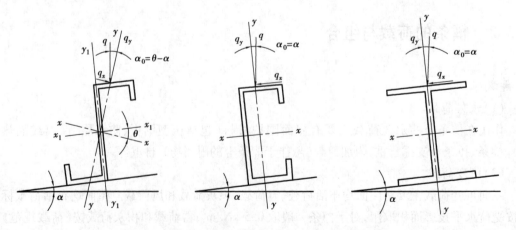

图 2.42　实腹式檩条截面的主轴和荷载

由图 2.42 可见,在屋面坡度不大的情况下,卷边 Z 型钢的 q_x 指向上方(屋脊),而卷边 C 型钢的 q_x 指向下方(屋檐)。

对设有拉条的简支檩条(墙梁),由 q_x,q_y 分别引起的 M_x,M_y 按表 2.5 计算。檩条(墙梁)的内力计算汇总见表 2.5。

表 2.5　檩条(墙梁)的内力计算表

拉条设置情况	由 q_x 产生的内力		由 q_y 产生的内力	
	M_{ymax}	V_{xmax}	M_{xmax}	V_{ymax}
无拉条	$\frac{1}{8}q_x l^2$	$0.5q_x l$	$\frac{1}{8}q_y l^2$	$0.5q_y l$
跨中有一道拉条	拉条处负弯矩$\frac{1}{32}q_x l^2$ 拉条与支座间正弯矩$\frac{1}{64}q_x l^2$	$0.625q_x l$	$\frac{1}{8}q_y l^2$	$0.5q_y l$
三分点处各有一道拉条	拉条处负弯矩$\frac{1}{90}q_x l^2$ 跨中正弯矩$\frac{1}{360}q_x l^2$	$0.367q_x l$	$\frac{1}{8}q_y l^2$	$0.5q_y l$

注:①在计算 M_y 时,将拉条作为侧向支承点,按双跨或三跨连续梁计算;

　　②计算檩条时,不能把隅撑作为檩条的侧向支承点。

对于多跨连续檩条,在计算 M_y 时,不考虑活荷载的不利组合,跨中和支座弯矩都近似取 $0.1q_y l^2$。

当檩条兼作支撑桁架的横杆或刚性系杆时,还应承受支撑力。

2.5.4　檩条的截面设计

1)截面选择

檩条截面高度 h:初选时应考虑屋面荷载和跨度要求,h 通常取檩条跨度 l 的 1/50 ~ 1/35;檩条截面宽度 b:由截面高度 h 所选用的型钢规格确定。一般选用 Q235 钢,冷弯薄壁型钢壁厚不宜小于 2 mm。

2)受压板件的有效宽度

压型钢板及用于檩条、墙梁的卷边 C 型钢和 Z 型钢都属于冷弯薄壁构件,这类板件都具有一定的屈曲后强度,即当板件受压屈曲后还能继续抵抗超过屈曲荷载的轴向荷载,板的这种特性称为屈曲后强度。板的屈曲后强度在冷弯薄壁构件中非常重要,因为薄板虽然在较小应力状态下就可能发生屈曲,但却有能力抵抗较大的荷载而不致破坏。因此,对于冷弯薄壁型钢构件允许板件受压屈曲并利用其屈曲后强度,在其强度和稳定性计算公式中截面特性应以有效截面为准。冷弯薄壁型钢构件的截面由各种不同类型的板件组成,通常把这些板件按对边的支承条件分为以下4类:

①加劲板件:两纵边均与其他板件相连接的板件;

②部分加劲板件:一纵边与其他板件相连接,另一纵边由卷边加劲的板件;

③非加劲板件:一纵边与其他板件相连接,另一纵边为自由边的板件;

④中间加劲板件:两纵边均与其他板件相连接且中部有中间加劲肋的板件。

如图 2.43 所示,箱形截面构件的腹板和翼缘板都是加劲板件;卷边槽形截面构件的腹板是加劲板件,翼缘是部分加劲板件;槽形截面构件的腹板是加劲板件,翼缘是非加劲板件;宽厚比很大,在中间设有中间加劲肋的板件是中间加劲板件。

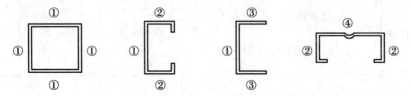

图 2.43 冷弯薄壁板件的分类

①—加劲板件;②—部分加劲板件;③—非加劲板件;④—中间加劲板件

加劲板件、部分加劲板件和非加劲板件的有效宽厚比应按下列公式计算:

当 $\dfrac{b}{t} \leqslant 18\alpha\rho$ 时
$$\frac{b_{\mathrm{e}}}{t} = \frac{b_{\mathrm{c}}}{t} \tag{2.51a}$$

当 $18\alpha\rho < \dfrac{b}{t} < 38\alpha\rho$ 时
$$\frac{b_{\mathrm{e}}}{t} = \left(\sqrt{\frac{21.8\alpha\rho}{b/t}} - 0.1\right)\frac{b_{\mathrm{c}}}{t} \tag{2.51b}$$

当 $\dfrac{b}{t} \geqslant 38\alpha\rho$ 时
$$\frac{b_{\mathrm{e}}}{t} = \frac{25\alpha\rho}{b/t}\frac{b_{\mathrm{c}}}{t} \tag{2.51c}$$

式中 b, t——板件的宽度及厚度。

b_{e}——板件有效宽度,如图 2.44 所示的阴影范围。

α——计算系数,$\alpha = 1.15 - 0.15\psi$,当 $\psi < 0$ 时取 $\alpha = 1.15$。

ψ——压应力分布不均匀系数,$\psi = \sigma_{\min}/\sigma_{\max}$。

$\sigma_{\max}$——受压板件边缘的最大压应力($\mathrm{N/mm^2}$),取正值(图 2.46)。

$\sigma_{\min}$——受压板件另一边缘的应力($\mathrm{N/mm^2}$),以压应力为正,拉应力为负(图 2.46)。

b_{c}——板件的受压区宽度,当 $\psi \geqslant 0$ 时,$b_{\mathrm{c}} = b$;当 $\psi < 0$ 时,$b_{\mathrm{c}} = b/(1 - \psi)$。

ρ——计算系数:
$$\rho = \sqrt{205k_1 k/\sigma_1} \tag{2.52}$$

其中 k——板件的受压稳定系数,按式(2.53)确定。

k_1——板组约束系数,按式(2.54)采用,若不计相邻板件的约束作用,可取 $k = 1$。

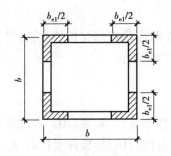

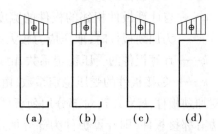

图 2.44　受压板件的有效截面图　　　　　图 2.45　部分加劲板件和非加劲板件的应力分布图示

σ_1 应按下列规定确定：

①在轴心受压构件中应根据构件最大长细比所确定的稳定系数 φ 与钢材强度设计值 f 的乘积 (φf) 作为 σ_1。

②对于压弯构件，截面上各板件的压应力分布不均匀系数 ψ 应由构件毛截面按强度计算，不考虑双力矩的影响。最大压应力板件的 σ_1 取钢材的强度设计值 f，其余板件的最大压应力按 ψ 推算。

③对于受弯及拉弯构件，截面上各板件的压应力分布不均匀系数 ψ 及最大压应力应由构件毛截面按强度计算，不考虑双力矩的影响。

板件的受压稳定系数 k 可按下列公式计算：

①对于加劲板件：

当 $1 \geqslant \psi > 0$ 时　　　　　　　$k = 7.8 - 8.15\psi + 4.35\psi^2$ 　　　　　　　(2.53a)

当 $0 \geqslant \psi > -1$ 时　　　　　　　$k = 7.8 - 6.29\psi + 9.78\psi^2$ 　　　　　　　(2.53b)

②对于部分加劲板件：

• 最大压应力作用于支承边时［图 2.45(a)］

当 $\psi \geqslant -1$ 时　　　　　　　$k = 5.89 - 11.59\psi + 6.68\psi^2$ 　　　　　　　(2.53c)

• 最大压应力作用于部分加劲边时［图 2.45(b)］

当 $\psi \geqslant -1$ 时　　　　　　　$k = 1.15 - 0.22\psi + 0.045\psi^2$ 　　　　　　　(2.53d)

③对于非加劲板件：

• 最大压应力作用于支承边时［图 2.45(c)］

当 $1 \geqslant \psi > 0$ 时　　　　　　　$k = 1.70 - 3.025\psi + 1.75\psi^2$ 　　　　　　　(2.53e)

当 $0 \geqslant \psi > -0.4$ 时　　　　　　$k = 1.70 - 1.75\psi + 55\psi^2$ 　　　　　　　(2.53f)

当 $-0.4 \geqslant \psi > -1$ 时　　　　　$k = 6.07 - 9.51\psi + 8.33\psi^2$ 　　　　　　　(2.53g)

• 最大压应力作用于自由边时［图 2.45(d)］

当 $\psi \geqslant -1$ 时　　　　　　　$k = 0.567 - 0.213\psi + 0.071\psi^2$ 　　　　　　　(2.53h)

受压板件的板组约束系数 k_1 应按下列公式计算：

当 $\psi \leqslant 1.1$ 时　　　　　　　　$k_1 = 1/\sqrt{\xi}$ 　　　　　　　　(2.54a)

当 $\psi > 1.1$ 时　　　　　　　　$k_1 = 0.11 + 0.93/(\xi - 0.05)^2$ 　　　　　　(2.54b)

$$\xi = \frac{c}{b}\sqrt{\frac{k}{k_c}} \qquad\qquad (2.54c)$$

式中　b——计算板件的宽度；

　　　c——与计算板件相邻的板件的宽度，如果计算板件两边均有邻接板件时，即计算板件
　　　　　为加劲板件时，取压应力较大一边的邻接板件的宽度；

　　　k——计算板件的受压稳定系数，由式(2.53)确定；

　　　k_c——邻接板件的受压稳定系数，由式(2.53)确定。

对加劲板件，$k_1 \leqslant 1.7$；对部分加劲板件，$k_1 \leqslant 2.4$；对非加劲板件，$k_1 \leqslant 3.0$。当计算板件只有一边有邻接板件，即计算板件为部分加劲板件或非加劲板件，且邻接板件受拉时，k_1 取最大值，即分别取 2.4 和 3.0。

部分加劲板件中卷边的高厚比不宜大于 12，卷边的最小高厚比应根据部分加劲板件的宽厚比按表 2.6 采用。

表 2.6　卷边的最小高厚比

b/t	15	20	25	30	35	40	45	50	55	60
a/t	5.4	6.3	7.2	8.0	8.5	9.0	9.5	10.0	10.5	11.0

注：a—卷边高度；b—带卷边板件的宽度；t—板厚。

当 $\psi < -1$ 时，以上各式的 k 值按 $\psi = -1$ 的值采用。

当受压板件的宽厚比大于式(2.51)规定的有效宽厚比时，受压板件的有效截面应按图 2.46 所示的位置将截面的受压部分扣除其超出部分(即图中不带斜线部分)来确定，截面的受拉部分全部有效。

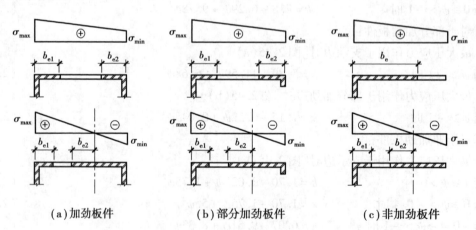

　　　　(a)加劲板件　　　　　　(b)部分加劲板件　　　　　(c)非加劲板件

图 2.46　受压板件的有效截面图

图 2.46 中的 b_{e1} 和 b_{e2} 按下列规定计算：

对于加劲板件

当 $\psi \geqslant 0$ 时　　　　　$b_{e1} = \dfrac{2b_e}{5 - \psi}$　　　$b_{e2} = b_e - b_{e1}$ 　　　　　(2.55a)

当 $\psi < 0$ 时　　　　　$b_{e1} = 0.4b_e$　　　$b_{e2} = 0.6b_e$ 　　　　　(2.55b)

对于部分加劲板件及非加劲板件

　　　　　　　　　　　　$b_{e1} = 0.4b_e$　　　$b_{e2} = 0.6b_e$ 　　　　　(2.55c)

式中的 b_e，ψ 按式(2.51)确定。

3) 强度计算

当屋面板刚度较大并与檩条之间有可靠连接，能阻止檩条发生侧向失稳和扭转变形时，可不计算檩条的整体稳定性，仅按下列公式验算截面强度：

冷弯薄壁型钢
$$\sigma = \frac{M_x}{W_{enx}} + \frac{M_y}{W_{eny}} \leqslant f \qquad (2.56a)$$

$$\tau = \frac{3V_{ymax}}{2h_0 t} \leqslant f_v \qquad (2.56b)$$

热轧型钢
$$\sigma = \frac{M_x}{\gamma_x W_{nx}} + \frac{M_y}{\gamma_y W_{ny}} \leqslant f \qquad (2.56c)$$

式中　M_x——由 q_y 引起的对 x 轴的最大弯矩；

M_y——由 q_x 引起的对 y 轴的相应于 M_x 处的弯矩，拉条应作为侧向支承点；

W_{enx}，W_{eny}——对主轴 x，y 轴的有效净截面抵抗矩；

W_{nx}，W_{ny}——对主轴 x，y 轴的净截面抵抗矩；

V_{ymax}——腹板平面内的剪力设计值；

t——檩条厚度，当双檩条搭接时，取两檩条厚度之和并乘以折减系数0.9；

h_0——檩条腹板扣除冷弯半径后的平直段高度。

4) 整体稳定性计算

当屋面板刚度较弱，不能阻止檩条发生侧向失稳和扭转变形时，应按下列公式对檩条进行整体稳定性验算：

冷弯薄壁型钢
$$\sigma = \frac{M_x}{\varphi_{bx} W_{ex}} + \frac{M_y}{W_{ey}} \leqslant f \qquad (2.57a)$$

热轧型钢
$$\sigma = \frac{M_x}{\varphi_b W_x} + \frac{M_y}{\gamma_y W_y} \leqslant f \qquad (2.57b)$$

式中　W_{ex}，W_{ey}——对主轴 x，y 轴的有效毛截面抵抗矩；

W_x，W_y——对主轴 x，y 轴的毛截面抵抗矩；

φ_b——热轧型钢受弯构件绕强轴的整体稳定性系数；

φ_{bx}——冷弯薄壁型钢受弯构件绕强轴的整体稳定性系数，按式(2.58)确定。

$$\varphi_{bx} = \frac{4\,320Ah}{\lambda_y^2 W_x} \xi_1 \left(\sqrt{\eta^2 + \zeta} + \eta \right) \frac{235}{f_y} \qquad (2.58a)$$

$$\eta = \frac{2\xi_2 e_a}{h} \qquad (2.58b)$$

$$\zeta = \frac{4I_\omega}{h^2 I_y} + \frac{0.156I_t}{I_y} \left(\frac{l_0}{h} \right)^2 \qquad (2.58c)$$

式中　λ_y——梁在弯矩作用平面外的长细比。

A——檩条毛截面面积。

h——檩条截面高度。

l_0——檩条梁的侧向计算长度，$l_0 = \mu_b l$，其中 μ_b 为檩条梁的侧向计算长度系数，按表2.7采用；l 为梁的跨度。

ξ_1,ξ_2——系数,按表 2.7 采用。

e_a——横向荷载作用点到弯心的垂直距离。对于偏心压杆或当横向荷载作用在弯心时,
$e_a=0$;当荷载不作用在弯心且荷载方向指向弯心时 e_a 为负,而离开弯心时 e_a 为正。

W_x——檩条对 x 轴的受压边缘毛截面抵抗矩。

I_ω——檩条毛截面扇形惯性矩。

I_y——檩条对 y 轴的毛截面惯性矩。

I_t——檩条扭转惯性矩。

表 2.7　均布荷载作用下简支檩条的 μ_b 和 ξ_1,ξ_2 系数

系数	跨间无拉条	跨中一道拉条	三分点两道拉条
μ_b	1.0	0.5	0.33
ξ_1	1.13	1.35	1.37
ξ_2	0.46	0.14	0.06

如按上列公式算得 $\varphi_{bx}>0.7$,则应以 φ'_{bx} 值代替 φ_{bx},φ'_{bx} 值应按下式计算:

$$\varphi'_{bx} = 1.091 - \frac{0.274}{\varphi_{bx}} \tag{2.59}$$

式(2.56a)和式(2.57a)中的截面抵抗矩用的都是有效截面,其值应根据本节"2)受压板件的有效宽度"的规定计算,但檩条是双向受弯构件,翼缘的正应力非均匀分布,确定其有效宽度的计算比较复杂。对于和屋面板牢固连接并承受重力荷载的卷边 C 形薄壁型钢、Z 形薄壁型钢檩条,经过分析得出翼缘全部有效的范围如下,可按下列简化公式计算:

当 $h/b \leqslant 3.0$ 时 $\qquad \frac{b}{t} \leqslant 31\sqrt{\frac{205}{f}}$ (2.60a)

当 $3.0 < h/b \leqslant 3.3$ 时 $\qquad \frac{b}{t} \leqslant 28.5\sqrt{\frac{205}{f}}$ (2.60b)

式中　h,b,t——檩条的截面高度、翼缘宽度和板件厚度。

当选用式(2.60)范围外的截面时,应根据本节"2)受压板件的有效宽度"按有效截面进行验算。

5)变形计算

实腹式檩条应验算垂直于屋面方向的挠度,对两端简支檩条应按下式进行验算:

C 形薄壁型钢檩条 $\qquad w = \frac{5q_{ky}l^4}{384EI_x} \leqslant [w]$ (2.61a)

Z 形薄壁型钢檩条 $\qquad w = \frac{5q_k \cos \alpha l^4}{384EI_{x1}} \leqslant [w]$ (2.61b)

式中　q_{ky}——沿 y 轴作用的分荷载标准值。

q_k——荷载标准值。

I_x——对 x 轴的毛截面惯性矩。

α——屋面坡度。

I_{x1}——Z 形截面对平行于屋面的形心轴的毛截面惯性矩。

$[w]$——容许挠度,仅支承压型钢板屋面(承受活荷载和雪荷载)时,$[w] = l/150$;有吊顶时,$[w] = l/240$。

2.5.5　檩条的构造要求

檩条的布置与设计应遵循以下构造要求:

①实腹式檩条可通过檩托与刚架斜梁相连,檩托可用角钢[图 2.47(a)]或钢板[图 2.47(b)]焊接而成。檩条端部与檩托的连接螺栓沿檩条高度方向不得少于 2 个,螺栓的直径根据檩条的截面大小取 M12 ~ M16。

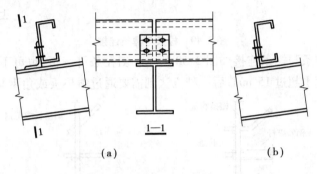

图 2.47　实腹式檩条端部连接

②卷边 C 形和 Z 形檩条上翼缘肢尖(或卷边)应朝向屋脊方向,以减小屋面荷载偏心引起的扭转。

③为了减少檩条在使用和施工期间的侧向变形和扭转,提供 x 轴方向的中间支点,应在檩条跨间位置按下列原则设置拉条:

a. 当檩条跨度 $l < 4$ m 时,可不设置拉条或撑杆;

b. 当檩条跨度 4 m $\leq l \leq 6$ m 时,应在檩条跨中设置一道拉条,如图 2.48(a)所示;

c. 当檩条跨度 6 m $< l \leq 9$ m 时,应在檩条跨度三分点处各设置一道拉条,如图 2.48(b)所示。

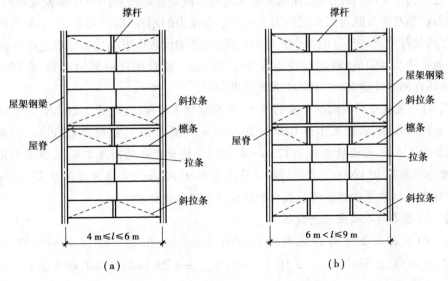

图 2.48　拉条、斜拉条和撑杆的布置

当仅设置拉条时,由于拉条的刚度较弱,在水平分力 q_x 的作用下,屋面檩条仍有可能产生侧向失稳和变形。因此,为了保证拉条能够将中间支点的力传到刚度较大的构件,需要在屋脊或檐口处设置如图 2.48 所示的斜拉条和刚性撑杆,以确保屋面系统的整体稳定性。拉条与檩条之间的连接构造如图 2.49 所示,位于屋脊两侧的檩条可用钢管、角钢或槽钢相连。

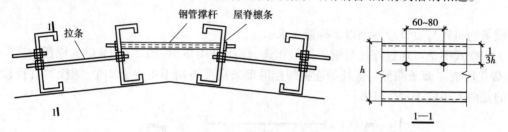

图 2.49 拉条与檩条连接

撑杆、拉条、斜拉条与檩条连接如图 2.50 所示。斜拉条可弯折,也可不弯折。前一种方法要求弯折的直线长度不超过 15 mm,后一种方法则需要通过斜垫板或角钢与檩条连接。

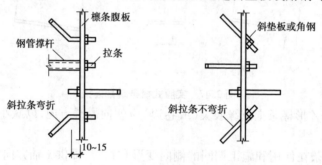

图 2.50 撑杆、拉条、斜拉条与檩条的连接

当屋面自重大于风吸力作用时,拉条应设置在离檩条上翼缘不大于 1/3 腹板高度处,如图 2.49 所示;当风吸力起控制作用时,檩条下翼缘受压,拉条应设置在离檩条下翼缘不大于 1/3 腹板高度处。为了兼顾两种情况,在风荷载大的地区或是在屋檐和屋脊处都设置斜拉条,或是把拉条和斜拉条都做成既可以承受拉力又可以承受压力的刚性杆,并可在上、下翼缘附近交替布置,或在两处都设置。当采用扣合式屋面板时,拉条的设置应根据檩条的稳定计算确定。

拉条通常用圆钢做成,圆钢直径不宜小于 10 mm。刚性撑杆可采用钢管、方钢或角钢做成,通常按压杆的刚度要求 $[\lambda] \leq 200$ 来选择截面。

【例 2.2】 某轻型门式刚架结构的屋面,采用彩钢夹芯板(自重为 0.20 kN/m²),檩条采用冷弯薄壁卷边 C 型钢,截面尺寸为 C180×70×20×2(图 2.51),钢材为 Q235A。檩条跨度为 6.0 m,檩距为 1.5 m,屋面坡度为 1/12($\alpha = 4.76°$)。檐口距地面高度 7.6 m,屋脊距地面高度 8.8 m。雪荷载为 0.30 kN/m²,屋面均布活荷载为 0.50 kN/m²,基本风压为 0.35 kN/m²,地面粗糙度为 B 类。试验算该檩条的承载力和挠度是否满足设计要求。

【解】 1)檩条的毛截面几何特性

C180×70×20×2 截面的毛截面几何特性为: $A = 6.87$ cm², $I_x = 343.93$ cm⁴, $I_y = 45.18$ cm⁴, $W_x = 38.21$ cm³, $W_{ymax} = 21.37$ cm³, $W_{ymin} = 9.25$ cm³; $i_x = 7.08$ cm, $i_y = 2.57$ cm, $e_0 = 5.17$ cm, $x_0 = 2.11$ cm, $I_\omega = 2934.3$ cm⁴, $I_t = 0.0916$ cm⁴。

2)荷载计算

(1)永久荷载标准值

夹芯板　　　　　　　　　　　　　0.20 kN/m^2

檩条自重(包括拉条)　　　　　　0.05 kN/m^2

　　　　　　　　　　　　　　　　0.25 kN/m^2

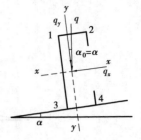

图 2.51　檩条截面力系图

(2)可变荷载标准值

按《荷载规范》,当房屋高度小于 10 m 时,取风压高度变化系数 $\mu_z = 1.0$。按《门式刚架规范》规定确定风荷载系数。檩条有效受风面积为:

$$c = \max\{(a+b)/2, l/3\} = \{1.5\ \text{m}, 2\ \text{m}\} = 2\ \text{m}$$

$A = lc = 2\ \text{m} \times 6\ \text{m} = 12\ \text{m}^2 > 10\ \text{m}^2$。风吸力:边缘带 $\mu_w = -1.28$,中间区 $\mu_w = -1.08$;风压力:$\mu_w = 0.38$,取 $\mu_w = -1.28$。

垂直于屋面的风荷载标准值(吸力)为:

$$w_k = \beta \mu_w \mu_z w_0 = 1.5 \times (-1.28) \times 1.0 \times 0.35\ \text{kN/m}^2 = -0.67\ \text{kN/m}^2$$

(3)考虑以下两种荷载组合

①永久荷载与屋面活荷载组合。

檩条线荷载:

$$q_k = (0.25 + 0.5) \times 1.5\ \text{kN/m} = 1.125\ \text{kN/m}$$

$$q = (1.2 \times 0.25 + 1.4 \times 0.5) \times 1.5\ \text{kN/m} = 1.5\ \text{kN/m}$$

$$q_x = q \times \sin 4.76° = 0.124\ \text{kN/m}$$

$$q_y = q \times \cos 4.76° = 1.494\ \text{kN/m}$$

弯矩设计值:

$$M_x = \frac{1}{8} q_y l^2 = \frac{1}{8} \times 1.494 \times 6^2\ \text{kN·m} = 6.72\ \text{kN·m}$$

$$M_y = \frac{1}{32} q_x l^2 = \frac{1}{32} \times 0.124 \times 6^2\ \text{kN·m} = 0.14\ \text{kN·m}$$

②永久荷载与风荷载(吸力)组合。

檩条线荷载:

$$q_{ky} = (-0.67 + 0.25 \times \cos 4.76°) \times 1.5\ \text{kN/m} = -0.63\ \text{kN/m}$$

$$q_x = 0.25 \times \sin 4.76° \times 1.5\ \text{kN/m} = 0.02\ \text{kN/m}$$

$$q_y = -1.4 \times 0.67 \times 1.5\ \text{kN/m} + 0.25 \times 1.5 \times \cos 4.76°\ \text{kN/m} = -1.03\ \text{kN/m}$$

弯矩设计值:

$$M_x = \frac{1}{8} q_y l^2 = -\frac{1}{8} \times (-1.03) \times 6^2\ \text{kN·m} = -4.64\ \text{kN·m}$$

$$M_y = \frac{1}{32} q_x l^2 = \frac{1}{32} \times 0.02 \times 6^2\ \text{kN·m} = 0.02\ \text{kN·m}$$

3)有效截面计算

如图 2.52 所示,先按毛截面计算截面 1,2,3,4 点的正应力。

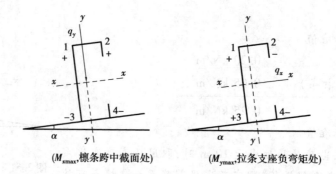

$(M_{xmax},$檩条跨中截面处$)$ $(M_{ymax},$拉条支座负弯矩处$)$

图 2.52　檩条应力符号图

（图中符号:压应力为正,拉应力为负）

$$\sigma_1 = \frac{M_x}{W_x} + \frac{M_y}{W_{ymax}} = \frac{6.72 \times 10^6}{38.21 \times 10^3} \text{N/mm}^2 + \frac{0.14 \times 10^6}{21.37 \times 10^3} \text{N/mm}^2 = 182.42 \text{ N/mm}^2 < f = 205 \text{ N/mm}^2$$

$$\sigma_2 = \frac{M_x}{W_x} - \frac{M_y}{W_{ymin}} = \frac{6.72 \times 10^6}{38.21 \times 10^3} \text{N/mm}^2 - \frac{0.14 \times 10^6}{9.25 \times 10^3} \text{N/mm}^2 = 160.74 \text{ N/mm}^2 < f = 205 \text{ N/mm}^2$$

$$\sigma_3 = -\frac{M_x}{W_x} + \frac{M_y}{W_{ymax}} = -\frac{6.72 \times 10^6}{38.21 \times 10^3} \text{N/mm}^2 + \frac{0.14 \times 10^6}{21.37 \times 10^3} \text{N/mm}^2$$

$$= -169.32 \text{ N/mm}^2 < f = 205 \text{ N/mm}^2$$

$$\sigma_4 = -\frac{M_x}{W_x} - \frac{M_y}{W_{ymin}} = -\frac{6.72 \times 10^6}{38.21 \times 10^3} \text{N/mm}^2 - \frac{0.14 \times 10^6}{9.25 \times 10^3} \text{N/mm}^2$$

$$= -160.74 \text{ N/mm}^2 < f = 205 \text{ N/mm}^2$$

$$\tau = \frac{3V_{ymax}}{2h_0 t} = \frac{3 \times 0.5 \times 1.494 \times 10^3 \times 6}{2 \times (180 - 2 \times 2) \times 2} \text{N/mm}^2 = 19.1 \text{ N/mm}^2 < f_v = 120 \text{ N/mm}^2$$

（1）受压板件的稳定系数

①腹板。

腹板为加劲板件,$\psi = \sigma_{min}/\sigma_{max} = \sigma_3/\sigma_1 = -169.32/182.42 = -0.928 \geqslant -1$。

由式(2.53b)可得:

　$k = 7.8 - 6.29\psi + 9.78\psi^2 = 7.8 - 6.29 \times (-0.928) + 9.78 \times (-0.928)^2 = 22.059$

②上翼缘板。

上翼缘为部分加劲板件,最大压应力作用于部分加劲边。

$$\psi = \frac{\sigma_{min}}{\sigma_{max}} = \frac{\sigma_2}{\sigma_1} = \frac{160.74}{182.42} = 0.881 \geqslant -1$$

由式(2.53d)可得:

$k = 1.15 - 0.22\psi + 0.045\psi^2 = 1.15 - 0.22 \times 0.881 + 0.045 \times 0.881^2 = 0.991$

（2）受压板件的有效宽度

①腹板。

$k = 22.059, k_c = 0.991, b = 180 \text{ mm}, c = 70 \text{ mm}, t = 2 \text{ mm}, \sigma_1 = 182.42 \text{ N/mm}^2$, 由式(2.54c)

可得:

$$\xi = \frac{c}{b}\sqrt{\frac{k}{k_c}} = \frac{70}{180} \times \sqrt{\frac{22.059}{0.991}} = 1.835 > 1.1$$

按式(2.54b)计算的板组约束系数为：

$$k_1 = 0.11 + 0.93/(\xi - 0.05)^2 = 0.11 + 0.93/(1.835 - 0.05)^2 = 0.402$$

根据式(2.52)：

$$\rho = \sqrt{205k_1k/\sigma_1} = \sqrt{205 \times 0.402 \times 22.059/182.42} = 3.157$$

由于 $\psi < 0$，则 $\alpha = 1.15$，$b_c = b/(1-\psi) = 180 \text{ mm}/(1+0.928) = 93.36 \text{ mm}$

$b/t = 180/2 = 90$，$18\alpha\rho = 18 \times 1.15 \times 3.157 = 65.35$，$38\alpha\rho = 38 \times 1.15 \times 3.157 = 137.96$，所以 $18\alpha\rho < b/t < 38\alpha\rho$，计算得到截面的有效宽度为：

$$b_e = \left(\sqrt{\frac{21.8\alpha\rho}{b/t}} - 0.1 \right) b_c = \left(\sqrt{\frac{21.8 \times 1.15 \times 3.157}{90}} - 0.1 \right) \times 93.96 \text{ mm} = 78.72 \text{ mm}$$

由式(2.55b)可得：

$$b_{e1} = 0.4b_e = 0.4 \times 78.72 \text{ mm} = 31.49 \text{ mm}, b_{e2} = 0.6b_e = 0.6 \times 78.72 \text{ mm} = 47.23 \text{ mm}$$

②上翼缘板。

$k = 0.991$，$k_c = 22.059$，$b = 70 \text{ mm}$，$c = 180 \text{ mm}$，$t = 2 \text{ mm}$，$\sigma_1 = 182.42 \text{ N/mm}^2$，由式(2.54c)可得：

$$\xi = \frac{c}{b}\sqrt{\frac{k}{k_c}} = \frac{180}{70} \times \sqrt{\frac{0.991}{22.059}} = 0.545 < 1.1$$

按式(2.54a)计算的板组约束系数为：

$$k_1 = 1/\sqrt{\xi} = 1/\sqrt{0.545} = 1.354$$

根据式(2.52)：

$$\rho = \sqrt{205k_1k/\sigma_1} = \sqrt{205 \times 1.354 \times 0.991/182.42} = 1.228$$

由于 $\psi > 0$，则 $\alpha = 1.15 - 0.15\psi = 1.15 - 0.15 \times 0.881 = 1.018$，$b_c = b = 70 \text{ mm}$

$b/t = 70/2 = 35$，$18\alpha\rho = 18 \times 1.018 \times 1.228 = 22.50$，$38\alpha\rho = 38 \times 1.018 \times 1.228 = 47.50$，所以 $18\alpha\rho < b/t < 38\alpha\rho$，计算得到截面的有效宽度为：

$$b_e = \left(\sqrt{\frac{21.8\alpha\rho}{b/t}} - 0.1 \right) b_c = \left(\sqrt{\frac{21.8 \times 1.018 \times 1.228}{35}} - 0.1 \right) \times 70 \text{ mm} = 54.77 \text{ mm}$$

由式(2.55c)可得：

$$b_{e1} = 0.4b_e = 0.4 \times 54.77 \text{ mm} = 21.91 \text{ mm}, b_{e2} = 0.6b_e = 0.6 \times 54.77 \text{ mm} = 32.86 \text{ mm}$$

③下翼缘板。

下翼缘板全截面受拉，全部有效。

（3）有效净截面抵抗矩

上翼缘板的扣除面积宽度为：$(70 - 54.77) \text{ mm} = 15.23 \text{ mm}$；腹板的扣除面积宽度为：$(93.36 - 78.72) \text{ mm} = 15.24 \text{ mm}$，同时在腹板的计算截面有一 $\phi12$ 的拉条连接孔（距上翼缘板边缘 40 mm），孔位置与扣除面积位置基本相同，所以腹板的扣除面积宽度按 12 mm 计算（图2.53）。

有效净截面抵抗矩为：

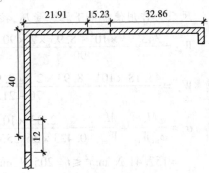

图 2.53　檩条有效截面图

$$W_{enx} = \frac{343.93 \times 10^4 - 15.23 \times 2 \times 90^2 - 12 \times 2 \times (90 - 40)^2}{90} cm^3 = 34.806 \ cm^3$$

$$W_{eny_{max}} = \frac{45.18 \times 10^4 - 15.23 \times 2 \times (15.23/2 + 21.91 - 21.1)^2 - 12 \times 2 \times (21.1 - 2/2)^2}{21.1} cm^3$$

$$= 20.85 \ cm^3$$

$$W_{eny_{min}} = \frac{45.18 \times 10^4 - 15.23 \times 2 \times (15.23/2 + 21.91 - 21.1)^2 - 12 \times 2 \times (21.1 - 2/2)^2}{70 - 21.1} cm^3$$

$$= 8.997 \ cm^3$$

4)强度计算

屋面能阻止檩条侧向失稳和扭转,按式(2.56)计算1点和2点的强度。

$$\sigma_1 = \frac{M_x}{W_{enx}} + \frac{M_y}{W_{eny_{max}}} = \frac{6.72 \times 10^6}{34.806 \times 10^3} N/mm^2 + \frac{0.14 \times 10^6}{20.85 \times 10^3} N/mm^2 = 199.78 \ N/mm^2 < 205 \ N/mm^2$$

$$\sigma_2 = \frac{M_x}{W_{enx}} - \frac{M_y}{W_{eny_{min}}} = \frac{6.72 \times 10^6}{34.806 \times 10^3} N/mm^2 - \frac{0.14 \times 10^6}{8.997 \times 10^3} N/mm^2 = 177.51 \ N/mm^2 < 205 \ N/mm^2$$

强度满足要求。

5)稳定计算

永久荷载与风吸力组合下的弯矩小于永久荷载与屋面可变荷载组合下的弯矩,檩条的有效截面抵抗矩已求得,根据式(2.58)计算受弯构件的整体稳定性系数 φ_{bx}。

跨中无侧向支撑,$\mu_b = 1.0, \xi_1 = 1.13, \xi_2 = 0.46, l_0 = 1.0 \times 6\,000 \ mm = 6\,000 \ mm$

$$e_a = e_0 - x_0 + b/2 = (51.7 - 21.1 + 70/2) mm = 65.6 \ mm(取正值)$$

$$\eta = 2\xi_2 e_a/h = 2 \times 0.46 \times 65.6/180 = 0.335, \lambda_y = l_0/i_y = 6\,000/25.7 = 233.46$$

$$\zeta = \frac{4I_\omega}{h^2 I_y} + \frac{0.156 I_t}{I_y}\left(\frac{l_0}{h}\right)^2 = \frac{4 \times 2\,934.3 \times 10^6}{180^2 \times 45.18 \times 10^4} + \frac{0.156 \times 916}{45.18 \times 10^4} \times \left(\frac{6\,000}{180}\right)^2 = 1.153$$

$$\varphi_{bx} = \frac{4\,320 Ah}{\lambda_y^2 W_x} \xi_1 (\sqrt{\eta^2 + \zeta} + \eta)\frac{235}{f_y}$$

$$= \frac{4\,320 \times 687 \times 180}{233.46^2 \times 38.21 \times 10^3} \times 1.13 \times (\sqrt{0.335^2 + 1.153} + 0.335) \times \frac{235}{235}$$

$$= 0.423 < 0.7$$

风吸力作用使檩条下翼缘受压,按式(2.57a)计算稳定性为:

$$W_{ex} = \frac{343.93 \times 10^4 - 8.93 \times 2 \times 90^2}{90} cm^3 = 36.256 \ cm^3$$

$$W_{ey} = \frac{45.18 \times 10^4 - 8.93 \times 2 \times (8.931/2 + 24.33 - 21.1)^2}{70 - 21.1} cm^3 = 9.113 \ cm^3$$

$$\sigma = \frac{M_x}{\varphi_{bx} W_{ex}} + \frac{M_y}{W_{ey}} = \frac{2.33 \times 10^6}{0.423 \times 36.256 \times 10^3} N/mm^2 + \frac{0.05 \times 10^6}{9.113 \times 10^3} N/mm^2$$

$$= 157.41 \ N/mm^2 \leqslant f = 205 \ N/mm^2 \ 且 < 193.68 \ N/mm^2$$

计算表明本工程的檩条由可变荷载组合控制,稳定性满足要求。

6)挠度计算

按式(2.61a)计算的挠度为:

$$w = \frac{5q_{ky}l^4}{384EI_x} = \frac{5}{384} \times \frac{1.125 \times \cos 4.76° \times 6\ 000^4}{2.06 \times 10^5 \times 343.93 \times 10^4} \text{mm} = 26.70 \text{ mm} \leqslant [w] = \frac{l}{150} = 40 \text{ mm}$$

挠度满足要求。

7)拉条计算

拉条所受力即为檩条跨中侧向支承点的支座反力,则

$$N = 0.625q_x l = 0.625 \times 0.124 \text{ kN/m} \times 6 \text{ m} = 0.465 \text{ kN}$$

拉条所需面积 $A_{min} = \frac{N}{f} = \frac{465}{0.95 \times 215} \text{mm}^2 = 2.28 \text{ mm}^2$

按构造取 $\phi 12$ 的拉条($A = 78.5 \text{ mm}^2$)。

【例2.3】 某轻型门式刚架结构的屋面,屋面材料为压型钢板,自重为 0.25 kN/m^2(含保温层);檩条采用轻型 H 型钢,截面尺寸为 $250 \text{ mm} \times 125 \text{ mm} \times 3.2 \text{ mm} \times 4.5 \text{ mm}$(图2.54),自重为 0.10 kN/m^2(含拉条)。屋面坡度 $1/12$($\alpha = 4.76°$),檩条跨度为 6 m,于 $l/2$ 处设一道拉条。水平檩距 1.5 m。钢材 Q235B。雪荷载为 0.30 kN/m^2,屋面均布活荷载为 0.50 kN/m^2,风压标准值为 0.65 kN/m^2。试验算该檩条的承载力和挠度是否满足设计要求。

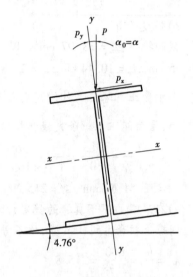

图 2.54 檩条截面力系图

【解】 1)荷载和内力

(1)永久荷载标准值(对水平投影面)

压型钢板(含保温层)	0.25 kN/m^2
檩条(含拉条)	0.10 kN/m^2
	0.35 kN/m^2

(2)可变荷载标准值

屋面均布活荷载或雪荷载,最大值为 0.5 kN/m^2。

(3)内力计算

①永久荷载与屋面活荷载组合。

檩条线荷载:

$$q_k = (0.35 + 0.50) \times 1.5 \text{ kN/m} = 1.275 \text{ kN/m}$$

$$q = (1.2 \times 0.35 + 1.4 \times 0.50) \times 1.5 \text{ kN/m} = 1.68 \text{ kN/m}$$

$$q_x = q \times \sin 4.76° = 0.139 \text{ kN/m}$$

$$q_y = q \times \cos 4.76° = 1.67 \text{ kN/m}$$

弯矩设计值:

$$M_x = \frac{1}{8}q_y l^2 = \frac{1}{8} \times 1.67 \times 6^2 \text{ kN·m} = 7.56 \text{ kN·m}$$

$$M_y = \frac{1}{32}q_x l^2 = \frac{1}{32} \times 0.139 \times 6^2 \text{ kN·m} = 0.16 \text{ kN·m}$$

②永久荷载与风荷载(吸力)组合。

檩条线荷载:

$$q = (-1.4 \times 0.65 + 1.0 \times 0.35) \times 1.5 \text{ kN/m} = 0.84 \text{ kN/m}$$

$$q_x = q \times \sin 4.76° = 0.070 \text{ kN/m}$$

$$q_y = q \times \cos 4.76° = 0.837 \text{ kN/m}$$

弯矩设计值:

$$M_x = \frac{1}{8} q_y l^2 = \frac{1}{8} \times 0.837 \times 6^2 \text{ kN·m} = 3.77 \text{ kN·m}$$

$$M_y = \frac{1}{32} q_x l^2 = \frac{1}{32} \times 0.07 \times 6^2 \text{ kN·m} = 0.079 \text{ kN·m}$$

2)强度验算

截面特性:$A = 18.97 \text{ cm}^2$,$W_x = 165.48 \text{ cm}^3$,$W_y = 23.45 \text{ cm}^3$,$I_x = 2\,068.56 \text{ cm}^4$,$I_y = 146.55 \text{ cm}^4$,$i_x = 10.44 \text{ cm}$,$i_y = 2.78 \text{ cm}$。

由于受压翼缘自由外伸宽度与其厚度之比 $\dfrac{b}{t} = \dfrac{(125 - 3.2)/2}{4.5} = 13.5 > 13$,计算截面无孔洞削弱,屋面能阻止檩条失稳和扭转变形,按式(2.56c)计算的强度为:

$$\sigma = \frac{M_x}{\gamma_x W_{nx}} + \frac{M_y}{\gamma_x W_{ny}} = \frac{7.56 \times 10^6}{1.0 \times 165.48 \times 10^3} \text{N/mm}^2 + \frac{0.16 \times 10^6}{1.0 \times 23.45 \times 10^3} \text{N/mm}^2$$

$$= 52.51 \text{ N/mm}^2 \leqslant f = 215 \text{ N/mm}^2$$

3)在风吸力下下翼缘的稳定计算

因檩条拉条靠近上翼缘,故不考虑其对下翼缘的约束。

$$\lambda_y = \frac{l_0}{i_y} = \frac{600}{2.78} = 215.8$$

$$\xi = \frac{l_1 t_1}{b_1 h} = \frac{600 \times 0.45}{12.5 \times 25} = 0.864 < 2.0$$

$$\beta_b = 1.73 - 0.2\xi = 1.73 - 0.2 \times 0.864 = 1.557$$

$$\eta_b = 0$$

$$\varphi_b = \beta_b \frac{4\,320 A h}{\lambda_y^2 W_x} \left(\sqrt{1 + \left(\frac{\lambda_y t_1}{4.4 h} \right)^2} + \eta_b \right) \frac{235}{f_y}$$

$$= 1.557 \times \frac{4\,320 \times 18.97 \times 25}{215.8^2 \times 165.48} \times \left(\sqrt{1 + \left(\frac{215.8 \times 0.45}{4.4 \times 25} \right)^2} + 0 \right) \times 1 = 0.552 < 0.6$$

风吸力作用使檩条下翼缘受压,按式(2.57b)计算整体稳定性为:

$$\sigma = \frac{M_x}{\varphi_b W_x} + \frac{M_y}{\gamma_y W_y} = \frac{3.77 \times 10^6}{0.552 \times 165.48 \times 10^3} \text{N/mm}^2 + \frac{0.079 \times 10^6}{1.0 \times 23.45 \times 10^3} \text{N/mm}^2$$

$$= 44.64 \text{ N/mm}^2 \leqslant f = 205 \text{ N/mm}^2$$

稳定性满足要求。

4)挠度计算

按式(2.61a)计算的挠度为:

$$w = \frac{5 q_{ky} l^4}{384 E I_x} = \frac{5 \times 1.275 \times \cos 4.76° \times 6\,000^4}{384 \times 206 \times 10^3 \times 2\,068.56 \times 10^4} \text{mm} = 5.03 \text{ mm} \leqslant [w] = l/200 = 30 \text{ mm}$$

故此檩条在平面内、外均满足要求。

2.6　墙梁设计

2.6.1　墙梁的截面形式

墙梁一般采用冷弯薄壁 C 型钢,有时也可采用卷边 Z 型钢(图 2.55)。墙梁主要承受墙板传递来的水平风荷载及墙板自重,并将其传给柱。

当卷边槽钢兼作门窗框时,应加焊连接板,以便在墙梁腹板处采用螺栓连接和拉条连接而不影响门窗框的安装,如图 2.56 所示。

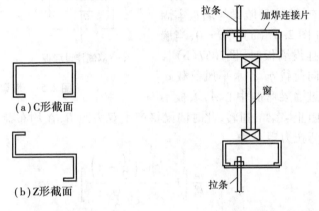

图 2.55　墙梁的截面形式　　　　图 2.56　兼作门窗框的墙梁构造

2.6.2　墙梁的计算

墙梁跨度可为一个柱距的简支梁或两个柱距的连续梁,从墙梁的受力性能、材料的充分利用来看,后者更合理。但考虑节点构造、材料供应、运输和安装等方面的因素,现有墙梁大都设计成跨度为一个柱跨的单跨简支梁。

1)墙梁荷载

墙梁上的荷载主要有竖向荷载和水平风荷载,属于双向受弯构件。竖向荷载有墙板自重和墙梁自重,墙板自重及水平风荷载可根据《荷载规范》查取,墙梁自重根据实际截面确定,初选截面时可近似地取 0.5 kN/m^2。当墙板落地(或底部有砖墙)且墙板与墙梁有可靠连接时,计算墙梁时可不考虑墙板和墙梁自重引起的弯矩和剪力。但由于需要防腐蚀、防撞击、开带形窗及施工工序等原因,在计算墙梁时,压型钢板等轻型挂板一般均按竖向挂板荷载考虑。

墙梁的荷载组合按以下情况进行计算:

①1.2×竖向永久荷载标准值 +1.4×水平风压力风荷载标准值(迎风);

②1.2×竖向永久荷载标准值 +1.4×水平风吸力风荷载标准值(背风)。

2)内力计算

墙梁设计时,根据墙梁跨度、荷载和拉条设置情况,初选墙梁截面,然后对墙梁截面进行验算。

验算时尚应根据其墙板单侧挂设或双侧挂设的不同情况,分别验算其强度、整体稳定性和刚度。

(1)正应力

墙梁在竖向和水平风荷载作用下应按式(2.62)验算其正应力。

$$\sigma = \frac{M_x}{W_{enx}} + \frac{M_y}{W_{eny}} + \frac{B}{W_\omega} \leq f \tag{2.62}$$

式中　M_x, M_y——水平荷载和竖向荷载设计值产生的弯矩,下标 x 和 y 分别表示墙梁的竖向主轴和水平主轴。M_x 按简支梁计算;对于 M_y,设置拉条时按连续梁计算。

W_{enx}, W_{eny}——对截面两个形心主轴 x, y 轴的有效净截面抵抗矩。

W_ω——验算截面处的毛截面扇形抵抗矩。

B——由水平风荷载和竖向荷载引起的验算截面处的双力矩。当墙梁两侧均挂有墙板,且墙梁与墙板牢固连接时[图 2.57(a)],$B = 0$;当墙梁单侧挂设墙板时[图2.57(b)],由于竖向荷载 q_x 和水平风荷载 q_y 均不通过墙梁弯曲中心 A,墙板不

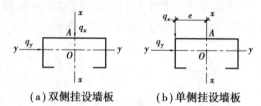

(a)双侧挂设墙板　　(b)单侧挂设墙板

图 2.57　墙梁荷载

能有效阻止墙梁的扭转,此时墙梁将产生双力距 B,在均布荷载作用下任意截面处的双弯扭力矩 B 为:

$$B = \frac{m}{k^2}\left[1 - \frac{\mathrm{ch}k\left(\frac{l}{2} - z\right)}{\mathrm{ch}\frac{kl}{2}}\right] \tag{2.63a}$$

跨中最大双弯扭力距为:

$$B_{max} = 0.01\delta ml^2 \tag{2.63b}$$

其中　k——弯扭特性系数,$k = \sqrt{\dfrac{GI_t}{EI_\omega}}$;

z——坐标原点到计算截面的距离;

I_t, I_ω——截面抗扭、扇形惯性矩;

δ——计算系数,由《冷弯薄壁型钢规范》中表 A.4.1 可查得;

m——计算截面双向荷载对弯曲中心的合扭矩,以绕弯曲中心逆时针方向为正,当设置的拉条能确保阻止墙梁扭转时,也可不计算双力矩。

(2)剪应力

墙梁在竖向荷载和水平风荷载作用下应分别按式(2.64)验算其剪应力。

$$\tau_x = \frac{3V_{xmax}}{4b_0 t} \leq f_v \tag{2.64a}$$

$$\tau_y = \frac{3V_{ymax}}{2h_0 t} \leq f_v \tag{2.64b}$$

式中　V_{xmax}——墙梁竖向荷载设计值所产生的最大剪力值,设置拉条时按连续梁计算;

V_{ymax}——墙梁水平风荷载设计值所产生的最大剪力值,按简支梁计算;

b_0, h_0——墙梁沿竖向(x 方向)和水平方向(y 方向)的计算高度,取板件弯折处两圆弧起点之间的距离;

　　t——墙梁壁厚；

　　f_v——钢材的抗剪强度设计值。

（3）整体稳定性

当墙梁两侧均挂设墙板，或单侧挂设墙板的墙梁承担迎风水平荷载时，由于墙梁的主要受压竖向板件与墙板有牢固连接，一般认为能保证墙梁的整体稳定性，不需验算；对于单侧挂设墙板的墙梁作用有背风风载时，由于墙梁的主要受压竖向板件未与墙板牢固连接，在构造上不能保证墙梁的整体稳定性，应按式(2.65)计算其整体稳定性。

$$\frac{M_x}{\varphi_{bx} W_{ex}} + \frac{M_y}{W_{ey}} + \frac{B}{W_{\omega}} \leqslant f \tag{2.65}$$

式中　φ_{bx}——单向弯矩 M_x 作用下墙梁的整体稳定系数，按式(2.58a)计算；

　　　　W_{ex}, W_{ey}——对截面两个形心主轴 x, y 轴的有效毛截面抵抗矩。

（4）刚度

墙梁在竖向和水平方向的最大挠度均不应大于墙梁的容许挠度，即

$$w_{max} \leqslant [w] \tag{2.66}$$

式中　$[w]$——墙梁的容许挠度。压型钢板、瓦楞铁墙面墙梁，$[w] = l/150$（l 为墙梁跨度）；对位于门窗洞口上方的墙梁，$[w] = l/200$，且竖向挠度不得大于 10 mm，否则会影响门窗的关启。

　　　　w_{max}——荷载标准值组合作用下墙梁的最大挠度。在水平风荷载作用下，墙梁按简支梁计算，参考檩条相关计算；在竖向荷载作用下，拉条作为墙梁的竖向支承点，墙梁为连续梁，最大挠度按以下公式计算：

两跨连续梁
$$w_{max} = \frac{1}{3\,070} \frac{q_{kx} l^4}{EI_y} \tag{2.67a}$$

三跨连续梁
$$w_{max} = \frac{6.67}{10\,000} \frac{q_{kx} l_1^4}{EI_y} \tag{2.67b}$$

其中　q_{kx}——竖向荷载标准值；

　　　　l——墙梁的跨度；

　　　　l_1——墙梁侧向支承点间距；

　　　　I_y——墙梁对主轴 y 轴的惯性矩；

　　　　E——墙梁钢材的弹性模量。

（5）拉条

墙梁计算时，拉条作为墙梁的竖向支承点，其所受拉力即为墙梁承受竖向荷载 q_x 时拉条支承点处的支座反力，由表 2.5 可求得拉条的拉力 N_1，则拉条所需的截面面积为：

$$A_n \leqslant \frac{N_1}{f} \tag{2.68}$$

式中　A_n——拉条的净截面面积，拉条直径不宜小于 10 mm；

　　　　f——拉条的设计强度，拉条通常由圆钢制作，圆钢强度应乘以 0.95 的折减系数。

2.6.3　墙梁的连接构造

1) 拉条的设置

墙梁两端支承于建筑物的承重柱或墙架柱上。当墙板自承重时，墙梁上可不设拉条。为

了减小墙梁在竖向荷载作用下的计算跨度,减小墙梁的竖向挠度,提高墙梁稳定性,常在墙梁上设置拉条,并在檐口处及窗洞下设置斜拉条和撑杆。当墙梁跨度 l 为 4~6 m 时,宜在跨中设置一道拉条;当 l 大于 6 m 时,宜在跨间三分点处各设置一道拉条;当 l 大于 9 m 时,宜在跨间四分点处各设一道拉条或撑杆。拉条作为墙梁的竖向支撑,利用斜拉条将拉力传至承重柱或墙架柱,当斜拉条所悬挂的墙梁数超过 5 个时,宜在中间设置一道斜拉条,这样可将拉力分段传给柱。墙梁拉条布置如图 2.58 所示。当墙板的竖向荷载有可靠途径直接传至地面或托梁时,可不设置传递竖向荷载的拉条。当单坡长度大于 50 m,宜在中间增加一道双向斜拉条和刚性撑杆组成的桁架结构体系。

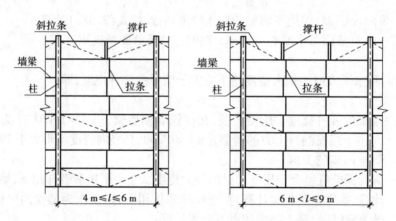

图 2.58　墙梁拉条布置

通常墙梁的最大刚度平面在水平方向,承担水平风荷载。槽口的朝向应视具体情况而定:槽口向上,便于连接,但容易积灰、积水,钢材易锈蚀;槽口向下,不易积灰、积水,但连接不便。一般当采用卷边槽形截面墙梁时,为便于墙梁与刚架柱的连接而把槽口向上放置,单窗框下沿的墙梁则需槽口向下放置。

2)墙梁与墙板的连接

采用压型钢板作墙板时,可通过两种方式与墙梁固定:在压型钢板波峰处用直径为 6 mm 的钩头螺钉与墙梁固定,每块墙板在同一水平处应有 3 个螺钉与墙梁固定,相邻墙梁处的钩头螺钉位置应错开,如图 2.59(a)所示;采用直径为 6 mm 的自攻螺钉在压型钢板的波谷处与墙梁固定,每块墙板在同一水平处应有 3 个螺钉固定,相邻墙梁的螺钉应交错设置,在两块墙板搭接处另加设直径 5 mm 的拉铆钉予以固定,如图 2.59(b)所示。

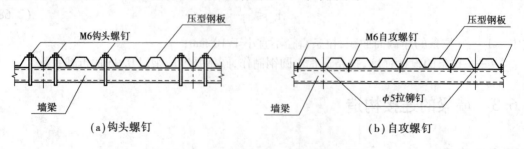

图 2.59　压型钢板与墙梁的连接

3）墙梁与柱的连接

墙梁与柱通常采用檩托进行连接,如图 2.60 所示。檩托与钢柱焊接,墙梁与檩托通过普通螺栓连接。

当山墙紧靠房屋端柱时,即端部墙板突出不大时,通常在墙角处不设墙架柱,可将端部墙梁支承于纵向墙梁上,如图 2.61(a)所示;当端部墙板突出较大时,端部墙梁应支承在加设的墙架柱上,如图 2.61(b)所示。

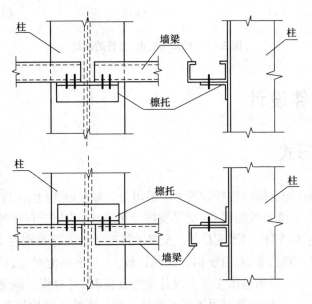

图 2.60 墙梁与柱的连接

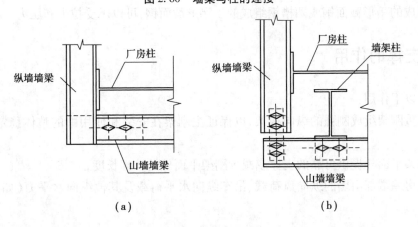

（a）　　　　　　　　　　　　　（b）

图 2.61 端部墙梁在墙角处的连接

4）墙梁与拉条、撑杆的连接

拉条、撑杆与墙梁的连接如图 2.62(a)所示。为了减少墙板自重对墙梁的偏心影响,当墙梁两侧挂墙板时,拉条应连接在墙梁重心处,如图 2.62(b)所示;当墙梁单侧挂墙板时,拉条应连接在墙梁挂墙板的一侧,如图 2.62(c)所示。

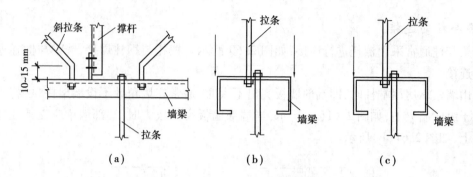

图 2.62　墙梁与拉条、撑杆的连接

2.7　支撑构件设计

2.7.1　支撑的形式

屋盖水平支撑和柱间支撑的腹杆布置大多采用交叉布置形式(也称为十字形支撑)。对于柱间支撑,有些厂房有连续布置的设备,交叉支撑会影响生产工艺,在这种情况下可以采用其他形式的支撑,如人字形支撑、门形支撑等。交叉支撑有柔性支撑和刚性支撑两种。柔性支撑构件有镀锌钢丝绳索、圆钢、带钢,由于构件长细比较大,几乎不能受压,在一个方向的纵向荷载作用下,一根受拉,另一根则退出工作。设计柔性支撑时,可对钢丝绳索和圆钢施加预拉力以抵消自重产生的压力,这样计算时可不考虑构件自重。刚性支撑构件有方管、圆管、单角钢、两个角钢组成的T形截面钢或两槽钢组成的工字形截面钢,可以承受拉力和压力。

2.7.2　支撑的作用

支撑有以下作用:

①与承重刚架组成刚强的纵向构架,以保证主刚架在安装和使用中的整体稳定性和纵向刚度;

②为刚架平面外提供可靠的支撑或减少刚架平面外的计算长度;

③承受房屋端部山墙的纵向风荷载、吊车纵向水平荷载及其他纵向水平力(如地震作用、温度应力等)。

2.7.3　支撑构件的设计原则

①屋盖横向水平支撑所承担的纵向风荷载,可按各道支撑均匀承担考虑。当同一柱列设有多道柱间支撑时,柱间支撑所承担的纵向荷载可按每道柱间支撑均匀承担考虑。

②屋盖横向水平支撑的内力,应根据纵向风荷载按支承于柱顶的水平桁架计算,当采用交叉支撑时,可仅考虑拉杆受力,压杆退出工作;柱间支撑的内力,应根据该柱列所受纵向荷载

(如有吊车,还应计入吊车纵向制动力)按支承于柱脚基础上的竖向悬臂桁架计算,当采用交叉支撑时,可仅考虑拉杆受力,压杆退出工作。

③柱间支撑在建筑物跨度小、高度较低的情况下,可用带张紧装置的圆钢做成交叉形的拉杆,也可采用角钢或槽钢。在高大的建筑中,柱间支撑的交叉杆除可采用角钢外,也可采用钢管。钢管具有用料省、制作简单,而且在建筑物中显得坚实、美观等特点。

④刚性系杆可用钢管,也可采用双角钢。在建筑物跨度较小、高度较低的情况下,可由檩条兼任,但檩条需按压弯构件设计,并应保证檩条平面外的长细比和稳定性。

2.7.4　支撑构件的设计计算

1)支撑系统的荷载

门式刚架轻型钢结构房屋支撑系统的承载功能主要表现在传递纵向水平荷载(风荷载、地震作用和吊车水平荷载)。支撑系统的传力路径一般为:山墙墙板→墙梁→墙架柱→屋面水平支撑系统→刚性系杆→柱间支撑系统→基础。屋面水平支撑主要承受风荷载和地震作用,但风荷载不与地震作用同时考虑。门式刚架轻型钢结构房屋多采用轻型屋面,其质量较轻,一般设防烈度在 7 度以下的结构,其地震作用比风荷载小,因此支撑系统可按其承受的风荷载分析内力和设计。

计算出山墙面承受的风荷载后,求出墙架柱顶的反力。墙架柱按简支构件设计,计算出其上端反力即为作用于支撑桁架上的节点荷载,进行水平支撑桁架的内力分析。一般两端的水平支撑桁架相同,同样承受风压力和风吸力,因此只需分析计算一端受压的情况。屋面水平支撑桁架的反力经柱顶刚性系杆传至柱间支撑顶部,柱间支撑作为一垂直桁架,将力最后传递至基础。

2)支撑系统的内力分析

传统设计中,一般将水平支撑和柱间支撑系统简化为平面结构计算构件内力。对于简化为平面分析的支撑系统,内力分析时仅考虑交叉杆中一根受拉杆件参与工作,与之交叉的杆件则退出工作,因此水平支撑系统可简化为简支静定桁架。在电算中,当交叉杆采用角钢或钢管时,则无论拉、压状态,所有交叉杆均参与工作,支撑系统也成为超静定结构。柱间支撑可简化为垂直的悬臂桁架。

虽然在简单结构中可将支撑系统简化为平面结构,使计算过程得以简化,但从现有的研究看,由于简化时支座一般按铰接考虑,这与实际支座的弹性受力状态存在一定的差异,此种简化很难准确地计算构件的内力,因此合理的计算应建立整体结构的空间模型。对于结构平面复杂或立面不规则的结构,其支撑系统的布置一般也较为复杂,很难确定合理的平面计算模型,因此必须建立系统的空间计算模型,通过电算确定构件的内力。

3)支撑杆件的设计

门式刚架轻型房屋钢结构中的交叉支撑和柔性系杆可按拉杆设计,非交叉支撑中的受压杆件及刚性系杆应按压杆设计。

对于轴拉杆件,截面验算包括强度、刚度;对于轴压构件,截面验算包括强度、长细比和稳定性。选型一般由容许长细比或由稳定条件控制,采用建议两个主轴方向回转半径相等或接近的截面,如钢管。

《门式刚架规范》中规定支撑的容许长细比,受压杆件:220;受拉杆件:吊车梁以下的柱间支撑为300,其他支撑(张紧的圆钢或钢绞线支撑除外)为400,张紧的圆钢或钢索支撑则不受限制。

2.7.5 连接构造

门式刚架的交叉支撑杆可设计为圆钢,用特制的连接件与梁柱腹板相连,并张紧。圆钢支撑与刚架构件的连接可采用连接板(图2.63),或直接在刚架构件腹板上靠外侧设孔连接,此时应设置垫块或垫板且尺寸 B 不小于4倍圆钢支撑直径(图2.64)。交叉杆与竖杆间的夹角应在30°~60°,宜接近45°。

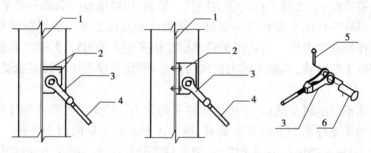

图2.63　圆钢支撑与连接板连接

1—腹板;2—连接板;3—U形连接夹;4—圆钢;5—开口销;6—插销

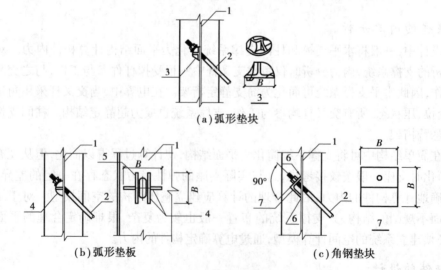

(a)弧形垫块

(b)弧形垫板　　　　　　　(c)角钢垫块

图2.64　圆钢支撑与腹板连接

1—腹板;2—圆钢;3—弧形垫块;4—弧形垫板,厚度≥10 mm;

5—单面焊;6—焊接;7—角钢垫块,厚度≥12 mm

当设有 5 t 或 5 t 以上的吊车时,柱间支撑可采用由型钢制成的单片或双片形式。单片型钢柱间支撑常采用单角钢、两个角钢组成的 T 形截面、两槽钢组成的工字形截面、圆管或方管截面。单角钢在交叉位置的连接如图 2.65(a)所示。对钢管及双角钢,则需要在连接处截断其中的一根杆件,如图 2.65(b)所示。

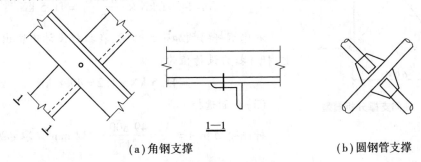

(a)角钢支撑　　　　　　　　　　　　(b)圆钢管支撑

图 2.65　型钢支撑交叉位置连接

角钢或圆钢管端部通过节点板连接于梁或柱的腹板。对于圆钢管端部截面需进行构造处理,最简单的做法如图 2.66(a)所示,杆件压扁的两端可以直接和连接板栓接,但这种连接形式适用于小管径的情况,而且需验算端头截面削弱后的承载力。对于管径大于 100 mm 的较大圆管,通常采用图 2.66(b)所示连接,连接板的插入深度和焊缝尺寸根据轴力计算得到。管截面最普遍的连接如图 2.66(c)所示。

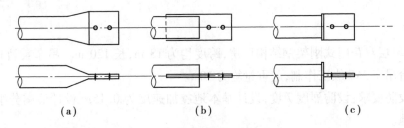

(a)　　　　　　　　　　(b)　　　　　　　　　　(c)

图 2.66　圆钢管截面端头构造

双片型钢柱间支撑采用不等边角钢以长肢与柱连接及内槽钢组成的截面形式,可参见第 3 章。

【**例 2.4**】　现有跨度 18 m 的两端山墙封闭门式刚架厂房,檐口标高 8 m,刚架间距 6 m,每侧边柱各设有两道柱间支撑,形式为单层 X 形交叉支撑。取山墙面的基本风压为 0.55 kN/m²,试设计支撑形式及截面。

【**解**】　由于厂房无吊车且跨度较小,支撑可采用张紧的圆钢截面。

(1)荷载计算

风压高度变化系数 $\mu_z = 1.0$,风荷载系数 $\mu_w = 0.79$。

风压设计值:

$$w = \beta\mu_w\mu_z w_0 = 1.5 \times 0.79 \times 1.0 \times 0.55 \ \text{kN/m}^2 = 0.652 \ \text{kN/m}^2$$

单片柱间支撑柱顶风荷载集中力为:

$$F_w = \frac{1}{4}ws = \frac{1}{4} \times 0.652 \ \text{kN/m}^2 \times 8 \ \text{m} \times 18 \ \text{m} = 24.91 \ \text{kN}$$

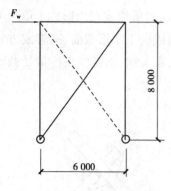

图 2.67　柱间支撑分析模型

（2）内力分析

考虑张紧的圆钢只能受拉，故虚线部分退出工作（图 2.67），得到的支撑杆件拉力值为：

$$N = 24.91 \text{ kN} \times \frac{\sqrt{8^2 + 6^2}}{6} = 41.5 \text{ kN}$$

考虑钢杆的预加张力作用，在拉杆设计中留出 20% 的余量，杆件拉力设计值为：

$$N = 41.5 \text{ kN} \times 1.2 = 49.8 \text{ kN}$$

（3）截面选择

杆件净面积 $A = \frac{N}{f} = \frac{49\,800}{215} = 232 \text{ mm}^2$。取 $\phi 20$ 的圆钢，截面积为 314 mm^2。

2.8　轻型门式刚架钢结构设计实例

2.8.1　设计任务书

1）提供条件

　　①概况：单层双跨门式刚架钢结构厂房，跨度均为 18 m，长 120 m。吊车梁轨顶标高 6 m，每跨布置两台吊车，A5 级工作制，起重量均为 10 t。

　　②抗震设防要求：设防烈度 7 度，设计基本地震加速度为 0.15g，设计地震分组为第一组，Ⅱ类建筑场地。

　　③气象资料：基本风压为 0.4 kN/m^2，西北风为主导风向，地面粗糙程度为 B 类，基本雪压为 0.5 kN/m^2。

　　④基本荷载条件：屋面采用彩色钢板岩棉夹芯板，标准值为 0.25 kN/m^2；活荷载标准值为 0.3 kN/m^2；墙面荷载标准值为 0.1 kN/m^2。

2）设计内容与要求

　　①根据建筑施工图的要求确定结构方案和结构布置。

　　②结构计算：在主体建筑部分选取一榀代表性刚架及其柱下基础进行计算，并完成部分非框架结构构件计算。

　　③完成设计刚架的施工图。

2.8.2　主刚架设计

1）结构选型与布置

本工程采用门式刚架结构,结构形式采用实腹式,刚架形式为 18 m + 18 m 双跨双坡,榀间距为 6 m,屋面坡度为 1/10,檐口高度为 9 m。厂房长度为 120 m,不设置温度区段,柱间支撑在端部的开间及跨中各设一道,在与有柱间支撑开间相应的屋面位置均设置横向支撑,以形成几何不变体系。在端部的第一开间与端部支撑相应位置及刚架转折处(柱顶和屋脊处)设置刚性系杆。檩条和墙檩的间距取 1.5 m,间隔设置隔撑,间距为 3 m。在跨中设置一道拉条,在屋脊和侧墙的顶部还设置斜拉条。由于本工程设有起重量大于 5 t 的桥式吊车,柱脚设为刚接。

初选截面尺寸如下:刚架柱及斜梁均按等截面布置,材质为 Q345B。截面尺寸为:边柱 HM294×200×8×12,中柱 HM390×300×10×16,斜梁 HN546×199×9×14。

2）刚架内力计算

（1）荷载标准值计算与布置

自跨中取有代表性一榀刚架,柱网间距为 6 m。

恒荷载计算:屋面自重

$$彩色钢板岩棉夹芯板\ 0.25\ kN/m^2$$
$$檩条、支撑及悬挂荷载\ 0.15\ kN/m^2$$
$$斜梁自重\ 0.10\ kN/m^2$$

$$0.50\ kN/m^2$$

$g_1 = 0.5\ kN/m^2 \times 6\ m = 3.0\ kN/m$

柱:$g_2 = 0.1\ kN/m^2 \times 6\ m = 0.6\ kN/m$。恒荷载布置如图 2.68 所示。

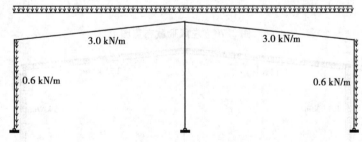

图 2.68　恒荷载布置图

活荷载计算:取屋面活荷载与雪荷载两者中最大值,$q = 0.5\ kN/m^2 \times 6\ m = 3.0\ kN/m$。雪荷载布置如图 2.69 所示。

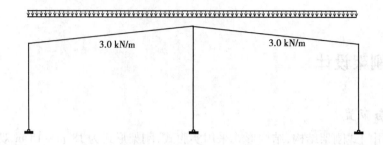

图 2.69　雪荷载布置图

风荷载计算：$w_k = \beta \mu_w \mu_z w_0$，式中 $\beta = 1.1$，$\mu_z = 1.022\,4$，$w_0 = 0.4\ \mathrm{kN/m}$，μ_w 及 w_k 见表 2.8。因按"吸风效应"计算的内力比按"鼓风效应"计算的内力小，所以这里只计算"鼓风效应"的内力。

表 2.8　μ_w 及 w_k 值　　　　　　　　　　单位：kN/m

风向	目标参数	构件类型			
		梁		柱	
		左	右	左	右
左风	μ_w	− 0.87	− 0.56	0.23	− 0.48
	w_k	− 2.35	− 1.5	0.6	− 1.3
右风	μ_w	− 0.56	− 0.87	− 0.48	0.23
	w_k	− 1.5	− 2.35	− 1.3	0.6

荷载布置如图 2.70、图 2.71 所示。

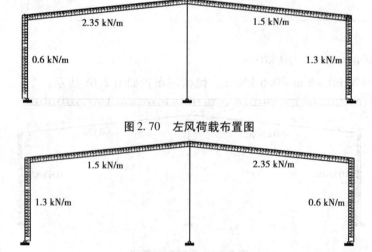

图 2.70　左风荷载布置图

图 2.71　右风荷载布置图

吊车荷载计算：查得吊车参数，吊车宽 $B = 5\,700\ \mathrm{mm}$，轮距 $W = 4\,050\ \mathrm{mm}$，小车重 $g = 3.424\ \mathrm{t}$，$P_{k,\max} = 118\ \mathrm{kN}$，$P_{k,\min} = 39\ \mathrm{kN}$。排架上吊车最不利荷载布置如图 2.72 所示。

2 台吊车同时作用时：

$$D_{k,\max} = \beta P_{k,\max} \sum y_i = 0.9 \times 118\ \mathrm{kN} \times (0.325 + 1 + 0.725 + 0.05) = 223\ \mathrm{kN}$$

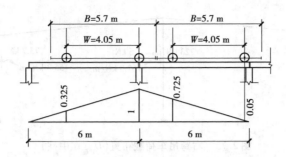

图 2.72　吊车梁支座反力影响线及 $D_{k,max}$ 时的最大位置

$$M_{k,max} = D_{k,max}e = 223 \text{ kN} \times 0.75 \text{ m} = 167.3 \text{ kN·m}$$

$$D_{k,min} = \beta P_{k,min} \sum y_i = 0.9 \times 39 \text{ kN} \times (0.325 + 1 + 0.725 + 0.05) = 73.7 \text{ kN}$$

$$M_{k,min} = D_{k,min}e = 73.7 \text{ kN} \times 0.75 \text{ m} = 55.3 \text{ kN·m}$$

$$T_k = \frac{1}{4}\alpha(Q + g) = \frac{1}{4} \times 0.12 \times (100 + 34.24) \text{ kN} = 4.027 \text{ kN}$$

$$T_{k,max} = D_{k,max}\frac{T_k}{P_{k,max}} = 223 \text{ kN} \times \frac{4.027 \text{ kN}}{118 \text{ kN}} = 7.6 \text{ kN}$$

4 台吊车同时作用时:

$$D_{k,max} = \beta P_{k,max} \sum y_i = 0.8 \times 118 \text{ kN} \times (0.325 + 1 + 0.725 + 0.05) \times 2 = 396.5 \text{ kN}$$

中柱:$M_k = 0$

$$D_{k,min} = \beta P_{k,min} \sum y_i = 0.8 \times 39 \text{ kN} \times (0.325 + 1 + 0.725 + 0.05) = 65.5 \text{ kN}$$

边柱:$M_k = D_{k,min}e = 65.5 \text{ kN} \times 0.75 \text{ m} = 49.1 \text{ kN·m}$

$$T_{k,max} = D_{k,max}\frac{T_k}{P_{k,max}} = \frac{396.5}{2} \text{ kN} \times \frac{4.027}{118} = 6.8 \text{ kN}$$

荷载布置如图 2.73 至图 2.77 所示。

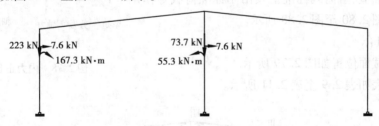

图 2.73　左跨吊车荷载布置(D_{max} 在左柱)

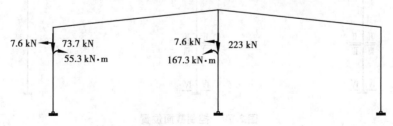

图 2.74　左跨吊车荷载布置(D_{max} 在中柱)

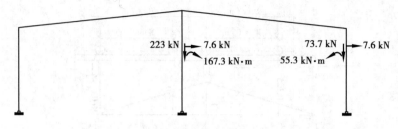

图 2.75　右跨吊车荷载布置（D_{max}在中柱）

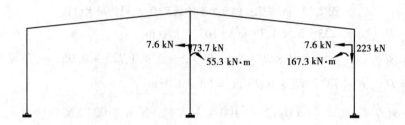

图 2.76　右跨吊车荷载布置（D_{max}在右柱）

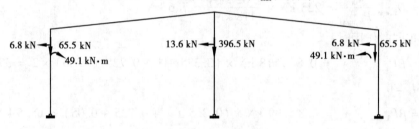

图 2.77　左右跨同时布置吊车

（2）内力计算

梁柱内力正负号约定如图 2.78 所示。

恒荷载标准值、雪荷载标准值及吊车标准荷载等作用下刚架内力如图 2.80 至图 2.88 所示。

（3）内力组合

梁柱控制截面位置如图 2.79 所示。

内力组合表如表 2.9 至表 2.11 所示。

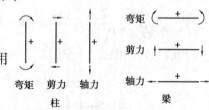

图 2.78　内力正负号约定

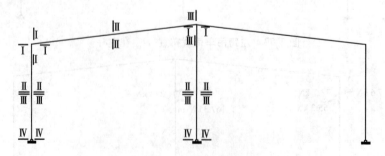

图 2.79　控制截面位置

荷载类型 荷载编号 控制截面	①恒荷载(包括自重)			②雪荷载			③左跨吊车荷载布置 ($D_{\max}$...)	③左跨吊车荷载布置 ($D_{\max}$在左柱)		④左跨吊车荷载布置 ($D_{\max}$在中柱)
	M	V	N	M	V	N	M			
								M	V	
Ⅰ	31.78	-5.27	-29.07	25	-4.14	-22.87	-26.73	31.13	13.72	
Ⅱ	15.97	-5.27	-32.55	12.56	-4.14	-22.87	-88.76	-88.51	22.74	
Ⅲ	15.97	-5.27	-32.55	12.56	-4.14	-22.87	78.51	23.17	0.79	
Ⅳ	-15.64	-5.27	-39.49	-12.3	-4.14	-22.87	-13.58	90.25	13.72	
								133.39	20.52	
								25.15	16.80	
								16.28	-15.82	
								-109.42	8.02	
								-29.02	24.26	
								-91.99	-20.09	
								116.51	24.26	
								16.07	1.53	

控制截面	控制项目	组合项目	M
Ⅰ	$N_{\max}$	$1.2①+1.4②+0.98⑥$	103.49
	$|M|_{\max}$	$1.2①+1.4⑥+0.98②$	105.99
	$N_{\min}$	$1.0①+1.4⑧+0.98⑤$	-28.3
Ⅱ	$N_{\max}$	$1.2①+1.4②+0.98⑥$	45.42
	$|M|_{\max}$	$1.0①+1.4③+0.84⑧$	-122.7
	$N_{\min}$	$1.0①+1.4⑧+0.98⑤$	-10.99
Ⅲ	$N_{\max}$	$1.2①+1.4③+0.98②$	141.39
	$|M|_{\max}$	$1.2①+1.4③+0.98②$	141.39
	$N_{\min}$	$1.0①+1.4⑧+0.98⑤$	-10.99
Ⅳ	$N_{\max}$	$1.2①+1.4③+0.98②$	-49.83
	$|M|_{\max}$	$1.2①+1.4④+0.98②+0.84⑨$	-114.76
	$N_{\min}$	$1.0①+1.4⑧+0.98⑤$	45.96

注:组合值系数 ψ_{c_i},雪荷载、吊车荷载取0.7,风荷载取0.6。

表2.1

③左跨吊车荷载布置 ($D_{\max}$在左柱)			④左跨吊车荷载布置 ($D_{\max}$在中柱)		
M	V	N	M	V	N
26.73	-3.18	-22.76	-17.87	1.79	-8.2
0.58	-3.18	-22.76	-3.12	1.79	-8.2
-30.79	-3.18	-22.76	14.59	1.79	-8.2

M	V
30.61	-0.22
-105.99	60.89
-103.49	68.80
177.40	-15.89
1.18	-0.26
151.0	-19.57
-9.86	-13.14
-349.99	-95.75
-349.99	-95.75

荷载类型 荷载编号 控制截面	①恒荷载(包括自重)			②雪荷载			③左跨吊 (D_{m}...)
	M	V	N	M	V	N	M
Ⅰ	0	0	-79.87	0	0	-62.81	-63.07
Ⅱ	0	0	-84.89	0	0	-62.81	18.58
Ⅲ	0	0	-84.89	0	0	-62.81	-36.70
Ⅳ	0	0	-91.16	0	0	-62.81	102.48

吊车荷载				风荷载	
⑤右跨吊车荷载布置 （D_{max} 在中柱）		⑥右跨吊车荷载布置 （D_{max} 在右柱）	⑦左右跨同时布置吊车	⑧左风	⑨右风

$$S_d = \gamma_G S_{Gk} + \varphi_Q \gamma_Q S_{Qk} + \varphi_w \gamma_w S_{wk}$$

N	组合项目	M	V	N
−184.07				
−58.16				
−39.39				
−190.10				
−69.29				
−26.62				
−785.54				
−381.52				
−98.85				
−723.96				
−123.35				
−36.17				

左梁荷载组合表

吊车荷载									风荷载					
⑤右跨吊车荷载布置 （D_{max} 在中柱）			⑥右跨吊车荷载布置 （D_{max} 在右柱）			⑦左右跨同时布置吊车			⑧左风			⑨右风		
M	V	N	M	V	N	M	V	N	M	V	N	M	V	N
24.38	−2.30	6.22	−30.97	3.50	−7.76	−11.04	1.30	−7	25.85	−18.23	4.68	9.29	−10.22	6.45
5.49	−2.30	6.22	−2.22	3.50	−7.76	0.72	1.30	−7	−50.37	2.8	4.68	−25.46	−3.35	6.45
−17.18	−2.30	6.22	32.28	3.50	−7.76	12.50	1.30	−7	69.89	23.68	4.68	69.65	16.92	6.45

$$S_d = \gamma_G S_{Gk} + \varphi_Q \gamma_Q S_{Qk} + \varphi_w \gamma_w S_{wk}$$

N	组合项目	M	V	N
−23.89	1.0①+1.4③+0.84⑧	27.36	8.64	−36.07
−26.90				
−26.33				
−4.72				
−6.23				
−27.71				
0.16				
−25.23				
−25.23				

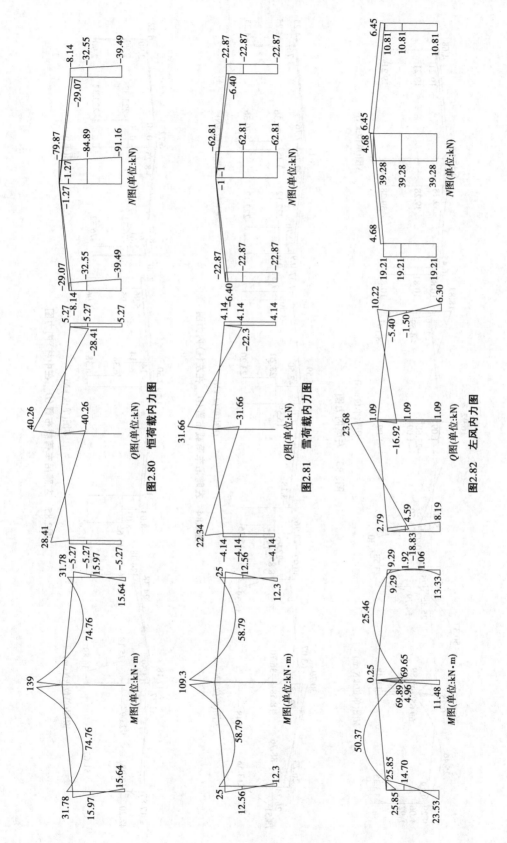

图2.80　恒荷载内力图

图2.81　雪荷载内力图

图2.82　左风内力图

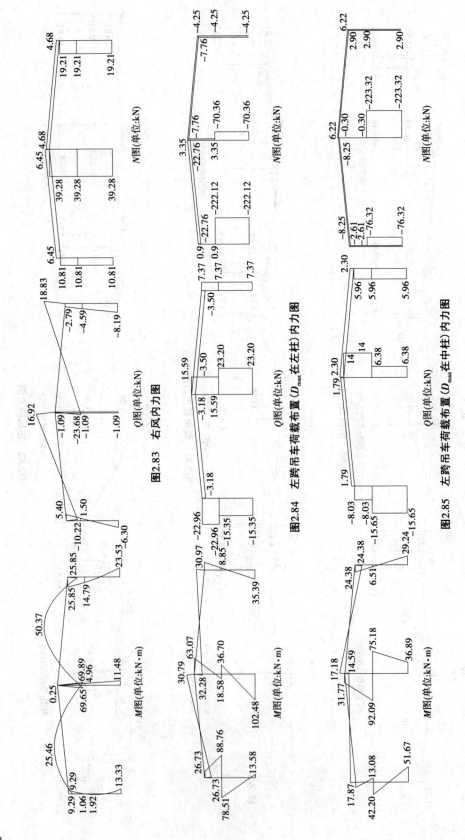

*N*图(单位:kN)

*Q*图(单位:kN)

图2.83 右风内力图

*M*图(单位:kN·m)

*N*图(单位:kN)

*Q*图(单位:kN)

图2.84 左跨吊车荷载布置(D_{max}在左柱)内力图

*M*图(单位:kN·m)

*N*图(单位:kN)

*Q*图(单位:kN)

图2.85 左跨吊车荷载布置(D_{max}在中柱)内力图

*M*图(单位:kN·m)

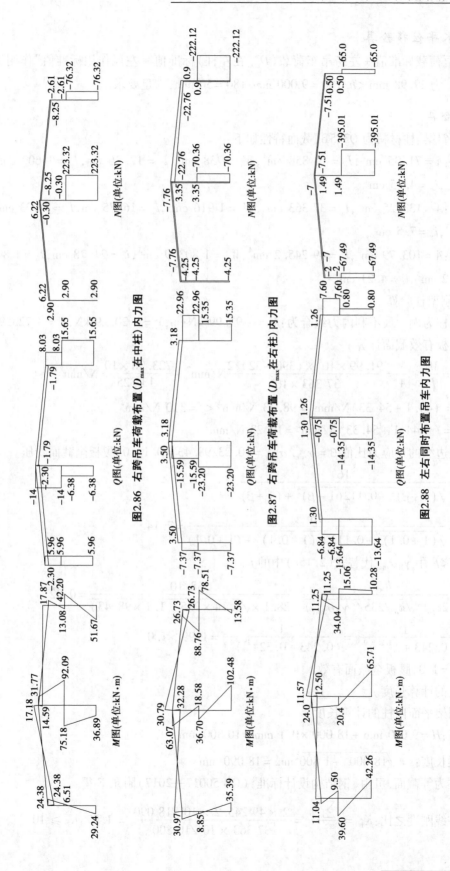

图2.86　右跨吊车荷载布置（D_{max}在中柱）内力图

图2.87　右跨吊车荷载布置（D_{max}在右柱）内力图

图2.88　左右同时布置吊车内力图

3)刚架水平位移验算

在"恒荷载标准值 + 左跨吊车荷载(D_{max}在左柱)标准值 + 左风作用标准值"作用下,柱顶侧移最大,为 29.98 mm < $h/180$ = 9 000 mm/180 = 50 mm,满足要求。

4)构件验算

刚架斜梁、柱材料为 Q345B,截面特性如下:

边柱:A = 71.05 cm^2,I_x = 10 858 cm^4,W_x = 738 cm^3,i_x = 12.36 cm,I_y = 1 602 cm^4,W_y = 160.2 cm^3,i_y = 4.75 cm。

中柱:A = 133.25 cm^2,I_x = 37 363 cm^4,W_x = 1 916 cm^3,i_x = 16.75 cm,I_y = 7 203 cm^4,W_y = 480.2 cm^3,i_y = 7.5 cm。

斜梁:A = 103.79 cm^2,I_x = 49 245.2 cm^4,W_x = 1 803.9 cm^3,i_x = 21.78 cm,I_y = 1 842 cm^4,W_y = 185.2 cm^3,i_y = 4.21 cm。

(1)刚架柱验算

以中柱为例。最不利内力组合为:M = −91.99 kN·m,V = −20.29 kN,N = −723.96 kN。

①腹板有效截面计算。

$$\sigma_{max} = \frac{My}{I_x} + \frac{N}{A} = \frac{91.99 \times 10^6 \times (390-32)/2}{37\,363 \times 10^4} \text{N/mm}^2 + \frac{723.96 \times 10^3}{13\,325} \text{N/mm}^2$$

$$= (44.1 + 54.33) \text{N/mm}^2 = 98.43 \text{ N/mm}^2 < f = 310 \text{ N/mm}^2$$

$$\sigma_{min} = (−44.1 + 54.33) \text{N/mm}^2 = 10.23 \text{ N/mm}^2$$

腹板边缘的正应力比值 $\beta = \sigma_{min}/\sigma_{max}$ = 10.23/98.43 = 0.1 > 0,腹板全截面受压。

$$k_\sigma = \frac{16}{\sqrt{(1+\beta)^2 + 0.112(1-\beta)^2} + (1+\beta)}$$

$$= \frac{16}{\sqrt{(1+0.1)^2 + 0.112 \times (1-0.1)^2} + (1+0.1)} = 7.14$$

$\sigma_{max} < f$,用 $\gamma_R \sigma_{max}$ 代替式(2.15a)中的 f_y。

$$\lambda_p = \frac{h_w/t_w}{28.1\sqrt{k_\sigma}\sqrt{235/(\gamma_R\sigma_{max})}} = \frac{358/10}{28.1 \times \sqrt{7.14} \times \sqrt{235/(1.1 \times 98.43)}} = 0.32$$

$$\rho = \frac{1}{(0.243 + \lambda_p^{1.25})^{0.9}} = \frac{1}{(0.243 + 0.32^{1.25})^{0.9}} = 1.99 > 1.0$$

取 ρ = 1.0,腹板全截面有效。

②柱的计算长度。

a. 刚架平面内柱的计算长度。

柱高:H = 9 000 mm + 18 000 × 0.1 mm = 10 800 mm

斜梁长度:$s = \sqrt{18\,000^2 + 1\,800^2}$ mm = 18 090 mm

因柱为等截面,可由《钢结构设计标准》(GB 50017—2017)附录 E 得:

梁柱线刚度之比:$K_1 = \dfrac{\sum i_b}{i_c} = \dfrac{2 \times 49\,245.2 \times 10^4/18\,090}{37\,363 \times 10^4/10\,800} = 1.57$,$K_2 \geqslant 10$

则 $\mu = 1.183$。

刚架平面内柱的计算长度：$l_{0x} = \mu H = 1.183 \times 10\ 800$ mm $= 12\ 776$ mm

b. 刚架平面外柱的计算长度。

取柱间侧向支承点间的距离 $l_{0y} = 6\ 000$ mm。

③刚架柱的强度计算。

钢架柱承受弯矩、剪力和轴向压力共同作用。

柱吊车梁处设置加劲肋，$a = 6\ 000$ mm，区格的长度与高度之比：$\alpha = \dfrac{a}{h_{w1}} = \dfrac{6\ 000}{390 - 32} = 16.76$

腹板区格的楔率：$\gamma_p = \dfrac{h_{w1}}{h_{w0}} - 1 = 0$

腹板屈曲后抗剪强度的楔率折减系数：$\chi_{tap} = 1 - 0.35 \alpha^{0.2} \gamma_p^{2/3} = 1.0$

$$\omega_1 = 0.41 - 0.897\alpha + 0.363\alpha^2 - 0.041\alpha^3$$
$$= 0.41 - 0.897 \times 16.76 + 0.363 \times 16.76^2 - 0.041 \times 16.76^3 = -105.68$$

$\eta_s = 1 - \omega_1\sqrt{\gamma_p} = 1$

受剪腹板的凸屈系数：$k_\tau = 5.34\eta_s = 5.34$

$$\lambda_s = \dfrac{h_{w1}/t_w}{37\sqrt{k_\tau}\sqrt{235/f_y}} = \dfrac{358/10}{37 \times \sqrt{5.34} \times \sqrt{235/345}} = 0.51$$

$$\varphi_{ps} = \dfrac{1}{(0.51 + \lambda_s^{3.2})^{1/2.6}} = \dfrac{1}{(0.51 + 0.51^{3.2})^{1/2.6}} = 1.20 > 1.0$$

取 $\varphi_{ps} = 1.0$，则腹板屈曲后的抗剪承载力设计值：

$$V_d = \chi_{tap}\varphi_{ps}h_{w1}t_w f_v = 1.0 \times 1.0 \times 358 \text{ mm} \times 10 \text{ mm} \times 180 \text{ N/mm}^2 = 644\ 400 \text{ N}$$

$V_1 = 20.98$ kN $< 0.5\ V_d = 322.2$ kN

$$\dfrac{N}{A_e} + \dfrac{M}{W_e} = \dfrac{723.96 \times 10^3}{13\ 325}\text{N/mm}^2 + \dfrac{91.99 \times 10^6}{1\ 916 \times 10^3}\text{N/mm}^2 = 102.34 \text{ N/mm}^2 < f = 310 \text{ N/mm}^2$$

满足强度要求。

④刚架柱的整体稳定性验算。

a. 刚架平面内的整体稳定性验算。

计算长细比：

$$\lambda_1\sqrt{\dfrac{f_y}{235}} = \dfrac{l_{0x}}{i_{x1}}\sqrt{\dfrac{f_y}{235}} = \dfrac{12\ 776}{167.5}\sqrt{\dfrac{345}{235}} = 76.3\sqrt{\dfrac{345}{235}} = 92.4$$

截面关于 x 轴类别为 a 类，$\varphi_x = 0.695$。

通用长细比：$\bar{\lambda}_1 = \dfrac{\lambda_1}{\pi}\sqrt{\dfrac{f_y}{E}} = \dfrac{76.3}{\pi}\sqrt{\dfrac{345}{2.06 \times 10^5}} = 0.99 < 1.2$

$$\eta_t = \dfrac{A_0}{A_1} + \left(1 - \dfrac{A_0}{A_1}\right)\dfrac{\bar{\lambda}_1^2}{1.44} = 1.0$$

欧拉临界力：$N_{cr} = \dfrac{\pi^2 E A_{e1}}{\lambda_1^2} = \dfrac{\pi^2 \times 2.06 \times 10^5 \times 13\ 325}{76.3^2}\text{N} = 4\ 624\ 564 \text{ N}$

刚架可发生侧移，$\beta_{mx} = 1.0$。

$$\frac{N_1}{\eta_t \varphi_x A_{e1}} + \frac{\beta_{mx} M_1}{(1 - N_1/N_{cr}) W_{e1}} = \frac{723.96 \times 10^3}{1 \times 0.695 \times 13\,325} N/mm^2 + \frac{1.0 \times 91.99 \times 10^6}{\left(1 - \dfrac{723.96 \times 10^3}{4\,624\,564}\right) \times 1\,916 \times 10^3} N/mm^2$$

$$= 135.1 \ N/mm^2 < f = 310 \ N/mm^2$$

满足要求。

b. 刚架平面外的整体稳定性验算。

$$\lambda_{1y} \sqrt{\frac{f_y}{235}} = \frac{l_{0y}}{i_{y1}} \sqrt{\frac{f_y}{235}} = \frac{6\,000}{75} \sqrt{\frac{345}{235}} = 80 \sqrt{\frac{345}{235}} = 97$$

截面关于 y 轴类别为 b 类，$\varphi_y = 0.575$。

绕弱轴的通用长细比：$\overline{\lambda}_{1y} = \dfrac{\lambda_{1y}}{\pi} \sqrt{\dfrac{f_y}{E}} = \dfrac{80}{\pi} \sqrt{\dfrac{345}{2.06 \times 10^5}} = 1.04 < 1.3$

$$\eta_{ty} = \frac{A_0}{A_1} + \left(1 - \frac{A_0}{A_1}\right) \frac{\overline{\lambda}_{1y}^2}{1.44} = 1.0$$

$$\frac{b_1}{t} = \frac{300 - 10}{2 \times 16} = 11.88 > 13 \sqrt{\frac{235}{f_y}} = 10.07，则 \ \gamma_x = 1.0。$$

弯矩比 $k_M = \dfrac{M_0}{M_1} = \dfrac{1.4 \times 24}{91.99} = 0.36$，则 $k_\sigma = k_M \dfrac{W_{x1}}{W_{x0}} = 0.36 \times 1.0 = 0.36$。

$$\gamma = \frac{h_1 - h_0}{h_0} = 0$$

弯矩最大截面受压翼缘和受拉翼缘绕弱轴的惯性矩：

$$I_{yT} = I_{yB} = \frac{1}{12} \times 16 \times 300^3 \ mm^4 = 3.6 \times 10^7 \ mm^4$$

$$\eta_i = \frac{I_{yT}}{I_{yB}} = 1$$

$$\eta = 0.55 + 0.04 \times (1 - k_\sigma) \eta_i^{1/3} = 0.55 + 0.04 \times (1 - 0.36) \times 1^{1/3} = 0.57$$

截面自由扭转常数：$J_0 = \dfrac{k}{3} \sum_{i=1}^{m} b_i t_i^3 = \dfrac{1}{3} \times 1.3 \times (2 \times 300 \times 16^3 + 358 \times 10^3) \ mm^4$

$$= 1.22 \times 10^6 \ mm^4$$

圣维南扭转常数：$J_\eta = J_0 + \dfrac{1}{3} \gamma \eta (h_0 - t_f) t_w^3 = 1.22 \times 10^6 \ mm^4$

截面不对称系数：$\beta_{x\eta} = 0.45(1 + \gamma\eta) h_0 \dfrac{I_{yT} - I_{yB}}{I_y} = 0$

$$I_{\omega 0} = I_{yT} h_{sT0}^2 + I_{yB} h_{sB0}^2 = 2 \times 3.6 \times 10^7 \times \left(\frac{390 - 16}{2}\right)^2 \ mm^4 = 2.52 \times 10^{12} \ mm^4$$

$$I_{\omega\eta} = I_{\omega 0} (1 + \gamma\eta)^2 = 2.52 \times 10^{12} \ mm^4$$

$$C_1 = 0.46 k_M^2 \eta_i^{0.346} - 1.32 k_M \eta_i^{0.132} + 1.86 \eta_i^{0.023}$$

$$= 0.46 \times 0.43^2 \times 1 - 1.32 \times 0.43 \times 1 + 1.86 \times 1 = 1.38$$

$$M_{\mathrm{cr}} = C_1 \frac{\pi^2 EI_y}{L^2}\left[\beta_{x\eta} + \sqrt{\beta_{x\eta}^2 + \frac{I_{\omega\eta}}{I_y}\left(1 + \frac{GJ_\eta L^2}{\pi^2 EI_{\omega\eta}}\right)}\right]$$

$$= 1.38 \times \frac{\pi^2 \times 2.06 \times 10^5 \times 7\,203 \times 10^4}{6\,000^2} \times$$

$$\left[0 + \sqrt{0 + \frac{2.52 \times 10^{12}}{7\,203 \times 10^4}\times\left(1 + \frac{79 \times 10^3 \times 1.22 \times 10^6 \times 6\,000^2}{\pi^2 \times 2.06 \times 10^5 \times 2.52 \times 10^{12}}\right)}\right]\mathrm{N\cdot mm}$$

$$= 1.72 \times 10^9 \ \mathrm{N\cdot mm}$$

$$\lambda_{\mathrm{b}} = \sqrt{\frac{\gamma_x W_{x1} f_y}{M_{\mathrm{cr}}}} = \sqrt{\frac{1.0 \times 1\,916 \times 10^3 \times 345}{1.72 \times 10^9}} = 0.62$$

$$n = \frac{1.51}{\lambda_{\mathrm{b}}^{0.1}}\left(\frac{b_1}{h_1}\right)^{1/3} = \frac{1.51}{0.6^{0.1}}\left(\frac{300}{374}\right)^{1/3} = 1.48$$

$$\lambda_{\mathrm{b}0} = \frac{0.55 - 0.25 k_\sigma}{(1 + \gamma)^{0.2}} = \frac{0.55 - 0.25 \times 0.43}{(1 + 0)^{0.2}} = 0.44$$

$$\varphi_{\mathrm{b}} = \frac{1}{(1 - \lambda_{\mathrm{b}0}^{2n} + \lambda_{\mathrm{b}}^{2n})^{1/n}} = \frac{1}{(1 - 0.44^{2 \times 1.48} + 0.62^{2 \times 1.48})^{1/1.48}} = 0.90 < 1.0$$

$$\frac{N_1}{\eta_{\mathrm{ty}}\varphi_y A_{\mathrm{e}1} f} + \left(\frac{M_1}{\varphi_{\mathrm{b}}\gamma_x W_{\mathrm{e}1} f}\right)^{1.3 - 0.3 k_\sigma}$$

$$= \frac{723.96 \times 10^3}{1 \times 0.575 \times 13\,325 \times 310} + \left(\frac{91.99 \times 10^6}{0.90 \times 1.0 \times 1\,916 \times 10^3 \times 310}\right)^{1.3 - 0.3 \times 0.43} = 0.43 < 1$$

满足要求。

⑤局部稳定性验算。

翼缘：$\dfrac{b_1}{t} = \dfrac{(300 - 10)/2}{16} = 9.06 < 13\sqrt{\dfrac{235}{345}} = 10.73$

腹板：$\dfrac{h_0}{t_{\mathrm{w}}} = \dfrac{358}{10} = 35.8 < 250\sqrt{\dfrac{235}{345}} = 206.3$

满足设计要求。

（2）刚架斜梁验算

最不利内力组合为：$M = -349.99 \ \mathrm{kN\cdot m}, V = -95.751 \ \mathrm{kN}, N = -25.23 \ \mathrm{kN}$。

因斜梁坡度小于 1∶5，无须进行平面内稳定计算，只需按压弯构件验算平面内强度和平面外稳定，计算方法和刚架柱相同。

①腹板有效截面计算。

腹板边缘的最大应力：

$$\sigma_{\max} = \frac{My}{I_x} + \frac{N}{A} = \frac{349.99 \times 10^6 \times (546 - 28)/2}{49\,245.2 \times 10^4}\mathrm{N/mm^2} + \frac{25.23 \times 10^3}{103.79 \times 10^2}\mathrm{N/mm^2} = 186.50 \ \mathrm{N/mm^2}$$

$$\sigma_{\min} = -\frac{My}{I_x} + \frac{N}{A} = -\frac{349.99 \times 10^6 \times (546 - 28)/2}{49\,245.2 \times 10^4}\mathrm{N/mm^2} + \frac{25.23 \times 10^3}{103.79 \times 10^2}\mathrm{N/mm^2}$$

$$= -181.64 \ \mathrm{N/mm^2}$$

腹板边缘的正应力比值 $\beta = \dfrac{\sigma_{\min}}{\sigma_{\max}} = \dfrac{-181.64}{186.50} = -0.974 < 0$，腹板部分截面受压。

腹板在正应力作用下的凸曲系数：

$$k_\sigma = \frac{16}{\sqrt{(1+\beta)^2 + 0.112(1-\beta)^2} + (1+\beta)}$$

$$= \frac{16}{\sqrt{(1-0.9674)^2 + 0.112 \times (1+0.974)^2} + (1-0.974)} = 23.28$$

$\sigma_{max} < f$，用 $\gamma_R \sigma_{max}$ 代替式(2.15a)中的 f_y。

$$\lambda_p = \frac{h_w/t_w}{28.1\sqrt{k_\sigma}\sqrt{235/(\gamma_R \sigma_{max})}} = \frac{518/9}{28.1 \times \sqrt{23.28} \times \sqrt{235/(1.1 \times 186.50)}} = 0.40$$

$$\rho = \frac{1}{(0.243 + \lambda_p^{1.25})^{0.9}} = \frac{1}{(0.243 + 0.40^{1.25})^{0.9}} = 1.68 > 1.0$$

取 $\rho = 1.0$，腹板全截面有效。

②计算长度。

计算梁平面外稳定时，计算长度取平面外支承点间的距离，即隔撑间的距离。隔撑的布置一般是取檩条距离隔跨布置，一般檩条的间距是 1 500 mm，两个檩距布一隔撑，因此斜梁水平投影的平面外长度一般取 3 000 mm，因坡度为 1/10，则斜梁平面外计算长度为 3 000/cos 5.71° = 3 020 mm。

③局部稳定性验算。

翼缘：$\dfrac{b_1}{t} = \dfrac{(199-9)/2}{14} = 6.79 < 13\sqrt{\dfrac{235}{345}} = 10.73$

腹板：$\dfrac{h_0}{t_w} = \dfrac{546-28}{9} = 57.6 < 250\sqrt{\dfrac{235}{345}} = 206.3$

满足设计要求。

④强度验算。

钢架斜梁承受弯矩、剪力和轴向压力共同作用。

$$\alpha = \frac{a}{h_{w1}} = \frac{18\ 000}{546 - 28} = 34.74$$

腹板区格的楔率：$\gamma_p = \dfrac{h_{w1}}{h_{w0}} - 1 = 0$

腹板屈曲后抗剪强度的楔率折减系数：$\chi_{tap} = 1 - 0.35\alpha^{0.2}\gamma_p^{2/3} = 1.0$

$$\omega_1 = 0.41 - 0.897\alpha + 0.363\alpha^2 - 0.041\alpha^3$$

$$= 0.41 - 0.897 \times 34.74 + 0.363 \times 34.74^2 - 0.041 \times 34.74^3 = -1\ 311.65$$

$\eta_s = 1 - \omega_1\sqrt{\gamma_p} = 1$

受剪腹板的凸屈系数：$k_\tau = 5.34\eta_s = 5.34$

$$\lambda_s = \frac{h_{w1}/t_w}{37\sqrt{k_\tau}\sqrt{235/f_y}} = \frac{518/9}{37 \times \sqrt{5.34} \times \sqrt{235/345}} = 0.82$$

$$\varphi_{ps} = \frac{1}{(0.51 + \lambda_s^{3.2})^{1/2.6}} = \frac{1}{(0.51 + 0.82^{3.2})^{1/2.6}} = 0.99 < 1.0$$

则腹板屈曲后的抗剪承载力设计值：

$$V_{\mathrm{d}} = \chi_{\mathrm{tap}} \varphi_{\mathrm{ps}} h_{\mathrm{w1}} t_{\mathrm{w}} f_{\mathrm{v}} = 1.0 \times 0.99 \times 518 \text{ mm} \times 9 \text{ mm} \times 180 \text{ N/mm}^2 = 738461 \text{ N}$$

$$V_1 = 95.75 \text{ kN} < 0.5 \ V_{\mathrm{d}} = 369.2 \text{ kN}$$

$$\frac{N}{A_{\mathrm{e}}} + \frac{M}{W_{\mathrm{e}}} = \frac{25.23 \times 10^3}{10379} \text{N/mm}^2 + \frac{349.99 \times 10^6}{1803.9 \times 10^3} \text{N/mm}^2 = 196.45 \text{ N/mm}^2 < f = 310 \text{ N/mm}^2$$

满足强度要求。

⑤整体稳定性验算（弯矩作用平面外）。

$$\lambda_{1y} \sqrt{\frac{f_y}{235}} = \frac{l_{0y}}{i_{1y}} \sqrt{\frac{f_y}{235}} = \frac{3020}{42.1} \times \sqrt{\frac{345}{235}} = 71.7 \times \sqrt{\frac{345}{235}} = 86.9$$

截面关于 y 轴类别为 b 类，$\varphi_y = 0.641$。

绕弱轴的通用长细比 $\bar{\lambda}_{1y} = \dfrac{\lambda_{1y}}{\pi} \sqrt{\dfrac{f_y}{E}} = \dfrac{71.7}{\pi} \times \sqrt{\dfrac{345}{2.06 \times 10^5}} = 0.93 < 1.3$，则

$$\eta_{ty} = \frac{A_0}{A_1} + \left(1 - \frac{A_0}{A_1}\right) \frac{\bar{\lambda}_{1y}^2}{1.44} = 1$$

$$\frac{b_1}{t} = \frac{(300 - 10)/2}{16} = 9.06 < 13\sqrt{\frac{235}{345}} = 10.73，则 \ \gamma_x = 1.05。$$

弯矩比 $k_M = \dfrac{M_0}{M_1} = \dfrac{1.2 \times 31.78 + 1.4 \times 25 - 0.98 \times 26.73}{349.99} = 0.13$，则

$$k_\sigma = k_M \frac{W_{x1}}{W_{x0}} = 0.13$$

$$\gamma = (h_1 - h_0)/h_0 = 0$$

弯矩最大截面受压翼缘和受拉翼缘绕弱轴的惯性矩：

$$I_{yT} = I_{yB} = \frac{1}{12} \times 14 \times 199^3 \text{ mm}^4 = 9.19 \times 10^6 \text{ mm}^4$$

$$\eta_i = \frac{I_{yT}}{I_{yB}} = 1$$

$$\eta = 0.55 + 0.04(1 - k_\sigma)\eta_i^{1/3} = 0.55 + 0.04 \times (1 - 0.13) \times 1^{1/3} = 0.58$$

截面自由扭转常数：$J_0 = \dfrac{k}{3} \displaystyle\sum_{i=1}^{m} b_i t_i^3 = \dfrac{1}{3} \times 1.3 \times (2 \times 199 \times 14^3 + 518 \times 9^3) \text{ mm}^4$

$$= 6.37 \times 10^5 \text{ mm}^4$$

圣维南扭转常数：$J_\eta = J_0 + \dfrac{1}{3}\gamma\eta(h_0 - t_{\mathrm{f}})t_{\mathrm{w}}^3 = 6.37 \times 10^5 \text{ mm}^4$

截面不对称系数：$\beta_{x\eta} = 0.45(1 + \gamma\eta)h_0 \dfrac{I_{yT} - I_{yB}}{I_y} = 0$

$$I_{\omega0} = I_{yT}h_{sT0}^2 + I_{yB}h_{sB0}^2 = 2 \times 9.19 \times 10^6 \times \left(\frac{546 - 14}{2}\right)^2 \text{ mm}^4 = 1.3 \times 10^{12} \text{ mm}^4$$

$$I_{\omega\eta} = I_{\omega0}(1 + \gamma\eta)^2 = 1.3 \times 10^{12} \text{ mm}^4$$

$$C_1 = 0.46k_M^2\eta_i^{0.346} - 1.32k_M\eta_i^{0.132} + 1.86\eta_i^{0.023}$$

$$= 0.46 \times 0.13^2 \times 1 - 1.32 \times 0.13 \times 1 + 1.86 \times 1 = 1.70$$

$$M_{cr} = C_1 \frac{\pi^2 E I_y}{L^2} \left[\beta_{x\eta} + \sqrt{ \beta_{x\eta}^2 + \frac{I_{\omega\eta}}{I_y} \left(1 + \frac{G J_\eta L^2}{\pi^2 E I_{\omega\eta}} \right) } \right]$$

$$= 1.70 \times \frac{\pi^2 \times 2.06 \times 10^5 \times 1\,842 \times 10^4}{3\,020^2} \times$$

$$\left[0 + \sqrt{ 0 + \frac{1.3 \times 10^{12}}{1\,842 \times 10^4} \times \left(1 + \frac{79 \times 10^3 \times 6.37 \times 10^5 \times 3\,020^2}{\pi^2 \times 2.06 \times 10^5 \times 1.3 \times 10^{12}} \right) } \right] \text{N} \cdot \text{mm}$$

$$= 2.0 \times 10^9 \ \text{N} \cdot \text{mm}$$

$$\lambda_b = \sqrt{ \frac{\gamma_x W_{x1} f_y}{M_{cr}} } = \sqrt{ \frac{1.05 \times 1\,803.9 \times 10^3 \times 345}{2.0 \times 10^9} } = 0.57$$

$$n = \frac{1.51}{\lambda_b^{0.1}} \left(\frac{b_1}{h_1} \right)^{1/3} = \frac{1.51}{0.57^{0.1}} \left(\frac{199}{532} \right)^{1/3} = 1.15$$

$$\lambda_{b0} = \frac{0.55 - 0.25 k_\sigma}{(1 + \gamma)^{0.2}} = \frac{0.55 - 0.25 \times 0.13}{(1 + 0)^{0.2}} = 0.52$$

$$\varphi_b = \frac{1}{(1 - \lambda_{b0}^{2n} + \lambda_b^{2n})^{1/n}} = \frac{1}{(1 - 0.52^{2 \times 1.15} + 0.57^{2 \times 1.15})^{1/1.15}} = 0.96 < 1.0$$

$$\frac{N_1}{\eta_{ty} \varphi_y A_{e1} f} + \left(\frac{M_1}{\varphi_b \gamma_x W_{e1} f} \right)^{1.3 - 0.3 k_\sigma}$$

$$= \frac{25.23 \times 10^3}{1 \times 0.641 \times 10\,379 \times 310} + \left(\frac{349.99 \times 10^6}{0.96 \times 1.05 \times 1\,803.9 \times 10^3 \times 310} \right)^{1.3 - 0.3 \times 0.13} = 0.56 < 1$$

满足要求。

⑥挠度验算。

在恒荷载标准值及活荷载标准值作用下,梁竖向挠度容许值$[w] = 18\,000$ mm$/400 = 45$ mm,其中跨中最大绝对位移为 32.488 mm,跨中整体位移为 0.457 3 mm,跨中最大相对位移绝对值为 $(32.488 - 0.457\,3)$ mm $= 32.03$ mm < 45 mm,满足要求。

(3)隅撑设计

隅撑按轴心受压构件设计。轴心力 N 按下式计算:

$$N = \frac{Af}{60 \cos \theta} = \frac{199 \times 14 \times 215}{60 \times \cos 45°} \text{kN} = 14.12 \ \text{kN}$$

连接螺栓采用普通 C 级螺栓 M12。

隅撑的计算长度取两端连接螺栓中心的距离,$l_0 = \sqrt{2} \times (546 + 100)$ mm $= 913.6$ mm。

选用 ∟ 50 × 4,Q235B 钢,截面特性:

$A = 3.90 \ \text{cm}^2$,$I_{x0} = 14.69 \ \text{cm}^2$,$W_{x0} = 4.16 \ \text{cm}^3$,$i_{x0} = 1.94 \ \text{cm}$,$i_{y0} = 0.99 \ \text{cm}$

$$\lambda_{x0} = \frac{l_0}{i_{x0}} = \frac{913.6}{19.4} = 47.1 < [\lambda] = 200$$

$$\lambda_{y0} = \frac{l_0}{i_{y0}} = \frac{913.6}{9.9} = 93.3 < [\lambda] = 200$$

b 类截面,则 $\varphi = 0.599$。

单面连接的角钢强度设计值乘以折减系数 α_y：

$$\alpha_y = 0.6 + 0.001\,5\lambda = 0.6 + 0.001\,5 \times 93.3 = 0.74$$

$$\sigma = \frac{N}{\alpha_y \varphi A} = \frac{14.12 \times 10^3}{0.74 \times 0.599 \times 390}\text{N/mm}^2 = 81.7\ \text{N/mm}^2 < f = 215\ \text{N/mm}^2$$

满足要求。

5）节点设计

梁柱节点均采用 Q345B 钢，10.9 级 M16 高强度螺栓摩擦型连接，构件接触面采用喷砂，摩擦面抗滑移系数 $\mu = 0.4$。

（1）边柱-梁节点

边柱与梁采用端板竖放连接方式，节点形式如图 2.89 所示。

连接处的组合内力值：$M = -105.99\ \text{kN·m}$，$V = 60.89\ \text{kN}$，$N = -26.90\ \text{kN}$。

①连接螺栓设计。

a. 高强度螺栓取值。

一个高强螺栓的预拉力 $P = 100\ \text{kN}$，传力摩擦面数目 $n_f = 1$。则承载力设计值：

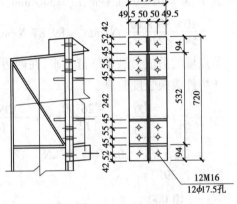

图 2.89　边柱-梁节点图

$$N_t^b = 0.8P = 0.8 \times 100\ \text{kN} = 80\ \text{kN}$$

$$N_v^b = 0.9kn_f\mu P = 0.9 \times 1.0 \times 0.4 \times 100\ \text{kN} = 36\ \text{kN}$$

b. 高强度螺栓验算。

总螺栓数 $n = 12$，每个螺栓设计剪力：

$$N_v = V/12 = 60.89\ \text{kN}/12 = 5.07\ \text{kN}$$

外排螺栓最大拉力：

$$N_t = \frac{N}{n} + \frac{My_1}{\sum y_i^2} = \frac{-26.90}{12}\text{kN} + \frac{105.99 \times 318 \times 1\,000}{4 \times (166^2 + 221^2 + 318^2)}\text{kN} = 45.22\ \text{kN}$$

按《钢结构设计标准》（GB 50017—2017）中公式（11.4.2）可知：

$$\frac{N_v}{N_v^b} + \frac{N_t}{N_t^b} = \frac{5.07}{36} + \frac{45.22}{80} = 0.71 \leqslant 1$$

满足设计要求。

②端板厚度确定。

依据《门式刚架规范》规定：端板的厚度 t 应根据支承条件按照下面几种公式验算，但不应小于 16 mm 及 0.8 倍高强度螺栓直径。但是端板也有几种形式：伸臂类端板、无加劲肋类端板、两邻边支承类端板和三边支承类端板。在这里只考虑两邻边支承类端板。

两邻边支承类端板区格（第一排螺栓，端板外伸）：

$$e_f = 45\ \text{mm}, e_w = 45.5\ \text{mm}, N_t = 45.22\ \text{kN}, b = 199\ \text{mm}, f = 310\ \text{N/mm}^2$$

按式（2.27c）：

$$t \geqslant \sqrt{\frac{6e_f e_w N_t}{[e_w b + 2e_f(e_w + e_f)]f}} = \sqrt{\frac{6 \times 45 \times 45.5 \times 45\ 220}{[45.5 \times 199 + 2 \times 45 \times (45.5 + 45)] \times 310}} \text{mm} = 10.21 \text{ mm}$$

按照《门式刚架规范》的构造要求,端板的厚度最小要大于 16 mm,选端板厚度为 $t =$ 20 mm。

③梁柱相交节点域验算。

由式(2.28):

$$\tau = \frac{M}{d_b d_c t_c}$$

式中:$M = 105.99$ kN·m,$d_b = 546$ mm,$d_c = 270$ mm,$t_c = 8$ mm。则

$$\tau = \frac{105.99 \times 10^6}{546 \times 270 \times 8} \text{N/mm}^2 = 89.87 \text{ N/mm}^2 < f_v = 180 \text{ N/mm}^2$$

节点域的剪应力满足规范要求,在两边设置图 2.89 所示 $t = 20$ mm 的加劲肋。

④构件腹板强度验算。

$$N_{t2} = \frac{N}{n} + \frac{My_1}{\sum y_i^2} = \frac{-26.90}{12} \text{kN} + \frac{105.99 \times 166 \times 1\ 000}{4 \times (166^2 + 221^2 + 318^2)} \text{kN}$$

$$= 22.5 \text{ kN} < 0.4P = 40 \text{ kN}$$

按式(2.29b):

$$\frac{N_{t2}}{e_w t_w} = \frac{40\ 000}{45.5 \times 9} \text{N/mm}^2 = 97.68 \text{ N/mm}^2 < f = 310 \text{ N/mm}^2$$

满足要求。

⑤端板连接刚度验算。

已知 $I_b = 49\ 245.2 \text{ cm}^4$,$l_b = 18\ 090$ mm。端板厚 20 mm、宽 199 mm。

$h_1 = (546 - 14) \text{mm} = 532$ mm

$d_c = 294 \text{ mm} - (12 + 16) \text{mm} = 266$ mm

$d_b = 546 \text{ mm} - 2 \times 14 \text{ mm} = 518$ mm

$t_p = 12$ mm

$e_f = (52 - 7) \text{mm} = 45$ mm

$I_e = 199 \times 20^3 / 12 \text{ mm}^4 = 132\ 666.7 \text{ mm}^4$

设置两条 96 mm × 20 mm 的斜加劲肋,则 $A_{st} = 96 \text{ mm} \times 20 \text{ mm} \times 2 = 3\ 840 \text{ mm}^2$。

$$\sin \alpha = \frac{546 - 14}{\sqrt{(546 - 14)^2 + (294 - 12)^2}} = 0.88$$

$$\cos \alpha = \frac{294 - 12}{\sqrt{(546 - 14)^2 + (294 - 12)^2}} = 0.47$$

$$R_1 = Gh_1 d_c t_p + E d_b A_{st} \cos^2 \alpha \sin \alpha$$

$$= 79\ 000 \times 532 \times 266 \times 12 \times 10^{-6} \text{ kN·m} + 206\ 000 \times 518 \times 3\ 840 \times 0.47^2 \times 0.88 \times 10^{-6} \text{ kN·m}$$

$$= 213\ 807.1 \text{ kN·m}$$

$$R_2 = \frac{6EI_e h_1^2}{1.1 e_f^3} = \frac{6 \times 206\ 000 \times 132\ 666.7 \times 532^2 \times 10^{-6}}{1.1 \times 45^3} \text{kN·m} = 462\ 991.9 \text{ kN·m}$$

$$R = \frac{R_1 R_2}{R_1 + R_2} = \frac{213\ 807.\ 1 \times 462\ 991.\ 9}{213\ 807.\ 1 + 462\ 991.\ 9}\text{kN} \cdot \text{m} = 146\ 263.\ 4\ \text{kN} \cdot \text{m}$$

$$> 25EI_{\text{b}}/l_{\text{b}} = \frac{25 \times 206\ 000 \times 49\ 245.\ 2 \times 10^4 \times 10^{-6}}{18\ 090} = 140\ 195.\ 1\ \text{kN} \cdot \text{m}$$

满足要求。

（2）中柱-梁节点

中柱与梁采用端板竖放连接方式，节点形式如图 2.90 所示。

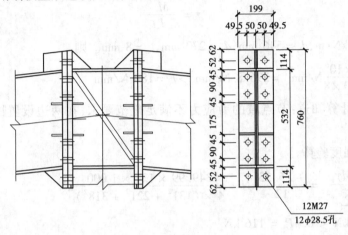

图 2.90　中柱-梁节点图

连接处的组合内力值：$M = -349.99\ \text{kN} \cdot \text{m}$，$V = -95.75\ \text{kN}$，$N = -25.23\ \text{kN}$。

①连接螺栓设计。

a. 高强度螺栓取值。

一个高强度螺栓的预拉力 $P = 290\ \text{kN}$，传力摩擦面数目 $n_{\text{f}} = 1$。则承载力设计值：

$$N_{\text{t}}^{\text{b}} = 0.\ 8P = 0.\ 8 \times 290\ \text{kN} = 232\ \text{kN}$$

$$N_{\text{v}}^{\text{b}} = 0.\ 9kn_{\text{f}}\mu P = 0.\ 9 \times 1.\ 0 \times 0.\ 4 \times 290\ \text{kN} = 104.\ 4\ \text{kN}$$

b. 高强度螺栓验算。

总螺栓数 $n = 12$，每个螺栓设计剪力：

$$N_{\text{v}} = \frac{95.\ 75\ \text{kN}}{12} = 7.\ 98\ \text{kN}$$

外排螺栓最大拉力：

$$N_{\text{t}} = \frac{N}{n} + \frac{My_1}{\sum y_i^2} = \frac{-25.\ 23}{12}\text{kN} + \frac{349.\ 99 \times 318 \times 1\ 000}{4 \times (131^2 + 221^2 + 318^2)}\text{kN} = 164.\ 381\ \text{kN}$$

按《钢结构设计标准》（GB 50017—2017）公式 11. 4. 2：

$$\frac{N_{\text{v}}}{N_{\text{v}}^{\text{b}}} + \frac{N_{\text{t}}}{N_{\text{t}}^{\text{b}}} = \frac{7.\ 98}{104.\ 4} + \frac{164.\ 38}{232} = 0.\ 78 < 1$$

满足设计要求。

②端板厚度确定。

两边支承类端板构件的详细尺寸：$e_{\text{f}} = 45\ \text{mm}$，$e_{\text{w}} = 45.\ 5\ \text{mm}$，$N_{\text{t}} = 164.\ 38\ \text{kN}$，$b = 199\ \text{mm}$，$f = 310\ \text{N/mm}^2$。

按式(2.27c):

$$t \geqslant \sqrt{\frac{6e_f e_w N_t}{[e_w b + 2e_f(e_w + e_f)]f}} = \sqrt{\frac{6 \times 45 \times 45.5 \times 164\,380}{[45.5 \times 199 + 2 \times 45 \times (45.5 + 45)] \times 310}} \text{ mm} = 19.46 \text{ mm}$$

端板最大厚度为 19.46 mm,选端板厚度 $t = 20$ mm。

③梁柱相交节点域验算。

按式(2.28):

$$\tau = \frac{M}{d_b d_c t_c}$$

式中:$M = 349.99$ kN·m,$d_b = 546$ mm,$d_c = 270$ mm,$t_c = 8$ mm。则

$$\tau = \frac{349.99 \times 10^6}{546 \times 270 \times 8} \text{N/mm}^2 = 296.8 \text{ N/mm}^2 > f_v = 180 \text{ N/mm}^2$$

通过上面的计算知道:节点域的剪应力不满足规范要求,在两边设置图 2.90 所示 $t = 16$ mm 的加劲肋。

④构件腹板强度验算。

$$N_{t2} = \frac{N}{n} + \frac{My_1}{\sum y_i^2} = \frac{-25.23}{12} \text{kN} + \frac{349.99 \times 131 \times 1\,000}{4 \times (131^2 + 221^2 + 318^2)} \text{kN}$$

$$= 66.48 \text{ kN} < 0.4P = 116 \text{ kN}$$

按式(2.29c):

$$\frac{N_{t2}}{e_w t_w} = \frac{116\,000}{45.5 \times 9} \text{N/mm}^2 = 283.3 \text{ N/mm}^2 < f = 310 \text{ N/mm}^2$$

满足要求。

⑤端板连接刚度验算。

已知 $I_b = 49\,245.2$ cm^4,$l_b = 18\,090$ mm。端板厚 20 mm、宽 199 mm。

$h_1 = (546 - 14)$ mm $= 532$ mm

$d_c = 390$ mm $- 16 \times 2$ mm $= 358$ mm

$d_b = 546$ mm $- 2 \times 14$ mm^4 $= 518$ mm

$t_p = 10$ mm

$e_f = (52 - 7)$ mm $= 45$ mm

$I_e = 199 \times 20^3/12$ mm^4 $= 132\,666.7$ mm^4

设置两条 96 mm × 16 mm 的斜加劲肋,则 $A_{st} = 96$ mm × 16 mm × 2 $= 3\,072$ mm^2。

$$\sin\alpha = \frac{546 - 14}{\sqrt{(546 - 14)^2 + (390 - 16)^2}} = 0.82$$

$$\cos\alpha = \frac{390 - 16}{\sqrt{(546 - 14)^2 + (390 - 16)^2}} = 0.58$$

$$R_1 = Gh_1 d_c t_p + Ed_b A_{st} \cos^2\alpha \sin\alpha$$

$$= 79\,000 \times 532 \times 358 \times 10 \times 10^{-6} \text{ kN·m} + 206\,000 \times 518 \times 3\,072 \times 0.58^2 \times 0.82 \times 10^{-6} \text{ kN·m}$$

$$= 240\,885 \text{ kN·m}$$

$$R_2 = \frac{6EI_e h_1^2}{1.1 e_f^3} = \frac{6 \times 206\,000 \times 132\,666.7 \times 532^2 \times 10^{-6}}{1.1 \times 45^3}\ \text{kN} \cdot \text{m} = 462\,991.9\ \text{kN} \cdot \text{m}$$

$$R = \frac{R_1 R_2}{R_1 + R_2} = \frac{240\,885 \times 462\,991.9}{240\,885 + 462\,991.9} = 158\,447.9\ \text{kN} \cdot \text{m} > 25EI_b/l_b = 140\,195.1\ \text{kN} \cdot \text{m}$$

满足要求。

2.8.3　次构件设计

1)屋面板设计

屋面材料采用压型钢板,檩条间距1.5 m,选用 YX130-300-600 型压型钢板,板厚 $t = 0.6$ mm,截面形状及尺寸如图2.91所示。

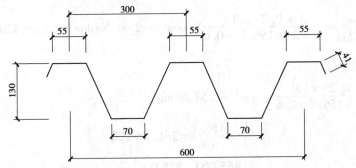

图 2.91　YX130-300-600 型压型钢板

(1)内力计算

永久荷载:0.50 kN/m²;可变荷载:屋面均布活荷载或雪荷载最大值0.50 kN/m²。则

$$q_x = 1.2 \times 0.5\ \text{kN/m}^2 + 1.4 \times 0.5\ \text{kN/m}^2 = 1.3\ \text{kN/m}^2$$

压型钢板单波线荷载: $q_x = 1.3\ \text{kN/m}^2 \times 0.3\ \text{m} = 0.39\ \text{kN/m}$

按简支梁计算压型钢板跨中最大弯矩:

$$M_{max} = \frac{1}{8} q_x l^2 = \frac{1}{8} \times 0.39 \times 1.5^2\ \text{kN} \cdot \text{m} = 0.11\ \text{kN} \cdot \text{m}$$

(2)截面几何特性计算

$D = 130$ mm, $b_1 = 55$ mm, $b_2 = 70$ mm, $h = 156.7$ mm

$$L = b_1 + b_2 + 2h = (55 + 70 + 2 \times 156.7)\ \text{mm} = 438.4\ \text{mm}$$

$$y_1 = \frac{D(h_1 + b_2)}{L} = \frac{130 \times (156.7 + 70)}{438.4}\ \text{mm} = 67.2\ \text{mm}$$

$$y_2 = D - y_1 = (130 - 67.2)\ \text{mm} = 62.8\ \text{mm}$$

$$I_x = \frac{tD^2}{L}\left(b_1 b_2 + \frac{2}{3}hL - h^2\right) = \frac{0.6 \times 130^2}{438.4} \times \left(55 \times 70 + \frac{2}{3} \times 156.7 \times 438.4 - 156.7^2\right)\ \text{mm}^4$$

$$= 580\,397\ \text{mm}^4$$

$$W_{ex} = \frac{I_x}{y_1} = \frac{580\,397}{67.2}\ \text{mm}^3 = 8\,637\ \text{mm}^3$$

$$W_{tx} = \frac{I_x}{y_2} = \frac{580\,397}{62.8}\,mm^3 = 9\,242\,\,mm^3$$

（3）强度验算

正应力验算：

$$\sigma_{max} = \frac{M_{max}}{W_{cx}} = \frac{0.11 \times 10^6}{8\,637}N/mm^2 = 12.74\,\,N/mm^2 < f = 205\,\,N/mm^2$$

$$\sigma_{min} = \frac{M_{max}}{W_{tx}} = \frac{0.11 \times 10^6}{9\,242}N/mm^2 = 11.90\,\,N/mm^2 < f = 205\,\,N/mm^2$$

剪应力验算：

$$V_{max} = \frac{1}{2}q_x l = \frac{1}{2} \times 0.39\,\,kN/m \times 1.5\,\,m = 0.29\,\,kN$$

腹板最大剪应力：

$$\tau_{max} = \frac{3V_{max}}{2\sum ht} = \frac{3 \times 0.29 \times 10^3}{2 \times 2 \times 156.7 \times 0.6}N/mm^2 = 2.31\,\,N/mm^2 < f_v = 120\,\,N/mm^2$$

腹板平均剪应力：

$$\tau = \frac{V_{max}}{\sum ht} = \frac{0.29 \times 10^3}{2 \times 156.7 \times 0.6}N/mm^2 = 1.54\,\,N/mm^2$$

因为

$$\frac{h}{t} = \frac{156.7}{0.6} = 261.1 > 100$$

所以

$$\tau < \frac{855\,000}{(h/t)^2} = \frac{855\,000}{261.1^2} = 12.5$$

根据以上计算分析，该压型钢板的强度满足设计要求。

（4）刚度验算

按单跨简支梁计算跨中最大挠度 w_{max}：

$$w_{max} = \frac{5q_{xk}l^4}{384EI_x} = \frac{5 \times 0.39/1.3 \times 1.5^4 \times 10^{12}}{384 \times 2.06 \times 10^5 \times 580\,397}mm = 0.17\,\,mm < [w] = \frac{l}{300} = \frac{1\,500}{300}mm = 5\,\,mm$$

根据以上计算分析，该压型钢板的刚度满足设计要求。

2）檩条设计

本建筑为封闭式建筑，屋面排水坡度为 1/10（$\alpha = 5.71°$），檩条跨度为 6 m，采用简支连接方式，水平檩距为 1.5 m，于跨中设置拉条一道，檩条及拉条钢材均为 Q235B，焊条采用 E43 型。

（1）荷载标准值

永久荷载：0.50 kN/m^2；可变荷载：屋面均布活荷载或雪荷载最大值 0.50 kN/m^2。

（2）内力计算

①永久荷载与屋面均布活（雪）荷载组合。

檩条线荷载：

$$P_k = (0.50 + 0.50)kN/m^2 \times 1.5\,\,m = 1.5\,\,kN/m$$

$$P = (0.50 \times 1.2 + 0.50 \times 1.4)kN/m^2 \times 1.5\,\,m = 1.95\,\,kN/m$$

$$P_x = P\sin 5.71° = 0.194\,\,kN/m$$

$$P_y = P \cos 5.71° = 1.94 \text{ kN/m}$$

弯矩设计值:

$$M_x = \frac{P_y l^2}{8} = \frac{1}{8} \times 1.94 \times 6^2 \text{ kN·m} = 8.73 \text{ kN·m}$$

$$M_y = \frac{P_x l^2}{32} = \frac{1}{32} \times 0.194 \times 6^2 \text{ kN·m} = 0.22 \text{ kN·m}$$

②永久荷载与风荷载吸力组合。

按《荷载规范》,风压高度变化系数 $\mu_z = 1.02$。按《门式刚架规范》规定确定风荷载系数。檩条有效受风面积为:

$$c = \max\{(a+b)/2, l/3\} = \{1.5 \text{ m}, 2 \text{ m}\} = 2 \text{ m}$$

$$A = lc = 2 \text{ m} \times 6 \text{ m} = 12 \text{ m}^2 > 10 \text{ m}^2$$

边缘带 $\mu_w = -1.28$,中间区 $\mu_w = -1.08$,取 $\mu_w = -1.28$。

垂直屋面的风荷载标准值为:

$$w_k = \beta \mu_w \mu_z w_0 = 1.5 \times (-1.28) \times 1.02 \times 0.4 \text{ kN/m}^2 = -0.78 \text{ kN/m}^2$$

檩条线荷载:

$$P_{ky} = (-0.78 + 0.50 \times \cos 5.71°) \text{ kN/m}^2 \times 1.5 \text{ m} = -0.42 \text{ kN/m}$$

$$P_x = 0.5 \text{ kN/m}^2 \times \sin 5.71° \times 1.5 \text{ m} = 0.08 \text{ kN/m}$$

$$P_y = -1.4 \times 0.78 \times 1.5 \text{ kN/m} + 0.50 \times 1.5 \times \cos 5.71° \text{ kN/m} = -0.89 \text{ kN/m}$$

$$M_x = \frac{P_y l^2}{8} = \frac{1}{8} \times (-0.89) \times 6^2 \text{ kN·m} = -4.01 \text{ kN·m}$$

$$M_y = \frac{P_x l^2}{32} = \frac{1}{32} \times 0.08 \times 6^2 \text{ kN·m} = 0.09 \text{ kN·m}$$

(3)截面选择及特性

①截面选择。

选用 C 形檩条 $160 \times 70 \times 20 \times 3.00$(图2.92),截面特性: $I_x = 373.64 \text{ cm}^4$, $I_y = 60.42 \text{ cm}^4$, $A = 9.45 \text{ cm}^2$, $W_x = 46.71 \text{ cm}^3$, $W_{ymax} = 27.17 \text{ cm}^3$, $W_{ymin} = 12.65 \text{ cm}^3$, $i_x = 6.29 \text{ cm}$, $i_y = 2.53 \text{ cm}$, $x_0 = 2.22 \text{ cm}$。

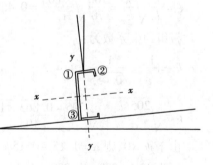

图2.92 檩条力系图

先按毛截面计算的截面应力为:

$$\sigma_1 = \frac{M_x}{W_x} + \frac{M_y}{W_{ymax}} = \frac{8.73 \times 10^6}{46.71 \times 10^3} \text{N/mm}^2 + \frac{0.22 \times 10^6}{27.17 \times 10^3} \text{N/mm}^2 = 195 \text{ N/mm}^2 (压)$$

$$\sigma_2 = \frac{M_x}{W_x} - \frac{M_y}{W_{ymin}} = \frac{8.73 \times 10^6}{46.71 \times 10^3} \text{N/mm}^2 - \frac{0.22 \times 10^6}{12.65 \times 10^3} \text{N/mm}^2 = 169.51 \text{ N/mm}^2 (压)$$

$$\sigma_2 = -\frac{M_x}{W_x} + \frac{M_y}{W_{ymax}} = -\frac{8.73 \times 10^6}{46.71 \times 10^3} \text{N/mm}^2 + \frac{0.22 \times 10^6}{27.17 \times 10^3} \text{N/mm}^2 = -178.80 \text{ N/mm}^2 (拉)$$

②受压板件的稳定系数。

腹板:腹板为加劲板件,$\psi = \sigma_{min}/\sigma_{max} = -178.80/195 = -0.916 > -1$,故

$$k = 7.8 - 6.29\psi + 9.78\psi^2 = 7.8 - 6.29 \times (-0.916) + 9.78 \times (-0.916)^2 = 21.77$$

上翼缘板：上翼缘板为最大压应力作用于部分加劲肋板件的支承边。

$$\psi = \frac{\sigma_{min}}{\sigma_{max}} = \frac{169.51}{195} = 0.869 > -1$$

$$k = 5.89 - 11.59\psi + 6.68\psi^2 = 5.89 - 11.59 \times 0.869 + 6.68 \times 0.869^2 = 0.863$$

③受压板件的有效宽度。

a. 腹板。

$$k = 21.77, k_c = 0.863, b = 160 \text{ mm}, c = 70 \text{ mm}, t = 3.0 \text{ mm}, \sigma_1 = 195 \text{ N/mm}^2$$

$$\xi = \frac{c}{b}\sqrt{\frac{k}{k_c}} = \frac{70}{160}\sqrt{\frac{21.77}{0.863}} = 2.2 > 1.1$$

板组约束系数为：

$$k_1 = 0.11 + \frac{0.93}{(\xi - 0.05)^2} = 0.11 + \frac{0.93}{(2.2 - 0.05)^2} = 0.312$$

$$\rho = \sqrt{\frac{205kk_1}{\sigma_1}} = \sqrt{\frac{205 \times 21.77 \times 0.863}{195}} = 4.444$$

由于 $\psi < 0$，则 $\alpha = 1.15, b_c = b/(1-\psi) = 160 \text{ mm}/(1+0.916) = 83.50 \text{ mm}$

由于 $b/t = 160/3 = 53.3 < 18\alpha\rho = 18 \times 1.15 \times 4.44 = 91.91$，则 $b_e = b_c = 83.50 \text{ mm}, b_{e1} = 0.4b_e = 0.4 \times 83.50 \text{ mm} = 33.4 \text{ mm}, b_{e2} = 0.6b_e = 0.6 \times 83.4 \text{ mm} = 50.1 \text{ mm}$。

b. 上翼缘板。

$$k = 0.863, k_c = 21.77, b = 70 \text{ mm}, c = 160 \text{ mm}, t = 3.0 \text{ mm}, \sigma_1 = 195 \text{ N/mm}^2$$

$$\xi = \frac{c}{b}\sqrt{\frac{k}{k_c}} = \frac{160}{70}\sqrt{\frac{0.863}{21.77}} = 0.455 < 1.1$$

板组约束系数为：

$$k_1 = \frac{1}{\sqrt{\xi}} = \frac{1}{\sqrt{0.455}} = 1.482$$

$$\rho = \sqrt{\frac{205kk_1}{\sigma_1}} = \sqrt{\frac{205 \times 0.863 \times 1.482}{195}} = 1.16$$

由于 $\psi > 0$，则 $\alpha = 1.15 - 0.15\psi = 1.15 - 0.15 \times 0.869 = 1.020, b_c = b = 70 \text{ mm}$。

因为 $38\alpha\rho = 38 \times 1.020 \times 1.16 = 44.96 > b/t = 70/3 = 23.3 > 18\alpha\rho = 18 \times 1.020 \times 1.16 = 21.30$，所以

$$b_e = \left(\sqrt{\frac{21.8\alpha\rho}{b/t}} - 0.1\right)b_c = \left(\sqrt{\frac{21.8 \times 1.02 \times 1.16}{23.3}} - 0.1\right) \times 70 \text{ mm} = 66.65 \text{ mm}$$

$$b_{e1} = 0.4b_e = 0.4 \times 66.65 \text{ mm} = 26.66 \text{ mm}$$

$$b_{e2} = 0.6b_e = 0.6 \times 66.65 \text{ mm} = 39.99 \text{ mm}$$

c. 下翼缘板。

下翼缘为受拉板件，板件截面全部有效。

(4)强度验算

①有效净截面抵抗矩。

中性轴以上腹板和上翼缘板全截面有效，在腹板的计算截面有一拉条 $\phi13$ 连接孔（距上翼

缘边距为 35 mm)。

有效净截面抵抗矩:

$$W_{enx} = \frac{373.64 \times 10^4 - 13 \times 3.0 \times (80-35)^2}{80} mm^3 = 4.572 \times 10^4 mm^3$$

$$W_{eny_{max}} = \frac{60.42 \times 10^4 - 13 \times 3.0 \times (22.2-3/2)^2}{22.5} mm^3 = 2.646 \times 10^4 mm^3$$

$$W_{eny_{min}} = \frac{60.42 \times 10^4 - 13 \times 3.0 \times (22.2-3/2)^2}{70-22.5} mm^3 = 1.229 \times 10^4 mm^3$$

②屋面是压型钢板与檩条牢固连接,能阻止檩条侧向失稳和扭转变形,对檩条①,②点进行强度验算。

$$\sigma_1 = \frac{M_x}{W_{enx}} + \frac{M_y}{W_{eny_{max}}} = \frac{8.73 \times 10^6}{4.572 \times 10^4} N/mm^2 + \frac{0.22 \times 10^6}{2.646 \times 10^4} N/mm^2$$

$$= 199.26 \ N/mm^2 < 205 \ N/mm^2$$

$$\sigma_2 = \frac{M_x}{W_{enx}} - \frac{M_y}{W_{eny_{min}}} = \frac{8.73 \times 10^6}{4.572 \times 10^4} N/mm^2 - \frac{0.22 \times 10^6}{1.229 \times 10^4} N/mm^2$$

$$= 173.04 \ N/mm^2 < 205 \ N/mm^2$$

(5)稳定性验算

永久荷载与风荷载吸力组合下的弯矩小于永久荷载与屋面均布活荷载组合下的弯矩,根据前面的计算结果判断,截面全部有效,不计孔洞削弱,则:$W_{ex} = W_x = 46.71 \ cm^3$, $W_{ey} = W_{ymin} = 12.65 \ cm^3$, $I_t = 0.2836 \ cm^4$, $I_w = 3070.5 \ cm^4$。

受弯构件的整体稳定系数 φ_{bx} 计算。由于跨中无侧向支撑,所以有:

$$\mu_b = 1.0, \xi_1 = 1.13, \xi_2 = 0.46$$

$$e_a = e_0 - x_0 + b/2 = (5.25 - 2.22 + 3.5) mm = 6.53 \ mm$$

$$\eta = 2\xi_2 e_a/h = 2 \times 0.46 \times 6.53/16 = 0.375$$

$$\xi = \frac{4I_w}{hI_y} + \frac{0.156I_t}{I_y}\left(\frac{u_b l}{h}\right)^2 = \frac{4 \times 3070.5}{16^2 \times 60.42} + \frac{0.156 \times 0.2836}{60.42}\left(\frac{600}{16}\right)^2 = 1.824$$

$$\lambda_y = \frac{600}{2.53} = 237.15$$

$$\varphi_{bx} = \frac{4320Ah}{\lambda_y^2 W_x}\xi_1\left(\sqrt{\eta^2+\xi}+\eta\right)\frac{235}{f_y}$$

$$= \frac{4320 \times 9.45 \times 16}{237.15^2 \times 46.71} \times 1.13 \times \left(\sqrt{0.375^2+1.824}+0.375\right) \times \frac{235}{215}$$

$$= 0.546 < 0.7$$

风吸力作用使檩条下翼缘受压,则计算它的稳定性:

$$\sigma = \frac{M_x}{\varphi_{bx}W_{ex}} + \frac{M_y}{W_{ey}} = \frac{4.01 \times 10^6}{0.546 \times 4.671 \times 10^4}N/mm^2 + \frac{0.09 \times 10^6}{1.265 \times 10^4}N/mm^2$$

$$= 164.35 N/mm^2 < 205 N/mm^2$$

（6）挠度验算

$$w = \frac{5P_{ky}l^4}{384EI_x} = \frac{5 \times 1.5 \times \cos 5.71° \times 6\ 000^4}{384 \times 2.06 \times 10^5 \times 373.64 \times 10^4} mm = 32.72\ mm < \frac{l}{150} = \frac{6\ 000}{150} mm = 40\ mm$$

满足要求。

（7）构造要求

$$\lambda_x = \frac{l_{0x}}{i_x} = \frac{6\ 000}{62.9} = 95 < 200$$

$$\lambda_y = \frac{l_{0y}}{i_y} = \frac{3\ 000}{25.3} = 119 < 200$$

因此檩条在平面内、平面外均满足要求。

3）墙梁设计

（1）设计资料

本建筑为封闭式建筑，墙面材料为夹心板，墙梁跨度为 6 m，间距 1.5 m，跨中设置拉条一道，外侧挂墙板，墙梁与拉条材料均为 Q235B，焊条采用 E43 型，墙梁初选截面为 C 形冷弯槽钢 $160 \times 70 \times 20 \times 3.0$。

（2）荷载计算

①荷载标准值。

竖向荷载标准值：墙体自重 $0.25 \times 1.5 = 0.375\ kN/m$

                墙梁自重 $0.074\ kN/m$

水平荷载标准值：

风荷载计算：$c = \max\{(a+b)/2, l/3\} = \max\{1.5\ m, 2\ m\} = 2\ m$

$1\ m^2 < A = lc = 2\ m \times 6\ m = 12\ m^2 < 50\ m^2$

$\mu_{z_1} = 0.176 \log A - 1.28 = 0.176 \times \log 12 - 1.28 = -1.09$

$\mu_{z_2} = -0.176 \log A + 1.18 = -0.176 \times \log 12 + 1.18 = -0.99$

取 $\mu_z = -1.09$。

$w_k = \beta \mu_w \mu_z w_0 = -1.5 \times 1.09 \times 1.0 \times 0.4\ kN/m^2 = -0.654\ kN/m^2$

②荷载设计值。

水平荷载设计值：$q_y = 1.5 \times 0.654 \times 1.4\ kN/m = 1.373\ kN/m$

竖向荷载设计值：$q_x = 0.074 \times 1.2\ kN/m = 0.089\ kN/m$（夹心板为自承重墙，墙重直接传给基础）

③竖向荷载 q_x 产生的弯矩 M_y。

墙梁跨中竖向设有一道拉条，可视为墙梁支承点，则

$$M_y = \frac{1}{32} q_x l^2 = \frac{1}{32} \times 0.089 \times 6^2\ kN \cdot m = 0.10\ kN \cdot m$$

④水平荷载 q_y 产生的弯矩 M_x。

墙梁承担水平方向荷载，按单跨简支梁计算内力，则

$$M_x = \frac{1}{8}q_y l^2 = \frac{1}{8} \times 1.373 \times 6^2 \text{ kN·m} = 6.179 \text{ kN·m}$$

（3）截面选择

由初选墙梁截面 C 形槽钢 $160 \times 70 \times 20 \times 3.0$，查表知其截面特性：$A = 9.45 \text{ cm}^2$，$I_x = 373.64 \text{ cm}^4$，$W_x = 46.71 \text{ cm}^3$，$I_y = 60.42 \text{ cm}^4$，$W_{ymax} = 27.17 \text{ cm}^3$，$W_{ymin} = 12.65 \text{ cm}^3$。

（4）强度验算

$$\sigma = \frac{M_x}{W_{enx}} + \frac{M_y}{W_{eny}} = \frac{6.179 \times 10^6}{0.9 \times 46.71 \times 10^3} \text{N/mm}^2 + \frac{0.10 \times 10^6}{0.9 \times 12.65 \times 10^3} \text{N/mm}^2$$

$$= 159.49 \text{ N/mm}^2 < 205 \text{ N/mm}^2$$

注：0.9 为参照檩条取用的有效截面模量系数。

因墙板自承重，竖向荷载产生的剪力仅为墙梁自重，因其较小，不必验算竖向剪切应力强度。水平剪切强度：

$$\frac{3V_{ymax}}{2h_0 t} = \frac{3 \times \frac{1}{2} \times 1.373 \times 6 \times 10^3}{2 \times (160 - 2 \times 3) \times 3} \text{N/mm}^2 = 13.37 \text{ N/mm}^2 < 120 \text{ N/mm}^2$$

满足强度要求。

在风吸力作用下拉条设在墙梁内侧，此时夹心板与墙梁外侧牢固相连，可不验算墙梁的整体稳定性。

（5）挠度验算

$$w = \frac{5q_{kx} l^4}{384 E I_y} = \frac{5 \times 1.373/1.4 \times 6000^4}{384 \times 2.06 \times 10^5 \times 373.64 \times 10^4} \text{mm} = 21.5 \text{ mm} < \frac{l}{200} = \frac{6000}{200} \text{mm} = 30 \text{ mm}$$

满足挠度要求。

4）拉条计算

拉条所受力即为檩条间侧向支点的支座反力，则

$$N = 0.625 q_x l \cdot n = 0.625 \times 1.95 \text{ kN/m} \times \sin 5.71° \times 6 \text{ m} \times 11 = 8 \text{ kN}$$

而拉条所需面积：

$$A_{min} = \frac{N}{f} = \frac{8000}{215} \text{mm}^2 = 37 \text{ mm}^2$$

按构造取 $\phi 10$ 拉条（$A = 50.8 \text{ mm}^2$）。

轻型门式刚架钢结构施工图见附录 4。

轻型门式刚架钢结构设计流程图

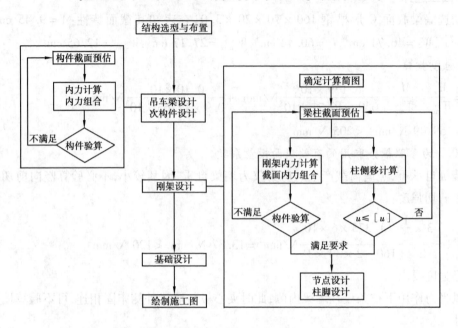

注:次构件指隔撑、支撑、系杆、拉条、檩条、墙梁、抗风柱等。

复习思考题

2.1 轻型门式刚架钢结构有哪些特点?

2.2 试简述轻型门式刚架钢结构的设计步骤。

2.3 试述轻型门式刚架钢结构的结构形式。

2.4 什么是蒙皮效应?在轻型门式刚架钢结构设计中如何考虑?

2.5 在什么情况下门式刚架钢结构梁柱采用变截面?

2.6 轻型门式刚架钢结构哪些位置需要设置支撑?

2.7 轻型门式刚架钢结构结构内力如何计算?应选择哪些截面作为控制截面进行计算?

2.8 门式刚架构件需要验算哪些方面内容?如何验算?

2.9 隔撑的作用是什么?

2.10 檩条与墙梁在设计计算方面有哪些异同点?

习　题

2.1 某 24 m 单跨双坡门式刚架,屋面坡度为 1/12。梁柱节点为刚接,柱与基础为铰接。梁柱均为等截面构件,截面均为 H500 × 250 × 6 × 12(图 2.93),翼缘为焰切边。柱高 8 m,柱间支撑为 2 层交叉支撑,支撑节间距离为 4 m,经组合后内力设计值:刚架柱顶 $M_1 = 220.6$ kN·m, $N_1 = -88.5$ kN, $V_1 = 28.3$ kN;柱底内力 $N_0 = 115.3$ kN, $V_0 = 28.3$ kN。钢材采用 Q235B,焊条

E43 型。试验算刚架柱截面。

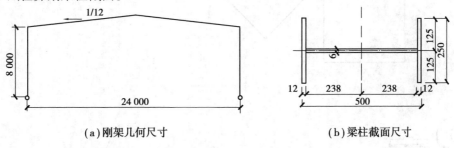

（a）刚架几何尺寸　　　　　　　　（b）梁柱截面尺寸

图 2.93　习题 2.1 图

2.2　某门式刚架边柱与斜梁连接节点采用端板竖放的连接方式（图 2.94），采用 M24（10.9 级）高强度螺栓摩擦型连接，接触面采用喷砂后生赤锈的处理方式，摩擦面抗滑移系数 $\mu = 0.50$，每个高强度螺栓的预拉力为 $P = 225$ kN。钢材材质为 Q345B。考虑各种荷载效应的组合后，已知边柱与斜梁连接节点处的最大内力设计值为：$M = 365.1$ kN·m，$V = 81.8$ kN，$N = 45.3$ kN。试对该梁柱节点进行验算。

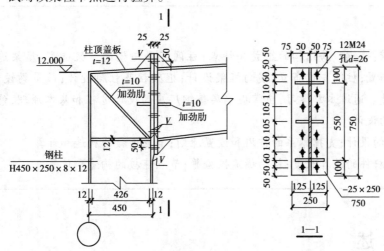

图 2.94　习题 2.2 图

2.3　试按下述条件验算两端简支卷边槽形冷弯薄壁型钢檩条（选用 C180×70×20×3.0）。

（1）设计资料

某封闭式建筑，屋面材料为压型钢板，屋面坡度 1/10。檩条跨度 6 m，于跨中设置一道拉条，水平檩距 1.5 m。钢材为 Q235B。

（2）荷载标准值

永久荷载：

压型钢板及保温材料	0.30 kN/m²
檩条及拉条	0.05 kN/m²

可变荷载：

屋面活荷载	0.30 kN/m²
基本雪压	0.35 kN/m²
基本风压	不考虑

第3章
普钢厂房结构设计

本章导读

内容及要求：普钢厂房结构的组成和特点；柱网布置与横向框架选型；屋架选型及屋盖支撑的布置；柱间支撑布置；横向框架设计；框架柱及柱脚设计；吊车梁设计；普通钢屋架设计。通过本章学习，应掌握单层普钢厂房的设计过程和基本原理，能够进行普钢厂房的设计。

重点：屋架的设计；支撑体系的作用和设置原则；节点连接的构造和计算。

难点：屋架杆件的计算长度；柱的稳定性验算；节点连接的构造和计算。

3.1 概 述

3.1.1 普钢厂房结构的组成

中、重型厂房一般取单层刚(框)架结构形式(图 3.1)，由屋盖结构(屋面板、檩条、天窗、屋架或梁、托架)、柱、吊车梁(包括制动梁或制动桁架)、各种支撑以及墙架等构件组成。通常由许多平行等间距放置的横向平面框架作为基本承重结构。横向平面框架由柱和桁架组成，基本上承受厂房结构的全部竖向荷载和横向水平荷载，包括全部建筑物重量(屋盖、墙、结构自重等)、屋盖雪荷载和其他活荷载、吊车竖向荷载和横向水平制动力、横向风荷载、横向地震作用等。屋盖部分和柱间支撑与柱、吊车梁等组成普钢厂房的纵向框架，承担纵向水平荷载，并把主要承重体系由单个的平面结构连成空间的整体结构，从而保证了单层厂房钢结构所必需的刚度和稳定。

吊车是厂房中常见的起重设备，按照吊车使用的繁重程度(亦即吊车的利用次数和荷载大小)，《起重机设计规范》(GB/T 3811)将其分为 A1 ~ A8 共 8 个工作级别，钢结构设计时通常以轻、中、重和特重 4 个工作制等级来划分，A1 ～ A3 相当于轻级工作制；A4，A5 相当于中级工作制；A6，A7 相当于重级工作制；A8 相当于特重级工作制。

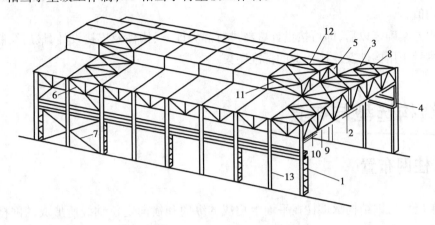

图 3.1　普钢厂房的结构组成

1—框架柱；2—端屋架；3—中间屋架；4—吊车梁；5—天窗架；6—托架；

7—柱间支撑；8—屋架上弦横向支撑；9—屋架下弦横向支撑；10—屋架纵向支撑；

11—天窗架垂直支撑；12—天窗架横向支撑；13—墙架柱

3.1.2　普钢厂房结构的特点与应用

在机械制造、造船、冶金、水电等行业，有许多中重型厂房，厂房中安置有大型设备或者起重量较大的起重设备。其跨度可超过 30 m，高度可超过 60 m，吊车起重量超过 4 000 kN，甚至达到 12 000 kN。从可靠性、耐久性、经济性综合考虑，这些中重型厂房采用普钢结构最合理，这也是我国钢结构应用的传统领域。

普钢厂房具有以下显著特点：

①从建筑上讲，要求构成较大的空间。为了满足在车间中放置尺寸大、较重型的设备生产重型产品，要求普钢厂房适应不同类型生产的需要，构成较大的空间，因此普钢厂房的显著特点是跨度大、高度大。

②从结构上讲，要求普钢厂房的结构构件要有足够的承载能力。厂房跨度大、高度大，产品较重且外形尺寸较大，还要经常承受动力荷载和移动荷载（如吊车荷载、动力设备荷载等），因此作用在普钢厂房上的荷载较大，要求单层厂房的结构构件要有足够的承载能力。

③为了便于定型设计，普钢厂房常采用构配件标准化、系列化、通用化、生产工厂化和便于机械化施工的建造方式。

3.1.3　普钢厂房结构的设计步骤与内容

①根据工艺和使用要求及将来可能发生的生产流程变化，确定车间平面和高度方向的主要尺寸，布置柱网，确定变形缝的位置和做法；

②选择主要承重框架的形式，并确定框架的主要尺寸；

③布置屋盖结构、吊车梁结构、支撑体系及墙架体系；

④按照平面框架进行分析时，需确定框架计算单元，计算单元的受荷面积宽度通常取相邻柱距的平均值；

⑤结构方案确定以后，即可按设计资料进行静力计算、构件及连接设计，最后绘制施工图，设计时应尽量采用构件及连接构造的标准图集。

3.2　结构选型与布置

3.2.1　柱网布置

确定单层厂房钢结构承重柱在平面上构成的纵向和横向定位轴线所形成的网格，称为柱网布置。

柱纵向定位轴线之间的尺寸为钢结构厂房的跨度，横向定位轴线之间的尺寸为柱距。柱网布置应满足生产工艺要求。柱的位置应与地上、地下设备和工艺流程相协调，还应考虑未来生产发展和生产工艺的更新，应尽量将柱与屋架或横梁布置在同一横向轴线上，以便组成刚度较大的横向框架。

柱距大小对结构的用钢量影响较大，加大柱距可减小地基处理费用和基础造价，位于软弱地基上的重型厂房应采用较大柱距。加大柱距将使柱间构件用材增加，经济合理的柱网布置应实现总的经济效益最佳。轻型围护结构的厂房采用 12,15,18 m 甚至更大的柱距较经济。

为了减少制作和安装工作量，柱网布置还应注意符合标准化模数的要求。当厂房跨度 $L \leqslant$ 18 m 时，跨度应以 3 m 为模数；当 $L > 18$ m 时，跨度应以 6 m 为模数，但是当工艺布置和技术经济有明显的优越性时，跨度也可以 3 m 为模数。柱距和跨度的类别宜少，以利于施工。当工艺有特殊要求局部采用大柱距时，可采取在该处抽（拔）柱，并设托架或托梁支撑屋架或屋面梁，通常设计托架或托梁简支在柱子上。

在厂房高度方向，吊车顶面与屋架或屋面梁底面净距应不小于 300 mm。吊车横向外轮廓与上柱内表面净距应不小于 80 mm，吊车大轮的中心线与柱纵向定位轴线（上柱中心线）的距离应为 750 ~ 1 000 mm。

3.2.2　温度伸缩缝布置

当厂房平面尺寸较大时，温度变化将引起结构变形，使厂房钢结构产生温度应力，从而导致墙体和屋面的破坏，故须在厂房钢结构的横向和纵向设置温度伸缩缝，将厂房钢结构分成伸缩时互不影响的温度区段（伸缩缝的间距）。《钢结构设计标准》（GB 50017—2017）给出了温度区段限值（见表 3.1），当超过限值时，应考虑温度应力和温度变形的影响。双柱温度伸缩缝或单柱温度伸缩缝原则上皆可采用，不过在地震区宜布置双柱温度伸缩缝。

表3.1 温度区段长度值　　　　　　　　　　　　　　　　　　　单位:m

结构情况	纵向温度区段(垂直于屋架或构架跨度方向)	横向温度区段(沿屋架或构架跨度方向)	
		柱顶为刚接	柱顶为铰接
采暖房屋和非采暖地区的房屋	220	120	150
热车间和采暖地区的非采暖房屋	180	100	125
露天结构	120	—	—
围护构件为金属压型钢板的房屋	250	150	

3.2.3　横向框架形式与框架柱类型

普钢厂房基本承重结构通常采用框架体系。横向框架可呈各种形式,如图3.2所示。普钢厂房的柱脚通常做成刚接,不仅可以削减柱段的弯矩绝对值,而且可以增大横向框架的刚度。屋架与柱端连接可以是铰接,也可以是刚接,相应的称横向框架为铰接框架或刚接框架。对刚度要求较高的厂房(如设有双层吊车、装备硬钩吊车等),宜采用刚接框架。在多跨时,特别是在吊车起重量不是很大和采用轻型围护结构时,适宜采用铰接框架。需要注意的是,刚接框架对支座的不均匀沉降和温度作用比较敏感,因此框架按刚接设计时应采取防止不均匀沉降的措施。

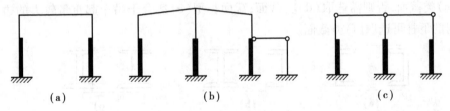

　　　　　(a)　　　　　　　　　　　　(b)　　　　　　　　　　　　(c)

图3.2　横向框架形式

厂房结构形式的选取不仅要考虑吊车的起重量,而且还要考虑吊车的工作级别及吊钩类型。对于装备 A6~A8 级吊车的车间,除了要求结构具有较大的横向刚度外,还应保证足够大的纵向刚度。因此,对于装备 A6~A8 级吊车的单跨厂房,宜将屋架和柱子的连接以及柱子和基础的连接均做刚性构造处理,纵向刚度则依靠柱顶支撑来保证。在侵蚀性环境中工作的厂房,设计时除了要选择耐腐蚀性的钢材外,还应采用有利于防侵蚀的结构形式和构造措施;同理,在高热环境中工作的厂房,设计时要考虑对结构的隔热防护,应采用有利于隔热的结构形式和构造措施。

厂房的框架柱按其外形可分为等截面柱、阶形柱和分离式柱,如图3.3所示。等截面柱通常做成工字形截面,吊车梁支承在柱的牛腿上。这种柱构造简单,适用于吊车起重量 $Q \leqslant 200$ kN、柱距≤12 m 的车间。吊车起重量较大的厂房采用阶形柱比较经济,吊车梁支承在柱的截面改变处,构造方便,荷载对柱截面形心的偏心也较小。阶形柱下段常采用缀条格构式,而上段既可采用实腹式,也可采用格构式。分离式柱是将吊车支柱和屋盖支柱分离,其间用水平板联系起来,认为吊车竖向荷载仅传给吊车支柱而不传给屋盖支柱,因此分离式柱构造、计算简单。在吊车起重量 $Q \geqslant 750$ kN 且吊车轨顶标高 ≤10 m,或者相邻两跨吊车的轨顶标高相差悬殊,而低跨吊车的起重量 $Q \geqslant 500$ kN 的车间,采用分离式柱较经济。

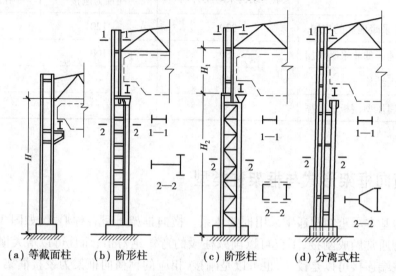

(a) 等截面柱　(b) 阶形柱　　(c) 阶形柱　　(d) 分离式柱

图 3.3　柱的形式

双肢格构式柱是普钢厂房阶形柱下柱的常见形式,图3.4 是其截面的常见类型。阶形柱的上柱截面通常选取实腹式等截面焊接工字形或类型(a)。下柱截面类型要依据吊车起重量的大小确定:类型(b)常见于吊车起重量较小的边列柱截面;吊车起重量不超过 50 t 的中列柱可选取(c)类截面,否则需选取(d)类截面;截面类型(e)适合于吊车起重量较大的边列柱;特大型厂房的下柱可选取(f)类截面。

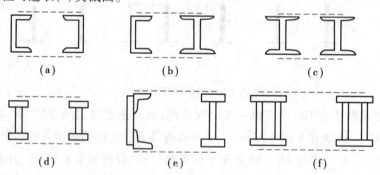

(a)　　　　　　(b)　　　　　　(c)

(d)　　　　　(e)　　　　　　(f)

图 3.4　双肢格构式柱

3.2.4　屋盖结构选型与布置

钢屋盖结构体系根据是否采用檩条,通常可分为无檩屋盖结构和有檩屋盖结构。无檩屋盖一般用于预应力混凝土大型屋盖板等重型屋面,将屋面板直接放在屋架或天窗架上。预应力混凝土大型屋面板的跨度通常采用 6 m,有条件时也可采用 12 m。当柱距大于所采用的屋面板跨度时,可采用托架(或托梁)来支撑中间屋架。有檩屋盖常用于轻型屋面材料的情况,如压型钢板、压型铝合金板、石棉瓦、瓦楞铁皮等。对石棉瓦和瓦楞铁皮屋面,屋架间距通常为 6 m。

当柱距大于或等于 12 m 时,则用托架支撑中间屋架。对于压型钢板和压型铝合金板屋面,屋架间距常大于或等于 12 m;当屋架间距为 12~18 m 时,宜将檩条直接支承于钢屋架上;当屋架间距大于 18 m 时,以纵横方向的次桁架(或梁)来支承檩条较为合适。

屋架标志跨度是柱网轴线的横向间距,以 3 m 为模数。计算跨度是屋架两端支座反力的距离,当屋架简支于柱且柱网采用封闭结合时,考虑屋架支座处的构造尺寸,计算跨度 = 标志跨度 − 2 × (150~200)mm;当柱网采用非封闭结合时,计算跨度 = 标志跨度。封闭结合是指边柱外缘和墙内缘与纵向定位轴线相重合;非封闭结合是指边柱外缘与纵向定位轴线之间有一定的距离,即加上联系尺寸。

1)屋架选型

(1)桁架的应用

桁架是指由直杆在杆端相互连接而组成的以抗弯为主的格构式结构。桁架中的杆件大多只承受轴向力,杆件截面上应力分布均匀,因而材料性能发挥较好,可以节省钢材和减轻结构自重,特别适用于跨度或高度较大的结构。钢桁架是一种用材经济、刚度较大、外形美观的结构形式,但是桁架的杆件和节点较多,构造较为复杂,制造较为费工。

桁架在钢结构中应用很广,可分为空间桁架和平面桁架两类。网架结构、各种塔架为空间桁架。常用的平面桁架有屋架、吊车桁架、水工结构中的钢栈桥、钢桁架引桥、钢闸门中的桁架等。平面简支桁架的杆件内力不受支座沉降和温度变化的影响,相对于空间桁架,其构造简单、安装方便,最为常用。

(2)桁架的形式

桁架便于按照不同要求制成各种需要的外形。常用的平面桁架的外形一般分为三角形、梯形、平行弦和人字形等,如图 3.5 所示。在确定屋架外形时,应考虑房屋用途、建筑造型和屋面材料的排水要求。从受力角度出发,屋架外形应尽量与弯矩图相近,以使弦杆受力均匀,腹杆受力较小。腹杆的布置应使杆件受力合理,节点构造易于处理,尽量使长杆受拉、短杆受压,腹杆数量少而总长度短,弦杆不产生局部弯矩,腹杆与弦杆的交角宜为 35°~55°,最好在 45°左右。上述种种要求彼此之间往往存在矛盾,不能同时满足,应根据具体情况解决主要矛盾,全面考虑,合理设计。

三角形桁架[图 3.5(a)]适宜用作屋面坡度 i 较陡($i \geq 1/5$)的屋架。屋架端部通常与柱铰接,整体横向刚度较低,其外形与均布荷载作用时的弯矩图差别较大,当跨度较大时选用三角形屋架是不经济的,因此三角形屋架只宜用于中、小跨度($l \leq 24$ m)的屋盖结构。梯形桁架[图 3.5(b),(c)]适宜用作屋面坡度平缓的屋架,它与柱的连接可做成刚接,也可做成铰接。梯形桁架外形与均布荷载作用时简支桁架的弯矩图较接近,各节间弦杆内力差别较小。当桁架的高度较大时,为使斜腹杆与弦杆保持适当的交角,上弦节间长度较大,这时为避免上弦承受节间荷载,且减小弦杆和腹杆的计算长度,可增加再分腹杆[图 3.5(c)]。平行弦桁架[图 3.5(d),(e),(f)]的弦杆、腹杆长度一致,杆件类型少,节点构造统一,便于制造,常用于平面钢闸门、钢引桥、栈桥、托架和支撑体系。人字形桁架[图 3.5(g),(h)]用作屋架,它可与柱铰接或刚接,它具有平行弦桁架的优点,且在制造时不必起拱,符合标准化、工厂化制造的要求。

桁架中的常用腹杆体系有人字式、芬克式[图 3.5(a)]、再分式[图 3.5(c)]、交叉式

［图 3.5(e)］等,其中人字式腹杆体系的腹杆和节点数最少,应用较广。

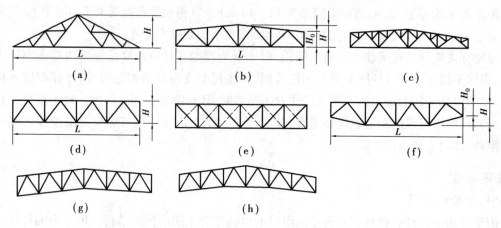

图 3.5　桁架的形式

与钢梁相仿,桁架应具有适当的中部高度 H 和端部高度 H_0。H 取决于运输界限(如铁路运输界限高度为 3.85 m)和建筑高度要求的最大限值、刚度要求的最小限值,以及使弦杆和腹杆总用钢量最少的经济高度。三角形屋架当跨度 L 和屋面坡度 i 确定后,其 H 也就确定了。简支梯形和平行弦桁架,通常 $H=(1/10～1/6)L$。简支梯形桁架对端部高度 H_0 无特殊要求,但多跨简支桁架各 H_0 取值应协调一致,以便相邻桁架端部处上弦表面齐平,利于屋面构造。当梯形桁架与柱刚接时,端部有负弯矩,要求 H_0 具有一定的高度。钢屋架中常用 $H_0=1.8～2.2$ m。

(3)确定桁架形式的原则

设计钢桁架首要选择合理的桁架外形,选择时应综合考虑下列因素:

①满足使用要求。屋架上弦的坡度应满足屋面防水材料的要求。此外,桁架与柱是铰接还是刚接、房屋内部净空要求、有无吊顶和悬挂吊车、有无天窗和天窗形式以及建筑造型的需要等,也都影响桁架的外形。

②受力合理。只有构件受力合理时才能充分发挥材料的作用,从而达到节省材料的目的。对弦杆来说,桁架的外形应尽量与弯矩图相近,以使弦杆内力均匀,材料强度得到充分发挥。腹杆的布置应使短杆受压、长杆受拉,且节点和腹杆数量宜少,腹杆的总长度宜短。尽量使荷载作用在节点上,以避免弦杆因受节间荷载产生的局部弯矩而加大截面。当梯形桁架与柱刚接时,其端部应有足够的高度,以便有效地传递支座弯矩,而端部弦杆不致产生过大的内力。

③便于制作和安装。桁架杆件的数量和截面规格宜少,尺寸力求划一,构造应简单,以便于制造。杆件间夹角宜为 30°～60°,夹角过小将使节点的构造困难。

④综合技术经济效益好。在确定桁架形式与主要尺寸时,除着眼于构件本身的省料与节省工时外,还应考虑跨度大小、荷载状况、材料供应条件、建设速度的要求,以期获得较好的综合经济效益。

2)屋盖支撑的布置

(1)屋盖支撑的作用

当采用屋架作为主要承重构件时,支撑(包括屋架支撑和天窗架支撑)是屋盖结构的必要组成部分。屋盖支撑的主要作用是：

①保证桁架结构的空间几何稳定性即形状不变。平面桁架能保证桁架平面内的几何稳定性，支撑系统则保证桁架平面外的几何稳定性。

②保证桁架结构的空间刚度和空间整体性。桁架上弦和下弦的水平支撑与桁架弦杆组成水平桁架，桁架端部和中部的垂直支撑则与桁架竖杆组成垂直桁架，无论桁架结构承受竖向或纵、横向水平荷载，都能通过一定的桁架体系把力传向支座，同时只发生较小的弹性变形，即有足够的刚度和整体性。

③为桁架弦杆提供必要的侧向支承点。水平和垂直支撑桁架的节点以及由此延伸的支撑系杆都成为桁架弦杆的侧向支承点，从而减小弦杆在桁架平面外的计算长度，提高其受压时的整体稳定承载力。

④承受并传递水平荷载。水平荷载包括纵向和横向水平荷载，例如风荷载、悬挂或桥式吊车的水平制动或振动荷载、地震荷载等，并最终通过支撑体系传到桁架支座。

⑤保证结构安装时的稳定且便于安装。屋盖的安装一般是从房屋温度区段的一端开始，首先用支撑将两相邻屋架联系起来组成一个基本空间稳定体，在此基础上即可顺序进行其他构件的安装。

（2）屋盖支撑的种类和布置

桁架支撑可分为横向水平支撑、纵向水平支撑、垂直支撑和系杆，如图 3.1 所示。

①上弦横向水平支撑。在有檩条（有檩体系）或不用檩条而采用大型屋面板（无檩体系）的屋面中都应设置屋架上弦横向水平支撑，当有天窗架时，天窗架上弦也应设置横向水平支撑。在能保证每块大型屋面板与屋架 3 个焊点的焊接质量时，大型屋面板在屋架上弦平面内具有很大的刚度，则可考虑大型屋面板起支撑作用，不设上弦横向水平支撑。但考虑到工地焊接的施工条件不易保证焊点质量，一般仅考虑大型屋面板起系杆的作用。

上弦横向水平支撑应设置在房屋的两端，当有横向伸缩缝时应设在伸缩缝区段的两端；也可设在第二个柱间，但此时第一柱间须在支撑节点处用刚性系杆与端部屋架连接以传递山墙风力。横向水平支撑的间距 L_0 以不超过 60 m 为宜。

②下弦横向水平支撑。一般情况均应设置下弦横向水平支撑。只有当跨度比较小（$L \leqslant$ 18 m）且没有悬挂式吊车，或虽有悬挂式吊车但起重吨位不大、厂房内也没有较大的振动设备时，可不设下弦横向水平支撑。下弦横向水平支撑应与上弦横向水平支撑设在同一柱间，以形成空间稳定体系。

③纵向水平支撑。当房屋内设有托架，或有较大吨位的重级、中级工作制的桥式吊车，或有壁行吊车，或有锻锤等大型振动设备，以及房屋较高、跨度较大、空间刚度要求高时，均应在屋架下弦（三角形屋架可在下弦或上弦）端节间设置纵向水平支撑。纵向水平支撑与横向水平支撑形成闭合框，加强了屋面结构的整体性并提高了房屋纵横向的刚度。

④垂直支撑。所有房屋中均应设置垂直支撑。梯形屋架在跨度 $L \leqslant 30$ m、三角形屋架在跨度 $L \leqslant 24$ m 时，可仅在跨度中央设置一道垂直支撑；当跨度大于上述数值时，宜在跨度 1/3 附近或天窗架侧柱处设置两道。梯形屋架不分跨度大小，其两端还应各设置一道，当有托架时则由托架代替。

天窗架的垂直支撑一般设在两侧，当天窗的宽度大于 12 m 时还应在中央设置一道。

屋架的垂直支撑与上、下弦横向水平支撑应尽量布置在同一柱间。

⑤系杆。不设横向支撑的其他屋架,其上下弦的侧向稳定性由与横向支撑节点相连的系杆来保证。能承受拉力也能承受压力的系杆,称为刚性系杆;只能承受拉力的系杆,称为柔性系杆。它们的长细比分别按压杆和拉杆控制。

上弦平面内,大型屋面板的肋可起系杆作用,但为了安装屋架时的方便与安全,在屋脊及两端设刚性系杆。当有檩条时,檩条可兼做系杆。下弦杆受拉,为保证下弦杆在桁架平面外的长细比满足要求,也应设置系杆。屋脊节点和支座节点处需设置刚性系杆,天窗架侧柱处及下弦跨中附近设置柔性系杆;当屋架横向支撑设在端部第二柱间时,则第一柱间所有系杆均应为刚性系杆。

（3）屋盖支撑的计算

除系杆外,各种支撑是垂直于桁架平面的平面桁架,由设置的支撑杆件与桁架的弦杆或竖杆组成。支撑杆件一般受力较小,通常杆件截面按容许长细比来选择。交叉斜杆和柔性系杆按拉杆设计,可用单角钢;非交叉斜杆、弦杆、竖杆以及刚性系杆按压杆设计,可用双角钢。刚性系杆通常采用双角钢组合十字形截面,以便两个方向的刚度接近。

当横向水平支撑传递较大的山墙风荷载时,或结构按空间工作计算,纵向水平支撑体系需作为柱的弹性支座时,支撑桁架受力较大,支撑杆件除需要满足容许长细比的要求外,尚应按桁架体系计算内力,进行截面设计。

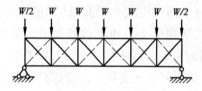

图 3.6　横向水平支撑计算简图

有交叉斜腹杆的支撑桁架是超静定体系,常用简化方法进行分析。可采用柔性方案设计,腹杆只考虑拉杆参与工作。图 3.6 中用虚线表示的一组斜杆,因受压而退出工作,此时桁架按单斜杆体系分析。当荷载反向作用时,则认为另一组斜杆退出工作。当斜杆按可以承受压力设计时(刚性方案设计),可按结构力学的方法进行内力分析。

3.2.5　柱间支撑布置

作用在厂房山墙上的风荷载、吊车纵向刹车力、纵向地震作用等要靠纵向承载体系来承受,纵向承载体系一般由柱和柱间支撑构成。

1）柱间支撑的作用

①与厂房柱形成纵向框架,增强厂房的纵向刚度;

②为框架柱在框架平面外提供可靠支撑,可有效地减小柱在框架平面外的计算长度;

③承受厂房的纵向力,可将山墙风荷载、吊车的纵向制动力、纵向温度应力、纵向地震力等传至基础。

2）柱间支撑的布置原则

①单层厂房的每一纵列柱顶都必须布置刚性系杆,如图 3.7 所示。

②设有吊车的厂房,一般以吊车梁为分界将柱间支撑按上柱支撑和下柱支撑设置。为减

少温度应力,应在厂房纵向温度单元中部设置上、下柱间支撑。当温度区段≤150 m 时,可在温度区段中部设置一道下段柱间支撑;当温度区段大于 150 m 时,则在 1/3 处各设一道下段柱间支撑,且支撑的中距≤72 m。

③上段柱间支撑布置在有下段柱间支撑处以及单元两端,以便直接传递山墙的风荷载,并为安装提供必要的刚度,如图 3.7 所示。

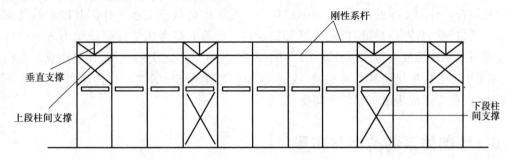

图 3.7　柱间支撑布置

3)柱间支撑的形式和计算

常用的上柱和下柱支撑形式分别如图 3.8 和图 3.9 所示。十字形支撑的构造简单、传力直接、用料节省,使用最为普遍,支撑的倾角应为 35°~55°。柱距较大时上柱支撑可用八字形或 V 形。下柱高度大但柱距小时,下柱支撑高而窄,可用双层十字形;当下柱高而刚度要求严格时,支撑可以设在相邻两个开间。当柱距较大或十字形妨碍生产空间时,可采用门形支撑。

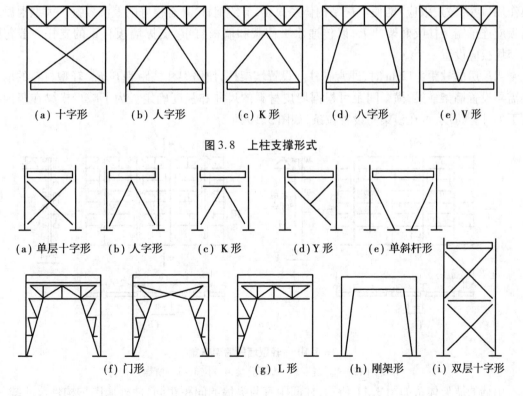

(a) 十字形　　(b) 人字形　　(c) K 形　　(d) 八字形　　(e) V 形

图 3.8　上柱支撑形式

(a) 单层十字形　(b) 人字形　(c) K 形　(d)Y 形　(e) 单斜杆形

(f) 门形　　　　(g) L 形　　　(h) 刚架形　(i) 双层十字形

图 3.9　下柱支撑形式

柱间支撑的截面及连接由计算确定。由房屋两端或一端(房屋设有中间伸缩缝)的山墙及天窗架端壁传来的纵向风荷载,按《荷载规范》的相关规定确定其设计值。由吊车在轨道上沿厂房纵向行驶所产生的刹车力,一般按不多于两台吊车计算。抗震设防烈度 7 度及以上地区的单层厂房钢结构,按《抗震规范》确定其纵向地震作用设计值。作为框架柱平面外的支承点,支撑系统所受的支撑力应按《钢结构设计标准》(GB 50017—2017)确定,该支撑力可不与其他荷载效应组合。柱间支撑的内力,应根据该柱列所受纵向荷载按支承于柱脚基础上的竖向悬臂桁架计算,按受力特点验算构件的强度和稳定性。计算时应考虑支撑系统受力方向的可变性。支撑可采用焊缝或高强度螺栓连接。对于人字形、八字形之类的支撑,还要注意采取构造措施,如采用弹簧板连接使其与吊车梁(或制动结构、辅助桁架)的连接仅传递水平力,而不传递垂直力,以免支撑成为吊车梁的中间支点。

3.2.6 墙架体系的类型与布置

承受由墙体传来的荷载,并将荷载传递到基础或厂房框架柱上的结构体系称为墙架体系,一般由横梁、墙架柱、抗风桁架和支撑等构成。目前重型工业厂房围护墙主要采用轻型墙皮和大型混凝土墙板。轻型墙皮主要有压型钢板和压型铝合金板,由于压型板平面尺寸大,一片墙可以从屋面到基脚用一块压型板拉通,并通过连接件与墙架柱和横梁进行可靠连接,形成一个能够传递竖向荷载和沿压型板平面方向的水平荷载的结构体系。试验研究和理论分析证明,压型板与周边构件进行可靠连接后,面内刚度很好,能传递纵横方向的面内剪力,这种抗剪薄膜作用(应力蒙皮效应)能使厂房结构体系简化,节约钢材,具有很好的经济效益。大型混凝土墙板应连于墙架柱或框架柱上,以传递水平荷载和墙板自重,支撑墙板自重的支托一般每隔 4 ~ 5 块板应设置一个。

当厂房的柱距≥12 m 时,通常在柱间设置墙架柱,使墙架柱柱距为 6 m。轻型材料的墙体还需再设置墙架横梁,横梁间距可根据墙皮材料的尺寸和强度确定。为了减少横梁在竖向荷载下的计算跨度,可在横梁间设置拉条,如图 3.10 所示。

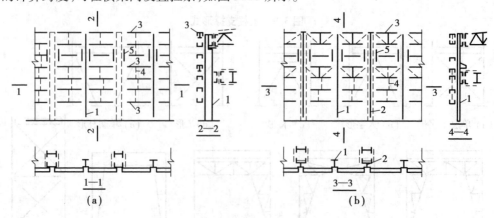

图 3.10 轻型墙的墙架布置

1—墙架柱;2—框架柱;3—墙架横梁;4—拉条;5—窗镶边构件

山墙的墙架体系如图 3.11 所示,柱间距宜与纵墙的间距相同,使外墙围护构件尺寸统一。

当山墙下部设有大门窗洞口时,应设置加强横梁或桁架。山墙的墙架柱上端宜尽量使其支承于屋架横向支撑节点上。当墙架柱位置与横向支撑节点不重合时,应设置分布梁,把水平荷载传至支撑节点处。在墙架柱之间还可设置柱间支撑,以增强山墙的刚度。

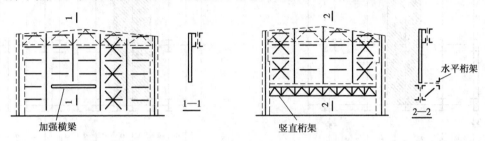

加强横梁　　　　竖直桁架　　水平桁架

图 3.11　山墙下部有大洞口时的墙架布置

3.3　横向框架设计

3.3.1　确定横向框架计算单元与计算简图

将单层房屋结构简化为平面刚架(图 3.12)来分析,仍然是目前建筑结构内力计算的主要方法。

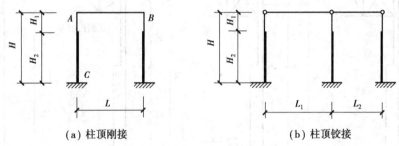

（a）柱顶刚接　　　　　　　（b）柱顶铰接

图 3.12　横向框架的计算简图
H_1—上部柱高度；H_2—下部柱高度

框架计算单元的划分应根据柱网的布置确定,如图 3.13 中阴影部分所示,使纵向每列柱至少有一根柱参与框架工作,同时将受力最不利的柱划入计算单元中。对于各列柱距均相等的厂房,只计算一个框架;对有拔(抽)柱的计算单元,一般以最大柱距作为划分计算单元的标准。

对由屋架和阶形柱(下部柱为格构柱)组成的横向框架,一般考虑屋架和格构柱的腹杆或缀条变形的影响,将惯性矩乘以折减系数0.9,简化成实腹式横梁和柱。对柱顶刚接的横向框架,当满足式(3.1)的条件时,可近似认为横梁刚度为无穷大,否则横梁按有限刚度考虑。

$$\frac{K_{AB}}{K_{AC}} \geqslant 4 \tag{3.1}$$

式中　K_{AB}——横梁在远端固定使近端 A 点转动单位角时在 A 点所需施加的力矩值；

　　　K_{AC}——柱在 A 点转动单位角时在 A 点所需施加的力矩值。

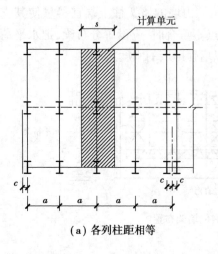 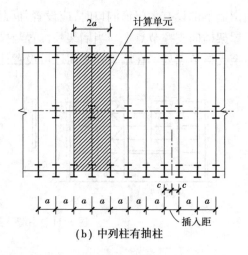

(a) 各列柱距相等   (b) 中列柱有抽柱

图 3.13 计算单元

框架的计算跨度 L(或 L_1,L_2)取为两上柱轴线之间的距离。

横向框架的计算高度 H:柱顶刚接时,可取为柱脚底面至框架下弦轴线的距离(横梁假定为无限刚性),或柱脚底面至横梁端部形心的距离(横梁假定为有限刚性),如图 3.14(a),(b)所示;柱顶铰接时,应取为柱脚底面至横梁主要支承节点间距离,如图 3.14(c),(d)所示。对阶形柱,应以肩梁上表面作分界线,将 H 划分为上部柱高度 H_1 和下部柱高度 H_2。

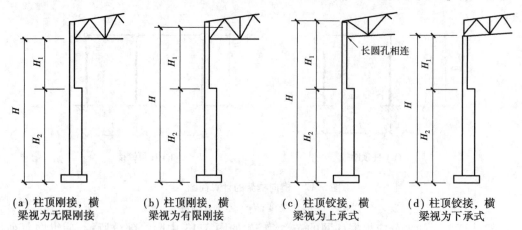

(a) 柱顶刚接,横   (b) 柱顶刚接,横   (c) 柱顶铰接,横   (d) 柱顶铰接,横
梁视为无限刚接   梁视为有限刚接   梁视为上承式   梁视为下承式

图 3.14 横向框架的高度取值方法

3.3.2 横向框架的荷载计算

在刚架的平面分析中,认为一个刚架仅承担一个计算单元内的各种荷载。这些荷载包括永久荷载、可变荷载及偶然荷载,它们原则上依据《荷载规范》的规定进行计算。

可变荷载包括屋面活荷载、雪荷载、积灰荷载、风荷载及吊车荷载(在 3.4.3 节阐述)。

施工荷载一般通过在施工中采取临时性措施予以考虑。

刚架承受的永久荷载包括屋面恒荷载、檩条、屋架及其他构件自重和围护结构自重等。它们一般换算为计算单元上的均布面荷载。

积灰荷载要注意局部增大系数。

风荷载标准值与高度有关。在檐口高度和屋面坡度不是很大时,可偏于安全地取屋脊处的风荷载标准值作为整个刚架的风荷载标准值。否则,可取屋脊处的风荷载标准值作为斜梁的风荷载标准值,而取檐口高度处的风荷载标准值作为柱子的风荷载标准值。

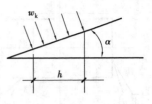

图 3.15　风荷载 w_k 投影

《荷载规范》中给出的风荷载标准值 w_k 是沿垂直于建筑物表面的方向作用的,要将它投影到水平面上。为此,考虑刚(框)架计算单元宽 b、跨度方向长 h(图3.15)范围内的风荷载。显然,此范围内的风荷载合力为:

$$N = \frac{bhw_k}{\cos \alpha} \qquad (3.2)$$

投影到水平面上的值 P_0 为:

$$P_0 = \frac{N}{bh} = \frac{w_k}{\cos \alpha} \qquad (3.3)$$

对于常见的封闭式双坡屋面,其风荷载体型系数可依据屋面坡度 α 按表 3.2 确定,其中各区域①、②、③、④的意义及风向的关系如图3.16 所示,坡度 α 取中间值时,可按表插值。其他的情形按《荷载规范》的规定取值。

表 3.2　刚架的风荷载体型系数

表面区域			
①	②	③	④
+0.80	$-0.6(\alpha \leqslant 15°)$ $0(\alpha = 30°)$ $+0.8(\alpha \geqslant 60°)$	-0.50	-0.50

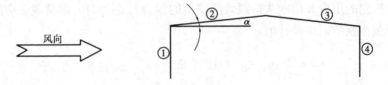

风向

图 3.16　风向与分区

荷载的分项系数一般为:永久荷载 1.2,可变荷载 1.4。当永久荷载的效应起控制作用时,它的分项系数应取 1.35。

3.3.3　横向框架的内力分析与内力组合

1)刚架内力分析

为了简化计算,通常引用当量惯性矩将格构式柱和屋架换算为实腹式构件进行内力分析。当量惯性矩的一般表达式为:

$$I_y = \mu(A_\alpha x_\alpha^2 + A_\beta x_\beta^2) \qquad (3.4)$$

式中　A_α, A_β——格构式柱两肢(或屋架上下两弦)的截面积;

x_α, x_β——格构式柱两肢(或屋架上下两弦)的截面形心到格构式柱截面中性轴的距离,如图 3.17 所示;

μ——反映剪力影响和几何形状的修正系数,平行弦情形可取 μ 为 0.9,上弦坡度为 1/10 时取 μ 为 0.8,上弦坡度为 1/8 时 μ 为 0.7。

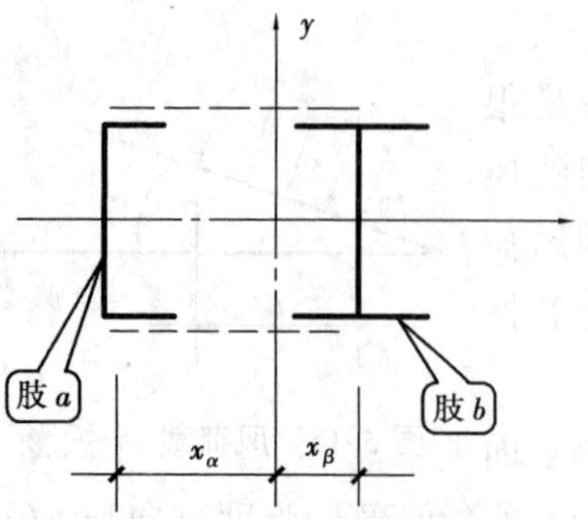

图 3.17　双肢格构式柱

对于屋架,其当量惯性矩可直接表达为:

$$I = \mu I_0 = \mu \frac{A_\alpha A_\beta}{A_\alpha + A_\beta} h^2 \tag{3.5}$$

其中,h 是上下两弦截面形心之间的距离。当屋架的几何尺寸未定时,亦可按式(3.6)估算其当量惯性矩。

$$I = \mu I_0 = \mu \frac{M_{max} h}{2f} \tag{3.6}$$

考虑到小位移线性结构的叠加原理,内力分析一般只需针对几种基本类型进行。例如,对于单跨刚架,只需分别分析:永久荷载、屋面活荷载、左(或右)风荷载、吊车左(或右)刹车力、吊车小车靠近左(或右)时的重力。这些分析均以荷载标准值进行,以便组合。

目前,在绝大多数情况下,平面刚(框)架的内力分析都用计算机进行。计算机内力分析应该是结构设计的首选手段,但是在方案论证或条件不具备时,一些适用于手算的简化计算方法仍有意义。

2) 内力组合

按照《荷载规范》的规定,结构设计应根据使用过程中在结构上可能同时出现的荷载,按承载力极限状态和正常使用极限状态,依据组合规则进行荷载效应的组合,并取最不利组合进行设计。在钢结构设计中,按承载能力极限状态计算时,一般考虑荷载效应的基本组合(包括由可变荷载效应控制的组合和由永久荷载效应控制的组合),必要时考虑荷载效应的偶然组合。

由可变荷载控制的效应设计值:

$$S_d = \sum_{j=1}^{m} \gamma_{G_j} S_{G_j k} + \gamma_{Q_1} \gamma_{L_1} S_{Q_1 k} + \sum_{i=2}^{n} \gamma_{Q_i} \gamma_{L_i} \psi_{c_i} S_{Q_i k} \tag{3.7}$$

由永久荷载控制的效应设计值:

$$S_d = \sum_{j=1}^{m} \gamma_{G_j} S_{G_j k} + \sum_{i=1}^{n} \gamma_{Q_i} \gamma_{L_i} \psi_{c_i} S_{Q_i k} \tag{3.8}$$

荷载效应组合的目的是找到最不利组合情形对构件和连接进行校核,以确定设计是否安全。因此,在实际设计过程中,通常采取的方法是:就构件校核条件中出现的内力,寻求它们分别取可能的最大值时的组合进行校核。

对受弯构件,一般只需做如下 4 种内力组合:

Ⅰ:(M_{max}^+, V);Ⅱ:(M_{max}^-, V);Ⅲ:(V_{max}^+, M);Ⅳ:(V_{max}^-, M)

其中,M_{max}^+,M_{max}^- 分别为最大正负弯矩;V_{max}^+,V_{max}^- 分别为最大正负剪力。

对于一般的压弯构件,则需进行如下 4 种组合:

Ⅰ:(M_{max}^+, N, V);Ⅱ:(M_{max}^-, N, V);Ⅲ:(N_{max}^+, M, V);Ⅳ:(N_{max}^-, M, V)

其中,N_{max}^+,N_{max}^- 分别为最大正负轴力。

上述 4 种组合中,一般还可省略剪力 V 的计算,因为其影响较小。

内力的正负方向可依设计者的习惯而定。内力组合计算的实际操作,一般是在类似表 3.3 的表格中进行。

表3.3 内力组合表

构件与截面编号				恒荷载	活荷载	风荷载		吊车刹车		…
						左吹	右吹	左刹	右刹	
左柱	截面A	标准值	M	128.8	143.5	−94.5	1.61	−28.2	28.2	…
			N	36.4	40.5	−17.3	−8.98	−2.09	2.09	…
		组合 I (M_{max}^+)	选项	√	√		√		√	…
			M	$1.2 \times 128.8 + 0.9 \times 1.4 \times (143.5 + 1.61 + 28.2 + \cdots)$						
			N	$1.2 \times 36.4 + 0.9 \times 1.4 \times (40.5 - 8.98 + 2.09 + \cdots)$						
		组合 II (M_{max}^-)	选项	√	√	√		√		…
			M	$1.2 \times 128.8 + 0.9 \times 1.4 \times (-94.5 - 28.2 + \cdots)$						
			N	$1.2 \times 36.4 + 0.9 \times 1.4 \times (-17.3 - 2.09 + \cdots)$						
		组合 III (N_{max}^+)	选项	√	√			√		…
			M	$1.2 \times 128.8 + 0.9 \times 1.4 \times (143.5 + 28.2 + \cdots)$						
			N	$1.2 \times 36.4 + 0.9 \times 1.4 \times (-17.3 - 2.09 + \cdots)$						
		组合 IV (N_{max}^-)	选项	√		√		√		
			M	$1.2 \times 128.8 + 0.9 \times 1.4 \times (-194.5 - 28.2 + \cdots)$						
			N	$1.2 \times 36.4 + 0.9 \times 1.4 \times (-17.3 - 2.09 + \cdots)$						
⋮	⋮			⋮						

3.3.4 横向框架的侧移验算

普钢厂房的横向框架,其侧移在吊车荷载及风荷载作用下,需分别满足规范要求。

设有工作级别 A7,A8 吊车的厂房柱及设有中级和重级工作制吊车的露天栈桥柱,在吊车梁或吊车桁架的顶面标高处,由一台最大吊车水平荷载所产生的水平位移不宜超过表3.4 的限值。

表3.4 柱水平位移(计算值)的容许值

项次	位移的种类	按平面结构图形计算	按空间结构图形计算
1	厂房柱的横向位移	$H_c/1\ 250$	$H_c/2\ 000$
2	露天栈桥柱的横向位移	$H_c/2\ 500$	—
3	厂房和露天栈桥柱的纵向位移	$H_c/4\ 000$	—

注:①H_c 为基础顶面至吊车梁或吊车桁架顶面的高度。

②计算厂房或露天栈桥柱的纵向位移时,可假定吊车纵向水平制动力分配在温度区段内所有柱间支撑或纵向框架上。

③在设有 A8 级吊车的厂房中,厂房柱的水平位移容许值宜减小 10%。

有桥式吊车的厂房柱在风荷载标准值作用下,柱顶水平位移不应超过 $H/400$,H 为基础顶面至柱顶的总高度。

3.3.5 框架柱设计

单层工业厂房框架柱承受轴向力、弯矩和剪力作用,属于压弯构件。其设计原理和方法已在《钢结构基本原理》述及,这里仅就其计算和构造的特点加以说明。

柱在框架平面内的计算长度应通过对整个框架的稳定分析确定,但由于框架实际上是空间体系,而构件内部又存在残余应力,要确定临界荷载比较复杂。单层厂房框架的侧移对内力的影响相对较小,可不必考虑竖向荷载对侧移的二阶效应。目前对单层工业厂房框架,基本上采用一阶弹性分析来确定其计算长度。单层等截面框架柱在框架平面内的计算长度应等于柱的高度乘以计算长度系数 μ。阶形柱应分段进行计算,各段的计算长度应等于柱各段的几何高度分别乘以各段计算长度系数。

1)单层等截面框架柱在框架平面内的计算长度

单层重型厂房等截面框架通常难以设置防止侧移的支撑,按有侧移框架考虑。框架有侧移失稳的变形是反对称的,横梁两端的转角大小相等、方向相同(图 3.18)。μ 值取决于柱底支承情况以及横梁对柱的约束程度,后者用横梁的线刚度之和与柱的线刚度比值 K_1 表达,对单跨框架 $K_1 = I_1 H / I l$,对多跨框架 $K_1 = (I_1 / l + I_2 / l) / (I / H)$。按弹性稳定理论分析的计算长度系数见表 3.5。

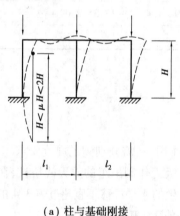

(a) 柱与基础刚接　　　　　　　　　　　(b) 柱与基础铰接

图 3.18　单层框架有侧移失稳

表 3.5　单层等截面框架柱的计算长度系数 μ

柱与基础连接方式	相交于柱上端的横梁线刚度之和与柱线刚度的比值 K_1							
	0	0.1	0.3	0.5	1	2	5	≥10
铰接	—	4.46	3.01	2.64	2.33	2.17	2.07	2.03
刚接	2.03	1.70	1.42	1.30	1.17	1.10	1.05	1.03

注:①与柱铰接的横梁取线刚度为零。

　②计算格构式柱和屋架的线刚度时,应考虑缀材或腹杆变形的影响,对惯性矩乘以 0.9 的折减系数。当屋架高度有变化时,惯性矩按平均高度计算。

2）厂房阶形柱在框架平面内的计算长度

当厂房柱承受吊车荷载作用时，从经济角度考虑，常采用阶形柱。阶形柱的计算长度系数是根据对称的单跨框架发生有侧移失稳变形条件确定的，如图 3.19（a）与（c）所示情况。因为这种失稳变形条件的柱临界力最小，此时上段柱的临界力为 $N_1 = \pi^2 EI/(\mu_1 H_1)^2$，下段柱的临界力为 $N_2 = \pi^2 EI/(\mu_2 H_2)^2$。由于屋架的线刚度通常大于柱上端的线刚度，研究表明，在这种条件下，把屋架的线刚度看作无限大，其计算结果可以满足工程要求。这样一来，按照弹性稳定理论分析框架时，柱与屋架的关系归结为它们之间的连接条件：如为铰接，则柱的上端既能自由移动也能自由转动，如图 3.19（a）所示；如为刚接，则柱的上端只能自由移动但不能转动，如图 3.19（c）所示。

令上段柱与下段柱线刚度之比为 $K_1 = I_1 H_2/(I_2 H_1)$，柱下部与上部所受轴力之比为：

$$\frac{N_2}{N_1} = \frac{\pi^2 EI_2/(\mu_2 H_2)^2}{\pi^2 EI_1/(\mu_1 H_1)^2} = \frac{I_2 H_1^2 \mu_1^2}{I_1 H_{21}^2 \mu_2^2} \tag{3.9}$$

若记 $\eta_1 = \mu_2/\mu_1$，则 $\eta_1 = H_1 \sqrt{N_1 I_2/(N_2 I_1)}/H_2$。

根据计算所得 K_1 和 η_1，查表可得下段柱的计算长度系数 μ_2。当柱的上端与屋架铰接时，将柱视为上端自由的独立柱，μ_2 由表 3.6 查得，上段柱的计算长度系数 $\mu_1 = \mu_2/\eta_1$；当柱的上端与屋架刚接时，把柱上端看作可以移动但不能转动，μ_2 可由表 3.7 查得，上段柱的计算长度系数仍为 $\mu_1 = \mu_2/\eta_1$。

双阶柱分为上段、中段和下段 3 个部分，相应的计算长度系数为 μ_1，μ_2 和 μ_3。μ_3 可由《钢结构设计标准》（GB 50017—2017）中相应表格查得，$\mu_1 = \mu_3/\eta_1$，$\mu_2 = \mu_3/\eta_2$，参数 η_1 和 η_2 按《钢结构设计标准》（GB 50017—2017）中相应公式计算。

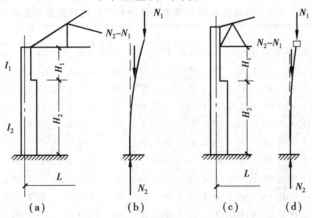

图 3.19　单阶柱的失稳形式

表 3.6　柱上端为自由的单阶柱下段的计算长度系数 μ_2

简图	η_1	K_1																
		0.06	0.08	0.10	0.12	0.14	0.16	0.18	0.20	0.22	0.24	0.26	0.28	0.3	0.4	0.5	0.6	0.7	0.8
	0.2	2.00	2.01	2.01	2.01	2.01	2.01	2.01	2.02	2.02	2.02	2.02	2.02	2.03	2.04	2.05	2.06	2.07
	0.3	2.01	2.02	2.02	2.02	2.03	2.03	2.03	2.04	2.04	2.05	2.05	2.05	2.06	2.08	2.10	2.12	2.13	2.15
	0.4	2.02	2.03	2.04	2.04	2.05	2.06	2.07	2.07	2.08	2.09	2.09	2.10	2.11	2.14	2.18	2.21	2.25	2.28
	0.5	2.04	2.05	2.06	2.07	2.09	2.10	2.11	2.12	2.13	2.15	2.16	2.17	2.18	2.24	2.29	2.35	2.40	2.45

续表

简图	η_1	K_1																	
		0.06	0.08	0.10	0.12	0.14	0.16	0.18	0.20	0.22	0.24	0.26	0.28	0.3	0.4	0.5	0.6	0.7	0.8
I_1, H_1, I_2, H_2 $K_1 = \dfrac{I_1}{I_2}\cdot\dfrac{H_2}{H_1}$ $\eta_1 = \dfrac{H_1}{H_2}\sqrt{\dfrac{N_1}{N_2}\cdot\dfrac{I_2}{I_1}}$ N_1——上段柱的轴心力 N_2——下段柱的轴心力	0.6	2.06	2.08	2.10	2.12	2.14	2.16	2.18	2.19	2.21	2.23	2.25	2.26	2.28	2.36	2.44	2.52	2.59	2.66
	0.7	2.10	2.13	2.16	2.18	2.21	2.24	2.26	2.29	2.31	2.34	2.36	2.38	2.41	2.52	2.62	2.72	2.81	2.90
	0.8	2.15	2.20	2.24	2.27	2.31	2.34	2.38	2.41	2.44	2.47	2.50	2.53	2.56	2.70	2.82	2.94	3.06	3.16
	0.9	2.24	2.29	2.35	2.39	2.44	2.48	2.52	2.56	2.60	2.63	2.67	2.71	2.74	2.90	3.05	3.19	3.32	3.44
	1.0	2.36	2.43	2.48	2.54	2.59	2.64	2.69	2.73	2.77	2.82	2.86	2.90	2.94	3.12	3.29	3.45	3.59	3.74
	1.2	2.69	2.76	2.83	2.89	2.95	3.01	3.07	3.12	3.17	3.22	3.27	3.32	3.37	3.59	3.80	3.99	4.17	4.34
	1.4	3.07	3.14	3.22	3.29	3.36	3.42	3.48	3.55	3.61	3.66	3.72	3.78	3.83	4.09	4.33	4.56	4.77	4.97
	1.6	3.47	3.55	3.63	3.71	3.78	3.85	3.92	3.99	4.07	4.12	4.18	4.25	4.31	4.61	4.88	5.14	5.38	5.62
	1.8	3.88	3.97	4.05	4.13	4.21	4.29	4.37	4.44	4.52	4.59	4.66	4.73	4.80	5.13	5.44	5.73	6.00	6.26
	2.0	4.29	4.39	4.48	4.57	4.65	4.74	4.82	4.90	4.99	5.07	5.14	5.22	5.30	5.66	6.00	6.32	6.63	6.92
	2.2	4.71	4.81	4.91	5.00	5.10	5.19	5.28	5.37	5.46	5.54	5.63	5.71	5.80	6.19	6.57	6.92	7.26	7.58
	2.4	5.13	5.24	5.34	5.44	5.54	5.64	5.74	5.84	5.93	6.03	6.12	6.21	6.30	6.73	7.14	7.52	7.89	8.24
	2.6	5.55	5.66	5.77	5.88	5.99	6.10	6.20	6.31	6.41	6.51	6.61	6.71	6.80	7.27	7.71	8.13	8.52	8.90
	2.8	5.97	6.09	6.21	6.33	6.44	6.55	6.67	6.78	6.89	6.99	7.10	7.21	7.31	7.81	8.28	8.73	9.16	9.57
	3.0	6.39	6.52	6.64	6.77	6.89	7.01	7.13	7.25	7.37	7.48	7.59	7.71	7.82	8.35	8.86	9.34	9.80	10.24

表 3.7　柱上端可移动但不转动的单阶柱下段的计算长度系数 μ_2

简图	η_1	K_1																	
		0.06	0.08	0.10	0.12	0.14	0.16	0.18	0.20	0.22	0.24	0.26	0.28	0.3	0.4	0.5	0.6	0.7	0.8
I_1, H_1, I_2, H_2 $K_1 = \dfrac{I_1}{I_2}\cdot\dfrac{H_2}{H_1}$ $\eta_1 = \dfrac{H_1}{H_2}\sqrt{\dfrac{N_1}{N_2}\cdot\dfrac{I_2}{I_1}}$ N_1——上段柱的轴心力 N_2——下段柱的轴心力	0.2	1.96	1.94	1.93	1.91	1.90	1.89	1.88	1.86	1.85	1.84	1.83	1.82	1.81	1.76	1.72	1.68	1.65	1.62
	0.3	1.96	1.94	1.93	1.92	1.91	1.89	1.88	1.87	1.86	1.85	1.84	1.83	1.82	1.77	1.73	1.70	1.66	1.63
	0.4	1.96	1.95	1.94	1.92	1.91	1.90	1.89	1.88	1.87	1.86	1.85	1.84	1.83	1.79	1.75	1.72	1.68	1.66
	0.5	1.96	1.95	1.94	1.93	1.92	1.91	1.90	1.89	1.88	1.87	1.86	1.85	1.85	1.81	1.77	1.74	1.71	1.69
	0.6	1.97	1.96	1.95	1.94	1.93	1.92	1.91	1.90	1.90	1.89	1.88	1.87	1.87	1.83	1.80	1.78	1.75	1.73
	0.7	1.97	1.97	1.96	1.95	1.94	1.94	1.93	1.92	1.92	1.91	1.90	1.90	1.89	1.86	1.84	1.82	1.80	1.78
	0.8	1.98	1.98	1.97	1.96	1.96	1.95	1.95	1.94	1.94	1.93	1.93	1.93	1.92	1.90	1.88	1.87	1.86	1.84
	0.9	1.99	1.99	1.98	1.98	1.98	1.97	1.97	1.97	1.97	1.96	1.96	1.96	1.96	1.95	1.94	1.93	1.92	1.92
	1.0	2.00	2.00	2.00	2.00	2.00	2.00	2.00	2.00	2.00	2.00	2.00	2.00	2.00	2.00	2.00	2.00	2.00	2.00
	1.2	2.03	2.04	2.04	2.05	2.06	2.07	2.07	2.08	2.08	2.09	2.10	2.10	2.11	2.13	2.15	2.17	2.18	2.20
	1.4	2.07	2.09	2.11	2.12	2.14	2.16	2.17	2.18	2.20	2.21	2.22	2.23	2.24	2.29	2.33	2.37	2.40	2.42
	1.6	2.13	2.16	2.19	2.22	2.25	2.27	2.30	2.32	2.34	2.36	2.37	2.39	2.41	3.48	2.54	2.59	2.63	2.67
	1.8	2.22	2.27	2.31	2.35	2.39	2.42	2.45	2.48	2.50	2.53	2.55	2.57	2.59	2.69	2.76	2.83	2.88	2.93
	2.0	2.35	2.41	2.46	2.50	2.55	2.59	2.62	2.66	2.69	2.72	2.75	2.77	2.80	2.91	3.00	3.08	3.14	3.20
	2.2	2.51	2.57	2.63	2.68	2.73	2.77	2.81	2.85	2.89	2.92	2.95	2.98	3.01	3.14	3.25	3.33	3.41	3.47
	2.4	2.68	2.75	2.81	2.87	2.92	2.97	3.01	3.05	3.09	3.13	3.17	3.20	3.24	3.38	3.50	3.59	3.68	3.75
	2.6	2.87	2.94	3.00	3.06	3.12	3.17	3.22	3.27	3.31	3.35	3.39	3.43	3.46	3.62	3.75	3.86	3.95	4.03
	2.8	3.06	3.14	3.20	3.27	3.33	3.38	3.43	3.48	3.53	3.58	3.62	3.66	3.70	3.87	4.01	4.13	4.23	4.32
	3.0	3.26	3.34	3.41	3.47	3.54	3.60	3.65	3.70	3.75	3.80	3.85	3.89	3.93	4.12	4.27	4.40	4.51	4.61

　　考虑到组成横向框架的单层厂房各阶形柱所承受的吊车竖向荷载差别较大,荷载较小的相邻柱会给所计算的荷载较大的柱提供侧移约束。同时,在纵向因有纵向支撑和屋面等纵向联系构件,各横向框架之间有空间作用,有利于荷载重分配。根据各类厂房的空间作用大小,按上述方法求出的计算长度系数应乘以表 3.8 的折减系数,以反映阶形柱在框架平面内承载力的提高。

表 3.8　单阶柱计算长度折减系数

厂房类型				折减系数
跨数	纵向温度区段内一个柱列的柱子数	屋面情况	厂房两侧是否有通长的屋盖纵向水平支撑	
单跨	≤6	—	—	0.9
	>6	非大型混凝土屋面板的屋面	无	
			有	
		大型混凝土屋面板的屋面	—	0.8
多跨	—	非大型混凝土屋面板的屋面	无	
			有	
		大型混凝土屋面板的屋面		0.7

注:有横梁的露天结构(如落锤车间等)其折减系数可采用0.9。

　　上述计算长度系数都是根据弹性框架屈曲理论得到的。单层框架在弹塑性阶段失稳时,仍采用按弹性框架屈曲理论得到的 μ 值进行计算,这样做是偏于安全的,特别是当屋架按弹性工作设计而柱却允许出现一定塑性,导致柱与屋架的线刚度比值降低时。

3)框架柱在框架平面外的计算长度

　　框架柱在框架平面外(沿厂房长度方向)的计算长度,应取阻止框架平面外位移的侧向支承点之间的距离。柱间支撑的节点是阻止框架柱在框架平面外位移的可靠侧向支承点,与此节点相连的纵向构件(如吊车梁、制动结构、辅助桁架、托架、纵梁和刚性系杆等)亦可视为框架柱的侧向支承点。此外,柱在框架平面外的尺寸较小,侧向刚度较差,在柱脚和连接节点处可视为铰接。因此,在框架平面外的计算长度等于侧向支承点之间的距离;若无侧向支撑时,则为柱的全长(图 3.20)。

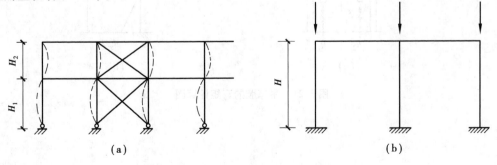

图 3.20　框架柱在框架平面外的计算长度

侧向支承点的具体取法:单层厂房框架柱,柱上段支承点是吊车梁上翼缘的制动梁和屋架下弦纵向水平支撑或者托架的弦杆;柱下段的支承点是基础表面和吊车梁的下翼缘处。

4)框架柱的截面验算

框架柱承受轴向力、弯矩和剪力作用,属于压弯构件,选取最不利的内力组合进行截面验算。对格构式截面柱,需要验算在框架平面内的整体稳定以及屋盖肢与吊车肢的单肢稳定。计算单肢稳定时,应注意分别选取对所验算的单肢产生最大压力的内力组合。

考虑到格构式柱的缀材体系传递两肢间的内力情况还不十分明确,为了确保安全,还需按吊车肢单独承受最大吊车垂直轮压 R_{max} 进行补充验算。吊车肢承受的最大压力为:

$$N_1 = R_{max} + \frac{(N - R_{max})y_2}{a} + \frac{M - M_R}{a} \qquad (3.10)$$

式中 R_{max}——吊车竖向荷载及吊车梁自重等所产生的最大计算压力;

         M——使吊车肢受压的下段柱计算弯矩,包括 R_{max} 的作用;

         N——与 M 相应的内力组合的下段柱轴向力;

         M_R——仅由 R_{max} 作用对下段柱产生的计算弯矩,与 M,N 同一截面;

         y_2——下段柱截面重心轴至屋盖肢重心线的距离;

         a——下段柱屋盖肢和吊车肢重心线间的距离。

当吊车梁为突缘支座时,其支反力沿吊车肢轴线传递,吊车肢按承受轴心压力 N_1 计算单肢的稳定性;当吊车梁为平板式支座时,尚应考虑由于相邻两吊车梁支座反力差$(R_1 - R_2)$所产生的框架平面外的弯矩 M_y:

$$M_y = (R_1 - R_2)e \qquad (3.11)$$

M_y 全部由吊车肢承受,其沿柱高度方向弯矩的分布可近似地假定在吊车梁支承处为铰接,柱底部为刚性固定,如图 3.21 所示。吊车肢按实腹式压弯杆验算在弯矩 M_y 作用平面内(即框架平面外)的稳定性。

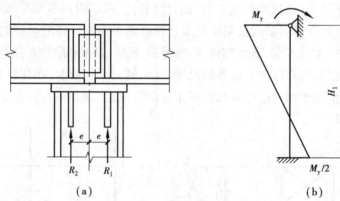

图 3.21   吊车肢的弯矩计算图

3.3.6 肩梁与柱脚构造设计

1）肩梁

阶形柱在支撑吊车处采用肩梁把上、下柱连接在一起,并承受吊车梁支反力。肩梁通常由上盖板、下盖板、腹板及垫板组成。根据腹板的数量,肩梁分为单壁式和双壁式两种,如图 3.22 所示。

单壁式肩梁[图 3.22(a)]构造简单,但平面外刚度较差,较为大型的厂房柱(柱截面宽度≥900 mm)通常采用双壁式肩梁[图 3.22(b)]。外排柱的上柱外翼缘直接以对接焊缝与下柱屋盖肢腹板拼接,上柱腹板一般由角焊缝焊于该范围的上盖板上。单壁式肩梁的上柱内翼缘应开槽口插入肩梁腹板,由角焊缝连接。双壁式肩梁将上柱下端加宽后插入两肩梁腹板之间并焊接,上盖板与单壁式肩梁的相同,不要做成封闭式,以免施焊困难。肩梁高度一般取下柱截面高度的 1/3 左右。为了保证对上柱的嵌固作用以及上下柱段的整体工作,肩梁截面对其水平轴的惯性矩不宜小于上柱截面对强轴的惯性矩。肩梁常近似按简支梁进行强度计算,计算简图如图 3.22(c)所示,M、N 为上柱根部的弯矩和轴力。

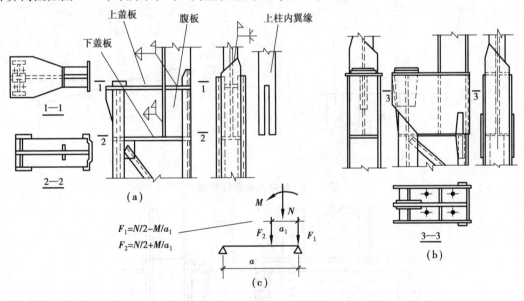

图 3.22 肩梁的构造和计算简图

2）柱脚

柱脚的构造应使柱身的内力可靠地传给基础,并和基础有牢固的连接。

普钢厂房由于有较大吨位的吊车,其柱脚一般应做成刚接。图 3.23、图 3.24 和图 3.25 是几种常用的刚接柱脚。其中,图 3.23 和图 3.24 为整体式的刚接柱脚,用于实腹柱和分肢距离较小的格构柱。一般格构柱由于分肢距离较大,多采用分离式柱脚(图 3.25),每个分肢下的柱脚相当于一个轴心受力的铰接柱脚。为了加强分离式柱脚在运输和安装时的刚度,宜设置缀材把两个柱脚连接起来。

刚接柱脚在弯矩作用下产生的拉力需要由锚栓来承受,因此锚栓必须经过计算确定。为了保证柱脚与基础能形成刚性连接,锚栓不宜固定在底板上,而应采用图 3.23 所示的构造,在靴梁侧面焊接两块肋板,锚栓固定在肋板上面的水平板上。为了便于安装,锚栓不宜穿过底板。

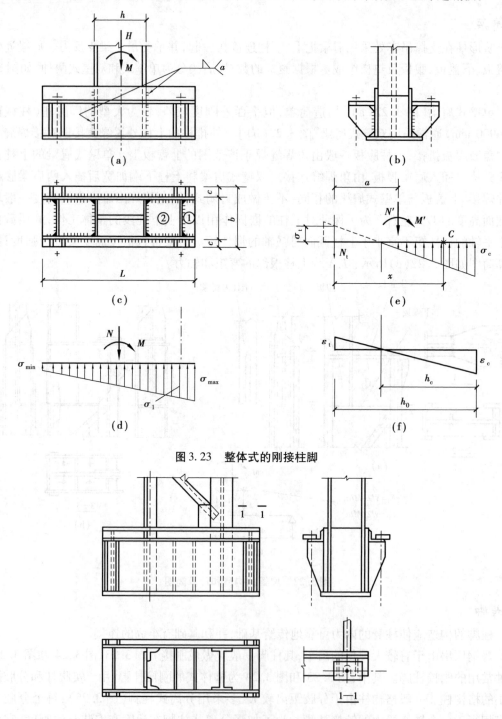

图 3.23　整体式的刚接柱脚

图 3.24　格构柱的整体式刚接柱脚

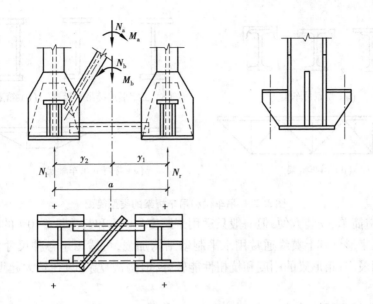

图 3.25　分离式柱脚

　　为了安装时便于调整柱脚的位置,水平板上锚栓孔的直径应是锚栓直径的 1.5 ~ 2.0 倍,待柱子就位并调整到设计位置后,再用垫板套住锚栓并与水平板焊牢,垫板上的孔径只比锚栓直径大 1 ~ 2 mm。

　　普钢厂房的刚接柱脚消耗钢材较多,即使采用分离式,柱脚质量也为整个柱重的 10% ~ 15%。为了节约钢材,可以采用插入式柱脚,即将柱端直接插入钢筋混凝土杯形基础的杯口中(图 3.26)。杯口构造和插入深度可参照钢筋混凝土结构的有关规定。

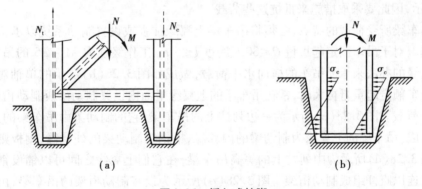

(a)　　　　　　　　　　　　　　　　　　　　(b)

图 3.26　插入式柱脚

3.4　吊车梁设计

3.4.1　吊车梁的类型与特点

　　吊车梁是用于支撑吊车的受弯构件,有实腹式、撑架式、桁架式等形式,如图 3.27 所示。

　　实腹式吊车梁又包含型钢梁、组合工字形梁和箱形梁等形式,以焊接工字形梁应用最为普

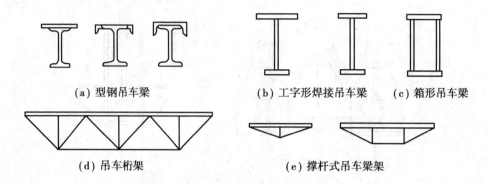

(a) 型钢吊车梁　　　　(b) 工字形焊接吊车梁　　(c) 箱形吊车梁

(d) 吊车桁架　　　　　　　(e) 撑杆式吊车梁架

图 3.27　吊车梁和吊车桁架的类型简图

遍。型钢梁制造简单、安装方便,但一般只适用于跨度≤6 m 和起重量≤10 t 的轻、中级工作制吊车梁;组合工字形梁其上翼缘通常用水平制动结构加强,可适用于各种尺寸、类型和起重量的吊车梁,应用最广;箱形梁的刚度和抗扭性能较好,但构造复杂,只在较大起重机和特殊需要时采用。

撑架式和桁架式用钢量较少,但制造费工、高度较大,在动力荷载和反复荷载作用下工作性能不如实腹式可靠,而且刚度较差,在普钢厂房中已越来越少见。

3.4.2　吊车梁系统的组成与类型

吊车梁与一般梁相比,特殊性在于所承受的荷载除永久荷载外,还有由吊车移动所引起的连续反复作用的动力荷载,这些荷载既有竖向荷载、横向水平荷载,也有纵向水平荷载,如图3.28(a)所示,因此要采取措施来抵抗这些荷载。

根据吊车梁所受荷载的特点,必须将吊车梁上翼缘加强或设置制动系统以承担吊车的横向水平荷载。对于吊车额定起重量 Q≤30 t、跨度 l≤6 m、工作级别为 A1 ~ A5 的吊车梁,可采用加强上翼缘的办法来承受吊车的横向水平荷载,做成如图 3.28(b)所示的单轴对称工字形截面。当吊车额定起重量再大时,常在吊车梁的上翼缘平面内设置制动梁或制动桁架,用于承受横向水平荷载。图 3.28(c)所示为一边列柱上的吊车梁,它的制动梁由吊车梁的上翼缘、钢板和槽钢组成,吊车梁的上翼缘为制动梁的内翼缘,槽钢为制动梁的外翼缘,钢板则为制动梁的腹板。图 3.28(d)所示为中列柱上的等高吊车梁,在它们上翼缘之间可以铺设钢板制成制动梁或直接连以腹杆组成制动桁架。图 3.28(e)所示为设有制动桁架的吊车梁,由两角钢和吊车梁的上翼缘构成制动桁架的二弦杆,中间连以角钢腹杆。

制动结构不仅用于承受横向水平荷载,保证吊车梁的整体稳定,同时可作为人行走道和检修平台。制动结构的宽度应依吊车额定起重量、柱宽以及刚度要求确定,一般不小于 0.75 m。当宽度小于 1.2 m 时,常用制动梁,腹板厚度一般为 6 ~ 10 mm;超过 1.2 m 时,宜采用制动桁架。对于夹钳或料耙吊车等硬钩吊车的吊车梁,因其动力作用较大,则不论制动结构宽度如何,均宜采用制动梁。制动梁的钢板常采用花纹钢板,以利于人在上面行走。

A6 ~ A8 级工作制吊车梁,当其跨度大于 12 m,或 A1 ~ A5 级吊车梁,当其跨度大于 18 m时,为了增加吊车梁和制动结构的整体刚度及抗扭性能,对边列柱的吊车梁宜设置与吊车梁平行的垂直辅助桁架,并在辅助桁架和吊车梁之间设置水平支撑和垂直支撑,如图 3.28(d),(e)

所示。垂直支撑虽然对增加整体刚度有利,但在吊车梁竖向变形的影响下,容易受力过大而破坏,因此应避免设置在靠近梁的跨度中央处。

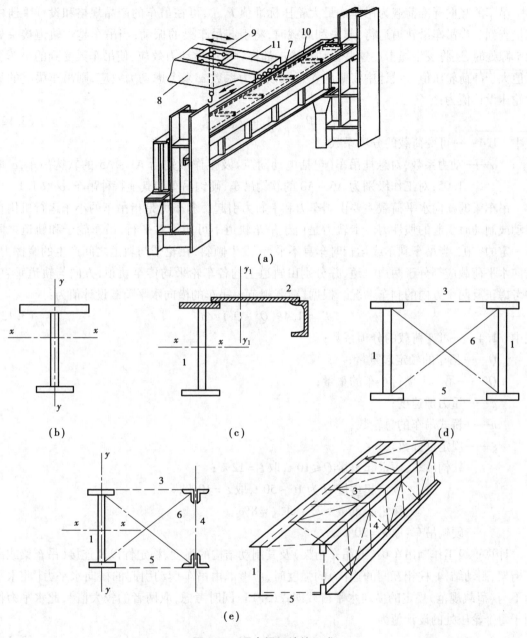

图 3.28　吊车梁系统的组成

1—吊车梁;2—制动梁;3—制动桁架;4—辅助桁架;5—水平支撑;6—垂直支撑;
7—加劲肋;8—吊车桥架;9—横行小车;10—吊车轨道;11—小车轨道

3.4.3　吊车梁的荷载计算

吊车梁承受由吊车产生的 3 个方向的荷载作用,即吊车的竖向荷载、横向水平荷载和纵向水平荷载。其中,竖向荷载和横向荷载引起吊车梁的双向受弯,而纵向水平荷载只使吊车梁纵向受压,影响不大,在设计吊车梁时一般不须考虑。

吊车的竖向标准荷载为吊车的最大轮压标准值 P_{kmax},可在吊车的产品规格和设计手册中直接查到。当吊车沿轨道运行、起吊和卸载时,将引起吊车梁的振动;当吊车越过轨道接头处的空隙处时,还将发生撞击。这些振动和撞击都将对梁产生动力效应,使吊车梁受到的吊车轮压值大于静荷轮压值。设计中将竖向轮压乘以动力系数 α 来考虑动力效应,则吊车梁上的最大轮压设计值为:

$$P_{max} = 1.4\alpha P_{kmax} \tag{3.12}$$

式中 1.4——可变荷载的分项系数。

α——动力系数,对悬挂吊车(包括电动葫芦)及工作级别为 A1 ~ A5 的软钩吊车,α 取 1.05;对工作级别为 A6 ~ A8 的软钩吊车、硬钩吊车和其他特种吊车,α 取 1.1。

吊车梁的横向水平荷载主要由刹车力和卡轨力引起。刹车力是指吊车的小车运行机构在启动或制动时引起的惯性力。卡轨力是由于吊车轨道不可能绝对平行,吊车轮子和轨道之间有一定的空隙,当吊车刹车或运行时车身不平行,发生倾斜,在轮子与轨道之间产生的摩擦力。横向水平荷载应等分于两边轨道,并分别由轨道上的各车轮平均传至轨顶,方向与轨道垂直,并考虑正反两个方向的刹车情况。根据《荷载规范》,吊车的横向水平荷载设计值为:

$$T = 1.4\xi(Q + Q')g/n \tag{3.13}$$

式中 1.4——可变荷载的分项系数;

Q——吊车的额定起重量;

Q'——吊车上横行小车的重量;

g——重力加速度;

n——桥式吊车的总轮数;

ξ——规定百分数。

软钩吊车:额定起重量 $Q \leqslant 10$ t,取 $\xi = 12\%$;

额定起重量 Q 为 $16 \sim 50$ t,取 $\xi = 10\%$;

额定起重量 $\geqslant 75$ t,取 $\xi = 8\%$。

硬钩吊车:取 $\xi = 20\%$。

计算重级工作制吊车梁(或吊车桁架)及其制动结构的强度、稳定性以及连接(吊车梁或吊车桁架、制动结构、柱相互间的连接)的强度时,应考虑由吊车摆动引起的横向水平力[此水平力不与《荷载规范》规定的横向水平荷载即式(3.13)同时考虑,取两者的较大值],此水平力作用于每个轮压处的设计值为:

$$T = 1.4\alpha_2 P_{kmax} \tag{3.14}$$

式中,系数 α_2 对一般软钩吊车取 0.1,对抓斗或磁盘吊车宜取 0.15,对硬钩吊车宜取 0.2。

3.4.4 吊车梁的内力计算

计算吊车梁的内力时,由于吊车荷载为移动荷载,首先应按结构力学中影响线的方法确定各内力所需吊车荷载的最不利位置,再按此求出吊车梁的最大弯矩及其相应的剪力、支座处最大剪力,以及横向水平荷载作用下在水平方向产生的最大弯矩,当为制动桁架时还要计算横向水平荷载在吊车梁上翼缘所产生的局部弯矩。

计算吊车梁的强度、稳定时,按两台吊车考虑,采用荷载设计值,考虑动力系数;计算吊车梁的疲劳和竖向挠度时,按作用在跨间内起重量最大的一台吊车考虑,采用荷载的标准值,不考虑动力系数。

吊车梁的永久荷载包括:吊车轨道及其扣件、吊车梁和制动梁等的自重。永久荷载产生的吊车梁内力可近似用吊车竖向荷载产生的最大内力乘以内力增大系数 α' 来考虑,其中系数 α' 的取值见表3.9。

表3.9　考虑吊车梁永久荷载影响的内力增大系数 α'

吊车梁跨度		6	12	15	18	24	30	36
吊车梁钢材	Q235	1.03	1.05	1.06	1.08	1.10	1.13	1.15
	Q345	1.02	1.04	1.05	1.07	1.09	1.11	1.13

3.4.5　吊车梁的截面选择与验算

焊接吊车梁的截面初选方法与普通焊接梁相似,不同之处是吊车梁的上翼缘受吊车横向水平荷载的作用。在初选截面时,为了简化,可按吊车梁只受竖向荷载作用,按单向受弯构件计算,但要把钢材的强度设计值乘以小于1的系数。

$$W_{nx} = \frac{M_{xmax}}{\alpha f} \tag{3.15}$$

式中,α 为考虑水平荷载作用的系数,取 0.7 ~ 0.9(重级工作制吊车取偏小值,轻、中级工作制吊车取偏大值)。

初选完截面后,就要对其进行验算,包括强度验算、稳定验算、刚度验算和疲劳验算等。

1)强度验算

截面验算时,假定竖向荷载由吊车梁承受,而横向水平荷载则由吊车梁上翼缘(当无制动结构时)或制动结构承受,并忽略它的偏心作用。

(1)吊车梁上翼缘正应力(如 A 点)

如图3.29(a)所示,无制动结构时:

$$\sigma = \frac{M_{xmax}}{W_{nx1}} + \frac{M_{ymax}}{W_{ny}} \leq f \tag{3.16}$$

如图3.29(b)所示,有制动梁时:

$$\sigma = \frac{M_{xmax}}{W_{nx1}} + \frac{M_{ymax}}{W_{ny1}} \leq f \tag{3.17}$$

如图3.29(c)所示,有制动桁架时:

$$\sigma = \frac{M_{xmax}}{W_{nx1}} + \frac{M'_y}{W_{ny}} + \frac{N}{A_{nf}} \leq f \tag{3.18}$$

式中　M_{xmax}——竖向荷载产生的最大弯矩设计值；

　　　　M_{ymax}——横向水平荷载产生的最大弯矩设计值；

　　　　M'_y——吊车梁上翼缘作为制动桁架的弦杆,由横向荷载产生的局部弯矩,可近似按 $(1/4 \sim 1/3)Td$ 计算,其中 T 为一个吊车轮上的横向荷载,d 为制动桁架节间长度；

　　　　N——吊车梁上翼缘作为制动桁架的弦杆,由 M_{ymax} 作用所产生的弦杆轴力,计算公式为 $N = M_{ymax}/b_1$,其中 b_1 为吊车梁与辅助桁架轴线间的水平距离；

　　　　W_{nx1}——吊车梁截面对 x 轴的上部纤维的净截面抵抗矩；

　　　　W_{ny1}——制动梁截面[图3.29(b)所示阴影截面]对其形心轴 y_1 的吊车梁上翼缘外边缘纤维的净截面抵抗矩；

　　　　W_{ny}——吊车梁上翼缘截面对 y 轴的净截面抵抗矩；

　　　　A_{nf}——吊车梁上翼缘及 $15t_w$ 的腹板的净截面面积之和,如图3.29(c)所示。

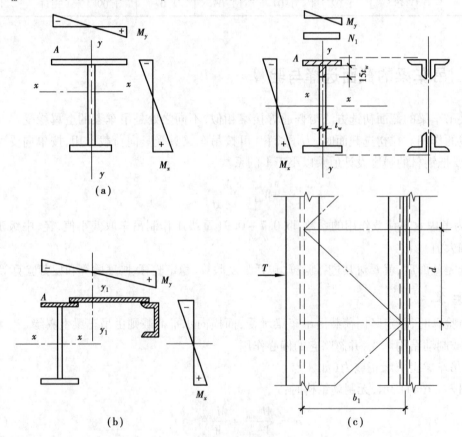

图3.29　截面强度验算

（2）吊车梁下翼缘正应力

$$\sigma = \frac{M_{xmax}}{W_{nx2}} \leqslant f \tag{3.19}$$

式中,W_{nx2} 为吊车梁截面对 x 轴的下部纤维的净截面抵抗矩。当吊车梁本身为双轴对称截面时,则吊车梁的受拉翼缘无须验算。

此外,还应进行剪应力、局部压应力和折算应力的验算,具体计算见《钢结构基本原理》。

2)稳定验算

当无制动结构时,按式(3.20)计算梁的整体稳定性。

$$\frac{M_{xmax}}{\varphi_b W_x} + \frac{M_{ymax}}{W_y} \leq f \tag{3.20}$$

式中 W_x——按吊车梁受压纤维确定的对 x 轴的毛截面抵抗矩;

W_y——吊车梁上翼缘对 y 轴的毛截面抵抗矩;

φ_b——梁的整体稳定系数。

当吊车梁连有制动结构时,侧向弯曲刚度很大,整体稳定性能够得到保证,此时不需要验算整体稳定。

腹板局部稳定的验算见《钢结构基本原理》,吊车梁除承受弯矩产生的正应力和剪应力外,还要承受吊车传来的局部压应力。

3)刚度验算

验算吊车梁的刚度时,应按效应最大的一台吊车的荷载标准值计算,且不乘以动力系数。吊车梁在竖向的刚度可直接按式(3.21)进行验算。

$$v = \frac{M_{kxmax} l^2}{10EI_x} \leq [v] \tag{3.21}$$

式中 M_{kxmax}——竖向荷载标准值作用下梁的最大弯矩。

对于 A7,A8 级吊车梁的制动结构,还应验算其水平方向的刚度,公式为:

$$u = \frac{M_{kymax} l^2}{10EI_{y1}} \leq \frac{l}{2\,200} \tag{3.22}$$

式中 M_{kymax}——跨内一台起重量最大的吊车横向水平荷载标准值作用下所产生的最大弯矩;

I_{y1}——制动结构截面对形心轴 y_1 的毛截面惯性矩。

4)疲劳强度验算

吊车梁在吊车荷载的反复作用下,可能产生疲劳破坏。因此,在设计吊车梁时,应首先注意选用塑性和韧性好的钢材,尽可能选用疲劳强度高的连接形式,并采取构造措施来消除施工过程中对疲劳性能造成的不利影响。

一般需要对 A6～A8 级吊车梁进行疲劳强度验算。验算的部位有:

①受拉翼缘的连接焊缝处;

②受拉区加劲肋的端部;

③受拉翼缘与支撑连接处的主体金属和连接的角焊缝。

这些部位的应力集中比较严重,对疲劳强度的影响大。为设计方便,《钢结构设计标准》(GB 50017—2017)对重级工作制吊车梁和重级、中级工作制的吊车桁架的变幅疲劳作为欠载状态下的常幅疲劳,规定验算时采用一台起重量最大的吊车荷载标准值,且不计动力系数,按式(3.23)进行验算。

正应力幅的疲劳计算: $\qquad \alpha_f \Delta\sigma \leq \gamma_t [\Delta\sigma]_{2\times10^6} \tag{3.23a}$

剪应力幅的疲劳计算：$\qquad\qquad \alpha_f \leqslant [\Delta\tau]_{2\times10^6}$ $\qquad\qquad$ (3.23b)

式中　$\Delta\sigma$——应力幅，$\Delta\sigma = \sigma_{max} - \sigma_{min}$；

$\qquad$ γ_t——板厚或直径修正系数，见《钢结构设计标准》(GB 50017—2017)第16.2.1条；

$\qquad$ $[\Delta\tau]_{2\times10^6}$——循环次数 $n = 2\times10^6$ 次的容许剪应力幅，见《钢结构设计标准》(GB 50017—2017)第16.2.1条；

$\qquad$ $[\Delta\sigma]_{2\times10^6}$——循环次数 $n = 2\times10^6$ 次时的容许正应力幅，见《钢结构设计标准》(GB 50017—2017)第16.2.1条；

$\qquad$ α_f——欠载效应的等效系数，与吊车类型有关，见表3.10。

表 3.10　欠载效应的等效系数 α_f

吊车类别	α_f
A6,A7,A8 重级工作制的硬钩吊车	1.0
A6,A7 重级工作制的软钩吊车	0.8
A4,A5 中级工作制的吊车	0.5

【例3.1】　一简支吊车梁,跨度为12 m,钢材为Q345,承受两台起重量为50/10 t、级别为A6的桥式吊车,吊车跨度为31.5 m,吊车最大轮压标准值及轮距如图3.30(a)所示,横行小车自重 $Q = 15.4$ t。吊车梁的截面尺寸已初步选出,如图3.30(b)所示。为了固定吊车轨道,在吊车梁上翼缘板上有两个螺栓孔;为了连接下翼缘水平支撑,在下翼缘板的右侧有一个螺栓孔,孔径均为 $d = 24$ mm(螺栓直径22 mm)。腹板与翼缘连接焊缝采用自动焊。试验算此吊车梁截面是否满足要求。

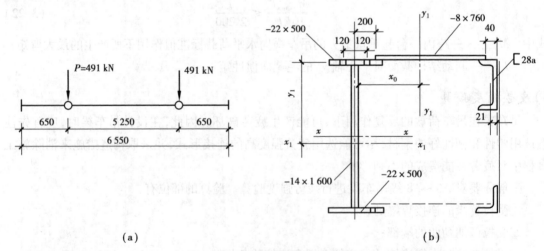

(a)　　　　　　　　　　　　　　　　　(b)

图 3.30　吊车轮压与吊车梁的截面

【解】　1)内力计算

按标准规定,计算吊车梁的强度、稳定及吊车梁的竖向位移时,应考虑两台并列吊车满载时的作用,但计算竖向位移时,取用荷载标准值;计算制动梁的水平方向刚度和验算疲劳强度时,只考虑一台吊车的荷载标准值作用。

（1）两台吊车荷载作用下的内力

①竖向轮压作用。按荷载标准值计算。根据结构力学知识可知，在图 3.31（a），（b）所示的轮压位置可算得梁的最大弯矩［图 3.31（a）C 点处］和最大剪力［图 3.31（b）A 点处］。

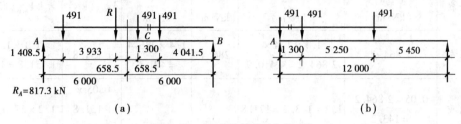

图 3.31　内力计算（两台吊车）

$$R_A = \frac{491 \times (3.933 + 6.6585) + 491 \times (1.3 + 4.0415) + 491 \times 4.0415}{12} \text{kN}$$

$$= 817.3 \text{ kN}$$

$$M_{kmax} = 817.3 \times 6.6585 \text{ kN·m} - 491 \times (3.933 + 0.6585 \times 2) \text{ kN·m} = 2864.2 \text{ kN·m}$$

$$V_{kmax} = 491 \text{ kN} \times (5.45 + 10.7 + 12)/12 = 1151.8 \text{ kN}$$

②横向水平力作用。作用在一个吊车轮上的横向水平力标准值为：

$$T_k = 0.1 P_{kmax} = 0.1 \times 491 \text{ kN} = 49.1 \text{ kN}$$

其作用位置与竖向轮压相同，因此横向水平力作用下产生的最大弯矩与支座水平反力可直接按荷载比例关系求得：

$$M_{ky} = 2864.2 \text{ kN·m} \times \frac{49.1}{491} = 286.4 \text{ kN·m}$$

$$H_k = 1151.8 \text{ kN} \times \frac{49.1}{491} = 115.2 \text{ kN}$$

（2）一台吊车荷载作用下的内力（图 3.32）

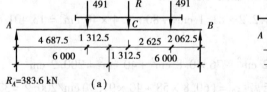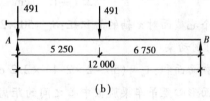

图 3.32　内力计算（一台吊车）

①竖向轮压作用。

$$R_A = \frac{491 \times (1.3125 + 6) + 491 \times 2.0625}{12} \text{kN} = 383.6 \text{ kN}$$

$$M_{kmax} = 383.6 \text{ kN} \times 4.6875 \text{ m} = 1798.1 \text{ kN·m}$$

$$V_{kmax} = 491 \text{ kN} + (491 \times 6.75) \text{ kN}/12 = 767.2 \text{ kN}$$

②横向水平力作用。其作用位置与竖向轮压相同，故

$$M_{ky} = 1798.1 \text{ kN·m} \times \frac{49.1}{491} = 179.8 \text{ kN·m}$$

$$H_k = 767.2 \text{ kN} \times \frac{49.1}{491} = 76.7 \text{ kN}$$

根据以上计算,汇总所需内力如表 3.11 所示。

表 3.11　吊车梁的内力汇总表

吊车台数	荷载	M_{kmax} (kN·m)	M_{max} (kN·m)	M_{ky} (kN·m)	M_y (kN·m)	V_{kmax}(kN)	V_{max}(kN)
两台	吊车	2 864.2	$1.1 \times 1.4 \times$ 2 864.2 = 4 410.9	286.4	1.4×286.4 =401.0	1 151.8	$1.1 \times 1.4 \times$ 1 151.8 = 1 773.8
	自重	$0.05 \times 2 864.2$ =143.2	$1.2 \times 143.2 = 171.8$			$0.05 \times$ 1 151.8 = 57.6	$1.2 \times 57.6 = 69.1$
	总和	3 007.4	4 582.7			1 209.4	1 842.9
一台	吊车	1 798.1		179.8		767.2	

2)截面几何性质计算

(1)吊车梁

毛截面惯性矩:$I_x = 1.4 \times 160^3/12 \text{ cm}^4 + 2 \times 50 \times 2.2 \times 81.1^2 \text{ cm}^4 = 1\ 924\ 852.9 \text{ cm}^4$

净截面面积:$A_n = (50 - 2 \times 2.4) \times 2.2 \text{ cm}^2 + (50 - 1 \times 2.4) \times 2.2 \text{ cm}^2 + 1.4 \times 160 \text{ cm}^2 = 428.2 \text{ cm}^2$

净截面形心位置:$y_1 = (104.7 \times 162.2 + 224 \times 81.1) \text{cm}/428.2 = 82.1 \text{ cm}$

净截面惯性矩:$I_{nx} = 1.4 \times 160^3/12 \text{ cm}^4 + 224 \times 1^2 \text{ cm}^4 + 99.4 \times 82.1^2 \text{ cm}^4 + 104.7 \times 80.1^2 \text{ cm}^4 = 1\ 819\ 843.7 \text{ cm}^4$

净截面抵抗矩:$W_{nx} = \dfrac{I_{nx}}{(82.1 + 1.1) \text{cm}} = \dfrac{1\ 819\ 843.7 \text{ cm}^4}{(82.1 + 1.1) \text{cm}} = 21\ 873.1 \text{ cm}^3$

半个毛截面对 x 轴的面积矩:$S_x = 50 \times 2.2 \times 81.1 \text{ cm}^3 + 80 \times 1.4 \times 40 \text{ cm}^3 = 13\ 401 \text{ cm}^3$

(2)制动梁

净截面面积:$A_n = (50 - 2 \times 2.4) \times 2.2 \text{ cm}^2 + 76 \times 0.8 \text{ cm}^2 + 40 \text{ cm}^2 = 200.2 \text{ cm}^2$

截面形心至吊车梁腹板中心之间的距离:$x_0 = (60.8 \times 58 + 40 \times 97.9) \text{cm}/200.2 = 37.2 \text{ cm}$

净截面惯性矩:$I_{ny} = 2.2 \times 50^3/12 \text{ cm}^4 - 2 \times 2.4 \times 2.2 \times 12^2 \text{ cm}^4 + 99.4 \times 37.2^2 \text{ cm}^4 +$
$0.8 \times 76^3/12 \text{ cm}^4 + 60.8 \times 20.8^2 \text{ cm}^4 + 218 \text{ cm}^4 + 40 \times 60.7^2 \text{ cm}^4$
$= 362\ 116.9 \text{ cm}^4$

对 y_1 轴的净截面抵抗矩(吊车梁上翼缘左侧外边缘):$W_{ny1} = I_{ny}/62.2 = 5\ 821.8 \text{ cm}^3$

3)截面验算

(1)强度验算

上翼缘最大正应力:

$$\sigma = \frac{M_x}{W_{nx}} + \frac{M_y}{W_{ny}} = \frac{4\ 582.7 \times 10^6}{21\ 873.1 \times 10^3} \text{N/mm}^2 + \frac{401.0 \times 10^6}{5\ 821.8 \times 10^3} \text{N/mm}^2 = 278.4 \text{ N/mm}^2 < f = 290 \text{ N/mm}^2$$

腹板最大剪应力:

$$\tau = \frac{VS_x}{I_x t_w} = \frac{1\,842.9 \times 10^3 \times 13\,401 \times 10^3}{1\,924\,852.9 \times 10^4 \times 14} \text{N/mm}^2 = 91.6\text{ N/mm}^2 < f_v$$

腹板局部压应力验算(吊车轨高取 170 mm):

$$\sigma_c = \frac{\psi F}{t_w l_z} = \frac{1.35 \times 1.1 \times 1.4 \times 491 \times 10^3}{14 \times (50 + 2 \times 170 + 5 \times 22)} \text{N/mm}^2 = 145.8\text{ N/mm}^2 < f$$

截面强度满足要求。

(2)整体稳定

因有制动梁,整体稳定可以保证,不须验算。

(3)刚度验算

吊车梁的竖向位移验算:

$$v = \frac{M_{kmax} l^2}{10 E I_x} = \frac{1\,798.1 \times 10^6 \times 12\,000^2}{10 \times 2.06 \times 10^5 \times 1\,924\,852.9 \times 10^4} \text{mm} = 6.53\text{ mm} < [v] = \frac{l}{750} = 16\text{ mm}$$

制动梁的水平位移验算:

$$u = \frac{M_{ky} l^2}{10 E I_{y1}} = \frac{179.8 \times 10^6 \times 12\,000^2}{10 \times 2.06 \times 10^6 \times 362\,116.9 \times 10^4} \text{mm} = 3.47\text{ mm} < [u] = \frac{l}{1\,200} = 10\text{ mm}$$

此处偏于安全,因为取用制动梁的净截面惯性矩进行验算满足要求。

截面刚度满足要求。

(4)疲劳强度验算

①下翼缘与腹板连接处的母材。

由于应力幅 $\Delta\sigma = \sigma_{max} - \sigma_{min}$,其中 σ_{max} 为恒荷载与吊车荷载产生的应力,σ_{min} 为恒荷载产生的应力,故 $\Delta\sigma$ 为吊车竖向荷载产生的应力。

$$\Delta\sigma = \frac{M_{kmax}}{I_{nx}} y_2^1 = \frac{1\,798.1 \times 10^6 \times (1\,600 - 821 + 11)}{1\,819\,843.7 \times 10^4} \text{N/mm}^2 = 78.1\text{ N/mm}^2$$

查《钢结构设计标准》(GB 50017—2017)附录 K,此类连接类别为 Z_4,查得 $[\Delta\sigma]_{2 \times 10^6} = 112\text{ N/mm}^2$,代入验算公式得

$$\alpha_f \Delta\sigma = 0.8 \times 78.1\text{ N/mm}^2 = 62.48\text{ N/mm}^2 < \gamma_t [\Delta\sigma]_{2 \times 10^6} = 1.0 \times 112\text{ N/mm}^2 = 112\text{ N/mm}^2$$

②下翼缘连支撑的螺栓孔处母材。

设一台吊车最大弯矩截面处正好有螺栓孔。

$$\Delta\sigma = \frac{M_{kmax}}{I_{nx}} y_2 = \frac{1\,798.1 \times 10^6 \times (1\,600 - 821 + 11 + 22)}{1\,819\,843.7 \times 10^6} \text{N/mm}^2 = 80.2\text{ N/mm}^2$$

此类连接类别为 Z_4,查得 $[\Delta\sigma]_{2 \times 10^6} = 112\text{ N/mm}^2$。

$$\alpha_f \Delta\sigma = 0.8 \times 80.2\text{ N/mm}^2 = 64.18\text{ N/mm}^2 < \gamma_t [\Delta\sigma]_{2 \times 10^6} = 112\text{ N/mm}^2$$

③横向加劲肋下端的主体母材。

对截面沿长度不改变的梁,只需验算最大弯矩处,此类连接类别为 Z_6,查得 $[\Delta\sigma]_{2 \times 10^6} = 90\text{ N/mm}^2$。

最大弯矩 $M_{kmax} = 1\,798.1$ kN·m,相应的剪力 $V = 383.6$ kN。

$$\Delta\tau = \frac{VS}{I_x t_w} = \frac{383.6 \times 10^3 \times (500 \times 22 \times 811 + 50 \times 14 \times 775)}{1\,924\,852.9 \times 10^4 \times 14} \text{N/mm}^2 = 13.47\text{ N/mm}^2$$

$$\Delta \sigma = \frac{M_{kmax}}{I_{nx}} y' = \frac{1\ 798.1 \times 10^6 \times (1\ 600 + 11 - 821 - 50)}{1\ 819\ 843.7 \times 10^4} N/mm^2 = 73.12\ N/mm^2$$

主拉应力幅:

$$\Delta \sigma_0 = \frac{\Delta \sigma}{2} + \sqrt{\left(\frac{\Delta \sigma}{2}\right)^2 + (\Delta \tau)^2} = \frac{73.12}{2} N/mm^2 + \sqrt{\left(\frac{73.12}{2}\right)^2 + 13.47^2}\ N/mm^2 = 75.52\ N/mm^2$$

$$\alpha_f \Delta \sigma_0 = 0.8 \times 75.52\ N/mm^2 = 60.4 N/mm^2 < \gamma_t [\Delta \sigma]_{2 \times 10^6} = 90\ N/mm^2$$

④下翼缘与腹板连接的角焊缝。

$h_f = 8\ mm$,疲劳类别为 J_1,则$[\Delta \tau]_{2 \times 10^6} = 59\ N/mm^2$。

$$\Delta \tau_f = \frac{V_{kmax} S_1}{2 \times 0.7 h_f I_x} = \frac{767.2 \times 10^3 \times 500 \times 22 \times 811}{2 \times 0.7 \times 8 \times 1\ 924\ 852.9 \times 10^4} N/mm^2 = 31.75\ N/mm^2$$

$$\alpha_f \Delta \tau_f = 0.8 \times 31.75\ N/mm^2 = 25.39\ N/mm^2 < [\Delta \tau]_{2 \times 10^6} = 59\ N/mm^2$$

⑤支座加劲肋与腹板连接的角焊缝。

h_f 和疲劳类别同前。

$$\Delta \tau_f = \frac{V_{kmax}}{2 \times 0.7 h_f l_w} = \frac{767.2 \times 10^3}{1.4 \times 8 \times (1\ 600 - 2 \times 8)} N/mm^2 = 43.24\ N/mm^2$$

$$\alpha_f \Delta \tau_f = 0.8 \times 43.24\ N/mm^2 = 34.6\ N/mm^2 < [\Delta \tau]_{2 \times 10^6} = 59\ N/mm^2$$

(5)局部稳定验算

因在抗弯强度验算时取 $\gamma_x = \gamma_y = 1.0$,故梁受压翼缘自由外伸宽度与其厚度之比$\frac{250 - 7}{22} =$

$11.05 < 15 \sqrt{\frac{235}{345}} = 12.4$,满足要求。

由于 $66 = 80\sqrt{\frac{235}{345}} < \frac{1\ 600}{14} = 114.3 < 170\sqrt{\frac{235}{345}} = 140$,所以应计算配置横向加劲肋,取横向

加劲肋间距为 3 000 mm $= 1.875 h_0$。因钢轨用压板和防松螺栓紧扣于吊车梁上翼缘,可以认为

该翼缘的扭转受到约束。

弯曲应力临界值的通用高厚比为:$\lambda_b = \frac{1\ 600/14}{177} \sqrt{\frac{235}{345}} = 0.78$

得
$$\sigma_{cr} = f = 310\ N/mm^2$$

剪应力临界值的通用高厚比为:$\lambda_s = \frac{1\ 600/14}{41\sqrt{5.34 + 4 \times (1\ 600/3\ 000)^2}} \sqrt{\frac{235}{345}} = 1.33$

得
$$\tau_{cr} = \frac{1.1 \times 180}{1.33^2}\ N/mm^2 = 112\ N/mm^2$$

局部压应力临界值的通用高厚比为:$\lambda_c = \frac{1\ 600/14}{28\sqrt{18.9 + 5 \times 1.875}} \sqrt{\frac{235}{345}} = 0.93$

得
$$\sigma_{c,cr} = [1 - 0.79 \times (0.93 - 0.9)] \times 310\ N/mm^2 = 303\ N/mm^2$$

验算跨中腹板区格:区格的平均弯矩取最大弯矩值 M_{max};腹板区格的剪力为 $1.05 \times 1.1 \times$

$1.4 \times 326.3\ kN = 528\ kN$,相应的剪应力为 $528 \times 10^3/(1\ 600 \times 14)\ N/mm^2 = 24\ N/mm^2$;局部压

应力为 $\sigma_c = 145.8\ N/mm^2/1.35 = 108\ N/mm^2$,则

$$\left(\frac{209}{310}\right)^2 + \left(\frac{24}{112}\right)^2 + \frac{108}{303} = 0.86 < 1.0$$

满足要求。

验算梁端腹板区格：区格的平均剪力为 1 069 kN，平均剪应力为 $1\ 069 \times 10^3 /(1\ 600 \times 14)\ N/mm^2 = 47.7\ N/mm^2$，平均弯曲正应力为 $42\ N/mm^2$。则

$$\left(\frac{42}{310}\right)^2 + \left(\frac{47.7}{112}\right)^2 + \frac{108}{303} = 0.56 < 1.0$$

满足要求。

3.4.6　吊车梁的构造要求

焊接吊车梁的翼缘板宜用一层钢板，当采用两层钢板时，外层钢板宜沿梁通长设置，并应在设计和施工中采取措施使上翼缘两层钢板紧密接触。

吊车梁翼缘板或腹板的焊接拼接应采用加引弧板和引出板的焊透对接焊缝，引弧板和引出板割去处应打磨平整。焊接吊车梁的工地整段拼接应采用焊接或高强度螺栓的摩擦连接。

吊车梁横向加劲肋的宽度不宜小于 90 mm。支座处的横向加劲肋应在腹板两侧成对设置，并与梁上下翼缘刨平顶紧。中间横向加劲肋的上端应与梁上翼缘刨平顶紧。在重级工作制吊车梁中，中间横向加劲肋亦应在腹板两侧成对布置。

在焊接吊车梁中，横向加劲肋不得与受拉翼缘焊接，但可与受压翼缘焊接。端加劲肋可与梁上下翼缘焊接，中间横向加劲肋的下端宜在距受拉下翼缘 54～100 mm 处断开。

当吊车梁受拉翼缘与支撑相连时，不宜采用焊接。

重级工作制吊车梁中，上翼缘与柱或制动桁架传递水平力的连接宜采用高强度螺栓的摩擦连接；而上翼缘与制动梁的连接，可采用高强度螺栓摩擦连接或焊缝连接。

3.4.7　吊车梁与框架柱的连接

吊车梁上翼缘的连接应以能够可靠地与柱传递水平力，而又不改变吊车梁简支条件为原则。图 3.33 所示是两种构造处理，左侧连接方式称为高强度螺栓连接，右侧连接方式称为板铰连接。高强度螺栓连接方式的抗疲劳性能好，施工便捷，采用较普遍。其中，横向高强度螺栓按传递全部支座水平反力计算，而纵向高强度螺栓可按一个吊车轮最大水平制动力计算。高强度螺栓直径一般为 20～24 mm。

板铰连接较好地体现了不改变吊车梁简支条件的设计思想。板铰宜按传递全部支座水平反力的轴心受力构件计算。铰栓直径按抗剪和承压计算，一般为 36～80 mm。

图 3.34 所示是吊车梁支座的一些典型连接。其中(a)，(b)是简支吊车梁的支座连接。支座垫板要保证足够的刚度，以利于均匀传力，其厚度一般不应小于 16 mm。采用平板支座连接时，必须使支座加劲肋上下端刨平顶紧；而采用突缘支座连接时，必须要求支座加劲肋下端刨平，以利于可靠传力。相邻二梁的腹板在(a)，(b)两种情形下都要求在靠近下部约 1/3 梁高范围内用防松螺栓连接。图 3.34(c)所示是连续吊车梁中间支座的构造图，其加劲肋除了需要按要求做切角处理外，上下端均须刨平顶紧，顶板与上翼缘一般不焊。

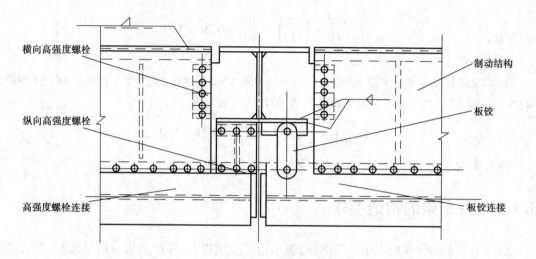

图 3.33　吊车梁上翼缘的连接

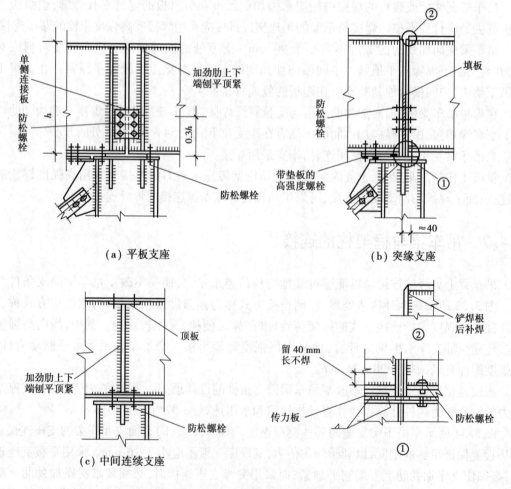

图 3.34　吊车梁支座的连接

3.5 普通钢屋架设计

3.5.1 屋架荷载计算

作用在桁架上的永久荷载和可变荷载以及它们的荷载分项系数、组合系数等,按《荷载规范》的规定计算。屋架上的荷载包括恒荷载(屋面自重和屋架自重)、屋面均布活荷载、雪荷载、风荷载、积灰荷载及悬挂荷载等。

采用角钢和 T 型钢杆件的屋架,计算其杆件内力时,通常将荷载集中到节点上(屋架作用有节间荷载时,可将其分配到相邻的两个节点)。实际钢桁架的节点多数为焊接,也有采用高强度螺栓连接,节点刚性大,接近于刚接。但通常钢桁架中各杆件截面的高度都较小,为其长度的 1/15(腹杆)和 1/10(弦杆)以下,杆件的抗弯刚度较小,因此按刚接桁架算得的杆件弯矩 M 常较小,M 引起的弯曲应力(称为次应力)相对于轴心力引起的应力(称为主应力)较小,且杆件的轴心力 N 也与按铰接桁架计算的结果相差不大,故一般情况下都按铰接桁架进行计算。

对于承受较大荷载的重型钢桁架,当在桁架平面内弦杆或腹杆的截面高度超过其几何长度(节点中心间距)的 1/10 或 1/15 时,次应力的比重逐渐增大,可达总应力的 10% ~ 30% 或以上,应按刚接桁架进行内力计算。

3.5.2 屋架内力分析与组合

当桁架只承受节点荷载时,杆件内力可用结构力学中的方法进行计算。有节间荷载作用的桁架[图 3.35(a)],可先把所有节间荷载按该段节间为简支,求出支座反力,再把支座反力反向与节点荷载叠加,按只有节点荷载作用计算桁架各杆的轴力。然后对有节间荷载的杆件计算局部弯矩。局部弯矩可按刚接桁架用计算机求解,也可采用简化法,取节点负弯矩及中间节间正弯矩为 $M_2 = 0.6 M_0$,端节间正弯矩为 $M_1 = 0.8 M_0$,其中 M_0 为将上弦节间视为简支梁所得跨中弯矩,如在节间中点仅作用一集中荷载 Q 时,则 $M_0 = Qa_1/4$。

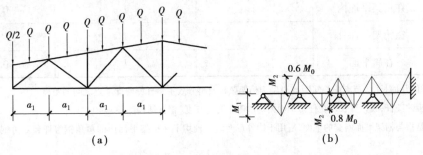

(a)   (b)

图 3.35 上弦杆局部弯矩计算简图

进行内力计算时应进行荷载组合,求出杆件的最不利内力。受拉(压)杆件的最不利内力是最大轴心拉(压)力。受拉为主并可能受压的杆件,如梯形桁架跨中的一些腹杆,在满跨荷载作用时受拉,但在半跨荷载作用时可能受压。这些杆件的最不利内力为最大轴心拉力和可能最大轴心压力。压杆比拉杆长细比限制更严,且整体稳定承载力一般小于强度承载力,因此最大压力虽小于最大拉力,但也应作为最不利内力。对于拉(压)弯杆件,还应考虑最大正或负弯矩的不利组合。

3.5.3 屋架杆件设计

1)屋架杆件计算长度

(1)桁架平面内的计算长度(图3.36)

理想铰接节点桁架杆件在桁架平面内的计算长度 l_{0x} 应等于节点中心间的距离,即杆件的几何长度 l。实际桁架的节点接近于刚接,相邻杆件将约束该杆件端部转动(称为嵌固作用),从而提高其整体稳定承载力。计算 l_{0x} 时可适当折减 l 来考虑杆端的嵌固作用,尤其是当相邻杆件有较多截面相对较大(指桁架平面内的线刚度值相对较大)的拉杆时。相邻杆件中的压杆本身也有失稳弯曲趋向,只有当其截面较粗、长细比较小而受力有较多富裕时,对杆件才有一定的嵌固约束作用,否则对杆件的嵌固影响不大。桁架弦杆和单系腹杆在桁架平面内的计算长度可按表3.12取用。

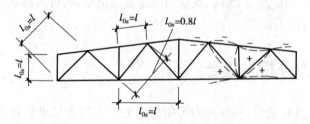

图3.36 桁架杆件在桁架平面内的计算长度

表3.12 桁架弦杆和单系腹杆的计算长度 l_{0x}

项次	弯曲方向	弦杆	腹杆	
			支座斜杆和支座竖杆	其他腹杆
1	在桁架平面内	l	l	$0.8l$
2	在桁架平面外	l_1	l	l
3	在斜平面	—	l	$0.9l$

注:①l 为杆件的几何长度(节点中心间距离);l_1 为桁架弦杆及再分式主斜杆侧向支承点之间的距离。

②无节点板的腹杆,其计算长度在任意平面内均取等于几何长度(钢管结构除外)。

③斜平面是指与桁架平面斜交的平面,适用于构件截面两主轴均不在桁架平面内的单角钢腹杆和双角钢十字形截面腹杆。

（2）桁架平面外的计算长度

杆件在桁架平面外的计算长度 l_{0y} 应取侧向支承点间的距离。

上弦：一般取上弦横向水平支撑的节间长度。在有檩屋面中，如檩条与横向水平支撑的交叉点用节点板焊牢（图 3.37），则此檩条可视为屋架弦杆的支承点；在无檩屋面中，考虑大型屋面板能起一定的支撑作用，故一般取两块屋面板的宽度，但不大于 3.0 m。

下弦：视有无纵向水平支撑，取纵向水平支撑节点与系杆或系杆与系杆间的距离。

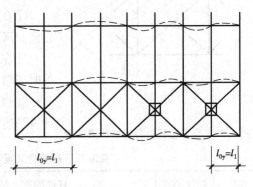

图 3.37　桁架杆件在桁架平面外的计算长度

腹杆：弦杆截面比腹杆大，其侧向刚度也较强，因此桁架的弦杆可视为腹杆的侧向支承点。《钢结构设计标准》（GB 50017—2017）规定所有腹杆在平面外的计算长度都等于其各自的几何长度，即 $l_{0y} = l$。杆件在桁架平面外的计算长度见表 3.12。

（3）斜平面的计算长度

当腹杆截面为单角钢或双角钢组成的十字形截面时，受压杆件将绕截面最小回转半径的轴发生整体失稳。杆件弯曲方向既不在桁架平面内，也不垂直桁架平面（桁架平面外），而是在一斜平面内。《钢结构设计标准》（GB 50017—2017）规定不在支座处的此类腹杆，其计算长度可取 $l_0 = 0.9l$，对支座竖杆和支座斜杆仍取 $l_0 = l$（见表 3.12）。

（4）变内力杆件的计算长度

图 3.38（a）所示桁架弦杆侧向支承点的间距为节间长度的 2 倍，且弦杆两节间的轴心压力有变化，此时如仍取 $l_{0y} = l_1 = l$，则偏于保守。经理论分析，此时应取：

$$l_{0y} = l_1\left(0.75 + 0.25\frac{N_2}{N_1}\right) \quad \text{且} \quad l_{0y} \geqslant 0.5l_1 \tag{3.24}$$

式中　N_1——两节间中的较大压力；

　　　N_2——两节间中的较小压力或拉力，计算时压力取正号，拉力取负号。

再分式腹杆的受压主斜杆在桁架平面外的计算长度[图 3.38（b）]，也应按式（3.24）确定；在桁架平面内的计算长度，则取节点间的距离。而受拉主斜杆在桁架平面外的计算长度，仍取 l_1。

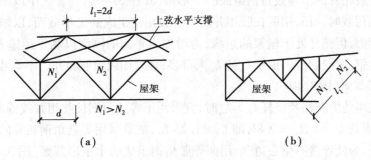

图 3.38　变内力杆件的计算长度

（5）交叉腹杆中杆件的计算长度

支撑体系中常出现在交叉点相互连接的十字交叉腹杆（图 3.39）。交叉腹杆的计算长度

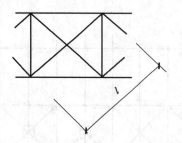

图 3.39　交叉腹杆中杆件的计算长度

分下列 3 种情况分别确定：

①在桁架交叉腹杆所在平面内,计算长度应取节点中心到交叉点间的距离;

②在桁架交叉腹杆所在平面外,当两交叉杆的长度相等时,其计算长度按表 3.13 采用;

③当确定交叉腹杆中单角钢杆件斜平面的长细比时,计算长度应取节点中心至交叉点间的距离。

表 3.13　桁架交叉腹杆在桁架平面外的计算长度

项次	杆件类别	杆件的交叉情况	桁架平面外的计算长度
1	压杆	相交的另一杆受压,两杆在交叉点均不中断	$l_0 = l\sqrt{(1 + N_0/N)/2}$
2		相交的另一杆受拉,两杆中有一杆在交叉点中断,但以节点板搭接	$l_0 = l\sqrt{1 + \pi^2 N_0/(12N)}$
3		相交的另一杆受拉,两杆在交叉点均不中断	$l_0 = l\sqrt{[1 - 3N_0/(4N)]/2} \geq 0.5l$
4		相交的另一杆受拉,此拉杆在交叉点中断,但以节点板搭接	$l_0 = l\sqrt{1 - 3N_0/(4N)} \geq 0.5l$
5	拉杆		$l_0 = l$

注:①表中 l 为节点中心间距离(交叉点不作节点考虑);N 为所计算杆的内力,N_0 为相交另一杆的内力,均为绝对值。
②两杆均受压时,$N \geq N_0$,两杆截面应相同。

2)屋架杆件截面形式

确定桁架杆件截面形式时,应考虑构造简单、施工方便、易于连接,使其具有一定的侧向刚度并且取材容易等因素。对轴心受压杆件,为了经济合理,宜使杆件对两个主轴有相近的稳定性,即可使两方向的长细比接近相等($\lambda_x \approx \lambda_y$)。受拉弦杆角钢的伸出肢宜宽一些,以便具有较好的平面外刚度。

受压弦杆,在一般支撑布置的情况下,常为 $l_{0y} = 2l_{0x}$,为获得近于等稳的条件,经常采用两等肢角钢或两短肢相并的不等肢角钢组成的 T 形截面(图 3.40),二者之中以用钢量较小的为好。当承受节间荷载时,可采用两长肢相并的不等肢角钢组成的 T 形截面,以增强弦杆在屋架平面内的抗弯能力;但弦杆处于屋架的边缘,为增加出平面的刚度以利于运输及安装,也可考虑采用两等肢角钢。受拉弦杆,由于 l_{0y} 比 l_{0x} 大得多,可采用两短肢相并的不等肢角钢或者等肢角钢组成的 T 形截面(图 3.40)。

梯形屋架支座处的斜杆及竖杆 $l_{0y} = l_{0x}$ 时,宜采用不等肢角钢长肢相并或等肢角钢的截面。其他一般腹杆,因其 $l_{0y} = l$,$l_{0x} = 0.8l$,即 $l_{0y} = 1.25\ l_{0x}$,故宜采用等肢角钢相并的截面。连接垂直支撑的竖腹杆,为使连接不偏心,宜采用两等肢角钢组成的十字形截面(图 3.40);受力很小的腹杆(如再分杆等次要杆件),可采用单角钢截面。

随着厂房结构的发展,屋架杆件已有用 T 型钢(图 3.40)取代双角钢的趋势,特别是屋架的弦杆。用 H 型钢沿纵向剖开而成的 T 型钢来代替传统的双角钢 T 形截面,可以省去节点板或减小节点板尺寸,零件数量少,用钢经济(约节约钢材 10%)。由于 T 型钢不存在双角钢相并的间隙,所以耐腐蚀性好,使其使用寿命得到延长。

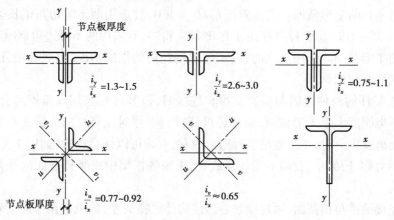

图 3.40 角钢组合截面形式及 T 型钢截面

除上述截面外,钢管截面在工程中也有较多应用。钢管截面与其他型钢截面相比,截面材料分布离几何中心较远,各方向的回转半径相等,回转半径 i 较大,抗扭能力也较强,因此管形截面作为受压杆件比其他型钢截面的用钢量要小,可节约钢材达 20% ~30%。

3)屋架杆件设计

桁架杆件一般为轴心受力构件,当桁架弦杆有节间荷载时,则弦杆为压弯或拉弯构件。这些构件的截面设计方法在《钢结构基本原理》(董军主编,重庆大学出版社出版)第 4 章和第 6 章有详细介绍,这里不再赘述。普通钢桁架杆件截面设计时还应注意下列问题:

①选用截面的板件厚度宜薄,使在相同用钢量下截面具有较大的回转半径;同时,还必须注意《钢结构设计标准》(GB 50017—2017)中规定的最小截面规格限制。在普通钢结构的受力构件中,不宜采用厚度小于 4 mm 的钢板、壁厚小于 3 mm 的钢管、截面小于∟45 ×4 或∟56 ×36 ×4 的角钢(对焊接结构),或截面小于∟50 ×5 的角钢(对螺栓连接的结构)。

②凡需用 C 级螺栓与支撑杆件相连接的桁架杆件角钢的边长,应注意其所能采用的螺栓最大直径。连接支撑系统的 C 级螺栓直径一般为 $d = 20$ mm,拼接处定位用的安装螺栓直径可用 $d = 16$ mm,相应的角钢开孔边最小边长为 70 mm 和 63 mm。

③为减少拼接的设置,桁架弦杆的截面常根据弦杆的最大杆力来选用。只有当跨度较大或受角钢供应长度限制而必须进行接长时,可根据节间内力变化在半跨内改变一次截面。改变截面时,宜改变角钢的边长而保持厚度不变,以利于拼接。各种型号角钢通常的供应长度见角钢的国家标准。

④焊接钢桁架中,弦杆角钢水平边上连接支撑构件的螺栓孔的位置,若位于竖向节点板范围以内并距竖向节点板边缘≥100 mm 时,考虑节点板的补偿作用,计算弦杆的净截面强度时可不计孔对弦杆截面的削弱,否则应考虑其影响。

⑤桁架杆件在桁架平面外和平面内的计算长度之比 l_{0y}/l_{0x} 有多种情况,当采用双角钢组成的 T 形截面时,应根据图 3.40 所示相应截面的 i_y/i_x 值,选用的截面应尽可能使 i_y/i_x 与 l_{0y}/l_{0x} 相接近,以获得经济的截面。例如,一般单系腹杆的 $l_{0y}/l_{0x} = 1/0.8 = 1.25$,此时宜选用两等边

角钢组合 T 形截面($i_y/i_x = 1.3 \sim 1.5$)。当弦杆 $l_{0y}/l_{0x} \geqslant 2$ 时,则宜选用两不等边角钢短边相并的 T 形截面($i_y/i_x = 2.6 \sim 3.0$);但当上弦杆承受有节间荷载时,宜采用两个等边角钢或两个不等边角钢长边相并的 T 形截面。支座斜杆 $l_{0y}/l_{0x} = 1.0$,宜选用两不等边角钢长边相并的 T 形截面($i_y/i_x = 0.75 \sim 1.1$)。受拉弦杆往往 l_y 比 l_x 大得多,宜采用两不等边角钢短边相并或两等边角钢组成的 T 形截面。选用截面时,应了解型钢规格的供应情况,据此选用,以免造成制造时因截面替代而多费钢材。

⑥当桁架竖杆的外伸边需与垂直支撑相连接时,该竖杆宜采用双角钢组合十字形截面。十字形截面不但刚度大于 T 形截面,而且还可使垂直支撑对该竖杆的连接偏心为最小。当该竖杆位于桁架跨度中央时,在工地吊装时桁架的左、右端可以任意放置(如用 T 形截面,由于对杆件轴线为不对称,桁架左、右端不能任意放置,否则各桁架中央竖杆截面的外伸边将不在同一竖向平面内)。

⑦单面连接的单角钢截面,因连接偏心易使构件弯扭失稳,故只能用于跨度较小的桁架或桁架中受力较小、长度较短的次要腹杆。

⑧为了便于备料,整榀桁架所用的角钢规格品种一般不宜超过 5 或 6 种。在选出各杆的截面规格后,可进行调整,以减少规格数量。同一榀桁架中应避免采用边长相同但厚度不同的角钢。

桁架杆件的截面设计一般由承载力极限状态(强度、稳定)控制。当受力较小时,也可能由刚度条件(容许长细比)或最小截面尺寸控制。

3.5.4 屋架节点设计

钢桁架一般在节点处设置节点板,把交汇于节点的各杆件都与节点板相连接,形成桁架的节点(图 3.41),各杆件把力传给节点板并互相平衡。一般杆件把全部内力 N 传给节点板,而在节点处连续的杆件则把两侧的内力差 ΔN 传给节点板。当杆件上作用有荷载 P 时,则传给节点板的力为 N 或 ΔN 与 P 的合力 N_ϕ(图 3.48)。有局部弯矩的杆件,则还要传递弯矩和剪力。

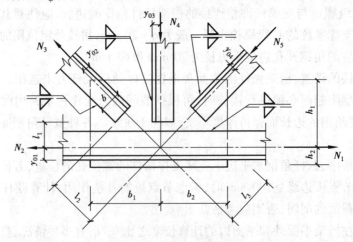

图 3.41 节点构造要求

杆件与节点板的连接通常采用焊接。C 级普通螺栓连接常用于输电线路塔架和一些可装拆的桁架以及安装连接中。高强度螺栓连接在重型桁架中应用较多,可在工地现场进行拼装。本章主要讲述双角钢杆件组成的普通钢桁架的节点设计。

1)节点板的厚度

钢桁架各杆件在节点处都与节点板相连,传递内力并互相平衡。节点板中的应力分布复杂,通常先依经验,根据各节点处每根杆件传给节点板的内力,以其中的最大内力来确定全桁架的节点板厚度。普通钢桁架节点板的厚度可参照表 3.14 选用,再根据受力特点进行验算。

表 3.14　桁架节点板厚度参考表

桁架腹杆最大轴力或三角形屋架弦杆端节间轴力 $N(kN)$	≤170	171~290	291~510	511~680	681~910	911~1 290	1 291~1 770	1 771~3 090
中间节点板厚度 t(mm)	6	8	10	12	14	16	18	20

注:1. 本表的适用范围为:

　　①节点板为 Q235 钢,当为其他牌号时,表中数字应乘以 $235/f_y$。

　　②节点板边缘与腹杆轴线之间的夹角应大于 30°。

　　③节点板与腹杆用侧焊缝连接,当采用围焊时,节点板的厚度应通过计算确定。

　　④用于验算节点板的强度。对于有竖腹杆的节点板,当 $a/t \leqslant 15\sqrt{235/f_y}$ 时,可不验算节点板的稳定;对于无竖腹杆的节点板,当 $a/t \leqslant 10\sqrt{235/f_y}$ 时,可将受压腹杆的内力乘以增大系数 1.25 后再查表求节点板厚度,此时亦可不验算节点板的稳定,其中 a 为受压腹杆连接肢端面中点沿腹杆轴线方向至弦杆边缘的净距离。

　　2. 支座节点板的厚度宜较中间节点板增加 2 mm。

为保证双角钢组合 T 形或十字形截面的两个角钢能整体共同受力,应每隔一定间距在两角钢间放置填板(缀板),如图 3.42 所示。填板宽度一般为 50~80 mm,与中间节点板同厚。填板长度对 T 形截面应伸出角钢背和角钢尖各 10~15 mm,对十字形截面则从角钢尖缩进 10~15 mm。角钢与填板通常依构造用侧面或周围角焊缝连接(图 3.42)。

压杆和拉杆填板间距 l_d 的要求分别为 $l_d \leqslant 40i_1$ 和 $l_d \leqslant 80i_1$,i_1 为一个角钢对 1—1 形心轴的回转半径(1—1 轴对 T 形截面为平行于填板方向,对十字形截面为斜向最小回转半径轴,如图 3.42 所示)。受压杆件的两个侧向支承点之间的填板数不得少于 2 个。十字形截面通常用奇数个,一横一竖交替布置,如图3.42(b)所示。

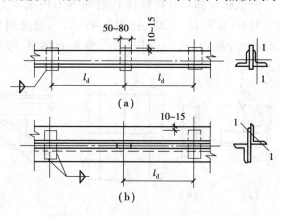

图 3.42　双角钢截面杆件的填板

2)节点设计的一般要求

①各杆件的形心线理论上应与杆件轴线重合,以免产生杆件偏心受力而引起附加弯矩。但为了方便制造,通常将角钢肢背至轴线的距离取为 5 mm 的倍数,所取数值应使轴线与杆件的形心线间距最小,以作为角钢的定位尺寸(图 3.43)。当弦杆截面有改变时,为方便拼接和安放屋面构件,应使角钢的肢背齐平,此时应取两形心线的中线作为弦杆的共同轴线(图

3.42),以减小因两个角钢形心线错开而产生的偏心影响。当轴线变动不超过较大弦杆截面高度的5%时,可不考虑其影响。

②节点处各杆件边缘间应留一定间隙c(图 3.43),以利于拼接和施焊,避免因焊缝过分密集而使钢材焊接过热变脆,一般取$c \geq 20$ mm,相邻角焊缝焊趾间净距应≥ 5 mm;对直接承受动力荷载的焊接桁架,腹杆与弦杆之间的间隙取$c \geq 50$ mm。在此前提下c不宜过大,以免使节点板过分加大而使其刚度和受压稳定性变差。桁架图中一般不直接标明各处c值,而是注明各切断杆件的端距,以保证有足够的间隙。

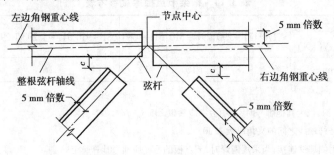

图 3.43　节点处各杆件的轴线

③角钢的切断面一般应与其轴线垂直,为使节点紧凑需要斜切时,只能切肢尖,如图3.44(a)所示。图 3.44(b)所示切肢背方案,无法用机械切割,且布置焊缝时很不合理,不应采用。

④节点板的形状和尺寸在绘制施工图时确定。节点板的形状应简单,如采用矩形、梯形[图 3.45(c)]等,必要时也可以采用其他形状,但应以制作简单且切割钢板时能充分利用材料为原则。节点板的长和宽宜取为 10 mm 的倍数。

一般腹杆和端节间弦杆其全部内力传给节点板,节点板外边缘与杆件边线间的扩大角宜$\geq 1:4 \sim 1:3$[$15° \sim 20°$,见图 3.45(b)],强度用足的杆件宜$\geq 1:2$(约$25°$)。扩大角太小[图 3.45(a)虚线和(c)]会引起节点板截面过窄,致使强度不足,或引起较大的构造和传力上的偏心。

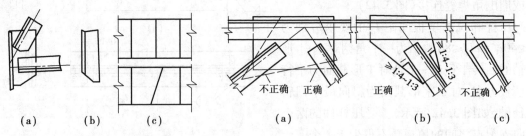

图 3.44　角钢及钢板的切割　　　　图 3.45　节点板扩散角度

⑤在屋架双角钢截面上弦杆上放置檩条或大型屋面板时,角钢的水平伸出边一般应$\geq 70 \sim 90$ mm。角钢应有一定的厚度,以免在集中荷载作用下发生过大弯曲,可参考表 3.15 的要求选用。当确有困难而不能满足要求时,应采取加强措施,通常是设置竖向加劲肋[图 3.46(a)]。也可在集中荷载范围设置局部水平盖板,其方法是:当角钢水平肢$b > 100$ mm 时,按图 3.46(b)中的方法加强;当$b \leq 100$ mm 时,按图 3.46(c)中的方法加强。

表 3.15　不需加强的上弦杆角钢厚度

支承处总集中荷载设计值(kN)		25	40	55	75	100
角钢厚度(mm)≥	Q235	8	10	12	14	16
	Q345,Q390,Q420	7	8	10	12	14

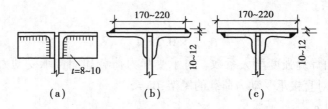

图 3.46　上弦杆角钢的加强

3)桁架的节点设计

节点设计宜结合绘制屋架施工图进行。节点的设计步骤为:

①按正确角度画出交汇于该节点的各杆轴线。

②按比例画出与各轴线相应的角钢轮廓线,并依据杆件间距离要求 c 确定杆端位置。

③根据已计算出的各杆件与节点板的连接焊缝尺寸,布置焊缝,并绘于图上。

④确定节点板的合理形状和尺寸。节点板应框进所有焊缝,并注意沿焊缝长度方向多留约 $2h_f$ 的长度以考虑施焊时的焊口,垂直于焊缝长度方向应留出 10~15 mm 的焊缝位置。

钢桁架的节点主要有一般节点、有集中荷载的节点、弦杆的拼接节点和支座节点几种类型,下面分别说明其设计方法。

(1)一般节点

一般节点是指无集中荷载作用和无弦杆拼接的节点,其构造形式如图 3.47 所示。各腹杆杆端与节点板的连接焊缝应按《钢结构基本原理》中角钢连接的角焊缝计算。为缩小节点板尺寸,应采用合适的 h_f 以获得最短的焊缝长度 l_w,必要时可采用 L 形围焊或三面围焊。由于弦杆角钢在一般节点处不断开,故弦杆与节点板的连接焊缝应按相邻节间弦杆的内力差 $\Delta N = N_1 - N_2$ 计算。当所需焊缝长度远小于节点板上焊缝方向的尺寸时,可按构造要求的 h_{fmin} 满焊。

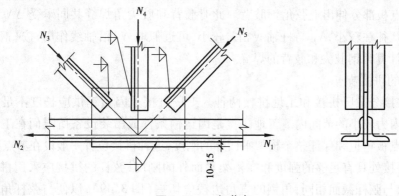

图 3.47　一般节点

（2）有集中荷载的节点

图 3.48 所示的桁架上弦节点，承受由檩条或大型屋面板传来的集中荷载 P 的作用。为了放置上部构件，节点板需要缩入上弦角钢背 $\geqslant (0.5t+2)$ mm（t 为节点板厚度），且 $\leqslant t$ 的深度，并用塞焊缝连接。计算塞焊缝时采用近似方法，假定其相当于两条焊脚尺寸各为 $h_{f1}=t/2$、长度为 l_{w1}（即节点板宽度）的角焊缝，承受 P 的作用，可忽略桁架坡度的影响，按 P 垂直于焊缝计算，焊缝强度应满足：

$$\sigma_f = \frac{P}{\beta_f(2 \times 0.7h_{f1}l_{w1})} \leqslant f_f^w \qquad (3.25)$$

式中　β_f——正面角焊缝强度增大系数。对承受静力荷载和间接承受动力荷载的屋架，$\beta_f = 1.22$；对直接承受动力荷载的屋架，$\beta_f = 1.0$。

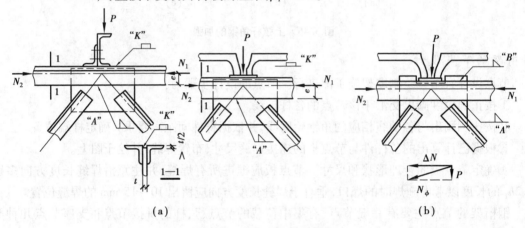

图 3.48　有集中荷载的节点

弦杆角钢肢尖与节点板的连接焊缝承受相邻节间弦杆的内力差 $\Delta N = N_1 - N_2$ 和由其产生的偏心弯矩 $M = (N_1 - N_2)e$（e 为角钢肢尖至弦杆轴线的距离）。焊缝强度应满足：

$$\sqrt{\left(\frac{6M}{\beta_f \times 2 \times 0.7h_{f2}l_{w2}^2}\right)^2 + \left(\frac{\Delta N}{2 \times 0.7h_{f2}l_{w2}}\right)^2} \leqslant f_f^w \qquad (3.26)$$

式中　h_{f2}，l_{w2}——角钢肢尖焊缝的焊脚尺寸和计算长度。

当 ΔN 较大，按式（3.26）计算的肢尖焊缝强度难以满足要求时，亦可采用如图 3.48（b）所示方式，将节点板部分伸出上弦角钢肢背。此时肢背和肢尖角焊缝共同承受 ΔN 和 P 的合力 N_ϕ 作用。但 P 往往较小，N_ϕ 与杆轴线相差较小，可近似取 N_ϕ 沿轴线作用，按《钢结构基本原理》中的方法计算角钢肢尖和肢背的焊缝。

（3）弦杆的拼接节点

弦杆的拼接分工厂拼接和工地拼接两种。工厂拼接是因型钢供应长度不足时所做的拼接，通常设在内力较小的节间内。工地拼接是因运输条件或吊装设备所限而在工地进行的拼接，为减轻节点板负担和保证整个桁架平面外的刚度，这种拼接位置一般设在节点处。

为保证拼接处具有足够的强度和在桁架平面外的刚度，弦杆的拼接应采用拼接角钢。拼接角钢截面取与弦杆截面相同，角钢的直角边棱应切去（图 3.49），以便与弦杆角钢贴紧。另外，为了施焊，还应将角钢竖肢切去 $\Delta = t + h_f + 5$ mm（t 为角钢厚度；h_f 为焊缝的焊脚尺寸；5 mm 为避开弦杆角钢肢尖圆角的余量）。切棱切肢引起的截面削弱，一般不超过原截面的

15%,故节点板可以补偿。桁架屋脊节点的拼接角钢,一般应采用热弯成型。当屋面坡度较大或角钢肢较宽不易弯折时,宜将竖肢切口后再热弯对焊。

拼接角钢的长度应根据拼接焊缝的长度确定,一般可按被拼接处弦杆的最大内力或偏于安全地按与弦杆等强(宜用于拉杆)计算,并假定 4 条拼接焊缝均匀受力。按等强计算时,接头一侧需要的焊缝计算长度为:

$$l_{\mathrm{w}} = \frac{Af}{4 \times 0.7 h_{\mathrm{f}} f_{\mathrm{f}}^{\mathrm{w}}} \qquad (3.27)$$

式中　A——弦杆的截面面积。

拼接角钢的总长度为:

$$l = 2(l_{\mathrm{w}} + 10) + a \qquad (3.28)$$

式中　a——弦杆端头的距离。下弦取 $a = 10 \sim 20$ mm,上弦取 $a = 30 \sim 50$ mm。

弦杆与节点板的连接焊缝可按较大一侧弦杆内力 N 的 15% 与节点两侧弦杆的内力差 ΔN 两者中的较大值计算。当节点处还作用有集中荷载 P 时,则应按两方向力共同作用计算。

为了便于拼接,工地拼接宜采用图 3.49 所示的连接方式。节点板(和中间竖杆)在工厂焊于左半榀桁架,拼接角钢则作为单独零件出厂,在工地将两半榀桁架拼装后再将其装配上,然后一起用焊缝连接。另外,为了拼接节点能正确定位和施焊,宜设置安装螺栓。

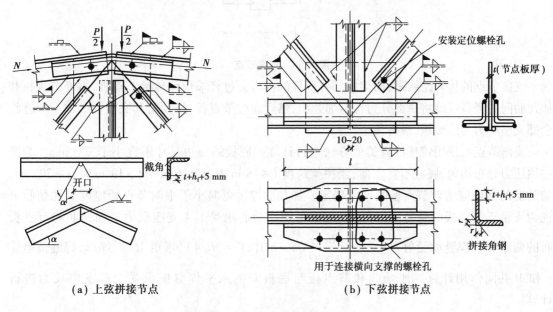

（a）上弦拼接节点　　　　　　　（b）下弦拼接节点

图 3.49　弦杆工地拼接节点

（4）支座节点

桁架与柱的连接分为铰接和刚接两种形式。

①铰接支座。图 3.50 所示为三角形桁架和梯形桁架的铰接支座节点,采用由节点板、底板、加劲肋和锚栓组成的构造形式。加劲肋的作用是分布支座反力,减小底板弯矩和提高节点板的侧向刚度。加劲肋应设在节点的中心,其轴线与支座反力的作用线重合。为便于施焊,下弦杆和底板间应保持一定距离(图 3.50 中的 s),一般应不小于下弦角钢水平肢的宽度。锚栓常用 M20 ~ M24。为了便于桁架安装和调整,底板上的锚栓孔径应比锚栓直径大 1 ~ 1.5 倍或

做成U形缺口,待桁架调整定位后,用孔径比锚栓直径大 $1 \sim 2$ mm 的垫板套进锚栓,并将垫板与底板焊牢。

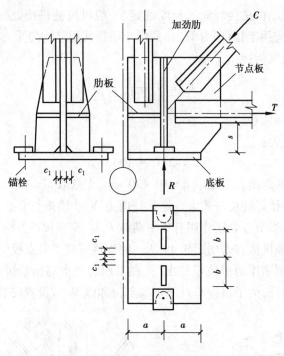

图 3.50 支座节点

支座节点的传力路线是:桁架端部各杆件的内力通过杆端焊缝传给节点板,再经节点板和加劲肋间的竖直焊缝将一部分力传给加劲肋,然后通过节点板、加劲肋和底板间的水平焊缝将全部支座反力传给底板,最终传至柱。

支座节点可采用铰接柱脚类似方法进行计算。底板的短边尺寸不宜小于 200 mm。为使柱顶压力分布均匀,底板不宜太薄,当屋架跨度 $l \leq 18$ m 时,$t \geq 16$ mm;$l > 18$ m 时,$t \geq 20$ mm。加劲肋的高度应结合节点板的尺寸确定。加劲肋厚度可略小于中间节点板厚度。加劲肋可视为支承于节点板的悬臂梁,可近似地取每块加劲肋承受 1/4 支座反力。加劲肋与节点板间的两条竖直焊缝承受剪力 $V \approx \dfrac{Rb}{2(a+b)}$($a = b$ 时,$V \approx R/4$)、弯矩 $M \approx Vb/2$,焊缝按承受 V 和 M 共同作用计算。加劲肋和节点板与底板间的水平焊缝按承受全部支座反力进行计算。

②刚接支座。屋架根据支座斜杆与弦杆组成的支承点在上弦或在下弦分为上承式和下承式两种。

屋架与柱采用刚性连接时,常用下承式屋架,采用端板和螺栓连接,此时屋架支座处除传递竖向的支座反力外,还有由端弯矩产生的上下弦水平力,如图 3.51 所示。计算时可认为上弦的最大内力由上盖板传递,上弦的竖向连接板与柱翼缘的连接螺栓按构造确定。为减少节点板的尺寸,下弦及端斜杆轴线宜汇交于柱的内边缘。下弦节点的连接螺栓承受水平拉力 H 和偏心弯矩 M 的作用。

对于上承式屋架,可仿照下承式屋架连接于柱的侧面,也可将屋架的上弦支座节点直接放在柱顶之上,如图 3.52 所示,其优点是安装方便、稳固。

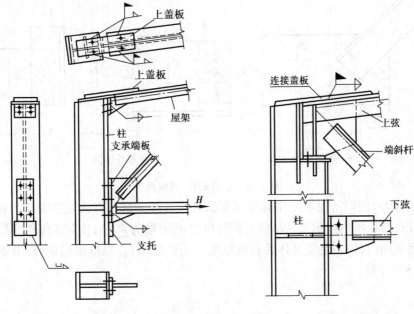

　　图 3.51　下承式屋架与柱的刚接　　　　图 3.52　上承式屋架与柱的刚接

（5）T 型钢作弦杆的桁架节点

桁架的弦杆和腹杆全部由 T 型钢制成时,其典型节点构造如图 3.53 所示。对于这种桁架,在腹杆端部需要进行较为复杂的切割,致使其制造加工难度有所增加。

桁架的弦杆采用 T 型钢、腹杆采用双角钢时,其典型节点构造如图 3.54 所示。双角钢可以直接与 T 型钢腹板连接。当不需要节点板时,可省工省料。

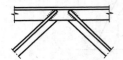 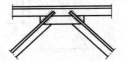 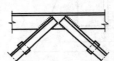 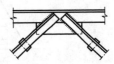

图 3.53　弦杆和腹杆全部为 T 型钢的桁架节点　图 3.54　T 型钢作弦杆、双角钢作腹杆的桁架节点

（6）节点处板件的计算

①根据试验研究,连接节点处的板件承受拉、剪作用时,应按下列公式进行强度验算（图 3.55）:

$$\frac{N}{\sum(\eta_i A_i)} \leq f \tag{3.29}$$

式中　N——作用于板件的拉力;

　　　A_i——第 i 段破坏面的截面积,$A_i = t l_i$,当为螺栓连接时取净截面面积;

　　　t——节点板厚度;

　　　l_i——第 i 破坏段的长度,应取板件中最危险的破坏线的长度（图 3.55）;

　　　η_i——第 i 段的拉剪折算系数,$\eta_i = 1/\sqrt{1 + 2\cos^2\alpha_i}$;

　　　α_i——第 i 段破坏线与拉力轴线的夹角。

②考虑桁架节点板的外形往往不规则,采用式(3.29)计算比较麻烦,角钢桁架节点板的强

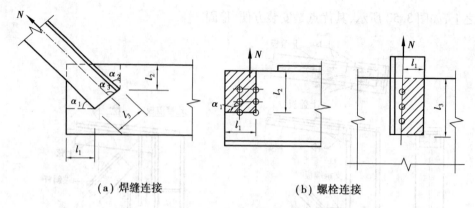

（a）焊缝连接　　　　　　　　　　（b）螺栓连接

图 3.55　板件的拉、剪撕裂

度除可按式（3.29）计算外,也可采用有效宽度法进行计算。所谓有效宽度即认为腹杆轴力 N 将通过连接件在节点板内按照某一个应力扩散角度 θ(可取为30°),传至连接件端部与 N 相垂直的一定宽度范围内,该一定宽度称为有效宽度 b_e(图 3.56)。根据试验研究,节点板的强度也可按式(3.30)计算。

$$\sigma = \frac{N}{b_e t} \leqslant f \tag{3.30}$$

式中　b_e——板件的有效宽度。当用螺栓连接时,应减去孔径,如图 3.56(b)所示。

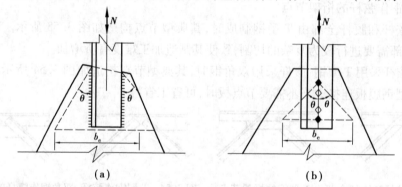

（a）　　　　　　　　　　　　（b）

图 3.56　板件的有效宽度

③根据试验研究,桁架节点板在斜腹杆压力作用下的稳定性可用下列方法进行计算:

a. 对有竖腹杆或无竖腹杆但自由边有加劲肋的节点板,当 $a/t \leqslant 15\sqrt{235/f_y}$ 时(a 为受压腹杆连接肢端面中点沿腹杆轴线方向至弦杆边缘的净距离),可不计算稳定性;否则,按《钢结构设计标准》(GB 50017—2017)附录 G 的要求进行稳定性计算。但在任何情况下,需满足 $a/t \leqslant 22\sqrt{235/f_y}$ 。

b. 对无竖腹杆且自由边无加劲肋的节点板,当 $a/t \leqslant 10\sqrt{235/f_y}$ 且作用于节点板的力 $N \leqslant 0.8b_e tf$ 时,可不计算稳定性。当 $a/t > 10\sqrt{235/f_y}$ 时,应按《钢结构设计标准》(GB 50017—2017)附录 G 的要求进行稳定性计算,且 $a/t \leqslant 17.5\sqrt{235/f_y}$ 。

④在采用上述方法计算节点板的强度和稳定性时,尚应满足下列要求:

a. 节点板边缘与腹杆轴线之间的夹角应不小于15°;

b. 斜腹杆与弦杆的夹角应在30°~60°;

c. 节点板的自由边长度 l_f 与厚度 t 之比不得大于 $60\sqrt{235/f_y}$，否则应沿自由边设加劲肋予以加强。

3.5.5 屋架施工图绘制

钢结构施工图主要包括构件布置图、构件和节点详图等，它们是钢结构制造和安装的主要依据，必须绘制正确、表达详尽。构件布置图是表达各类构件（如柱、吊车梁、屋架、墙架、平台等）位置的整体图，主要用于钢结构安装。其内容一般包括平面图、侧面图和必要的剖面图，另外还有构件编号、构件表（包括构件编号、名称、数量、单重和详图图号等）及总说明等。构件详图是表达所有单体构件（按构件编号）的详细图，主要用于钢结构制造。节点详图表达复杂节点的详细情况，主要用于钢结构制造和安装。钢结构施工详图通常采用两种比例绘制，杆件的轴线一般可用 1:30～1:20，节点和杆件截面尺寸用 1:15～1:10。重要节点大样图的比例以清楚地表达节点的细部尺寸为准。

钢屋架详图的主要内容和绘制要点如下：

①屋架详图一般应按运输单元绘制，当屋架对称时，可仅绘制半榀屋架。

②构件详图应包括屋架的正面图，上、下弦的平面图，必要的侧面图和剖面图，以及某些安装节点或特殊零件的大样图。

③在图面左上角用合适比例绘制屋架简图。图中左半部应注明杆件的几何长度（mm），右半部应注明杆件的轴力设计值（kN）。当梯形屋架 $l \geqslant 24$ m、三角形屋架 $l \geqslant 15$ m 时，为防止挠度值较大，不影响使用和外观，须在制造时起拱，拱度一般取屋架跨度的 1/500，并在屋架简图中注明。

④应注明各零件（型钢和钢板）的型号和尺寸，包括加工尺寸（宜取为 5 mm 的倍数）、定位尺寸、孔洞位置以及对工厂制造和工地安装的要求。定位尺寸主要有：轴线至角钢肢背的距离，节点中心至各杆件杆端和节点板上、下、左、右边缘的距离等。螺栓位置应符合型钢上容许线距和螺栓排列的最大、最小容许距离的要求。对制造和安装的其他要求，包括零件切斜角、孔洞直径和焊缝尺寸等都应注明。工地拼接焊缝要注意标出安装焊缝符号，以适应运输单元的划分和拼装。

⑤应对所有零件进行编号，编号应按构件主次、上下、左右顺序逐一进行。完全相同的零件用同一编号。如果两个零件的形状和尺寸完全一样，仅因开孔位置或因切斜角等原因有所不同，但是镜面对称时，亦采用同一编号，但在材料表中应注明正或反字样，以示区别。有些屋架仅在少数部位的构造略有不同，如与支撑相连的屋架和不与支撑相连的屋架只在螺栓孔上有区别，可在图上螺栓孔处注明所属屋架的编号，这些屋架就可绘在一张施工图上。

⑥材料表应包括各零件的编号、截面规格、长度、数量（正、反）和质量等。材料表的作用是归纳各零件以便备料和计算用钢量，也可供选择起吊和运输设备时参考。

⑦文字说明应包括：钢号和附加条件、焊条型号、焊接方法和质量要求，图中未注明的焊缝和螺栓孔尺寸，油漆、运输、安装和制造要求，以及一些不易用图表达的内容。

3.6 钢屋盖设计实例

1)设计资料

某单层单跨车间宽度为 30 m,长度为 102 m,柱距 6 m,钢屋架铰支在钢筋混凝土柱上,上柱截面为 400 mm×400 mm,混凝土强度等级为 C20。

车间内设有两台 20/5 t 中级工作制桥式吊车。采用 1.5 m×6 m 预应力钢筋混凝土大型屋面板和卷材屋面,80 mm 厚泡沫混凝土保温层,屋面坡度 $i = 1/10$。屋面活荷载为 0.50 kN/m²,雪荷载为 0.40 kN/m²,积灰荷载为 0.60 kN/m²。

2)屋架形式、尺寸、材料选择及支撑布置

采用无檩屋盖方案,屋面坡度 $i = 1/10$。由于采用 1.5 m×6 m 预应力钢筋混凝土大型屋面板和卷材屋面,故选用平坡梯形屋架。屋架尺寸如下:

屋架计算跨度:$L_0 = L - 300$ mm $= 30\ 000$ mm $- 300$ mm $= 29\ 700$ mm

屋架端部高度:$H_0 = 2\ 000$ mm

屋架跨中高度:$H = H_0 + \dfrac{L_0}{2}i = 2\ 000$ mm $+ \dfrac{29\ 700\ \text{mm}}{2} \times \dfrac{1}{10} = 3\ 485$ mm $\approx 3\ 490$ mm

屋架高跨比:$\dfrac{H}{L_0} = \dfrac{3\ 490}{29\ 700} = \dfrac{1}{8.5}$

为了配合屋面板 1.5 m 宽,腹杆体系大部分采用下弦节间为 3 m 的人字形式,仅在跨中考虑腹杆的适宜倾角,采用再分式杆系,屋架跨中起拱 60 mm(按 $L_0/500$ 计)。几何尺寸如图 3.57 所示。

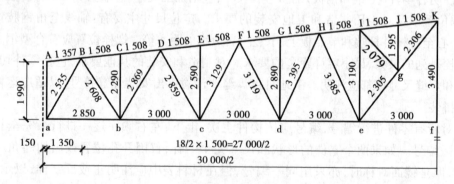

图 3.57 屋架几何尺寸

根据建造地区的计算温度(高于 -20 ℃)和荷载性质(静力荷载),按《钢结构设计标准》(GB 50017—2017)的要求,屋架钢材选用 Q235B,焊条选用 E43 型,手工焊。

根据车间长度、屋架跨度和荷载情况,设置三道上、下弦横向水平支撑,因车间两端为山墙,故横向水平支撑设在第二柱间,在第一柱间的上弦平面设置刚性系杆以保证安装时上弦的稳定。下弦平面的第一柱间也设置刚性系杆来传递山墙的风荷载。在设置横向水平支撑的同一柱间,设置垂直支撑三道,分别设在屋架的两端和跨中。屋脊节点及屋架支座处沿厂房设置

通长刚性系杆,屋架下弦跨中设一道通长柔性系杆,屋盖支撑布置如图 3.58 所示。因屋架连接孔和连接零件有区别,将与横向支撑连接的屋架编号为 GWJ2,不与横向支撑连接的中间屋架编号为 GWJ1,两端屋架编号为 GWJ3。

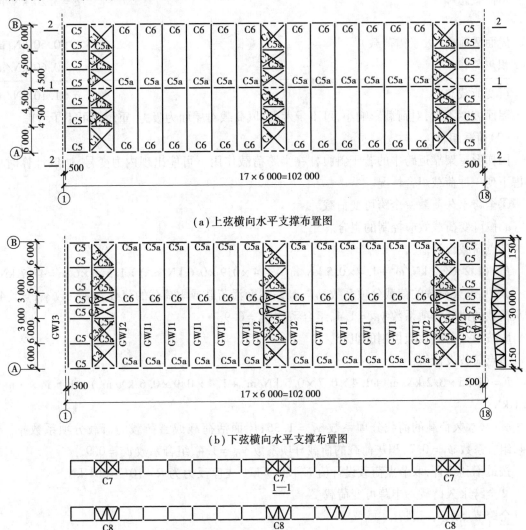

(a)上弦横向水平支撑布置图

(b)下弦横向水平支撑布置图

(c)1—1,2—2剖面图

图 3.58　屋盖支撑布置

3)荷载计算

(1)荷载统计

两毡三油,上铺小石子	$0.35\ \text{kN/m}^2$
找平层(20 mm 厚)	$0.40\ \text{kN/m}^2$
泡沫混凝土保温层(80 mm 厚)	$0.50\ \text{kN/m}^2$
预应力钢筋混凝土大型屋面板(包括灌缝)	$1.40\ \text{kN/m}^2$
悬挂管道	$0.10\ \text{kN/m}^2$

屋架和支撑自重(按经验公式估算)

$$0.12 + 0.011L = (0.12 + 0.011 \times 30) \text{kN/m}^2 = 0.45 \text{ kN/m}^2$$

恒荷载总和	$g = 3.20 \text{ kN/m}^2$

屋面活荷载(大于雪荷载)	0.50 kN/m^2
积灰荷载	0.60 kN/m^2

可变荷载总和	$q = 1.10 \text{ kN/m}^2$

屋面坡度不大,对荷载影响小,可不予考虑;风荷载对屋面为吸力,重屋面可不予考虑。

(2)荷载组合

因梯形屋架靠近跨中的若干斜腹杆在半跨荷载作用下可能出现内力变号,所以计算时应考虑下列 3 种荷载组合情况。

①全跨永久荷载 + 全跨可变荷载。

a. 按可变荷载效应控制的组合。

节点荷载设计值:

$$F = (1.2 \times 3.2 \text{ kN/m}^2 + 1.4 \times 0.5 \text{ kN/m}^2 + 1.4 \times 0.9 \times 0.6 \text{ kN/m}^2) \times 1.5 \text{ m} \times 6 \text{ m} = 47.7 \text{ kN}$$

其中,永久荷载的荷载分项系数 $\gamma_G = 1.2$;屋面活荷载或雪荷载的荷载分项系数 $\gamma_{Q1} = 1.4$;积灰荷载的荷载分项系数 $\gamma_{Q2} = 1.4$,组合系数 $\psi_2 = 0.9$。

b. 按永久荷载效应控制的组合。

节点荷载设计值:

$$F = (1.35 \times 3.2 \text{ kN/m}^2 + 1.4 \times 0.7 \times 0.5 \text{ kN/m}^2 + 1.4 \times 0.9 \times 0.6 \text{ kN/m}^2) \times 1.5 \text{ m} \times 6 \text{ m} = 50.1 \text{ kN}$$

其中,永久荷载的荷载分项系数 $\gamma_G = 1.35$;屋面活荷载或雪荷载的荷载分项系数 $\gamma_{Q1} = 1.4$,组合系数 $\psi_1 = 0.7$;积灰荷载的荷载分项系数 $\gamma_{Q2} = 1.4$,组合系数 $\psi_2 = 0.9$。

按最不利组合,取节点荷载设计值 $F = 50.1 \text{ kN}$,支座反力为 $R = 10F = 501 \text{ kN}$。

②全跨永久荷载 + 半跨可变荷载。

全跨节点永久荷载:

$$F_1 = 1.35 \times 3.2 \text{ kN/m}^2 \times 1.5 \text{ m} \times 6 \text{ m} = 38.9 \text{ kN}$$

半跨节点可变荷载:

$$F_2 = (1.4 \times 0.7 \times 0.5 \text{ kN/m}^2 + 1.4 \times 0.9 \times 0.6 \text{ kN/m}^2) \times 1.5 \text{ m} \times 6 \text{ m} = 11.2 \text{ kN}$$

③屋架和支撑自重 + 半跨屋面板重 + 半跨施工荷载(取等于屋面使用荷载)

全跨节点屋架和支撑自重:

$$F_3 = 1.35 \times 0.45 \text{ kN/m}^2 \times 1.5 \text{ m} \times 6 \text{ m} = 5.5 \text{ kN}$$

半跨节点屋面板自重及可变荷载:

$$F_4 = (1.35 \times 1.4 \text{ kN/m}^2 + 1.4 \times 0.9 \times 0.5 \text{ kN/m}^2) \times 1.5 \text{ m} \times 6 \text{ m} = 21.4 \text{ kN}$$

4）内力计算

屋架在上述 3 种荷载组合下作用的计算简图,如图 3.59 所示。

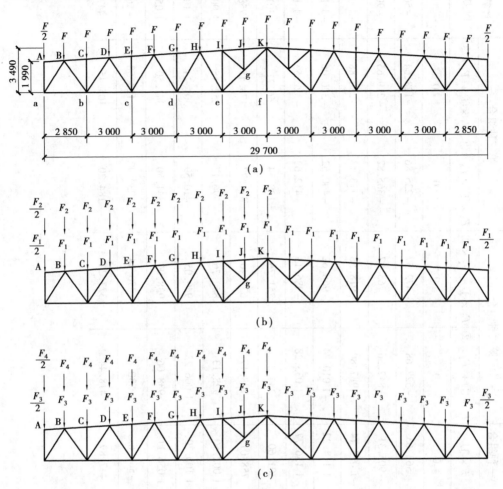

图 3.59　屋架计算简图

由图解法或数解法得 $F = 1$ 时屋架各杆件的内力系数($F = 1$ 作用于全跨、左半跨和右半跨),然后求出各种荷载情况下的内力进行组合。计算结果如表 3.16 和图 3.60 所示。

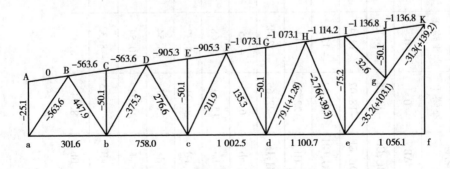

图 3.60　屋架杆件内力图(单位:kN)

表 3.16　屋架构件内力组合表

构件名称		内力系数（$F=1$）			第一种组合	第二种组合		第三种组合		计算杆件内力（kN）
		全跨①	左半跨②	右半跨③	$F \times ①$	$F_1 \times ① + F_2 \times ②$	$F_1 \times ① + F_2 \times ③$	$F_3 \times ① + F_4 \times ②$	$F_3 \times ① + F_4 \times ③$	
上弦	AB	0	0	0	0	0	0	0	0	0
	BC,CD	-11.25	-8.13	-3.12	-563.63	-528.68	-472.57	-235.86	-128.64	-563.63
	DE,EF	-18.07	-12.45	-5.62	-905.31	-842.36	-765.87	-365.82	-219.65	-905.31
	FG,GH	-21.42	-13.8	-7.62	-1 073.14	-987.80	-918.58	-413.13	-280.88	-1 073.14
	HI	-22.24	-13	-9.24	-1 114.22	-1 010.74	-968.62	-400.52	-320.06	-1 114.22
	IJ,JK	-22.69	-13.45	-9.24	-1 136.77	-1 033.28	-986.13	-412.63	-322.53	-1 136.77
下弦	ab	6.02	4.45	1.57	301.60	284.02	251.76	128.34	66.71	301.60
	bc	15.13	10.68	4.45	758.01	708.17	638.40	311.77	178.45	758.01
	cd	20.01	13.37	6.64	1 002.50	928.13	852.76	396.17	252.15	1 002.50
	de	21.97	13.54	8.43	1 100.70	1 006.28	949.05	410.59	301.24	1 100.70
	ef	21.08	10.54	10.54	1 056.11	938.06	938.06	341.50	341.50	1 056.11
斜腹杆	aB	-11.25	-8.32	-2.93	-563.63	-530.81	-470.44	-239.92	-124.58	-563.63
	Bb	8.94	6.31	2.63	447.89	418.44	377.22	184.20	105.45	447.89

类别	杆件	1	2	3	4	5	6	7	8	9
斜腹杆	bD	-375.25	-95.55	-147.13	-319.81	-346.80	-375.25	-2.54	-4.95	-7.49
	Dc	276.55	78.51	100.34	239.93	251.35	276.55	2.25	3.27	5.52
	cF	-211.92	-70.13	-66.92	-189.08	-187.40	-211.92	-2.19	-2.04	-4.23
	Fd	135.27	56.79	30.69	126.98	113.32	135.27	1.96	0.74	2.7
	dH	1.28/ -79.08	-49.23	1.28	-79.08	-52.64	-74.15	-1.92	0.44	-1.48
	He	39.22/ -27.55	39.22	-27.55	33.49	-1.45	18.04	1.74	-1.38	0.36
	eg	103.12/ -35.07	-35.07	86.91	39.28	103.12	80.16	-2.05	3.65	1.6
	gK	139.19/ -31.11	-31.11	106.28	67.29	139.19	116.23	-2.05	4.37	2.32
	gI	32.57	3.58	17.49	25.29	32.57	32.57	0	0.65	0.65
竖腹杆	Aa	-25.05	-2.75	-13.45	-19.45	-25.05	-25.05	0	-0.5	-0.5
	Cb,Ec	-50.10	-5.50	-26.90	-38.90	-50.10	-50.10	0	-1	-1
	Gd	-50.10	-5.50	-26.90	-38.90	-50.10	-50.10	0	-1	-1
	Jg	-50.10	-5.50	-26.90	-38.90	-50.10	-50.10	0	-1	-1
	Ie	-75.15	-8.25	-40.35	-58.35	-75.15	-75.15	0	-1.5	-1.5
	Kf	0	0	0	0	0	0	0	0	0

5）杆件设计

腹杆的最大内力 $N = 563.63$ kN，选用中间节点板厚度 $t = 12$ mm，支座节点板厚度 $t = 14$ mm。

（1）上弦杆

整个上弦杆不改变截面，按最大内力计算。

$N_{max} = -1\ 136.77$ kN（压力），$l_{0x} = 150.8$ cm，$l_{0y} = 301.6$ cm（取等于两块屋面板宽）。

选用 $2 \llcorner 140 \times 12$，$A = 65$ cm²，$i_x = 4.31$ cm，$i_y = 6.23$ cm。

$$\lambda_x = \frac{l_{0x}}{i_x} = \frac{150.8}{4.31} = 35 < [\lambda] = 150$$

$$\lambda_y = \frac{l_{0y}}{i_y} = \frac{301.6}{6.23} = 48.2 < [\lambda] = 150$$

满足要求。

双角钢 T 形截面绕对称轴（y 轴）应按弯扭屈曲计算长细比 λ_{yz}：

$$\lambda_y > \lambda_z = 3.9 \frac{b}{t} = 3.9 \times \frac{140}{12} = 45.5$$

$$\lambda_{yz} = \lambda_y \left[1 + 0.16 \left(\frac{\lambda_z}{\lambda_y} \right)^2 \right] = 48.2 \times \left[1 + 0.16 \times \left(\frac{45.5}{48.2} \right)^2 \right] = 55$$

由 $\lambda_{max} = \lambda_{yz} = 55$，按 b 类查表得 $\varphi = 0.833$。

$$\sigma = \frac{N}{\varphi A} = \frac{1\ 136.77 \times 10^3}{0.833 \times 65.0 \times 10^2} \text{N/mm}^2 = 210 \text{ N/mm}^2 < f = 215 \text{ N/mm}^2$$

满足要求。

每个节间放 1 块填板（满足 l_1 范围内不少于两块），$l_1 = 75.4$ cm $< 40i = 40 \times 4.31$ cm $= 172.4$ cm。

（2）下弦杆

下弦杆也不改变截面，按最大内力计算。

$N_{max} = 1\ 100.7$ kN，$l_{0x} = 300$ cm，$l_{0y} = 1\ 500$ cm，连接支撑的螺栓孔中心至节点板边缘的距离约为 100 mm（de 节间），可不考虑螺栓孔削弱。

选用 $2 \llcorner 180 \times 110 \times 10$ 短肢相并，$A = 56.8$ cm²，$i_x = 3.13$ cm，$i_y = 8.71$ cm。

$$\lambda_x = \frac{l_{0x}}{i_x} = \frac{300}{3.13} = 96 < [\lambda] = 350$$

$$\lambda_y = \frac{l_{0y}}{i_y} = \frac{1\ 500}{8.71} = 172 < [\lambda] = 350$$

$$\sigma = \frac{N}{A} = \frac{1\ 100.7 \times 10^3}{56.8 \times 10^2} \text{N/mm}^2 = 193.8 \text{ N/mm}^2 < f = 215 \text{ N/mm}^2$$

满足要求。

每个节间放一块填板，$l_1 = 150$ cm $< 80i = 80 \times 5.8$ cm $= 464$ cm。

下弦杆截面如图 3.61 所示。

（3）腹杆

①斜杆件 aB。$N = -563.63$ kN（压力），$l_{0x} = l_{0y} = 253.5$ cm，选用 $2 \llcorner 140 \times 90 \times 10$，$A = 44.6$ cm²，$i_x = 4.47$ cm，$i_y = 3.73$ cm。

$$\lambda_x = \frac{l_{0x}}{i_x} = \frac{253.5}{4.47} = 56.7 < [\lambda] = 150$$

$$\lambda_y = \frac{l_{0y}}{i_y} = \frac{253.5}{3.73} = 68 < [\lambda] = 150$$

满足要求。

双角钢 T 形截面绕对称轴（y 轴）应按弯扭屈曲计算长细比 λ_{yz}：

$$\lambda_y > \lambda_z = 5.1\frac{b_2}{t} = 5.1 \times \frac{90}{10} = 45.9$$

$$\lambda_{yz} = \lambda_y\left[1 + 0.25\left(\frac{\lambda_z}{\lambda_y}\right)^2\right] = 68 \times \left[1 + 0.16 \times \left(\frac{45.9}{68}\right)^2\right] = 75.7$$

由 $\lambda_{max} = \lambda_{yz} = 75.7$，按 b 类查表得 $\varphi = 0.716$。

$$\sigma = \frac{N}{\varphi A} = \frac{563.63 \times 10^3}{0.716 \times 44.6 \times 10^2}\text{N/mm}^2 = 176.5 \text{ N/mm}^2 < f = 215 \text{ N/mm}^2$$

满足要求。

每个节间放 2 块填板，$l_1 = 84.5 \text{ cm} < 40i = 40 \times 2.59 \text{ cm} = 103.6 \text{ cm}$。

端斜杆件 aB 截面如图 3.62 所示。

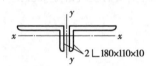

图 3.61　下弦杆截面　　　　图 3.62　端斜杆件 aB 截面

②斜腹杆 eg-gK。此杆是再分式桁架斜腹杆，在 g 节点处不断开，但两段杆件内力不同，且在半跨荷载作用下内力变号。拉力 $N_{eg} = 103.12 \text{ kN}$，$N_{gK} = 139.19 \text{ kN}$；压力 $N_{eg} = 35.07 \text{ kN}$，$N_{gK} = 31.11 \text{ kN}$。

再分式桁架中的斜腹杆，在桁架平面内的计算长度取节点中心间距，有 $l_{0x} = 230.6 \text{ cm}$，在桁架平面外的计算长度：

$$l_{0x} = l_1\left(0.75 + 0.25\frac{N_2}{N_1}\right) = 461.1 \times \left(0.75 + 0.25 \times \frac{31.11}{35.07}\right)\text{cm} = 448.3 \text{ cm}$$

选用 $2\llcorner 70 \times 5$，$A = 13.74 \text{ cm}^2$，$i_x = 2.16 \text{ cm}$，$i_y = 3.31 \text{ cm}$。

$$\lambda_x = \frac{l_{0x}}{i_x} = \frac{230.6}{2.16} = 107 < [\lambda] = 150$$

$$\lambda_y = \frac{l_{0y}}{i_y} = \frac{448.3}{3.31} = 135.4 < [\lambda] = 150$$

满足要求。

双角钢 T 形截面绕对称轴（y 轴）应按弯扭屈曲计算长细比 λ_{yz}：

$$\lambda_y > \lambda_z = 3.9\frac{b}{t} = 3.9 \times \frac{70}{5} = 54.6$$

$$\lambda_{yz} = \lambda_y\left[1 + 0.16\left(\frac{\lambda_z}{\lambda_y}\right)^2\right] = 135.4 \times \left[1 + 0.16 \times \left(\frac{54.6}{135.4}\right)^2\right] = 138.9$$

由 $\lambda_{max} = \lambda_{yz} = 138.9$，按 b 类查表得 $\varphi = 0.349$。

$$\sigma = \frac{N}{\varphi A} = \frac{35.07 \times 10^3}{0.349 \times 13.74 \times 10^2} \text{N/mm}^2 = 73.13 \text{ N/mm}^2 < f = 215 \text{ N/mm}^2$$

作为拉杆时还应验算强度条件：

$$\sigma = \frac{N}{A} = \frac{139.19 \times 10^3}{13.74 \times 10^2} \text{N/mm}^2 = 101.3 \text{ N/mm}^2 < f = 215 \text{ N/mm}^2$$

满足要求。

每个节间放 2 块填板，间距 $l_1 = 76.9$ cm $< 40i = 40 \times 2.16$ cm $=$

86.4 cm。

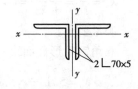

图 3.63　斜腹杆 eg-gK 截面

斜腹杆 eg-gK 截面如图 3.63 所示。

③竖杆件 Gd。$N = -50.1$ kN（压力），$l_{0x} = 289$ cm $\times 0.8 = 231.2$ cm，$l_{0y} = 289$ cm。因内力较小，可按容许长细比$[\lambda] = 150$ 选择截面：

$$i_x = \frac{l_{0x}}{[\lambda]} = \frac{231}{150} \text{ cm} = 1.54 \text{ cm}$$

$$i_y = \frac{l_{0y}}{[\lambda]} = \frac{289}{150} \text{ cm} = 1.93 \text{ cm}$$

选用 2∟50×5，并要求满足构造要求，$A = 9.6$ cm^2，$i_x = 1.53$ cm，$i_y = 2.53$ cm。

$$\lambda_x = \frac{l_{0x}}{i_x} = \frac{231.2}{1.53} = 151.1 \approx [\lambda] = 150$$

$$\lambda_y = \frac{l_{0y}}{i_y} = \frac{289}{2.53} = 114.2 < [\lambda] = 150$$

满足要求。

双角钢 T 形截面绕对称轴（y 轴）应按弯扭屈曲计算长细比 λ_{yz}：

$$\lambda_y > \lambda_z = 3.9 \frac{b}{t} = 3.9 \times \frac{50}{5} = 39$$

$$\lambda_{yz} = \lambda_y \left[1 + 0.16 \left(\frac{\lambda_z}{\lambda_y} \right)^2 \right] = 114.2 \times \left[1 + 0.16 \times \left(\frac{39}{114.2} \right)^2 \right] = 116.3$$

由 $\lambda_{max} = \lambda_{yz} = 116.3$，按 b 类查表得 $\varphi = 0.456$。

$$\sigma = \frac{N}{\varphi A} = \frac{50.1 \times 10^3}{0.456 \times 9.6 \times 10^2} \text{N/mm}^2 = 114.4 \text{ N/mm}^2 < f = 215 \text{ N/mm}^2$$

满足要求。

每个节间放 3 块填板，$l_1 = 289$ cm$/4 = 72.2$ cm，略大于 $40i =$ 40 × 1.53 cm $= 61.2$ cm。但实际节点板宽度较大，故仍够用。

竖腹杆 Gd 截面如图 3.64 所示。

其余各杆件的截面选择见表 3.17。连接垂直支撑的中央竖杆　**图 3.64　竖腹杆 Gd 截面** Kf 采用十字形截面，其斜平面计算长度 $l_0 = 0.9l = 0.9 \times 349$ cm $= 314.1$ cm。

表3.17 屋架杆件截面选择表

名称	编号	内力设计值 (kN)	l_{0x} (cm)	l_{0y} (cm)	选择截面规格	截面面积 (cm²)	i_x (cm)	i_y (cm)	λ_x	$\lambda_y(\lambda_{yz})$	容许长细比 $[\lambda]$	稳定系数 φ_{min}	计算应力 (N/mm²)	杆件端部角钢肢,背肢尖焊缝 (mm)	填板数
上弦	IJ,JK	-1 136.77	150.8	301.6	2∟140×12	65	4.31	6.23	35	48.2(55)	150	0.833	210	—	每节间1
下弦	de	1 100.7	300	1 500	2∟180×110×10	56.8	3.13	8.71	96	172	350	—	193.8	—	每节间1
斜腹杆	aB	-563.63	253.5	253.5	2∟140×90×10	44.6	4.47	3.73	56.7	68(75.7)	150	0.716	176.5	10-190,6-160	2
	Bb	447.89	208.6	260.8	2∟80×6	21.2	2.47	3.73	84.5	83.3	350	—	211.3	8-200,6-120	2
	bD	-375.25	229.5	286.9	2∟100×6	23.8	3.10	4.51	74	63.5(75)	150	0.720	219	8-170,6-100	2
	Dc	276.55	228.7	285.9	2∟70×5	13.71	2.16	3.13	105.9	91.3	350	-	201.7	6-170,5-110	2
	cF	-211.92	250.3	312.9	2∟90×6	21.2	2.79	4.12	89.7	75.9(83.1)	150	0.622	160.7	6-130,5-80	2
	Fd	135.27	249.5	311.9	2∟50×5	9.6	1.53	2.53	163.1	123.3	350	—	140.9	6-120,5-80	2
	dH	1.28/-79.08	271.6	339.5	2∟70×5	13.74	2.16	3.13	125.7	108.5(112.9)	150	0.408	141.1	6-80,5-80	3
	He	39.22/-27.55	270.8	338.5	2∟63×5	12.3	1.94	3.04	139.6	111.3(114.8)	150	0.347	64.5	—	3
	eg	-35.07/103.12	230.5	448.3	2∟70×5	13.74	2.16	3.13	107	138.9	150	—	101.3	5-100,5-80	2

杆件名称	编号	内力设计值(kN)	计算长度(cm) l_{0x}	计算长度(cm) l_{0y}	选择截面规格	截面面积(cm²)	回转半径(cm) i_x	回转半径(cm) i_y	长细比 λ_x	长细比 $\lambda_y(\lambda_{yz})$	容许长细比[λ]	稳定系数 φ_{min}	计算应力(N/mm²)	杆件端部角钢肢,背肢尖焊缝(mm)	填板数
斜腹杆	gK	-31.3/139.2	230.5	448.3	2L70×5	13.74	2.16	3.13	107	138.9	150	—	101.3	5-100,5-80	2
斜腹杆	gI	32.57	166.2	207.9	2L50×5	9.6	1.53	2.53	108.6	82.2	350	—	33.9	—	2
竖腹杆	Aa	-25.05	199	199	2L63×5	12.3	1.94	3.04	102.6	65.4(71.4)	150	0.539	37.8	—	2
竖腹杆	Cb	-50.1	183.2	229.0	2L50×5	9.6	1.53	2.53	119.7	90.5(93.2)	150	0.438	119.1	—	2
竖腹杆	Ec	-50.1	207.2	259.0	2L50×5	9.6	1.53	2.53	135.4	102.4(104.8)	150	0.363	143.8	—	2
竖腹杆	Gd	-50.1	231.2	289.0	2L50×5	9.6	1.53	2.53	151.1	114.2(116.3)	150	0.304	171.7	—	3
竖腹杆	Ie	-75.15	255.2	319.0	2L63×5	12.3	1.94	3.04	131.5	104.9(108.6)	150	0.38	160.8	—	3
竖腹杆	Jg	-50.1	127.6	159.5	2L50×5	9.6	1.53	2.53	83.4	63(66.9)	150	0.664	78.6	—	2
竖腹杆	Kf	0	314.1	314.1	2L63×5	12.3	1.94	3.04	161.9	103.4	200	—	0	—	5

6）节点设计

（1）下弦节点"b"（图 3.65）

先计算腹杆与节点板的连接焊缝。

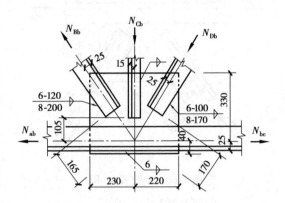

图 3.65　下弦节点"b"

①Bb 杆焊缝。Bb 杆肢背及肢尖焊缝的焊脚尺寸分别取 $h_{f1} = 8$ mm，$h_{f2} = 6$ mm，则所需焊缝长度（考虑起灭弧缺陷）：

肢背：$l_{w1} = \dfrac{k_1 N}{2 \times 0.7 h_{f1} f_f^w} + 2h_{f1} = \dfrac{0.7 \times 447.89 \times 10^3}{2 \times 0.7 \times 8 \times 160}$ mm $+ 2 \times 8$ mm $= 191.0$ mm（取 200 mm）

肢尖：$l_{w2} = \dfrac{k_2 N}{2 \times 0.7 h_{f2} f_f^w} + 2h_{f2} = \dfrac{0.3 \times 447.89 \times 10^3}{2 \times 0.7 \times 6 \times 160}$ mm $+ 2 \times 6$ mm $= 112.0$ mm（取 120 mm）

②Db 杆焊缝。腹杆 Db 肢背及肢尖焊缝的焊脚尺寸分别取 $h_{f1} = 8$ mm，$h_{f2} = 6$ mm，则所需焊缝长度（考虑起灭弧缺陷）：

肢背：$l_{w1} = \dfrac{k_1 N}{2 \times 0.7 h_{f1} f_f^w} + 2h_{f1} = \dfrac{0.7 \times 375.25 \times 10^3}{2 \times 0.7 \times 8 \times 160}$ mm $+ 2 \times 8$ mm $= 162.6$ mm（取 170 mm）

肢尖：$l_{w2} = \dfrac{k_2 N}{2 \times 0.7 h_{f2} f_f^w} + 2h_{f2} = \dfrac{0.3 \times 375.25 \times 10^3}{2 \times 0.7 \times 6 \times 160}$ mm $+ 2 \times 6$ mm $= 95.8$ mm（取 100 mm）

③Cb 杆焊缝。Cb 杆内力较小，焊缝按构造采用 $h_f = 5$ mm。

验算下弦杆与节点板的连接焊缝，承受节点两边下弦杆内力差 $\Delta N = N_{bc} - N_{ab} = 758.01$ kN $- 301.60$ kN $= 456.4$ kN。按斜腹杆焊缝决定节点板尺寸，量得实际节点板长度是 450 mm，角焊缝计算长度 $l_{w1} = 450$ mm $- 2 \times 6$ mm $= 438$ mm，采用 $h_{f1} = 6$ mm。肢背焊缝应力为：

$$\tau_f = \frac{k_1 N}{2 \times 0.7 h_{f1} l_{w1}} = \frac{0.75 \times 456.4 \times 10^3}{2 \times 0.7 \times 6 \times 438} \text{N/mm}^2 = 93.0 \text{ N/mm}^2 < f_f^w = 160 \text{ N/mm}^2$$

（2）上弦节点"B"（如图 3.66）

①腹杆 Ba 焊缝。$N_{Ba} = 563.63$ kN，Ba 杆肢背及肢尖焊缝的焊脚尺寸分别取 $h_{f1} = 10$ mm，$h_{f2} = 6$ mm，则所需焊缝长度（考虑起灭弧缺陷）：

肢背：$l_{w1} = \dfrac{k_1 N}{2 \times 0.7 h_{f1} f_f^w} + 2h_{f1} = \dfrac{0.65 \times 563.63 \times 10^3}{2 \times 0.7 \times 10 \times 160}$ mm $+ 2 \times 10$ mm $= 183.6$ mm（取 190 mm）

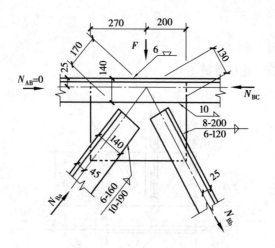

图 3.66　上弦节点"B"

肢尖：$l_{w2} = \dfrac{k_2 N}{2 \times 0.7 h_{f2} f_f^w} + 2h_{f2} = \dfrac{0.35 \times 563.63 \times 10^3}{2 \times 0.7 \times 6 \times 160}$ mm $+ 2 \times 6$ mm $= 158.8$ mm（取 160 mm）

②腹杆 Bb 焊缝。腹杆 Bb 肢背及肢尖焊缝的焊脚尺寸分别取 $h_{f1} = 8$ mm，$h_{f2} = 6$ mm，则所需焊缝长度（考虑起灭弧缺陷）：

肢背：$l_{w1} = \dfrac{k_1 N}{2 \times 0.7 h_{f1} f_f^w} + 2h_{f1} = \dfrac{0.7 \times 447.89 \times 10^3}{2 \times 0.7 \times 8 \times 160}$ mm $+ 2 \times 8$ mm $= 191.0$ mm（取 200 mm）

肢尖：$l_{w2} = \dfrac{k_2 N}{2 \times 0.7 h_{f2} f_f^w} + 2h_{f2} = \dfrac{0.3 \times 447.89 \times 10^3}{2 \times 0.7 \times 6 \times 160}$ mm $+ 2 \times 6$ mm $= 112$ mm（取 120 mm）

③弦与节点板的连接焊缝验算。为了便于在上弦搁置大型屋面板，将节点板上边缘缩进水平肢 8 mm，肢背采用塞焊缝（图 3.66），承受节点集中荷载 $F = 50.1$ kN，取 $h_f = t/2 = 6$ mm，$l_{w1} = l_{w2} = 470$ mm $- 2 \times 6$ mm $= 458$ mm。

$$\sigma_f = \frac{N}{2 \times 0.7 h_f l_w} = \frac{50.1 \times 10^3}{2 \times 0.7 \times 6 \times 458} \text{N/mm}^2 = 13.0 \text{ N/mm}^2$$

$$< \beta_f f_f^w = 1.22 \times 160 \text{ N/mm}^2 = 195.2 \text{ N/mm}^2$$

肢尖焊缝承担弦杆内力差 $\Delta N = 563.63$ kN $- 0 = 563.63$ kN，偏心距 $e = 140$ mm $- 25$ mm $= 115$ mm，偏心力矩 $M = \Delta N \cdot e = 563.63$ kN $\times 0.115$ m $= 64.81$ kN·m，采用 $h_f = 10$ mm，则

对 ΔN：$\tau_f = \dfrac{N}{2 \times 0.7 h_f l_w} = \dfrac{563.63 \times 10^3}{2 \times 0.7 \times 6 \times 458}$ N/mm$^2 = 87.9$ N/mm$^2 < f_f^w = 160$ N/mm^2

对 M：$\sigma_f = \dfrac{6M}{2 \times 0.7 h_f l_w^2} = \dfrac{6 \times 64.81 \times 10^6}{2 \times 0.7 \times 10 \times 458^2}$ N/mm$^2 = 132.4$ N/mm^2

则焊缝强度为：

$$\sqrt{\left(\frac{\sigma_f}{\beta_f}\right)^2 + \tau_f^2} = \sqrt{\left(\frac{132.4}{1.22}\right)^2 + 87.9^2} \text{ N/mm}^2 = 139.7 \text{ N/mm}^2 < f_f^w = 160 \text{ N/mm}^2$$

（3）屋脊节点"K"（拼接节点，图 3.67）

各腹杆杆端焊缝计算从略。弦杆与节点板连接焊缝受力不大，可按构造要求确定焊缝尺寸，一

般不需计算。这里只进行拼接计算,拼接角钢采用与上弦杆相同截面 $2 \llcorner 140 \times 12$,除肢背处割棱外,竖直肢需切去 $\Delta = t + h_f + 5 \ \text{mm} = (12 + 10 + 5) \ \text{mm} = 27 \ \text{mm}$,取 $\Delta = 30 \ \text{mm}$,并按上弦坡度热弯。拼接角钢与上弦连接焊缝在接头一侧的总长度(取 $h_f = 10 \ \text{mm}$)为:

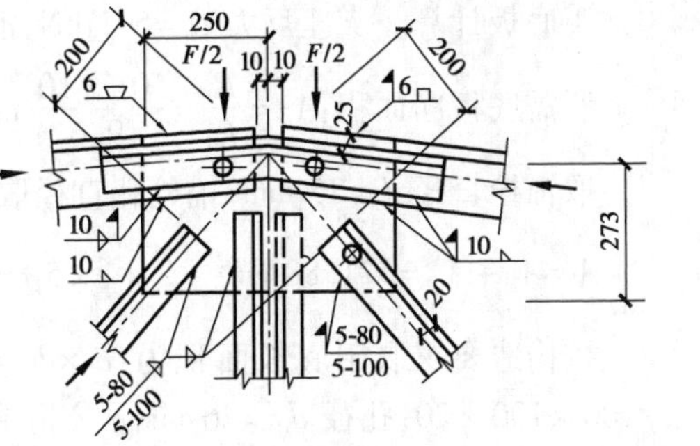

$$\sum l_w = \frac{N}{0.7 h_f f_f^w} = \frac{1\ 136.77 \times 10^3}{0.7 \times 10 \times 160} \text{mm}$$
$$= 1\ 015.0 \ \text{mm}$$

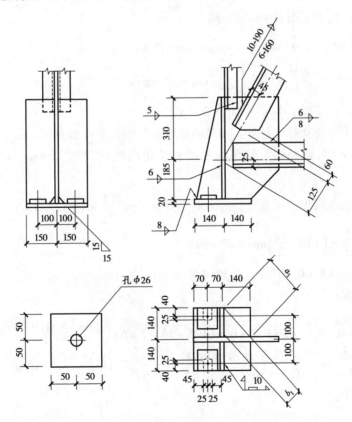

图 3.67　屋脊节点"K"

共 4 条焊缝,平均受力,每条焊缝实际长度为:

$$l_w = \frac{\sum l_w}{4} + 2 h_f = \frac{1\ 015}{4} \text{mm} + 2 \times 10 \ \text{mm} = 273.8 \ \text{mm}$$

所需拼接角钢总长度 $l = 2 l_w + 20 \ \text{mm} = 2 \times 273.8 \ \text{mm} + 20 \ \text{mm} = 567.5 \ \text{mm}$,取拼接角钢长度为 600 mm。

(4)支座节点"a"(图 3.68)

各杆杆端焊缝计算从略,以下给出底板等的计算过程。

图 3.68　支座节点

①底板计算。支座反力 $R = 501$ kN，混凝土强度等级为 C20，$f_c = 9.6$ N/mm²。

所需底板净面积：$A_n = \dfrac{R}{f_c} = \dfrac{501 \times 10^3}{9.6}$ mm² $= 52\,188$ mm² $= 521.88$ cm²

取锚栓直径 $d = 25$ mm，锚栓孔直径取为 50 mm，则所需底板毛面积：

$$A = A_n + A_0 = 521.88\ \text{cm}^2 + 2 \times 4 \times 5\ \text{cm}^2 + \frac{3.14 \times 5^2}{4}\ \text{cm}^2 = 581.5\ \text{cm}^2$$

按构造要求取用底板面积：$a \times b = 28\ \text{cm} \times 28\ \text{cm} = 784\ \text{cm}^2 > 581.5\ \text{cm}^2$。垫片采用 $-100 \times 100 \times 20$，孔径 $d_0 = 26$ mm。实际底板净面积为：

$$A_n = 784\ \text{cm}^2 - 2 \times 4 \times 5\ \text{cm}^2 - \frac{3.14 \times 5^2}{4}\ \text{cm}^2 = 724.4\ \text{cm}^2$$

底板实际应力：

$$q = \frac{501 \times 10^3}{724.4 \times 10^2}\ \text{N/mm}^2 = 6.92\ \text{N/mm}^2 < f_c = 9.6\ \text{N/mm}^2$$

$$a_1 = \sqrt{\left(14 - \frac{1.2}{2}\right)^2 + \left(14 - \frac{1.4}{2}\right)^2}\ \text{cm} = 18.9\ \text{cm}$$

$$b_1 = 13.3 \times \frac{13.4}{18.9}\ \text{cm} = 9.43\ \text{cm}$$

$\dfrac{b_1}{a_1} = \dfrac{9.43}{18.9} = 0.5$，查表得 $\beta = 0.058$，则

$$M = \beta q a_1^2 = 0.058 \times 6.92 \times 189^2\ \text{N·mm} = 14\,337\ \text{N·mm}$$

所需底板厚度：$t \geqslant \sqrt{\dfrac{6M}{f}} = \sqrt{\dfrac{6 \times 14\,337}{205}}\ \text{cm} = 20.48\ \text{cm}$

取用 $t = 22$ mm，底板尺寸为 $-280 \times 280 \times 22$。

②加劲肋与节点连接焊缝计算。加劲肋厚度取与中间节点板相同，采用 12 mm，加劲肋尺寸为 $-495 \times 140 \times 12$，加劲肋下端切角宽度和切角高度均取为 15 mm，焊脚尺寸取为 $h_f = 6$ mm。

一个加劲肋的连接焊缝所承受的内力取为：$V = \dfrac{R}{4} = \dfrac{501}{4}$ kN $= 125.3$ kN

偏心距：$e = \dfrac{1}{2} \times \left(140 - \dfrac{12}{2}\right)$ mm $= 67$ mm

$M = Ve = 125.3$ kN $\times 0.067$ m $= 8.395$ kN·m

验算焊缝强度：

对 V：$\tau_f = \dfrac{N}{2 \times 0.7 h_f l_w} = \dfrac{125.3 \times 10^3}{2 \times 0.7 \times 6 \times (495 - 15 - 2 \times 6)}$ N/mm² $= 31.9$ N/mm²

对 M：$\sigma_f = \dfrac{6M}{2 h_e l_w^2} = \dfrac{6 \times 8.395 \times 10^6}{2 \times 0.7 \times 10 \times (495 - 15 - 2 \times 6)^2}$ N/mm² $= 27.4$ N/mm²

则焊缝强度为：

$$\sqrt{\left(\frac{\sigma_f}{\beta_f}\right)^2 + \tau_f^2} = \sqrt{\left(\frac{27.4}{1.22}\right)^2 + 31.9^2}\ \text{N/mm}^2 = 39\ \text{N/mm}^2 < f_f^w = 160\ \text{N/mm}^2$$

③节点板、加劲肋与底板连接焊缝计算。采用 $h_f = 8$ mm，实际焊缝总长度为：

$$l_w = 2a + 2(b - t - 2c) - 12h_f = 2 \times 280 \text{ mm} + 2 \times (280 - 14 - 2 \times 15) \text{ mm} - 12 \times 8 \text{ mm} = 936 \text{ mm}$$

焊缝强度验算：

$$\sigma_f = \frac{R}{0.7 h_f \sum l_w} = \frac{501 \times 10^3}{0.7 \times 8 \times 936} \text{N/mm}^2 = 95.6 \text{ N/mm}^2$$

$$< \beta_f f_f^w = 1.22 \times 160 \text{ N/mm}^2 = 195.2 \text{ N/mm}^2 \text{（满足要求）}$$

其余节点略。

梯形屋架施工图见附录5。

普钢厂房结构设计流程图

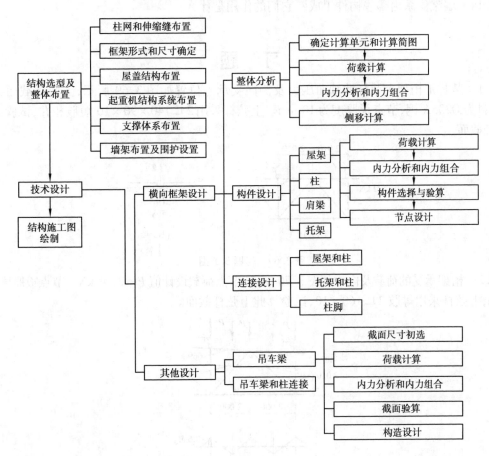

复习思考题

3.1 普钢厂房结构主要由哪些构件组成？分析各种荷载的传力路径。

3.2 普钢厂房结构为什么要设置支撑体系？柱、屋盖的支撑有哪几种类型？各种支撑的作用是什么？如何布置？

3.3 三角形、梯形、平行弦桁架各有何特点？各适用于何种情况？

3.4 吊车梁系统有哪些组成部分？各部分作用如何？

3.5 吊车运行时对普钢厂房会产生哪些作用? 这些作用如何计算?

3.6 屋架杆件的计算长度在屋架平面内与平面外及斜平面是如何确定的?

3.7 双角钢组合 T 形截面中的等肢角钢相并、不等肢角钢短肢相并和不等肢角钢长肢相并截面各适用于何种情况?

3.8 屋架中哪些杆件在什么情况下受力可能变号?

3.9 屋架上弦有节间荷载时,上弦的内力应如何计算?

3.10 屋架的节点设计有哪些基本要求?

3.11 节点板的厚度应如何确定?

3.12 屋架施工图应表示哪些主要内容?

3.13 厂房柱有哪些类型? 它们的应用范围如何?

3.14 墙架体系由哪些构件组成? 它们的作用是什么?

习 题

3.1 某梯形桁架上弦杆的轴向压力及侧向支承点位置如图 3.69 所示,上弦杆截面无削弱,材料为 Q235A 钢,节点板厚度为 10 mm。上弦杆采用 2∟140×90×10 短肢相并,试验算此上弦杆截面。

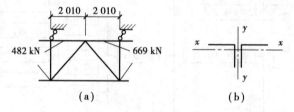

图 3.69 习题 3.1 图

3.2 桁架承受的荷载及内力如图 3.70 所示,节点荷载设计值 $P = 29.4$ kN。节点板厚度 $t = 10$ mm,上弦杆采用等肢 2∟160×10,试验算此上弦杆截面。

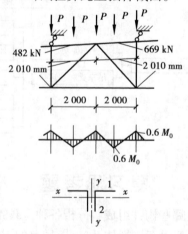

图 3.70 习题 3.2 图

3.3 桁架节点各杆内力及截面如图 3.71 所示,下弦有拼接,节点板厚为 10 mm,钢材为 Q235,角焊缝强度设计值 $f_f^w = 160$ N/mm²,试设计节点。

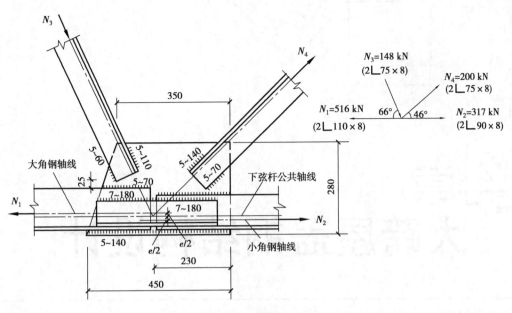

图 3.71　习题 3.3 图

3.4　一简支吊车梁跨度为 12 m,钢材为 Q345,焊条 E50 型。采用制动梁结构,制动板选用 -860×8 的厚花纹钢板,制动梁外翼缘选用 $2 \times \llcorner 100 \times 10$ 的角钢。初选吊车梁截面如图 3.72所示。厂房内设有两台 750/200 kN 重级工作制(A7 级)桥式吊车,吊车跨度 31.5 m,吊车宽度及轮距如图所示,小车重 $G = 235$ kN,吊车最大轮压标准值为 $P_{\max} = 324$ kN。轨道型号 QU100(轨高 150 m)。试验算此吊车梁的截面强度及疲劳强度。

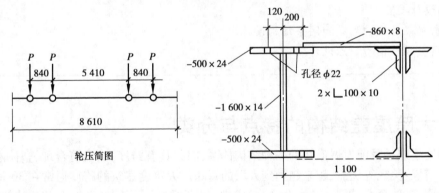

图 3.72　习题 3.4 图

第4章

大跨屋盖钢结构设计

本章导读

内容及要求：空间结构的特点与分类，网架结构的形式与选型、尺寸确定与屋面构造、作用与作用效应组合、内力计算、杆件和节点设计，网壳结构选型及设计计算要点。通过本章学习，应了解空间结构的特点与分类；掌握各种网架结构形式的构成、特点和适用范围；了解网架内力计算的空间桁架位移法，能利用现有程序进行网架内力计算；掌握网架杆件和螺栓球节点、焊接空心球节点以及支座节点的设计；了解网壳结构的设计要点。

重点：网架结构的形式和网架结构设计。

难点：网架结构的节点设计。

4.1 大跨屋盖结构的特点与分类

大跨度建筑是目前发展最快的一种结构体系，因其具有跨度大、经济合理、整体刚度大、抗震性能好、轻盈美观等优点，越来越受到人们的青睐。大跨度建筑的跨度通常在 30 m 以上，主要用于影剧院、体育场、展览馆、大会堂、航空港、候车候机厅、仓库、飞机库以及其他大型公共建筑等民用建筑中，以及飞机装配车间及其他大跨度厂房等工业建筑中。

大跨屋盖结构按几何形状、组成方法、结构材料及受力特点的不同，可分为平面结构体系和空间结构体系两大类。

4.1.1 平面结构体系

平面结构体系有梁式结构体系、刚架式体系和拱式结构体系。

1）梁式结构体系

梁式结构体系一般采用简支平面桁架的形式。它是大跨度建筑中一种常用的结构形式，其适用跨度一般为 40 ~ 60 m。

桁架是由杆件(弦杆和腹杆)组成的一种格构式结构体系。因杆件与杆件的节点被认为是铰接,所以在外力作用下杆件均受轴力,而且分布均匀,这使得材料强度能被充分利用,可以减少材料用量和结构自重,使结构跨度增大,故桁架结构比梁式结构受力合理。桁架的设计、制作、安装也都较为简便。

国家体育馆(图 4.1)主体采用马鞍形钢桁架编织式"鸟巢"结构,桁架柱最大断面为 25 m×20 m,高度为 67 m,单榀桁架最重 500 t;而主桁架高度为 12 m,双榀贯通桁架最大跨度为145.577 m +112.788 m,不贯通桁架最大跨度为 102.391 m。

图 4.1　国家体育馆"鸟巢"

2)刚架式体系

刚架是横梁和柱以刚性连接方式构成的一种门形结构。梁和柱是刚性节点,在荷载作用下,其梁、柱弯矩比相同条件下的排架小,因此横梁高度可以取得比梁式结构的高度小。由于刚架结构受力合理,轻巧美观,能跨越较大的跨度,刚度也较大,制作又很方便,因而应用非常广泛,在工业建筑中较为常用。

刚架式体系主要有实腹式和格构式两大类。实腹式框架适用于跨度不太大($L = 18 ~ 60$ m)的框架结构。它的优点是制作简单,便于运输,还能降低房屋高度。实腹式框架常设计成铰接柱脚。轻型门式刚架结构是实腹式框架结构体系的一种。当跨度大于 60 m 时,实腹式框架不太经济,此时可采用格构式,最大跨度可达 150 m。

3)拱式结构体系

拱式结构是一种重要的大跨度钢结构形式,其外形美观,体现了结构受力与建筑造型的完美结合。拱呈曲面形状,在外力作用下,拱的水平推力可以将拱内弯矩降到最小限度,使得其主要内力变为轴向压力,且应力分布均匀,因此拱能充分利用材料的强度,比同样跨度的梁结构断面小,从而能跨越较大的空间。但是拱结构在承受荷载后将产生水平推力,为了保持结构的稳定性,必须设置坚固的拱脚支座来抵抗水平推力。

沈阳奥体中心体育场(图 4.2)南北看台顶部设置了一对平行投影为梭形的跨度为 360 m 的钢拱结构,在东西两端采用平行弦桁架将南北网壳进行局部连接,屋顶钢结构总质量约 11 000 t,总建筑面积达 140 000 m^2。

图 4.2　沈阳奥体中心体育场

4.1.2　空间结构体系

空间结构是指结构的形体呈三维空间状,在荷载作用下具有三维受力特性并呈立体工作状态的结构。空间结构不仅仅依赖材料的性能,更多的是依赖自己合理的形体,充分利用不同材料的特性,以适应不同建筑造型和功能的需要,跨越更大的空间。

空间结构体系能充分利用其合理的受力形态,发挥材料的性能优势,所有构件(杆件)都是整体结构的一部分,按照空间几何特性承受荷载,并没有平面结构体系中构件间的"主次"关系,因而在均布荷载作用下结构内力呈较均匀的连续变化,在集中荷载作用下结构内力也能较快地分散传递开来,结构内力大部分为面力或构件轴力的形式,从而发挥了材料的特性,减轻了结构自重。

空间结构发展迅速,各种新型结构不断涌现,而它们的组合杂交更是花样翻新。但按刚性差异、受力特点以及其组成,空间结构可分为刚性空间结构、柔性空间结构和杂交空间结构三类。

1)刚性空间结构

刚性空间结构是指刚性构件构成的具有很大刚度的空间结构体系,主要有薄壳结构和空间网格结构。

(1)薄壳结构

薄壳结构是用混凝土等刚性材料以各种曲面形式构成的薄板结构,呈空间受力状态,主要承受弯曲向内的轴内力,而弯矩和扭矩很小,因此混凝土强度能被充分利用。由于是空间结构,强度和刚度都非常好。薄壳厚度仅为其跨度的几百分之一,而一般的平板结构厚度至少是其跨度的几十分之一。薄壳结构具有自重轻、材料省、跨度大、外形多样的优点,可用来覆盖各种平面形状的建筑物屋顶。但大多数薄壳结构的形体较复杂,多采用现浇施工,费工、费时、费模板,且结构计算较复杂,不宜承受集中荷载,因而目前应用较少。

澳大利亚悉尼歌剧院(图 4.3)采用的贝壳形尖屋顶,是由 2 194 块(每块重 15.3 t)弯曲形混凝土预制件用钢缆拉紧拼成的,其外表覆盖着 105 万块白色或奶油色的瓷砖。

图4.3 悉尼歌剧院

（2）空间网格结构

空间网格结构一般是由钢杆件按一定规律布置,杆件通过节点连接而成的网格状高次超静定空间杆系结构。空间网格结构根据其外形分为三大类:第一类称为网架,其外形呈平板状;第二类称为网壳,其外形呈曲面状;第三类称为立体桁架,介于前两者之间。

①网架结构。网架结构是由许多杆件按照一定规律布置,通过节点连接而成的外形呈平板状的一种空间杆系结构。网架结构的荷载作用于网架各节点上,杆件主要承受轴力,受力性能好,截面尺寸相对较小,一般可比桁架结构省料30%;网架结构各杆件互为支撑,形成多向受力的空间结构,故其整体性强、稳定性好、空间刚度大;网架结构的杆件规格统一,便于工厂化生产和工地安装;网架结构一般是高次超静定结构,具有较高的安全储备,能较好地承受集中荷载、动力荷载和非对称荷载,抗震性能良好;网架结构能够适应不同跨度、不同支承条件、不同建筑平面的要求。网架结构是我国空间结构中发展最广的结构形式。

1996年建成的首都机场四机位库(图4.4)为3层斜放四角锥网架,螺栓球节点,平面尺寸为90 m×(153+153)m,开口边和中轴线为4层立体桁架,是我国最大跨度的机库,可同时容纳4架波音747-400型飞机的维修。

图4.4 首都机场四机位库

②网壳结构。网壳结构是由许多杆件按照一定规律布置,通过节点连接而成的外形呈曲面状的一种空间杆系结构。它兼有网架结构和薄壳结构的特点,因此在大跨度的情况下,网壳

结构一般要比网架结构节约钢材。网壳结构按弦杆层数可分为单层网壳和双层网壳;按曲面形状可分为球面网壳、柱面网壳、双曲抛物面网壳、扭网壳等,而每一种网壳根据网格划分又可形成各种不同形式的网壳。

网壳结构的主要优点是覆盖跨度大,整体刚度好,结构受力合理,有良好的抗震性能,材料耗量低;曲面多样化,可以采用多种典型曲面(如圆柱面、球面、抛物面等)和非典型曲面(如扭壳及组合曲面等),造型各异、形态优美。

1996 年建成的日本名古屋穹顶(图 4.5)是目前世界上跨度最大的单层网壳,采用直径为187.2 m 的三向网格形网壳屋盖支承在框架柱顶。

上海世博会阳光谷(图 4.6)高 41.5 m,采用下小上大的漏斗形悬挑式单层网壳结构,顶部最大直径为 90 m,底部最大直径为 20 m。

图 4.5　日本名古屋穹顶　　　　　　　　图 4.6　上海世博会阳光谷

③立体桁架结构。立体桁架结构是用钢管通过焊接而成的一种空间结构。立体桁架结构是在网架、网壳结构的基础上发展起来的。与网架、网壳结构相比,立体桁架结构具有独特的优越性和实用性。该结构省去一些纵向弦杆和球节点,并具有简明的结构传力方式,可满足各种建筑形式的要求,尤其是构筑圆拱和任意曲线形状更有优势;桁架自身刚度大,施工方便;钢管截面各向等强度,回转半径大,对受压、受扭均有利;钢管端部封闭后,内部不易锈蚀,表面也不易积灰尘和水,具有较好的防腐蚀性能。目前,国内外比较流行一种波浪形曲面、树状支承,以及直接交汇的相贯节点的立体桁架体系。

图 4.7　武昌火车站雨棚

武昌火车站无站台柱雨棚建筑面积约66 000 m²,横向宽 122.95 m,纵向长 486 m,如图 4.7 所示。主体采用钢管(Q345B)桁架结构,主桁架梁采用空间倒三角形管桁架结构,纵向设置空间三角形管桁架次梁以及若干道刚性系杆以保证结构稳定,在主次桁架梁之间增设了若干平面桁架梁。

2）柔性空间结构

柔性空间结构是指由柔性构件（如钢索、薄膜等）构成，通过施加预应力而形成的具有一定刚度的空间结构，包括悬索结构、薄膜结构和张拉整体结构等。结构的形体由体系内部的预应力来决定。

（1）悬索结构

悬索结构是由悬挂在支承结构上的一系列受拉高强索按一定规律组成的空间受力结构。高强索通常为高强度钢丝组成的钢绞线、钢丝绳或钢丝束，也可采用圆钢筋或带状的薄钢板。悬索结构通过索的轴向拉伸来抵抗外荷载的作用，可以最充分地利用钢材的抗拉强度，大大减轻结构自重（屋面自重约为 30 kg/m²），因而跨度较大，同时安装和起吊方便，不需要大型起重设备。悬索结构具有悬索桥的特征，与一般传统建筑迥异，其建筑造型给人以新鲜感，且形式多样，可适于方形、矩形、椭圆形等不同的平面形式。悬索的下部支承结构一般是受压构件，常采用柱结构，因而需要耗费较多的材料。

悬索结构分为单层悬索结构、双层悬索结构和索网结构。

北京朝阳体育馆主馆（图4.8）的建筑面积为 7 888 m²，平面呈椭圆形，长径为 96 m，短径为 66 m，屋面是索拱-索网结构，中央索拱体系由两个钢拱和两条悬索组成。索和拱的轴线均为平面抛物线，分别布置在相互对称的 4 个斜平面内，通过水平和竖向杆两两相连，构成桥梁式的立体体系。

图4.8 北京朝阳体育馆主馆

（2）薄膜结构

薄膜结构是以性能优良的柔软织物为材料，由膜内空气压力支撑膜面，或利用柔性钢索或刚性支撑结构使膜产生一定的预张力，从而形成具有一定刚度、能够覆盖大空间的结构体系，主要受力构件为双向受拉的膜。薄膜既承受膜面的内力，作为结构的一部分，又可防雨、挡风，起围护作用，同时还可采光，节省能源。膜材本身的受弯刚度几乎为零，但通过不同的支撑体系使薄膜承受张力，形成具有一定刚度的稳定曲面，这就使得薄膜结构成为一种建筑与结构有机结合的新型大跨度建筑。

常用膜材为聚酯纤维覆聚氯乙烯（PVC）和玻璃纤维覆聚四氟乙烯（PTFE，又称 Teflon）。

薄膜结构按预张拉应力的形成方式分为充气膜结构和张拉膜结构。

充气膜结构是以空气作为受压结构，使膜产生张力而承受外荷载，包括气承式和气肋式两种。气承式充气膜结构是在薄膜覆盖的空间内充气，利用内外空气压力差来稳定薄膜以承受外荷载；气肋式充气膜结构是在一定直径的薄膜管内充气，使充气管形成构架来承受荷载。由于已建充气膜结构遇到过膜面局部下瘪甚至坍塌的问题，加上运行和维护成本高，目前充气膜结构已很少应用。

张拉膜结构是利用钢索或刚性支撑结构向膜内预施加张力，前者为悬挂膜结构，后者为骨架支承膜结构。

薄膜材料具有优良的力学性能,膜材只承受沿膜面的张力,因而可充分发挥材料的受拉性能,同时膜材厚度小、质量轻,一般厚度在 $0.5 \sim 0.8$ mm,自重为 $0.005 \sim 0.02$ N/m²。采用拉力薄膜结构和充气膜结构的屋面,其自重为 $0.02 \sim 0.15$ kN/m²,仅为传统大跨度屋面自重的 $1/30 \sim 1/10$,是跨度质量比最大的一种结构。

薄膜结构还是一种理想的抗震建筑物,具有良好的变形性能,易于耗散地震能量。另外,薄膜结构制作方便、施工速度快、造价经济。

国家游泳中心(又称"水立方",图4.9)是目前世界上最大的膜结构工程,除了地面之外,外表都采用了膜结构。膜材采用乙烯-四氟乙烯共聚物(ETFE),该材料具有质量轻、韧性好、耐候性好、透光性好的特点,每天平均有近10个小时的自然光照明,可大大节省能源。

(3)张拉整体结构

张拉整体结构是由一组互相独立的受压钢杆与一套连续的预应力受拉索相互联系,不依赖任何外力的作用,受拉索与受压构件自应力、自平衡,实现自支承的结构体系。通过对柔性的索或膜施加预张力以后形成的张力结构具有非线性特征,其主要受力构件是单向受拉的索或双向受拉的膜。张拉整体结构中尽可能地减少受压状态而使结构处于连续的张拉状态。它的几何形状和刚度与体系内部的预应力大小有关。张拉整体结构具有构造合理、自重小、跨越空间能力强的特点,在实际工程中展示了强大的生命力和广阔的应用前景。

美国亚特兰大市佐治亚体育馆(图4.10)(现已爆破拆除)240 m × 192 m 的椭圆形索穹顶结构,就是基于张拉整体结构思想开发的。

图4.9 国家游泳中心

图4.10 佐治亚体育馆

3)杂交空间结构

杂交空间结构是将几种不同类型的结构体系组合成为一种新的结构体系,它能进一步发挥不同类型结构的优点,克服缺点,丰富建筑造型,改善总体力学性能,可以更经济、更合理地跨越较大空间。这种组合不是两个或多个单一类型空间结构的简单拼凑,而是充分利用一种类型结构的长处来抵消另一种与之组合的结构的短处,使得每一种单一类型的空间结构及其材料均能发挥最大的潜力。因此,杂交空间结构越来越受到人们的关注。

杂交空间结构体系按照其组合方式的不同可以分为三类:第一类为刚性结构体系之间的组合,如组合网架、组合网壳、拱支网壳等;第二类为柔性结构体系与刚性结构体系的组合,属于半刚性结构,这种又可分为斜拉结构、拉索预应力结构、张弦结构、支承膜结构等;第三类为柔性结构体系之间的组合,如柔性拉索与索网的杂交,柔性拉索与膜材之间组合形成索-膜组合结构。由于膜材的日益增多,索-膜组合结构近年来发展较快,结构的主要受力构件为高强度受拉钢索和轻质的受拉膜材,通过施加预应力,合理地改变构件的受力分布,提高结构整体抵抗外部效应的性能,充分发挥材料的潜力,容易跨越较大的跨度,具有良好的经济性。

4.2　网架结构设计

4.2.1　网架结构的形式与选型

1)网架结构的不变性分析

网架结构为空间铰接杆系结构,在外力作用下必须是几何不变体系,故必须进行结构的几何构造分析。从网架结构的组成规律来看,分为两类:一是结构本身就是一个几何不变的"自约结构体系";二是依靠支座的约束作用才能保持几何不变的"他约结构体系"。

(1)网架结构不变的必要条件

一个刚体在空间的自由度为6,一个空间简单铰的自由度为3,其几何不变的必要条件是:

$$W = 3J - m - r \leqslant 0 \tag{4.1}$$

式中　M——体系的计算自由度;

　　　J——网架的节点数;

　　　m——网架的杆件数;

　　　r——支座约束链杆数,$r \geqslant 6$。

当 $W > 0$ 时,网架为几何可变体系;

当 $W = 0$ 时,网架无多余杆件,如杆件布置合理,为静定结构;

当 $W < 0$ 时,网架有多余杆件,如杆件布置合理,为超静定结构。

(2)网架结构不变的充分条件

分析网架结构几何不变的充分条件时,应先对组成网架的基本单元进行分析,进而对网架的整体作出评价。

三角锥(图 4.11)是组成空间几何不变体系的最小单元,以此为基础,通过 3 根不共面的杆件交出一个新节点构成的网架也为几何不变体系。另外,当网架杆系组成的形体是由三角形界面组成的多面体(凸多面体)时,它也是几何不变的。由此可使分析网架几何不变问题变成平面问题。例如,四角锥体系网架的上弦平面为四链杆机构,缺少保持几何不变性的链杆,而下部的角锥部分则有多余链杆。

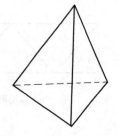

图 4.11　组成网架结构的几何不变基本单元

如图 4.12(a),(c),(e)为几何可变的单元体,可通过加设杆件[图 4.12(b),(f)]或适当加设支承链杆[4.12(d),(g)]使其变为几何不变体系。

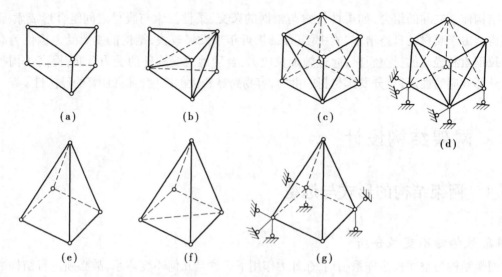

图 4.12 单元体由几何可变体系转化为几何不变体系

由于网架结构的杆件、节点数目众多,一般无须对其进行充要条件的验证,而是通过对结构的总刚度矩阵[***K***]进行检查来实现。此总刚度矩阵应包括边界约束条件,如在对角元素中出现零元素,则与它相应节点为几何可变;或其行列式|***K***| =0,说明该矩阵为奇异矩阵,即体系几何可变。

2)网架结构的形式

(1)按结构组成分类

①双层网架结构[图4.13(a)]。双层网架结构由上弦杆、下弦杆及弦杆之间的腹杆组成,是最常用的网架形式。

②三层网架结构[图4.13(b)]。三层网架结构由上弦杆、下弦杆、中弦杆及弦杆之间的腹杆组成,其特点是通过增加网架高度减小弦杆内力、网格尺寸和腹板长度。因此,当用于大跨度网架时可降低用钢量。

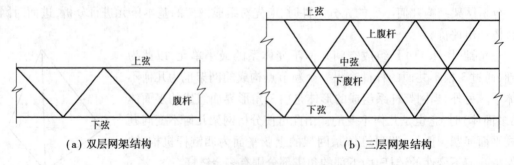

(a)双层网架结构   (b)三层网架结构

图 4.13 网架结构组成分类

③组合网架结构。对跨度不大于 40 m 的多层建筑的楼盖及跨度不大于 60 m 的屋面,可用钢筋混凝土板代替网架结构的上弦杆,从而形成由钢筋混凝土板和钢腹杆、钢下弦杆组成的组合网架结构。组合网架结构的刚度大,适宜于建造荷载较大的大跨度结构。

（2）按支承方式分类

①周边支承网架（图4.14）。网架四周边界上的全部或部分节点均设置支座，支座节点可支承在柱顶，也可支承在连系梁上，网架受力类似于四边支承板，此时网架受力均匀、传力直接，是目前最常用的支承形式。

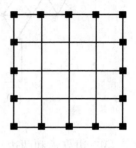

图4.14　周边支承

当支座支承在周边柱子上时，柱距通常取一个或两个网格宽度，网格尺寸一般较大，适用于中大跨度网架；当支座支承在周边圈梁上时，支座间距不受柱距限制，网格划分灵活，适用于中小跨度网架。

为了减小弯矩，可将周边支座缩进部分网格，网格外部形成部分悬挑，这种布置和点支承接近。

②点支承网架。网架的支座支承在 4 个或多个支承柱上，前者称为四点支承[图4.15(a)]，后者称为多点支承[图4.15(b)]。点支承的网架与无梁楼盖受力有相似之处，应尽可能设计成带有一定长度的悬挑网格，这样可使跨中正弯矩和挠度减小，并使整个网架的内力趋于均匀。计算表明，对单跨多点支承网架，其悬挑长度宜取中间跨度的1/3[图4.15(a)]；对多点支承的连续跨网架，其悬挑长度取其中间跨度的1/4较为合理[图4.15(b)]。在实际工程中，还应根据具体情况综合考虑确定。点支承主要适用于体育馆、展览厅等大跨度公共建筑，也适用于大柱距工业厂房。

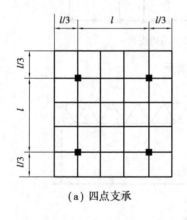

（a）四点支承

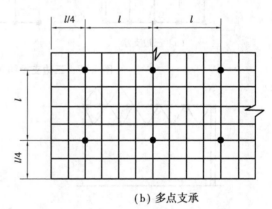

（b）多点支承

图4.15　点支承

点支承网架与柱子相连宜设柱帽以减小冲剪作用。常用的柱帽形式有以下 3 种：

a.柱帽设置在网架下弦平面之下形成一个倒锥形支座，如图4.16(a)所示。这种柱帽能很快将柱顶反力扩散，由于加设柱帽将占据部分室内空间。

b.柱帽设置在网架上弦平面之上形成局部加高网格区域，如图4.16(b)所示。其优点是不占室内空间，柱帽上凸部分可兼作采光天窗，柱帽中还可布置灯光或音响设备。这种柱帽一般在大跨度公共建筑或大柱距工业厂房中应用。

c.柱帽布置在网架内，将上弦节点直接搁置于柱顶，使柱帽呈伞形，如图4.16(c)所示。其优点是不占室内空间，屋面处理较简单。这种柱帽承载力较低，适用于轻屋面或中小跨度网架。

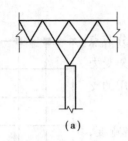 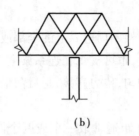 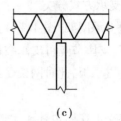

（a） （b） （c）

图 4.16 点支承网架柱帽

③三边支承和两边支承网架。在矩形建筑平面中,如飞机库、影剧院、工业厂房等,由于考虑扩建或因工艺及建筑功能的要求,在网架的一边或两边不允许设置柱子时,则需将网架设计成三边支承一边自由[图 4.17(a)]或两边支承两边自由的形式[图 4.17(b)]。

自由边的存在对网架内力分布和挠度都不利,故应对自由边进行适当处理,以改善网架的受力状态。一般可在自由边附近增加网架层数[图 4.18(a)],或在自由边加设托架[图 4.18(b)]或托梁。对中小型网架,也可采用增加网架高度或局部加大杆件截面的方法予以加强。

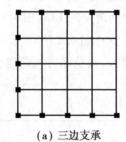

（a） 三边支承 （b） 两边支承

图 4.17 三边支承和两边支承

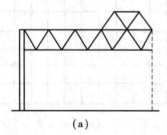 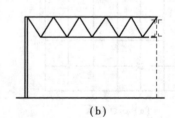

（a） （b）

图 4.18 开口边的处理

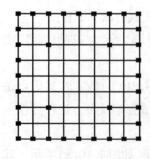

图 4.19 混合支承

④混合支承网架(图 4.19)。周边支承与点支承相结合的网架是在周边支承的基础上,在建筑物内部增设中间支承点,这样可以有效地减少网架杆件的内力峰值和挠度。这种支承的网架适用于大柱距工业厂房、仓库、展览馆等建筑。

（3）按网格形式分类

常用双层网架结构大致可分为交叉桁架体系、四角锥体系和三角锥体系三类。其表示图例如图 4.20 所示。

①交叉桁架体系网架。这类网架由平面桁架相互交叉组成,在各向平面桁架的交点处(节点处)有一根共用的竖杆。一般把斜腹

杆设计成拉杆,竖杆设计成压杆。其上、下弦杆长度相等,杆件类型少,且上、下弦杆和腹杆在同一平面内。斜腹杆与弦杆间的夹角宜为 40°~60°。

a. 两向正交正放网架。两向正交正放网架由两组分别互成正交的平面桁架组成(图 4.21),矩形建筑平面中,弦杆与边界平行或垂直。两个方向网格数宜布置成偶数,如为奇数,桁架中部节间应做成交叉腹杆。这类网架上、下弦的网格尺寸相同,节点构造简单,同一方向的各平面桁架长度一致,制作、安装较为简便。因其弦杆构成的四边形网格为几何可变体系,应适当设置上弦或下弦水平支撑,使网架能有效地传递水平荷载。对周边支承网架,宜在支承平面(与支承相连弦杆组成的平面)设置水平斜支撑,斜支撑可以沿周边设置;对点支承网架,应沿网架周边网格设置封闭的水平支撑。

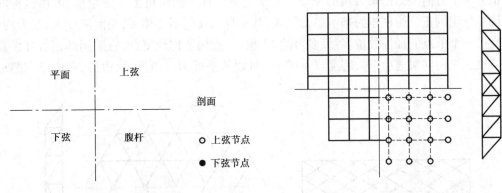

图 4.20　图例　　　　　　　　图 4.21　两向正交正放网架

两向正交正放网架的受力性能类似于两向交叉梁。对周边支承,正方形平面或接近正方形平面的网架,其受力状况类似双向板,两个方向的杆件内力差别不大,受力较均匀。随边长比加大,单向传力特征渐趋明显,即短向传力作用明显增大。对点支承网架,支承附近的杆件及主桁架跨中弦杆内力较大,其他部位杆件内力较小,在周边设置悬挑可取得较好的经济效果。两向正交正放网架适用于建筑平面为正方形或接近正方形且跨度较小的情况。

b. 两向正交斜放网架。两向正交斜放网架由两组与矩形建筑平面边界成 45°角的平面桁架正交而成,也可理解为两向正交正放网架在建筑平面内转动 45°角(图 4.22)。当有可靠边界时,体系是几何不变的,无须另加支承杆件。

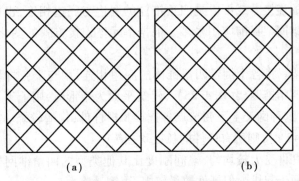

(a)　　　　　　　　　(b)

图 4.22　两向正交斜放网架

网架中各榀桁架长度不同,靠近角部的短桁架刚度较大,对与其垂直的长桁架起弹性支承作用,可使长桁架中部的正弯矩减小,同时在长桁架的两端产生负弯矩。长桁架可通过角支点

［图 4.22(a)］或避开角支点［图 4.22(b)］,前者将使 4 个角部支座产生较大拉力,后者角部拉力可由两个支座分担。其 4 个角支座,由于负弯矩会引起较大的拉力,故设计时需要考虑采用拉力支座。网架周边支承时,比正交正放网架空间刚度大、受力均匀、用钢省,跨度大时其优越性更显著。这类网架适用于建筑平面为矩形的情况。

c. 两向斜交斜放网架。两向斜交斜放网架由两组平面桁架斜向相交而成,弦杆与边界成一定角度,一般为 30°~60°(图 4.23)。它适用于两个方向网格尺寸不同而弦杆长度相等的情况,可用于梯形或扇形建筑平面。因为两桁架斜交,节点处理和施工均较为复杂,受力性能不佳,所以只有在建筑上有特殊要求时才考虑选用。

d. 三向网架。三向网架由三组互成 60°角的平面桁架相交而成(图 4.24),网架节点处均有一根为 3 个方向平面桁架共用的竖杆。网架上下弦杆平面网格呈正三角形,因而这种网架是由许多稳定的正三棱柱体为基本单元组成,其本身为几何不变体系,空间刚度大、受力均匀。但汇交于一个节点的杆件数量多,最多可达 13 根,节点构造比较复杂,宜采用圆钢管杆件及空心球节点。三向网架适用于大跨度($L > 60$ m)且建筑平面为三角形、六边形、多边形和圆形的情况。

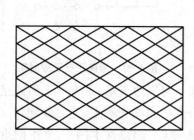

图 4.23　两向斜交斜放网架

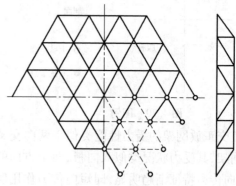

图 4.24　三向网架

②四角锥体系网架。这类网架由倒置四角锥按一定规律组成,倒置四角锥体的底边为上弦杆,锥棱为腹杆,锥顶间的连杆为下弦杆,其上下弦均呈正方形(或接近正方形的矩形)网格,并相互错开半格,使下弦节点均在上弦网格形心的投影线上,与上弦网格的 4 个节点用斜腹杆相连。

各独立四角锥体的连接方式可以是四角锥体的底边与底边相连,也可以是四角锥体底边的角与角相连。四角锥网架目前应用最多。根据单元体连接方式的变化,四角锥体系网架有以下 5 种形式:

a. 正放四角锥网架。将各个倒置四角锥体的底边相连,用与上弦杆平行的杆件将各锥顶连接起来即形成正放四角锥网架(图 4.25),建筑平面为矩形时,则上下弦杆与边界平行或垂直,且没有垂直腹杆。这种网架上下弦节点各连接 8 根杆件,构造较统一,各弦杆等长,当腹杆与上下弦平面夹角成 45°时,则所有杆件的长度均相等。

正放四角锥网架杆件受力较均匀,空间刚度比其他类型的四角锥网架及两向网架好。同时,屋面板规格单一,便于起拱。但杆件数量较多,用钢量略大。

正放四角锥网架适用于建筑平面接近正方形的周边支承情况,也适用于屋面荷载较大、大柱距、点支承及设有悬挂吊车工业厂房的情况。

b.正放抽空四角锥网架。这种网架是在正放四角锥网架的基础上,除周边网格锥体不动外,相间地抽掉一些四角锥单元中的腹杆和下弦杆,使下弦网格尺寸扩大 1 倍,也可看作是两向正交正放立体桁架组成的网架(图 4.26)。其杆件数目较少、构造简单,经济效果较好。但下弦杆内力增大且均匀性较差,刚度有所下降。在抽空部位可设置采光或通风天窗。由于周边网格不宜抽杆,两个方向网格数宜取奇数。

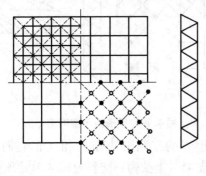
图 4.25　正放四角锥网架

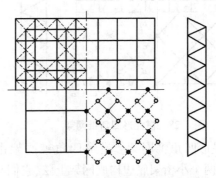
图 4.26　正放抽空四角锥网架

正放抽空四角锥网架适用于中小跨度或屋面荷载较轻的周边支承、点支承以及周边支承相与点支承相结合的网架。

c.斜放四角锥网架。将各个倒置四角锥体底面的角与角相连,上弦杆与边界成 45°角,下弦杆正交正放,腹杆与下弦杆在同一垂直平面内即形成斜放四角锥网架(图 4.27)。这种网架的上弦杆长度为下弦杆的 $\sqrt{2}/2$ 倍,当网架高度为下弦杆长度的一半即腹杆与上、下弦平面夹角成 45°时,上弦杆与斜腹杆等长。网架节点处汇交的杆件较少(上弦节点 6 根,下弦节点 8 根),用钢量较省。

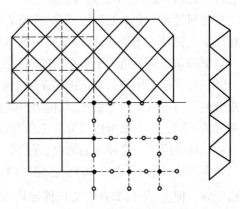
图 4.27　斜放四角锥网架

在周边支承的情况下,一般为上弦杆短而受压,下弦杆长且受拉,受力合理。当平面长宽比为 1 ~ 2.25 时,长跨跨中的下弦内力大于短跨跨中的下弦内力;当平面长宽比大于 2.25 时,则相反。

周边支承时,当周边无刚性联系杆时,会出现四角锥体绕竖轴旋转的不稳定情况,因此必须在网架周边布置刚性边梁;当为点支承时,可在周边布置封闭的边桁架,以保证网架的几何不变。

斜放四角锥网架适用于中小跨度周边支承,或周边支承与点支承相结合的矩形平面情况,是国内工程中应用相当多的一种网架。

d.棋盘形四角锥网架。这种网架是在正放四角锥网架的基础上,除周边四角锥不变,中间四角锥间隔抽空,上弦杆呈正交正放,下弦杆呈正交斜放,与边界成 45°角而成。也可看作是在斜放四角锥网架的基础上,将整个网架水平转动 45°,并加设平行于边界的周边下弦而成(图 4.28)。这种网架具有斜放四角锥网架的全部优点,且空间刚度比斜放四角锥网架好,屋面构造简单。

棋盘形四角锥网架适用于中小跨度周边支承的方形或接近方形平面的网架。

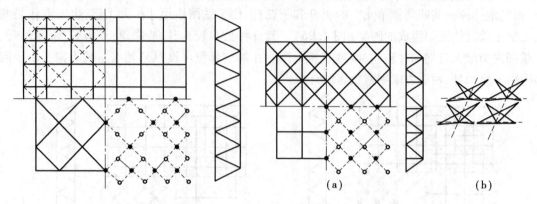

图 4.28　棋盘形四角锥网架　　　　图 4.29　星形四角锥网架

e.星形四角锥网架。星形四角锥网架由两个倒置的三角形小桁架相互正交而成(图4.29)。两个小桁架底边构成网架上弦,它们与边界成45°,上弦为正交斜放。各单元顶点相连即为下弦杆,下弦为正交正放。在两个小桁架交汇处设有竖杆,形状像一星体,斜腹杆与上弦杆在同一竖向平面内。当网架高度等于上弦杆长度即腹杆与上、下平面夹角成45°时,上弦杆与竖杆等长,斜腹杆与下弦杆等长。

这种网架也具有上弦杆短、下弦杆长的特点,杆件受力合理,刚度稍差于正放四角锥网架。但在角部上弦杆可能受拉,该处支座可能出现拉力。

星形四角锥网架适用于中小跨度周边支承的方形或接近方形平面的网架。

③三角锥体系网架。三角锥体系网架由倒置的三角锥体底面的角与角相连形成。锥底正三角形的三边为网架的上弦杆,其棱为网架的腹杆,锥顶间的连杆为下弦杆。随着三角锥单元体布置的不同,上、下弦网格可为正三角形或六边形,从而形成不同的三角锥网架。

a.三角锥网架。这种网架的上、下弦平面均为三角形网格,下弦三角形网格的顶点对着上弦三角形网格的形心(图4.30)。三角锥网架杆件受力均匀,本身为几何不变体,整体抗扭、抗弯刚度好。但上、下弦节点汇交杆件数均为 9 根,构造较复杂,如网架高度为网格尺寸的$\sqrt{2/3}$时,所有杆件等长。

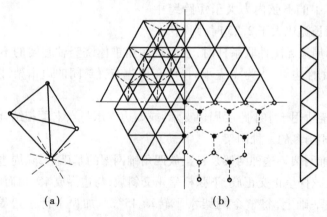

(a)　　　　　　　(b)

图 4.30　三角锥网架

三角锥网架一般适用于大中跨度及重屋面建筑物,当建筑平面为三角形、六边形和圆形时最为适宜。

b.抽空三角锥网架。这种网架是在三角锥网架的基础上,有规律地抽去部分三角锥单元的腹杆和下弦杆而成。这种网架上弦网格为三角形,有两种抽空方式:沿网架周边一圈的网格不抽,网架内部从第二圈开始沿 3 个方向间隔抽锥,下弦就由三角形和六边形网格组成[图4.31(a),称为 I 型],其上弦节点汇交9或8根杆件,下弦节点汇交7根杆件;从周边网格就开始抽锥,沿 3 个方向间隔两个抽锥 1 个,则下弦全为六边形网格[图4.31(b),称为 II 型],对应上下弦节点分别汇交 8 根和 6 根杆件。抽空后的上弦网格较密,便于铺设屋面板;下弦网格较稀,可以节约钢材。

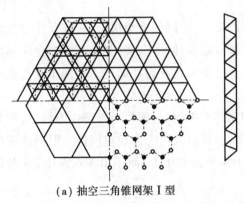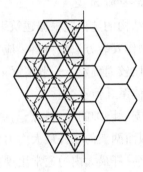

(a) 抽空三角锥网架 I 型　　　　　(b) 抽空三角锥网架 II 型

图 4.31　抽空三角锥网架图

抽空三角锥网架其下弦抽空较多,空间刚度较三角锥网架小,相邻下弦杆内力的差别也较大。它适用于中小跨度的三角形、六边形和圆形等平面的建筑。

c.蜂窝形三角锥网架。这种网架三角锥排列时,形成上弦为正三角形和正六边形网格,下弦为正六边形网格(图4.32),腹杆与下弦杆在同一垂直平面内,网架本身几何可变,借助于支座水平约束来保证其几何不变。其上弦杆短、下弦杆长,受力合理。每个节点只汇交 6 根杆件,是常用网架中杆件数和节点数最少的一种,但上弦平面的六边形网格增加了屋面板布置与屋面找坡的困难。

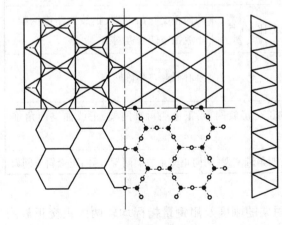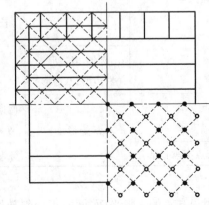

图 4.32　蜂窝形三角锥网架　　　　**图 4.33　单向折线形网架**

蜂窝形三角锥网架适用于中小跨度周边支承的情况,可用于六边形、圆形或矩形平面的建筑。

④单向折线形网架。单向折线形网架是在正放四角锥网架的基础上,除周边一圈四角锥不变,取消中间所有纵向上、下弦杆而形成,也可看作由一系列平面桁架斜交成V形而形成(图4.33)。这种网架只有沿跨度方向的上、下弦杆,因此呈单向受力状态,但它比单纯的平面桁架刚度大,不需要布置支撑体系,所有杆件均为受力杆件,截面由计算确定。单向折线形网架适用于狭长矩形平面周边支承的建筑。它的内力分析较简单,无论多长的网架沿长度方向仅需计算5~7个节间。

3)网架结构的选型

网架结构的选型应根据建筑平面形状和跨度大小、网架支承情况、荷载条件、屋面构造、建筑设计、制作安装方法及材料供应等因素,遵循经济合理、安全实用的原则,结合实际情况进行综合分析比较而确定。一般情况下应选择几个方案经优化设计确定。杆件布置及支承设置应保证结构体系几何不变。

周边支承网架的受力特点与周边简支的实体平板类似,即弯矩以跨中为最大,剪力以周边为最大,因而网架的弦杆最大内力出现在跨中,腹杆最大内力出现在周边。但斜放四角锥网架例外,其上弦杆最大内力通常出现在网架的1/4平面的中部,而不出现在跨中,这点完全不同于实体平板,设计时应引起注意。

在给定支承方式的情况下,对于一定平面形状和尺寸的网架,从用钢量指标或结构造价最优的条件出发,表4.1列出了各类网架较为合适的应用范围,可供选型时参考。

表4.1 常用网架选型表

支承方式	平面形状		选用网架
周边支承	矩形	长宽比≈1	斜放四角锥网架、两向正交斜放网架、正放四角锥网架、两向正交正放网架
		长宽比1~1.5	两向正交斜放网架、正放抽空四角锥网架
		长宽比>1.5	两向正交正放网架、正放四角锥网架、正放抽空四角锥网架
	圆形 多边形 (六边形、八边形)		三向网架、三角锥网架
四点支承 多点支承	矩形		两向正交正放网架、正放四角锥网架、正放抽空四角锥网架
周边支承与点支承相结合			斜放四角锥网架、两向正交正放类网架、两向正交斜放网架

对于周边支承的矩形平面,两向正交斜放网架的刚度及用钢量指标均较两向正交正放网架为好,特别是在跨度增大时,其优越性更为明显。但是当为狭长矩形平面时,斜放类型网架

的传力路线要比正放类型长,从而削弱了其空间作用,此时宜尽量选用正放四角锥、两向正交正放和正放抽空四角锥等正交正放类型的网架。

对于四点支承或多点支承的矩形平面,选用正交正放类型的网架,传力简捷,可以取得较好的技术经济效果。

从用钢量来看,当平面接近正方形时,斜放四角锥网架最经济,其次是正放四角锥网架和两向正交系网架(正放或斜放),三向网架最不经济。但当跨度及荷载都较大时,三向网架就显得经济合理一些,而且刚度也较大。当平面为矩形时,则以两向正交斜放网架和斜放四角锥网架较为经济。

从网架制作和施工来看,交叉平面桁架体系较角锥体系简便,两向比三向简便。但对安装来说,特别是采用分条或分块吊装的施工方法时,选用正放类网架比斜放类网架有利。

对于周边支承的圆形、多边形(正六边形、正八边形)平面,选用三向网架、三角锥网架及抽空三角锥网架比较恰当。这是因为这些网架都具有正三角形或正六边形的网格,它们可以满布于正六边形的平面内,从而使网格规整,杆件类型减少。对于圆形平面,也只是在内接正六边形以外的弧段内有些非规整网格。由于三角锥网架的整体刚度及外观效果好,成为目前采用较多的一种网架形式。

从屋面构造情况来看,正放类型的网架屋面板规格整齐单一,而斜放类型的网架屋面板规格却有两三种。斜放四角锥的上弦网格较小,屋面板的规格也小;正放四角锥的上弦网格相对较大,屋面板的规格也大。

从节点构造要求来看,焊接空心球节点可以适用于各类网架;焊接钢板节点则以选用两向正交类的网架为宜;至于螺栓球节点,则要求网架相邻杆件的内力不要相差太大。

对于大跨度建筑,尤其是当跨度接近百米时,实际工程的经验证明,三角锥网架和三向网架其耗钢量反而比其他网架省。因此,对于这样大跨度的屋面,三角锥网架和三向网架是比较适宜的选型。

可见,在网架结构选型时,必须综合考虑上述情况,合理地确定网架的形式。

4.2.2　网架结构的尺寸确定与整体构造

1)结构尺寸

网架结构形式确定后,就要确定网架的网格尺寸(指上弦网格尺寸)、网架高度(网架厚度)及网架腹杆的布置。网格尺寸、网架高度、腹杆与上下弦杆所在平面的夹角等,应根据网格形式、网架跨度大小、荷载条件、屋面材料、支承情况、柱网尺寸、构造要求和建筑功能(如有无悬挂吊车)及施工条件等因素来确定。

衡量一个网架几何尺寸选择的优劣,其主要指标:一是网架内力分布是否均匀;二是网架的用钢量在同样跨度及荷载下是否为最省。一般设计网架时,建筑方案已定,即平面形状和平面尺寸已定,这样影响网架设计优劣的因素主要是网格尺寸的大小和网架高度两个指标。

(1)网格尺寸

网格尺寸的大小直接影响网架的经济性。确定网格尺寸时应考虑下列因素:

①屋面材料。当屋面采用无檩体系(钢筋混凝土板、钢丝网水泥板)时,网格尺寸一般为 2~4 m,并不宜超过 6 m。若网格尺寸过大,屋面板自重大,不仅增加了网架所承受的荷载,而且还加大了屋面板吊装的难度。当屋面采用有檩体系时,檩条长度不宜超过 6 m。网格尺寸应与上述屋面材料相适应。当网格尺寸大于 6 m 时,斜腹杆应再分,此时应注意保证杆件的稳定性。

②网格尺寸与网架高度成合适的比例关系。网格尺寸通常应使斜腹杆与弦杆的夹角为 40°~60°,且不宜小于 30°,这样不致发生节点构造困难。

③钢材规格。采用受力性能较好的钢管作网架杆件时,网格尺寸可以大些;采用角钢杆件或只有较小规格钢材时,网格尺寸应小些。

④通风管道的尺寸。网格尺寸应考虑通风管道等设备的设置。

对于矩形平面的网架,其上弦网格一般应设计成正方形。上弦网格尺寸与网架短向跨度(L_2)之间的关系可参照表4.2选用。

表 4.2　上弦网格尺寸

网架短向跨度 L_2	网格尺寸
< 30 m	$(1/12 \sim 1/6)L_2$
30 ~ 60 m	$(1/16 \sim 1/10)L_2$
> 60 m	$(1/20 \sim 1/12)L_2$

对于周边支承的各类网架,可按表4.3沿短跨方向的网格数确定网格数,进而确定网格尺寸。

表 4.3　周边支承网架的上弦网格数和跨高比

网架形式	钢筋混凝土屋面体系		钢檩条屋面体系	
	网格数	跨高比	网格数	跨高比
两向正交正放网架、正放四角锥网架、正放抽空四角锥网架	$(2 \sim 4) + 0.2L_2$	10 ~ 14	$(6 \sim 8) + 0.07L_2$	13 ~ 18
两向正交斜放网架、棋盘形四角锥网架、斜放四角锥网架、星形四角锥网架	$(6 \sim 8) + 0.08L_2$			

注:①L_2 为网架短向跨度,单位为 m;

②当跨度在 18 m 以下时,网格数可适当减少,但在短边方向跨度的网格数不宜小于 5。

(2) 网架高度

网架高度是影响网架刚度大小的主要因素,也直接影响上、下弦杆和腹杆的内力及用钢量,即网架的经济指标。网架高度越大,弦杆所受力就越小,弦杆用钢量减少,但此时腹杆长度较长,腹杆用钢量就增加;反之,网架高度越小,腹杆用钢量减少,弦杆用钢量增加。当网架高度适当时,总用钢量会最少。所以,选择网架高度时,主要是控制上、下弦杆内力的大小,同时要注意充分发挥腹杆的受力作用,尽量减少构造腹杆的数量。

确定网架高度时主要应考虑以下几个因素:

①与网架跨度的关系。对于周边支承的各类网架,可按表4.3跨高比确定网架高度;对于点支承网架结构,可按表4.3的值适当增大网架高度。

②建筑要求和刚度要求。当屋面荷载较大时,网架高度应大些,反之可小些。当网架中穿

行通风管道时,网架高度应满足此要求。当网架上设有悬挂的吊车或有吊重时,应满足悬挂吊车轨道对挠度的要求。但当跨度较大时,网架高度主要由刚度要求来决定。一般来说,跨度较大时,网架跨高比可选用得大些。

③网架的平面形状和支承条件。当平面形状为圆形、正方形或接近正方形的矩形时,网架高度可取小些。当矩形平面网架越狭长时,单向作用就越明显,此时网架高度应取大些。周边支承时,网架高度可取小些;点支承时,网架高度应取大些。

④节点构造形式。采用螺栓球节点时,网架高度可取大些,使上、下弦杆内力相对小些,以便统一杆件和螺栓球的规格;采用焊接空心球节点时,网架高度可取小些。

此外,当有起拱时,网架高度可取小些。

当网架的高度一定,只要变化网格数量,通过试算,就可选出合理的网格数量。若网格数量和网架高度两者同时变化,计算就比较复杂,必须经过多次试算才能得到满意的结果。

(3)网架腹杆的布置

网架的杆件布置,不论采用什么形式,主要是用最短的路线把荷载传递到边界上。对于压杆来说,这一点尤其重要。缩短压杆的传递路线,直接关系到网架是否经济的问题。

一旦网架的形式确定,腹杆的布置也基本确定。对于四角锥体系网架,腹杆的布置形式是固定的,在弦杆的竖向平面内,腹杆与弦杆的投影夹角以 45° 为宜;对于交叉梁系网架,一般竖腹杆与弦杆垂直,斜腹杆与弦杆交角取 40° ~60°,并应将斜腹杆布置成拉杆(图 4.34)。

对于大跨度网架,因网格尺寸较大,在上弦杆节点中间需设檩条,故可考虑采用再分式腹杆(图 4.35),以避免上弦杆局部受弯和减小上弦杆在平面内的长细比。

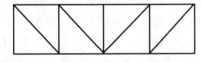
图 4.34　腹杆布置(一)

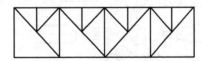
图 4.35　腹杆布置(二)

2)整体构造

(1)屋面材料及屋面构造

在网架结构设计中,应尽量采用轻质、高强,具有良好保温、隔热、防水性能的轻型屋面材料,以提高网架结构的经济性。

根据所选用屋面材料性能的不同,网架结构的屋面分为有檩体系屋面和无檩体系屋面。

①有檩体系屋面。当采用木板、加筋石棉水泥波形瓦、纤维水泥板等轻型屋面材料时,由于此类屋面材料的最大支点距离较小,故多采用有檩体系屋面构造。通常的做法是在屋面支托上设钢檩条(如槽钢、角钢、Z 型钢、冷弯槽钢、桁架式檩条等),其上铺设木板作为屋面结构层,上面再做柔性防水层和铝合金板保护层[图 4.36(a)]。当需要保温时,可在木板下面做隔热层。这种做法的屋面自重较轻,一般在 $1.0 \sim 1.3$ kN/m² ,但防火性能较差。

压型金属板是一种新型屋面材料,具有轻质高强、美观耐用、施工简便、抗震防火的特点,它的加工和安装已经达到标准化、工厂化、装配化,但价格较贵。压型钢板可直接铺设在钢檩条上[图 4.36(b)]。这种屋面的荷载标准值为 $1.0 \sim 1.8$ kN/m² 。

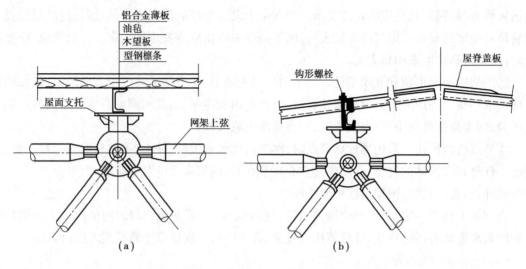

铝合金薄板
油毡
木望板
型钢檩条

屋面支托

网架上弦

钩形螺栓

屋脊盖板

(a)　　　　　　　　　　　　(b)

图 4.36　有檩体系的屋面构造

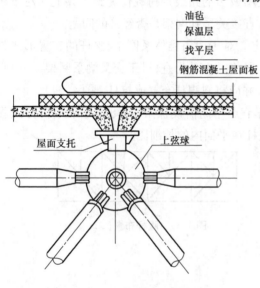

油毡
保温层
找平层
钢筋混凝土屋面板

屋面支托

上弦球

图 4.37　无檩体系的屋面构造

②无檩体系屋面。屋面板直接搁在网架上弦网格节点的支托上,应保证每块屋面板有三点与网架上弦节点的支托焊牢;再在屋面板上做找平层、保温层及二毡三油防水层,如图4.37所示。

常见的屋面板有带肋钢丝网水泥板、预应力混凝土屋面板、太空板和 GRC 板等。屋面板的尺寸通常与网架上弦网格尺寸相同。

无檩体系屋面的优点是施工、安装速度快,零配件少。但屋面自重大,这种屋面的永久荷载标准值一般为 1.5～2.5 kN/m² 。屋面自重大会导致网架用钢量增大,还会引起柱、基础等下部结构造价增加,对屋盖结构的抗震性能也有较大影响。

(2)网架的起拱和屋面排水

①网架的起拱。网架起拱有两个作用:一是减小网架在使用阶段的挠度;二是消除已建成网架对人们视觉或心理上造成的下垂感。网架起拱后,会使杆件、节点的种类大大增加,从而引起网架设计、制造和安装的麻烦,故一般网架可以不起拱。网架杆件内力变化一般不超过 5%～10% ,设计时可按不起拱几何尺寸进行计算。

网架起拱的方法,按线形分为折线形起拱和弧线形起拱两种;按方向分为单向和双向起拱两种。狭长平面的网架可单向起拱,接近正方形平面的网架应双向起拱。

②网架的屋面排水。为了排水,网架结构的屋面一般做成 1%～4% 坡度,多雨地区宜选用较大值。当屋面结构采用有檩体系时,还应考虑檩条挠度对泄水的影响。对于荷载、跨度较大的网架结构,还应考虑网架竖向挠度对排水的影响。屋面坡度的形成有以下几种:

a. 上弦节点上加小立柱[图 4.38(a)]。在网架上弦节点上加设不同高度的小立柱形成所需坡度。此法构造比较简单、灵活，只要改变小立柱的高度即可形成双坡、四坡或其他复杂的多坡排水条件，是目前采用较多的一种找坡方法。当网架跨度较大时，小立柱较高，应保证小柱自身的稳定性并布置支撑。

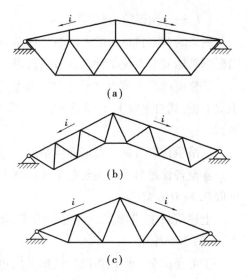

图 4.38　屋面排水方法

随着网架跨度增大，小立柱高度也增大，将屋面荷载集中在小立柱顶端。在地震作用下，靠细长小立柱与节点连接来传递水平力，不够合理。

b.整个网架起拱[图 4.38(b)]。整个网架起拱是使网架的上下弦杆保持平行，只将整个网架在跨中抬高，起拱高度应根据屋面排水坡度而定，一般用于大跨度网架。该法的抗震性能好。网架起拱后，杆件、节点的规格明显增多，使网架的设计、制造、安装复杂化。当起拱值小于网架短向跨度的 1/150 时，由起拱引起的杆件内力变化一般不超过 5% ~ 10%，因此仍可按不起拱的网架计算内力。

c.网架变高度[图 4.38(c)]。网架高度随屋面坡度变化通过增大网架跨中高度，使上弦杆形成所需坡度，下弦杆仍平行于地面。该法不但节省了小立柱，而且网架内力也趋于均匀。当网架跨度较大时，会造成受压腹杆太长，上弦杆、腹杆及节点种类增加，给网架制作带来困难。其优点是抗震性能好。

d.支承柱变高度。采用点支承方案的网架可用此法找坡。

(3)网架结构起拱值和容许挠度

当网架跨度较大时，可考虑起拱，起拱值可取不大于 $L_2/300$（L_2 为网架的短向跨度，下同）。

网架结构的容许挠度为：用作屋面，为 $L_2/250$（设有起重设备的屋面，为 $L_2/400$）；用作楼盖，为 $L_2/300$；用作悬挑结构，为悬挑跨度的 1/125。

4.2.3　网架结构的作用与作用效应组合

1)作用

网架上的作用主要是永久荷载和可变作用（可变荷载、间接可变作用）。

(1)永久荷载

作用在网架结构上的永久荷载包括网架结构、楼面或屋面结构层、保温层、防水层、吊顶、设备管道等材料自重。

①网架结构杆件自重和节点自重。网架结构杆件大多采用钢材，其自重可通过计算机自动形成，一般钢材容重取 $\gamma = 78.5 \ \mathrm{kN/m^3}$。双层网架自重可按式(4.2)估算。

$$g_{0k} = \sqrt{q_w}L_2/150 \qquad (4.2)$$

式中　g_{0k}——网架自重，$\mathrm{kN/m^2}$；

q_w——除网架自重外的屋面荷载或楼面荷载的标准值，$\mathrm{kN/m^2}$；

L_2——网架的短向跨度,m。

网架的节点自重一般占网格杆件总重的 20% ~ 25% 。如果网架节点的连接形式已定,可以根据具体的节点规格计算其节点自重。

②楼面或屋面覆盖材料自重。根据实际使用材料查《荷载规范》取用。如果采用钢筋混凝土屋面板,其自重取 1.0 ~ 2.5 kN/m^2;采用轻质板,其自重取 0.3 ~ 0.7 kN/m^2(包括用轻质檩条)。

③吊顶材料自重。根据实际情况,一般取 0.3 kN/m^2。

④设备管道自重。主要包括通风管道、风机、消防管道及其他可能存在的设备自重,一般可取 0.3 ~ 0.6 kN/m^2。

上述荷载中,①和②两项必须考虑,③和④两项根据实际工程情况而定。

(2)可变作用

①可变荷载。作用在网架结构上的可变荷载包括屋面或楼面活荷载、雪荷载、积灰荷载、风荷载及吊车荷载, 查《荷载规范》取用。其中,雪荷载与屋面活荷载不同时考虑,取两者的较大值;积灰荷载应与雪荷载或屋面活荷载两者中的较大值同时考虑。

对于周边支承,且支座节点在上弦的网架,风荷载由四周墙面承受,计算时可不考虑风荷载;其他支承情况,应根据实际工程情况考虑水平风荷载的作用。

工业厂房中采用网架时,应根据厂房性质考虑积灰荷载,其值可由工艺提出,也可参考现行《荷载规范》有关规定采用。

网架广泛应用于工业厂房建筑中,工业厂房中如设有吊车应考虑吊车荷载。吊车形式有悬挂吊车和桥式吊车两种。悬挂吊车直接挂在网架下弦节点上,对网架产生吊车竖向荷载和水平荷载;桥式吊车是在吊车梁上行走,通过柱子对网架产生吊车水平荷载。

②间接可变作用。间接可变作用有两种:一种是温度作用,另一种是地震作用。

a.温度作用。温度作用是指在网架结构中由于温度变化而杆件不能自由变形,致使杆件内产生附加温度应力的作用。网架设计时,必须在计算和构造措施中考虑温度作用。温差的大小主要和网架支座安装完成时的温度与当地最高或最低气温有关。

网架结构如符合下列条件之一,可不考虑温度变化的影响:

- 支座节点的构造允许网架侧移,且允许侧移值等于或大于网架结构的温度变形值;
- 周边支承的网架,且网架验算方向跨度小于 40 m 时,且支承结构为独立柱;
- 在单位力作用下,柱顶水平位移大于或等于式(4.3)的计算值。

$$u = \frac{L}{2\xi EA_m}\left(\frac{E\alpha\Delta_t}{0.038f} - 1\right) \qquad (4.3)$$

式中 L——网架结构在验算方向的跨度,m;

ξ——系数,支承平面弦杆为正交正放时取 1.0,正交斜放时取 $\sqrt{2}$,三向时取 2;

E——钢材的弹性模量,N/mm^2;

A_m——支承平面弦杆截面面积的算术平均值,mm^2;

α——网架材料的线膨胀系数,1/℃;

Δ_t——温度差,℃;

f——钢材的抗拉强度设计值,N/mm²。

对于不满足上述条件的网架,应计算其温度效应。温度引起的网架内力,可采用空间桁架位移法或近似计算方法计算。

网架在温度作用下,不仅自身要产生温度效应,对下部支承结构也产生附加作用。当网架支座节点的构造使网架沿边界法向不能相对位移时,由温度变化引起的柱顶水平力可按式(4.4)计算。

$$H_h^t = \frac{\alpha \Delta_t L}{\frac{L}{\xi E A_m} + \frac{2}{K_c}}$$ (4.4)

式中　K_c——悬臂柱的水平刚度,N/mm²。

$$K_c = \frac{3 E_c I_c}{H_c^3}$$ (4.5)

式中　E_c——柱子材料的弹性模量,N/mm²;

I_c——柱子截面惯性矩,mm⁴,当为框架柱时取等代柱的折算惯性矩;

H_c——柱子高度,mm。

b.地震作用。对用作屋盖的网架结构,其抗震验算应符合下列规定:

• 在抗震设防烈度为 8 度的地区,对于周边支承的中小跨度网架结构应进行竖向抗震验算,对于其他网架结构均应进行竖向和水平抗震验算;

• 在抗震设防烈度为 9 度的地区,对各种网架结构应进行竖向和水平抗震验算。

在单维地震作用下,对空间网格结构进行多遇地震作用下的效应计算时,可采用振型分解反应谱法;对于体型复杂或重要的大跨度结构,应采用时程分析法进行补充计算。相关计算及构造要求规定可参考《空间网格结构技术规程》(JGJ 7—2010)及《抗震规范》。

2)作用效应组合

作用在网架上的荷载类型很多,应根据使用过程和施工过程中可能出现的荷载,按承载能力极限状态和正常使用极限状态进行荷载效应组合,并应取各自的最不利荷载效应组合进行设计。对非抗震设计,应按现行《荷载规范》进行荷载效应组合;对抗震设计,应按现行《抗震规范》进行荷载效应组合。

当无吊车荷载和风荷载、地震作用时,网架应考虑以下几种荷载组合:

①永久荷载 + 可变荷载;

②永久荷载 + 半跨可变荷载;

③网架自重 + 半跨屋面板重 + 施工荷载。

后两种荷载组合主要考虑斜腹杆的变号。当采用轻屋面(如压型钢板)或屋面板对称铺设时,可不计算②,③。

当网架有多台吊车作用,在吊车竖向荷载组合时,对一层吊车的单跨厂房的网架,参与组合的吊车台数不应多于 2 台;对一层吊车的多跨厂房的网架,不应多于 4 台。吊车水平荷载组合时,参与组合的吊车台数不应多于 2 台。

4.2.4　网架结构的内力计算

网架结构是一种高次超静定的空间杆系结构,若想十分精确地分析其内力和变形是很困难的。因此,网架结构的计算也必须同其他结构一样,在保证结构安全的前提下,对节点刚度、支座支承条件、杆件变形等进行适当简化,以使计算方法适应工程的需要。

1)网架结构的一般计算原则

①网架结构应进行在重力荷载及风荷载作用下的内力、变形计算,并根据具体情况,对地震、温度变化、支座沉降及施工安装荷载等作用下的内力、变形进行计算。上述计算可按弹性阶段进行。

②结构分析时可忽略节点刚度的影响,假定节点为空间铰接节点,所有杆件只承受轴向力。

③外荷载按静力等效原则,将节点所辖区域内的荷载集中作用在该节点上。当杆件上作用有局部荷载时,应另行考虑局部弯曲内力的影响。

④应根据结构形式,支座节点的位置、数量和构造情况以及支承结构的刚度,确定合理的边界约束条件,按实际构造采用两向或一向可侧移、无侧移的铰接支座或弹性支座。

⑤网架结构分析时,应考虑上部网架结构与下部支承结构的相互影响。网架结构的协同分析可把下部支承结构折算等效刚度和等效质量作为上部空间网格结构分析时的条件,也可以把上部网架结构折算等效刚度和等效质量作为下部支承结构分析时的条件,还可以将上、下部结构整体分析。

2)网架结构常用的计算方法

网架结构的计算方法较多,比较常用和有效的计算方法总体上包括两类,即基于离散化假定的有限元方法(空间杆系有限元法)和基于连续化假定的方法(拟夹层板分析法)。根据网架结构的类型、平面形状、荷载形式及不同设计阶段等条件,可采用有限元法或基于连续化假定的方法进行计算。

(1)空间杆系有限元法

空间杆系有限元法即空间桁架位移法或矩阵位移法,它是以网架节点3个线位移作为未知量,所有杆件作为承受轴向力的铰接杆系的有限元法。

基本方程为:

$$KU = F \qquad\qquad (4.6)$$

式中　K——网架结构总弹性刚度矩阵;

　　　U——网架结构节点位移向量;

　　　F——网架结构节点荷载向量。

其基本计算步骤为:

①根据虎克定律,建立各杆件单元的内力与位移间的关系,形成单元刚度矩阵;

②根据各节点的静力平衡条件和变形协调条件,建立结构上各节点的荷载与节点位移间的关系,形成结构总刚度矩阵和总刚度方程(以节点位移为未知量的线性代数方程组);

③根据给定的边界条件,用计算机求出各节点的位移值;

④根据杆件单元的位移与内力间的关系,求出各杆件的内力 N。

空间桁架位移法是目前应用较普遍的网架计算方法,市面上有较多的计算软件(包括自动绘图)可以利用。采用空间桁架位移法计算的结果精度较高,且适应性广,可用于各种网架形式,不同的平面形状、支承情况和边界条件,除适用于一般荷载的计算外,还可计算由地震、温度、沉降等因素引起的内力与变形。

(2)拟夹层板分析法

将网架拟化为正交异性或各向同性的平板,先求出板的内力,再回代求出杆件内力,该种计算模型如考虑剪切变形的影响,称为拟夹层板法。

在结构方案选择和初步设计时,网架结构也可采用拟夹层板法进行计算。

4.2.5 网架结构的杆件设计

网架结构应经过位移、内力计算后进行杆件截面设计,如杆件截面需要调整,则应重新进行计算,使其满足设计要求。网架结构设计后,杆件不宜替换,如必须替换时,应根据截面及刚度等效的原则进行替换。

1)杆件材料

网架结构的杆件常采用 Q235 钢和 Q345 钢。当荷载较大或跨度较大时,宜采用 Q345 钢或其他强度更高的合金结构钢,以减轻网架结构的自重。

2)截面形式

杆件截面形式分为角钢、圆钢管、方钢管、H 型钢。国内常用的是角钢、圆钢管。圆钢管因其相对回转半径大和其截面特性无方向性,对受压和受扭有利,故一般情况下比角钢可节约 20% 的用钢量,应优先采用。钢管有高频电焊钢管和无缝钢管,尽量采用前者以降低造价。

3)杆件的计算长度及容许长细比

杆件的计算长度与汇交于节点的杆件的受力状况及节点构造有关。与平面桁架相比,网架节点处汇集杆件较多(6~12 根),且常有不少应力较低的杆件,对受力较大杆件起着提高稳定性的作用。球节点与钢板节点相比,前者的抗扭刚度大,对压杆的稳定性比较有利。对螺栓球节点网架,杆两端可视为铰接。焊接空心球节点比螺栓球节点对杆件的嵌固作用大,因焊接空心球的外径约为杆件几何轴线长度的 10%,故对弦杆取 0.9,对腹杆取 0.8,见表 4.4。网架杆件的计算长度 l_0 应按表 4.4 采用,表中 l 为杆件几何长度,即节点中心间的距离。

表 4.4 网架杆件计算长度 l_0

杆 件	节 点		
	螺栓球	焊接空心球	板节点
弦杆及支座腹杆	$1.0 l_0$	$0.9 l$	$1.0 l_0$
其他腹杆	$1.0 l_0$	$0.8 l$	$0.8 l$

网架结构是空间结构,杆件的容许长细比可比平面桁架放宽一些。《空间网格结构技术规程》(JGJ—2010)规定:

①受压杆件:$[\lambda] = 180$。

②受拉杆件:一般杆件$[\lambda] = 300$,支座附近处杆件$[\lambda] = 250$,直接承受动力荷载杆件$[\lambda] = 250$。

4)杆件的最小截面尺寸及构造要求

(1)最小截面尺寸

网架杆件的最小截面尺寸应根据结构跨度及网格大小计算确定。选取和确定网架杆件截面时,钢管不宜小于$\phi 48 \times 3$,普通角钢不宜小于∟50×3。对于大、中跨度网架结构,钢管不宜小于$\phi 60 \times 3.5$。

(2)构造要求

①网架结构杆件分布应保证刚度的连续性,受力方向相邻的弦杆其杆件截面面积之比不宜超过1.8倍,多点支承的网架结构其反弯点处的上、下弦杆宜按构造要求加大截面;

②对于低应力、小规格的受拉杆件,其长细比宜按受压杆件控制;

③在杆件与节点构造设计时,应考虑便于检查、清刷、油漆,避免易于积留湿气或灰尘的死角与凹槽,钢管端部应进行封闭。

5)杆件设计

(1)截面选择的原则

在选择杆件截面时,应避免最大截面弦杆与最小截面腹杆同交于一个节点的情况,否则容易造成腹杆弯曲(特别是螺栓球节点网架)。

①每个网架所选杆件规格不宜太多,较小跨度时以2或3种为宜,较大跨度时不宜超过6或7种,一般不超过10种;

②宜优先选用厚度较薄的截面,使杆件在同样截面条件下可获得较大的回转半径,对杆件受压有利;

③应选用市场能供应的规格,常用的杆件钢管规格有$\phi 60 \times 3.5$,$\phi 75.5 \times 3.75$,$\phi 89 \times 4$,$\phi 114 \times 4$,$\phi 108 \times 6$,$\phi 133 \times 8$,$\phi 159 \times 10$,$\phi 168 \times 12$,$\phi 180 \times 14$等;

④钢管出厂都有负公差,选择截面时应适当留有余地;

⑤应满足网架杆件最小截面尺寸的要求。

(2)截面计算

网架杆件主要承受轴向拉力和轴向压力,因此杆件的截面计算根据《钢结构设计标准》(GB 50017—2017)按轴心受拉或轴心受压进行,应满足强度、刚度和稳定性的要求。对轴心受压杆件,若截面无削弱,则无须验算强度。

①轴心拉杆满足强度、刚度要求(即满足长细比要求)。

毛截面屈服:

$$\sigma = \frac{N}{A} \leq f \tag{4.7a}$$

净截面断裂:

$$\sigma = \frac{N}{A_n} \leqslant 0.7 f_u \tag{4.7b}$$

$$\lambda = \frac{l_0}{i_{min}} \leqslant [\lambda] \tag{4.8}$$

②轴心压杆满足稳定性、刚度要求。

$$\sigma = \frac{N}{\varphi A} \leqslant f \tag{4.9}$$

$$\lambda = \frac{l_0}{i_{min}} \leqslant [\lambda] \tag{4.10}$$

式中　N——杆件轴力设计值;

　　　f——钢材的抗拉或抗压强度设计值;

　　　f_u——钢材的抗拉强度最小值;

　　　λ——杆件长细比;

　　　l_0——杆件的计算长度;

　　　i_{min}——杆件的最小回转半径;

　　　A_n——杆件的净截面面积;

　　　A——杆件的毛截面面积;

　　　φ——轴心压杆的稳定系数。

当杆件截面不能满足强度、刚度或稳定性的要求时,应加大截面规格。网架是高次超静定结构, 一般来讲,杆件截面变化将影响杆件内力变化,因此杆件截面计算由计算机完成。截面选择应根据能提供的截面规格,按满应力原则选择最经济截面。

4.2.6　网架结构的节点设计

1)网架结构节点的要求和类型

在网架结构中,节点起着连接汇交杆件、传递屋面荷载和吊车荷载的作用。汇交于一个节点上的杆件至少有6根(如蜂窝形三角锥网架),多的可达13根(如三向网架),这给节点设计增加了一定难度。网架的节点数量多,节点用钢量占整个网架杆件用钢量的20% ~25%。合理设计节点,对网架的安全性、制作安装、工程进度、用钢量指标及工程造价都有直接影响。节点设计是网架设计的重要环节之一。

(1)网架的节点构造应满足的要求

①受力合理,传力明确简捷,安全可靠;

②构造合理,保证汇交杆件交于一点,不产生附加弯矩,使节点构造与所采用的计算假定尽量相符;

③构造简单,制作简便,安装方便;

④耗钢量少,造价低廉。

(2)节点类型

①按节点连接方式划分。

a.焊接连接,分为对接焊缝连接和角焊缝连接;

b.螺栓连接,一般采用高强度螺栓连接;

c.焊接和高强度螺栓混合连接节点。

②按节点的构造划分。

a.十字交叉钢板节点。它是从平面桁架节点的基础上发展而成,杆件由角钢组成,杆件与节点板连接可采用角焊缝,也可采用高强度螺栓连接。

b.焊接空心球节点[图4.39(a)]。它是用两块圆钢板(Q235钢或Q345钢)经热压或冷压成两个半球后对焊而成。钢管杆件焊在球面上,杆件与球面连接焊缝可采用对接焊缝或角焊缝。

c.螺栓球节点[图4.39(b)]。它是通过螺栓、套筒等零件将钢管杆件与实心球连接起来而成。

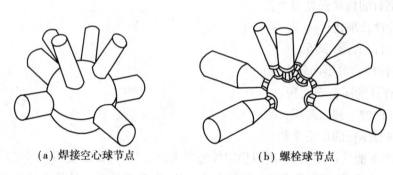

(a)焊接空心球节点   (b)螺栓球节点

图4.39   节点示意图

d.焊接钢管节点(图4.40)。它是由空心圆柱体组成节点,钢管杆件直接焊在圆柱体表面上而成。由于杆件端部与圆柱体表面相交处是曲面,增加了杆件加工的难度。

e.杆件直接汇交节点(图4.41)。它是将网架中的腹杆(支管)端部经机械加工成相贯面后,直接焊在弦杆(主管)管壁上而成,也可将一个方向弦杆焊在另一个弦杆管壁上。这种节点避免了采用任何连接件,节省节点用钢量,但要求装配精度高,杆件由钢管或方管组成。

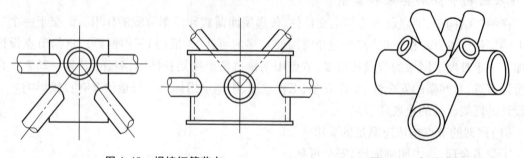

图4.40   焊接钢管节点   图4.41   杆件直接汇交节点

选择网架节点形式时,应考虑网架类型、受力性质、杆件截面形状、制造工艺、安装方法等因素。一般对型钢杆件,多采用钢板节点。对圆钢管杆件,若杆件内力不是非常大(一般≤750 kN),可采用螺栓球节点;若杆件内力非常大,一般应采用焊接空心球节点。目前国内最常用的节点形式是螺栓球节点和焊接空心球节点。

2）螺栓球节点

螺栓球节点是在设有螺栓孔的钢球体上,通过高强度螺栓将汇交于节点处的圆钢管杆件连接起来的节点。螺栓球节点由钢球、高强度螺栓、紧固螺钉、套筒、锥头或封板等零部件组成,如图 4.42 所示。

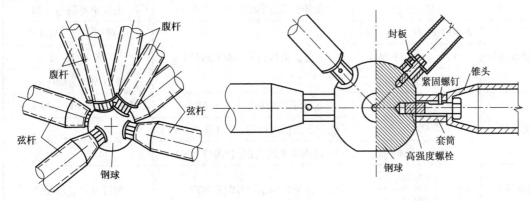

图 4.42　螺栓球节点

螺栓球节点需根据网架杆件的方向设置螺栓孔的方位,因此需要定做。但其仍具有焊接空心球节点所具有的对汇交空间杆件的适用性,而且杆件对中方便,连接不产生偏心。和焊接空心球相比,可避免大量的现场焊接工作量,且节点小、质量轻,节点用钢量约占网架用钢量的10%。它可用于任何形式的网架,特别适用于四角锥或三角锥体系的网架。它既可用于永久性建筑,也可用于临时性建筑,便于装拆扩建。这种节点安装极为方便,可拆卸,安装质量易得到保证,适用于散装、分条拼装和整体拼装等安装方法。其缺点是:球体加工复杂、零部件多、加工精度高、价格贵、所需钢号不一、工序复杂。

（1）节点的构造原理、受力特点和零件的材料选用

①构造原理。螺栓球节点施工时先将装有螺栓的锥头或封板焊在钢管杆件的两端,在伸出锥头或封板的螺栓上套有长形六角无纹螺母（或称长形六角套筒）,并以紧固螺钉将螺栓与套筒连在一起。拼装时直接拧紧六角套筒,通过紧固螺钉带动螺栓转动,从而使螺栓旋入球体,直至封板或锥头与钢球贴紧为止,各汇交杆件均按此连接后即形成节点,如图 4.42 所示。螺栓拧紧程度靠紧固螺钉来控制,紧固螺钉仅在安装时起固定作用,安装完毕后,它的作用也就终止了。

②受力特点。螺栓球节点根据杆件受力不同（受拉或受压）,传力路线和零件作用也不同。当杆件受拉时,其传力路线为:拉力→钢管构件→锥头或封板→螺栓→钢球,这时套筒不受力;当杆件受压时,其传力路线为:压力→钢管构件→锥头或封板→套筒→钢球,这时螺栓不受力,压力通过零件之间的接触面来传递。

拧紧螺栓的过程,也就相当于对节点施加预应力的过程。预应力大小显然与拧紧程度成正比,此时螺栓受预拉力,套筒受预压力,在节点上形成平衡内力,而杆件不受力。当网架承受荷载后,拉杆内力通过螺栓受拉传递,随着荷载的增加,套筒预压力也随之减少;到破坏时,杆件拉力全由螺栓承受。对于压杆,则通过套筒受压来传递内力,螺栓预应力随荷载的增加而减少;到破坏时,杆件压力全由套筒承受。

③零件的材料选用。螺栓球节点的零件多由高强度钢材制成,其成型方法和所用钢号列于表4.5中。

表4.5 螺栓球节点组合零件材料

零件名称	推荐材料	材料标准编号	备 注
钢 球	45 号钢	《优质碳素结构钢》(GB/T 699)	毛坯钢球锻造成型
高强度螺栓	20MnTiB,40Cr,35CrMo	《合金结构钢》(GB/T 3077)	规格 M12 ~ M24
	35VB,40Cr,35CrMo		规格 M27 ~ M36
	40Cr,35CrMo		规格 M39 ~ M64 × 4
套 筒	Q235B	《碳素结构钢》(GB/T 700)	套筒内径为 13 ~ 34 mm
	Q345	《低合金高强度结构钢》(GB/T 1591)	套筒内径为 37 ~ 65 mm
	45 号钢	《优质碳素结构钢》(GB/T 699)	
紧固螺钉	20MnTiB	《合金结构钢》(GB/T 3077)	螺钉直径宜尽量小
	40Cr		
锥头或封板	Q235B	《碳素结构钢》(GB/T 700)	钢号与杆件一致
	Q345	《低合金高强度结构钢》(GB/T 1591)	

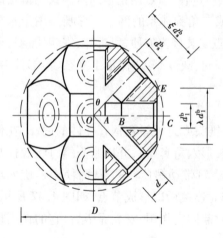

图4.43 钢球的参数

(2)螺栓球节点的设计

①钢球的设计。钢球按其加工成型方法可分为锻压球和铸钢球两种。铸钢球质量不易保证,故多用锻压球,其受力状态属多向复杂受力。试验表明,节点受力过程中不存在钢球破坏问题,可按节点构造确定钢球直径。钢球的大小取决于螺栓的直径、相邻杆件的夹角和螺栓伸入球体的长度等因素,同时要求伸入球体的相邻两个螺栓不相碰,保证套筒与钢球之间有足够的接触面。

通常情况下,两相邻螺栓直径不一定相同(图4.43),如使螺栓在球体内不相碰,最小钢球直径 D 为:

$$OE^2 = OC^2 + CE^2 \tag{4.11}$$

$$OE = \frac{D}{2} \qquad CE = \frac{\lambda d_1}{2}$$

$$OC = OA + AB + BC = \frac{d_1^b}{2}\cot\theta + \frac{d_s^b}{2}\frac{1}{\sin\theta} + \xi d_1^b$$

将 OE,OC,CE 值代入式(4.11)得:

$$\left(\frac{D}{2}\right)^2 = \left(\frac{d_1^b}{2}\cot\theta + \frac{d_s^b}{2}\frac{1}{\sin\theta} + \xi d_1^b\right)^2 + \left(\frac{\lambda d_1^b}{2}\right)^2$$

$$D \geqslant \sqrt{\left(\frac{d_s^b}{\sin \theta} + d_1^b \cot \theta + 2\xi d_1^b \right)^2 + \lambda^b {d_1^b}^2} \qquad (4.12)$$

为保证相邻两杆件的套筒不相碰,由图 4.44 所示几何关系,钢球直径 D 还应满足:

$$OB^2 = AB^2 + OA^2 \qquad (4.13)$$

$$OB = \frac{D}{2} \qquad AB = \frac{\lambda d_1^b}{2}$$

$$OA = OE + EA = \frac{\lambda d_1^b}{2} \cot \theta + \frac{\lambda d_s^b}{2} \frac{1}{\sin \theta}$$

将 OA, OB, AB 值代入式(4.13)得:

$$\left(\frac{D}{2} \right)^2 = \left(\frac{\lambda d_1^b}{2} \right)^2 + \left(\frac{\lambda d_1^b}{2} \cot \theta + \frac{\lambda d_s^b}{2} \frac{1}{\sin \theta} \right)^2$$

$$D \geqslant \sqrt{\left(\frac{\lambda d_s^b}{\sin \theta} + \lambda d_1^b \cot \theta \right)^2 + \lambda^2 {d_1^b}^2} \qquad (4.14)$$

式中　D——钢球直径,mm;

d_1^b, d_s^b——相邻两螺栓的直径,$d_1^b > d_s^b$;

θ——两高强度螺栓轴线之间的最小夹角,rad;

ξ——螺栓拧入球体长度与螺栓直径的比值,一般取 $\xi = 1.1$;

λ——套筒外接圆直径与高强度螺栓直径的比值,一般取 $\lambda = 1.8$。

钢球外径 D 取式(4.12)和式(4.14)的最大值。当相邻两杆夹角 $\theta < 30°$ 时,由式(4.14)求出的钢球外径虽然能保证相邻两个套筒不相碰,但不能保证相邻两根杆件(采用钢管和封板时)不相碰。故当 $\theta < 30°$ 时,还需保证相邻两根杆件不相碰,由图 4.45 所示几何关系,钢球直径 D 还应满足:

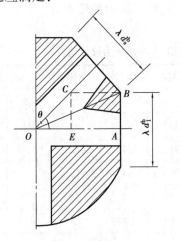

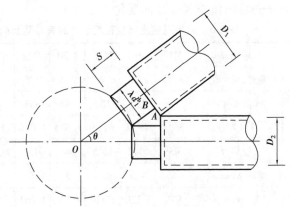

图 4.44　钢球的切削面　　　　图 4.45　带封板管件的几何关系

$$OA^2 = OB^2 + AB^2 \qquad (4.15)$$

$$OA = \frac{D}{2} + \sqrt{S^2 + \left(\frac{D_1 - \lambda d_1^b}{2} \right)^2}$$

$$AB = \frac{D_1}{2} \qquad OB = \frac{D_2}{2 \sin \theta} + \frac{D_1}{2} \cot \theta$$

将 OA,AB,OB 值代入式(4.15)得:

$$D \geqslant \sqrt{\left(\frac{D_2}{\sin \theta} + D_1 \cot \theta\right)^2 + D_1^2} - \sqrt{4S^2 + (D_1 - \lambda d_1^b)^2} \qquad (4.16)$$

式中 D_1,D_2——相邻两根杆件的钢管外径, $D_1 > D_2$;

d_1^b——相应于 D_1 钢管所配螺栓的直径;

θ——相邻两根杆件的夹角,rad;

λ——套筒外接圆直径与高强度螺栓直径的比值;

S——套筒的长度。

②高强度螺栓的设计。高强度螺栓的性能等级应按规格分别选用。对于 M12 ~ M36 的高强度螺栓,其强度等级应按 10.9 级选用;对于 M39 ~ M64 的高强度螺栓,其强度等级应按 9.8 级选用。

一般在跨度小于 30 m 的网架结构中,所有杆件宜采用同一规格的螺栓,以免拼装差错。因此,螺栓直径由网架中最大受拉杆件的内力控制。

高强度螺栓的受拉承载力设计值按下式计算:

$$N_{max} \leqslant N_t^b = A_{eff} f_t^b \qquad (4.17)$$

式中 N_{max}——网架杆件(弦杆或腹杆)的最大拉力设计值。

N_t^b——高强度螺栓的受拉承载力设计值。

f_t^b——高强度螺栓经热处理后的抗拉强度设计值,对 10.9 级,取 430 N/mm^2;对 9.8 级,取 385 N/mm^2。

A_{eff}——高强度螺栓的有效截面面积, $A_{eff} = \frac{\pi}{4}(d - 0.938\ 2p)^2$,可查表 4.6。当螺栓上钻有键槽或钻孔时, A_{eff} 值取螺纹处或键槽、钻孔处二者中的较小值。

p——螺距,随直径变化而变化。

表 4.6 常用高强度螺栓在螺纹处的有效截面面积 A_{eff} 和承载力设计值 N_t^b

	规格 d	M12	M14	M16	M20	M22	M24	M27	M30	M33	M36
10.9 级	螺距 p(mm)	1.75	2	2	2.5	2.5	3	3	3.5	3.5	4
	A_{eff}(mm^2)	84	115	157	245	303	353	459	561	694	817
	N_t^b(kN)	36.1	49.5	67.5	105.5	130.5	151.5	197.5	241.2	298.4	351.3
	规格 d	M39	M42	M45	M48	M52	M56 × 4	M60 × 4	M64 × 4		
9.8 级	螺距 p(mm)	4	4.5	4.5	5	5	4	4	4		
	A_{eff}(mm^2)	976	1 120	1 310	1 470	1 760	2 144	2 485	2 851		
	N_t^b(kN)	375.6	431.5	502.8	567.1	676.7	825.4	956.6	1 097.6		

当螺栓上开有键槽时, A_{eff} 应取螺纹处和键槽处的有效截面面积中的较小值。键槽处的有效截面面积(图 4.46 中 1—1 剖面):

$$A_{eff} = \frac{\pi d^2}{4} - th \qquad (4.18)$$

式中　t,h——高强度螺栓无螺纹段处键槽的深槽部位的槽宽度、槽深度。

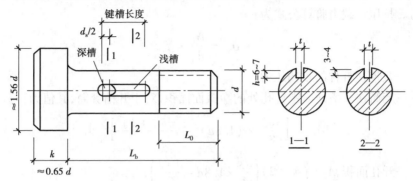

图 4.46　高强度螺栓外形

对受压杆件,主要通过套筒传递压力,高强度螺栓只起连接作用,因此可将按其内力设计值求得的螺栓直径适当减小(最多可减小 3 个级差)。

③套筒的设计。套筒是六角形无纹螺母(图 4.47),主要用于拧紧螺栓和传递杆件轴向压力。设计时其外形尺寸应符合扳手开口尺寸系列,端部应保持平整。套筒内孔径一般比螺栓直径大 1 mm。

对于开设键槽的套筒,应验算套筒端部到键槽端部的距离,应使该处有效截面的抗剪力不低于紧固螺钉的抗剪力,且不小于 1.5 倍键槽宽度。

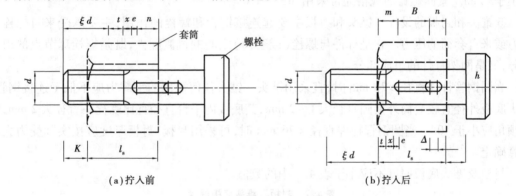

（a）拧入前　　　　　　　　　　　　　（b）拧入后

图 4.47　套筒长度和螺栓长度

t—螺纹根部到键槽附加余量,取 2 个丝扣;x—螺纹收尾长度;

e—紧固螺钉的半径;Δ—键槽预留量,一般取 4 mm

套筒的长度 l_s(mm)和螺栓的长度 l(mm)分别按下式计算[图 4.47(b)]:

$$l_s = m + B + n \tag{4.19}$$

$$l = \xi d + l_s + h \tag{4.20}$$

式中　B——键槽长度,mm,$B = \xi d - K$;

ξd——螺栓伸入钢球的长度,mm,d 为螺栓直径,ξ 一般取 1.1;

m——键槽端部紧固螺钉中心到套筒端部的距离,mm;

n——键槽顶部紧固螺钉中心至套筒顶部的距离,mm;

K——螺栓露出套筒距离,mm,预留 4~5 mm,但不应少于 2 个丝扣;

h——锥头底板厚度或封板厚度,mm。

对于受压杆件的套筒,应根据其传递的最大压力值验算其抗压承载力和端部有效截面的局部承压力。抗压承载力验算公式为:

$$\sigma_c = \frac{N_c}{A_n} < f \qquad (4.21)$$

式中　N_c——被连接杆件的轴向压力;

A_n——套筒在开槽处或螺钉孔处的净截面面积,对于开槽套筒,其值为:

$$A_n = \left[\frac{3\sqrt{3}}{8} \times (1.8d)^2 - \frac{\pi(d+1)^2}{4} \right] - A_1 \qquad (4.22)$$

式中　A_1——开孔面积,$A_1 = (d_p + 2)\left(\frac{\sqrt{3}}{4} \times 1.8d - \frac{d+1}{2} \right)$;

d——螺栓直径;

d_p——紧固螺钉直径;

f——套筒所用钢材的抗压强度设计值。

④紧固螺钉的设计。紧固螺钉是套筒和螺栓联系的媒介,在扳手拧转套筒时,通过紧固螺钉带动高强度螺栓旋转并伸入钢球内。在旋转套筒过程中,紧固螺钉承受剪力,剪力大小与螺栓伸入钢球的摩阻力有关。为减少销孔对螺栓有效截面的削弱,销钉或螺钉的直径应尽可能小一些,并宜采用高强度钢材制作。紧固螺钉的直径一般取螺栓直径的 0.16 ~ 0.18 倍,且不宜小于3 mm。紧固螺钉的规格通常采用 M5 ~ M10。

⑤锥头和封板的设计。锥头和封板主要起连接钢管和螺栓的作用,主要承受来自螺栓的拉力或来自套筒的压力。它是杆件与螺栓(或套筒)之间的过渡配件,既是螺栓球节点的组成部分,又是网架杆件的组成部分。

当圆钢管杆件直径≥76 mm 时,宜采用锥头。锥头任何截面的承载力应不低于连接钢管,锥头底板外径宜较套筒外接圆直径大 1 ~ 2 mm,其底板内平台直径宜比螺栓头直径大 2 mm,锥头倾角应小于40°。当圆钢管杆件直径 < 76 mm 时,可采用封板,封板厚度应按实际受力大小计算确定。

封板及锥头底板厚度不应小于表4.7 中的数值。

表4.7　封板及锥头底板厚度

高强度螺栓规格	封板/锥头底厚(mm)	高强度螺栓规格	锥头底厚(mm)
M12,M14	12	M36 ~ M42	30
M16	14	M45 ~ M52	35
M20 ~ M24	16	M56×4 ~ M60×4	40
M27 ~ M33	20	M64×4	45

锥头或封板的连接焊缝应满足图 4.48 的构造要求,焊缝宽度 b 可根据钢管壁厚取 2 ~ 5 mm。

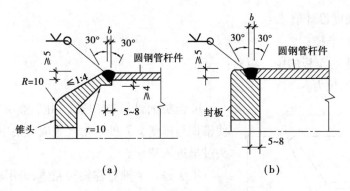

图 4.48　锥头或封板与钢管的连接

a. 封板的计算和构造。如图 4.49 所示,假定封板周边固定,按塑性理论进行设计。

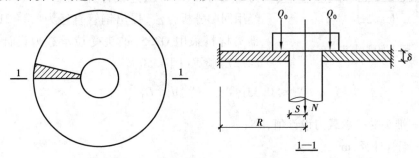

图 4.49　封板计算简图

假定封板为一开口圆板,螺栓受力 N 通过螺头均匀地传给封板开口圆周。其值 Q_0 为:

$$Q_0 = \frac{N}{2\pi S} \tag{4.23}$$

式中　S——螺栓中心至板的中心距离;

　　　N——钢管的拉力;

　　　Q_0——单位宽度上板承受的集中力。

封板周边径向弯矩 M_r 为:

$$M_r = Q_0(R - S) \tag{4.24}$$

式中　R——封板的半径。

当周边径向弯矩 M_r 达到塑性铰弯矩 M_T 时,封板才失去承载力,即

$$M_T = \frac{\delta^2}{4} f_y \tag{4.25}$$

式中　δ——封板厚度。

将式(4.23)和式(4.24)代入式(4.25)得:

$$Q_0(R - S) = \frac{\delta^2}{4} f_y$$

$$\frac{N(R - S)}{2\pi S} = \frac{\delta^2}{4} f_y$$

考虑材料抗力分项系数后,封板厚度 δ 与拉力 N 的关系为:

$$\delta = \sqrt{\frac{2N(R - S)}{\pi R f}} \tag{4.26}$$

式中 f——钢板强度设计值。

  R——封板的半径；

  S——螺头中心至板的中心距离；

  N——钢管的拉力。

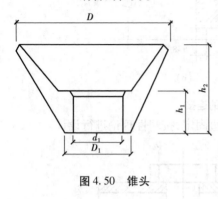

图 4.50　锥头

b. 锥头的计算和构造。由于锥头构造不尽合理，使锥顶与锥壁交界处产生严重应力集中现象，这将使锥头过早进入塑性。

锥头是一个轴对称旋转壳体，采用非线性有限元法可求出锥头的极限承载力。理论分析表明：锥头的承载力主要与锥顶厚度、连接杆件外径、锥头斜率等有关。经用回归分析方法，提出钢管直径为 75 ~ 219 mm 时，锥头材料采用 Q235，锥头受拉承载力设计值可按式（4.27）验算（图 4.50）。

$$N_t \leq 0.33\left(\frac{k}{D}\right)^{0.22} h_1^{0.56} d_1^{1.35} D_1^{0.67} f \tag{4.27}$$

式中 N_t——锥头受拉承载力设计值，kN；

  D——钢管外径，mm；

  D_1——锥顶外径，mm；

  d_1——锥头顶板孔径，mm，$d_1 = d + 1$ mm；

  d——螺栓直径，mm；

  f——钢材强度设计值，N/mm^2；

  k——锥头斜率，$k = \dfrac{D - D_1}{2h_2}$；

  h_1——锥顶厚度，mm；

  h_2——锥头高度，mm。

式（4.27）必须满足 $D > D_1$，且 $0.2 \leq k \leq 0.5$，$h_2/D_1 \geq 1/5$。式（4.27）是经过理论计算，选用实际工程中 14 个标准锥头，用回归分析方法获得的，可参考使用。

3）焊接空心球节点

焊接空心球节点是将汇交于节点处的各钢管杆件直接焊于焊接空心球上（图 4.51），是我国采用最早、目前应用较广的一种节点。这种节点主要适用于钢管网架结构，具有造型美观、体型小巧、传力明确、构造简单、连接方便、适应性强等特点，特别适用于焊工成本低的地区。只要钢管切割面垂直于杆件轴线，杆件就能在空心球体上自然对中而不产生偏心。由于球体没有方向性，可与任意方向的杆件相连；当汇交杆件较多时，其优点更加突出。因此，可用于各种形式、各种跨度的网架结构和其他钢管杆系结构。图 4.51（a），（b）分别表示正放四角锥和三角网架的焊接空心球节点。

但是焊接空心球节点尚有以下缺点：用钢量较大，占网架总用钢量的 20% ~ 40%；杆件与球体的连接多采用现场焊接，造成仰焊和立焊较多，焊接难度较大；大量的现场焊接引起较大

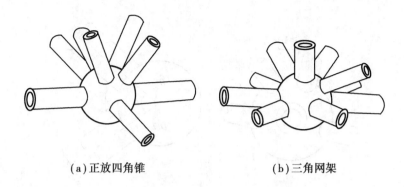

（a）正放四角锥　　　　　　（b）三角网架

图 4.51　焊接空心球节点

的焊接变形,致使较难控制网架尺寸的偏差,同时还会在网架杆件中产生一定的残余应力,并使焊缝附近的金属变脆,容易产生脆性断裂的工程事故。因此,要求杆件下料长度应准确,并预留焊接变形余量。

（1）空心球的构造要求

焊接空心球是用两块圆钢板（Q235B 钢或 Q345B,Q345C 钢）经热压或冷压成两个半球后对焊而成的。根据受力大小,焊接空心球分别采用不加肋空心球和加肋空心球（图 4.52）。加肋空心球的肋板可用平台或凸台,当采用凸台时,其高度应 ≤1 mm。当空心球的外径 $D \geq$ 300 mm,且连接于空心球的钢管杆件的内力较大,需要提高其承载能力时,球内加设环形肋板 [图 4.52（b）],并与两个半球焊成一体,肋板的厚度不应小于球壁的厚度,肋板的宽度不小于 1/4 ~ 1/3 球径。内力较大的杆件应在肋板平面内。加环肋后,其受压承载力可提高 40% 以上,受拉承载力可提高 10% 以上。当空心球外径大于或等于 500 mm 时,应在球内加肋。肋板必须设在轴力最大杆件的轴线平面内,且其厚度不应小于球壁的厚度。

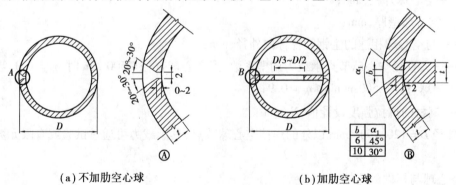

（a）不加肋空心球　　　　　　　（b）加肋空心球

图 4.52　空心球剖面图

球体外径 D 主要根据构造要求确定。为便于施焊,焊接空心球的外径应使连接于同一球面上的两相邻杆件之间的净距 a 不宜小于 10 mm。空心球的最小外径可按下式计算（图 4.53）：

$$\frac{D}{2} \times \theta \approx \frac{d_1}{2} + \frac{d_2}{2} + a$$

$$D = (d_1 + 2a + d_2)/\theta \tag{4.28}$$

式中　θ——汇集于球节点任意两相邻钢管杆件之间的夹角,rad;

d_1, d_2——组成 θ 角的两相邻钢管杆件的外径,mm。

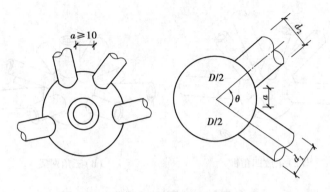

图 4.53　空心球节点相邻钢管杆件间净距要求

空心球的壁厚应根据杆件内力由计算确定。网架空心球外径 D 与球壁厚 t 的比值一般宜取 $D/t = 25 \sim 45$；空心球外径与主钢管外径之比宜取 $2.4 \sim 3.0$；空心球壁厚 t 与主钢管壁厚的比值宜取 $1.5 \sim 2.0$；空心球的壁厚宜取 $t \geqslant 4$ mm。

同一网架中，宜采用一种或两种规格的球，最多不超过 4 种，以避免设计、制造、安装时过于复杂化。

（2）空心球的承载力计算

焊接空心球在轴向拉力作用下的破坏属于强度破坏，在轴向压力作用下的破坏属于壳体失稳破坏。当空心球直径为 $120 \sim 900$ mm 时，其受压和受拉承载力设计值 $N_R(\mathrm{N})$ 可按下列公式计算：

$$N_R = \eta_0 \left(0.29 + 0.54 \frac{d}{D} \right) \pi t d f \tag{4.29}$$

式中　　D——空心球外径，mm；

t——空心球壁厚，mm；

d——与空心球相连的主钢管杆件的外径，mm；

η_0——大直径空心球节点承载力调整系数，当空心球直径 $\leqslant 500$ mm 时 $\eta_0 = 1.0$，当空心球直径 > 500 mm 时 $\eta_0 = 0.9$；

f——钢材的抗拉强度设计值，N/mm^2。

对于外径 $D = 120 \sim 900$ mm 以外的焊接空心球节点，其承载力可通过试验或有限元数值分析确定。

（3）空心球与杆件的连接

钢管杆件与空心球焊接连接时，在钢管端部应开坡口，在钢管与空心球之间应留有缝隙（宽度 $b = 2 \sim 6$ mm）并予以焊透，以实现焊缝与钢管截面等强，焊缝质量应达到 Ⅱ 级质量要求，否则应按角焊缝计算。

为保证对接焊缝质量，钢管内可加设套管与空心球焊接（图 4.54），套管壁厚不应小于 3 mm，长度可为 $30 \sim 50$ mm。

当无条件采用对接焊缝连接时，钢管与球面焊缝按斜角焊缝计算（图 4.55），即

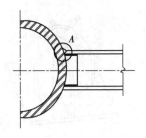
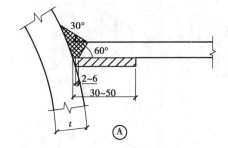

图 4.54 钢管加套管的连接

$$\tau = \frac{N}{h_e d \pi \beta_f} \leqslant f_t^w \tag{4.30}$$

式中 N——钢管轴向力；

d——钢管外径，mm；

β_f——端缝强度设计值增大系数，对承受静力荷载取 $\beta_f = 1.22$，对直接承受动力荷载取 $\beta_f = 1.0$；

h_e——角焊缝有效厚度，$h_e = h_f \cos\dfrac{\alpha}{2}$，$h_f$ 为焊脚尺寸，α 为管壁与球壁的夹角；

f_t^w——角焊缝强度设计值。

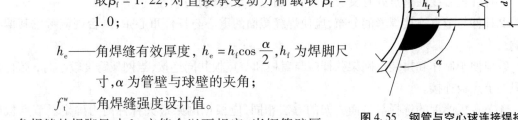

图 4.55 钢管与空心球连接焊接

角焊缝的焊脚尺寸 h_f 应符合以下规定：当钢管壁厚 $t_c \leqslant 4\ mm$ 时，$t_c < h_f \leqslant 1.5t_c$；当 $t_c > 4\ mm$ 时，$t_c < h_f \leqslant 1.2t_c$。

4)焊接钢板节点

(1)钢板节点的组成及特点

当网架杆件采用角钢或薄壁型钢时，应采用钢板节点。焊接钢板节点的形式主要有以下两种：

①十字形板节点(图 4.56)。它由空间正交的十字形节点板和根据需要而在节点板顶部或底部设置的水平盖板组成。十字形节点板宜用两块带企口的钢板对插焊接而成[图 4.56(a)]，也可以用一块贯通钢板加两块肋板焊接而成[图 4.56(b)]。这种节点主要适用于角钢杆件的两向正交交叉网架。在小跨度网架中，杆件内力不大的受拉节点可不设置盖板。

②管筒米字形板节点(图 4.57)。它由一根短钢管和 8 块钢板及上、下盖板焊接而成。它适用于中小跨度用角钢作杆件的四角锥网架。这种节点在中部设置了一根短钢管，改善了节点的焊接条件，因此可以保证节点板与钢管之间的焊缝质量。

焊接钢板节点的主要特点是：刚度较大，造价较低，构造较简单，制作加工时不需要大量机械；但现场焊接工作量较大，且仰焊、立焊比例也较大。当网架杆件为钢管时，采用钢板节点就很不合理，节点构造过于复杂。

(2)钢板节点的构造及设计要点

钢板节点中的节点板及盖板所用钢材应与网架杆件钢材一致。钢板节点的构造及设计要点如下：

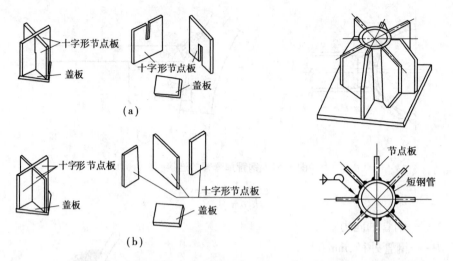

图 4.56　十字形板节点　　　　　　　　图 4.57　管筒米字形板节点

①杆件重心线在节点处宜交于一点,否则应考虑其偏心影响。

②杆件与节点连接焊缝的分布,应使焊缝截面的重心与杆件重心重合,否则应考虑其偏心影响。

③应便于制作和拼装。网架弦杆应与盖板和节点板共同连接,当网架跨度较小时,弦杆也可只与节点板连接。

④节点板厚度的选择与平面桁架的方法相同,应根据网架最大杆件内力确定。节点板厚度应比连接杆件的厚度大 2 mm,且不得小于 6 mm。节点板的平面尺寸应适当考虑制作和装配的误差。

⑤当网架杆件与节点板间采用高强度螺栓或角焊缝连接时,连接计算应根据连接杆件内力确定,且宜减少节点类型。当角焊缝强度不足时,在施工质量确有保证的情况下,可采用槽焊缝与角焊缝相结合并以角焊缝为主的连接方案(图 4.58),槽焊强度应由试验确定。

⑥焊接钢板节点上,为确保施焊方便,弦杆与腹杆、腹杆与腹杆之间以及弦杆端部与节点中心线之间的间隙 a 均不宜小于 20 mm(图 4.59)。

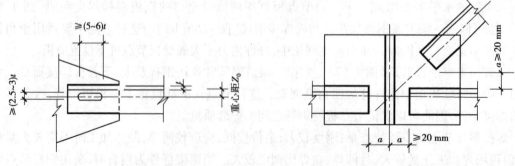

图 4.58　角焊缝与槽焊缝　　　　　　图 4.59　十字形节点板与杆件的连接构造

⑦十字形节点板的竖向焊缝为双向的复杂受力状态,为确保焊缝有足够的承载力,宜采用 V 形或 K 形坡口的对接焊缝。

5）网架的支座节点

网架一般支承在柱、圈梁等支承结构上。所谓网架支座节点是指支承结构上的网架节点。为了能安全准确地传递支承反力,支座节点应力求构造简单、传力明确、安全可靠、安装方便、经济合理。支座节点一般采用铰支座,在构造上能允许转动,尽可能与计算理论相吻合,以避免网架的实际内力和变形与计算值存在较大差异而危及结构安全。支座节点除考虑传递竖向反力给下部支承结构外,根据工程设计需要,还应考虑由于温度、荷载变化而产生水平方向线位移和水平反力的影响。

（1）支座节点的形式和选用

选用支座节点形式时,应根据网架的类型、跨度、荷载、杆件截面形状、节点形式及加工制造方法和施工安装方法等情况合理选择。支座竖向支承板中心线应与竖向反力作用线一致,并与支座节点连接的杆件汇交于节点中心。

网架在竖向荷载作用下,支座节点一般都受压,但有些支座也可能要承受拉力。根据受力状态,支座节点一般分为压力支座节点和拉力支座节点两大类。另外,还有其他支座节点,如刚接支座节点及可滑动铰支座节点等。

①压力支座节点。压力支座节点主要传递支座反力。其构造比较简单,类似于平面桁架的支座节点。压力支座节点可分为平板压力支座节点、单面弧形压力支座节点、双面弧形压力支座节点、球铰压力支座节点等。

a. 平板压力支座节点（图4.60）。这种支座节点用于球节点（焊接空心球或螺栓球）的网架,通过十字形节点板及底板将支座反力传给下部结构。这种支座节点构造简单、加工方便、用钢量省。该支座节点的预埋锚栓仅起定位作用,安装就位后,应将底板与下部支承面板焊牢。因支座不能转动或移动,受力后会产生一定的弯矩,支承板下的应力分布也不均匀,当跨度较大时与计算假定的铰支点相差较大,一般只适用于中小跨度的网架结构。

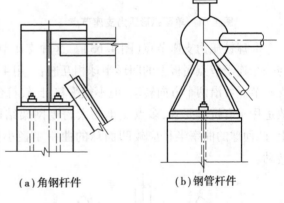

（a）角钢杆件　　（b）钢管杆件

图4.60　平板压力支座节点

b. 单面弧形压力支座节点（图4.61）。这种支座节点的构造与平板压力支座节点相似,只是在支座板与支承顶板之间加一弧形支座垫板,使其沿弧形方向可以转动,改善了平板压力支座节点的受力状态。

弧形垫板的材料一般用铸钢,也可用厚钢板加工而成。支座垫板下的反力比较均匀,但摩擦力仍较大。为使支座转动灵活,一般在弧形垫块中心线设两个锚栓,并将支承垫板的锚栓孔做成椭圆形,使支座能有微量移动。

为保证支座的转动,通常采用2个锚栓[图4.61（a）],可将它们置于弧形支座板的中心线上;当支座反力较大时,锚栓数目需要4个,为使锚栓锚固后不影响支座的转动,可在置于支座四角的锚栓上部加设弹簧[图4.61（b）],以调节支座在弧面上的转动。为防止弹簧锈蚀,应加弹簧盒予以保护。这种支座节点的构造比较符合不动圆柱铰支承的约束条件,它适用于周边支承的大中跨度网架结构。

c.双面弧形压力支座节点(图4.62)。这种支座节点在支座底板与支承顶板之间设一块上下均为弧形的铸钢块,在铸钢块两侧设有在支座底板与支承面顶板上分别焊两块带椭圆孔的梯形厚钢板,采用螺栓将这三者连成整体。当网架端部受到挠度和温度应力的影响时,以及在水平荷载作用下,支座便可沿铸钢件的上下两个圆弧曲面转动和一定的移动,支座构造比较符合不动圆柱铰支承的假定,适用于温度应力变化较大且下部支承结构刚度较大的大跨度网架结构。但其构造较复杂、加工麻烦、成本较高,且只能在一个方向转动,对下部结构抗震不利。

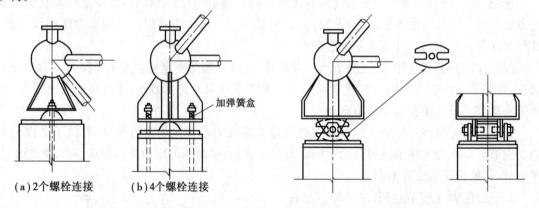

（a）2个螺栓连接　（b）4个螺栓连接

图4.61　单面弧形压力支座节点　　　　图4.62　双面弧形压力支座节点

d.球铰压力支座节点(图4.63)。这种支座节点是由一个置于支承面上的凸形实心半球与一个连于节点底板上的凹形半球相互嵌合,用4个螺栓相连而成,并在螺帽下设弹簧。这种支座节点可沿两个方向转动,但不能平移,比较符合不动球铰支承的约束条件,且有利于抗震,故适用于有抗震要求、多点支承的大跨度网架结构。但做法较为复杂,加工也麻烦。在构造上,凸面球的曲率半径应较凹面球的曲率半径小些,以便接触面呈点接触,以利于支座自由转动。

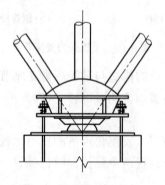 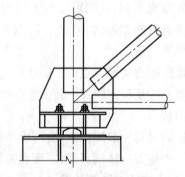

图4.63　球铰压力支座节点　　　　图4.64　单面弧形拉力支座节点

②拉力支座节点。对于某些矩形平面周边支承的网架,如两向正交斜放网架,在竖向荷载作用下网架角隅处的支座上常出现拉力,因此应根据传递支座拉力的要求来设计这种支座节点。常用拉力支座节点主要有平板拉力支座节点、单面弧形拉力支座节点以及球铰拉

力支座节点。

a. 平板拉力支座节点。当支座拉力较小时,为简便起见,可采用与平板压力支座节点相同的构造(图4.60)。此时锚栓承受拉力。这种支座节点的构造比较简单,节省钢材,和平板压力支座类似,角位移受到很大的约束,适用于较小跨度网架结构。

b. 单面弧形拉力支座节点(图4.64)。当支座拉力较大,且对支座节点有转动要求时,可在单面弧形压力支座节点的基础上增设锚栓承力架,当锚栓承受较大拉力时,借以减轻支座底板的负担。承受拉力的锚栓需要根据计算确定。网架安装完毕后,还应将锚栓上的垫板与支座底板或锚栓承力架中的水平钢板焊牢。这种支座节点主要用于要求沿单方向转动的中小跨度网架结构。

c. 球铰拉力支座节点(图4.65)。它可用于多点支承的大跨度网架结构。

拉力支座的共同特点是利用连接支座节点与下部支承结构的锚栓来传递拉力,此时锚栓应有足够的锚固深度,且锚栓应设置双螺母,并应将锚栓上的垫板焊于相应的支座底板上。

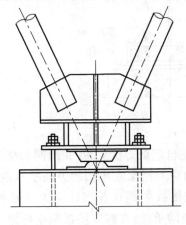

图4.65 球铰拉力支座节点

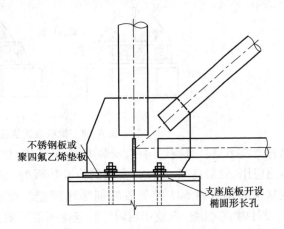

图4.66 可滑动铰支座节点

③其他支座节点。

a. 可滑动铰支座节点(图4.66)。它可用于中小跨度的网架结构。

b. 刚接支座节点(图4.67)。这种支座节点是将刚度较大的支座节点板直接焊于支承顶面的预埋钢板上,并将十字形节点板与节点球体焊成整体,利用焊缝传力。它可用于中小跨度网架结构中承受轴力、弯矩和剪力的支座节点。锚栓设计时应考虑支座节点弯矩的影响。支座节点竖向支承板厚度应大于焊接空心球节点球壁厚度2 mm,球体置入深度应大于2/3球径。刚接支座节点应能可靠地传递轴力、弯矩与剪力。因此,这种支座节点除本身应具有足够刚度外,支座的下部支承结构也应具有较大刚度,使下部支承结构在支座反力作用下产生的位移和转动都能控制在设计允许范围内。

c. 橡胶板式支座节点(图4.68)。这种支座节点是在支

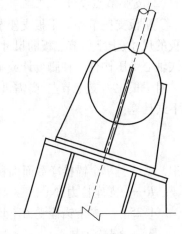

图4.67 刚接支座节点

座底板与支承面顶板或过渡钢板间加设橡胶垫板而成。橡胶垫板是由多层橡胶片与薄钢板黏合、压制而成。在底板与支承面之间用锚栓相连。由于橡胶垫板具有良好的弹性和较大的剪切变位能力,因而支座既可微量转动,又可在水平方向产生一定的弹性变位,适用于支座反力较大、有抗震要求和温度影响、水平位移较大与有转动要求的大中跨度网架结构。为防止橡胶垫板产生过大的水平变位,可将支座底板与支承面顶板或过渡钢板加工成"盆"形,或在节点周边设置其他限位装置(可在橡胶垫板外围设钢板或角钢构成的方框,橡胶垫板与方框间应留有足够空隙),防止橡胶垫板可能产生的过大位移。支座底板与支承面顶板或过渡钢板由贯穿橡胶垫板的锚栓连成整体。锚栓的螺母下也应设置压力弹簧以适应支座的转动。支座底板与橡胶垫板上应开设相应的圆形或椭圆形锚孔,以适应支座的水平变位。

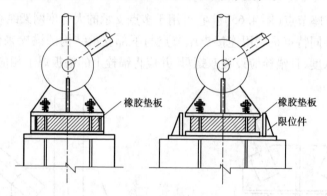

图 4.68　橡胶板式支座节点

这种支座节点具有构造简单、安装方便、节省钢材、造价较低等优点,在我国网架结构中已得到普遍应用,效果良好。目前,常用的橡胶垫板的长边应顺网架支座切线方向平行放置,与支柱或基座的钢板用 502 胶等胶结剂黏结固定。橡胶垫板的螺栓孔直径应大于螺栓直径10 mm,设计时宜考虑长期使用后因橡胶老化而需要更换的条件,在橡胶垫板四周可涂以防止老化的酚醛树脂,并黏结泡沫塑料。

当支座节点中的水平剪力大于竖向压力的40%时,不应利用锚栓抗剪,此时应通过抗剪键传递水平剪力。

(2)支座节点设计

①平板支座节点。平板支座节点由支座底板及十字形节点板构成,其计算内容包括支座底板的尺寸、十字形节点板的尺寸以及它们之间连接焊缝的尺寸。上述内容的计算可参见实腹式轴心受压构件的柱脚设计或平面桁架支座节点的设计。

对平板拉力支座节点,尚需进行锚栓的计算。单个锚栓在拉力作用下所需净截面面积可按下式计算:

$$A_n = \frac{1.25R}{nf_t^b} \qquad (4.31)$$

式中　A_n——单个锚栓净截面面积,mm^2;

R——支座拉力,N;

1.25——多个锚栓受力不均匀的增大系数;

n——锚栓个数;

f_t^b——锚栓的抗拉强度设计值,N/mm^2。

支座节点锚栓按构造要求设置时,其直径可取 20 ~ 25 mm,数量可取 2 ~ 4 个。当采用 2 个锚栓时,为使节点有转动可能,锚栓应一条轴线布置,如图 4.69(a),(b)所示。当拉力较大或因构造要求设置 4 个锚栓时,则应均匀布置,如图 4.69(c)所示。受拉支座的锚栓应经计算确定,锚固长度不应小于 25 倍锚栓直径,且末端应加弯钩,并应设置双螺母。

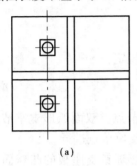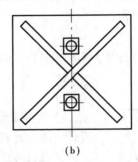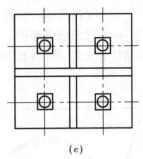

| (a) | (b) | (c) |

图 4.69　锚栓布置方式

②单面弧形支座节点。单面弧形支座节点的底板尺寸、十字形节点板尺寸以及它们之间的焊缝尺寸的计算同平板支座节点。

a. 弧形支座板的平面尺寸(图 4.70)。

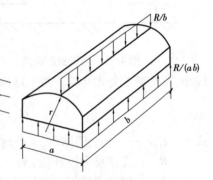

图 4.70　弧形支座板

$$ab \geqslant \frac{R}{f} \qquad (4.32)$$

式中　a,b——弧形支座板的宽度和长度,mm;

　　　R——支座反力,N;

　　　f——弧形支座板的抗压强度设计值,N/mm^2。

b. 弧形支座板的中部厚度 t_a 计算。设弧形支座板均布反力为 $R/(ab)$,按双悬臂梁计算支座板中央截面弯矩,即

$$M_a = \frac{1}{2}\left(\frac{R}{ab}\right)\left(\frac{a}{2}\right)^2 b = \frac{Ra}{8}$$

该截面应满足强度条件,即

$$\sigma_{max} = \frac{M_a}{W} = \frac{Ra/8}{bt_a^2/6} = \frac{3Ra}{4bt_a^2} \leqslant f$$

$$t_a \geqslant \sqrt{\frac{3Ra}{4bf}} \qquad (4.33)$$

弧形支座板的边部厚度 t_0 根据构造要求确定,一般不宜小于 15 mm,通常取 30 ~ 40 mm。

c. 弧形支座板与支座底板的接触应力验算。设接触应力按赫兹公式计算,其强度条件为:

$$\sigma = 0.418\sqrt{\frac{ER}{rb}} \leqslant f_{tb} \qquad (4.34)$$

式中　r——弧面半径;

　　　E——钢材或铸钢的弹性模量;

　　　f_{tb}——钢材或铸钢自由接触时局部挤压强度设计值,N/mm^2。

d. 支座下混凝土局部承压应力 σ_c 按下式计算:

$$\sigma_c = \frac{R}{bl} \leqslant \beta f_c \qquad (4.35)$$

式中 f_c——支座底板下的混凝土轴心抗压强度设计值,N/mm^2;

β——混凝土局部承压强度的提高系数,按式(4.36)计算:

$$\beta = \sqrt{\frac{A_b}{A_c}} \tag{4.36}$$

式中 A_b——局部承压时的计算底面积;

A_c——局部承压面积。

除满足上式要求外,《钢结构设计标准》(GB 50017—2017)还规定:

$$r \geqslant \frac{RE}{80bf^2} \tag{4.37}$$

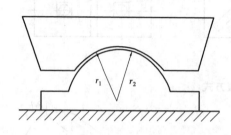

图4.71 球铰支座构造

③双面弧形支座节点。双面弧形支座节点的设计可参照单面弧形支座节点进行。

④球铰支座节点。球铰支座板的凸球面与支座底板上的凹球面之间相互接触,如图4.71所示。当两个球面半径基本相同时,接触面的承压力可按有滑动的面接触来计算。当两者曲率半径不同时,则呈局部接触,借助于滚动作用而转动,摩擦较小,可按赫兹公式计算。两个球面的最大接触应力应满足下式要求:

$$\sigma_{max} = 0.388\left[RE^2\left(\frac{r_1 - r_2}{r_1 r_2}\right)^2\right] \leqslant f_{tb} \tag{4.38}$$

式中 r_1, r_2——上凹球面、下凸球面的半径($r_1 \geqslant r_2$),mm;

R——支座反力设计值,N;

E——钢材或铸钢的弹性模量;

f_{tb}——钢材或铸钢自由接触时局部挤压强度设计值,N/mm^2。

当对节点转动的要求不高时,可以采用不同半径的球铰支座。但两者半径相差越大,节点承载力越低,对钢材的要求就越高。

⑤橡胶板式支座节点。橡胶板式支座节点的底板和加肋板计算与平板支座节点一样。橡胶垫板除具有足够的承压强度外,还需对其压缩变形、抗剪、抗滑移性能进行验算。

a.橡胶垫板的平面尺寸。橡胶垫板的底面积由承压条件按下式计算:

$$A \geqslant \frac{R_{max}}{[\sigma]} \tag{4.39}$$

式中 A——橡胶支座节点承压面积,$A = ab$(如橡胶垫板开有锚孔,则应减去开孔面积);

a, b——橡胶垫板短边及长边长度;

R_{max}——网架全部荷载标准值在支座引起的最大反力;

$[\sigma]$——橡胶垫板的允许抗压强度,按表4.8采用。

表4.8 橡胶垫板的力学性能

允许抗压强度$[\sigma]$ (MPa)	极限破坏强度 (MPa)	抗压弹性模量 E (MPa)	抗剪弹性模量 G (MPa)	摩擦系数 μ
7.84~9.80	>58.82	由形状系数β 按表4.9查得	0.98~1.47	(与钢)0.2 (与混凝土)0.3

表 4.9　E-β 关系

β	4	5	6	7	8	9	10	11	12	13	14	15	16	17	18	19	20
E(MPa)	196	265	333	412	490	579	657	745	843	932	1 040	1 157	1 285	1 422	1 559	1 706	1 863

注:支座形状系数 $\beta = \dfrac{ab}{2(a+b)d_i}$,$d_i$ 为中间橡胶层厚度。

一般情况下,橡胶垫板下混凝土的局部承压强度不是控制条件,可不作验算。

b. 橡胶垫板厚度。橡胶板式支座节点中,网架的水平变形是通过橡胶层的剪切变形来实现的。因此,支座节点在温度变化等因素作用下的最大水平位移值 u(图 4.72)应不超过橡胶层的允许剪切变形$[u]$,即

$$u \leqslant [u] = d_0 [\tan \alpha] \tag{4.40}$$

式中　d_0——橡胶层总厚度,$d_0 = 2d_t + nd_i$(图 4.73);

　　　d_t,d_i——上(下)表层及中间各层橡胶片厚度,d_t 宜取 2.5 mm,d_i 可取垫板短边尺寸 a 的 $1/30 \sim 1/25$,常用 5,8 mm 或 11 mm;

　　　n——中间橡胶片的层数;

　　　$[\tan \alpha]$——板式橡胶支座容许剪切角正切值, 对于在规定硬度范围的常用橡胶材料剪切角的极限为 35°,一般取值为 0.7。

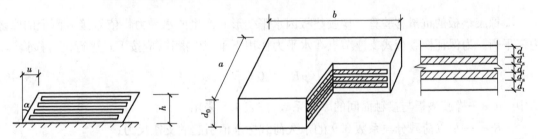

图 4.72　橡胶垫板的水平变形　　　　　　图 4.73　橡胶垫板的构造

另外,橡胶层厚度太大易造成支座节点失稳。因此,构造规定橡胶层厚度应不大于支座节点法向边长的 0.2 倍,则橡胶层总厚度 d_0 应满足下式要求:

$$u/0.7 = 1.43u \leqslant d_0 \leqslant 0.2a \tag{4.41}$$

橡胶层总厚度 d_0 确定后,加上各橡胶片之间钢板厚度之和,即可得到橡胶垫板总厚度 h,一般可取短边长度 a 的 $1/10 \sim 3/10$,且不宜小于 40 mm。钢板可采用 Q235 钢或 Q345 钢,厚度为 $2 \sim 3$ mm。

c. 橡胶垫板的压缩变形验算。橡胶垫板的弹性模量较低,因此应控制其变形值不宜过大。支座节点的转动是通过橡胶垫板产生的不均匀压缩变形来实现的。当支座节点产生转角时,若橡胶垫板内侧的压缩变形为 w_1、外侧的为 w_2(图 4.74),如果忽略薄钢板的变形,则橡胶垫板的平均压缩变形 w_m 为:

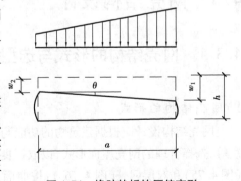

图 4.74　橡胶垫板的压缩变形

$$w_m = \frac{1}{2}(w_1 + w_2) = \frac{\sigma_m d_0}{E} \tag{4.42}$$

式中 σ_m——平均压应力, $\sigma_m = R_{max}/A$;

E——橡胶垫板的抗压弹性模量,可由表4.9确定。

支座转角为:

$$\theta = \frac{1}{a}(w_1 - w_2) \tag{4.43}$$

式中 θ——结构在支座处的最大转角,rad。

由式(4.42)、式(4.43)得:

$$w_2 = w_m - \frac{1}{2}\theta a \tag{4.44}$$

当 $w_2 < 0$ 时,表明支座后端局部脱空而前端局部承压,这是不允许的,为此必须使 $w_2 \geqslant 0$,即

$$w_2 \geqslant \frac{1}{2}\theta a$$

同时,为避免橡胶支座产生过大的竖向压缩变形,应使 $w_m \leqslant 0.05d_0$。平均压缩变形应满足以下条件:

$$0.05d_0 \geqslant w_m \geqslant \frac{1}{2}\theta a \tag{4.45}$$

d. 橡胶垫板的抗滑移验算。橡胶垫板因水平变形 u 产生的水平力将依靠接触面上的摩擦力来平衡。为保证橡胶板式支座节点在水平力作用下不产生滑移,应按下式进行抗滑移验算:

$$\mu R_g \geqslant GA\frac{u}{d_0} \tag{4.46}$$

式中 μ——橡胶垫板与接触面间的摩擦系数,按表4.8采用;

R_g——乘以荷载分项系数0.9的永久荷载标准值引起的支座反力;

G——橡胶垫板的抗剪弹性模量,按表4.8采用。

橡胶支座的锚栓按构造取用,其直径应不小于 $20 \sim 25$ mm。

4.3 网壳结构设计

4.3.1 网壳结构的形式与选型

1)网壳结构的形式

网壳结构设计应根据建筑物的功能与形状,综合考虑材料供应、施工条件以及制作安装方法等,选择合理的网壳屋面形式,以取得良好的技术经济效果。网壳按组成层数分为单层网壳(图4.75)和双层网壳(图4.76);按曲面外形分为圆柱面网壳(图4.75、图4.76)、球面网壳(图4.77)、双曲扁网壳(图4.78)、扭曲面网壳(图4.79)、单块扭网壳(图4.80)、双曲抛物面网壳(图4.81),以及切割或组合形成曲面网壳(图4.82、图4.83)等结构形式。

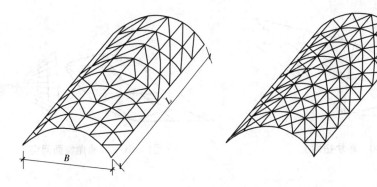

图 4.75　单层柱面网壳

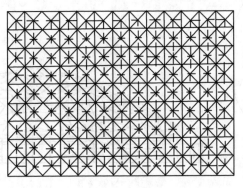

图 4.76　双层柱面网壳

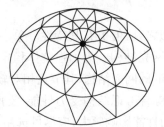

图 4.77　单层球面网壳

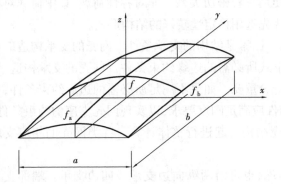

图 4.78　双曲扁网壳

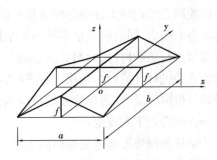

图 4.79　扭曲面网壳

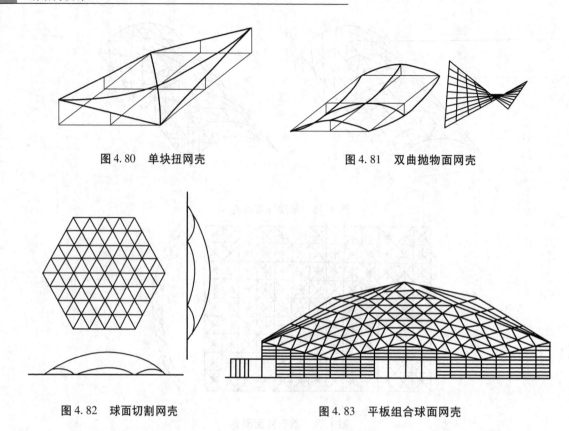

图4.80 单块扭网壳   图4.81 双曲抛物面网壳

图4.82 球面切割网壳   图4.83 平板组合球面网壳

2）网壳选型

网壳结构与网架结构有相似之处，但更有其特性。单层网壳构造简单、质量轻，但稳定性较差，因此只适合于中小跨度的网壳结构。为加强整体稳定性，单层网壳必须采用刚性节点。而双层网壳适合于跨度大于40 m的网壳结构，其节点相对较为简单，可采用铰接节点。

在选择网壳结构类型时，应综合考虑结构受力性能、支座情况、经济、适用和美观的要求。大跨度网壳结构的矢高对其受力性能影响颇大，应尽量选用矢高较大的球面或柱面网壳，使其构造更为合理、经济；当跨度较小时，可选用矢高较小的双曲扁网壳或落地式的双曲抛物面网壳。矢高的大小还与建筑环境、建筑造型及使用有着密切关系。非对称性荷载、集中荷载对单层网壳的稳定性危害极大，在结构选型时应优先选用稳定性较好的结构形式。

影响网壳结构静力性能和经济指标的另一因素是结构的支承条件。网壳的支承构造应可靠传递竖向反力，同时应满足不同网壳结构形式所必需的边缘约束条件。网壳的支承构造，包括支座节点与边缘构件，对网壳的合理受力十分重要。如果不满足所必需的边缘约束条件，可能会造成网壳杆件的内力变化。边缘约束构件应满足刚度要求，以实现网壳支座的约束条件。为准确分析网壳受力，边缘约束构件应与网壳结构一起进行整体计算。各类网壳的相应支座约束条件应符合下列规定：

①圆柱面网壳可通过端部横隔支承于两端，也可沿两纵向边支承或四边支承。端部支承横隔应具有足够的平面内刚度。沿两纵向边支承的支承点应保证抵抗侧向水平位移的约束条件。

②球面网壳的支承点应保证抵抗水平位移的约束条件。

③椭圆抛物面网壳(双曲扁网壳中的一种)及 4 块组合双曲抛物面网壳应通过边缘构件沿周边支承,其支承边缘构件应有足够的平面内刚度。

④双曲抛物面网壳应通过边缘构件将荷载传递给支座或下部结构,其边缘构件应具有足够的刚度,并作为网壳整体的组成部分共同计算。

4.3.2　网壳结构尺寸确定

(1)圆柱面网壳

①两端边支承的圆柱面网壳, 其宽度 B 与跨度 L 之比(图 4.75)宜小于 1.0,壳体的矢高可取宽度 B 的 1/6 ~ 1/3。

②沿两纵向边支承或四边支承的圆柱面网壳,壳体的矢高可取跨度 L(宽度 B)的 1/5 ~ 1/2。

③双层圆柱面网壳的厚度可取宽度 B 的 1/50 ~ 1/20。

④两端边支承的单层圆柱面网壳,其跨度 L 不宜大于 35 m;沿两纵向边支承的单层圆柱面网壳,其跨度(此时为宽度 B)不宜大于 30 m。

(2)球面网壳

①球面网壳的矢跨比不宜小于 1/7;

②双层球面网壳的厚度可取跨度(平面直径)的 1/60 ~ 1/30;

③单层球面网壳的跨度(平面直径)不宜大于 80 m。

(3)双曲抛物面网壳

①双曲抛物面网壳底面的两对角线长度之比不宜大于 2;

②单块双曲抛物面壳体的矢高可取跨度的 1/4 ~ 1/2(跨度为两个对角支承点之间的距离),四块组合双曲抛物面壳体每个方向的矢高可取相应跨度的 1/8 ~ 1/4;

③双层双曲抛物面网壳的厚度可取短向跨度的 1/50 ~ 1/20;

④单层双曲抛物面网壳的跨度不宜大于 60 m。

(4)椭圆抛物面网壳

①椭圆抛物面网壳的底边两跨度之比不宜大于 1.5;

②壳体每个方向的矢高可取短向跨度的 1/9 ~ 1/6;

③双层椭圆抛物面网壳的厚度可取短向跨度的 1/50 ~ 1/20;

④单层椭圆抛物面网壳的跨度不宜大于 50 m。

网壳结构的网格在构造上可采用以下尺寸:当跨度小于 50 m 时,采用 1.5 ~ 3.0 m;当跨度为 50 ~ 100 m 时,采用 2.5 ~ 3.5 m;当跨度大于 100 m 时,采用 3.0 ~ 4.5 m。网壳相邻杆件间的夹角宜大于 30°。

各类双层网壳的厚度,当跨度较小时,可取较大的比值;当跨度较大时,则取较小的比值。厚度是指网壳上下弦杆形心之间的距离。双层网壳的矢高以其支承面确定,如网壳支承在下弦,则矢高从下弦曲面算起。

4.3.3 网壳结构计算要点

1)一般计算原则

网壳结构应进行重力荷载及风荷载作用下的位移、内力计算和必要的稳定性分析,并应根据具体情况,对地震、温度变化、支座沉降及施工安装荷载等作用下的位移、内力进行计算。

网壳结构的内力和位移可按弹性理论计算,整体稳定性计算应考虑结构的几何非线性影响。网壳结构的外荷载可按静力等效原则将节点所辖区域内的荷载集中作用在该节点上。当杆件上作用有局部荷载时,必须另行考虑局部弯曲内力的影响。

在网壳结构的分析计算中,多采用杆系有限元法。对双层网壳,宜采用空间杆系有限元法;对单层网壳,宜采用空间梁系有限元法。分析双层网壳时,可假定节点为铰接,杆件只承受轴向力;分析单层网壳时,可假定节点为刚接,杆件除承受轴向力外,还承受弯矩、剪力等。

网壳应按最不利的荷载效应组合进行设计。对非抗震设计,作用及作用组合的效应应按现行国家标准《荷载规范》进行计算,在杆件截面及节点设计中,应按作用基本组合的效应确定内力设计值;对抗震设计,地震组合的效应应按现行国家标准《抗震规范》计算。在位移验算中,应按作用标准组合的效应确定其挠度。

网壳结构的支承条件,可根据支座节点的位置、数量和构造情况,以及支承结构的刚度确定。对于双层网壳,分别假定为两向或一向可侧移、无侧移的铰接支座或弹性支承;对于单层网壳,分别假定为两向或一向可侧移、无侧移的铰接支座、刚接支座或弹性支承。网壳结构的支承必须保证在任意竖向和水平荷载作用下结构的几何不变性和各种网壳计算模型对支承条件的要求。

网壳结构的最大位移计算值不应超过以下值:单层网壳,$L/400$;双层网壳,$L/250$(L 为短向跨度)。悬挑网壳的最大位移计算值不应超过以下值:单层网壳,$L/200$;双层网壳,$L/125$(L 为悬挑长度)。

网壳施工安装阶段与使用阶段支承情况不一致时,应按不同支承条件来计算施工安装阶段与使用阶段在相应荷载作用下的网壳内力和变形。

2)网壳结构的内力分析

网壳结构的计算方法较多,比较常用的和有效的计算方法包括空间杆系有限元法、空间梁系有限元法和拟壳分析法3种。

空间杆系有限元法忽略节点刚度的影响,不计次应力,如同计算网架结构,将网壳的每个杆件作为一个单元,每个节点的3个线位移为未知数,可用来计算各种形式的双层网壳结构。无论是理论分析及模型试验乃至工程实践均表明,空间杆系有限元法是迄今为止分析双层网壳结构最为有效、适用范围最为广泛,且相对而言精度也是最高的方法。

空间梁系有限元法即空间刚架位移法,主要用于单层网壳的内力、位移和稳定性计算。单层网壳以杆件节点的3个线位移和3个角位移为未知数,每根杆件要承受轴力、弯矩(包括扭矩)和剪力。

有限元法可以用来分析不同类型、具有任意平面和几何外形、具有不同支承方式及不同边界条件、承受不同类型外荷载的网壳结构。有限元法不仅可用于网壳结构的静力分析,还可用于动力分析、抗震分析及非线性稳定全过程分析。对于该计算方法,可以自编程序或者利用已有有限元分析软件在计算机上进行运算。按有限元法进行网壳结构静力计算时,可采用下列基本方程:

$$KU = F \tag{4.47}$$

式中　K——网壳结构总弹性刚度矩阵;

　　　U——网壳结构节点位移向量;

　　　F——网壳结构节点荷载向量。

　　网壳结构采用拟壳分析法分析时,可根据壳面形式、网格布置和构件截面把网壳等代为一个当量的薄壳结构,在由相应边界条件求得拟壳的位移和内力后,可按几何和平衡条件返回计算网壳杆件的内力。拟壳分析法物理概念清晰,有时计算也很方便,常与有限元法互为补充,但计算精度不如有限元法,一般在网壳的结构方案选择和初步设计时采用。

3) 网壳结构的稳定性分析

　　单层网壳和厚度较小的双层网壳均存在整体失稳(包括局部壳面失稳)的可能性。设计某些单层网壳时,稳定性还可能起控制作用。因此,单层网壳以及厚度小于跨度 1/50 的双层网壳均应进行稳定性计算。

　　网壳的稳定性可按考虑几何非线性的有限元法(即荷载-位移全过程分析)进行计算,分析可假定材料为弹性,也可考虑材料的弹塑性。对于大型和形状复杂的网壳结构,宜采用考虑材料弹塑性的全过程分析方法。全过程分析的迭代方程可采用下式:

$$K_t \Delta U^{(i)} = F_{t+\Delta t} - N_{t+\Delta t}^{(i-1)} \tag{4.48}$$

式中　K_t——t 时刻结构的切线刚度矩阵;

　　　$\Delta U^{(i)}$——当前位移的迭代增量;

　　　$F_{t+\Delta t}$——$t + \Delta t$ 时刻外部所施加的节点荷载向量;

　　　$N_{t+\Delta t}^{(i-1)}$——$t + \Delta t$ 时刻相应的杆件节点内力向量。

　　球面网壳的全过程分析可按满跨均布荷载进行;圆柱面网壳和椭圆抛物面网壳除应考虑满跨均布荷载外,尚应考虑半跨活荷载分布的情况。进行网壳全过程分析时,应考虑初始几何缺陷(即初始曲面形状的安装偏差)的影响,初始几何缺陷分布可采用结构的最低阶屈曲模态,其缺陷最大计算值可按网壳跨度的 1/300 取值。

　　对网壳结构进行全过程分析求得的第一个临界点处的荷载值,可作为网壳的稳定极限承载力。网壳稳定容许承载力(荷载取标准值)应等于网壳稳定极限承载力除以安全系数 K。当按弹塑性全过程分析时,安全系数 K 可取为 2.0;当按弹性全过程分析,且为单层球面网壳、圆柱面网壳和椭圆抛物面网壳时,安全系数 K 可取为 4.2。

4.3.4　网壳结构杆件及节点设计

　　网壳杆件的计算长度和容许长细比可按表 4.10、表 4.11 采用,表中 l 为节间几何长度。

表 4.10　杆件的计算长度 l_0

结构体系	杆件形式	节点形式		
		螺栓球	焊接空心球	板节点
双层网壳	弦杆及支座腹杆	$1.0l$	$1.0l$	$1.0l$
	腹　杆	$1.0l$	$0.9l$	$0.9l$
单层网壳	壳体曲面内	—	$0.9l$	—
	壳体曲面外		$1.6l$	

表 4.11　杆件的容许长细比 $[\lambda]$

结构形式	杆件形式	杆件受拉	杆件受压	杆件受压与压弯	杆件受拉与拉弯
双层网壳	一般杆件	300	180	—	—
	支座附近杆件	250		—	—
	直接承受动力荷载杆件	250			
单层网壳	一般杆件	—		150	250

　　网壳中轴心受力杆件,压弯、拉弯杆件应按《钢结构设计标准》(GB 50017—2017)验算其强度和稳定性。

　　网壳杆件采用圆钢管时,铰接节点可采用螺栓球节点、焊接空心球节点,刚接节点可采用焊接空心球节点。跨度不大于 60 m 的单层球面网壳以及跨度不大于 30 m 的单层圆柱面网壳可采用嵌入式毂节点。杆件采用角钢组合截面时,可采用钢板节点。节点构造和计算可参考4.2.6 节。

4.4　网架结构设计实例

　　根据下列资料设计一平板网架。

1)设计资料

　　网架平面尺寸为 21 m×27 m,周边上弦支承,屋面板为彩涂夹心板(聚氨酯保温层),檩条为 C 形薄壁型钢,双面排水,坡度为 2%,采用上弦节点上加小立柱找坡。不上人的屋面活荷载与雪荷载的较大值取 0.50 kN/m²。不考虑地震作用。

　　网架材料:高频焊接钢管及焊接钢球为 Q235B 钢,焊条为 E43 型。

2)网架形式及几何尺寸

　　网架形式采用正放四角锥网架。上弦网格尺寸按表 4.2 宜选 $(1/12 \sim 1/6)L_2 = (1/12 \sim 1/6) \times$ 21 m = 1.75 ~ 3.5 m。上弦网格数按表 4.3 宜选用 $(6 \sim 8) + 0.07L_2 = (6 \sim 8) + 0.07 \times 21 = 8 \sim 10$ 格。网架跨高比按表 4.3 宜选用 13 ~ 18。根据上述要求,选用网格尺寸 3 m×3 m,网格数 7 × 9,网架高度 1.5 m。

网架平面布置图见附录 6。

3）荷载

（1）永久荷载标准值

夹心板和檩条：0.30 kN/m²。

网架自重：$g_{0k} = \dfrac{\sqrt{q_w}L_2}{150} = \dfrac{\sqrt{0.30+0.50}\times 21}{150}\text{kN/m}^2 = 0.13\ \text{kN/m}^2$

（2）可变荷载标准值

取屋面活荷载与雪荷载的较大值：0.50 kN/m²。

（3）荷载组合

按可变荷载效应控制的组合计算，则

$F = 1.2\times(0.30+0.13)\text{kN/m}^2 + 1.4\times 0.50\ \text{kN/m}^2 = 1.22\ \text{kN/m}^2$

4）杆件内力计算

按空间桁架位移法编制的软件进行内力计算分析，杆件内力设计图如图 4.84 所示。

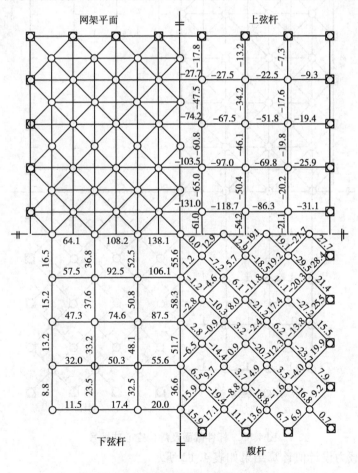

图 4.84　网架内力图（单位：kN）

5）截面验算

（1）杆件计算长度 l_0

上弦杆：$l_0 = 0.9 \times 300$ mm $= 270$ mm

下弦杆：$l_0 = 0.9 \times 300$ mm $= 270$ mm

支座斜腹杆：$l_0 = 0.9 \times 260$ mm $= 234$ mm

一般斜腹杆：$l_0 = 0.8 \times 260$ mm $= 208$ mm

（2）杆件截面验算

杆件截面及焊接空心球编号如图 4.85 所示。以 1 号上弦杆为例，其最大轴压力为 31.1 kN，则

长细比：$\lambda = \dfrac{l_0}{i_{\min}} = \dfrac{270}{2.14} = 126.2 < [\lambda] = 180$（满足要求）

稳定性验算：$\sigma = \dfrac{N}{\varphi A} = \dfrac{31.1 \times 10^3}{0.405 \times 570}$ N/mm^2 $= 134.72$ N/mm^2 $< f = 215$ N/mm^2（满足要求）

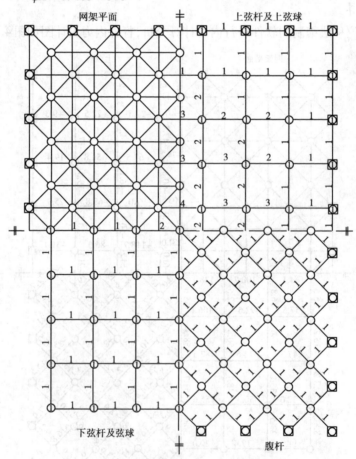

图 4.85　杆件截面及焊接空心球编号

其他杆件承载力设计值计算结果如表 4.12 所示。

由图 4.84、图 4.85 及表 4.12 可知，截面强度和稳定性符合设计要求。

表4.12 杆件承载力设计值

杆件编号	截面规格（mm）	截面面积 A(mm²)	回转半径 i(mm)	长细比			稳定系数			承载力设计值 稳定：$N = \varphi Af$(kN) 强度：$N = Af$(kN)			
				上弦杆	支座腹杆	一般腹杆	上弦杆	支座腹杆	一般腹杆	上弦杆受压	支座腹杆受压	一般腹杆受压	抗拉
1	$\phi 63.5 \times 3$	5.70	2.14	126.2	109.3	97.2	0.405	0.497	0.574	49.7	60.9	70.4	122.6
2	$\phi 76 \times 3.5$	7.97	2.57	105.1	91.1	80.9	0.522	0.613	0.682	89.5	105.1	116.9	171.4
3	$\phi 89 \times 4$	10.68	3.01	89.7	77.7	69.1	0.623	0.703	0.756	143.1	161.4	173.6	229.6
4	$\phi 114 \times 4$	13.82	3.89	69.4	60.2	53.5	0.755	0.806	0.840	224.3	239.5	249.6	297.1

6) 焊接空心球设计

采用壁厚 $t = 8$ mm、外径 $D = 180$ mm 不加肋空心球（本例采用一种空心球）。空心球最小外径为：

$$\theta = 2\left(\arcsin \frac{1.5}{2.6}\right)\frac{\pi}{180}\text{rad} = 1.23 \text{ rad}$$

$$D = \frac{d_1 + 2a + d_2}{\theta} = \frac{114 + 20 + 63.5}{1.23}\text{mm}$$

$$= 160.6 \text{ mm} < 180 \text{ mm}$$

其受压和受拉承载力设计值 N_R 可按式(4.29)计算：

$$N_R = \eta_0\left(0.29 + 0.54 \frac{d}{D}\right)\pi tdf = 1.0 \times \Big(0.29 +$$

$$0.54 \times \frac{63.5}{180}\Big) \times \pi \times 8 \times 63.5 \times 215 \text{ kN}$$

$$= 164.8 \text{ kN} > 108.2 \text{ kN}(满足设计要求)$$

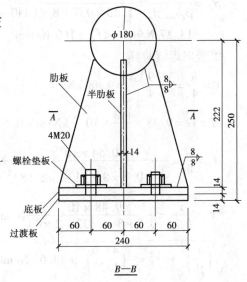

$B\text{—}B$

7) 挠度验算

经电算，挠度 $v = 49$ mm $< [v] = L_2/250 = 21\ 000$ mm/250 $= 84$ mm，满足要求。

8) 支座节点验算

支座承受最大力为：$R_z = 37.9$ kN，$R_x = 1.3$ kN。采用平板压力支座节点，Q235B 钢，E4 系列焊条，尺寸构造如图4.86所示。底板支承混凝土强度等级为 C20。

（1）底板验算

①平面尺寸验算。

$f_c = 9.6$ N/mm²，设局部承压提高系数 $\beta = 1.1$，则

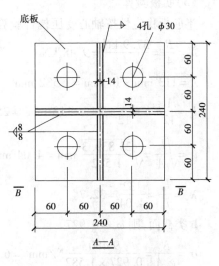

$A\text{—}A$

图4.86 网架支座图

$$\beta f_c = 1.1 \times 9.6 \text{ N/mm}^2 = 10.56 \text{ N/mm}^2$$

$$A_n = \frac{R}{f_c} = \frac{37\,900}{10.56}\text{mm}^2 = 3\,589 \text{ mm}^2 < 240^2 \text{ mm}^2 - 4 \times \pi \times 30^2 \text{ mm}^2 = 46\,296 \text{ mm}^2$$

②厚度验算。按三边支承板验算其厚度。

$$q = \frac{R}{A_n} = \frac{37.9 \times 10^3}{240^2 - 4 \times \pi \times 30^2}\text{N/mm}^2 = 0.82 \text{ N/mm}^2$$

$$M = \beta q a_1^2 = 0.058 \times 0.82 \times 113^2 \text{ N·mm} = 607 \text{ N·mm}$$

$$t \geqslant \sqrt{\frac{6M}{f}} \text{ mm} = \sqrt{\frac{6 \times 607}{215}}\text{mm} = 4.11 \text{ mm} < 14 \text{ mm}$$

（2）焊缝验算

①水平焊缝验算。

$$\sigma_f = \frac{R}{\beta_f h_e \sum l_w} = \frac{37.9 \times 10^3}{1.22 \times 0.7 \times 8 \times (240 - 2 \times 8 + 113 \times 2 - 4 \times 8)}\text{N/mm}^2$$
$$= 13.27 \text{ N/mm}^2 < f_f^w = 160 \text{ N/mm}^2$$

②竖向焊缝验算。

$$V = \frac{R}{4} = \frac{37.9 \text{ kN}}{4} = 9.48 \text{ kN}$$

$$M = Ve = 9.48 \times \frac{113}{2} \times 10^{-3} \text{ kN·m} = 0.54 \text{ kN·m}$$

$$\sigma_f = \frac{M}{W} = \frac{0.54 \times 10^6}{\frac{1}{6} \times 0.7 \times 8 \times (132 - 2 \times 8)^2}\text{N/mm}^2 = 43.0 \text{ N/mm}^2$$

$$\tau_f = \frac{V}{h_e l_w} = \frac{9.48 \times 10^3}{0.7 \times 8 \times (132 - 2 \times 8)}\text{N/mm}^2 = 14.6 \text{ N/mm}^2$$

$$\sqrt{\left(\frac{\sigma_f}{\beta_f}\right)^2 + \tau_f^2} = \sqrt{\left(\frac{43.0}{1.22}\right)^2 + 14.6^2} \text{ N/mm}^2 = 38.1 \text{ N/mm}^2 < f_f^w = 160 \text{ N/mm}^2$$

（3）肋板验算

半肋板稳定性按轴心受压构件验算。

$$N = \frac{R}{4} = \frac{37.9 \text{ kN}}{4} = 9.48 \text{ kN}$$

$$A = 113 \text{ mm} \times 14 \text{ mm} = 1\,582 \text{ mm}^2$$

$$I_y = \frac{1}{12}b^3 h = \frac{1}{12} \times 14^3 \times 113 \text{ mm}^4 = 25\,839.3 \text{ mm}^4$$

$$i_y = \sqrt{\frac{I_y}{A}} = \sqrt{\frac{25\,839.3}{1\,582}} \text{ mm} = 4.04 \text{ mm}$$

$$\lambda_y = \frac{l_0}{i_y} = \frac{132}{4.04} = 32.7$$

b 类截面，则 $\varphi_y = 0.927$。

$$\sigma = \frac{N}{\varphi_y A} = \frac{9\,480}{0.927 \times 1\,582}\text{N/mm}^2 = 6.46 \text{ N/mm}^2 < f = 215 \text{ N/mm}^2$$

（4）锚栓设置

因支座承受压力,锚栓不承受拉力,按构造布置4M20。

网架结构施工图见附录6。

网架结构设计流程图

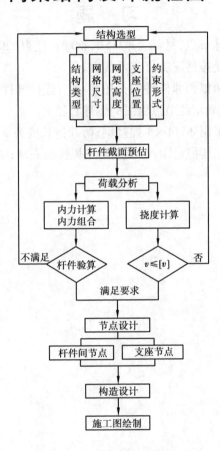

复习思考题

4.1　空间结构的特点是什么? 分为哪几类? 各有什么特点?

4.2　网架结构按网格形式可分为哪几类? 请叙述各种网架的组成和特点。

4.3　如何合理选择网架结构形式?

4.4　网架结构的支承形式有哪些? 各有何特点?

4.5　网架结构的网格尺寸和高度如何确定?

4.6　简述网架结构的内力计算方法。

4.7　网架结构杆件一般采用什么截面形式?

4.8　在对网架结构中的轴心受压杆件和轴心受拉杆件设计时应分别计算哪些内容?

4.9　网架节点形式有哪几类? 如何选用?

4.10　简述焊接空心球节点的特点和构造要求。

4.11　如何确定螺栓球节点中高强度螺栓的直径？

4.12　网架结构的支座节点主要有哪些类型？简述每种类型支座节点的组成和适用范围。

习　题

4.1　不加肋焊接空心球节点，材料为 Q235B，钢球直径为 220 mm，壁厚为 6 mm，钢管外径为 60 mm，试分别按受压和受拉情况验算其承载力。

4.2　某螺栓球节点上两根相邻杆件的夹角为 45°，连接杆件的高强度螺栓的直径分别为 $d_1 = 27$ mm 和 $d_2 = 24$ mm，试确定此节点所需的钢球直径。

4.3　某网架上弦杆件采用 $\phi 114 \times 4$ 焊接钢管，几何长度为 3 m，材料为 Q345，承受轴心压力设计值 $N = 260$ kN，试验算其稳定性：①节点采用焊接空心球；②节点采用螺栓球。

第5章
多高层房屋钢结构设计

本章导读

内容及要求：多高层钢结构设计特点、多高层钢结构体系、多高层钢结构的选型与布置、荷载与作用计算、作用效应计算及其组合、结构验算、构件设计、组合楼(屋)盖设计、节点设计。通过本章学习，应对多高层房屋钢结构的设计过程与方法等相关知识有所了解。

重点：多高层房屋钢结构的设计过程与方法。

难点：结构的选型与布置、作用效应计算及其组合、节点设计。

5.1　多高层钢结构设计特点

多高层钢结构是工业与民用建筑中常用的结构形式，在工业建筑中常用于电子工业、机械工业等行业的工业厂房，在民用建筑中常用于办公楼、教学楼、住宅等建筑。

多高层钢结构一般由柱、梁、楼盖、支撑、墙板或墙架等构件组成。设计多高层钢结构时，应注意以下特点。

（1）水平荷载成为决定因素

在高度较小的建筑中，往往是竖向荷载(楼面、屋面活载，结构自重等)控制着结构设计，而在多高层建筑中，尽管竖向荷载仍对结构设计产生着重要影响，但水平荷载却起着决定性作用，往往成为多高层建筑结构设计的控制因素。这是因为：一方面，结构自重和楼面使用荷载在竖向构件中引起的轴力和弯矩的数值，仅与楼房高度的一次方成正比，而水平荷载对结构产生的倾覆力矩以及由此在竖向构件中引起的轴力，与楼房高度的两次方成正比；另一方面，对某一高度的楼房来说，竖向荷载大体上是定值，而作为水平荷载的风荷载和地震作用，其数值是随结构动力特性的不同而有较大幅度的变化，从而使合理确定水平荷载比确定竖向荷载困难。

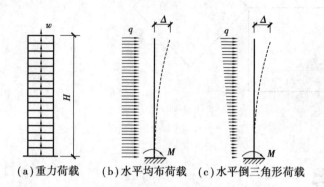

图 5.1　荷载内力与侧移

如图 5.1 所示为某高层建筑结构的计算简图。在各种荷载作用下,其内力与房屋高度的关系为:

竖向荷载作用下的最大轴力:

$$N = wH \tag{5.1}$$

水平均布荷载作用下的最大弯矩:

$$M = \frac{1}{2}qH^2 \tag{5.2}$$

水平倒三角形分布荷载作用下的最大弯矩:

$$M = \frac{1}{3}qH^2 \tag{5.3}$$

式中　q,w——作用于楼房每米高度上的水平荷载与竖向荷载。

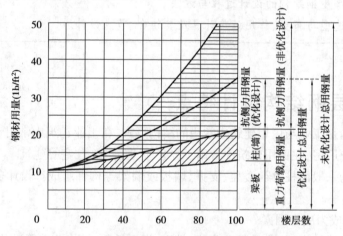

图 5.2　高层建筑结构用钢量随层数的变化

图 5.2 为风荷载作用下 5 跨钢框架各分项用钢量随房屋层数而变化的示意图,由此可见水平荷载的影响远远大于竖向荷载的影响,而且随着房屋层数的增加而急剧增加。

(2)结构侧移可能成为控制指标

由图 5.1 所示的计算简图确定的结构顶点侧移为:

水平均布荷载作用时　　　　　$\Delta = \frac{qH^4}{8EI} \tag{5.4}$

水平倒三角形分布荷载作用时　　　　　$\Delta = \dfrac{11qH^4}{120EI}$　　　　　　　　　　(5.5)

从上式可以看出,结构顶点侧移 Δ 与结构总高度 H 的四次方成正比。这说明,随着房屋高度的增加,水平荷载下结构的侧向变形速率增大。因此,与较低房屋相比,结构侧移已上升为高层建筑结构设计的关键因素,可能成为结构设计的控制指标。

通过上述分析可知,设计高层建筑结构时,不仅要求结构具有足够的强度,还要求有足够的刚度,使结构在水平荷载作用下产生的侧移被控制在某一限值之内。这是因为高层建筑的使用功能和安全与结构侧移的大小密切相关:

①过大侧移难以保证舒适度要求,会影响楼房内使用人员的正常工作与生活。

②过大的侧向变形会使隔墙、围护墙以及高级饰面材料出现裂缝或损坏,此外也会使电梯因轨道变形而不能正常运行等,无法保证房屋的正常使用。

③过大的侧向变形会使结构产生过大的二阶效应——引起过大的附加内力,以致有时使总内力超过结构的承载能力,或者使结构的变形成为不稳定,甚至引起倒塌,结构的安全受到威胁。因此,结构的侧移控制成为一个保证结构合理性的综合性指标。

(3)注意连续梁支座沉陷效应

在多层钢结构中,由于柱中轴力大(特别是底层柱),因而轴向变形大,同时各柱轴向变形差异随房屋高度的增加而加大。框架中柱的轴压应力往往大于边柱的轴压应力,中柱的轴向压缩变形大于边柱的轴向压缩变形。当房屋较高时,这种轴向压缩差异将会达到较大的数值,其后果相当于连续梁的中间支座产生沉陷,从而使连续梁中间支座处的负弯矩值减小,跨中正弯矩值和端支座负弯矩值增大(图 5.3)。因此,若忽略柱中轴向变形,将会使结构内力和位移的分析结果产生一定的误差。在图 5.3 中,图(a)表示未考虑各柱压缩差异时梁的弯矩分布,图(b)表示各柱压缩差异后梁的实际弯矩分布。

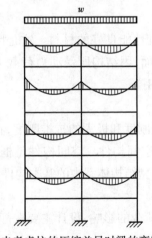
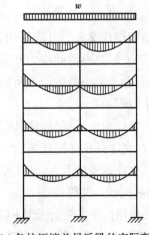

(a)未考虑柱的压缩差异时梁的弯矩分布　　　(b)各柱压缩差异后梁的实际弯矩分布

图 5.3　框架中连续梁的弯矩分布

(4)下料长度宜适当调整

在较高多层与高层建筑中,柱的负载很大,其总高度又较大,整根柱在重力荷载下的轴向变形较大,对建筑物的楼面标高将产生不可忽视的影响。因此,在构件下料时,应根据轴向变形计算值对下料长度进行调整。

(5)梁柱节点域剪切变形的影响不能忽视

在结构设计中,钢框架的梁、柱大都采用工形或箱形截面,若假设梁、柱端弯矩完全由梁、柱翼缘板承担,并忽略轴力对节点域变形的影响,则节点域可视为处于纯剪切状态工作,加之节点域板件一般较薄,剪切变形较大,因此不能忽视对结构内力和侧移的影响。考虑梁、柱节点域剪切变形后,其梁、柱弯矩均有所增加,侧向水平位移增加显著,如图5.4所示。

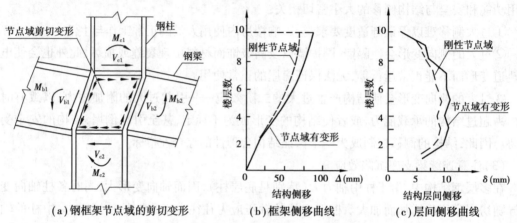

(a)钢框架节点域的剪切变形　　(b)框架侧移曲线　　(c)层间侧移曲线

图5.4　节点域变形对框架侧移的影响

(6)结构延性是重要的设计指标

相对于低层房屋而言,多层建筑更柔一些,在地震作用下的变形更大一些。为了使结构在进入塑性变形阶段后仍具有较强的变形能力,避免倒塌,除选用延性较好的材料外,特别需要在构造上采取恰当的措施来保证结构具有足够的延性。

(7)减轻结构自重具有重要意义

多层建筑钢结构设计要求尽可能采用轻质、高强且性能良好的材料。这是因为:一方面,减小重力荷载,将进一步减小基础压力和造价;另一方面,因结构所受动力荷载大小直接与质量有关,减小质量有助于减小结构动力荷载(如地震作用)。

(8)尽量选用空间构件

与线构件和面构件相比,空间构件具有较大的抗扭刚度和极大的抗推刚度,在水平荷载下的侧移较小,因而在高层或超高层建筑中,宜尽量选用空间构件。空间构件是框筒体系、筒中筒体系、束筒体系、支撑框筒体系、大型支撑筒体系及巨型结构体系中的基本构件。

(9)结构动力响应成为关键因素

低层房屋一般采用简单方法计及结构动力响应对荷载的影响,设计主要按静力问题处理,而高层建筑风振、地震响应成为设计考虑的关键因素。

由于风和地震作用的随机性和复杂性,高层建筑风振和地震响应分析至今仍处于深入研究之中。高层建筑动力响应是由结构特征、环境作用等诸因素综合影响决定的,是结构整体性能的体现,同时也表明,要获得满意的结构动力响应特征,必须综合考虑结构系统,这也是高层结构动力响应分析设计难度较大的另一方面。

（10）抗火设计必不可少

钢材虽为非燃烧材料，但它耐热不耐火，在火灾高温下，结构钢的强度和刚度都将迅速降低，而火灾升温又十分迅速，故无防火保护措施的钢构件在火灾中很容易破坏。多高层建筑钢结构既有一般多高层建筑的消防特点，又有钢结构在高温条件下的特有规律（主要是强度降低和蠕变），因此多高层建筑钢结构必须进行恰当的抗火设计，以减少或避免财产损失和人员伤亡。

（11）防锈处理必须到位

钢材耐腐蚀性差，钢结构构件易生锈腐蚀，影响结构使用寿命，因此多高层房屋钢结构中的所有钢结构构件均应进行合理的防锈处理，以保证结构的长期使用。

（12）避雷系统完整可靠

多高层建筑上遭受雷击的机会比低矮建筑要多，一年中的雷击次数与建筑物的高度有关，建筑物越高，受到的雷击次数就越多。在雷击放电时便有可能引起火灾或产生其他电击、机械性的事故。因此，为了保证多高层建筑的防雷安全，多高层建筑应设置可靠的避雷系统。

5.2　多高层钢结构体系

随着层数和高度的增加，多高层钢结构除承受较大的竖向荷载外，还会承受较大的风荷载、地震作用等水平荷载。为了有效抵抗水平作用，选择经济而有效的结构体系便成为多高层房屋钢结构设计中的关键问题。

根据抗侧力结构的力学模型及其受力特性，可将常见的多高层房屋钢结构分成框架结构体系、双重抗侧力结构体系、筒体结构体系和巨型结构体系四大体系。

框架结构体系由于结构自身力学特性的局限，对于 30 层以上的楼房其经济性欠佳。双重抗侧力体系是在框架结构体系中增设支撑或剪力墙或核心筒等抗侧力构件，其水平荷载主要由抗侧力构件承担，可用于 30 层以上的楼房。当房屋层数更多时，由于支撑等抗侧力构件的高宽比值超过一定限度，水平荷载产生的倾覆力矩引起的支撑等抗侧力构件中的轴压应力很大，结构侧移也较大，宜采用加劲框架-支撑体系，利用外柱来提高结构体系的抗倾覆能力。随着房屋高度的增大，水平荷载引起的倾覆力矩按照房屋高度二次方的关系急剧增大，因此当房屋层数很多时，倾覆力矩很大，此时宜采用以立体构件为主的结构体系，即筒体体系或巨型结构体系，这种结构体系能够较好地满足很高楼房抗倾覆能力的要求。

下面分别介绍各种结构体系的结构特征、力学特性和变形性质，以及各种体系的适用范围。

5.2.1　框架结构体系

框架结构体系的优点是能够提供较大的内部使用空间，因而建筑平面布置灵活，能够适应多种类型的使用功能，构造简单，构件易于标准化和定型化，施工速度快、工期短。对层数不多的多层结构而言，框架结构体系是一种比较经济合理、运用广泛的结构体系。

在地震力作用下，由于结构的柔软性，使结构自振周期长，且结构自重轻，结构影响系数小,因而所受地震力小,这是有利于抗震的。但由于结构的柔软性,地震时侧向位移偏大,易引起非结构性构件的破坏,有时甚至造成结构的破坏,设计时应引起足够的重视。

1)体系特征

框架结构体系是指沿房屋的纵向和横向均采用钢框架作为主要承重构件和抗侧力构件所构成的结构体系,如图5.5所示。其钢框架由水平杆件(钢梁)和竖向杆件(钢柱)正交连接形成。地震区的高楼采用框架结构体系时,框架的纵、横梁与柱的连接一般采用刚性连接。在某些情况下,为加大结构的延性,或防止梁与柱连接焊缝的脆断,也可以采用半刚性连接。

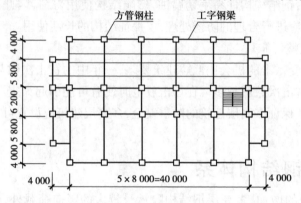

图5.5 框架结构体系平面

2)受力特性

刚性连接的框架在水平力作用下,在竖向构件的柱和水平构件的梁内均产生剪力和弯矩,这些力使梁、柱产生变形。因此,框架结构体系利用柱与各层梁的刚性连接,改变了悬臂柱的受力状态,使柱在抵抗水平荷载时的自由悬臂高度,由原来独立悬臂柱或铰接框架柱的房屋总高度 H[图5.6(a)]减少为楼层高度的一半($h/2$)[图5.6(b)],只有原来的几十分之一,从而使柱承受的弯矩大幅度减小,使框架能以较小截面积的梁和柱承担作用于高楼结构上的较大水平荷载和竖向荷载。因此,框架抗侧力的能力主要决定于梁和柱的抗弯能力。房屋层数增多,侧力总值增大,而要提高梁、柱的抗弯能力和刚度,只有加大梁、柱的截面,但截面过大,则会使框架失去其经济合理性。

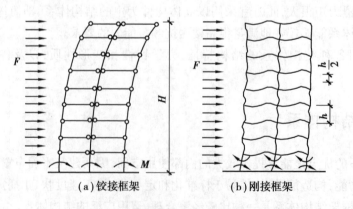

(a)铰接框架　　　　(b)刚接框架

图5.6 水平荷载下高楼结构中柱的受力状态

在竖向荷载作用下,仅框架柱的轴向压力自上而下逐层增加,框架梁、柱的弯矩和剪力自上而下基本无变化;在水平荷载作用下,框架梁、柱的弯矩、剪力和轴力自上而下均逐层增加(上小下大),并且第二层边跨的框架梁梁端内力常为最大。

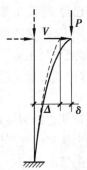

钢框架结构除了具有一般框架结构的性能以外,还存在着一种不可忽视的效应,即框架的二阶效应。这是因为钢框架结构的侧向刚度有限,在风荷载或水平地震作用下将产生较大的侧向位移 Δ(图5.7),竖向荷载 P 作用于几何变形已发生显著变化的结构上,使杆件内力和结构侧移进一步增大(图5.7 中的 δ),这种效应也称之为二阶效应,或简称 P-Δ 效应。当钢框架结构越高时,P-Δ 效应也就越显著。为了控制结构的侧移值,必然要增加梁和柱的刚度。当结构达到一定高度时,梁、柱的截面尺寸就完全由结构的刚度而不是强度控制。

图 5.7　框架的几何非线性效应图

3)变形特点

框架在侧力作用下,在所有杆件(柱和梁)内均产生剪力和弯矩,从而使梁、柱产生垂直于杆轴方向的变形。

框架在侧力作用下产生的侧向位移 Δ[图5.8(a)]由两部分组成:倾覆力矩使框架发生整体弯曲产生的侧移[图5.8(b)]和各层水平剪力使该层柱、梁弯曲(框架整体剪切)产生的侧移[图5.8(c)]。

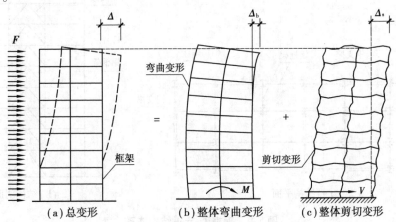

(a)总变形　　　　(b)整体弯曲变形　　　　(c)整体剪切变形

图 5.8　水平荷载下框架的侧移及其组成

对于高度在 60 m 以下的框架,在侧力引起的侧向位移 Δ 中,框架整体弯曲变形约占15%,框架整体剪切变形约占85%。因此,框架整体侧移曲线呈剪切型[图5.4(b)],层间侧移呈下大上小状,最大的层间侧移常位于底层或下部几层[图5.4(c)]。

在水平荷载作用下,框架节点因腹板较薄,节点域将产生较大的剪切变形(图5.4),从而使框架侧移增大 10% ~20%。

5.2.2　双重抗侧力结构体系

前面已经讲到,框架结构体系的主要不足之处是侧向刚度差,当建筑达到一定高度时,在侧向力作用下,结构的侧移较大,会影响正常使用,因而建筑高度受到限制。当房屋高度较大时,可以参照单层工业厂房设柱间支撑的做法,在框架的纵、横方向设置支撑或剪力墙等抗侧力构件,这样就形成了框架和支撑或剪力墙共同抵抗侧向力的作用,故称之为双重抗侧力结构体系。

双重抗侧力结构体系的抗推刚度比框架结构体系要大,并且双重抗侧力结构体系由于框架和抗侧力构件的变形协调,还会使整个结构体系的最大侧移角有所减小。因此,在相同侧移限值标准的情况下,双重抗侧力结构体系可以用于比框架结构体系更高的房屋。

根据双重抗侧力结构体系中的抗侧力构件的不同,可将其分为三类:钢框架-支撑结构体系、钢框架-剪力墙结构体系和钢框架-核心筒结构体系。

1)钢框架-支撑结构体系

（1）体系特征

在框架结构体系中,沿结构的纵、横两个方向或其他主轴方向,根据侧力的大小布置一定数量的竖向支撑,所形成的结构体系称为钢框架-支撑结构体系,简称框-撑体系,如图5.9所示。

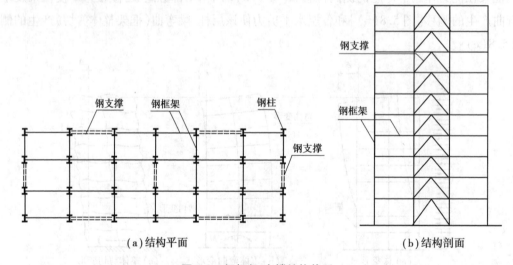

（a）结构平面　　　　　　　　　　　　　（b）结构剖面

图5.9　钢框架-支撑结构体系

在这种体系中,框架布置原则、柱网尺寸和构造要求基本上与框架结构体系相同。竖向支撑的布置,在结构的纵、横等主轴方向均应基本对称。

竖向支撑可采用中心支撑(轴交支撑)或偏心支撑(偏交支撑)。抗风及抗震设防烈度为7度以下时,可采用中心支撑;抗震设防烈度为8度及以上时,宜采用偏心支撑。

（2）受力特性

在水平荷载作用下,在结构的底部,单独支撑层间位移小[图5.10（a）],单独框架层间位移大[图5.10（b）];在结构的上部,正好相反。两者并联,其侧移应协调一致,因此在支撑与框架之间产生相互作用力,在结构的上部为推力,在结构的下部为拉力,如图5.10（c）所示。

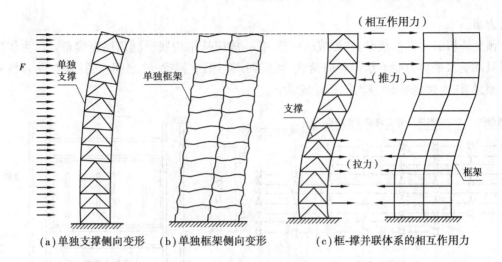

(a)单独支撑侧向变形　(b)单独框架侧向变形　(c)框-撑并联体系的相互作用力

图 5.10　框-撑体系的受力特性

（3）变形特点

框-撑体系的变形与杆件本身的力学特性有关。与杆件的抗弯刚度相比较,杆件的抗压或抗拉的轴向变形刚度要大得多。采用由轴向受力杆件形成的竖向支撑来取代由抗弯杆件形成的框架结构,能获得大得多的抗推刚度。

在框-撑体系中,在水平荷载作用下,框架属剪切型构件,底部层间位移大,而支撑近似于弯曲型竖构件,底部层间位移小,两者并联,其侧移曲线属弯剪型,呈反 S 状,可以明显减小建筑物下部的层间位移和顶部的侧移,如图 5.11 所示。

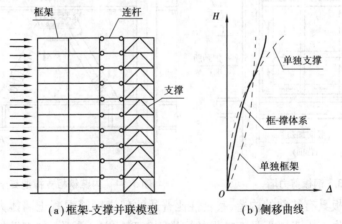

(a)框架-支撑并联模型　(b)侧移曲线

图 5.11　水平荷载作用下框-撑体系的变形特点

2）钢框架-剪力墙结构体系

（1）体系特征

钢框架-剪力墙结构体系是在钢框架的基础上,沿结构的纵、横两个方向或其他主轴方向,根据侧力的大小配置一定数量的剪力墙而形成。

剪力墙可分为现浇和预制两大类。预制剪力墙板通常嵌入钢框架框格内,因此常被称为嵌入式墙板。嵌入式墙板可以是钢板剪力墙或内藏钢板支撑的预制钢筋混凝土剪力墙或预制的带竖缝钢筋混凝土剪力墙等;现浇剪力墙板可以是现浇钢筋混凝土剪力墙或现浇型钢混凝土剪力墙。

预制墙板嵌入钢框架梁、柱形成的框格内,一般应从结构底层到顶层连续布置。为使该类墙板只承受水平剪力而不承担竖向荷载,墙板四周与钢框架梁、柱之间应留缝隙,仅有数处与钢框架梁、柱连接,如图5.12至图5.14所示。

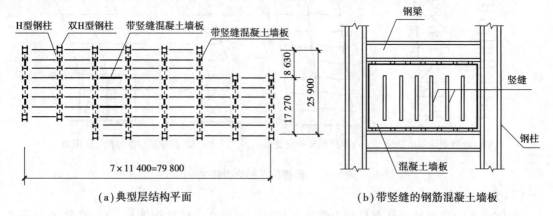

(a)典型层结构平面　　　　　　　(b)带竖缝的钢筋混凝土墙板

图5.12　钢框架-嵌入式墙板体系的结构布置

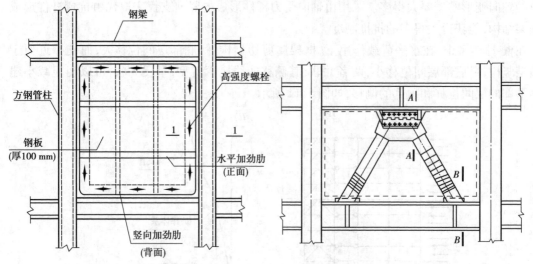

图5.13　钢板剪力墙　　　　　　图5.14　内藏钢板支撑混凝土剪力墙

由于嵌入式墙板具有特殊的构造,其延性比普通的现浇钢筋混凝土墙体大数倍,因而能与钢框架更协调地工作。由于墙板具有较强的抗推刚度和抗剪承载力,与钢框架结构体系相比,钢框架-嵌入式墙板体系的抗推刚度和抗剪承载力都得到显著提高,在风或地震作用下,其层间侧移比钢框架结构体系显著减小,因而这种结构体系可以用于地震区层数更多的楼房。

(2)受力特性

整个建筑的竖向荷载全部由钢框架来承担;水平荷载引起的水平剪力由钢框架和墙板共同承担,并按两类构件的层间抗推刚度(侧向刚度)比例分配(一般情况下,水平剪力主要由墙板来承担);水平荷载引起的倾覆力矩,由钢框架和钢框架-墙板所形成的组合体来承担。

在水平荷载作用下,现浇剪力墙属弯曲型构件,钢框架属剪切型构件,两者协调工作后,钢框架顶部数层的水平剪力将大于下部,设计时应予以注意。

（3）变形特点

钢框架-剪力墙结构体系的变形特点与钢框架-支撑结构体系相似。在水平荷载作用下,剪力墙的侧移曲线属弯曲型,而钢框架的侧移曲线属剪切型,两者协调变形后,其侧移曲线属弯剪型,呈反 S 状,如图 5.11 所示。

3）钢框架-核心筒结构体系

（1）体系特征

钢框架-核心筒体系是指由外围钢框架与内部芯筒所组成的混合结构体系,如图 5.15 所示。内部芯筒可以是钢筋混凝土芯筒或钢骨混凝土芯筒或钢结构支撑芯筒。

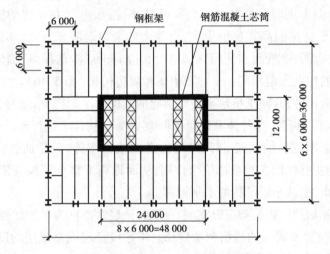

图 5.15　钢框架-核心筒结构平面

当结构的楼层平面采用核心式建筑布置方案,将所有服务性设施集中在楼面中心部位时,可以沿服务性面积周围设置钢筋混凝土墙(形成钢筋混凝土核心筒)或钢骨混凝土墙(形成钢骨混凝土核心筒)或钢结构支撑(形成钢结构支撑核心筒)。

钢框架与核心筒之间通过钢梁连接。钢梁与钢筋混凝土核心筒常为铰接连接,与钢骨混凝土核心筒及钢结构支撑核心筒一般宜采用刚接,也可采用铰接;钢梁与钢框架的连接宜采用刚接,也可采用铰接。

（2）受力特性

由于芯筒是立体构件,在各个方向都具有较大的抗推刚度,在结构体系中成为主要的抗侧力构件,将承担大部分的水平剪力和倾覆力矩,而在芯筒外围的钢框架主要是承担竖向荷载及小部分水平剪力。当外围钢框架的梁与柱采用柔性连接,即梁端与柱采用铰接时,钢框架仅承担竖向荷载,水平荷载则全部由芯筒承担。

在水平荷载作用下,芯筒属弯曲型构件,钢框架属剪切型构件,两者协调工作后,钢框架顶部数层的水平剪力将大于下部,设计时应予以注意。

（3）变形特点

钢框架-核心筒结构体系的变形特点与钢框架-支撑结构体系相似。在水平荷载作用下,核心筒的侧移曲线属弯曲型,而钢框架的侧移曲线属剪切型,两者协调变形后,其侧移曲线属弯剪型,呈反 S 状,如图 5.11 所示。

4) 加劲的钢框架-芯筒结构体系

(1) 体系特征

加劲的钢框架-芯筒体系,是在钢框架-核心筒体系中,增设连接芯筒与外围钢框架的大型桁架(称为加劲伸臂桁架,简称刚臂)以及增设连接外围钢框架的周边大型桁架(称为加劲周边桁架,简称外围桁架)所组成的结构体系,如图 5.16 所示。

就抵抗水平荷载而言,芯筒(竖向支撑)为弯曲型悬臂构件,其水平承载能力和抗推刚度的大小与芯筒(竖向支撑)的高宽比成反比。当高层建筑采用钢框架-芯筒体系时,尽管芯筒作为主要抗侧力结构,但中央服务竖井的平面尺寸较小,沿服务竖井布置的竖向支撑高宽比较大、房屋很高时,由于支撑的高宽比值太大,抗侧力效果显著降低,往往不能满足其要求。此时,应沿芯筒竖向支撑所在平面,在房屋顶层以及每隔若干层沿房屋纵、横向或其他合适方向设置至少一层楼高的加劲大型桁架——伸臂桁架和周边桁架(图 5.16),将内部支撑与外围框架柱连为一整体弯曲构件,共同抵抗水平荷载引起的倾覆力矩。因此,这种体系被称为加劲的钢框架-芯筒结构体系。可见,这种体系是对钢框架-芯筒结构体系进行改进的体系。

这一体系基本上不改变钢框架-芯筒结构体系的结构布置,只是通过设置刚臂和外围桁架,使外围钢框架的所有柱均参与整体抗弯作用,从而提高了整个结构的侧向刚度,减少了内筒所承担的倾覆力矩,也减小了结构的水平侧移。

加劲伸臂桁架和加劲周边桁架应设在同一楼层,该层常被称为水平加强层(常用作设备层或避难层),其设置位置及间隔的楼层数量应综合考虑设备层或避难层的设置位置,并以减小结构位移和内力为目标的优化分析结果而定。

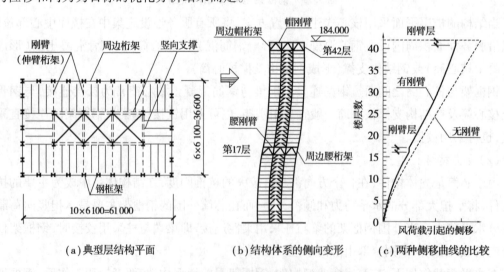

图 5.16　加劲的钢框架-芯筒体系的构成与变形

(2) 受力特性

在一般的钢框架-芯筒结构体系(无刚臂时)中,由于连接外柱与芯筒(支撑)的钢梁跨度大、截面小,抗弯刚度很弱,当整个体系受到水平荷载作用时,外柱基本上不参与整体抗弯,芯筒几乎承担全部的倾覆力矩。而在加劲的钢框架-芯筒结构体系中,整个体系受到水平荷载作用时,由于加劲桁架的竖向抗弯及抗剪刚度均很大,芯筒(支撑)受弯时,各层水平杆绕水平轴做倾斜转动,加劲桁架也随水平杆一起转动,迫使外柱参与整体抗弯。一侧外柱受压,另一侧外柱受拉,形成与倾覆力矩方向相反的力矩(如同刚臂处作用一反向弯矩),将抵消一部分由水平荷载产生的倾覆力矩,从而减小了芯筒(支撑)所承受的倾覆力矩,如图5.17所示。

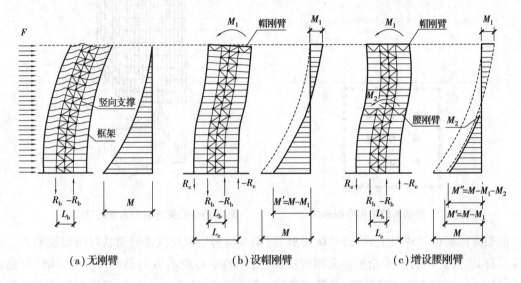

图 5.17　加劲的钢框架-芯筒结构体系的受力状态

(3)变形特点

由于加劲桁架的强大竖向刚度和外柱的较大轴向刚度,不仅使整个加劲的钢框架-芯筒结构体系顶面各点发生同一转角而位于同一斜面上,而且使柱顶面转角减小,使该体系整体弯曲所产生的侧移得以较大幅度减小(减小幅度一般为20%~30%)[图5.16(c)],也使该体系可用于建造比一般钢框架-芯筒结构体系(无刚臂时)更大高度的高楼。

5.2.3　筒体结构体系

筒体结构体系因其抗侧移构件采用了立体构件而使结构具有较大的抗侧移刚度,有较强的抗侧力能力,能形成较大的使用空间,在超高层建筑中运用较为广泛。所谓筒体结构体系,就是由若干片纵横交接的"密柱深梁型"框架或抗剪桁架所围成的筒状封闭结构。每一层的楼面结构又加强了各片框架或抗剪桁架之间的相互连接,形成一个具有很大空间整体刚度的空间筒状封闭结构。根据筒体的组成、布置、数量的不同,可将筒体结构分为框架筒、筒中筒、框筒束等结构体系。

1)框架筒结构体系

(1)体系特征

框架筒结构体系是由建筑平面外围的框架筒体和内部承重框架所组成的结构体系,如图5.18、图5.19所示。

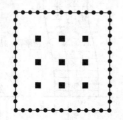

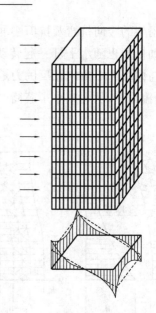

图5.18　框架筒的结构平面形式　　　　图5.19　框架筒的剪力滞后效应

框架筒体是由三片以上的"密柱深梁型"框架或抗剪桁架所围成的筒状封闭型抗侧力立体构件,简称框筒。"密柱"是指框筒采用密排钢柱,柱的中心距不得大于4.5 m;"深梁"是指框筒采用较高截面的实腹式窗裙梁,其截面高度一般为0.9~1.5 m。通常,平行于侧力方向的框架被称为腹板框架,与之垂直的框架则被称为翼缘框架。框筒的平面形状宜为圆形或方形或矩形(其长宽比不宜大于1.5,否则剪力滞后效应过于严重,不能充分发挥其立体构件的效能,此时宜采用框筒束结构体系)或正三角形或正多边形等较规则平面。框筒的立面开洞率一般取30%左右,这是因为过大不能充分发挥立体构件的空间效能,太小则可能会影响建筑使用功能或增加用钢量。外围框架筒体的梁与柱采用刚性连接,以便形成刚接框架。

内部承重框架的梁与柱铰接即可,仅承受重力荷载,其柱网可以按照建筑平面使用功能要求随意布置,不要求规则、正交,柱距也可以加大,从而提供较大的灵活使用空间。

(2)受力及变形特点

作用于楼房的水平荷载所引起的水平剪力和倾覆力矩,全部由外围框筒承担(水平剪力由平行于侧力方向的各片腹板框架承担,倾覆力矩则由平行和垂直于侧力方向的各片腹板框架和翼缘框架共同承担);各楼层的重力荷载,则是按受荷面积比例分配给内部承重框架和外围框筒。

框架筒在侧向荷载作用下整体弯曲(倾覆力矩作用下)时,若框架筒能作为一整体并按单纯的悬臂实壁构件受弯,则框架筒柱的轴力分布如图5.19中虚线所示(直线分布,符合平截面假定)。由于存在框架横梁(窗裙梁)的竖向弯剪变形,使框架筒中柱的实际轴力不再符合平截面假定的直线分布规律,而是呈非线性分布(如图5.19中实线所示的曲线状)状态,框架筒柱的这种轴力分布规律称之为剪力滞后效应(Shear lag effect)。

剪力滞后效应使得房屋的角柱要比中柱承受更大的轴力,并且结构的侧向挠度将呈现明显的剪切型变形。

剪力滞后效应将削弱框筒作为抗侧力立体构件空间效能。框筒结构的剪力滞后效应越明显,则对筒体效能的影响越严重。影响框筒结构的剪力滞后效应的因素主要是梁与柱的线刚度比、结构平面形状及其长宽比。当平面形状一定时,梁、柱线刚度比越小,剪力滞后效应越明显;反之,框架柱中的轴力越趋均匀分布,结构的整体性能也越好。结构平面形状对筒体的空间刚度影响很大,正方形、圆形、正三角形等结构平面布置方式能使筒体的空间作用得到较充分的发挥。

2)筒中筒结构体系

(1)体系特征

筒中筒结构体系是由分别设置于内外的两个以上筒体通过有效的连接组成一个共同工作的结构体系,如图 5.20 所示。外筒,通常是由密柱深梁组成的钢框筒或支撑钢框架组成的支撑钢框筒;内筒,可以是由密柱深梁组成的钢框筒或支撑(含等效支撑,如嵌入式钢板剪力墙、内藏钢板支撑的钢筋混凝土剪力墙、带竖缝的钢筋混凝土剪力墙、带水平缝的钢筋混凝土剪力墙)、钢框架组成的支撑钢框筒或现浇钢筋混凝土墙形成的钢筋混凝土核心筒或钢骨混凝土墙形成的钢骨混凝土核心筒。

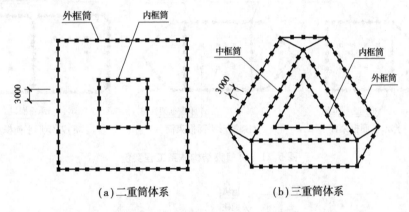

图 5.20 筒中筒结构体系的典型平面

这种体系一般是利用作为垂直运输、管道及服务设施的结构核心部分布置内筒,并与平面周边外筒通过各层楼面梁板的联系形成一个能共同受力的空间筒状骨架。由于筒中筒结构体系的内外筒体共同承受侧向力,所以结构的抗侧移刚度很大,能承受很大的侧向力。有时,为了进一步提高该体系的抗侧力效能,在结构顶层和设备层或避难层,利用沿内框筒的 4 个边设置向外伸出的加劲伸臂桁架,与外框筒钢柱相连,加强内外框筒的连接,并在外框筒中设置加劲的周边桁架,可使外框筒的翼缘框架中段各柱在结构整体抗弯中发挥更大的作用,用以弥补因外框筒剪力滞后效应带来的损失,从而进一步提高结构体系的抗推能力。

(2)受力特性

筒中筒结构体系的内筒,平面尺寸比外筒小,可显著减小剪力滞后效应;结构侧移中剪切变形与弯曲变形的比例,内框筒比外框筒要小,内框筒更接近于弯曲型抗侧力构件。其外框筒平面尺寸比内筒大,剪力滞后效应严重,结构侧移中剪切变形所占比例较大,因而外框筒属于弯剪型抗侧力构件。内、外框筒通过各层楼盖的联系,将共同承担作用于整个结构的水平剪力和倾覆力矩。

（3）变形特点

筒中筒结构体系的外框筒属于弯剪型抗侧力构件，而内框筒更接近于弯曲型抗侧力构件，内、外框筒通过各层楼盖协同工作，侧移趋于一致，其侧移曲线形状与双重抗侧力结构体系相似。筒中筒结构体系的弯曲型构件与弯剪型构件侧向变形的相互协调，对减小结构顶点位移和结构下半部的最大层间侧移角都是有利的。

3）框筒束结构体系

（1）体系特征

框筒束结构体系是由两个以上的框筒并列组合在一起形成的框筒束及其内部的承重框架共同组成的结构体系（图5.21），或者以一个平面尺寸较大的框筒为基础，然后根据结构受力要求，在其内部纵向或横向，或者纵、横两个方向，增设一榀以上的腹板框架所构成［图5.22（a）］。增设的内部腹板框架，可以是密柱深梁型框架或带支撑（含等效支撑，如嵌入式墙板）的稀柱浅梁型框架。

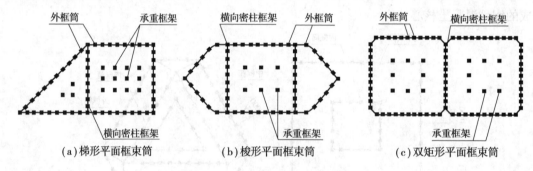

（a）梯形平面框束筒　　　　　（b）梭形平面框束筒　　　　　（c）双矩形平面框束筒

图5.21　框筒束结构体系工程实例

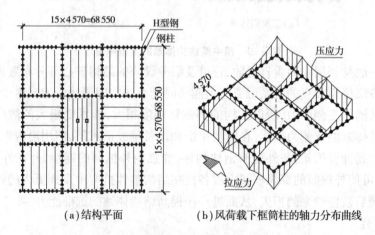

（a）结构平面　　　　　　　（b）风荷载下框筒柱的轴力分布曲线

图5.22　美国希尔斯大厦的束筒体系

框筒束中的每一个框筒单元（子框筒），可以是方形、矩形、三角形、梯形、弧形或其他形状，而且每一个单筒可以根据上面各层楼面面积的实际需要，在任何高度中止，而不影响整个结构体系的完整性，如美国希尔斯大厦。框筒束结构体系的使用条件比框筒结构体系更加灵活。

（2）受力特性

①水平荷载下的框筒束，水平剪力由平行于剪力方向的各榀内、外腹板框架承担，倾覆力

矩则由平行和垂直于侧力方向的各榀腹板框架和翼缘框架共同承担。

②内、外翼缘框架中的各柱,基本上仅承受轴向力;内、外腹板框架中的各柱,除轴向力外,还承受沿框架所在平面的水平剪力及由此引起的弯矩。

③框筒束各框筒单元内部的框架柱,仅承担其荷载从属面积范围内的竖向荷载。

④框筒束各柱的轴力分布比较接近于实腹筒的分布,其轴力与该柱到中和轴的距离大致成正比,这说明框筒束的剪力滞后效应甚弱(图 5.22)。

5.2.4　巨型结构体系

巨型结构的概念产生于 20 世纪 60 年代末,由梁式转换层结构发展而形成。巨型结构体系又称为超级结构体系,它是由不同于常规梁柱概念的大型构件——巨型梁和巨型柱所组成的主结构,与常规结构构件组成的次结构共同工作的一种高层建筑结构体系。

巨型结构的梁和柱一般都是空心的立体杆件。巨型构件的截面尺寸通常很大,其中巨型柱的尺寸常超过一个普通框架的柱距,其形式上可以是巨大的实腹钢骨混凝土柱、空间格构式柱或是筒体;巨型梁采用高度在一层以上的空间钢桁架,一般隔若干层才设置一道。巨型结构的主结构通常为主要抗侧力体系,次结构只承担竖向荷载,并负责将力传给主结构。巨型结构是一种超常规的具有巨大抗侧力刚度及整体工作性能的大型结构。

巨型结构从材料上可分为巨型钢结构、巨型钢骨钢筋混凝土结构(SRC)、巨型钢-钢筋混凝土混合结构以及巨型钢筋混凝土结构;按其主要受力和组成,可分为巨型框架、巨型支撑外框筒(巨型支撑框筒)、巨型支撑筒(巨型桁架筒)和巨型悬挂结构等基本类型。

1)巨型框架体系

(1)组成与布置

巨型框架,可以说是把一般框架按照一定比例放大而成。与一般框架的杆件为实腹截面不同,巨型框架的梁和柱是格构式立体构件,如图 5.23 所示。

巨型框架的“柱”一般布置在房屋的四角,多于 4 根时,除角柱外,其余柱沿房屋的周边布置。巨型框架的“梁”一般每隔 12 ~ 15 个楼层设置一根,其中间楼层是仅承受重力荷载的一般小框架。由于巨型框架体系的“柱”布置在房屋四角,所以巨型框架比多根柱沿周圈布置的框筒体系具有更大的抗倾覆能力。

(2)受力特性

主结构(巨型框架)承受作用于楼房的全部水平荷载(产生水平剪力和倾覆力矩)和竖向荷载;巨型梁间的次结构(次框架)仅承受巨型梁间的重力荷载,并将其传给主结构(巨型框架)。

(3)变形特点

巨型框架具有很大的抗侧移刚度和抗倾覆能力,加之巨型梁具有很大的抗弯刚度和抗剪刚度,使其侧向位移曲线在巨型梁处出现内收现象,总体呈剪切型,与加劲的钢框架-芯筒结构体系的侧移曲线类似[图 5.16(c)],因此其侧向位移较常规体系大大减少。该体系特别适用于超高层或有特殊、复杂及其综合功能要求的高层建筑。

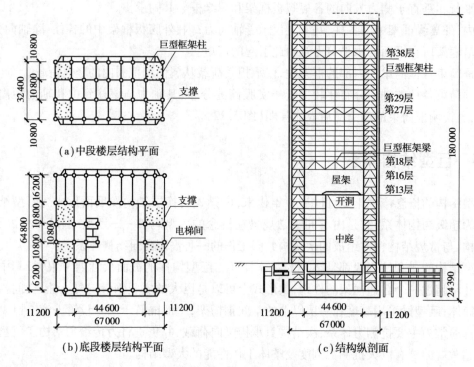

图 5.23　日本千叶县的 NEC 大楼(巨型框架体系)

2)巨型支撑外框筒体系

(1)体系特征

框筒体系由于横梁的柔软性,使得筒体出现程度不同的剪力滞后效应,筒体的空间效能因而受到一定削弱。为了进一步增强筒体结构的刚度,沿"稀疏浅梁型"外框筒的各个面增设巨型交叉支撑构成巨型支撑外框筒体系,如图 5.24 所示的美国约翰·汉考克大厦。

巨型支撑外框筒体系由建筑周边的巨型支撑框筒和内部的承重框架所组成。

巨型支撑外框筒的支撑斜杆轴线与水平面的夹角一般取 45°左右;相邻立面上的支撑斜杆在框筒转角处与角柱相交于同一点,使整个结构组成空间几何不变体系,并保证支撑传力路线的连续性。

根据受力特点,可将巨型支撑外框筒划分为主构件和次构件两部分。在每一个区段中,主构件包括支撑斜杆、角柱和主楼层的窗裙梁[图 5.25(a)中粗实线所示];次构件包括周边各中间柱和介于主楼层之间的各层窗裙梁[图 5.25(a)中细实线所示]。

巨型支撑外框筒体系不再像一般框筒那样要求密排柱和高截面窗裙梁。

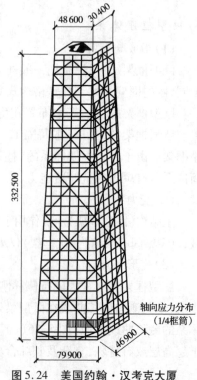

图 5.24　美国约翰·汉考克大厦

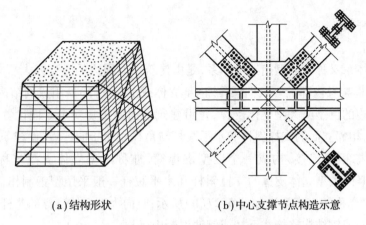

(a)结构形状　　　　　　(b)中心支撑节点构造示意

图 5.25　巨型支撑外框筒的一个典型区段

(2)受力特性

水平荷载引起的水平剪力和倾覆力矩,全部由巨型支撑外框筒承担;竖向荷载则由巨型支撑外框筒和内部的承重框架共同承担,并按各自的受荷面积比例分担。

巨型支撑外框筒在水平荷载作用下发生整体弯曲时,本来应该由框筒各层窗裙梁承担的竖向剪力[(图 5.26(a)],绝大部分改由支撑斜杆来承担[图 5.26(b)]。

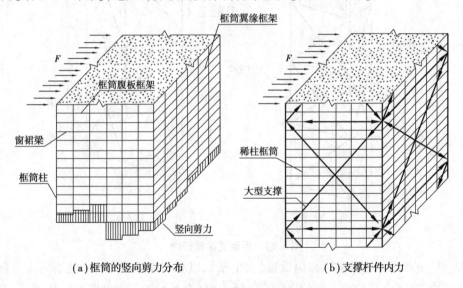

(a)框筒的竖向剪力分布　　　　　　(b)支撑杆件内力

图 5.26　水平荷载作用下巨型支撑外框筒受力状态

(3)变形特点

在巨型支撑外框筒体系中,是靠支撑斜杆的轴向刚度(而不是靠窗裙梁的竖向弯剪刚度)所提供的轴向承载力来抵抗水平剪力和竖向剪力,而且杆件的轴向刚度远大于杆件的弯剪刚度,加之支撑又具有几何不变性,所以水平荷载作用下巨型支撑外框筒的水平和竖向剪切变形均很小,基本上消除了剪力滞后效应,从而能更加充分地发挥抗侧力立体构件的空间工作效能。

在水平荷载作用下,整个结构体系产生的侧移中,整体弯曲产生的侧移占 80% 以上,而结构剪切变形产生的侧移占 20% 以下。

3) 巨型支撑筒体系

（1）体系特征

巨型支撑筒体系又称为巨型桁架筒体系，是由建筑平面周边的巨型或大型立体支撑、支撑节间内的次（小）框架及内部的一般框架（或内部立体或空间支撑）所组成的结构体系。

建筑平面周边的巨型或大型立体支撑，是沿建筑平面周边每一个立面设置横跨整个面宽的竖向大型支撑，相邻立面的支撑斜杆和水平腹杆与角柱相交于同一点，使建筑平面周边各立面的竖向大型支撑相互连接，构成一个巨型支撑筒，亦称巨型立体支撑或称巨型桁架筒，如图 5.27 所示。竖向大型立体支撑的支撑斜杆和水平腹杆一般采用型钢制作，有时水平腹杆采用桁架式杆件（亦称转换桁架），如图 5.27（b）所示；竖向大型立体支撑的竖杆（角柱）通常采用型钢混凝土巨柱或钢结构格构式巨柱或钢筋混凝土巨柱。

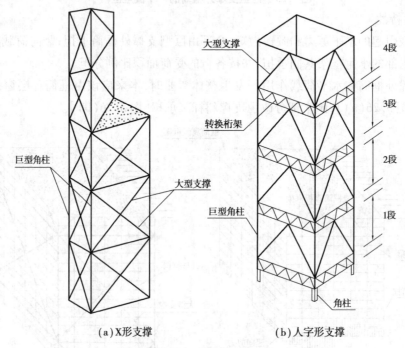

（a）X形支撑 　　　　　　　（b）人字形支撑

图 5.27　巨型支撑筒概貌

巨型立体支撑的每个节间区段内设置"次框架"，以承担该区段内若干楼层的重力荷载。

在楼房内部，通常设置次一级的立体或空间支撑（有时设置一般钢框架），用以承担各楼层内部的重力荷载。

（2）受力特性

作用于楼房的水平荷载产生的全部水平剪力和倾覆力矩，由建筑平面周边的巨型或大型立体支撑承担，其水平剪力由巨型或大型立体支撑中平行于荷载方向的斜杆承担，倾覆力矩则由大型立体支撑中所有立柱承担。

重力荷载由次框架、楼房内部空间支撑及大型立体支撑中所有柱共同承担，并按荷载从属面积比例分配。

巨型或大型立体支撑中所有立柱均布置在建筑的周边，可获得最大的抗倾覆力臂，从而使该体系获得最大的抗推刚度和抗倾覆能力。

由于该体系是通过大型立体支撑中支撑斜杆的轴向刚度（而不是依靠横梁的抗弯剪刚度）来传递剪力，消除了剪力滞后效应。

4）巨型悬挂结构体系

（1）体系特征

巨型悬挂结构体系是利用钢吊杆将大楼的各层楼盖分段悬挂在主构架各层巨型梁上所形成的结构体系，如图5.28香港汇丰银行总部大楼所示。

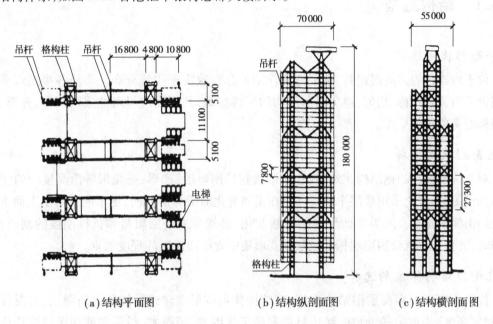

（a）结构平面图　　　（b）结构纵剖面图　　　（c）结构横剖面图

图5.28　香港汇丰银行总部大楼结构平、剖面图

主构架一般采用巨型钢框架，其立柱可以是类似竖放空腹桁架或立体刚接框架或者支撑筒，其横梁通常均采用立体钢桁架。

主构架每个区段内的吊杆通常是采用高强度钢材制作的钢杆，或者采用高强度钢丝束。每个区段内的吊杆一般只吊挂该区段内的楼盖。

悬挂结构体系可以为楼面提供很大的无柱使用空间。位于高烈度地区的楼房，悬挂结构体系的使用还可显著减小结构地震作用效应。

（2）受力特性

悬挂结构体系的主构架几乎承担整幢大楼的全部水平荷载和竖向荷载，并将其直接传至基础。

主构架每个区段内的钢吊杆仅承担该区段各层楼盖的重力荷载。

为防止主构架横梁挠曲和吊杆伸长造成楼面过度倾斜，可采取横梁起拱或者对吊杆施加预应力等措施予以解决。

（3）变形特点

在水平荷载作用下，结构的侧移曲线呈剪切型，但由于巨型悬挂结构具有很大的抗侧移刚度和抗倾覆能力,加之巨型梁具有巨大的抗弯刚度和抗剪切刚度,使其侧向位移曲线在巨型梁处出现内收现象,与加劲的钢框架-芯筒结构体系的侧向位移曲线类似[图 5.16(c)],因此其侧向位移较常规体系大大减小。

5.3 多高层钢结构的选型与布置

5.3.1 结构选型

1)平面形状的选择

位于地震区的多高层建筑,水平地震作用的分布取决于质量分布。为使各楼层水平地震作用沿平面分布对称、均匀,避免引起结构的扭转振动,其平面应尽可能采用圆形、方形、矩形等对称的简单规则平面。

2)立面形状的选择

对于抗震设防的钢结构建筑,其立面形状宜采用矩形、梯形、三角形等沿高度均匀变化的简单几何图形,避免采用楼层平面尺寸存在剧烈变化的阶梯形立面,更不能采用由上而下逐步收进的倒梯形建筑。因为立面形状的突然变化,必然带来楼层质量和抗推刚度的剧烈变化。地震时,突变部位就会因剧烈振动或塑性变形集中效应而使破坏程度加重。

3)抗侧力结构体系的选择

位于地震区的多高层钢结构建筑,其结构体系应根据建筑的抗震设防类别、抗震设防烈度、建筑高度、场地条件、地基、结构材料和施工等因素,经技术、经济和使用条件综合比较确定。所选结构体系应符合下列基本要求:

(1)具有明确的计算简图

结构体系应该能够采用十分明确的力学模型和数学模型来代替,并能进行合理的地震反应分析。

(2)应有合理的传力途径

从上部结构、基础到地基,应该具有最短、最直接的传力路线。考虑到地震时某些杆件或某些部位可能遭到破坏,为使整个结构的传力路线不致中断,结构体系最好能具备多条合理的地震力传递途径。

(3)采用多道抗震防线

地震对房屋的破坏作用有时持续十几秒钟以上,一次地震后,又往往发生多次破坏性的强余震。采用单一抗侧力体系的结构,因为只有一道抗震防线,构件破坏后,在后续地震作用下很容易发生倒塌。特别是当建筑物的自振周期接近地震动卓越周期时,更容易因共振而倒塌。因此,若采用具有多道抗震防线的双重或多重抗侧力体系(图 5.29),当第一道抗震防线的抗侧力构件破坏后,还有第二道甚至第三道抗震防线的抗侧力构件来替补,从而可以大大增强结构的抗倒塌能力。

第一道抗震防线宜选择轴压应力小的构件或受弯构件,最好利用结构赘余杆件充当第一道抗震防线的构件。

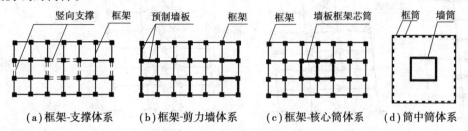

图 5.29　具有多道抗震防线的结构体系

(4)力争实现结构总体屈服机制

结构在水平荷载作用下发生的屈服机制,大致可划分为两大基本类型:楼层屈服机制和总体屈服机制。

楼层屈服机制是指构件在侧力作用下,竖向杆件先于水平杆件屈服,导致某一楼层或某几个楼层发生侧向整体屈服。可能发生楼层屈服机制的多高层结构有弱柱型框架和弱剪型支撑,如图 5.30 所示。

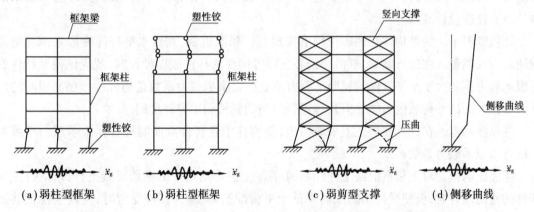

图 5.30　结构的楼层屈服机制

总体屈服机制是指构件在侧力作用下,全部水平杆件先于竖向杆件屈服,最后才是竖向杆件底层下端的屈服。可能发生总体屈服机制的多高层结构有强柱型框架和强剪型支撑,如图 5.31所示。

结构的总体屈服机制是耐震性能最佳的破坏机制,与楼层屈服机制相比较,具有如下优越性:

①结构在侧力作用下临近倒塌之前,可能产生的塑性铰的数量多;

②塑性铰多发生在轴压力和重力荷载轴压比较小的杆件中;

③塑性铰的出现不致引起构件承重能力的大幅度下降;

④从上到下各楼层的层间侧移变化均匀[图 5.31(d)],不致产生楼层塑性变形集中而导致层间侧移呈非均匀分布[图 5.30(d)]。

以上情况说明,结构发生总体屈服机制所能耗散的地震能量远远大于楼层屈服机制。因此,在进行结构体系设计时,应力争使结构实现总体屈服机制。

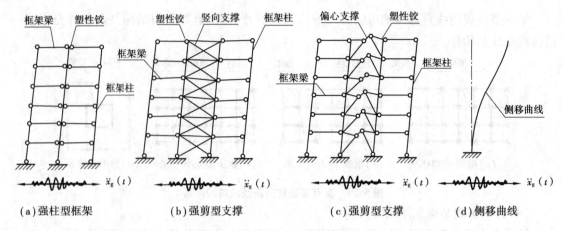

(a) 强柱型框架　　　　(b) 强剪型支撑　　　　　(c) 强剪型支撑　　　(d) 侧移曲线

图 5.31　结构的总体屈服机制

（5）遵循耐震设计四准则

①强节弱杆。在由线形杆件组成的框架、支撑、框筒等杆系构件中，节点是保证构件几何稳定的关键部位。构件在外荷载作用下，一旦节点发生破坏，构件就会变成机动构架，失去承载能力。因此，在进行设计时，一定要使节点的承载力大于相邻杆件的承载力，即遵循所谓的强节点弱杆件设计准则。

②强竖弱平。为使构件在地震作用下实现总体屈服机制，利用水平杆件变形来消耗更多的地震输入能量。在进行框架、框筒和偏心支撑等构件的杆件截面设计时，就应该使竖杆件的屈服承载力系数大于水平杆件的屈服承载力系数（屈服承载力系数是指杆件截面屈服时的承载力与该截面的外荷载内力的比值），即遵循所谓的强柱弱梁设计准则。

③强剪弱弯。在计算和构造上采取措施，使构件中各杆件截面的抗剪屈服承载力系数大于抗弯屈服承载力系数。

④强压弱拉。对于型钢混凝土杆件和钢-混凝土混合结构中的钢筋混凝土杆件，进行受弯杆件的截面设计时，应使受拉钢筋配筋率低于平衡配筋，确保杆件受弯时，实现受拉钢筋屈服，而不发生受压区混凝土的压溃破坏。

（6）增多结构的超静定次数

结构（构件）中的超静定次数越多，在外荷载作用下，结构由稳定体系变成机动体系（倒塌机构）所需形成的塑性铰的数量越多，变形过程越长，所能耗散的输入能量越多，抗倒塌能力越强，可靠度越大。因此，确定结构体系时应尽量做到：

①杆系构件中各杆件的连接均采取刚接。

②框架与支撑之间、芯筒与外圈框架或框筒之间的连接杆件（赘余杆件）的两端或一端采取刚接。

③各层楼盖的梁和板与抗侧力构件之间的连接，在不妨碍各竖向构件差异缩短（压缩、温度变形等）影响的条件下，尽量采取刚接。

（7）使结构具有良好的延性

结构体系中的各构件在具备必要的刚度和承载力的同时，还应具备良好的延性，使构件能够适应地震时产生的较大变形，而保持承载力不降低或少降低。构件具有良好的变形能力，就可以在严重破坏之前吸收和耗散大量的地震输入能量,在确保结构不倒塌的情况下实现输入能量和耗散能量的平衡。

提高构件延性,实现构件刚度、承载力和延性相互匹配的途径可以是:采用偏心支撑取代中心支撑,采用带竖缝墙板取代整体式墙板。

(8)尽量做到竖向等强设计

沿竖向,整个结构体系应该做到刚度和承载力的均匀变化,使各楼层的屈服承载力系数(楼层屈服承载力系数等于按构件的实际截面和强度标准值算得的楼层受剪承载力除以强震作用下的楼层弹性地震剪力)大致相等,避免因刚度或承载力的突变而出现柔楼层或弱楼层,导致在某一个楼层或几个楼层发生过大的应力集中和塑性变形集中。

4)抗侧力构件的选择

多高层建筑钢结构中的抗侧力构件主要有中心支撑、偏心支撑、内藏钢板支撑的混凝土墙板、带竖缝或带水平缝的钢筋混凝土墙板、钢板剪力墙等,设计时可以根据具体情况合理选用,以提高结构的抗推刚度。

中心支撑属轴力杆系,在弹性工作状态,即保持斜杆不发生侧向屈曲的情况下,具有较大的抗推刚度。中心支撑一般用于抗风结构,也可用于设防烈度较低(7度以下)的抗震结构。当设防烈度较高时(7度以上),宜采用偏心支撑作为抗侧力构件。

偏心支撑和带竖缝或带水平缝的钢筋混凝土墙板,在弹性阶段具有较大的抗推刚度,在弹塑性阶段具有良好的延性和消能能力,非常适合用于较高设防烈度的抗侧力构件。

5.3.2　结构平面布置

1)柱网形式

柱网形式和柱距是根据建筑使用要求而定。竖向承重构件大致可分为如下3种柱网布置方式:

(1)方形柱网

以沿建筑纵、横两个主轴方向的柱距相等的方式布置柱子所形成的柱网,称为方形柱网,如图5.32(a)所示。该柱网多用于层数较少、楼层面积较大的楼房。

(2)矩形柱网

为了扩大建筑的内部使用空间,采取将承重较轻的次梁的跨度加大的方式布置柱子所形成的柱网,称为矩形柱网,如图5.32(b)所示。

(3)周边密柱型柱网

层数很多的塔楼,内部采用框架或芯筒,外圈则采用密柱深梁型的钢框筒(框筒的柱距多为3 m左右,楼盖承重钢梁沿径向布置)所形成的柱网,称为周边密柱型柱网,如图5.32(c)所示。

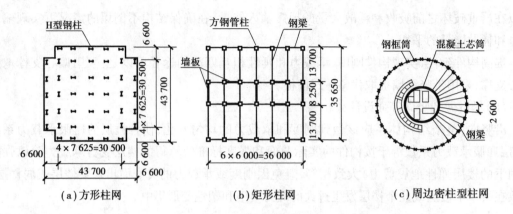

图5.32　多高层建筑平面的柱网布置

2)柱网尺寸

柱网尺寸一般是根据荷载大小、钢梁经济跨度及结构受力特点等因素确定。

①框架梁一般采用工字形截面,受力很大时,采用箱形截面。大跨度梁及抽柱楼层的转换层梁,可采用桁架式钢梁。

②就工字形梁而言,主梁的经济跨度为2~12 m,次梁的经济跨度为8~15 m。

③对于建筑外圈的钢框筒,为了不使剪力滞后效应过大而影响框筒空间工作性能的充分发挥,柱距多为3~4.5 m。

3)钢柱的截面形式

多高层建筑需要承担风荷载、地震作用产生的侧力,框架柱在承受竖向重力荷载的同时,还要承受单向或双向弯矩。因此,确定钢柱的截面形式时,应根据它是承受侧力的主框架柱,还是仅承受重力荷载的次框架柱而定。

(1)常用截面形式

多高层建筑钢结构的钢柱,其常用截面形式有H形截面、方管截面、圆管截面和十字形截面,如图5.33所示。

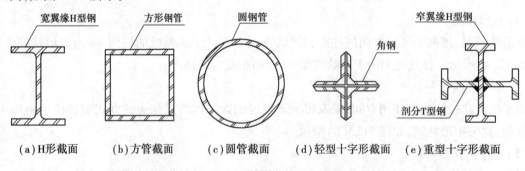

图5.33　钢柱的常用截面形式

(2)截面常用情况

H形截面又分为轧制H型钢和焊接H型钢两种截面。轧制宽翼缘H型钢截面是多层建筑钢框架柱最常用的截面形式;焊接H型钢截面是按照受力要求采用厚钢板焊接而成的组合截面,用于承受较大荷载的柱。H形截面性能有强、弱轴之分。

方(矩)管截面也有轧制方(矩)形钢管和焊接方(矩)形钢管两种截面。在工程中,常用焊接方(矩)形钢管;轧制方(矩)形钢管,由于尺寸较小、规格较少、价格较高,在多层钢结构中很少采用。方管截面性能无强、弱轴之分。

圆管截面同样可分为轧制圆形钢管和焊接圆形钢管两种截面。轧制圆形钢管,同样由于尺寸较小、规格较少、价格较高,在多层钢结构中很少采用。在工程中,常用钢板卷制焊接而成的焊接圆形钢管。焊接圆形钢管多用于轴心或偏心受压的钢管混凝土柱。

十字形截面都是焊接组合而成的。常用形式有两种:一种是由 4 个角钢拼焊而成的十字形截面,如图 5.33(d)所示;另一种是由一个窄翼缘 H 型钢和两个剖分 T 型钢拼焊而成的带翼缘十字形截面,如图 5.33(e)所示。前者多用于仅承受较小重力荷载的次框架中的轴向受压柱,特别适用于隔墙交叉点处的柱(与隔墙连接方便,而且不外露);后者多用于型钢混凝土结构柱,以及由底部钢筋混凝土结构(地下室)向上部钢柱转换时的过渡层柱。

4)抗侧力构件的布置

抗侧力构件沿建筑平面纵、横方向的布置应尽量做到分散、均匀、对称,应符合下列基本原则:

①抗侧力构件的布置应力求使各楼层抗推刚度中心与楼层水平剪力的合力中心相重合,以减小结构扭转振动效应;

②在平面上芯筒应居中或对称布置;

③具有较大受剪承载力的预制钢筋混凝土墙板,应尽可能由楼层平面中心部位移至楼层平面周边,以提高整个结构的抗倾覆和抗扭转能力。

5.3.3　立面布置

对于地震区的建筑,抗侧力构件沿高度方向的布置应符合下列原则:

①各抗侧力构件所负担的楼层质量沿高度方向无剧烈变化;

②沿高度方向,各抗侧力构件(如支撑、剪力墙)宜连续布置;

③由上而下,各抗侧力构件的抗推刚度和承载力逐渐加大,并与各构件所负担的水平剪力、弯矩和轴力成比例增大;

④支撑的形式和布置在竖向宜一致。

5.3.4　楼盖的选型与布置

1)楼盖结构的选型原则

多高层钢结构房屋的楼盖应符合下列要求:

①宜采用压型钢板-现浇钢筋混凝土组合楼板或钢筋混凝土楼板,并应与钢梁有可靠连接。

②对于高度不超过 50 m 的多高层钢结构,6 度、7 度时尚可采用装配整体式钢筋混凝土楼板,也可采用装配式楼板或其他轻型楼盖,但应将楼板预埋件与钢梁焊接或采取其他保证楼盖整体性的措施。

③对转换层楼盖或楼板有大洞口等情况,必要时可设置水平钢支撑。

④建筑物中有较大的中庭时,可在中庭的上端楼层用水平桁架将中庭开口连接,或采取其他增强结构抗扭刚度的有效措施。

2）钢-混凝土组合楼盖的类型

在多高层钢结构建筑中,常采用钢-混凝土组合楼盖。该楼盖按楼板形式可分为如下 4 种类型:

(1)现浇钢筋混凝土板组合楼盖

这类组合楼盖是在钢梁上现浇钢筋混凝土楼板而形成。在现场现浇混凝土楼板,需要搭设脚手架、安装模板及支架、绑扎钢筋、浇灌混凝土及拆除模板等作业,造成大量后继工程不能迅速开展,使钢结构的施工速度快、工业化程度高等优点不能被充分体现。因此,在多高层钢结构工程中,现已很少采用该类组合楼盖。

(2)预制钢筋混凝土板组合楼盖

该组合楼盖是将预制钢筋混凝土楼板支承于已焊有栓钉连接件的钢梁上,然后用细石混凝土浇灌槽口(在有栓钉处混凝土板边缘所留)和板缝而形成。由于该类组合楼盖整体刚度较差,因此在有抗震设防要求的多高层钢结构中不宜采用。

(3)预应力叠合板组合楼盖

这种组合楼盖是先将预制的预应力钢筋混凝土薄板(厚度不小于 40 mm)铺在钢梁上,然后在其上现浇混凝土覆盖层(此时的预制混凝土板作为模板使用),待覆盖层混凝土凝固后,与预制的预应力钢筋混凝土板及钢梁共同形成组合楼盖。当能保证楼板与钢梁有可靠连接时,方可考虑该类组合楼盖用于多高层钢结构之中。

(4)压型钢板-混凝土板组合楼盖

该类组合楼盖是利用成型的压型钢板铺设在钢梁上,通过纵向抗剪连接件与钢梁上翼缘焊牢,然后在压型钢板上现浇混凝土(或轻质混凝土)而形成。该组合楼盖不仅具有优良的结构性能与合理的施工工序,而且综合经济效益显著,优于其他组合楼盖,是较理想的组合楼盖体系。因此,该类组合楼盖在多高层钢结构建筑中应用最广,是多高层钢结构楼盖的主要结构形式。

3）钢梁的布置

楼盖钢梁的布置应考虑以下原则:

①钢梁应成为结构体系中各抗侧力构件的连接构件,以便更充分地发挥结构体系的整体空间作用。因此,每根钢柱在纵、横方向均应有钢梁与之可靠连接,以减小柱的计算长度,保证柱的侧向稳定。

②将较多的楼盖自重直接传递至抵抗倾覆力矩而需较大竖向荷载作为平衡重的竖杆件。一般而言,主梁应与竖杆件直接相连。在布置主梁时,应使结构体系中的外柱承担尽可能多的楼盖重力荷载。

③钢梁的间距应与所采用楼板类型的经济跨度相协调。在多高层钢结构建筑中,应用较多的压型钢板-混凝土组合楼板,其经济跨度为 3～4 m。

5.4　荷载与作用计算

多高层钢结构设计应考虑的作用主要有重力作用、活荷载、雪荷载、风荷载、地震作用、施工荷载和温度作用等。

设计中通常将分析计算的作用分为竖向作用和水平作用两大类。竖向作用主要包括结构自重及楼屋面活荷载、雪荷载、设备设施自重、非结构构件自重等;水平作用主要包括风荷载和地震作用。

高度较小的建筑往往以竖向作用为主,但要考虑水平作用的影响,特别是地震作用;而高层建筑则以水平作用为主,因为它直接影响结构设计的合理性与经济性。

本节主要阐述各种作用的特点和分析计算方法。

5.4.1　竖向荷载

多高层建筑钢结构的竖向作用应按现行国家标准《荷载规范》的规定采用。

除特殊情况外,一般不必进行温度作用效应的计算,但应采取适当的构造措施,以减小温度作用的不利影响。

5.4.2　风荷载

空气流动形成的风,遇到建筑物时,就在建筑物表面产生压力或吸力,这种风力就称为风荷载。风荷载的大小主要和近地风的性质、风速、风向、地面粗糙度、建筑物的高度和形状及表面状况等因素有关。

1) 主要承重结构风荷载标准值

对于主要承重和抗侧力构件的抗风计算,风荷载标准值有两种表达方式:其一为平均风压加上阵风(脉动风)导致结构风振的等效风压;其二为平均风压乘以风振系数。由于在结构的风振计算中,一般是第一振型起主要作用,因而我国《荷载规范》采用比较简单的后一种表达方式,综合考虑风速随时间、空间变异性及结构阻尼特性等因素,采用风振系数 β_z 来反映结构在风荷载作用下的顺风向动力响应。

当计算多高层建筑钢结构的主要承重和抗侧力构件时,作用在任意高度处且垂直于建筑物表面的风荷载标准值按下式计算:

$$w_k = \beta_z \mu_s \mu_z w_0 \tag{5.6}$$

式中　w_k——任意高度处的风荷载标准值,kN/m^2;

w_0——建筑所在地区的基本风压,kN/m^2,对于高层钢结构以及对风荷载比较敏感的多层钢结构,按《荷载规范》规定的基本风压的 1.1 倍采用;

μ_z——风压高度变化系数;

μ_s——风荷载体型系数；

β_z——顺风向高度 z 处的风振系数。

2）围护结构荷载标准值

对于多高层建筑的围护结构，因其刚性较大，在风荷载效应中不必考虑结构的共振分量，此时可仅在平均风压的基础上近似考虑脉动风的瞬时增大系数，利用阵风系数来计算其风荷载。

当计算多高层建筑围护结构的强度和变形时，作用在任意高度处且垂直于建筑物表面的风荷载标准值按下式计算：

$$w_k = \beta_{gz} \mu_s \mu_z w_0 \tag{5.7}$$

式中　w_0——建筑所在地区的基本风压，kN/m^2，按《荷载规范》规定的基本风压采用；

β_{gz}——高度 z 处的阵风系数。

注：(1)房屋高度大于 200 m 或有下列情况之一的多高层民用建筑，宜进行风洞试验或通过数值技术判断确定其风荷载：

①平面形状不规则，立面形状复杂；

②立面开洞或连体建筑；

③周围地形和环境较复杂。

(2)风荷载的组合值系数、频遇值系数和准永久值系数可分别取 0.6,0.4 和 0.0。

5.4.3　地震作用

1）地震作用的特点

（1）概念

地震时，由于地震波的作用产生地面运动，通过房屋基础影响上部结构，使结构产生振动，房屋振动时产生的惯性力就是地震作用。

既然地震作用是惯性力，因此它的大小除了和结构的质量有关外，还和结构的运动状态有关。通常把结构的运动状态(各质点的位移、速度、加速度)称为地震反应。地震反应是由地面运动性质和结构本身的动力特性决定的。同时，地震反应的大小也与地震波持续的时间有关。

（2）分类

地震波可能使房屋产生竖向振动与水平振动（即产生竖向作用与水平作用），但一般对房屋的破坏主要是由水平振动引起。如离震中较远，则竖向振动不大，而房屋抵抗竖向力的安全储备较大，因此设计中主要考虑水平地震力。

我国现行《抗震规范》规定，对于抗震设防烈度为 8 度和 9 度时的大跨度结构和长悬臂结构、高耸结构及 9 度时的高层建筑，应考虑竖向地震作用，并应考虑竖向地震作用和水平地震作用的不利组合。

关于地震的经验与理论分析还表明，在宏观烈度相似的情况下，处于大震级远震震中距的柔性建筑，其震害要比中、小震级近震震中距的情况重得多。因此，对同样场地条件、同样烈度的地震，按震源机制、震级大小和震中距远近区别对待是必要的，但也是复杂的。目前，作为一种简化,借助于烈度区划,只区分设计近震和设计远震。设计远震意味着建筑物可能遭遇近、远两种地震影响。按远震设计包含近、远两种地震的不利情况。

鉴于竖向地面运动随震中距的衰减较快,竖向地震作用不需区分远、近震。

(3)地震作用和风荷载的区别

虽然它们都是水平作用,但性质不同,设计中应特别注意以下几点:

①风荷载是直接加在建筑物表面的风压,而地震作用则是由地面运动造成建筑物摇摆而产生惯性力。因此,风荷载只和建筑物体型、高度以及地形地貌有关,而地震作用和建筑物质量有关,减轻建筑物质量一般来说可以减少地震力。此外,地震力还和场地、土质条件有关。

②阵风的波动周期很长,使一般建筑物产生的振动很小,把风荷载看成静力荷载的误差不大。对于柔性建筑物,周期长则风荷载效应加大。但地震作用相反,地面运动波形对结构动力反应影响很大,必须考虑动力效应。一般情况下,结构较柔、周期加长时,地震力减小。

③风力作用时间较长,有时达数小时,发生的机会多,一般要求风荷载作用下结构处于弹性阶段,不允许出现大变形(装修材料、结构等不允许出现裂缝,人不应有不舒适感)。而地震发生的机会少,作用持续时间很短,一般为几秒到几十秒,但作用强烈。如果要求结构始终处于弹性阶段,势必使结构设计很保守,很不经济。因此,在弱震下结构无任何异常现象出现,在设防烈度地震作用下,允许较大变形,允许结构某些部位进入塑性状态,使结构周期加长,阻尼加大,吸收地震能量,但可修复使用;在意外强震下结构也不致倒塌,即所谓"小震不坏""中震可修""大震不倒"。这种设防思想,对地震是合理的。

2)地震作用计算原则

多高层建筑钢结构的抗震设计应遵循下列原则:

①第一阶段设计应按多遇地震计算地震作用,第二阶段设计应按罕遇地震计算地震作用。

②通常情况下,应在结构的两个主轴方向分别计算水平地震作用并进行抗震验算,各方向的水平地震作用应全部由该方向的抗侧力构件承担。

③当结构中有斜交抗侧力构件,且该斜交抗侧力构件与纵、横主轴相交角度大于15°时,应分别计入各抗侧力构件方向的水平地震作用。

④质量和刚度分布明显不均匀、不对称的结构,应计入双向水平地震作用的扭转影响;其他情况,应允许采用调整地震作用效应的方法计入扭转影响。

⑤按9度抗震设防的多高层钢结构应计算竖向地震作用。

⑥按7度($0.15g$)、8度抗震设防的高层民用建筑中的大跨度、长悬臂结构,应计入竖向地震作用。

⑦计算地震作用时,重力荷载代表值应取结构和构配件自重标准值与各可变荷载组合值之和,各可变荷载的组合值系数应按表5.1采用。

表5.1　可变荷载的组合值系数

可变荷载种类	组合值系数
雪荷载	0.5
屋面活荷载	不计入

续表

可变荷载种类		组合值系数
按实际情况计算的楼面活荷载		1.0
按等效均布荷载计算的楼面活荷载	藏书库、档案库	0.8
	其他民用建筑	0.5

注:楼面活荷载不应再乘以现行《荷载规范》第4.1.2条和表4.1.2中规定的折减系数。

⑧建筑结构的地震影响系数应根据烈度、场地类别、设计地震分组和结构自振周期以及阻尼比,按图5.34确定。其水平地震影响系数最大值应按表5.2采用;其特征周期应根据场地类别和设计地震分组按表5.3采用,计算罕遇地震作用时,特征周期应增加0.05 s。

注:周期大于6.0 s的建筑结构所采用的地震影响系数应专门研究。

表5.2　水平地震影响系数最大值 $\alpha_{\max}$

地震影响	6度	7度	8度	9度
多遇地震	0.04	0.08(0.12)	0.16(0.24)	0.32
设防地震	0.12	0.23(0.34)	0.45(0.68)	0.90
罕遇地震	0.28	0.50(0.72)	0.90(1.20)	1.40

注:括号中数值分别用于设计基本地震加速度为0.15g和0.30g的地区。

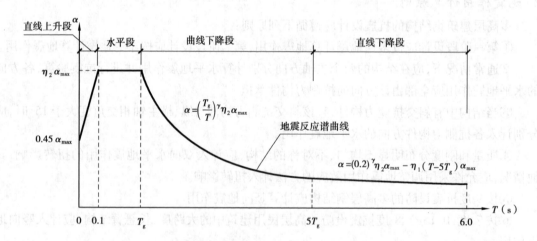

图5.34　地震影响系数曲线

表5.3　特征周期值 T_g 　　　　　　　　单位:s

设计地震分组	场地类别				
	I_0	I_1	II	III	IV
第一组	0.20	0.25	0.35	0.45	0.65
第二组	0.25	0.30	0.40	0.55	0.75
第三组	0.30	0.35	0.45	0.65	0.90

图 5.34 中的地震影响系数曲线是根据阻尼比 0.05 确定的,而多高层钢结构的阻尼比一般不等于 0.05,因此应对其进行调整。其阻尼调整系数 η_2(当小于 0.55 时,应取 0.55)应按式(5.8)计算;曲线下降段($T = T_g \sim 5T_g$)的衰减指数 γ 和直线下降段($T = 5T_g \sim 6$ s)的下降斜率调整系数 η_1(小于 0 时,应取 0),分别按式(5.9)和式(5.10)计算,或者按表 5.4 取值。

$$\eta_2 = 1 + \frac{0.05 - \zeta}{0.06 + 1.7\zeta} \tag{5.8}$$

$$\gamma = 0.9 + \frac{0.05 - \zeta}{0.5 + 5\zeta} \tag{5.9}$$

$$\eta_1 = 0.02 + \frac{0.05 - \zeta}{8} \tag{5.10}$$

式中　ζ——结构的阻尼比,分别按下列情况取值:

• 多遇地震下的钢结构,高度不大于 50 m 时可取 0.04;高度大于 50 m 且小于 200 m 时,可取 0.03;高度不小于 200 m 时,取 0.02;当偏心支撑框架部分承担的地震倾覆力矩大于地震总倾覆力矩的 50% 时,其阻尼比可相应增加 0.005。

• 多遇地震下钢-混凝土混合结构以及型钢混凝土结构,均取 0.04;钢管混凝土结构,取 0.03。

• 罕遇地震下的钢结构弹塑性分析,取 0.05。

表 5.4　地震影响系数曲线的衰减指数 γ 和下降斜率调整系数 η_1

结构阻尼比 ζ	0.05	0.04	0.03	0.02	0.01
γ	0.9	0.91	0.93	0.95	0.97
η_1	0.02	0.021	0.023	0.024	0.025

3)水平地震作用的计算

（1）计算方法的选择

对于多高层建筑钢结构、钢-混凝土混合结构或组合结构的水平地震作用计算,可视结构布置和房屋高度情况,结合下述条件选择合适的计算方法。

①高度不超过 40 m、以剪切变形为主且质量和刚度沿高度分布比较均匀的结构,可采用底部剪力法等简化方法。

②高层民用建筑钢结构宜采用振型分解反应谱法;对质量和刚度不对称、不均匀的结构以及高度超过 100 m 的高层民用建筑钢结构,应采用考虑扭转耦联振动影响的振型分解反应谱法。

③7~9 度抗震设防的多高层民用建筑,下列情况应采用弹性时程分析法进行多遇地震下的补充计算:

• 甲类多高层民用建筑钢结构;

• 表 5.5 所列的乙、丙类高层民用建筑钢结构;

• 平面和立面特别不规则的多高层民用建筑钢结构。

表5.5 采用时程分析的房屋高度范围

烈度、场地类别	房屋高度范围(m)
8度Ⅰ,Ⅱ类场地和7度	>100
8度Ⅲ,Ⅳ类场地	>80
9度	>60

④计算罕遇地震下的结构变形,应按现行国家标准《抗震规范》的规定,采用静力弹塑性分析法或弹塑性时程分析法。

⑤计算安装有消能减震装置的高层民用建筑钢结构的结构变形,应按现行国家标准《抗震规范》的规定,采用静力弹塑性分析法或弹塑性时程分析法。

注:进行结构时程分析时,应符合下列要求:

①应按建筑场地类别和设计地震分组,选取实际地震记录和人工模拟的加速度时程曲线,其中实际地震记录的数量不应少于总数量的2/3,多组时程曲线的平均地震影响系数曲线应与振型分解反应谱法所采用的地震反应谱曲线在统计意义上相符。

②进行弹性时程分析时,每条时程曲线计算所得结构底部剪力不应小于振型分解反应谱法计算结果的65%,多条时程曲线计算所得结构底部剪力平均值不应小于振型分解反应谱计算结果的80%。

③地震波的持续时间不宜小于建筑结构基本自振周期的5倍和15 s,地震波的时间间距可取0.01 s或0.02 s。

④输入地震加速度的最大值可按表5.6采用。

表5.6 时程分析所用地震加速度的最大值　　　　单位:cm/s^2

地震影响	6度	7度	8度	9度
多遇地震	18	35(55)	70(110)	140
设防地震	50	100(150)	200(300)	400
罕遇地震	125	220(310)	400(510)	620

注:括号内数值分别用于设计基本地震加速度为0.15g和0.30g的地区。

⑤当取3组加速度时程曲线输入时,结构地震作用效应宜取时程法计算结果的包络值与振型分解反应谱法计算结果的较大值;当取7组及7组以上的时程曲线进行计算时,结构地震作用效应可取时程法计算结果的平均值与振型分解反应谱法计算结果的较大值。

(2)底部剪力法

底部剪力法是以地震弹性反应谱理论为基础,是地震反应谱分析法中的一种近似方法。其计算基本思路是:先根据结构基本自振周期确定结构的总水平地震作用,然后按照某一竖向分布规律来确定结构各部位的水平地震作用。

①计算模型。多高层建筑采用底部剪力法计算水平地震作用时,将各楼层的全部重力荷

载代表值集中在各层楼板高度处,形成一个"质点",而且每个"质点"仅考虑一个自由度,从而获得如图 5.35 所示的"串联质点系"计算模型。

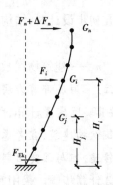

②计算方法。作用于结构底部的水平地震剪力,即结构总水平地震作用标准值为:

$$F_{\text{Ek}} = \alpha_1 G_{\text{eq}} \qquad (5.11)$$

其质点 i 的水平地震作用标准值,即各层水平地震作用标准值为:

$$F_i = \frac{G_i H_i}{\sum\limits_{j=1}^{n} G_j H_j}(1 - \delta_n) F_{\text{Ek}} \qquad (i = 1, 2, \cdots, n) \quad (5.12)$$

图 5.35　结构水平地震作用计算模型

结构顶部附加水平地震作用标准值为:

$$\Delta F_n = \delta_n F_{\text{Ek}} \qquad (5.13)$$

式中　α_1——相应于结构基本自振周期 T_1(按 s 计)的水平地震影响系数值,按计算原则中第⑧条的规定取值,见图 5.34;

　　　G_{eq}——结构等效总重力荷载;

　　　n——体系的质点数,即建筑的层数;

　　　G_i, G_j——集中于质点 i,j 的重力荷载代表值,按计算原则中第⑦条的规定取值;

　　　H_i, H_j——质点 i,j(即第 i,j 层楼盖)从结构底面算起的计算高度;

　　　δ_n——顶部(即建筑的屋面)附加地震作用系数,按表 5.7 选用。

表 5.7　结构顶部附加地震作用系数

$T_g(\text{s})$	$T_1 > 1.4 T_g$	$T_1 \leqslant 1.4 T_g$
<0.35	$0.08 T_1 + 0.07$	
0.35 ~ 0.55	$0.08 T_1 + 0.01$	0.00
>0.55	$0.08 T_1 - 0.02$	

对于质量及刚度沿高度分布比较均匀的建筑钢结构的基本自振周期 T_1,可按下列公式近似计算:

$$T_1 = 1.7 \zeta_T \sqrt{u_n} \qquad (5.14)$$

式中　u_n——结构顶层假想侧移,m,即假想将结构各层的重力荷载作为楼层的集中水平力,按弹性静力方法计算所得到的顶层侧移值。

　　　ζ_T——考虑非结构构件影响的修正系数,对于钢结构建筑,宜取 $\zeta_T = 0.9$。对于钢-混凝土组合结构或混合结构建筑,当非承重墙体为填充砖墙时,其修正系数可按如下规定取用:对于框架结构,取 $\zeta_T = 0.6 \sim 0.7$;对于框架-剪力墙结构,取 $\zeta_T = 0.7 \sim 0.8$;对于剪力墙结构,取 $\zeta_T = 0.9 \sim 1.0$。

在初步设计时,结构的基本自振周期可按下列经验公式估算:

$$T_1 = 0.1n \tag{5.15}$$

式中 n——建筑物层数(不包括地下部分及屋顶小塔楼)。

注:采用底部剪力法时,突出屋面的小塔楼(屋顶间)的地震作用可按所在高度作为一个质量,按其实际定量计算,所得水平地震作用放大 3 倍后设计该突出部分的结构。其放大影响,对于钢结构建筑,宜考虑向下传递 1~2 层;对于钢-混凝土组合结构或混合结构建筑,则不考虑向下传递,但与该突出部分相连的构件应予计入。

③计算步骤。采用底部剪力法计算多高层建筑钢结构的地震作用,可按下列步骤进行:

a. 按式(5.14)或式(5.15)计算结构的基本自振周期 T_1;

b. 查表 5.2 和表 5.3 分别可得水平地震影响系数最大值 α_{max} 和场地特征周期 T_g;

c. 按式(5.8)至式(5.10)分别计算阻尼调整系数 η_2、曲线下降段的衰减指数 γ、直线下降段的下降斜率调整系数 η_1;

d. 按式 $\alpha = \left(\dfrac{T_g}{T_1}\right)^{\gamma} \eta_2 \alpha_{max}$ 或 $\alpha = (0.2)^{\gamma} \eta_2 \alpha_{max} - \eta_1 (T - 5T_g) \alpha_{max}$ 计算或者由图 5.34 确定系数;

e. 确定结构等效总重力荷载;

f. 按式(5.11)计算结构的底部总水平地震作用剪力标准值;

g. 按式(5.12)和式(5.13)确定各楼盖处的水平地震作用标准值 F_i。

(3)振型分解反应谱法

振型分解反应谱法是利用单自由度体系反应谱和振型分解原理来解决多自由度体系地震反应的计算方法。振型分解反应谱法又称为振型分析法或反应谱法,它属于拟动力分析法,是现阶段结构抗震设计的主要方法。它的基础是地震弹性反应谱理论,所以该法仅适用于结构的弹性分析。

由于该法考虑了结构的动力特性,除了特别不规则的结构外,都能给出比较满意的结果,而且它能够解决底部剪力法难以解决的非刚性楼盖空间结构的计算,因而成为当前确定结构地震反应的主导方法。

①不计扭转影响的结构(平移振动)。

a. 计算模型。对于质量和刚度分布比较均匀、对称的多高层钢结构,可视为无偏心的结构。该类结构在地震水平平动分量作用下,不会产生扭转振动或扭转振动甚微,可忽略不计。若该类结构的楼盖采用以压型钢板为底模的现浇钢筋混凝土组合楼盖,则整个结构可采用"串联质点系"[图 5.36(a)]或"串并联质点系"[图 5.36(b)]作为结构动力分析的振动模型。前者为平面结构的分析模型,后者为空间结构的分析模型。

b. 计算方法。对于质点系模型(串联质点系或串并联质点系),结构 j 振型 i 质点的单向水平地震作用标准值,可按下列公式计算:

$$F_{ji} = \alpha_j \gamma_j X_{ji} G_i \quad (i = 1, 2, \cdots, n; j = 1, 2, \cdots, m) \tag{5.16}$$

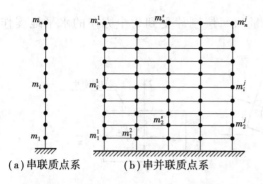

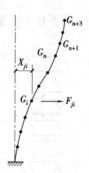

(a)串联质点系　　(b)串并联质点系

图 5.36　不计扭转影响结构的振动模型　　图 5.37　结构水平地震作用下的串联质点系

$$\gamma_j = \frac{\sum_{i=1}^{n} X_{ji} G_i}{\sum_{i=1}^{n} X_{ji}^2 G_i} \tag{5.17}$$

式中　α_j——相应于 j 振型计算周期 T_j 的地震影响系数,按图 5.34 确定;

γ_j——j 振型的参与系数;

X_{ji}——j 振型 i 质点的水平相对侧移(图 5.37);

G_i——集中于质点 i(第 i 层楼盖)的重力荷载代表值。

此时,结构水平地震作用效应(弯矩、剪力、轴力和变形)等于结构各振型地震作用的效应按"平方和方根法"(即平方和的平方根方法)计算,即

$$S_{Ek} = \sqrt{\sum S_j^2} \tag{5.18}$$

式中　S_{Ek}——水平地震作用标准值的效应。

S_j——结构 j 振型水平地震作用标准值产生的效应。一般情况下,可只取前 2~3 个振型;当基本自振周期大于 1.5 s 或房屋高宽比大于 5 时,振型个数可适当增加,常取前 5 个振型。

注:①对角柱以及两个相互垂直的抗侧力构件所共有的柱,应考虑同时承受双向地震作用的效应。通常的做法是,同时承受一个方向地震内力的 100% 和垂直方向地震内力的 30%,按双向压弯构件验算。

②角柱等双向地震作用效应,也可采用简化方法作近似计算,即将一个方向地震作用产生的柱内力乘以增大系数 1.3。

②计及扭转影响的结构(平移-扭转耦联振动)。对于质量和刚度分布无明显不对称的规则结构,为考虑偶然偏心引起的扭转效应,当不进行扭转耦联计算时,平行于地震作用方向的两个边榀构件,其地震作用效应应乘以增大系数。一般情况下,短边可按 1.15 采用,长边可按 1.05 采用;当结构扭转刚度较小时,宜按不小于1.3 采用。当进行扭转耦联计算时,可按下列方法进行:

a.计算模型。对于质量和刚度分布不均匀、不对称的结构,存在偏心,地震动的水平平动分量也会使结构产生扭转振动。当楼盖采用压型钢板为底模的现浇钢筋混凝土楼盖时,其房屋结构可采用"串联刚片系"作为结构动力分析的振动模型[图 5.38(a)],每层刚片代表一层楼盖。此时,每层刚片具有两个正交的水平移动和一个转角,共 3 个自由度[图 5.38(b)],因

此,在地震动作用下(即使是地震水平平动分量),每层刚片受到 3 个方向的水平地震作用[图 5.38(c)]。

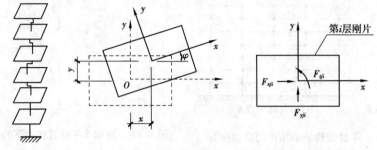

(a)串联刚片系　　　(b)刚片的3个位移分量　　　(c)刚片的水平地震作用

图 5.38　偏心结构多高层建筑振动模型

b.计算方法。结构的 j 振型第 i 层刚片质心处的 3 个水平地震作用标准值,应按下列公式计算:

$$F_{xji} = \alpha_j \gamma_{tj} X_{ji} G_i$$
$$F_{yji} = \alpha_j \gamma_{tj} Y_{ji} G_i \quad (i = 1, 2, \cdots, n; j = 1, 2, \cdots, m) \tag{5.19}$$
$$F_{tji} = \alpha_j \gamma_{tj} r_i^2 \varphi_{ji} G_i$$

式中　$F_{xji}, F_{yji}, F_{tji}$——$j$ 振型 i 层的 x 方向、y 方向和转角方向的地震作用标准值;

X_{ji}, Y_{ji}——j 振型第 i 层刚片质心在 x 方向、y 方向的水平相对侧移幅值;

φ_{ji}——j 振型第 i 层刚片的水平相对转角幅值;

r_i——第 i 层刚片的转动半径,可取第 i 层刚片绕质心的转动惯量 I_i 除以该层质量 m_i 的

商的正 2 次方根,即 $r_i = \sqrt{\dfrac{I_i}{m_i}}, m_i = \dfrac{G_i}{g}$;

G_i——集中于第 i 层刚片质心处的重力荷载代表值;

γ_{tj}——考虑扭转的 j 振型参与系数,可按下列公式确定:

当仅考虑 x 方向地震作用时

$$\gamma_{tj} = \frac{\sum_{i=1}^{n} X_{ji} G_i}{\sum_{i=1}^{n} (X_{ji}^2 + Y_{ji}^2 + \varphi_{ji}^2 r_i^2) G_i} \tag{5.20}$$

当仅考虑 y 方向地震作用时

$$\gamma_{tj} = \frac{\sum_{i=1}^{n} Y_{ji} G_i}{\sum_{i=1}^{n} (X_{ji}^2 + Y_{ji}^2 + \varphi_{ji}^2 r_i^2) G_i} \tag{5.21}$$

当地震作用方向与 x 轴有夹角 θ 时,即斜交的地震作用时

$$\gamma_{tj} = \gamma_{xj} \cos \theta + \gamma_{yj} \sin \theta \tag{5.22}$$

其中　γ_{xj}, γ_{yj}——按式(5.20)、式(5.21)求得的 j 振型参与系数。

此时,单向水平地震作用下,考虑结构扭转振动时地震作用标准值的扭转效应,可按下列公式计算:

$$S_{Ek} = \sqrt{\sum_{j=1}^{m} \sum_{k=1}^{m} \rho_{jk} S_j S_k} \tag{5.23}$$

$$\rho_{jk} = \frac{8\sqrt{\xi_j \xi_k}(\xi_j + \lambda_T \xi_k)\lambda_T^{1.5}}{(1 - \lambda_T^2)^2 + 4\xi_j \xi_k (1 + \lambda_T)^2 \lambda_T + 4(\xi_j^2 + \xi_k^2)\lambda_T^2} \tag{5.24}$$

式中　S_{Ek}——地震作用标准值的扭转效应。

S_j, S_k——j,k 振型地震作用标准值的效应,可取 9~15 个振型。当结构基本自振周期 $T_1 >$ 2 s 时,振型数应取较大者;在刚度和质量沿高度分布很不均匀的情况下,应取更多的振型(18 个或更多)。

ρ_{jk}——j 振型与 k 振型的耦联系数。

λ_T——k 振型与 j 振型的自振周期比。

ξ_j, ξ_k——j,k 振型的阻尼比,其取值参见式(5.8)的符号说明。

m——振型组合数。

对于双向水平地震作用下,考虑结构扭转振动时地震作用标准值的扭转效应 S_{Ek},可按下列两式计算结果的较大值确定:

$$S_{Ek} = \sqrt{S_x^2 + (0.85S_y)^2} \tag{5.25}$$

$$S_{Ek} = \sqrt{S_y^2 + (0.85S_x)^2} \tag{5.26}$$

式中　S_x, S_y——仅考虑 x 向、y 向水平地震作用时,按式(5.23)计算的扭转效应。

③突出屋面的小塔楼处理。突出屋面的小塔楼,应按每层一个质点或一块刚片,与主体结构连为一体进行整体分析,计算各振型地震作用和前若干振型地震作用效应耦合。

当仅取单方向的前 3 个振型时,所得小塔楼的地震作用效应可乘以增大系数 1.5;当取前 6 个振型时,所得地震作用效应不再增大。

④计算步骤。采用振型分解反应谱法计算多高层钢结构的地震作用时,可按下列步骤进行:

a. 根据结构特征选择平面结构或空间结构模型及相应的串联质点系或串联刚片系振动模型;

b. 建立质点系或刚片系的无阻尼自由振动方程并解之,得质点系或刚片系的各阶振型 X_{ji} 或 X_{ji}、Y_{ji}、φ_{ji} 和周期 T_j;

c. 取前若干个较长的周期 $T_1, T_2, \cdots, T_m$,按照建筑设防烈度、设计地震分组、场地类别、结构基本自振周期以及阻尼比,分别查反应谱曲线(图 5.34),得相应于前若干个振型的地震影响系数 $\alpha_1, \alpha_2, \cdots, \alpha_m$;

d. 计算出前若干个振型的振型参与系数 γ_{tj};

e. 分别按式(5.16)或式(5.19)计算质点系或刚片系的前若干振型的地震作用。

4)竖向地震作用计算

(1)计算模型

按 9 度抗震设防的多高层建筑钢结构及按 7 度(0.15g)、8 度抗震设防的多高层民用建筑中的大跨度和长悬臂结构构件,应考虑竖向地震作用。其竖向地震作用(向上或向下)的计算

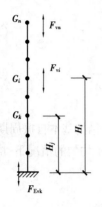

图5.39 竖向地震作用模型

模型可采用"串联质点系"的力学模型(图5.39),即将整个结构的所有竖构件合并为一根竖杆,将各楼层集中于相应位置的各质点。

(2)计算方法

其竖向地震作用标准值可按下列公式计算:

结构总竖向地震作用标准值(即房屋底部轴力标准值):

$$F_{Evk} = \alpha_{vmax} G_{eq} \tag{5.27}$$

楼层 i 的竖向地震作用标准值:

$$F_{vi} = \frac{G_i H_i}{\sum\limits_{j=1}^{n} G_j H_j} F_{Evk} \quad (i = 1, 2, \cdots, n) \tag{5.28}$$

式中 α_{vmax} ——竖向地震影响系数最大值,可取水平地震影响系数最大值的65%;

G_{eq} ——结构的等效总重力荷载值,可取总重力荷载代表值的75%;

其余符号的意义同前。

注:①高层民用建筑钢结构中的大跨度结构、悬挑结构、转换结构、连体结构的连接体的竖向地震作用标准值,不宜小于结构或构件承受的重力荷载代表值与表5.8规定的竖向地震作用系数的乘积。

表5.8 竖向地震作用系数

设防烈度	7度	8度		9度
设计基本地震加速度	0.15g	0.20g	0.30g	0.40g
竖向地震作用系数	0.08	0.10	0.15	0.20

注:g 为重力加速度。

②跨度大于24 m的楼盖结构、跨度大于12 m的转换结构和连体结构、悬挑长度大于5 m的悬挑结构,结构竖向地震作用效应标准值宜采用时程分析法或振型分解反应谱法进行计算。时程分析计算时输入的地震加速度最大值可按规定的水平输入最大值的65%采用,反应谱分析时结构竖向地震影响系数最大值可按水平地震影响系数最大值的65%采用,设计地震分组可按第一组采用。

(3)作用效应

按9度抗震设防的高层建筑钢结构,各楼层的竖向地震作用效应,即按式(5.28)计算的竖向地震作用标准值在各楼层竖向构件中引起的拉力或压力,可按各构件承受重力荷载代表值的比例分配,并宜乘以增大系数1.5。

进行构件承载力验算时,还应考虑竖向地震作用向上或向下产生的不利组合。

5.5　作用效应计算及其组合

5.5.1　作用效应计算的一般规定

对多高层建筑钢结构进行作用效应计算时,应遵循下列规定:

①结构的作用效应可采用弹性方法计算。对于抗震设防的结构,除进行多遇地震作用下的弹性效应计算外,尚应计算结构在罕遇地震作用下进入弹塑性状态时的变形。

②在设计中,采取能保证楼面(屋面)整体刚度的构造措施后,可假定楼面(屋面)在其自身平面内为绝对刚性。对整体性较差,或开孔面积大,或有较长外伸段的楼面,或相邻层刚度有突变的楼面,当不能保证楼面的整体刚度时,宜采用楼板平面内的实际刚度,或对按刚性楼面假定计算所得结果进行调整。

③当进行结构弹性分析时,宜考虑现浇钢筋混凝土楼板与钢梁共同工作,且在设计中应使楼板与钢梁间有可靠连接;当进行结构弹塑性分析时,可不考虑楼板与梁的共同工作。

④多高层建筑钢结构的计算模型,可采用平面抗侧力结构的空间协同计算模型。当结构布置规则、质量和刚度沿高度分布均匀、不计扭转效应时,可采用平面结构计算模型;当结构平面或立面不规则、体型复杂、无法划分成平面抗侧力单元的结构,或为筒体结构时,应采用空间结构计算模型。

⑤结构作用效应计算中,应计算梁、柱的弯曲变形和柱的轴向变形,尚应计算梁、柱的剪切变形,并应考虑梁柱节点域剪切变形对侧移的影响。一般可不考虑梁的轴向变形,但当梁同时作为腰桁架或帽桁架的弦杆时,应计入轴力的影响。

⑥柱间支撑两端应为刚性连接,但可按两端铰接杆元计算,其端部连接的刚度则通过支撑构件的计算长度加以考虑。偏心支撑中的消能梁段应取为单独单元计算。

⑦现浇竖向连续钢筋混凝土剪力墙的计算,宜计入墙的弯曲变形、剪切变形和轴向变形;当钢筋混凝土剪力墙具有比较规则的开孔时,可按带刚域的框架计算;当具有复杂开孔时,宜采用平面有限元法计算。对于装配嵌入式剪力墙,可按相同水平力作用下侧移相同的原则,将其折算成等效支撑或等效剪力墙板计算。

⑧除应力蒙皮结构外,结构计算中不应计入非结构构件对结构承载力和刚度的有利作用。

⑨当进行结构内力分析时,宜计入重力荷载引起的竖向构件差异缩短所产生的影响。

5.5.2　作用效应的计算方法

多高层建筑钢结构的静、动力分析一般应采用专门软件借助计算机完成。对于平面布置规则、质量和刚度沿结构平面和高度分布比较均匀的层数不多的框架设计或初步设计时的预估截面,可采用简化方法手算。下面简要介绍多高层建筑钢结构中常用的框架结构体系与双重抗侧力结构体系的简化计算方法。

1)框架结构体系的简化计算

当进行框架结构弹性分析时,宜考虑现浇混凝土楼板与钢梁的共同工作,其方法是:用等效惯性矩代替钢梁的实际惯性矩 I_b 计算框架的内力与变形。对于常用的压型钢板-混凝土组合楼盖,钢梁的等效惯性矩 I_{eb} 取值为:两侧有楼板的梁(中框梁), $I_{eb}=1.5I_b$;仅一侧有楼板的梁(边框架), $I_{eb}=1.2I_b$ 。

当进行框架结构的弹塑性分析时,可不考虑楼板与钢梁的共同工作。

(1)竖向荷载作用下的简化计算

①计算模型。在竖向荷载作用下,多高层钢框架常采用分层法进行简化计算。此时,将每层框架梁连同上、下层框架柱作为基本计算单元(顶层除外),每个计算单元均按上、下柱端固定的双层框架计算其内力,如图5.40所示。

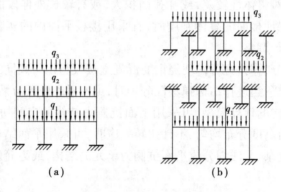

图5.40 框架及计算模型

②基本假定。在简化分析时,可不进行活载多工况分析,而直接按满布荷载计算(但计算所得的梁跨中弯矩宜乘以放大系数 $1.1\sim1.2$,以考虑活载不利布置的影响),这样框架侧移很小,可忽略不计。另外,大量精确计算表明:作用在某层框架梁上的竖向荷载,主要使该层框架梁以及与该层梁直接连接的柱产生弯矩,对其他层的框架梁和柱的弯矩影响很小,可忽略不计。基于上述理由,则有分层法的基本假定为:

a.在竖向荷载作用下,框架的侧移忽略不计;

b.每层只承受该层的竖向荷载,不考虑其他层荷载的相互影响。

③内力计算方法。分层计算时,由于不考虑横梁的侧移,可用力矩分配法计算梁、柱弯矩,计算所得的梁弯矩作为最终的弯矩;每一柱属于上、下两层,所以柱的弯矩为上、下两层计算所得弯矩之和。柱中轴力可通过梁端剪力和逐层叠加柱内的竖向荷载求出。其计算步骤与实例可参见结构力学等相关教材。

(2)水平荷载作用下的简化计算

在水平荷载作用下的框架结构,其简化计算方法较多,例如反弯点法(当梁的线刚度 i_b 比柱的线刚度 i_c 大得多,例如 $i_b/i_c>3$ 时采用)、剪力分配的直接解法和 D 值法(改进反弯点法)等。下面仅就用 D 值法计算框架内力和位移的要点介绍如下。

①内力计算。为了方便内力计算,特作如下基本假定:

a.同一楼层的柱子侧移相同;

b.梁中的反弯点位于梁的跨度中点;

c. 水平外力(风荷载或地震作用)作用于梁柱节点上。

所谓 D 值,是指框架柱的抗推刚度,即柱子产生单位水平位移所需施加的水平力。柱子的 D 值越大,产生单位位移时所需施加的水平力就越大。因此,在同一楼层中,各柱水平位移相等时,楼层水平力就按各柱 D 值分配到各柱上,从而直接求得各柱的剪力。各柱的剪力求得后,框架全部内力便可由平衡条件逐一求出,其计算步骤一般为:

a. 计算各柱的 D 值;

b. 将外荷载产生的楼层剪力 V_i 按各柱的 D 值比例分配,得各柱剪力 V_{ij};

c. 求出柱的反弯点高度 y,由 V_{ij} 及 y 可得柱端弯矩;

d. 由节点平衡条件(节点上、下柱端弯矩之和等于节点左、右梁端弯矩之和)求得梁端弯矩;

e. 将梁左、右端弯矩之和除以梁跨,可得梁的剪力;

f. 从上到下逐层叠加左、右梁的剪力,可得柱的轴力。

② 水平位移计算。框架的水平位移由两部分组成,即由框架梁、柱弯曲变形(框架整体剪切变形)产生的位移 u_M 和由柱子轴向变形(框架整体弯曲变形)产生的位移 u_N,则框架顶端位移为:

$$u = u_M + u_N \tag{5.29}$$

式中的 u_M 可由 D 值法求得,即

$$u_M = \sum_{i=1}^{n} u_i \tag{5.30}$$

$$u_i = \frac{V_i}{D_i} \tag{5.31}$$

下面给出工程设计中经常遇到的 3 种水平荷载作用下的 u_N 计算公式,供设计参考。

a. 框架顶端受水平集中荷载 P 作用时:

$$u_N = \frac{PH^3}{EA_1B^2}F_n \tag{5.32}$$

$$F_n = \frac{1 - 4n + 3n^2 - 2n^2\ln n}{(1 - n)^3} \tag{5.33}$$

$$n = \frac{A_m}{A_1} \tag{5.34}$$

式中　H——框架总高度;

B——平行于水平荷载作用方向的框架总宽度;

E——框架边柱材料的弹性模量;

A_1,A_m——底层、顶层边柱的横截面面积。

注:当 $n = 1$(外柱截面沿高度不变)时,$F_n = 2/3$;当 $n = 0$ 时,$F_n = 1$。

b. 框架受水平均布荷载 q 作用时:

$$u_N = \frac{qH^4}{EA_1B^2}F_n \tag{5.35}$$

$$F_n = \frac{2 - 9n + 18n^2 - 11n^3 + 6n^3\ln n}{6(1 - n)^4} \tag{5.36}$$

注:当 $n=1$ 时,$F_n=1/4$;当 $n=0$ 时,$F_n=1/3$。

c. 框架受倒三角形分布水平荷载,顶端荷载强度为 q 时:

$$u_N = \frac{qH^4}{2EA_1B^2}F_n \tag{5.37}$$

$$F_n = \frac{2}{3}\left[\frac{2\ln n}{n-1} + \frac{5(1-n)+\ln n}{(n-1)^2} + \frac{\frac{9}{2}-6n+\frac{3}{2}n^2+3\ln n}{(n-1)^3} + \right.$$

$$\left. \frac{-\frac{11}{6}+3n-\frac{3}{2}n^2+\frac{n^3}{3}-\ln n}{(n-1)^4} + \frac{-\frac{25}{12}+4n-3n^2+\frac{4}{3}n^3-\frac{n^4}{4}-\ln n}{(n-1)^5}\right] \tag{5.38}$$

注:当 $n=1$ 时,$F_n=11/30$;当 $n=0$ 时,$F_n=1/2$。

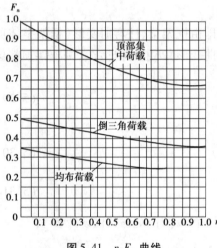

图 5.41 n-F_n 曲线

设计计算时,可根据水平荷载类型与 n 值,从图 5.41 中查得 F_n 值后,按相应的计算式(5.32)或式(5.35)或式(5.37)计算由柱的轴向变形产生的框架顶端水平位移 u_N 值。

(3)结构位移和内力调整

①节点柔性对结构内力和位移的影响。在钢框架设计中,为简化计算,通常假定梁柱节点完全刚接或完全铰接。但梁柱节点的试验研究表明,一般节点的弯矩和相对转角的关系既非完全刚接,也非完全铰接,而是呈非线性连接状态。由于节点柔性将加大框架结构的水平侧移,导致 P-Δ 效应的增加,因此有必要分析节点柔性对于钢框架结构的影响。

对于满焊节点,因其性能基本上符合节点刚性假定,可不考虑节点柔性对结构内力和位移的影响;当结构中梁的线刚度和节点刚度 K 之比的平均值 $\frac{EI}{KL}\leqslant 0.01$(或 $\frac{EI}{KL}\leqslant 0.04$,且柱中最大轴压比 $\frac{N}{N_r}\leqslant 0.4$)时,亦可不考虑节点柔性对结构的影响。

节点刚度 K 可通过节点试验和对节点性能的研究得到。一般来说,螺栓连接节点的节点刚度 $K=(2\sim10)\times10^4(\mathrm{kN\cdot m})/\mathrm{rad}$;翼缘为焊接,腹板为螺栓连接的混合节点刚度 $K=(1\sim3.5)\times10^5(\mathrm{kN\cdot m})/\mathrm{rad}$;满焊的节点,$K=6\times10^5(\mathrm{kN\cdot m})/\mathrm{rad}$。

当不满足上述要求时,须对假定节点刚性所得的结构分析结果作适当修正,修正以保证结构的安全为原则。凡按节点刚性假定所得值大于考虑节点柔性计算者不予修正,反之则予以修正。修正前后所得值的变化范围一般应在5%以内为宜。

a. 结构水平位移的修正:

$$u_i' = \left(7\frac{EI}{KL}\sqrt{\frac{N}{N_r}}+1\right)\sqrt[9]{\frac{m}{i}}u_i \tag{5.39}$$

式中 u_i'——第 i 层楼层位移的修正值;

u_i——按节点刚性假定所得第 i 层楼层水平位移；

$\dfrac{EI}{KL}$——结构中梁的线刚度与节点刚度之比；

$\dfrac{N}{N_r}$——第 i 层柱的轴压比平均值；

m——结构总层数；

i——第 i 层楼层数（从底层算起），$i \geqslant 3$。

结构底部两层按结构顶层的修正系数来调整。

b. 柱端弯矩的修正：按节点刚性假定计算所得的柱端弯矩值，除底层外，一般都比考虑节点柔性所得值要大。因此，只对底层柱基础端的弯矩值进行修正。

$$\overline{M}_1 = \left(7\, \frac{EI}{KL} \sqrt{\frac{N_1}{N_{r1}}} + 1 \right) \frac{m}{25} M_1 \tag{5.40}$$

式中　$\overline{M}_1$——底层柱基础端弯矩的修正值；

M_1——按节点刚性假定所得的柱端弯矩；

$\dfrac{N_1}{N_{r1}}$——底层柱的轴压比平均值。

②节点域剪切变形的影响。经试验研究表明，梁柱节点域的剪切变形对框架的变形影响很大，因此应计入梁柱节点域剪切变形对多高层建筑钢结构侧移的影响。其方法是，在作用效应计算时，将梁柱节点域当作一个单独的单元进行精确分析。但用精确方法计算比较烦琐，而且较难掌握，因此设计中常用下列近似方法考虑其影响：

a. 对于箱形截面柱的框架，可将节点域当作刚域，刚域的尺寸取节点域尺寸的一半，然后使用带刚域的单元对结构进行分析。

b. 对于工字形截面柱的框架，可按结构轴线尺寸进行作用效应计算，并按下列规定对结构侧移进行修正：

当工字形截面柱框架所考虑楼层的主梁线刚度平均值与节点域剪切刚度平均值之比 $\dfrac{EI_{bm}}{K_m h_{bm}} > 1$ 或参数 $\eta > 5$ 时，按下式修正结构侧移：

$$u_i' = \left(1 + \frac{\eta}{100 - 0.5\eta} \right) u_i \tag{5.41}$$

$$\eta = \left[17.5\, \frac{EI_{bm}}{K_m h_{bm}} - 1.8 \left(\frac{EI_{bm}}{K_m h_{bm}} \right)^2 - 10.7 \right] \sqrt[4]{\frac{I_{cm} h_{bm}}{I_{bm} h_{cm}}} \tag{5.42}$$

式中　u_i'——修正后的第 i 层楼层的侧移；

u_i——忽略节点域剪力变形，并按结构轴线尺寸分析得出的第 i 层楼层的侧移；

I_{cm}, I_{bm}——结构中柱和梁截面惯性矩的平均值；

h_{cm}, h_{bm}——结构中柱和梁腹板高度的平均值；

E——钢材的弹性模量；

K_m——节点域剪切刚度平均值，按下式计算：

$$K_m = h_{cm} h_{bm} t_m G \tag{5.43}$$

其中　t_m——节点域腹板厚度平均值；

G——钢材的剪切模量。

节点域剪切变形对内力的影响较小,一般在10%以内,不需要对内力进行修正。

2)双重抗侧力结构体系的简化计算

(1)计算模型的建立

对于平面布置规则、质量和刚度分布均匀的框架-支撑结构、框架-剪力墙结构和框架-核心筒结构等双重抗侧力结构体系,在水平荷载作用下可简化为平面抗侧力体系进行分析计算,即将同一方向所有框架合并为总框架,所有竖向支撑合并为总支撑,或所有剪力墙(核心筒可等效为多片剪力墙)合并为总剪力墙,然后于每层楼盖处设置一根刚性水平连杆,将总框架与总支撑或总剪力墙并联,形成框-撑并联计算模型[图5.42(a)]或框-墙并联计算模型[图5.42(b)],最后按协同工作进行内力和位移计算。

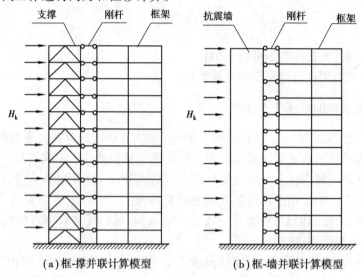

(a)框-撑并联计算模型　　(b)框-墙并联计算模型

图5.42　水平荷载下的等代平面结构

(2)结构等效刚度的确定

在进行协同工作分析中,总支撑或总剪力墙可视为竖向弯曲型悬臂构件,总框架可视为剪切型的构件。总框架的剪切刚度 C_f 等于同一方向所有框架的剪切刚度之和,即

$$C_f = \sum D_{if} h \tag{5.44}$$

式中　D_{if}——第 i 榀框架的 D 值(抗推刚度);

　　　h——楼层层高。

总支撑的等效弯曲刚度 EI_{eq} 可按下式计算:

$$EI_{eq} = u \sum_{j=1}^{m} \sum_{i=1}^{n} E_{ij} A_{ij} a_{ij}^2 \tag{5.45}$$

式中　u——折减系数,对中心支撑可取 0.8~0.9;

　　　A_{ij}——第 j 榀竖向支撑第 i 根柱的截面面积;

　　　a_{ij}——第 i 根柱至第 j 榀竖向支撑的柱截面形心轴的距离;

　　　n——每一榀竖向支撑的柱子数;

　　　m——水平荷载作用方向竖向支撑的榀数;

　　　E_{ij}——第 j 榀竖向支撑中第 i 根柱的弹性模量。

总剪力墙的(等效)弯曲刚度 $E_w I_w$ 等于同一方向所有剪力墙的弯曲刚度之和,即

$$E_w I_w = \sum_j E_j I_j \tag{5.46}$$

式中　E_j, I_j——第 j 片(等效)剪力墙的弹性模量和截面惯性矩。

刚性水平连杆的轴向刚度 $EA = \infty$(符合刚性楼盖假设)。

(3)等代结构的工作性态

在结构参数确定之后,双重抗侧力结构体系的结构计算采用图 5.43 中的任一弯剪型计算模型,其计算方法是相同的。因此,下面以图 5.43(b)的模型为例进行分析。

剪力墙单独承受水平荷载时,其水平位移曲线属弯曲型,如图 5.43(b)所示;而框架单独承受水平荷载时,其水平位移曲线属剪切型,如图 5.43(b)所示。比较这两条曲线可知:框架在下部位移增长迅速,而上部位移增长缓慢;剪力墙则相反,下部位移增长缓慢,而上部位移则迅速增长。总框架和总剪力墙通过两端铰接的一列刚性连杆连成整体协同工作时,连杆的作用就在于弥合两条位移曲线之差位,使总框架与总剪力墙有相同的位移曲线。为此,下部的连杆受拉,把框架和墙的位移拉拢。当下部的位移合拢后,合拢前位移较大的总框架在上部的位移变得比总剪力墙的位移还要小,因此上部连杆必然受压,把墙和框架撑开,才能保持沿整个建筑物高度两条位移曲线合拢。连杆的受力揭示了总框架和总剪力墙之间的相互作用力,图5.43(c)中的 $q_f(z)$ 即为这种相互作用力。总剪力墙在外荷载 $q(z)$ 和 $q_f(z)$ 共同作用下,与总框架在 $q_f(z)$ 作用下,二者具有相同的位移曲线,即框-剪协同工作的位移曲线。该曲线是介于弯曲型和剪切型之间的曲线,呈反 S 形,如图 5.43(d)所示。

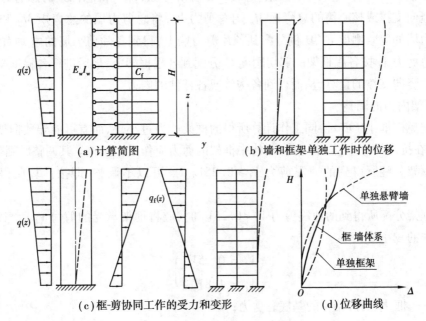

(a)计算简图　　　　　　　　(b)墙和框架单独工作时的位移

(c)框-剪协同工作的受力和变形　　　(d)位移曲线

图 5.43　框剪结构体系的受力与变形

综上分析可知:在建筑物的下部,位移较小的剪力墙或竖向支撑对框架提供支持和帮助;在上部则相反,位移增长较慢的框架,却反过来对剪力墙或竖向支撑提供支持和帮助。这种"取长补短"式的协同工作是非常有效的,其结果使双重抗侧力结构体系的位移大大减小,且内力分布趋于更加合理。

(4)结构计算

由上述等代结构的工作性态分析,可得双重抗侧力结构体系计算中的两条基本假定:

①同一楼层上,框架和剪力墙或竖向支撑的水平位移相等,即 $u_f = u_w$(不考虑扭转的影响);

②外荷载由剪力墙或竖向支撑与框架共同承担,即 $q = q_w + q_f$。

由材料力学中剪切梁的内力与位移的关系,可得框架内力与位移有如下关系:

$$\left.\begin{array}{l} V_f = C_f y' \\ q_f = -C_f y'' \end{array}\right\} \tag{5.47}$$

同样,由弯曲梁的内力与位移关系,可得剪力墙的内力与位移有如下关系:

$$\left.\begin{array}{l} M_w = -EI_w y'' \\ V_w = -EI_w y''' \\ q_w = EI_w y^{IV} \end{array}\right\} \tag{5.48}$$

由假定② $q = q_w + q_f$ 得:

$$EI_w y^{IV} - C_f y'' = q(z) \tag{5.49}$$

这就是框架-剪力墙结构的基本方程,其形式如同弹性地基梁的基本方程,框架相当于剪力墙的弹性地基,其弹簧常数为 C_f。

求解方程(5.49),可求得水平位移 y;对 y 取各阶导数,即可得总框架的总剪力 V_f 和总剪力墙或总竖向支撑或核心筒的总弯矩 M_w 与总剪力 V_w;将总剪力墙的总弯矩 M_w 和总剪力 V_w 按各片剪力墙的等效刚度 $E_j I_j$ 比例分配到各片剪力墙上,得到各片剪力墙的内力 M_{wj} 和 V_{wj};将总框架的总剪力 V_f 按各榀框架的剪切刚度 C_{fj} 分配到各榀框架上;最后进行各榀框架和各片剪力墙或各片竖向支撑的计算,从而得到各构件或各杆件的内力。

(5)框架内力的调整

为了避免按框-撑(剪)协同工作计算所得的框架剪力过小,从而有可能导致框架的设计偏于不安全,在抗震设计中,框-撑(剪)结构中框架的剪力应作适当调整。其调整原则是:

①总框架分配所得到的地震剪力 $V_f \geq 0.25 V_0$ 时,可以不调整,即按计算所得剪力进行设计。

②总框架分配所得到的地震剪力 $V_f < 0.25 V_0$ 时,应将框架承受的剪力 V_f 适当放大,即取下列两式中的较小值:

$$\left.\begin{array}{l} V_f = 0.25 V_0 \\ V_f = 1.8 V_{fmax} \end{array}\right\} \tag{5.50}$$

式中　V_0——框-撑(剪)结构的基底总剪力;

　　　V_{fmax}——按协同工作计算所得的框架部分各楼层地震剪力的最大值。

注:当采用型钢混凝土框架-钢筋混凝土筒体组成的混合结构时,宜取 $0.2 V_0$ 与 $1.5 V_{fmax}$ 的较小值。

各层框架总剪力依照上述方法调整后,按调整比例调整各柱和梁的剪力和端部弯矩,但柱的轴力不予调整。

突出屋面小塔楼如果也采用框-撑(剪)结构体系,则突出部分框架的设计剪力宜按协同工作计算所得值的 1.5 倍取用。

当结构有偏心时,各内力在上述调整基础上,应再乘以偏心的修正系数。

对于双重抗侧力结构体系,除按上述协同工作分析方法进行结构计算外,也可将其视为剪切型体系,按框架简化计算的 D 值法进行简化计算。此时竖向支撑或剪力墙的 D 值可按下式计算:

①对 X 形支撑,其等效 D 值可按下式计算:

$$D_{xb} = \frac{2E_b A_b \cos^3 \theta}{L_0} \tag{5.51}$$

式中　E_b, A_b——支撑的弹性模量和截面面积;

θ——支撑的水平倾角;

L_0——柱间距(轴线间的距离)。

②其他形式的支撑可按产生单位水平位移所需的水平力确定 D 值,即

$$D = \frac{V}{\delta} \tag{5.52}$$

式中　V——支撑桁架的层剪力;

δ——由剪力 V 所产生的层间相对位移。

③在钢框架中填充剪力墙(如带竖缝的钢筋混凝土剪力墙等)的等效 D 值按下式计算:

$$D_w = \frac{\mu G_w t_w l_0}{h} \tag{5.53}$$

式中　μ——剪应力不均匀系数,矩形截面 $\mu = 1.2$,工字形截面 $\mu = A/A'$(A 为全截面面积,A' 为腹板截面面积);

G_w——墙的剪切模量;

l_0, t_w——墙宽和墙厚;

h——层高。

5.5.3　作用效应组合

多高层建筑钢结构的荷载(重力荷载、风荷载)效应与地震作用效应基本组合的设计值,应按下列公式确定。

1) 不考虑地震作用时

持久设计状况和短暂设计状况下,当荷载和荷载效应按线性关系考虑时,荷载基本组合的效应设计值 S_d 应按下式确定:

$$S_d = \gamma_G S_{Gk} + \gamma_L \psi_Q \gamma_Q S_{Qk} + \psi_w \gamma_w S_{wk} \tag{5.54}$$

式中　S_{Gk}, S_{Qk}, S_{wk}——永久荷载、楼面活荷载、风荷载标准值所产生的效应值;

$\gamma_G, \gamma_Q, \gamma_w$——永久荷载、楼面活荷载、风荷载的分项系数,其值见表5.9;

γ_L——考虑结构设计使用年限的荷载调整系数,设计使用年限为 50 年时取 1.0,设计使用年限为 100 年时取 1.1;

ψ_Q,ψ_w——楼面活荷载组合值系数和风荷载组合值系数,当永久荷载效应起控制作用时应分别取 0.7 和 0.0;当可变荷载效应起控制作用时应分别取 1.0 和 0.6 或 0.7 和 1.0。

注:①对于书库、档案库、储藏室、通风机房和电梯机房,本条楼面活荷载组合值系数取 0.7 的场合应取 0.9。

②持久设计状况和短暂设计状况下,荷载基本组合的分项系数应按下列规定采用:

a.永久荷载的分项系数 γ_G:当其效应对结构不利时,对由可变荷载效应控制的组合应取 1.2,对由永久荷载效应控制的组合应取 1.35;若其效应对结构有利时,应取 1.0。

b.楼面活荷载的分项系数 γ_Q:一般情况下应取 1.4。

c.风荷载的分项系数 γ_w 应取 1.4。

2)考虑地震作用,按第一阶段设计时

地震设计状况下,当作用与作用效应按线性关系考虑时,荷载和地震作用基本组合的效应设计值 S_d 应按下式确定:

$$S_d = \gamma_G S_{GE} + \gamma_{Eh} S_{Ehk} + \gamma_{Ev} S_{Evk} + \psi_w \gamma_w S_{wk} \qquad (5.55)$$

式中 S_{GE},S_{Ehk},S_{Evk},S_{wk}——重力荷载代表值、水平地震作用标准值、竖向地震作用标准值、风荷载标准值所产生的效应值;

γ_G,γ_{Eh},γ_{Ev},γ_w——上述各相应荷载或作用的分项系数,其值见表 5.9;

ψ_w——风荷载的组合值系数,在无地震作用的组合中取 1.0,在有地震作用的组合中取 0.2。

第一阶段抗震设计进行构件承载力验算时,可按表 5.9 选择可能出现的荷载组合情况及相应的荷载分项系数,分别进行内力设计值的组合,并取各构件的最不利组合进行截面设计。

第一阶段抗震设计当进行结构侧移验算时,应取与构件承载力验算相同的组合,但各荷载或作用的分项系数应取 1.0,即应采用荷载或作用的标准值。

第二阶段抗震设计当采用时程分析法验算时,不应计入风荷载,其竖向荷载宜取重力荷载代表值。

表 5.9 作用效应组合与荷载或作用的分项系数

序号	组合情况	重力荷载 γ_G	活荷载 γ_{Q1},γ_{Q2}	水平地震作用 γ_{Eh}	竖向地震作用 γ_{Ev}	风荷载 γ_w	备 注
1	考虑重力、楼面活荷载及风荷载	1.20	1.40	—	—	1.40	用于非抗震高楼
2	考虑重力及水平地震作用	1.20	—	1.30	—		用于一般抗震建筑
3	考虑重力、水平地震作用及风荷载	1.20	—	1.30	—	1.40	用于按 7 度、8 度设防的 60 m 以上高层建筑

续表

序号	组合情况	重力荷载 γ_G	活荷载 γ_{Q1}, γ_{Q2}	水平地震作用 γ_{Eh}	竖向地震作用 γ_{Ev}	风荷载 γ_w	备　注
4	考虑重力及竖向地震作用	1.20	—	—	1.30	—	用于 9 度设防的高层钢结构和 8 度、9 度设防的大跨度和长悬臂结构
5	考虑重力、水平及竖向地震作用	1.20	—	1.30	0.50	—	
6	考虑重力、水平和竖向地震作用及风荷载	1.20	—	1.30	0.50	1.40	同序号 4、5,但用于 60 m 以上高层建筑

注:①在地震作用组合中,重力荷载代表值应符合本书第 5.4 节的规定。当重力荷载效应对构件承载力有利时,宜取 γ_G 为 1.0。

②对楼面结构,当活荷载标准值不小于 4 kN/m^2 时,其分项系数取 1.3。

5.6　结构验算

5.6.1　构件承载力验算

1)不考虑地震作用时

对于多高层建筑钢结构,当不考虑地震作用时,即在风荷载和重力荷载作用下,其构件承载力应满足下列条件:

$$\gamma_0 S \leqslant R \tag{5.56}$$

式中　S——荷载或作用效应组合的设计值。

R——结构构件承载力设计值。

γ_0——结构重要性系数。对安全等级为一级、二级和三级的结构构件,可分别取 1.1、1.0 和 0.9;结构构件的安全等级,应按有关建筑结构设计规范的规定确定。

2)考虑地震时

对多高层建筑钢结构进行第一阶段抗震设计时,在多遇地震作用下,构件承载力应满足下列条件:

$$S \leqslant \frac{R}{\gamma_{RE}} \tag{5.57}$$

式中　S——荷载效应和地震作用效应最不利组合的内力设计值;

R——结构构件承载力设计值,按各有关规定计算;

γ_{RE}——结构构件承载力的抗震调整系数,按表 5.10 取值。

当仅考虑竖向地震效应组合时,各类构件承载力抗震调整系数均取 1.0。

表 5.10　承载力抗震调整系数

结构类型	结构构件	受力状态	γ_{RE}
钢结构	柱、梁、支撑、节点板件、螺栓、焊缝	强度	0.75
	柱、支撑	稳定	0.80
钢骨混凝土结构	梁	受弯	0.75
	轴压比小于 0.15 的柱	偏压	0.75
	轴压比不小于 0.15 的柱	偏压	0.80
	抗震墙	偏压	0.85
	各类构件	受剪、偏拉	0.85

5.6.2　结构侧移验算

1)风荷载作用下的侧移检验

钢结构自身的变形能力很强,而且在多高层钢结构建筑中,内部隔断又多采用轻型隔墙,外墙面多采用轻型悬挂墙板或玻璃幕墙、铝板幕墙,适应变形的能力较强,在风荷载作用下的变形限值可以比其他结构放宽一些,因此《高钢规程》规定:

①结构顶点质心位置的侧移不宜超过建筑高度的 1/500;

②各楼层质心位置的层间侧移不宜超过楼层高度的 1/400;

③结构平面端部构件的最大侧移值不得超过质心侧移的 1.2 倍。

2)地震作用下的侧移检验

(1)第一阶段抗震设计

①侧移计算规定。

a. 各类结构均应验算其在多遇地震作用下的弹性变形;

b. 计算结构的弹性侧移时,各项荷载和作用均应采用标准值;

c. 除结构平移振动产生的侧移外,还应考虑因结构平面不对称产生扭转所引起的水平相对位移;

d. 当结构在地震作用下的重力附加弯矩大于初始弯矩的 10% 时,还应计入二阶效应所产生的附加侧移;

e. 对于高度超过 12 层的钢框架结构,当其柱截面为 H 形时,侧移计算中应计入节点域剪切变形的影响,当其柱截面为箱形时则可忽略其影响。

②侧移验算。根据现行《抗震规范》的规定,多高层建筑结构在多遇地震作用下,其结构平面内的最大弹性层间侧移应满足下式要求:

$$\Delta u_e \leqslant h[\theta_e] \tag{5.58}$$

式中 Δu_e——在多遇地震作用下结构平面内的最大弹性层间侧移;

$[\theta_e]$——结构弹性层间侧移角的限值,按 1/250 取用;

h——所计算楼层的层高。

结构平面端部构件最大侧移不得超过质心位置侧移的 1.3 倍。

(2)第二阶段抗震设计

多高层建筑钢结构的第二阶段抗震设计,应验算结构在罕遇地震作用下的弹塑性层间侧移和层间侧移延性比两项。

①验算对象。

a.应验算的对象:

• 甲类建筑和 9 度抗震设防的乙类建筑;

• 高度超过 150 m 的钢结构建筑;

• 采用隔震和消能减震设计的结构。

b.宜验算的对象:

• 7 度Ⅲ,Ⅳ类场地和 8 度时乙类建筑中的钢结构和型钢混凝土结构;

• 表 5.5 所列高度范围且为竖向不规则类型的高层民用建筑钢结构;

• 高度不超过 150 m 的钢结构建筑。

②侧移计算方法。

a.在罕遇地震作用下,结构薄弱层(部位)的弹塑性变形计算,一般情况下,宜采用三维静力弹塑性分析方法(如 Push-over)或弹塑性时程分析法。

b.对于楼层侧向刚度无突变的钢框架结构和钢框架-支撑结构,在罕遇地震作用下,其薄弱层(部位)的弹塑性侧移 Δu_p 可按下述方法进行简化计算:

$$\Delta u_p = \eta_p \Delta u_e \tag{5.59}$$

或

$$\Delta u_p = \mu \Delta u_y = \frac{\eta_p}{\xi_y} \Delta u_y \tag{5.60}$$

式中 Δu_e——在罕遇地震作用下按弹性分析所得的结构层间侧移;

Δu_y——结构的层间屈服侧移;

μ——结构的楼层延性系数;

ξ_y——结构的楼层屈服强度系数;

η_p——结构的弹塑性层间侧移增大系数,当薄弱层(部位)的屈服强度系数与相邻层(部位)屈服强度系数平均值的比值不小于 0.8 时,可按表 5.11 采用;当其比值大于 0.5 时,可按表 5.11 中相应数值的 1.5 倍采用;当其比值介于 0.5 与 0.8 之间时,采用内插法取值。

表 5.11　钢结构薄弱层的弹塑性层间侧移增大系数

结构类型	总层数 n 或部位	η_p		
		0.5	0.4	0.3
多层均匀框架结构	2 ~ 4	1.30	1.40	1.60
	5 ~ 7	1.50	1.65	1.80
	8 ~ 12	1.80	2.00	2.20

③侧移验算。震害经验和研究成果表明：梁、柱、墙等构件及其节点的变形达到临近破坏时的极限层间侧移角,可作为防止结构遭遇罕遇地震时发生倒塌的结构弹塑性层间侧移角的限值。因此,在罕遇地震作用下,结构薄弱层的弹塑性层间侧移应满足下列要求：

$$\Delta u_p \leqslant h[\theta_p] \tag{5.61}$$

式中　Δu_p——在罕遇地震作用下结构薄弱层的弹塑性层间侧移;

$[\theta_p]$——结构弹塑性层间侧移角的限值,按表 5.12 取用;

h——结构薄弱层的层高。

表 5.12　结构弹塑性层间侧移角限值

结构类型	结构体系	$[\theta_p]$
钢结构	各种结构体系	1/50
钢-混凝土混合结构 型钢混凝土结构	框　架	1/50
	框架-抗震墙、框架-核心筒	1/100
	全抗震墙、筒中筒	1/120
	框支层	1/120

注:轴压比小于0.4的型钢混凝土框架柱,$[\theta_p]$可比表中数值提高10%。

④侧移延性比控制。多层建筑钢结构的层间侧移延性比不得超过表 5.13 规定的限值。层间侧移延性比限值,意指结构允许的最大层间侧移与其弹性极限侧移(屈服侧移)之比。

表 5.13　钢结构层间侧移延性比限值

	结构类别和体系	层间侧移延性比限值
钢结构	框架体系	3.5
	框架-(偏心)支撑体系	3.0
	框架-(中心)支撑体系	2.5
型钢混凝土结构		2.5
钢-混凝土混合结构		2.0

5.6.3　结构稳定验算

1) 稳定分类及区别

多高层建筑钢结构的稳定可分为整体稳定和局部稳定两大类型。

整体稳定又可分为整体倾覆稳定和整体压屈稳定。倾覆稳定是将结构物视为刚体,计算所有竖向荷载对其基根点的稳定力矩和所有水平荷载对其基根点的倾覆力矩,并要求稳定力矩不小于倾覆力矩;而压屈稳定则是将结构物视为弹性体,对其进行二阶分析,要求实际荷载不大于其极限承载力。

构件或杆件以及板件是整体结构的组成部分,因此相对结构而言,构件或杆件以及板件是局部,其稳定统称为局部稳定。

但就构件或杆件及板件而言,构件或杆件是由板件组成,构件或杆件可称为整体,板件则是局部,因此构件或杆件整体的稳定常简称为整体稳定,而板件的稳定则又被称为局部稳定。

构件或杆件以及板件的稳定问题详见"5.7 构件设计",此处只介绍多高层建筑钢结构的整体稳定验算。

2) 倾覆稳定验算

为防止楼房发生倾覆失稳,在风荷载或地震作用下,多高层建筑钢结构应按下式进行倾覆稳定验算:

$$1.3M_{ov} \leqslant M_{st} \tag{5.62}$$

式中　M_{ov}——由水平风荷载或水平地震作用标准值产生的倾覆力矩标准值;

　　　M_{st}——结构的抗倾覆力矩标准值,取 90% 的重力荷载标准值和 50% 的活荷载标准值计算。

3) 压屈稳定验算

(1) 需进行整体压屈稳定验算的条件

结构的整体压屈稳定分析,主要是计及二阶效应的结构极限承载力验算,而《钢结构设计标准》(GB 50017—2017) 又规定,对 $\dfrac{\sum N_i \cdot \Delta u_i}{\sum H_i \cdot h_i} > 0.1$ 的框架结构宜采用二阶弹性分析,据此可得出推论:凡需进行二阶分析的结构,均需进行整体稳定验算。因此,需进行整体压屈稳定验算的条件是:

$$\frac{\sum N_i \cdot \Delta u_i}{\sum H_i \cdot h_i} > 0.1 \tag{5.63}$$

(2) 可不验算结构整体压屈稳定的条件

凡符合下述①,②两款中的任何一款规定,均可不必验算结构的整体压屈稳定:

① 根据(1)中叙述,按逆向法则可知,凡不需进行二阶分析的结构,均不需进行整体稳定验算。因此,不需进行整体压屈稳定验算的条件是:

$$\frac{\sum N_i \cdot \Delta u_i}{\sum H_i \cdot h_i} \le 0.1 \qquad (5.64)$$

②根据理论分析和实例计算,若把结构的层间侧移、柱的轴压比和长细比控制在某一限值以内,就能控制住二阶效应对结构极限承载力的影响。因此,多高层建筑钢结构同时符合以下 a 和 b 两个条件时,可不验算结构的整体稳定。

a. 结构各楼层柱子平均长细比和平均轴压比满足下式要求:

$$\frac{N_m}{N_{pm}} + \frac{\lambda_m}{80} \le 1 \qquad (5.65)$$

$$N_{pm} = f_y A_m \qquad (5.66)$$

式中　λ_m——楼层柱的平均长细比;

　　　N_m——楼层柱的平均轴压力设计值;

　　　N_{pm}——楼层柱的平均全塑性轴压力;

　　　f_y——钢材的屈服强度;

　　　A_m——楼层柱截面面积的平均值。

b. 结构按一阶线弹性计算所得各楼层的层间相对侧移值,满足下式要求:

$$\frac{\Delta u}{h} \le 0.12 \frac{\sum F_h}{\sum F_v} \qquad (5.67)$$

式中　Δu——按一阶线弹性计算所得的质心处层间侧移;

　　　h——楼层的层高;

　　　$\sum F_h$——所验算楼层以上的全部水平作用之和;

　　　$\sum F_v$——所验算楼层以上的全部竖向作用之和。

(3)结构整体压屈稳定验算方法的选择

①无侧移结构(强支撑结构)。研究表明,对于无侧移的结构,采用"有效长度法"来验算结构的整体稳定能够取得较高精度的计算结果。对于有侧移的钢框架体系,当在结构体系中设置竖向支撑或剪力墙或筒体等侧向支撑,且层间侧移角 $\Delta u/h \le 1/1\,000$ 时,可视为无侧移的框架,同样可以采用"有效长度法"进行结构整体稳定的验算。柱的计算长度系数可按《钢结构设计标准》(GB 50017—2017)采用。

②有侧移结构(弱支撑结构)。在结构体系中未设置竖向支撑或剪力墙或筒体等侧向支撑的钢框架,以及虽设置侧向支撑,但层间侧移角 $\Delta u/h > 1/1\,000$ 的结构,均属有侧移的结构。验算有侧移结构的整体稳定,应采用能反映 P-Δ 效应的二阶分析法。

5.6.4　风振舒适度验算

1)风振舒适度验算公式

工程实例和研究表明,在高层建筑特别是超高层钢结构建筑中,必须考虑人体的舒适度,不能用水平位移控制来代替。风工程学者通过大量试验研究后认为,结构的风振加速度是衡量人体对风振反应的最好尺度。因此,《高层民用建筑钢结构技术规程》(JGJ 99—2015)规定,高层建筑钢结构在风荷载作用下的顺风向和横风向顶点最大加速度,应满足下列要求:

住宅、公寓建筑 $\qquad \alpha_w$(或 α_{tr})$\leqslant 0.20$ m/s² $\qquad$ (5.68)

办公、旅馆建筑 $\qquad \alpha_w$(或 α_{tr})$\leqslant 0.28$ m/s² $\qquad$ (5.69)

2)风振加速度计算公式

参考国内外有关规范和资料,其高层建筑钢结构的顺风向和横风向加速度的计算公式可按下式计算:

(1)顺风向顶点最大加速度

$$\alpha_w = \xi\nu\,\frac{\mu_s\,\mu_r w_0 A}{m_{tot}} \qquad (5.70)$$

式中　α_w——顺风向顶点最大加速度,m/s²;

$\qquad \mu_s$——风荷载体型系数;

$\qquad \mu_r$——重现期调整系数,取重现期为 10 年时的系数 0.77;

$\qquad w_0$——基本风压,kN/m²;

$\qquad \xi,\nu$——脉动增大系数和脉动影响系数,分别按现行《荷载规范》采用;

$\qquad A$——建筑物总迎风面积,m²;

$\qquad m_{tot}$——建筑物总质量,t。

(2)横风向顶点最大加速度

$$\alpha_{tr} = \frac{b_r}{T_{tr}^2}\frac{\sqrt{BL}}{\gamma_B\sqrt{\zeta_{t,cr}}} \qquad (5.71)$$

$$b_r = 2.05 \times 10^{-4}\left(\frac{v_{n,m}T_{tr}}{\sqrt{BL}}\right)^{3.3} \qquad (5.72)$$

$$v_{n,m} = 40\sqrt{\mu_s\,\mu_z w_0} \qquad (5.73)$$

式中　α_{tr}——横风向顶点最大加速度,m/s²;

$\qquad v_{n,m}$——建筑物顶点平均风速,m/s;

$\qquad \mu_z$——风压高度变化系数;

$\qquad \gamma_B$——建筑物所受的平均重力,kN/m³;

$\qquad \zeta_{t,cr}$——建筑物横风向的临界阻尼比值,一般可取 0.01 ~ 0.02;

$\qquad T_{tr}$——建筑物横风向第一自振周期,s;

$\qquad B,L$——建筑物平面的宽度和长度,m。

3)横风向共振控制

圆筒形高层建筑有时会发生横风向的涡流共振现象,此种振动较为显著,设计不允许出现横风向共振。一般情况下,设计中用高层建筑顶部风速来控制。因此,《高钢规程》规定圆筒形高层建筑钢结构应满足下列条件:

$$v_n < v_{cr} \qquad (5.74)$$

式中　v_n——圆筒形高层民用建筑顶部风速,$v_n = 40\sqrt{\mu_z w_0}$;

v_{cr}——临界风速，$v_{cr} = 5D/T_1$；

D——圆筒形建筑的直径，m；

T_1——圆筒形建筑的基本自振周期，s。

若不能满足式(5.69)的要求，一般可采用增加刚度使结构基本自振周期减小来提高临界风速，或进行横风向涡流脱落共振验算。

4) 楼盖舒适度控制

楼盖结构应具有适宜的舒适度。楼盖结构的竖向振动频率不宜小于 3 Hz，竖向振动加速度峰值不应超过表5.14 的限值。

一般情况下，当楼盖结构竖向振动频率小于 3 Hz 时，应验算其竖向振动加速度。楼盖结构竖向振动加速度可按现行行业标准《高层建筑混凝土结构技术规程》(JGJ 3) 的有关规定计算。

表5.14 楼盖竖向振动加速度限值

人员活动环境	峰值加速度限值 (m/s²)	
	竖向自振频率不大于 2 Hz	竖向自振频率不小于 4 Hz
住宅、办公	0.07	0.05
商场及室内连廊	0.22	0.15

注：楼盖结构竖向自振频率为 2~4 Hz 时，峰值加速度限值可按线性插值选取。

5.7 构件设计

5.7.1 梁的设计

1) 梁的截面初选

在多高层建筑钢结构中，梁是主要承受横向荷载的受弯构件，其受力状态主要表现为单向受弯。无论框架梁或承受重力荷载的梁，其截面一般采用双轴对称的轧制或焊接 H 型钢。对于跨度较大或受荷很大，而高度又受到限制时，可选用抗弯和抗扭性能较好的箱形截面。有些设计考虑了钢梁和混凝土楼板的共同工作，形成组合梁。对于墙梁等围护构件，可采用槽形等截面形式，其受力状态主要表现为双向受弯。

梁截面预估时，一般根据荷载与支座情况，其截面高度按跨度的 1/50~1/20 确定；其翼缘宽度 b 根据侧向支撑间的距离 l/b 确定；其板件厚度按现行《钢结构设计标准》(GB 50017—2017) 中局部稳定的限值确定。

2) 梁的截面验算

一般而言，所选梁截面需要根据荷载组合按现行《钢结构设计标准》(GB 50017—2017) 的验算公式进行强度、整体稳定(满足某些条件可不验算)、局部稳定和刚度验算，并满足构造要求。其验算方法可参见现行《钢结构设计标准》(GB 50017—2017)或前期课程"钢结构基本原理"的相关教材,故此处不予赘述。下面仅就某些特殊规定简述如下。

(1)不必验算整体稳定的条件

符合下列条件之一者,可不必验算梁的整体稳定:

①有刚性铺板(钢板、各种钢筋混凝土板、压型钢板-混凝土组合楼板)密铺在梁的受压翼缘,并与其牢固相连,能阻止梁的受压翼缘的侧向位移时;

②钢框架梁的上翼缘采用抗剪连接件与组合楼板连接时。

(2)梁的局部稳定(板件宽厚比)

防止板件局部失稳的最有效方法是限制其宽厚比。钢框架梁的板件宽厚比,应随截面塑性变形发展程度的不同,而需满足不同的要求。

在多高层建筑钢结构中,对按 7 度及以上抗震设防的多高层建筑,在抗侧力框架的梁中可能出现塑性铰的区段,要求在出现塑性铰之后仍具有较大的转动能力,以实现结构内力重分布,因此板件的宽厚比限制较严;而对于非抗震设防和按 6 度抗震设防的钢结构建筑,当抗侧力框架的梁中可能出现塑性铰之后,不要求具有太大的转动能力,因此板件宽厚比限制相对较宽。一般情况下,梁的板件宽厚比应满足表 5.15 规定的限值。

表 5.15　框架梁、柱的板件宽厚比限值

板件名称		抗震等级				非抗震设计
		一级	二级	三级	四级	
柱	工字形截面翼缘外伸部分	10	11	12	13	13
	工字形截面腹板	43	45	48	52	52
	箱形截面壁板	33	36	38	40	40
	冷成型方管壁板	32	35	37	40	40
	圆管(径厚比)	50	55	60	70	70
梁	工字形截面和箱形截面翼缘外伸部分	9	9	10	11	11
	箱形截面翼缘在两腹板之间部分	30	30	32	36	36
	工字形截面和箱形截面腹板	$30 \leq 72 - 120\rho$ ≤ 60	$35 \leq 72 - 100\rho$ ≤ 65	$40 \leq 80 - 110\rho$ ≤ 70	$45 \leq 85 - 120\rho$ ≤ 75	$85 - 120\rho$

注:①表列数值适用于 Q235 钢,采用其他牌号钢材时应乘以 $\sqrt{235/f_y}$,圆管应乘以 $235/f_y$。

②$\rho = N/(Af)$ 为梁轴压比。

③冷成型方管适用于 Q235GJ 或 Q345GJ 钢。

④非抗侧力构件的板件宽厚比应按现行国家标准《钢结构设计标准》的有关规定执行。

对于框架-支撑(含中心支撑和偏心支撑)结构体系中的框架,当框架部分所承担的地震作用不大于结构底部地震总剪力的 25% 时,对 8 度、9 度抗震设防的框架梁的板件宽厚比限值,

可按表 5.15 中规定的相应条款降低一度的要求采用。

3) 托柱梁的内力调整

多高层钢结构中,因柱的不连续,在支承柱处造成该托柱梁的受力状态集中,因此在多遇地震作用下计算托柱梁的承载力时,其内力应乘以不小于 1.5 的增大系数。9 度抗震设防的结构不应采用大梁托柱的结构形式。

5.7.2 柱的设计

1) 轴心受压柱

在非抗震的多高层钢结构中,当选用双重抗侧力结构体系时,若考虑其核心筒或支撑等抗侧力结构承受全部或大部分侧向及扭转荷载进行设计,其框架中梁与柱的连接可以做成铰接,此时的柱即为轴心受压柱,按重力荷载设计。梁与柱采用铰接连接,设计和施工都比较方便。

轴心受压柱宜采用双轴对称的实腹式截面。其截面形式可选用 H 形、箱形、十字形、圆形等。通常选用轧制或焊接的 H 型钢或由 4 块钢板焊成的箱形截面。箱形截面材料分布合理,截面受力性能好,抗扭刚度大,应用日益广泛。

轴心受压柱的截面可按长细比 λ 预估,通常 $50 \leqslant \lambda \leqslant 120$,设计时一般取 $\lambda = 100$ 进行截面预估。

由于多高层建筑中的轴心受压柱主要是承受轴向荷载作用,一般不涉及抗震的问题,柱的设计方法与前期课程"钢结构基本原理"中介绍的轴心受压柱相似,此处不予赘述。不同的是柱子的钢板较厚,对厚壁柱设计应注意材料强度设计值和稳定系数 φ 的取值有所不同(较一般轴心受压柱低)。刚度验算要求两主轴方向的最大长细比满足式(5.75)的要求。

$$\lambda_{max}(\lambda_x, \lambda_y) \leqslant 120 \tag{5.75}$$

2) 框架柱

柱是竖向承重构件,它不仅承受竖向荷载的作用,对与梁刚性连接的框架柱,还承受水平荷载的作用。

对于仅沿一个方向与梁刚性连接的框架柱,宜采用 H 形截面,并将柱腹板置于刚接框架平面内。

对于在相互垂直的两个方向均与梁刚性连接的框架柱,宜采用箱形截面或十字形截面。

箱形截面框架柱角部的拼装焊缝,应采用部分熔透的 V 形或 U 形焊缝。其焊缝厚度不应小于板厚的 1/3,且不应小于 14 mm;对于抗震设防结构,焊缝厚度不应小于板厚的 1/2[图 5.44(a)]。当钢梁与柱刚性连接时,H 形截面框架柱与腹板的连接焊缝和箱形截面框架柱的角部拼装焊缝,在钢梁上、下翼缘的上、下各 500 mm 的区段内,应采用坡口全熔透焊缝[图 5.44(b)],以保证地震时该范围柱段进入塑性状态时不被破坏。

十字形截面框架柱可采用厚钢板拼装焊接而成[图 5.45(a)],或者采用一个 H 型钢和两个剖分 T 型钢焊接而成[图 5.45(b)]。其拼装焊缝均应采用部分熔透的 K 形剖口焊缝,每条焊缝深度不应小于板厚的 1/3。

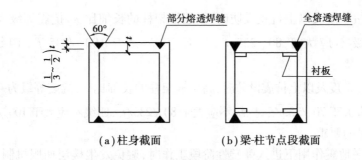

（a）柱身截面　　　（b）梁-柱节点段截面

图 5.44　焊接箱形柱的角部拼装焊缝

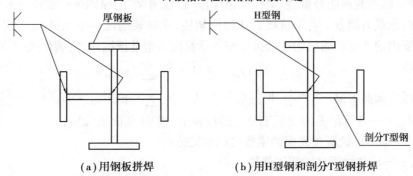

（a）用钢板拼焊　　　　（b）用H型钢和剖分T型钢拼焊

图 5.45　十字形截面柱的拼装焊接

由于与梁刚接的框架柱在轴向力和弯矩的共同作用下兼有压杆和梁的特点,属压弯或拉弯构件,其受力相对复杂,所以通常凭经验预估截面,然后按现行《钢结构设计标准》(GB 50017—2017)的相应公式进行验算。其验算方法可参见现行《钢结构设计标准》(GB 50017—2017)或前期课程"钢结构基本原理"的相关教材,此处不予赘述。下面仅就前期课程教材没有介绍的某些特殊规定简述如下。

（1）框架柱的局部稳定

框架柱的局部稳定是通过其板件宽厚比来控制。框架柱板件宽厚比不应大于表5.15所规定的限值。

注意:①框架-支撑体系中的框架,当框架部分(总框架)所承担的水平地震作用不大于结构底部总地震剪力的25%时,对于按8度、9度抗震设防的框架柱的板件宽厚比限值,可按降低一度的要求采用。

②对于因建筑功能布局等要求所形成的"强柱弱梁型"框架,为使其钢柱能耐受较大侧移而不发生局部失稳,其板件宽厚比限值宜比表5.15控制得更严一些。

③当箱形柱的板件宽厚比超过限值时,也可采取在管内加焊纵向加劲肋(图5.46)等措施,以满足其局部稳定的要求。

（2）框架柱的刚度

框架柱的刚度是通过控制其长细比来实现的。非抗震设防和按6度抗震设防的结构,其柱长细比 λ 不应大于 $120\sqrt{235/f_y}$。为了保证框架柱具有较好的延性和稳定性,地震区框架柱的长细比应满足下列规定:

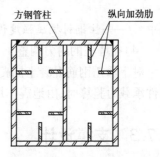

图 5.46　箱形柱的纵向加劲肋

①多层框架。按 7 度及以上抗震设防时,多层框架柱的长细比 λ,抗震等级为一级不应大于 $60\sqrt{235/f_y}$,二级不应大于 $80\sqrt{235/f_y}$,三级不应大于 $100\sqrt{235/f_y}$,四级不应大于 $120\sqrt{235/f_y}$。

②高层框架。按 7 度及以上抗震设防时,高层框架柱的长细比 λ,抗震等级为一级不应大于 $60\sqrt{235/f_y}$,二级不应大于 $70\sqrt{235/f_y}$,三级不应大于 $80\sqrt{235/f_y}$,四级不应大于 $100\sqrt{235/f_y}$。

(3)对强柱弱梁的要求

为使框架在水平地震作用下进入弹塑性阶段工作时,避免发生楼层屈服机制,实现总体屈服机制,以增大框架的消能容量,框架柱和梁应按"强柱弱梁"的原则进行设计。为此柱端应比梁端有更大的承载力储备。对于抗震设防的框架柱,在框架的任一节点处,汇交于该节点的、位于验算平面内的各柱截面的塑性抵抗矩和各梁截面的塑性抵抗矩,宜满足式(5.76)的要求。

等截面梁
$$\sum W_{pc}(f_{yc} - N/A_c) \geqslant \sum (\eta f_{yb} W_{pb}) \tag{5.76a}$$

端部翼缘变截面的梁
$$\sum W_{pc}(f_{yc} - N/A_c) \geqslant \sum (\eta f_{yb} W_{pbl} + V_{bp}S) \tag{5.76b}$$

式中　W_{pc},W_{pb}——计算平面内交汇于节点的柱和梁的塑性截面抵抗矩;

W_{pbl}——梁塑性铰所在截面的梁塑性截面抵抗矩;

f_{yc},f_{yb}——柱和梁钢材的屈服强度;

N——按多遇地震作用组合计算的柱轴向压力设计值;

A_c——框架柱的截面面积;

η——强柱系数,一级取 1.15,二级取 1.10,三级取 1.05,四级取 1.0;

V_{pb}——梁塑性铰剪力;

S——塑性铰至柱面的距离,塑性铰可取梁端部变截面翼缘的最小处。

注意:①当符合下列条件之一时,可不遵循"强柱弱梁"的设计原则[即不需满足式(5.76)的要求]:

a. 柱所在层的受剪承载力比上一层的受剪承载力高出 25%;

b. 柱轴压比不超过 0.4;

c. 柱作为轴心受压构件,在 2 倍地震力作用下的稳定性仍能得到保证时,即 $N_2 \leqslant \varphi A_c f$($N_2$ 为 2 倍地震作用下的组合轴力设计值);

d. 与支撑斜杆相连的节点。

②在罕遇地震作用下不可能出现塑性铰的部分,框架柱和梁当不满足式(5.76)的要求时,则需控制柱的轴压比。此时,框架柱应满足式(5.77)的要求。

$$N \leqslant 0.6A_c f \tag{5.77}$$

式中　f——柱钢材抗压强度设计值。

(4)托墙柱的内力调整

对于承托钢筋混凝土抗震墙的钢框架柱或转换层下的钢框架柱,在进行多遇地震作用下构件承载力验算时,由地震作用产生的内力应乘以增大系数 1.5。

5.7.3　支撑设计

根据支撑斜杆轴线与框架梁、柱轴线交点的区别,可将竖向支撑划分为中心支撑和偏心支撑两大类。根据支撑斜杆是否被约束消能情况,又可将其分为约束屈曲支撑与非约束屈曲支撑(如中心支撑和偏心支撑)两种。

中心支撑系指支撑斜杆的轴线与框架梁、柱轴线的交点汇交于同一点的支撑,又称为轴交支撑(图 5.47);而偏心支撑是在构造上使支撑斜杆轴线偏离梁和柱轴线交点(在支撑与柱之间或支撑与支撑之间形成一段称为消能梁段的短梁)的支撑,又称为偏交支撑(图 5.49)。而约束屈曲支撑则是将支撑芯材通过刚度相对较大的约束部件约束,使芯材在压力作用下屈服而不屈曲,通过芯材屈服消能。

实际工程中,抗风及抗震设防烈度为 7 度以下时,可采用非约束屈曲支撑中的中心支撑;抗震设防烈度为 8 度及以上时,宜采用偏心支撑或约束屈曲支撑。

1) 中心支撑

(1)中心支撑的类型及应用

中心支撑可划分为十字交叉(X 形)支撑、单斜杆支撑、人字形支撑、V 形支撑、K 形支撑等形式,如图 5.47 所示。

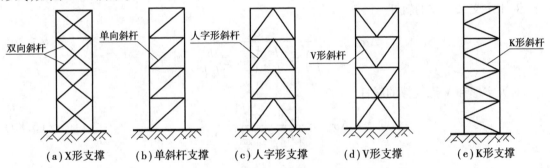

(a)X形支撑　(b)单斜杆支撑　(c)人字形支撑　(d)V形支撑　(e)K形支撑

图 5.47　中心支撑的类型

在多高层建筑钢结构中,宜采用十字交叉(X 形)支撑、单斜杆支撑、人字形支撑、V 形支撑。特别是十字交叉支撑、人字形支撑、V 形支撑,在弹性工作阶段具有较大的刚度,层间位移小,能很好地满足正常使用的功能要求,因此在非抗震多高层钢结构中最常应用;K 形支撑的交点位于柱上,在地震力作用下可能因受压斜杆屈曲或受拉斜杆屈服而引起较大的侧向变形,从而使柱中部受力而屈曲破坏,故在抗震结构中不得采用 K 形支撑体系。

当采用只能受拉的单斜杆体系时,必须设置两组不同倾斜方向的支撑,即单斜杆对称布置(图 5.48),且每层中不同方向斜杆的截面面积在水平方向的投影面积之差不得大于 10% ,以保证结构在两个方向具有大致相同的抗侧力的能力。

(2)支撑斜杆截面选择

支撑斜杆宜采用轧制 H 型钢、箱形截面、圆管等双轴对称截面。

(3)支撑杆件的内力计算

计算支撑杆件的内力时,其中心支撑斜杆可视

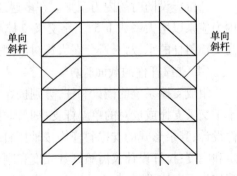

图 5.48　单斜杆支撑的对称布置

为两端铰接杆件按5.5节中的有关方法进行,并应考虑下列附加效应。

①附加剪力。在重力和水平力(风荷载或多遇地震)作用下,支撑除作为竖向桁架斜杆承受水平荷载引起的剪力外,还承受水平位移和重力荷载产生的附加弯曲效应(P-Δ 效应)。故计算支撑内力时,还应计入按式(5.78)计算的由附加弯曲效应引起的附加剪力的影响。

$$V_i = 1.2 \frac{\Delta u_i}{h_i} \sum G_i \tag{5.78}$$

式中　　h_i——计算楼层的高度;

　　　　$\sum G_i$——计算楼层以上的全部重力;

　　　　Δu_i——计算楼层的层间位移。

注意:人字形和V形支撑,尚应考虑支撑所在跨梁传来的楼面垂直荷载以及钢梁挠度对支撑斜杆内力的影响。

②附加压应力。对十字交叉支撑、人字形支撑和V形支撑的斜杆,尚应计入柱在重力作用下的弹性压缩变形在斜杆中引起的附加压应力。附加压应力可按下式计算:

对十字交叉支撑的斜杆

$$\Delta \sigma_{br} = \frac{\sigma_c}{\left(\dfrac{l_{br}}{h}\right)^2 + \dfrac{h}{l_{br}} \dfrac{A_{br}}{A_c} + 2\dfrac{b^3}{l_{br}h^2}\dfrac{A_{br}}{A_b}} \tag{5.79}$$

对人字形和V形支撑的斜杆

$$\Delta \sigma_{br} = \frac{\sigma_c}{\left(\dfrac{l_{br}}{h}\right)^2 + \dfrac{b^3}{24l_{br}}\dfrac{A_{br}}{I_b}} \tag{5.80}$$

式中　　σ_c——斜杆端部连接固定后,该楼层以上各层增加的恒荷载和活荷载产生的柱压应力;

　　　　l_{br}——支撑斜杆长度;

　　　　b, I_b, h——支撑所在跨梁的长度、绕水平主轴的惯性矩和楼层高度;

　　　　A_{br}, A_c, A_b——计算楼层的支撑斜杆、支撑跨的柱和梁的截面面积。

注意:为了减少斜杆的附加应力,尽可能在楼层大部分永久荷载施加完毕后,再固定斜撑端部的连接。

③抗震设防时的内力调整。在多遇地震效应组合作用下,人字形支撑和V形支撑的斜杆内力应乘以增大系数1.5,十字交叉支撑和单斜杆支撑的斜杆内力应乘以增大系数1.3,以提高支撑斜杆的承载力,避免在大震时出现过大的塑性变形。

(4)支撑杆件的截面验算

组成支撑系统的横梁和柱,分别按5.7.1节与5.7.2节的方法进行。其支撑斜杆,当采用十字交叉支撑或成对的单斜杆支撑时,非抗震设计时可按轴拉杆件设计,抗震设计时按轴压杆件设计;其余形式的支撑斜杆均按轴压杆件设计。压杆设计需验算其强度、整体稳定、局部稳定和刚度;拉杆设计仅需验算其强度和刚度即可。其强度验算按5.7.2节的方法进行,其余验算按如下方法进行。

①整体稳定验算。在多遇地震效应组合作用下,支撑斜杆的整体稳定性应按下列公式验算:

$$\frac{N_{br}}{\varphi A_{br}} \leq \frac{\psi f}{\gamma_{RE}} \qquad \psi = \frac{1}{1 + 0.35\lambda_n} \qquad (5.81)$$

式中　N_{br}——支撑斜杆的轴压力设计值;

A_{br}——支撑斜杆的毛截面面积;

φ——按支撑长细比 λ 确定的轴心受压构件的稳定系数,按现行《钢结构设计标准》(GB 50017—2017)确定;

ψ——受循环荷载时的设计强度降低系数,对于 Q235 钢,其值可按表 5.16 采用;

λ_n——支撑斜杆的正则化长细比,按式 $\lambda_n = \dfrac{\lambda}{\pi}\sqrt{\dfrac{f_y}{E}}$ 计算;

f——钢材强度设计值;

γ_{RE}——中心支撑屈曲稳定承载力抗震调整系数,取 0.80。

表 5.16　Q235 钢强度降低系数

杆件长细比 λ	50	70	90	120
ψ 值	0.84	0.79	0.75	0.69

②局部稳定验算。支撑斜杆的局部稳定是通过限制板件宽厚比来实现的。按非抗震设计的支撑斜杆的板件宽厚比可按现行《钢结构设计标准》(GB 5007—2017)的规定采用;按抗震设计的结构,支撑斜杆的板件宽厚比应比钢梁按塑性设计要求更严格一些。中心支撑斜杆的板件宽厚比不应超过表 5.17 规定的限值。采用节点板连接时,应注意节点板的强度和稳定。

表 5.17　钢结构中心支撑斜杆的板件宽厚比限值

板件名称	一级	二级	三级	四级
翼缘外伸部分	8	9	10	13
工字形截面腹板	25	26	27	33
箱形截面壁板	18	20	25	30
圆管外径与壁厚之比	38	40	40	42

注:①表列数值适用于 Q235 钢,采用其他牌号钢材应乘以 $\sqrt{235/f_y}$,圆管应乘以 $235/f_y$。

②非抗震设计的支撑斜杆的板件宽厚比可按四级的宽厚比限值采用。

③刚度验算。支撑斜杆的刚度是通过其长细比来控制的。中心支撑斜杆的长细比,按压杆设计时,不应大于 $120\sqrt{235/f_y}$;一、二、三级中心支撑斜杆不得采用拉杆设计,非抗震设计和四级采用拉杆设计时,其长细比不应大于 $180\sqrt{235/f_y}$。

2)偏心支撑

(1)偏心支撑框架的性能与特点

偏心支撑框架的设计原则是强柱、强支撑和弱消能梁段,使其在大震时消能梁段屈服形成塑性铰,而柱、支撑和其他梁段仍保持弹性。

偏心支撑框架在弹性阶段呈现较好的刚度(其弹性刚度接近中心支撑框架),在大震作用下通过消能梁段的非弹性变形消能达到抗震目的,而支撑不屈曲,提高了整个结构体系的抗震可靠度。因此,偏心支撑框架是一种良好的抗震设防结构体系。

偏心支撑框架中的每根支撑斜杆,只能在一端与消能梁段相连。

为使偏心支撑斜杆能承受消能梁段的端部弯矩,支撑斜杆与横梁的连接应设计成刚接。

沿竖向连续布置的偏心支撑,在底层室内地坪以下,宜改用中心支撑或剪力墙的形式延伸至基础。

(2)偏心支撑的类型

偏心支撑可划分为八字形支撑、单斜杆支撑、A 形支撑、人字形支撑和 V 形支撑 5 种形式,如图 5.49 所示。与八字形支撑相比,A 形支撑和 V 形支撑因每层横梁均多一个消能梁段,所以具有更大的消能容量。

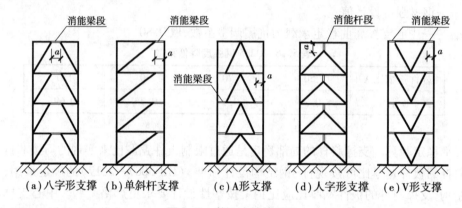

图 5.49　偏心支撑的形式

(3)消能梁段的设计

①消能梁段的截面。消能梁段的截面尺寸宜与同一跨内框架梁的截面尺寸相同;消能梁段的腹板不得贴焊补强板以提高强度,也不得在腹板上开洞;消能梁段所用钢材的屈服强度不应大于 345 MPa。

②消能梁段的屈服类型。各消能梁段宜设计成剪切屈服型;与柱相连的消能梁段必须设计成剪切屈服型,不应设计成弯曲屈服型。

消能梁段的净长 a 符合下式者为剪切屈服型,否则为弯曲屈服型。

$$a \leqslant \frac{1.6M_{l\mathrm{p}}}{V_l} \tag{5.82}$$

$$V_l = 0.58f_y h_0 t_\mathrm{w} \text{或} V_l = \frac{2M_{l\mathrm{p}}}{a}, \text{取较小值} \tag{5.83}$$

$$M_{l\mathrm{p}} = fW_\mathrm{np} \tag{5.84}$$

式中　h_0, t_w——消能梁段腹板计算高度和厚度;

　　　W_np——消能梁段截面的塑性抵抗矩;

　　　$V_l, M_{l\mathrm{p}}$——消能梁段的塑性(屈服)受剪承载力和全塑性(屈服)受弯承载力。

③消能梁段的净长。偏心支撑框架的抗推刚度主要取决于消能梁段的长度与所在跨框架梁长度的比值。随着消能梁段的变短,其抗推刚度将逐渐接近于中心支撑框架;相反,随着消能梁段的变长,其抗推刚度逐渐减小,以至接近纯框架。因此,为使偏心支撑框架具有较大的抗推刚度,并使消能梁段能承受较大的剪力,一般宜采用较短的消能梁段,通常可取框架梁净

长度的 0.1~0.15 倍。

我国现行《抗震规范》规定,当消能梁段承受的轴力 $N > 0.16Af$ 时,消能梁段的净长度应符合下列规定:

当 $\rho \dfrac{A_w}{A} < 0.3$ 时 $\qquad\qquad\qquad a \leqslant \dfrac{1.6M_{lp}}{V_l}$ $\qquad\qquad$ (5.85)

当 $\rho \dfrac{A_w}{A} \geqslant 0.3$ 时 $\qquad a \leqslant \left(1.15 - 0.5\rho \dfrac{A_w}{A}\right)\dfrac{1.6M_{lp}}{V_l}$ $\qquad$ (5.86)

式中　N, V——消能梁段承受的轴力设计值和剪力设计值;

　　　ρ——消能梁段轴力和剪力设计值的比值,$\rho = N/V$;

　　　A, A_w——消能梁段的截面面积和腹板截面面积。

④消能梁段的强度验算。为了简化计算并确保消能梁段在全截面剪切屈服时具有足够的抗弯能力,消能梁段的截面设计宜采用"腹板受剪,翼缘承担弯矩和轴力"的设计原则。

偏心支撑框架消能梁段的抗剪承载力应按下列公式验算:

当 $N \leqslant 0.15Af$ 时,不计轴力对受剪承载力的影响,即

$$V \leqslant \frac{\phi V_l}{\gamma_{RE}} \qquad\qquad (5.87)$$

$$V_l = 0.58A_w f_y \text{ 或 } V_l = \frac{2M_{lp}}{a}, \text{取较小值}$$

$$A_w = (h - 2t_f)t_w$$

当 $N > 0.15Af$ 时,计及轴力对受剪承载力的影响,即

$$V \leqslant \frac{\phi V_{lc}}{\gamma_{RE}} \qquad\qquad (5.88)$$

$$V_{lc} = 0.58A_w f_y \sqrt{1 - [N/(fA)]^2} \text{ 或 } V_{lc} = 2.4M_{lp}[1 - N/(fA)]/a, \text{取较小值}$$

式中　ϕ——修正系数,取 0.9;

　　　f——消能梁段钢材的抗压强度设计值;

　　　γ_{RE}——消能梁段承载力抗震调整系数,取 0.85;

　　　A_w——消能梁段腹板截面面积;

　　　a, h, t_w, t_f——消能梁段的净长、截面高度、腹板厚度和翼缘厚度;

　　　其余字母含义同前。

消能梁段腹板强度应按下式计算:

$$\frac{V_{lb}}{0.8 \times 0.58h_0 t_w} \leqslant \frac{f}{\gamma_{RE}} \qquad\qquad (5.89)$$

消能梁段的翼缘强度应分别按下式计算:

消能梁段净长 $a < \dfrac{2.2M_{lp}}{V_l}$ 时 $\qquad \left(\dfrac{M_{lb}}{h_{lb}} + \dfrac{N_{lb}}{2}\right)\dfrac{1}{b_f t_f} \leqslant \dfrac{f}{\gamma_{RE}}$ $\qquad$ (5.90a)

消能梁段净长 $a \geqslant \dfrac{2.2M_{lp}}{V_l}$ 时 $\qquad \dfrac{M_{lb}}{W} + \dfrac{N_{lb}}{A_{lb}} \leqslant \dfrac{f}{\gamma_{RE}}$ $\qquad$ (5.90b)

式中　M_{lb}——消能梁段的弯矩设计值;

　　　W, h_{lb}——消能梁段的截面抵抗矩和截面高度。

⑤消能梁段的板件宽厚比控制。消能梁段和非消能梁段的板件宽厚比,根据《抗震规范》的要求,均不应大于表 5.18 规定的限值,以保证消能梁段屈服时的板件稳定。

表 5.18　偏心支撑框架梁的板件宽厚比限值

简　图	板件所在部位		板件宽厚比限制
	翼缘外伸部分(b_1/t_f)		8
	腹板 $\left(\dfrac{h_0}{t_w}\right)$	当 $\dfrac{N}{Af} \leqslant 0.14$ 时	$90\left(1 - \dfrac{1.65N}{Af}\right)$
		当 $\dfrac{N}{Af} > 0.14$ 时	$33\left(2.3 - \dfrac{N}{Af}\right)$

注:①A,N 分别为偏心支撑框架梁的截面面积和轴力设计值;f 为钢材的抗压强度设计值;

　　②表列数值适用于 Q235 钢,当材料为其他钢号时,应乘以 $\sqrt{235/f_y}$,f_y 为钢材的屈服强度值。

(4)支撑斜杆设计

①支撑斜杆截面。支撑斜杆宜采用轧制 H 型钢或圆形或箱形等双轴对称截面。当支撑斜杆采用焊接工字形截面时,其翼缘与腹板的连接焊缝宜采用全熔透连续焊缝。

②偏心支撑斜杆的承载力验算。在多遇地震效应组合作用下,偏心支撑斜杆的强度应按 5.7.2 节的相关公式进行验算。其斜杆稳定性应按下列公式验算:

$$\frac{N_{br}}{\varphi A_{br}} \leqslant \frac{f}{\gamma_{RE}} \tag{5.91}$$

$$取 \quad N_{br} = \eta \frac{V_l}{V_{lb}} N_{br,com} \quad 或 \quad N_{br} = \eta \frac{M_{pc}}{M_{lb}} N_{br,com} \quad 较小值 \tag{5.92}$$

式中　A_{br}——支撑斜杆截面面积;

　　　φ——由支撑斜杆长细比确定的轴心受压构件稳定系数;

　　　η——偏心支撑杆件内力增大系数,按表 5.19 取值;

　　　N_{br}——支撑斜杆的轴力设计值;

　　　$N_{br,com}$——在跨间梁的竖向荷载和多遇水平地震作用最不利组合下的支撑斜杆轴力设计值;

　　　M_{pc}——消能梁段承受轴向力时的全塑性受弯承载力,即压弯屈服承载力,应按式(5.93)计算:

$$M_{pc} = W_p(f_y - \sigma_N) \tag{5.93}$$

　　　σ_N——消能梁段轴力产生的梁段翼缘平均正应力,应按式(5.94)和式(5.95)计算,当计算出的 $\sigma_N < 0.15f_y$ 时,取 $\sigma_N = 0$。

当消能梁段净长 $a < 2.2 M_{lp}/V_l$ 时　$\sigma_N = \dfrac{V_l}{V_{lb}} \dfrac{N_{lb}}{2b_f t_f}$ $\tag{5.94}$

当消能梁段净长 $a \geqslant 2.2 M_{lp}/V_l$ 时　$\sigma_N = \dfrac{N_{lb}}{A_{lb}}$ $\tag{5.95}$

其中　V_{lb},N_{lb}——消能梁段的剪力设计值和轴力设计值;

　　　b_f,t_f,A_{lb}——消能梁段翼缘宽度、厚度和梁段截面面积;

　　　V_l——消能梁段的屈服受剪承载力,按式(5.83)计算。

表 5.19　偏心支撑杆件内力增大系数 η 的最小值

抗震等级 杆件名称	一级	二级	三级	四级
支撑斜杆	1.4	1.3	1.2	1.0
支撑横梁	1.3	1.2	1.2	1.2
支撑柱	1.3	1.2	1.2	1.2

③支撑斜杆的刚度。支撑斜杆的刚度是通过其长细比来控制的,其长细比不应大于 $120\sqrt{235/f_y}$。

④支撑斜杆的板件宽厚比。支撑斜杆的板件宽厚比不应超过表 5.17 对中心支撑斜杆所规定的板件宽厚比限值。

(5)偏心支撑框架柱的设计

偏心支撑框架柱的设计应按 5.7.2 节中的方法进行,但在计算承载力时,其弯矩设计值 M_c 应按下列公式计算:

$$取 \quad M_c = \eta \frac{V_l}{V_{lb}} M_{c,com} \quad 与 \quad M_c = \eta \frac{M_{pc}}{M_{lb}} M_{c,com} \quad 较小值 \tag{5.96}$$

其轴力设计值 N_c 应按下列公式计算:

$$取 \quad N_c = \eta \frac{V_l}{V_{lb}} N_{c,com} \quad 与 \quad N_c = \eta \frac{M_{pc}}{M_{lb}} N_{c,com} \quad 较小值 \tag{5.97}$$

式中　$M_{c,com}, N_{c,com}$——偏心支撑框架柱在竖向荷载和水平地震作用最不利组合下的弯矩设计值和轴力设计值;

η——偏心支撑杆件内力增大系数,按表 5.19 取值;

其余字母含义同前。

5.7.4　剪力墙设计

1)钢板剪力墙

(1)钢板剪力墙的设计要点

①钢板剪力墙是采用厚钢板或带加劲肋的较厚钢板制成。

②钢板剪力墙嵌置于钢框架的梁、柱框格内,如图 5.50 所示。

③钢板剪力墙与钢框架的连接构造,应能保证钢板剪力墙仅参与承担水平剪力,而不参与承担重力荷载及柱压缩变形引起的压力。

④非抗震设防或抗震等级为四级的多高层房屋钢结构,采用钢板剪力墙可不设置加劲肋;抗震等级为三级及以上抗震设防的多高层房屋钢结构,宜采用带纵向和横向加劲肋的钢板剪力墙,且加劲肋宜两面设置。

⑤纵、横加劲肋可分别设置于钢板剪力墙的两面,即在钢板剪力墙的两面非对称设置,如

图 5.51(a)、图 5.52 所示。必要时,钢板剪力墙的两面均对称设置纵、横加劲肋,即在钢板剪力墙的两面对称设置,如图 5.51(b)所示。

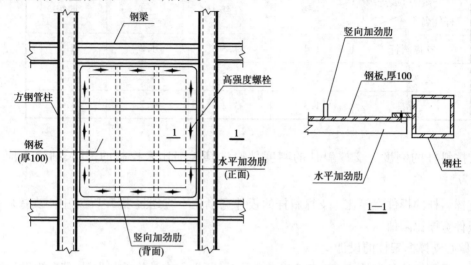

图 5.50　嵌置于钢框架的钢板剪力墙

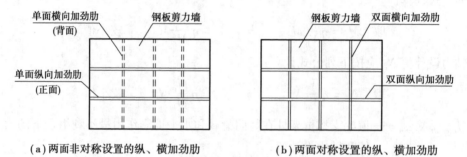

（a）两面非对称设置的纵、横加劲肋　　　　（b）两面对称设置的纵、横加劲肋

图 5.51　钢板剪力墙的加劲肋设置方式

（2）钢板剪力墙承载力验算

①无肋钢板剪力墙。对不设加劲肋的钢板剪力墙,其抗剪强度及稳定性可按下列公式计算:

抗剪强度 $\qquad\qquad\qquad\qquad \tau \leqslant f_v$ (5.98)

抗剪稳定性 $\qquad\qquad \tau \leqslant \tau_{cr} = \left[123 + \dfrac{93}{(l_1/l_2)^2} \right] \left(\dfrac{100t}{l_2} \right)^2$ (5.99)

式中　f_v——钢材的抗剪强度设计值,抗震设防的结构应除以承载力抗震调整系数 0.8;

　　　τ, τ_{cr}——钢板剪力墙的剪应力和临界剪应力;

　　　l_1, l_2——所验算的钢板剪力墙所在楼层梁和柱所包围区格的长边和短边尺寸;

　　　t——钢板剪力墙的厚度。

②有肋钢板剪力墙。对设有纵向和横向加劲肋的钢板剪力墙(图 5.52),应按以下公式验算其强度和稳定性:

抗剪强度 $\qquad\qquad\qquad\qquad \tau \leqslant \alpha f_v$ (5.100)

局部稳定性 $\qquad\qquad\qquad\qquad \tau \leqslant \alpha \tau_{cr,p}$ (5.101)

$$\tau_{\mathrm{cr,p}} = \left[100 + 75\left(\frac{c_2}{c_1}\right)^2 \right]\left(\frac{100t}{c_2}\right)^2 \qquad (5.102)$$

式中　α——调整系数,非抗震设防时取 1.0,抗震设防时取 0.9;

$\tau_{\mathrm{cr,p}}$——由纵向和横向加劲肋分割成的区格内钢板的临界应力;

c_1,c_2——区格的长边和短边尺寸。

整体稳定性 $\qquad \tau_{\mathrm{crt}} = \frac{3.5\pi^2}{h^2}D_1^{1/4}D_2^{3/4} \geqslant \tau_{\mathrm{cr,p}} \qquad (5.103)$

$$D_1 = EI_1/c_1 \qquad D_2 = EI_2/c_2 \qquad (5.104)$$

式中　τ_{crt}——钢板剪力墙的整体临界应力;

D_1,D_2——两个方向加劲肋提供的单位宽度弯曲刚度,数值大者为 D_1,小者为 D_2。

注意:整体稳定性验算式(5.103)适于 $h < b$ 的有肋钢板剪力墙的情况(图 5.52)。

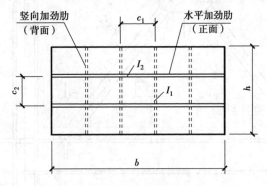

图 5.52　有肋钢板剪力墙的字母表示

(3)楼层倾斜率计算

采用钢板剪力墙的钢框架结构,其楼层倾斜率可按下式计算:

$$\gamma = \frac{\tau}{G} + \frac{e_c}{b} \qquad (5.105)$$

式中　e_c——剪力墙两边的框架柱在水平力作用下轴向伸长和压缩之和;

b——设有钢板剪力墙的开间宽度;

G——钢板剪力墙的剪切刚度。

2)内藏钢板支撑剪力墙

内藏钢板支撑剪力墙是以钢板为基本支撑,外包钢筋混凝土墙板所形成的预制装配式抗侧力构件(图 5.53)。

(1)设计要点

①内藏钢板支撑剪力墙仅在内藏钢板支撑的节点处与钢框架相连,外包混凝土墙板周边与框架梁、柱间应留有间隙,以避免强震时出现像一般现浇钢筋混凝土墙板那样在结构变形初期就发生脆性破坏的不利情况,从而提高了墙板与钢框架同步工作的程度,增加了整体结构的延性,以吸收更多的地震能量。

②内藏钢板支撑依其与框架的连接方式,可做成中心支撑,也可做成偏心支撑。在高烈度地区,宜采用偏心支撑。

③内藏钢板支撑的形式可采用 X 形支撑、人字形支撑、V 形支撑或单斜杆支撑等。

④内藏钢板支撑剪力墙就其受力特性而言,仍属钢支撑范畴,因此其基本设计原则可参照第5.7.3节的普通钢支撑。

⑤内藏钢板支撑斜杆的截面形式一般为矩形板,其净截面面积应根据所承受的剪力按强度条件确定(即无须考虑钢板支撑斜杆的屈曲影响,因为钢板支撑斜杆外包了钢筋混凝土,它能有效地保证钢板支撑斜杆在屈服前不会屈曲)。

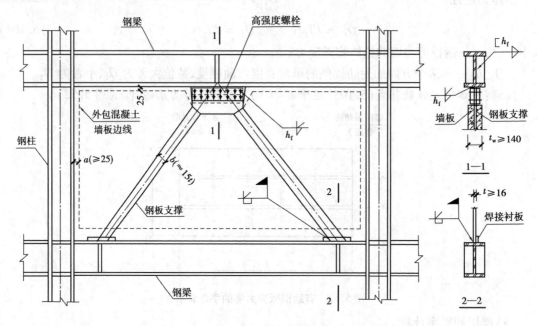

图 5.53　内藏钢板支撑的预制混凝土剪力墙

(2)强度验算

①钢板支撑的受剪承载力。内藏钢板支撑的受剪承载力 V 可按下式计算:

$$V = nA_{br}f\cos\theta \qquad (5.106)$$

式中　n——支撑斜杆数,单斜杆支撑,$n=1$;人字形支撑、V 形支撑和 X 形支撑,$n=2$。

　　θ——支撑斜杆的倾角。

　　A_{br}——支撑斜杆的截面面积。

　　f——支撑斜杆钢材的强度设计值。

②混凝土墙板的承载力。内藏钢板支撑剪力墙的混凝土墙板截面尺寸,应满足下式要求:

$$V \leqslant 0.1f_c d_w l_w \qquad (5.107)$$

式中　V——设计荷载下墙板所承受的水平剪力;

　　d_w,l_w——混凝土墙板的厚度及长度;

　　f_c——墙板混凝土的轴心抗压强度设计值,按现行国家标准《混凝土结构设计规范》的规定采用。

③支撑连接强度。内藏钢板支撑剪力墙与钢框架连接节点的极限承载力,应不小于钢板支撑屈服承载力的1.2倍,以避免在大震作用下连接节点先于支撑杆件破坏,即遵循“强节点、弱杆件”的设计原则。

（3）刚度计算

①支撑钢板屈服前。内藏钢板支撑剪力墙的侧移刚度 K_1 可近似地按下式计算：

$$K_1 = 0.8(A_s + md_w^2/\alpha_E)E_s \tag{5.108}$$

式中　E_s——钢材弹性模量；

$\qquad \alpha_E$——钢与混凝土弹性模量之比，$\alpha_E = E_s/E_c$；

$\qquad d_w$——墙板厚度；

$\qquad m$——墙板有效宽度系数，单斜杆支撑为 1.08，人字形支撑和 X 形支撑为 1.77。

②支撑钢板屈服后。内藏钢板支撑剪力墙的侧移刚度 K_2 可近似取：

$$K_2 = 0.1K_1/E_s \tag{5.109}$$

3) 带竖缝的混凝土剪力墙

带竖缝的混凝土剪力墙是一种在混凝土墙板中间以一定间隔沿竖向设置许多缝的预制钢筋混凝土墙板，如图 5.54 所示。它嵌固于钢框架梁、柱所形成的框格间，是一种延性很好的抗侧力构件。

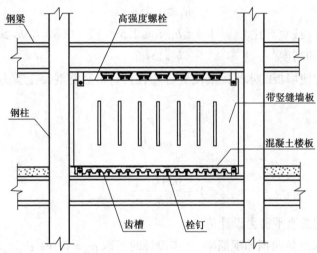

图 5.54　带竖缝的混凝土剪力墙

（1）设计要点

①带竖缝的混凝土剪力墙只承担水平荷载产生的剪力，不考虑承受框架竖向荷载产生的压力；

②带竖缝的混凝土剪力墙的设计，不仅要考虑强度要求，而且还要使其具有足够的变形能力，以确保延性，因此要进行变形验算；

③从保证延性的意义来讲，带竖缝的混凝土剪力墙的弯曲屈服承载力和弯曲极限承载力不能超过抗剪承载力；

④带竖缝的混凝土剪力墙的承载力是以一个缝间墙及其相应范围内的水平带状实体墙作为验算对象而进行计算的。

（2）墙板几何尺寸

①墙板外形尺寸。在设计带竖缝混凝土剪力墙板的外形尺寸时，其墙板的长度 l、高度 h（图 5.55）应按建筑层高、钢框架柱间净距和结构设计的要求确定。

注意：当钢框架柱距较大时，同一柱距内也可沿长度方向划分为两块墙板。

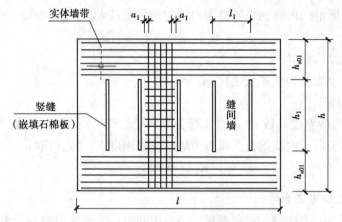

图 5.55　带竖缝混凝土剪力墙的几何尺寸

②竖缝数量。为实现墙板的延性破坏，每块墙板的竖缝数量及其尺寸应满足下列要求：

缝间墙的高度 $\qquad h_1 \leqslant 0.45h \qquad$ (5.110)

缝间墙的高宽比（或宽高比）$\quad 1.7 \leqslant h_1/l_1 \leqslant 2.5 \quad$ 或 $\quad 0.6 \geqslant l_1/h_1 \geqslant 0.4 \qquad$ (5.111)

上、下实体墙带的高度 $\qquad h_{s01} \geqslant l_1 \qquad$ (5.112)

③墙板厚度。为使墙板的水平配筋配置合理、适当，带竖缝混凝土剪力墙板的厚度可按下列公式确定：

$$t \geqslant \frac{F_v}{\omega \rho_{sh} l f_{shy}} \qquad (5.113)$$

$$\omega = \frac{2}{1 + \dfrac{0.4 I_{0s}}{t l_1^2 h_1} \dfrac{1}{\rho_2}} \leqslant 1.5 \qquad (5.114)$$

式中　F_v——墙板的总水平剪力设计值；

ρ_{sh}——墙板水平横向钢筋配筋率，初步设计时可取 $\rho_{sh} = 0.6\%$；

ρ_2——箍筋的配筋系数，$\rho_2 = \rho_{sh} \cdot f_{shy}/f_c$；

f_{shy}——水平横向钢筋的抗拉强度设计值；

f_c——混凝土轴心抗压强度设计值；

ω——墙板开裂后，竖向约束力对墙板横向（水平）承载力的影响系数；

I_{0s}——单肢缝间墙折算惯性矩，可近似取 $I_{0s} = 1.08I$；

I——单肢缝间墙的水平截面惯性矩，$I = t l_1^3/12$。

（3）墙板的承载力计算

墙板的承载力计算是以一个缝间墙及其相应范围内的实体墙作为计算对象的。缝间墙两侧的竖向钢筋，按对称配筋大偏心受压构件计算确定。

单肢缝间墙在缝根处的水平截面内力，按下列公式确定：

弯矩设计值 $\qquad M = V_1 \dfrac{h_1}{2} \qquad$ (5.115)

轴力设计值 $\qquad N = 0.9V_1\dfrac{h_1}{l_1}$ （5.116）

剪力设计值 $\qquad V_1 = \dfrac{F_v}{n_1}$ （5.117）

式中　n_1——一块墙板内的缝间墙肢数。

由缝间墙弯剪变形引起的附加偏心距 Δe 按下列公式确定：
$$\Delta e = 0.003h \tag{5.118}$$

缝间墙的截面配筋系数 ρ_1 按下式计算：
$$\rho_1 = \frac{A}{t(l_1-a_1)}\frac{f_y}{f_c} = \rho\frac{f_y}{f_c} \tag{5.119}$$

式中　f_y——缝间墙中竖向钢筋强度设计值；

$\qquad \rho$——单肢缝间墙内竖向钢筋面积与缝间墙水平截面面积之比。

ρ_1 宜控制在 $0.075 \sim 0.185$，且实配钢筋面积不宜超过计算所需面积的 5%。若超过此范围过多，则应重新调整缝间墙肢数 n_1，缝间墙尺寸 l_1、h_1 以及 a_1（受力纵筋合力中心至缝间墙边缘的距离）、f_c、f_y 的值，使 ρ_1 尽可能控制在上述范围内。

单肢缝间墙斜截面抗剪强度应满足下式要求：
$$\eta_v V_1 \le 0.18t(l_1-a_1)f_c \tag{5.120}$$

式中　η_v——剪力设计值调整系数，可取 1.2；

$\qquad f_c$——墙板混凝土轴心抗压强度设计值。

上、下带状实体墙的斜截面抗剪强度应满足下式要求：
$$\eta_v V_1 \le k_s t l_1 f_c \tag{5.121}$$

$$k_s = \frac{\lambda(l_1/h_1)\beta}{\beta^2 + (l_1/h_1)^2[h/(h-h_1)]^2} \tag{5.122}$$

式中　k_s——竖向约束力对上、下带状实体墙斜截面抗剪承载力的影响系数；

$\qquad \lambda$——剪应力不均匀修正系数，$\lambda = 0.8(n_1-1)/n_1$；

$\qquad \beta$——竖向约束系数，$\beta = 0.9$。

（4）墙板的 $V\text{-}u$ 曲线

带竖缝的墙板在水平荷载作用下的变形，由图 5.56 所示的三部分组成。

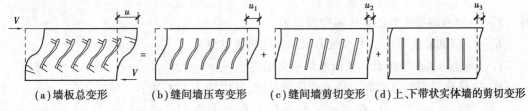

(a) 墙板总变形　　(b) 缝间墙压弯变形　　(c) 缝间墙剪切变形　　(d) 上、下带状实体墙的剪切变形

图 5.56　带竖缝的墙板在水平荷载作用下的变形

试验结果表明：在墙板的总变形中，缝间墙的压弯变形约占 75%。因此，作为一种简化计算，墙板的总变形计算是以缝间墙的纯弯曲变形为基础，再考虑约束压力的影响及另外两项变形，对其进行修正后而得。

带竖缝墙板的抗侧力性能可通过其 $V\text{-}u$ 曲线来描述，如图 5.57 所示。

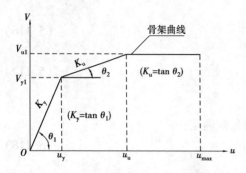

图 5.57　带竖缝墙板的 $V\text{-}u$ 曲线

①缝间墙的纵筋(竖向钢筋)屈服时,单肢缝间墙的受剪承载力 V_{y1} 和墙板的总体侧移 u_y,按下列公式计算:

$$V_{y1} = \mu \frac{l_1}{h_1} A_s f_{shy} \tag{5.123}$$

$$u_y = \frac{V_{y1}}{K_y} \tag{5.124}$$

$$K_y = B_1 \frac{12}{\xi h_1^3} \tag{5.125}$$

$$\xi = \left[35\rho_1 + 20\left(\frac{l_1 - a_1}{h_1} \right)^2 \right] \left(\frac{h - h_1}{h} \right)^2 \tag{5.126}$$

式中　μ——系数,按表 5.20 的规定采用;

A_s——单肢缝间墙所配纵筋截面面积;

K_y——缝间墙纵筋屈服时墙板的总体抗侧力刚度;

ξ——考虑剪切变形影响的刚度修正系数;

B_1——缝间墙抗弯刚度,按现行《混凝土结构设计规范》的规定确定。

表 5.20　系数 μ 值

a_1	μ
$0.05 l_1$	3.67
$0.10 l_1$	3.41
$0.15 l_1$	3.20

$$B_1 = \frac{E_s A_s (l_1 - a_1)^2}{1.35 + 6(E_s/E_c)\rho} \tag{5.127}$$

②缝间墙弯曲破坏时,单肢缝间墙的最大抗剪承载力 V_{u1} 和墙板的总体最大侧移 u_u 可按下列公式计算:

$$V_{u1} = \frac{2txf_c e_1}{h_1} \approx 1.1 txf_c \frac{l_1}{h_1} \tag{5.128}$$

$$u_u = u_y + \frac{V_{u1} - V_{y1}}{K_u} \tag{5.129}$$

$$K_u = 0.2 K_y \tag{5.130}$$

$$x = \frac{-AB\sqrt{(AB)^2 + 2AC}}{A} \tag{5.131}$$

式中　f_c——缝根混凝土轴心抗压强度设计值;

K_u——缝间墙达弯压最大承载力时的总体抗侧移刚度;

e_1——缝间墙在竖缝根部截面的约束力偏心距,$e_1 = l_1/1.8$;

x——缝根截面的缝间墙混凝土受压区高度,其中的 A,B,C 为:

$$A = tf_c, B = e_1 + \Delta e - l_1/2, C = A_s f_{shy}(l_1 - 2a_1)$$

墙板的极限侧移可按下式确定:

$$u_{max} = \frac{h}{\sqrt{\rho_1}} \frac{h_1}{l_1 - a_1} \cdot 10^{-3} \tag{5.132}$$

5.8　组合楼(屋)盖设计

组合楼盖由组合梁与楼板组成,其构造如图 5.58 所示。因此,组合楼盖设计主要包括组合梁与楼板设计两大部分内容。组合屋盖设计与组合楼盖设计仅是荷载取值不同,其他均同,此处不再赘述。

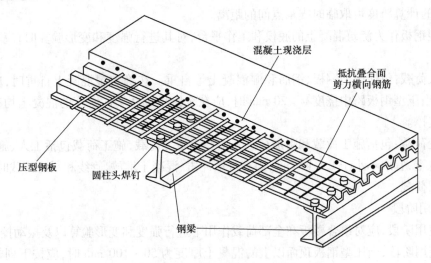

图 5.58　组合楼盖的构造

组合梁是由钢梁与钢筋混凝土翼板通过抗剪连接件组合成为整体而共同工作的一种受弯构件。它可以提高结构的强度和刚度、节约钢材、降低造价、减轻结构自重,具有较显著的技术经济效果。钢筋混凝土板可以是在压型钢板上现浇钢筋混凝土构成的楼板(以下简称压型钢板-混凝土楼板),或者是现浇的钢筋混凝土板或预制后浇成整体的混凝土板(叠合板)。目前,在多高层建筑钢结构中,普遍使用的是压型钢板-混凝土楼板。这是因为它不仅具有良好的结构性能和合理的施工工序,而且比其他组合楼盖具有更好的综合经济效益,更能显示其优越性。

对于压型钢板-混凝土楼板,根据压型钢板的使用功能,可将其分为压型钢板-混凝土组合楼板(以下简称组合楼板)与压型钢板-混凝土非组合楼板(以下简称非组合楼板)两大类型。其主要区别在于:组合楼板中的压型钢板不仅用作永久性模板,而且代替混凝土板的下部受拉钢筋与混凝土一起工作,承担包括自重在内的楼面荷载;而非组合楼板中的压型钢板仅用作永久性模板,不考虑与混凝土共同工作。目前,在多高层建筑钢结构中,大多采用非组合楼板,因为非组合楼板的压型钢板不需另作严格的防火防腐处理,其总造价反而较低。

5.8.1　组合楼板设计

1)设计原则

组合楼板应按施工和使用两个受力阶段进行设计。

（1）施工阶段

①由于施工阶段的混凝土尚未达到强度设计值,计算时只考虑压型钢板的作用,采用弹性分析方法验算其强边(顺肋)方向的受弯承载力和变形。

②压型钢板强边(顺肋)方向的正、负弯矩和挠度,应按单向板计算;弱边(垂直于肋)方向不计算。

③经验算,若压型钢板的强度和变形不能满足要求时,可增设临时支撑以减小压型钢板的跨度,此时的计算跨度可取临时支承点间的距离。

④压型钢板作为浇筑混凝土的底模和工作平台,对其进行强度和变形验算时,应考虑下列荷载:

a.永久荷载:包括压型钢板、钢筋和湿混凝土等自重。在确定湿混凝土自重时,应考虑挠曲效应,即当压型钢板跨中挠度 $w > 20$ mm 时,应在全跨增加 $0.7w$ 厚度的混凝土均布荷载或增设临时支撑。

b.可变荷载:包括施工荷载和附加荷载。主要为施工荷载,施工荷载包括工人、施工机具、设备等的自重,宜取不小于 1.5 kN/m^2;当有过量冲击、混凝土堆放、管线和泵的荷载时,应增加相应的附加荷载。

（2）使用阶段

①在使用阶段,应对组合楼板在全部荷载作用下进行强度和变形验算以及振动控制。

②在使用阶段,当压型钢板顶面以上的混凝土厚度为 $50 \sim 100$ mm 时,应按下列规定进行组合楼板计算:

a.组合楼板强边(顺肋)方向的正弯矩和挠度均按承受全部荷载的简支单向板计算,强边方向的负弯矩按固端板取值;

b.不考虑弱边(垂直于肋)方向的正、负弯矩。

③当压型钢板顶面以上的混凝土厚度大于 100 mm 时,应按下列规定进行组合楼板计算:

a.板的挠度应按强边方向的简支单向板计算;

b.板的承载力应根据其两个方向跨度的比值按下列规定计算:

• 当 $0.5 < \lambda_e < 2.0$ 时,应按双向板计算;

• 当 $\lambda_e \leq 0.5$ 或 $\lambda_e \geq 2.0$ 时,应按单向板计算。

$$\lambda_e = \mu l_x / l_y \qquad \mu = (I_x / I_y)^{1/4} \tag{5.133}$$

式中　u——组合楼板的受力异向性(各向异性)系数;

　　l_x , l_y——组合楼板强边(顺肋)方向和弱边(垂直于肋)方向的跨度;

　　I_x , I_y——组合楼板强边方向和弱边方向的截面惯性矩,但计算 I_y 时只考虑压型钢板顶面以上的混凝土厚度 h_c。

④双向组合楼板周边的支承条件。

a.当跨度大致相等,且相邻跨是连续时,楼板周边可视为固定边;

b.当组合楼板相邻跨度相差较大,或压型钢板以上浇筑的混凝土板不连续时,应将楼板周边视为简支边。

⑤四边支承双向板的设计规定。

a.强边(顺肋)方向,按组合楼板设计;

b.弱边(垂直于肋)方向,仅取压型钢板上翼缘顶以上的混凝土板($h=h_\mathrm{c}$),按常规混凝土板设计。

⑥组合楼板的有效工作宽度。在局部荷载作用下,组合楼板的有效工作宽度 b_ef(图5.59)不得大于按下列公式计算的值:

a.抗弯计算时:

简支板
$$b_\mathrm{ef}=b_\mathrm{fl}+2l_\mathrm{p}(1-l_\mathrm{p}/l)\qquad(5.134)$$

连续板
$$b_\mathrm{ef}=b_\mathrm{fl}+\frac{4}{3}l_\mathrm{p}(1-l_\mathrm{p}/l)\qquad(5.135)$$

b.抗剪计算时:
$$b_\mathrm{ef}=b_\mathrm{fl}+l_\mathrm{p}(1-l_\mathrm{p}/l)\qquad(5.136)$$
$$b_\mathrm{fl}=b_\mathrm{f}+2(h_\mathrm{c}+h_\mathrm{d})\qquad(5.137)$$

式中　l——组合楼板的跨度;

　　　l_p——荷载作用点到组合楼板较近支座的距离,当组合楼板的跨度内有多个集中荷载作用时,l_p取产生较小 b_ef 值的相应荷载作用点到组合楼板较近支座的距离;

　　　b_f,b_fl——集中(局部)荷载的作用宽度和集中荷载在组合楼板中的分布宽度;

　　　h_c——压型钢板顶面以上的混凝土计算厚度;

　　　h_d——组合楼板的饰面厚度,若无饰面层时取 $h_\mathrm{d}=0$。

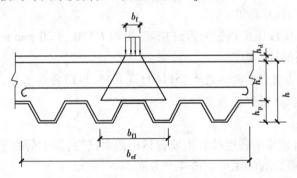

图5.59　集中荷载分布的有效宽度

⑦荷载确定。

a.永久荷载:包括压型钢板、混凝土层、面层、构造层、吊顶等自重以及风管等设备重。

b.可变荷载:包括使用活荷载、安装荷载或设备检修荷载等。

注意:当采用足尺试件进行加载试验来确定组合楼板的承载力时,应按下列规定确定组合楼板的设计荷载:

①具有完全抗剪连接的构件,其设计荷载应取静力试验极限荷载的1/2;

②具有不完全抗剪连接的构件,其设计荷载应取静力极限荷载的1/3;

③取挠度达到跨度的1/50时的实际荷载的一半。

2)设计方法

(1)施工阶段

①受弯承载力验算。

$$M \leqslant W_s f_s \tag{5.138}$$

式中 M——压型钢板在施工阶段荷载作用下顺肋方向一个波宽的弯矩设计值；

f_s——压型钢板的抗拉、抗压强度设计值；

W_s——压型钢板的截面抵抗矩，mm^3，取受压边 W_{sc} 与受拉边 W_{st} 中的较小值：

$$W_{sc} = \frac{I_s}{x_c} \qquad W_{st} = \frac{I_s}{h_s - x_c} \tag{5.139}$$

其中 I_s——一个波宽的压型钢板对其截面形心轴的惯性矩；

x_c——压型钢板受压翼缘的外边缘到中和轴的距离；

h_s——压型钢板截面的总高度。

②变形验算。压型钢板的变形是通过其挠度验算来控制的。考虑到下料的不利情况，压型钢板可取两跨连续板或单跨简支板进行挠度验算。其挠度验算为：

两跨连续板 $$w = \frac{ql^4}{185EI_s} \leqslant [w] \tag{5.140}$$

单跨简支板 $$w = \frac{ql^4}{384EI_s} \leqslant [w] \tag{5.141}$$

式中 q——在施工阶段压型钢板上的荷载标准值；

EI_s——一个波宽的压型钢板截面的弯曲刚度；

l——压型钢板的计算跨度；

$[w]$——在施工阶段压型钢板的容许挠度，可取 $l/180$ 与 $20\ mm$ 的较小值(其中 l 为压型钢板的计算跨度)。

注意：若压型钢板的变形不能满足式(5.140)或式(5.141)的要求时，应采取增设临时支撑等措施，以减小施工阶段压型钢板的变形。

(2)使用阶段

①强度验算。组合楼板的强度验算主要包括正截面抗弯、集中荷载下的抗冲切、斜截面抗剪、混凝土与压型钢板叠合面的纵向抗剪 4 个方面。

a. 正截面抗弯强度验算。组合楼板的抗弯承载力计算分以下两种情况考虑：

• 当 $A_p f \leqslant \alpha_1 f_c b h_c$ 时，塑性中和轴在压型钢板顶面以上的混凝土截面内[图 5.60(a)]，此时组合楼板在一个波宽内的弯矩应符合下式要求：

$$M \leqslant 0.8\alpha_1 f_c x b y_p \tag{5.142}$$

$$y_p = h_0 - x/2 \tag{5.143}$$

式中 M——组合楼板在压型钢板一个波宽内的弯矩设计值，$N \cdot mm$；

x——组合楼板受压区高度，mm，$x = A_p f / \alpha_1 f_c b$，当 $x > 0.55h_0$ 时，取 $0.55h_0$，h_0 为组合板的有效高度(压型钢板重心以上的混凝土厚度)；

y_p——压型钢板截面应力合力至混凝土受压区截面应力合力的距离，mm；

b——压型钢板的波距，mm；

A_p——压型钢板波距(一个波宽)内的截面面积，mm^2；

f——压型钢板钢材的抗拉强度设计值，N/mm^2；

α_1——受压区混凝土矩形应力图的应力值与混凝土轴心抗压强度设计值的比值，按我国现行《混凝土结构设计规范》的规定取用；

f_c——混凝土轴心抗压强度设计值，N/mm^2；

h_c——压型钢板顶面以上的混凝土计算厚度。

● 当 $A_p f > \alpha_1 f_c b h_c$ 时，塑性中和轴在压型钢板内 [图 5.60(b)]，此时组合楼板在一个波宽内的弯矩应符合下式要求：

$$M \leqslant 0.8(\alpha_1 f_c h_c b y_{p1} + A_{p2} f y_{p2}) \tag{5.144}$$

$$A_{p2} = 0.5(A_p - \alpha_1 f_c h_c b/f) \tag{5.145}$$

式中　A_{p2}——塑性中和轴以上的压型钢板波距内截面面积，mm^2；

y_{p1}, y_{p2}——压型钢板受拉区截面拉应力合力分别至受压区混凝土板截面和压型钢板截面压应力合力的距离。

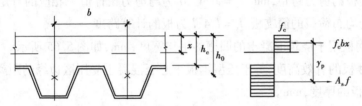

(a)塑性中和轴位于压型钢板顶面以上的混凝土截面内

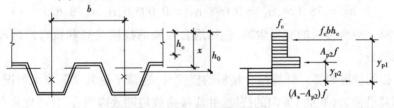

(b)塑性中和轴位于压型钢板截面内

图 5.60　组合楼板截面受弯承载力计算简图

b.集中荷载下的抗冲切验算。组合楼板在集中荷载下的冲切力 V_1 应符合下式要求：

$$V_1 \leqslant 0.6 f_t u_{cr} h_c \tag{5.146}$$

式中　u_{cr}——临界周界长度，如图 5.61 所示；

h_c——压型钢板顶面以上的混凝土计算厚度；

f_t——混凝土轴心抗拉强度设计值。

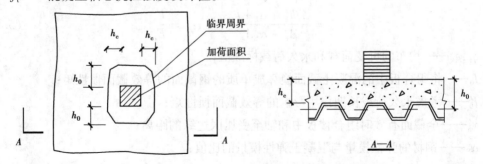

图 5.61　组合楼板在集中荷载作用下冲切面的临界周界

c.斜截面抗剪验算。组合楼板端部的斜截面抗剪承载力应符合下式要求：

$$V_{in} \leqslant 0.07 f_c b h_0 \tag{5.147}$$

式中 V_{in}——组合楼板一个波距内斜截面最大剪力设计值；

h_0——组合楼板有效高度，即压型钢板重心至混凝土受压区边缘的距离。

d. 叠合面的纵向抗剪验算。组合楼板的混凝土与压型钢板叠合面上的纵向剪力应符合下式要求：

$$V \leqslant V_u \tag{5.148}$$

$$V_u = \alpha_0 - \alpha_1 l_v + \alpha_2 b_w h_0 + \alpha_3 t \tag{5.149}$$

式中 V——作用于组合楼板一个波距叠合面上的纵向剪力设计值，kN/m。

V_u——组合楼板中一个波距叠合面上的纵向（容许）受剪承载力设计值，kN/m。

l_v——组合楼板的剪力跨距，mm，$l_v = M/V$，M 为与剪力设计值 V 相应的弯矩设计值。对于承受均布荷载的简支板，$l_v = l/4$，l 为板的计算跨度。

b_w——压型钢板用于浇筑混凝土的凹槽的平均宽度，mm，如图 5.65 所示。

h_0——组合楼板的有效高度，等于压型钢板重心至混凝土受压区边缘的距离，mm。

t——压型钢板的厚度，mm。

$\alpha_0, \alpha_1, \alpha_2, \alpha_3$——剪力黏结系数，由试验确定。当无试验资料时，可采用下列数值：

$\alpha_0 = 78.124, \alpha_1 = 0.098, \alpha_2 = 0.003\ 6, \alpha_3 = 38.625$

②变形验算。组合楼板的变形验算，包括组合楼板的挠度验算和负弯矩区段的混凝土裂缝宽度验算两部分。

a. 组合楼板的挠度验算。计算组合楼板的挠度时，通常不论其实际支承情况如何，均按简支单向板计算其沿强边（顺肋）方向的挠度，并应按荷载短期效应组合，且考虑永久荷载长期作用的影响进行计算。挠度验算应满足下式要求：

$$w = \frac{5}{384} \left(\frac{q_k l^4}{E_s I_0} + \frac{g_k l^4}{E_s I_0'} \right) \leqslant \frac{l}{360} \tag{5.150}$$

$$I_0 = \frac{1}{\alpha_E} [I_c + A_c (x_n' - h_c')^2] + I_s + A_s (h_0 - x_n')^2 \tag{5.151}$$

$$I_0' = \frac{1}{2\alpha_E} [I_c + A_c (x_n' - h_c')^2] + I_s + A_s (h_0 - x_n')^2 \tag{5.152}$$

$$x_n' = \frac{A_c h_c' + \alpha_E A_s h_0}{A_c + \alpha_E A_s} \qquad \alpha_E = \frac{E_s}{E_c} \tag{5.153}$$

式中 q_k, g_k——均布的可变荷载和永久荷载标准值；

I_0——将组合板中的混凝土截面换算成单质的钢截面的等效截面惯性矩；

I_0'——考虑永久荷载长期作用影响的等效截面惯性矩；

x_n'——全截面有效时组合楼板中和轴至受压区边缘的距离；

α_E——钢材的弹性模量与混凝土弹性模量的比值；

A_s, A_c——压型钢板和混凝土的截面面积；

I_s, I_c——压型钢板和混凝土各自对其自身形心轴的惯性矩；

h_0——组合楼板截面的有效高度，即组合楼板受压区边缘至压型钢板重心的距离；

h'_c——组合楼板受压区边缘至混凝土截面重心的距离,如图 5.62 所示。

b.组合楼板负弯矩区段的混凝土裂缝宽度验算。连续组合楼板负弯矩区段的最大裂缝宽度计算,可近似忽略压型钢板的作用,即只考虑混凝土板及其负钢筋的作用情况下计算连续组合楼板负弯矩区段的最大裂缝宽度,并使其符合我国现行《混凝土结构设计规范》规定的裂缝宽度限值,且满足不超过

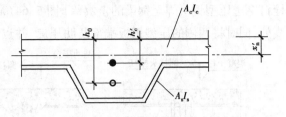

图 5.62　组合楼板截面特征简图

0.3 mm(室内正常环境)或 0.2 mm(室内高湿度环境或室外露天环境)的要求。

注意:上述计算中的板段负弯矩值,可近似地按一端简支、一端固定或两端固定的单跨简支板算得。

③振动控制。组合楼板的振动控制是通过其自振频率的控制来实现的。组合楼板的自振频率 f 不得小于 15 Hz,即应符合下式要求:

$$f = \frac{1}{k\sqrt{w}} \geqslant 15 \text{ Hz} \tag{5.154}$$

式中　w——永久荷载作用下组合楼板的最大挠度,cm。

　　　k——支承条件系数,按下列规定取值:两端简支时,取 $k = 0.178$;一端简支、一端固定时,取 $k = 0.177$;两端固定时,取 $k = 0.175$。

3)组合楼板的构造要求

(1)组合楼板的支承长度

①组合楼板在钢梁上的支承长度应不小于 75 mm,其中压型钢板在钢梁上的支承长度不应小于 50 mm,如图 5.63(a),(b)所示。

②搭接连续板在钢梁上的支承长度应不小于 75 mm,其中搭接的压型钢板在钢梁上的支承总长度不应小于 100 mm,如图 5.63(c)所示。

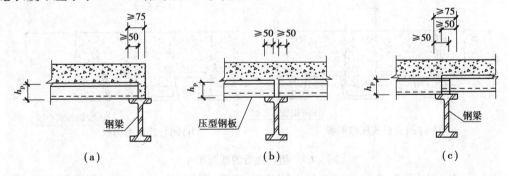

(a)　　　　　　　　　　(b)　　　　　　　　　　(c)

图 5.63　组合楼板的最小支承长度

(2)组合楼板的端部锚固

为防止压型钢板与混凝土之间的相对滑移,在简支组合板的端部支座处和连续组合板的各跨端部,均应按下列要求设置栓钉锚固件:

①栓钉的设置位置。应将圆柱头栓钉设置于压型钢板端部的凹槽内,利用穿透平焊法将栓钉穿透压型钢板焊至钢梁的上翼缘[图5.64(a)],或者将圆柱头栓钉焊至钢梁上翼缘的中线处,同时将两侧的压型钢板端部凸肋压扁,并点焊固定于钢梁上翼缘[图5.64(b)]。

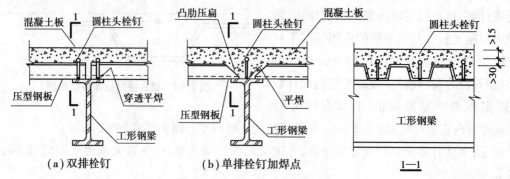

(a)双排栓钉　　　　　　(b)单排栓钉加焊点　　　　　　1—1

图5.64　组合楼板的端部锚固

②栓钉直径。当栓钉穿透压型钢板焊接于钢梁时,其直径 d 不得大于 19 mm,并可根据组合楼板的跨度按下列规定采用:

a.跨度小于 3 m 的组合楼板,栓钉直径宜为 13 mm 或 16 mm;

b.跨度为 3~6 m 的组合楼板,栓钉直径宜为 16 mm 或 19 mm;

c.跨度大于 6 m 的组合楼板,栓钉直径宜为 19 mm。

③栓钉高度及其顶面的混凝土保护层厚度。栓钉高度及其顶面的混凝土保护层厚度,应符合下列规定:

a.栓钉焊后高度应大于压型钢板波高加 30 mm;

b.栓钉顶面的混凝土保护层厚度不应小于 15 mm。

(3)组合楼板中的混凝土

①组合楼板的总厚度不应小于 90 mm,压型钢板顶面以上的混凝土厚度不应小于 50 mm,如图 5.65 所示;

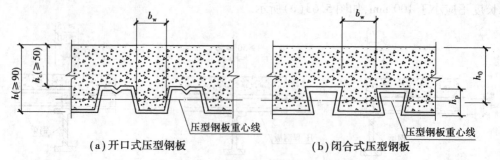

(a)开口式压型钢板　　　　　　　　　　(b)闭合式压型钢板

图5.65　组合楼板的截面尺寸

②压型钢板用作混凝土板的底部受力钢筋时,需要进行防火保护,此时组合楼板的厚度及防火保护层的厚度尚应符合表 5.21 的规定;

③组合楼板中的混凝土强度等级不宜低于 C20。

表 5.21　耐火极限为 1.5 h 的压型钢板组合楼板厚度及其防火保护层厚度

类　别	无保护层的楼板		有保护层的楼板	
图例	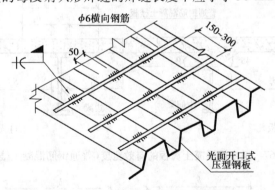			
楼板厚度 h_1 或 h(mm)	≥80	≥110	≥50	
保护层厚度 a(mm)	—	—	≥15	

(4)组合楼板的配筋原则

出现下列情况之一时应配置钢筋:

①为组合楼板提供储备承载力,需沿板的跨度方向设置附加抗拉钢筋;

②在连续组合板或悬臂组合板的负弯矩区段,应在板的上部沿板的跨度方向按计算配置连续钢筋,且钢筋应伸过板的反弯点,并留有足够的锚固长度和弯钩;

③连续组合板下部纵向钢筋在支座处应连续配置,不得中断;

④在集中荷载区段和孔洞周围应配置分布钢筋;

⑤当楼板的防火等级提高时,应在组合楼板的底部沿板跨方向配置附加抗拉钢筋;

⑥在集中荷载作用的部位,应在组合楼板的有效宽度 b_{ef}(图 5.59)范围内配置横向钢筋,其截面面积不应小于压型钢板顶面以上混凝土板截面面积的0.2%;

⑦当在压型钢板上翼缘焊接横向钢筋时,其横向钢筋应配置在剪跨区段(均布荷载时,为板两端各 1/4 跨度范围)内,横向钢筋直径宜取 6 mm,间距宜为 150~300 mm,且要求压型钢板上翼缘与横向钢筋焊接的每段喇叭形焊缝的焊缝长度不应小于 50 mm,如图 5.66 所示。

图 5.66　压型钢板上翼缘焊接横向钢筋构造要求

(5)组合楼板中抗裂钢筋的配筋要求

当连续组合板按简支板设计时,其抗裂钢筋的配置应符合下列要求:

①抗裂钢筋的截面面积不应小于混凝土截面面积的0.2%;

②抗裂钢筋从支承边缘算起的长度不应小于跨度的 1/6,且应与不少于 5 根分布钢筋相交;

③抗裂钢筋的最小直径为 4 mm;

④抗裂钢筋的最大间距应为 150 mm;

⑤顺肋方向抗裂钢筋的混凝土保护层厚度宜为 20 mm；

⑥与抗裂钢筋垂直的分布钢筋直径，不应小于抗裂钢筋直径的 2/3，其间距不应大于抗裂钢筋间距的 1.5 倍。

5.8.2　组合梁设计

1)组合梁的设计原则

①组合梁的设计遵循极限状态设计准则。其承载能力极限状态设计可采用弹性分析法或塑性分析法，其正常使用极限状态设计一般均采用弹性分析法。不直接承受动力荷载的组合梁承载力计算，可采用塑性分析法；直接承受动力荷载的组合梁承载力计算，采用弹性分析法。

②组合梁的设计一般均应按施工阶段和使用阶段两种工况进行，只有当施工阶段钢梁下设置了临时支撑，而且其支承点间的距离小于 3.5 m 时，才可只按使用阶段设计。

③组合梁混凝土翼板的有效宽度 b_{ce}，应按下列公式计算：

$$b_{ce} = b_0 + b_1 + b_2 \tag{5.155}$$

式中　b_0——板托顶部的宽度，当板托倾角 $\alpha < 45°$ 时，应按 $\alpha = 45°$ 计算板托顶部的宽度[图 5.67(a)]；当无板托时，则取钢梁上翼缘宽度[图 5.67(b)、图 5.68]。

　　b_1,b_2——梁外侧和内侧的翼板计算宽度，各取 $l/6$ 和 $6h_c$ 中的较小值，l 为梁的计算跨度。此外，b_1 尚不应超过混凝土翼板的实际外伸长度 S_1，当为中间梁时，取式(5.155)中的 b_1 等于 b_2，b_2 不应超过相邻钢梁上翼缘或板托间净距 S_n 的 1/2。

　　h_c——混凝土翼板计算厚度。对于采用以压型钢板为底模的混凝土楼板，取压型钢板肋高以上的混凝土厚度(图 5.68)。

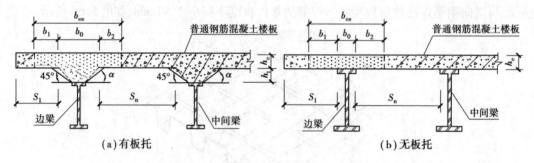

(a)有板托　　　　　　　　　　　　　(b)无板托

图 5.67　组合梁混凝土翼板的有效宽度(普通钢筋混凝土楼板)

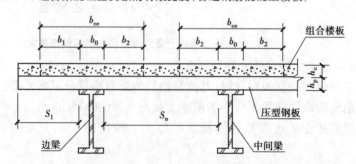

图 5.68　组合梁混凝土翼板的有效宽度(以压型钢板作底模的钢筋混凝土楼板)

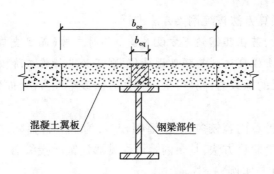

图 5.69 组合梁的换算截面

④按弹性分析时,应将受压混凝土翼板的有效宽度 b_{ce} 折算成与钢材等效的弹性换算宽度 b_{eq},使组合梁变成单一材质的换算截面(图 5.69),其换算宽度应根据荷载短期效应组合及长期效应组合分别计算:

$$荷载短期效应(标准)组合 \qquad b_{eq} = \frac{b_{ce}}{\alpha_E} \qquad (5.156a)$$

$$荷载长期效应(准永久)组合 \qquad b_{eq} = \frac{b_{ce}}{2\alpha_E} \qquad (5.156b)$$

式中 b_{eq}——混凝土翼板的换算宽度;

α_E——钢材弹性模量与混凝土弹性模量的比值。

⑤组合梁混凝土翼板的计算厚度,应符合下列规定:

a.普通钢筋混凝土翼板的计算厚度应取原厚度 h_c(图 5.67);

b.带压型钢板的混凝土翼板计算厚度取压型钢板顶面以上的混凝土厚度 h_c(图 5.68)。

⑥组合梁的计算内容如下:

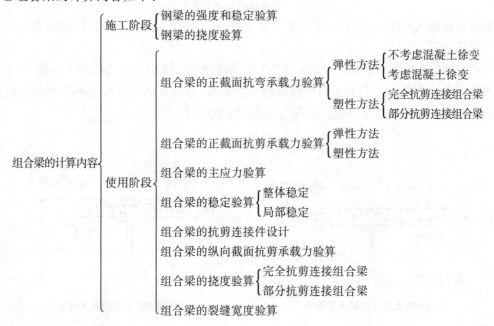

2)组合梁的设计方法

在施工阶段,由于楼板混凝土强度未达到其强度设计值的 75%,全部荷载由组合梁中的钢梁单独承担。因此,其验算方法按纯钢梁方法进行。

注:当组合梁施工时,若在其钢梁下方设置多个临时支撑(而且支撑后的梁跨小于3.5 m),并一直保留到楼板混凝土强度达到其强度设计值,则不必进行施工阶段验算。

在使用阶段,组合梁的承载力计算可采用弹性方法或塑性方法,而变形(挠度)计算则一般只采用弹性方法。

由于使用阶段所需计算内容较多,所占篇幅较多,为了节省篇幅,本节只介绍组合梁的抗弯承载力与抗剪承载力的验算方法,其余内容可详见郑廷银教授编著、重庆大学出版社出版的《多高层房屋钢结构设计与实例》一书。

(1)组合梁抗弯承载力验算

①弹性方法。采用弹性方法分析组合梁受弯承载力时,在竖向荷载作用下的组合梁截面及其正应力如图5.70所示,因此设计时应分别计算其混凝土板顶或板底以及钢梁上、下翼缘的最大正应力,并控制在其强度设计值之内。

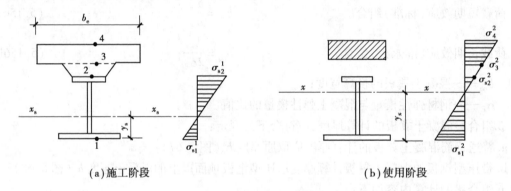

(a)施工阶段   (b)使用阶段

图5.70 组合梁截面及其正应力

组合梁在荷载短期效应组合(不考虑混凝土徐变)作用下,混凝土翼板换算成钢材后的截面特征计算如下:

a.中和轴位于混凝土翼板内[图5.71(a)]。组合截面面积 A_0、组合截面中和轴 o—o 至混凝土翼板顶面的距离 x、组合截面对中和轴的惯性矩 I_0、组合截面对混凝土翼板顶面的抵抗矩 W_{0c}^t、组合截面对钢梁下翼缘的抵抗矩 W_{0s}^b,分别按下式计算:

$$A_0 = \frac{b_{ce}x}{\alpha_E} + A_s \qquad (5.157)$$

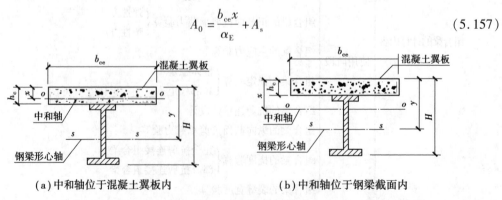

(a)中和轴位于混凝土翼板内   (b)中和轴位于钢梁截面内

图5.71 组合梁截面的中和轴位置

$$x = \frac{1}{A_0}\left(\frac{b_{ce}x^2}{2\alpha_E} + A_s y\right) \tag{5.158}$$

$$I_0 = \frac{b_{ce}x^3}{12\alpha_E} + \frac{b_{ce}x^3}{4\alpha_E} + I_s + A_s(y-x)^2 \tag{5.159}$$

$$W_{0c}^t = \frac{I_0}{x} \qquad W_{0s}^b = \frac{I_0}{H-x} \tag{5.160}$$

b. 中和轴位于钢梁截面内[图 5.71(b)]。此时的各值分别按下式计算:

$$A_0 = \frac{b_{ce}h_c}{\alpha_E} + A_s \tag{5.161}$$

$$x = \frac{1}{A_0}\left(\frac{b_{ce}h_c^2}{2\alpha_E} + A_s y\right) \tag{5.162}$$

$$I_0 = \frac{b_{ce}h_c^3}{12\alpha_E} + \frac{b_{ce}h_c^3}{\alpha_E}(x-0.5h_c)^2 + I_s + A_s(y-x)^2 \tag{5.163}$$

$$W_{0c}^t = \frac{I_0}{x} \qquad W_{0s}^b = \frac{I_0}{H-x} \tag{5.164}$$

式中　h_c, b_{ce}——混凝土翼板厚度和有效宽度, b_{ce} 按式(5.155)确定;

A_s, I_s——钢梁截面面积和截面惯性矩;

H——组合梁的截面高度。

注:对于以压型钢板为底模的组合板或非组合板,当压型钢板的肋与组合梁的钢梁轴线平行时,混凝土翼板的有效截面面积应包括压型钢板肋内的混凝土截面面积。

组合梁在永久荷载的长期效应组合作用下(考虑混凝土徐变),混凝土的徐变将使混凝土翼板的应力减小,而钢梁的应力增大。为了在计算中反映这一效应,可将混凝土翼板有效宽度内的截面面积除以 $2\alpha_E$,换算成单质的钢截面面积。

此时,组合梁截面的中和轴多数位于其钢梁截面内[图 5.71(b)],其几何特征各值分别按下式计算:

$$A_0^c = \frac{b_{ce}h_c}{2\alpha_E} + A_s \tag{5.165}$$

$$x^c = \frac{1}{A_0^c}\left(\frac{b_{ce}h_c^2}{4\alpha_E} + A_s y\right) \tag{5.166}$$

$$I_0^c = \frac{b_{ce}h_c^3}{24\alpha_E} + \frac{b_{ce}h_c}{2\alpha_E}(x^c - 0.5h_c)^2 + I_s + A_s(y-x^c)^2 \tag{5.167}$$

$$W_{0c}^{tc} = \frac{I_0}{x^c} \qquad W_{0s}^{bc} = \frac{I_0}{H-x^c} \tag{5.168}$$

对于一般的组合梁,通常不考虑温度作用和收缩作用的影响,即只考虑竖向荷载作用,并按下列方法进行组合梁的弹性受弯承载力验算。

不考虑翼板混凝土徐变影响时:

对混凝土翼板顶面的验算　　　$\sigma_{0c}^t = \pm\dfrac{M}{W_{0c}^t} \leqslant f \tag{5.169}$

对钢梁下翼缘的验算　　　$\sigma_{0s}^b = \pm\dfrac{M}{W_{0s}^b} \leqslant f \tag{5.170}$

式中 M——全部荷载对组合梁产生的正弯矩；

　　　f——钢材的抗拉、抗压、抗弯强度设计值。

考虑翼板混凝土徐变影响时：

对混凝土翼板顶面的验算 $\qquad \sigma_{0c}^{tc} = \pm\left(\dfrac{M_q}{W_{0c}^t} + \dfrac{M_g}{W_{0c}^{tc}}\right) \leqslant f$ 　　　　(5.171)

对钢梁下翼缘的验算 $\qquad \sigma_{0s}^{bc} = \pm\left(\dfrac{M_q}{W_{0s}^b} + \dfrac{M_g}{W_{0s}^{bc}}\right) \leqslant f$ 　　　　(5.172)

式中 M_q, M_g——可变荷载与永久荷载对组合梁产生的正弯矩。

②塑性方法。用塑性方法计算组合梁的强度时，对受正弯矩的组合梁截面和 $A_{st}f_{st} \geqslant 0.15Af$ 的受负弯矩的组合梁截面，可不考虑弯矩和剪力的相互影响。

由于塑性设计不存在应力叠加问题，所以计算时不考虑施工过程中有无支承，也不考虑混凝土的徐变、收缩以及温差的影响。

组合梁截面受弯承载力按塑性理论计算时，是以截面充分发展塑性作为组合梁的抗弯强度极限状态。因此，计算过程中应根据完全抗剪连接组合梁或部分抗剪连接组合梁的不同情况，分别采用相应的计算公式计算其受弯承载力。

a.完全抗剪连接组合梁的受弯承载力验算。当组合梁上最大弯矩点和邻近零弯矩点之间的区段内，混凝土翼板和钢梁组合成整体，且叠合面间的纵向剪力全部由抗剪连接件承担时，该组合梁则称为完全抗剪连接组合梁。其正截面受弯承载力可根据塑性中和轴所处位置，分别采用不同的公式进行计算。

塑性中和轴位于混凝土受压翼板内（图5.72），即 $Af \leqslant b_{ce}h_cf_c$ 时，

$$M \leqslant b_{ce}xf_cy \qquad\qquad (5.173)$$

$$x = \frac{Af}{b_{ce}f_c} \qquad\qquad (5.174)$$

式中 x——组合梁截面塑性中和轴至混凝土翼板顶面的距离；

　　　M——全部荷载产生的最大正弯矩设计值；

　　　A——组合梁中的钢梁截面面积；

　　　y——钢梁截面拉应力合力至混凝土受压区应力合力之间的距离；

　　　f——钢梁钢材的抗拉、抗压、抗弯强度设计值；

　　　h_c, b_{ce}——混凝土翼板的计算厚度及有效宽度；

　　　f_c——混凝土轴心抗压强度设计值。

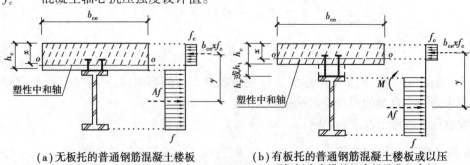

(a)无板托的普通钢筋混凝土楼板　　　(b)有板托的普通钢筋混凝土楼板或以压
　　　　　　　　　　　　　　　　　　　型钢板为底模的组合板及非组合板

图5.72　塑性中和轴位于混凝土受压翼板内的组合梁截面及应力图形

塑性中和轴位于钢梁截面内（图 5.73），即 $Af > b_{ce}h_cf_c$ 时，

$$M \leqslant b_{ce}h_cf_cy_1 + A_{sc}fy_2 \tag{5.175}$$

$$A_{sc} = 0.5(A - b_{ce}h_cf_c/f) \tag{5.176}$$

式中　A_{sc}——组合梁中的钢梁受压区截面面积；

　　　y_1——钢梁受拉区截面应力合力至混凝土翼板截面应力合力之间的距离；

　　　y_2——钢梁受拉区截面应力合力至钢梁受压区截面应力合力之间的距离。

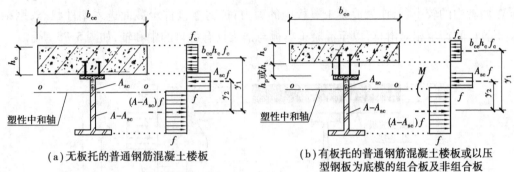

(a) 无板托的普通钢筋混凝土楼板　　　(b) 有板托的普通钢筋混凝土楼板或以压
　　　　　　　　　　　　　　　　　　　　型钢板为底模的组合板及非组合板

图 5.73　塑性中和轴位于钢梁截面内的组合梁截面及应力图形

连续组合梁的负弯矩作用（图 5.74）截面抗弯承载力验算：

$$M' \leqslant M_s + A_{st}f_{st}(y_3 + y_4/2) \tag{5.177}$$

$$M_s = (S_1 + S_2)f \tag{5.178}$$

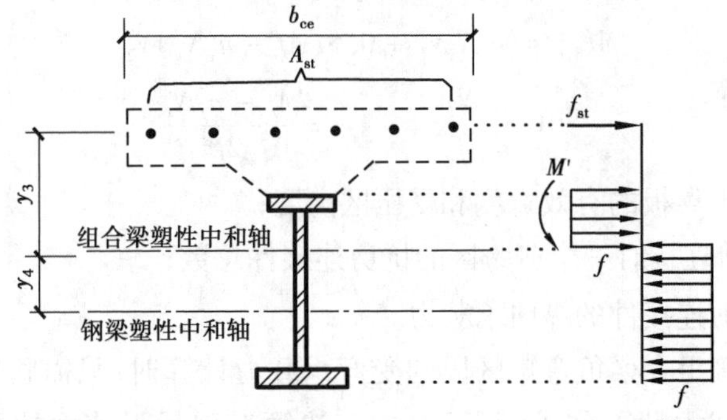

图 5.74　负弯矩区段组合梁截面和应力图形

式中　M'——连续组合梁中间支座处的最大负弯矩设计值。

　　　M_s——钢梁截面绕自身中和轴的全塑性受弯承载力。

　　　S_1,S_2——钢梁塑性中和轴(平分钢梁截面积的轴线)以上和以下截面积对该轴的面积矩。

　　　A_{st}——组合梁负弯矩区翼板有效宽度范围内纵向钢筋截面面积。

　　　f_{st}——钢筋抗拉强度设计值。

　　　y_3——纵向钢筋截面形心至组合梁塑性中和轴的距离。

　　　y_4——组合梁塑性中和轴至钢梁塑性中和轴的距离,当组合梁塑性中和轴位于钢梁腹板内时,$y_4 = A_{st}f_{st}/(2t_wf)$;当组合梁塑性中和轴位于钢梁翼缘内时,可取 y_4 等于钢梁塑性中和轴至腹板上边缘的距离。

b. 部分抗剪连接组合梁的受弯承载力验算。由于受构造等原因的影响,当抗剪连接件的实际设置数量 n_1 小于完全抗剪连接组合梁抗剪连接件的计算数量 n,但不小于 50% 时,则该组合梁称为部分抗剪连接组合梁。

其适用条件为:承受静荷载且集中力不大的组合梁;跨度不超过 20 m 的组合梁;当钢梁为等截面梁时,其配置的连接件数量 n_1 不得小于完全抗剪连接时的连接件数量 n 的 50%。

其计算假定为:取所计算截面的左、右两个剪跨区段内的抗剪连接件受剪承载力设计值之和 nN_v^c 两者中的较小者,作为混凝土翼板中的剪力;抗剪连接件全截面进入塑性状态;钢梁与混凝土翼板间产生相对滑移,以至混凝土翼板与钢梁具有各自的中和轴,如图 5.75 所示。

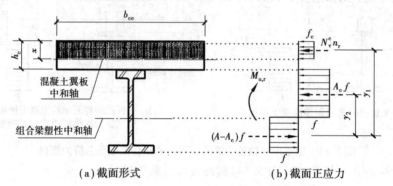

（a）截面形式 （b）截面正应力

图 5.75 部分抗剪连接组合梁的计算简图

部分抗剪连接组合梁正弯矩区段的受弯承载力 $M_{u,r}$ 可按下式计算:

$$M_{u,r} = n_r N_v^c y_1 + 0.5(Af - n_r N_v^c)y_2 \tag{5.179}$$

$$x = \frac{n_r N_v^c}{b_{ce} f_c} \qquad A_c = \frac{Af - n_r N_v^c}{2f} \tag{5.180}$$

式中 b_{ce},x——混凝土翼板的有效宽度和受压区高度;

　　　n_r——部分抗剪连接时一个剪跨区的抗剪连接件总数;

　　　N_v^c——每个抗剪连接件的纵向承载力。

在对部分抗剪连接组合梁负弯矩区段的受弯承载力计算时,只需将完全抗剪连接组合梁负弯矩区段的受弯承载力计算公式(5.177)中右边第二项括弧前面的系数(即 $A_{st} f_{st}$),换为 $n_r N_v^c$ 和 $A_{st} f_{st}$ 二者中的较小者即可。

(2)组合梁抗剪承载力验算

组合梁的抗剪承载力计算可采用弹性方法或塑性方法进行。

①弹性方法。

a. 计算原则。计算组合梁的剪应力时,应考虑它在施工和使用两个受力阶段(不同工况)的不同工作截面和受力特点。在楼板混凝土未达到设计强度之前,施工阶段的全部静、活荷载均由组合梁中的钢梁单独承担,此时的剪应力按组合梁中的钢梁截面计算确定;当楼板混凝土达到其设计强度之后,后加的使用阶段荷载由整个组合梁来承担,此时的剪应力按组合梁截面计算确定。其实际剪应力(总剪应力)等于前述两个受力阶段所产生的剪应力之和,如图 5.76 所示。

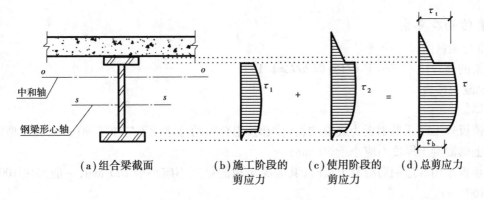

（a）组合梁截面　　　（b）施工阶段的　（c）使用阶段的　（d）总剪应力
　　　　　　　　　　　　　剪应力　　　　剪应力

图 5.76　组合梁的剪应力图形

b.计算公式。第一受力阶段（施工阶段）：在施工阶段的荷载作用下，钢梁单独承重时的剪应力 τ_1［图5.76（b）］按下式计算：

$$\tau_1 = \frac{V_1 S_1}{I_s t_w} \tag{5.181}$$

式中　V_1——施工阶段的可变与永久荷载在钢梁上产生的剪力设计值；

　　　S_1——剪应力验算截面以上的钢梁截面面积对钢梁形心轴 $s—s$ 的面积矩；

　　　I_s,t_w——钢梁的毛截面惯性矩和腹板厚度。

第二受力阶段（使用阶段）：组合梁在使用阶段增加的荷载作用下，整个组合梁共同承重时钢梁的剪应力 τ_2［图5.76（c）］按下式计算：

$$\tau_2 = \frac{V_2 S_2}{I_0 t_w} \tag{5.182}$$

式中　V_2——使用阶段的总荷载（可变与永久荷载之和）减去施工阶段的总荷载对组合梁产生的剪力设计值；

　　　S_2——剪应力验算截面以上的组合梁换算截面面积对组合梁换算截面形心轴 $o—o$ 的面积矩；

　　　I_0——组合梁的换算截面惯性矩。

剪应力验算公式：当组合梁换算截面形心轴 $o—o$ 位于钢梁截面内时，其总剪应力 τ 等于 τ_1 与 τ_2 之和［图5.76（d）］，所以其剪应力验算公式为：

$$\tau = \tau_1 + \tau_2 \leqslant f_v \tag{5.183}$$

式中　f_v——钢梁钢材抗剪强度设计值。

当组合梁换算截面形心轴 $o—o$ 位于混凝土翼板或板托内时，其总剪应力 τ 的验算截面取钢梁腹板与上翼缘的交接面，此时其总剪应力 τ 达到最大值。

②塑性方法。采用塑性方法计算组合梁的承载力时，对于受正弯矩的组合梁截面，可不计入弯矩与剪力的相互影响，即分别验算受弯承载力和受剪承载力。

按塑性设计进行受剪承载力验算时，组合梁截面的全部剪力假定仅由钢梁的腹板承受，其受剪承载力应按下式计算：

$$V \leqslant h_w t_w f_v \tag{5.184}$$

式中　h_w,t_w——组合梁内钢梁腹板的高度和厚度；

　　　f_v——塑性设计时钢梁钢材的抗剪强度设计值。

3)组合梁的构造要求

（1）组合梁截面尺寸的规定

组合梁的高跨比不宜小于 1/15，即 $h/l \geq 1/15$。

（2）混凝土楼板

①板厚。

a.当楼板采用以压型钢板为底模的组合板时，组合板的总厚度不应小于 90 mm，其压型钢板顶面以上的混凝土厚度不应小于 50 mm；

b.当楼板采用普通钢筋混凝土板时，其混凝土板的厚度不应小于 100 mm，一般采用 100，120，140，160 mm。

②板托尺寸。当楼板采用以压型钢板为底模的组合板时，其组合梁一般不设板托；当楼板采用普通钢筋混凝土板时，为了提高组合梁的承载力及节约钢材，可采用混凝土板托（图5.77），其尺寸应符合下列要求：

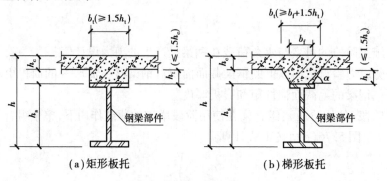

图 5.77 组合梁的混凝土板托

a.板托的高度 h_t 不应大于钢筋混凝土楼板厚度 h_c 的 1.5 倍，即 $h_t \leq 1.5h_c$。

b.板托的顶面宽度 b_t：对于上、下等宽的工字形钢梁，其 b_t 不宜小于板托高度 h_t 的 1.5 倍［图5.77（a）］；对于上窄、下宽的工字形钢梁，其 b_t 不宜小于钢梁上翼缘宽度 b_f 与板托高度 h_t 的 1.5 倍之和，即 $b_t \geq b_f + 1.5h_t$［图5.77（b）］。

c.楼板边缘的组合梁（图5.78），无板托时，混凝土翼板边缘至钢梁上翼缘边和至钢梁中心线的距离应分别不小于 50 mm 和 150 mm［图5.78（a）］；有板托时，外伸长度不宜小于 h_t［图5.78（b）］。

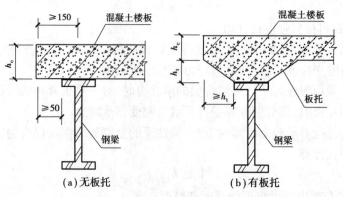

图 5.78 边梁处混凝土翼板的最小外伸长度

③配筋。

a. 在连续组合梁的中间支座负弯矩区段,混凝土翼板内的上部纵向钢筋应伸过梁的反弯点,并应留出足够的锚固长度和弯钩;

b. 支承于组合梁上的混凝土翼板,其下部纵向钢筋在中间支座处应连续配置,不得中断(图5.79),钢筋长度不够时,可在其他部位搭接。

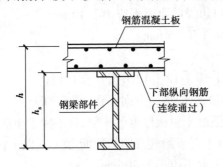
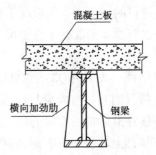

图5.79　混凝土翼板的下部纵向钢筋　　　图5.80　组合梁的横向加劲肋

(3)钢梁

①跨度小、受荷小时,主、次钢梁均可采用热轧 H 型钢或工字型钢;跨度大、受荷大时,次梁可采用热轧 H 型钢,主梁宜采用上窄、下宽的单轴对称焊接工字形截面(图5.80);对于组合边梁,其钢梁截面宜采用槽钢形式。

②钢梁截面高度 h_s 不宜小于组合梁截面高度 h 的 $1/2.5$,即 $h_s \geqslant h/2.5$。

③为了确保组合梁腹板的局部稳定,应视其腹板高厚比的大小,设置必要的腹板横向加劲肋,其形式如图5.80所示。

④钢梁顶面不得涂刷油漆。

⑤在浇筑或安装混凝土翼板以前,应清除钢梁顶面的铁锈、焊渣、冰层、积雪、泥土和其他杂物。

(4)抗剪连接件

为了保证组合梁中的钢梁与混凝土楼板二者的共同工作,应沿梁的全长每隔一定距离在钢梁顶面设置连接件,以承受钢梁与混凝土楼板二者叠合面之间的纵向剪力,限制二者之间的相对滑移。

组合梁中常用的抗剪连接件有带头栓钉、槽钢、弯起钢筋3种类型。当采用以压型钢板为底模的混凝土组合楼板时,一般均采用圆柱头栓钉连接件。

①圆柱头栓钉连接件。

a. 当栓钉的位置不正对钢梁腹板时,如栓钉焊于钢梁受拉翼缘,其直径不得大于翼缘板厚度的 1.5 倍;如栓钉焊于无拉应力的翼缘,其直径不得大于翼缘板厚度的 2.5 倍。

b. 当采用以压型钢板为底模的混凝土组合楼板时,栓钉需穿透压型钢板焊接于钢梁,其直径不宜大于 19 mm。

c. 圆柱头栓钉的钉头直径和长度,应分别不小于其钉杆直径 d 的 1.5 倍和 4 倍。

d. 圆柱头栓钉的最小间距为 $6d$(顺梁轴线方向)和 $4d$(垂直于梁轴线方向),边距不得小于 35 mm。

e.圆柱头栓钉的最大间距为混凝土翼板厚度的4倍,且不大于400 mm。

f.圆柱头栓钉的钉头底面宜高出混凝土翼板的底部钢筋顶面30 mm以上;当采用以压型钢板为底模的混凝土组合楼板时,焊后的栓钉高度应高出压型钢板波高30 mm以上。

g.圆柱头栓钉的外侧边缘与钢梁上翼缘边缘的距离不应小于20 mm。

h.圆柱头栓钉的外侧边缘与混凝土翼板边缘的距离不应小于100 mm。

i.圆柱头栓钉的外侧边缘与混凝土板托上口边缘的距离不应小于40 mm。

j.圆柱头栓钉顶面的混凝土保护层厚度不应小于15 mm。

②槽钢连接件。

a.槽钢连接件一般采用Q235钢轧制的[8,[10,[12,[12.6等小型槽钢;

b.槽钢连接件的开口方向应与板、梁叠合面的纵向剪力方向一致(图5.81);

c.槽钢连接件沿梁轴线方向的最大间距为混凝土翼板厚度的4倍,且不大于400 mm;

d.槽钢连接件上翼缘的下表面,宜高出混凝土翼板的底部钢筋顶面30 mm以上;

e.槽钢连接件的端头与钢梁上翼缘边缘的距离不应小于20 mm;

f.槽钢连接件的端头与混凝土翼板边缘的距离不应小于100 mm;

g.槽钢连接件的端头与混凝土板托上口边缘的距离不应小于40 mm;

h.槽钢连接件顶面的混凝土保护层厚度不应小于15 mm。

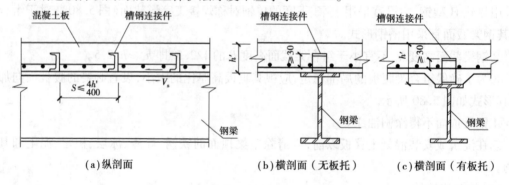

(a)纵剖面　　　　　(b)横剖面(无板托)　　　　　(c)横剖面(有板托)

图5.81　组合梁中的槽钢连接件

③弯起钢筋连接件。

a.弯起钢筋宜采用直径 d 不小于12 mm的热轧带肋钢筋,并应成对对称布置,其弯起角一般为45°,弯折方向应与混凝土翼板对钢梁的水平剪力方向相一致,如图5.82所示;

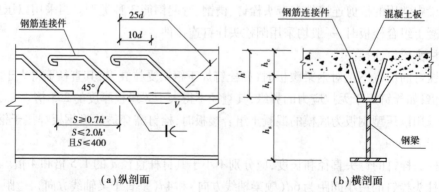

(a)纵剖面　　　　　　　　(b)横剖面

图5.82　组合梁中的弯起钢筋连接件

b. 在梁的跨中可能产生纵向水平剪应力变号处,应在两个方向均设置弯起钢筋(U 形钢筋);

c. 每根弯起钢筋从弯起点算起的总长度不应小于 $25d$(HRB 级钢筋应另加弯钩),其中水平段长度不应小于 $10d$;

d. 弯起钢筋连接件沿梁轴线方向的间距 S 不应小于混凝土翼板厚度(有板托时,包括板托,图 5.82)的 0.7 倍,且不大于 2 倍混凝土翼板厚度及 400 mm,即 $0.7h' \leq S \leq 2h'$,且 $S \leq 400$ mm;

e. 弯起钢筋与钢梁连接的双侧焊缝长度不应小于 $4d$(HRB 级钢筋)或 $5d$(HRB 级钢筋);

f. 弯起钢筋连接件的外侧边缘与钢梁上翼缘边缘的距离不应小于 20 mm;

g. 弯起钢筋连接件的外侧边缘与混凝土翼板边缘的距离不应小于 100 mm;

h. 弯起钢筋连接件的外侧边缘与混凝土板托上口边缘的距离不应小于 40 mm;

i. 弯起钢筋连接件顶面的混凝土保护层厚度不应小于 15 mm。

(5)梁端锚固件

在组合梁的端部,应在钢梁的顶面焊接梁端锚固件,以抵抗组合梁中的梁端"掀起力"及因混凝土干缩所引起的应力。

梁端锚固件一般采用热轧工字钢或在工字钢上加焊水平锚筋(图 5.83)。对小型梁,也可用设在梁端的抗剪连接件兼顾,即梁端设置抗剪连接件后,可不另设梁端锚固件。

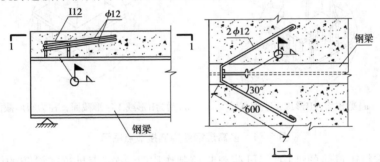

图 5.83　组合梁中的梁端锚固件

5.9　节点设计

5.9.1　概述

1)节点类型

多高层房屋钢结构节点主要包括梁与柱、梁与梁、柱与柱、支撑与梁柱以及柱脚的连接节点,如图 5.84 所示。

2)节点设计原则

①多高层建筑钢结构的节点连接,当非抗震设防时,应按结构处于弹性受力阶段设计;当抗震设防时,应按结构进入弹塑性阶段设计,而且节点连接的承载力应高于构件截面的承载力。

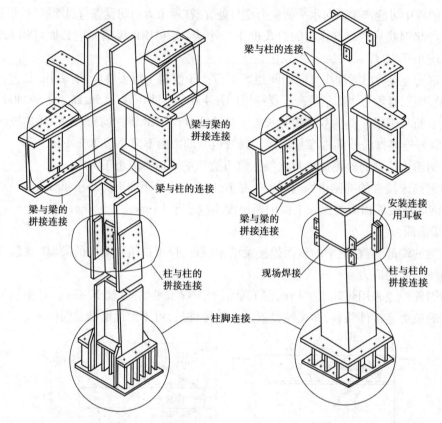

（a）梁柱均为H形或工字形截面　　（b）梁为H形或工字形截面，柱为箱形截面

图 5.84　多高层钢结构连接节点图示

②对于要求抗震设防的结构，当风荷载起控制作用时，仍应满足抗震设防的构造要求。

③按抗震设计的钢结构框架，在强震作用下，塑性区一般将出现在距梁端（柱贯通型梁-柱节点）或柱端（梁贯通型梁-柱节点）算起的 1/10 跨长或 2 倍截面高度范围内。为考虑构件进入全塑性状态仍能正常工作，节点设计应保证构件直至发生充分变形时节点不致被破坏，应验算下列各项：

a.节点连接的最大承载力；

b.构件塑性区的板件宽厚比；

c.受弯构件塑性区侧向支承点间的距离；

d.梁-柱节点域中柱腹板的宽厚比和抗剪承载力。

④构件节点、杆件节点和板件拼装，依其受力条件，可采用全熔透焊缝或部分熔透焊缝。遇下列情况之一时，应采用全熔透焊缝：

a.要求与母材等强的焊接连接；

b.框架节点塑性区段的焊接连接。

⑤为了焊透和焊满，焊接时均应设置焊接垫板和引弧板。

⑥建筑钢结构承重构件或承力构件（支撑）的连接采用高强度螺栓时，应采用摩擦型连接，以避免在使用荷载下发生滑移，增大节点的变形。

⑦在节点设计中,节点的构造应避免采用约束度大和易使板件产生层状撕裂的连接形式。

3)连接方式

多高层钢结构的节点连接,根据连接方法可采用:全焊连接(通常翼缘坡口采用全熔透焊缝,腹板采用角焊缝连接)、栓焊混合连接(翼缘坡口采用全熔透焊缝,腹板则采用高强度螺栓连接)和全栓连接(翼缘、腹板全部采用高强度螺栓连接)。

在我国的工程实践中,柱的工地接头多采用全焊连接;梁的工地接头以及支撑斜杆的工地接头和节点,多采用全栓连接;梁与柱的连接多采用栓焊混合连接。

4)安装单元的划分与接头位置

钢框架安装单元的划分,应根据构件质量、运输以及起吊设备等条件确定。

①当框架的梁-柱节点采用"柱贯通型"节点形式时,柱的安装单元一般采用三层一根,梁的安装单元通常为每跨一根。

②柱的工地接头一般设于主梁顶面以上 1.0~1.3 m 处,以便安装。

③当采用带悬臂梁段的柱单元(树状型柱单元)时,悬臂梁段可预先在工厂焊于柱的安装单元上,悬臂梁段的长度(即接头位置)应根据内力较小并能满足设置支撑的需要和运输方便等条件确定。距柱轴线算起的悬臂梁段长度一般取 0.9~1.6 m。

④框架筒结构采用带悬臂梁段的柱安装单元时,梁的接头可设置在跨中。

5.9.2　梁-柱连接节点

1)梁-柱节点类型

根据梁、柱的相对位置,可分为柱贯通型和梁贯通型两种类型,如图 5.85 所示。一般情况下,为简化构造和方便施工,框架的梁-柱节点宜采用柱贯通型,如图 5.85(a)所示;当主梁采用箱形截面时,梁-柱节点宜采用梁贯通型,如图 5.85(b)所示。

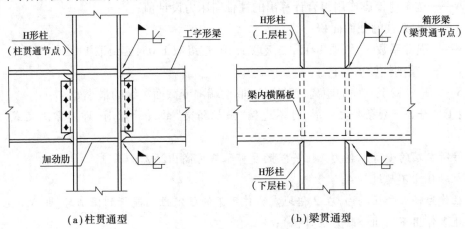

(a)柱贯通型　　　　　　　　　　(b)梁贯通型

图 5.85　梁-柱节点类型

根据多高层钢结构连接节点的构造形式及其力学特性(按约束刚度),可分为刚性连接(刚性节点)、半刚性连接(半刚性节点)和柔性连接(铰接节点)三大类型。

①刚性连接:是指连接受力时,梁-柱轴线之间的夹角保持不变。实际使用中只要连接的转动约束能达到理想刚接的 90% 以上,即可认为是刚接。工程中的全焊连接、栓焊混合连接以及借助 T 形铸钢件的全栓连接属此范畴。

②柔性连接(铰接):是指连接受力时,梁-柱轴线之间的夹角可任意改变(无任何约束)。实际使用中只要梁-柱轴线之间夹角的改变量达到理想铰接转角的 80% 以上(即转动约束不超过 20%),即可视为柔性连接。工程中的仅在梁腹板使用角钢或钢板通过螺栓与柱进行的连接属此范畴。

③半刚性连接:介于以上两者之间的连接,它的承载能力和变形能力同时对框架的承载力和变形都会产生极为显著的影响。工程中的借助端板或者借助在梁上、下翼缘布置角钢的全栓连接等属此范畴。

2)梁-柱节点的承载力验算

钢梁与钢柱的刚性连接节点,一般应进行抗震框架节点承载力验算、连接焊缝和螺栓的强度验算、柱腹板的抗压承载力验算、柱翼缘的受拉区承载力验算、梁-柱节点域承载力验算 5 项内容。

(1)抗震框架节点承载力验算

①"强柱弱梁"型节点承载力验算。对于抗震设防烈度为 7 度及以上结构,为确保"强柱弱梁"耐震设计准则的实现,其框架的任一节点处,汇交于该节点的、位于验算平面内的各柱截面的塑性抵抗矩和各梁截面的塑性抵抗矩宜满足下式的要求:

等截面梁
$$\sum W_{pc}(f_{yc} - N/A_c) \geq \eta \sum W_{pb} f_{yb} \tag{5.185a}$$

端部翼缘变截面的梁
$$\sum W_{pc}(f_{yc} - N/A_c) \geq \sum (\eta W_{pb1} f_{yb} + V_{pb}S) \tag{5.185b}$$

式中　W_{pc},W_{pb}——计算平面内交汇于节点的柱和梁的截面塑性抵抗矩;

W_{pb1}——梁塑性铰所在截面的截面塑性抵抗矩;

f_{yc},f_{yb}——柱和梁钢材的屈服强度;

N——按多遇地震作用组合计算出的柱轴向压力设计值;

A_c——框架柱的截面面积;

η——强柱系数,一级取 1.15,二级取 1.10,三级取 1.05,四级取 1.0;

V_{pb}——梁塑性铰剪力;

S——塑性铰至柱面的距离,塑性铰可取梁端部变截面翼缘的最小处。

注:①当符合下列条件之一时,可不遵循"强柱弱梁"的设计原则[即不需满足式(5.185)的要求]:

a.柱所在层的受剪承载力比上一层的受剪承载力高出25%;

b.柱轴压比不超过0.4;

c.柱作为轴心受压构件,在 2 倍地震力作用下的稳定性仍能得到保证时,即 $N_2 \leq \varphi A_c f(N_2$ 为 2 倍地震作用下的组合轴力设计值);

d.与支撑斜杆相连的节点。

②在罕遇地震作用下不可能出现塑性铰的部分,框架柱和梁当不满足式(5.185)的要求时,则需控制柱的轴压比。此时,框架柱应满足式(5.77)的要求。

②"强连接、弱杆件"型节点承载力验算。对于抗震设防的多高层钢框架结构,当采用柱贯通型节点时,为确保"强连接、弱杆件"耐震设计准则的实现,其节点连接的极限承载力应满足下列公式的要求:

$$M_u \geqslant \eta_j M_p \tag{5.186}$$

$$V_u \geqslant 1.2(2M_p/l_n) + V_{Gb} \quad 且 \quad V_u \geqslant 0.58h_w t_w f_y \tag{5.187}$$

式中　M_u——梁上、下翼缘坡口全熔透焊缝的极限受弯承载力,按式(5.188)计算;

　　　V_u——梁腹板连接的极限受剪承载力,按式(5.189)至式(5.191)计算,当垂直于角焊缝受剪时可提高1.22倍;

　　　M_p——梁构件(梁贯通时为柱)的全塑性受弯承载力,按式(5.192)至式(5.196)计算;

　　　l_n——梁的净跨;

　　　V_{Gb}——梁在重力荷载代表值(9度时高层建筑尚应包括竖向地震作用标准值)作用下,按简支梁分析的梁端截面剪力设计值;

　　　h_w,t_w——梁腹板的截面高度与厚度;

　　　f_y——钢材的屈服强度;

　　　η_j——连接系数,可按表5.22采用。

表5.22　**钢结构抗震设计的节点连接系数** η_j

母材牌号	梁-柱连接		支撑连接、构件拼接		柱　脚	
	焊接	螺栓连接	焊接	螺栓连接		
Q235	1.40	1.45	1.25	1.30	埋入式	1.2(1.0)
Q345	1.30	1.35	1.20	1.25	外包式	1.2(1.0)
Q345GJ	1.25	1.30	1.15	1.20	外露式	1.0

注:①屈服强度高于Q345的钢材,按Q345的规定采用;

　　②屈服强度高于Q345GJ的钢材,按Q345GJ的规定采用;

　　③翼缘焊接、腹板栓接时,连接系数分别按表中连接形式取用;

　　④括号内的数字用于箱形柱和圆管柱;

　　⑤外露式柱脚只适于房屋高度50 m以下。

注:在柱贯通型连接中,当梁翼缘用全熔透焊缝与柱连接并采用引弧板时,式(5.186)将自行满足。

a. 对于全焊连接,其连接焊缝的极限受弯承载力 M_u 和极限受剪承载力 V_u 应按下列公式计算:

$$M_u = A_f(h - t_f)f_u \tag{5.188}$$

$$V_u = 0.58A_f^w f_u \tag{5.189}$$

式中　t_f, A_f——钢梁的一块翼缘板厚度和截面面积;

　　　h——钢梁的截面高度;

　　　A_f^w——钢梁腹板与柱连接角焊缝的有效截面面积;

　　　f_u——对接焊缝极限抗拉强度。

b. 对于栓焊混合连接,其梁上、下翼缘与柱对接焊缝的极限受弯承载力 M_u 和竖向连接板与柱面之间的连接角焊缝极限受剪承载力 V_u,仍然分别按式(5.188)和式(5.189)计算。但竖向连接板与梁腹板之间的高强度螺栓连接极限受剪承载力 V_u，应取下列两式计算的较小者：

螺栓受剪 $$V_u = 0.58 n n_f A_e^b f_u^b \qquad (5.190)$$

钢板承压 $$V_u = n d \left(\sum t \right) f_{cu}^b \qquad (5.191)$$

式中 n, n_f——接头一侧的螺栓数目和一个螺栓的受剪面数目；

f_u^b, f_{cu}^b——螺栓钢材的抗拉强度最小值和螺栓连接钢板的极限承压强度（取 $1.5 f_u, f_u$ 为连接钢板的极限抗拉强度最小值）。

 c. 对于梁构件全塑性受弯承载力计算式，按下列方法进行：

 • 当不计轴力时， $$M_p = W_p f_y \qquad (5.192)$$

 • 当计及轴力时，式(5.186)和式(5.187)中的 M_p 应以 M_{pc} 代替，并应按下列规定计算：

对工字形截面（绕强轴）和箱形截面

当 $N/N_y \leqslant 0.13$ 时 $$M_{pc} = M_p \qquad (5.193)$$

当 $N/N_y > 0.13$ 时 $$M_{pc} = 1.15(1 - N/N_y) M_p \qquad (5.194)$$

对工字形截面（绕弱轴）

当 $N/N_y \leqslant A_{wn}/A_n$ 时 $$M_{pc} = M_p \qquad (5.195)$$

当 $N/N_y > A_{wn}/A_n$ 时 $$M_{pc} = \left[1 - \left(\frac{N - A_{wn} f_y}{N_y - A_{wn} f_y} \right)^2 \right] M_p \qquad (5.196)$$

式中 N——构件轴力；

N_y——构件的轴向屈服承载力，$N_y = A_n f_y$；

A_n——构件截面的净面积；

A_{wn}——构件腹板截面净面积。

 (2)连接焊缝和螺栓的强度验算

工字形梁与工字形柱采用全焊连接时，可按简化设计法或精确设计法进行计算。当主梁翼缘的受弯承载力大于主梁整个截面承载力的70%时，即 $b t_f(h - t_f) > 0.7 W_p$，可采用简化设计法进行连接承载力设计；当小于70%时，应考虑按精确设计法设计。

 ①简化设计法。简化设计法是采用梁的翼缘和腹板分别承担弯矩和剪力的原则，计算比较简便，对高跨比适中或较大的情况是偏于安全的。

 a. 当采用全焊连接时，梁翼缘与柱翼缘的坡口全熔透对接焊缝的抗拉强度应满足式(5.197)的要求。

$$\sigma = \frac{M}{b_{eff} t_f (h - t_f)} \leqslant f_t^w \qquad (5.197)$$

梁腹板角焊缝的抗剪强度应满足：

$$\tau = \frac{V}{2 h_e l_w} \leqslant f_f^w \qquad (5.198)$$

式中 M, V——梁端的弯矩设计值和剪力设计值。

h, t_f——梁的截面高度和翼缘厚度。

b_{eff}——对接焊缝的有效长度（图5.86），柱中未设横向加劲肋或横隔时，按表5.23计算；当已设横向加劲肋或横隔时，取等于梁翼缘的宽度。

h_e, l_w——角焊缝的有效厚度和计算长度。

f_t^w——对接焊缝的抗拉强度设计值，抗震设计时应除以抗震调整系数0.9。

f_f^w——角焊缝的抗剪强度设计值,抗震设计时应除以抗震调整系数 0.9。

表 5.23　对接焊缝的有效长度 b_{eff}

柱截面形状	Q235	Q345
H 形柱[图 5.86(a)]	$2t_{wc} + 7t_{fc}$	$2t_{wc} + 5t_{fc}$
箱形柱[图 5.86(b)]	$2t_2 + 5t_1$	$2t_2 + 4t_1$

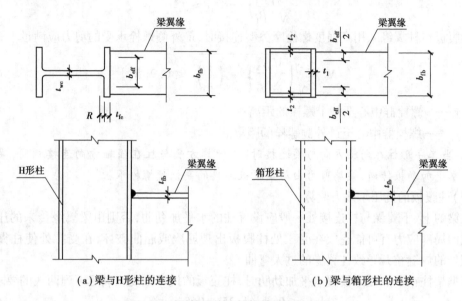

（a）梁与H形柱的连接　　　　　　（b）梁与箱形柱的连接

图 5.86　梁-柱翼缘连接焊缝的有效长度

b. 当采用栓焊混合连接时,翼缘焊缝的计算仍采用全焊连接计算式(5.197),梁腹板高强度螺栓的抗剪强度应满足:

$$N_v = \frac{V}{n} \leqslant 0.9[N_v^b] \tag{5.199}$$

式中　n——梁腹板上布置的高强度螺栓的数目;

$[N_v^b]$——一个高强度螺栓抗剪承载力的设计值;

0.9——考虑焊接热影响的高强度螺栓预拉力损失系数。

②精确设计法。当梁翼缘的抗弯承载力小于主梁整个截面全塑性抗弯承载力的 70% 时,梁端弯矩可按梁翼缘和腹板的刚度比进行分配,梁端剪力仍全部由梁腹板与柱的连接承担。

$$M_f = M \frac{I_f}{I} \tag{5.200}$$

$$M_w = M \frac{I_w}{I} \tag{5.201}$$

式中　M_f, M_w——梁翼缘和腹板分担的弯矩;

I——梁全截面的惯性矩;

I_f, I_w——梁翼缘和腹板对梁截面形心轴的惯性矩。

梁翼缘对接焊缝的正应力应满足:

$$\sigma = \frac{M_f}{b_{eff}t_f(h - t_f)} \leqslant f_t^w \tag{5.202}$$

梁腹板与柱翼缘采用角焊缝连接时,角焊缝的强度应满足:

$$\sigma_f = \frac{3M_w}{h_e l_w^2} \tag{5.203}$$

$$\tau_f = \frac{V}{2h_e l_w} \tag{5.204}$$

$$\sqrt{\left(\frac{\sigma_f}{\beta_f}\right)^2 + \tau_f^2} \leqslant f_f^w \tag{5.205}$$

梁腹板与柱翼缘采用高强度螺栓摩擦型连接时,最外侧螺栓承受的剪力应满足下式要求:

$$N_v^b = \sqrt{\left(\frac{M_w y_1}{\sum y_i^2}\right)^2 + \left(\frac{V}{n}\right)^2} \leqslant 0.9[N_v^b] \tag{5.206}$$

式中 y_i——螺栓群中心至每个螺栓的距离;

  y_1——螺栓群中心至最外侧螺栓的距离。

注:当工字形柱在弱轴方向与梁连接时,其计算方法与柱在强轴方向连接相同,梁端弯矩通过柱水平加劲板传递,梁端剪力由与梁腹板连接的高强度螺栓承担。

(3)柱腹板的抗压承载力验算

在梁的上、下翼缘与柱连接处一般应设置柱的水平加劲肋,否则由梁翼缘传来的压力或拉力形成的局部应力有可能造成在受压处柱腹板出现屈服或屈曲破坏,在受拉处使柱翼缘与相邻腹板处的焊缝拉开导致柱翼缘的过大弯曲。

当框架柱在节点处未设置水平加劲肋时,柱腹板的抗压强度应满足下列两式的要求:

$$F \leqslant f t_{wc} l_{zc} (1.25 - 0.5 |\sigma| / f) \tag{5.207}$$

$$F \leqslant f t_{wc} l_{zc} \tag{5.208}$$

式中 F——梁翼缘的压力;

  t_{wc}——柱腹板的厚度,对于箱形截面柱,应取两块腹板厚度之和;

  $|\sigma|$——柱腹板中的最大轴向应力(绝对值);

  f——钢材的抗拉、抗压强度设计值,抗震设计时应除以抗震调整系数 0.75;

  l_{zc}——水平集中力在柱腹板受压区的有效分布长度(图 5.87、图 5.88);

    对于全焊和栓焊混合连接,取 $l_{zc} = t_{fb} + 5(t_{fc} + R)$

    对于全栓连接,取 $l_{zc} = t_{fb} + 2t_d + 5(t_{fc} + R)$

  其中 t_{fb}, t_{fc}——梁翼缘和柱翼缘的厚度;

    t_d——端板厚度;

    R——柱翼缘内表面至腹板圆角根部或角焊缝焊趾的距离。

当不能满足式(5.207)、式(5.208)的要求时,应在梁上、下翼缘对应位置的柱中设置横向水平加劲肋(图 5.85)。加劲肋的总截面面积 A_s 应满足下式要求:

$$A_s \geqslant A_{fb} - t_{wc} b_{eff} \tag{5.209}$$

为防止加劲肋屈曲,其宽厚比应满足:

$$\frac{b_s}{t_s} \leqslant 9\sqrt{\frac{235}{f_y}} \tag{5.210}$$

式中 b_s, t_s——加劲肋的宽度和厚度。

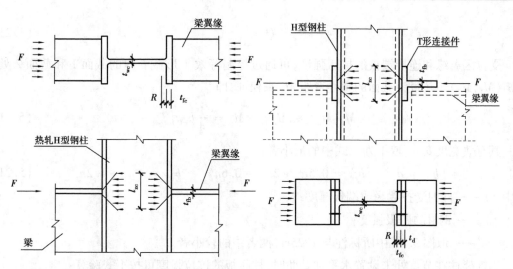

图 5.87　全焊或栓焊节点压力分布长度　　　图 5.88　全栓节点压力分布长度

（4）柱翼缘的受拉区承载力验算

在梁受拉翼缘传来的拉力作用下,除非柱翼缘的刚度很大(翼缘很厚),否则柱翼缘受拉挠曲,腹板附近应力集中,焊缝很容易破坏。因此,对于全焊或栓焊混合节点,当框架柱在节点处未设置水平加劲肋时,柱翼缘的厚度 t_{fc} 及其抗弯强度应满足下式要求:

$$t_{fc} \geqslant 0.4 \sqrt{A_{fb} f_b / f_c} \tag{5.211}$$

$$F \leqslant 6.25 t_{fc}^2 f_c \tag{5.212}$$

式中　A_{fb}, F——梁受拉翼缘的截面面积和所受到的拉力;

　　　　f_b, f_c——梁、柱钢材的强度设计值。

对于全栓节点,其受拉区翼缘和连接端板可按有效宽度为 b_{eff} 的等效 T 形截面进行计算,如图 5.89 所示。受拉区螺栓所受拉力如图 5.90 所示,其撬力可取为:

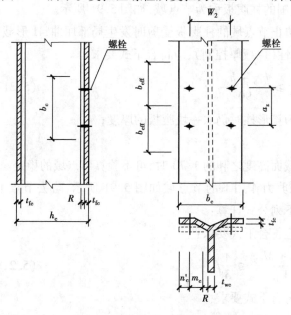

图 5.89　柱翼缘的有效宽度

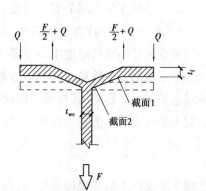

图 5.90　受拉区螺栓所受拉力

$$Q \geqslant \frac{F}{20} \tag{5.213}$$

受拉区翼缘和连接端板的抗弯强度,可通过控制等效 T 形截面内的截面 1 和截面 2 处的弯矩(M_1, M_2)不超过该截面的塑性弯矩 M_p 来保证,即

$$M_1(M_2) \leqslant M_p \qquad M_p = \frac{1}{4} b_{eff} t_f^2 f_y \tag{5.214}$$

其有效宽度 b_{eff} 应取下列三式中的最小者:

$$b_{eff} = a_z \qquad b_{eff} = 0.5 a_z + 2 m_c + 0.6 n_c' \qquad b_{eff} = 4 m_c + 1.2 n_c' \tag{5.215}$$

式中 t_f——柱的受拉翼缘或端板厚度;

f_y——钢材的屈服强度;

n_c'——取图 5.89 中所标注与 $1.25 m_c$ 两者中的较小者。

当框架柱在节点处未设置水平加劲肋时,柱腹板的抗拉强度可按下式验算:

$$F \leqslant t_{wc} b_{eff} f \tag{5.216}$$

式中 F——作用于有效宽度为 b_{eff} 的等效 T 形截面上的拉力;

f——钢材的强度设计值。

若不能满足式(5.211)、式(5.212)或式(5.214)或式(5.216)的要求,应在梁翼缘对应位置的柱中设置水平加劲肋,使应力趋于均匀。

水平加劲肋除承受梁翼缘传来的集中力外,对提高节点的刚度和节点域的承载力有重要影响。因此,钢结构的梁与柱的刚接节点均应设置柱水平加劲肋。

(5)梁-柱节点域承载力验算

①节点域的稳定验算。为了保证在大地震作用下,使柱和梁连接的节点域腹板不致失稳,以利于吸收地震能量,应在柱与梁连接处的柱中设置与梁上、下翼缘位置对应的加劲肋(图5.85)。由上、下水平加劲肋和柱翼缘所包围的柱腹板称为节点域,如图 5.91 所示。

按 7 度及以上抗震设防的结构,为了防止节点域的柱腹板受剪时发生局部屈曲,H 形截面柱和箱形截面柱在节点域范围腹板的稳定性(以板厚控制),应符合下式要求:

$$t_{wc} \geqslant \frac{h_{0b} + h_{0c}}{90} \tag{5.217}$$

式中 t_{wc}——柱在节点域的腹板厚度,当为箱形柱时仍取一块腹板的厚度;

h_{0b}, h_{0c}——梁、柱的腹板高度。

当节点域柱的腹板厚度不小于梁、柱截面高度之和的 1/70 时,可不验算节点域的稳定。

②节点域的强度验算。在周边弯矩和剪力作用下的节点域如图 5.91 所示,略去节点上、下柱端水平剪力的影响,其抗剪强度应按下列公式计算:

对于非抗震或 6 度抗震设防的结构,应符合下式要求:

$$\frac{M_{b1} + M_{b2}}{V_p} \leqslant \frac{4}{3} f_v \tag{5.218}$$

按 7 度及以上抗震设防的结构,尚应符合下式要求:

$$\psi(M_{pb1} + M_{pb2})/V_p \leqslant (4/3) f_v / \gamma_{RE} \tag{5.219}$$

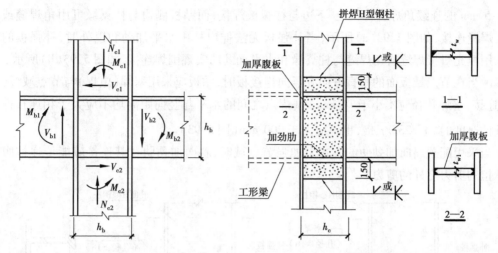

图 5.91　节点域周边的梁端弯矩和剪力　　　　图 5.92　节点域腹板的加厚

工字形截面柱 $\qquad V_p = h_{b1} h_{c1} t_w$ $\qquad\qquad$ (5.220a)

箱形截面柱 $\qquad V_p = 1.8 h_{b1} h_{c1} t_w$ $\qquad\qquad$ (5.220b)

圆管截面柱 $\qquad V_p = (\pi/2) b_{b1} h_{c1} t_w$ $\qquad\qquad$ (5.220c)

式中　M_{b1}, M_{b2}——节点域两侧梁端的弯矩设计值,绕节点顺时针为正、反时针为负;

$\qquad \psi$——折减系数,一、二级取 0.7,三、四级取 0.6;

$\qquad M_{pb1}, M_{pb2}$——节点域两侧梁端的全塑性受弯承载力,$M_{pb1} = W_{pb1} f_y$, $M_{pb2} = W_{pb2} f_y$;

$\qquad W_{pb1}, W_{pb2}$——节点域两侧梁端截面的全塑性截面抵抗矩;

$\qquad \gamma_{RE}$——节点域承载力抗震调整系数,取 0.75;

$\qquad h_{0b}, h_{0c}$——梁、柱的腹板高度;

$\qquad f_v$——钢材的抗剪强度设计值;

$\qquad f_y$——钢材的屈服强度;

$\qquad V_p$——节点域的体积;

$\qquad h_{b1}, h_{c1}$——梁翼缘厚度中点间的距离和柱翼缘(或钢管直径线上管壁)厚度中点间的距离;

$\qquad t_w$——柱在节点域的腹板厚度。

当节点域厚度不满足式(5.218)和式(5.219)的要求时,可采用下列方法对节点域腹板进行加厚或补强:

a. 对于焊接工字形截面组合柱,宜将柱腹板在节点域局部加厚,即更换为厚钢板。加厚的钢板应伸出柱上、下水平加劲肋之外各 150 mm,并采用对接焊缝将其与上、下柱腹板拼接(图 5.92)。

b. 对轧制 H 型钢柱,可采用配置斜向加劲肋或贴焊补强板等方式予以补强。当采用贴板方式来加强节点域时,应满足如下要求:

● 当节点域板厚不足部分小于腹板厚度时,可采用单面补强板;当节点域板厚不足部分大于腹板厚度时,则应采用双面补强板。

● 补强板的上、下边缘应分别伸出柱中水平加劲肋以外不小于 150 mm,并用焊脚尺寸不小于5 mm的连续角焊缝将其上、下边与柱腹板焊接,而贴板侧边与柱翼缘可用角焊缝或填充对接焊缝连接,如图5.93(a)所示;当补强板无法伸出柱中水平加劲肋以外时,补强板的周边应采用填充对接焊缝或角焊缝与柱翼缘和水平加劲肋实现围焊连接,如图5.93(b)所示。

• 当在节点域板面的垂直方向有竖向连接板时,贴板应采用塞焊(电焊)与节点域板(柱腹板)连接,塞焊孔应不小于16 mm,塞焊点之间的水平与竖向距离均不应大于相连板件中较薄板件厚度的$21\sqrt{235/f_y}$倍,也不应大于200 mm(图5.93)。

当采用配置斜向加劲肋的方式来加强节点域时,斜向加劲肋及其连接应能传递柱腹板所能承担的剪力之外的剪力。

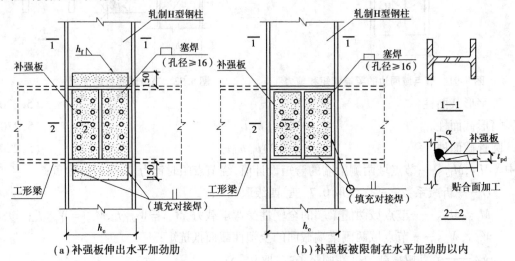

图5.93　节点域腹板贴焊补强板

5.9.3　梁-梁连接节点

1)连接类型

梁-梁连接节点包括主梁之间的拼接节点和主梁与次梁间的连接节点。

主梁的拼接节点应位于框架节点塑性区段以外,尽量靠近梁的反弯点处。主梁的节点主要用于柱外悬臂梁段与中间梁段的连接,可采用全栓连接或栓焊混合连接或全焊连接的节点形式,如图5.94所示。工程中,全栓连接和栓焊混合连接两种形式较常应用。

次梁与主梁的连接一般采用简支连接,如图5.95所示。当次梁跨度较大、跨数较多或荷载较大时,为了减小次梁的挠度,次梁与主梁可采用刚性连接,如图5.96所示。

2)梁节点的承载力验算

（1）非抗震设防的结构

当用于非抗震设防时,梁的节点应按内力设计。此时,腹板连接按受全部剪力和所分配的弯矩共同作用计算,翼缘连接按所分配的弯矩计算。

当节点处的内力较小时,节点承载力不应小于梁截面承载力的50%。

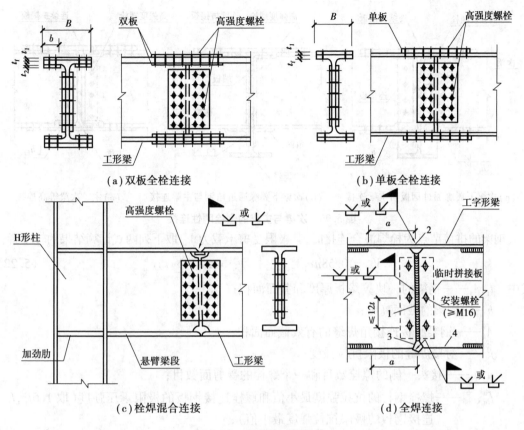

图 5.94　钢梁的工地连接

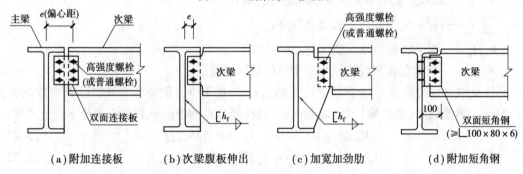

图 5.95　次梁与主梁的简支连接

（2）抗震设防的结构

当用于抗震设防时，为使抗震设防结构符合"强连接、弱杆件"的设计原则，梁节点的承载力应高于母材的承载力，即应符合下列规定。

①不计轴力时的验算。对于未受轴力或轴力较小（$N \leqslant 0.13N_y$）的钢梁，其拼接节点的极限承载力应满足下列公式要求：

$$M_u \geqslant \eta_j M_p \quad \text{且} \quad V_u \geqslant 0.58 h_w t_w f_y \tag{5.221}$$

$$M_u = A_f(h - t_f)f_u \qquad M_p = W_p f_y \tag{5.222}$$

钢梁的拼接节点为全焊连接时，其极限受剪承载力 V_u 为：

$$V_u = 0.58 A_f^w f_u \tag{5.223}$$

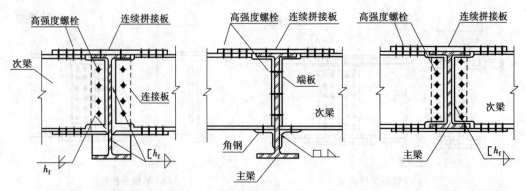

（a）次梁下翼缘通过钢板与主梁连接　（b）次梁下翼缘通过角钢与主梁连接　（c）主、次梁等高连接

图 5.96　次梁与主梁的全栓刚性连接

钢梁的拼接节点为栓焊混合连接时,其极限受剪承载力 V_u 取下列两式计算结果的较小者:

$$V_u = 0.58nn_f A_e^b f_u^b \qquad V_u = nd(\sum t)f_{cu}^b \qquad (5.224)$$

式中　t_f, A_f——钢梁的一块翼缘板厚度和截面面积;

　　　　h——钢梁的截面高度;

　　　　A_f^w——钢梁腹板连接角焊缝的有效截面面积;

　　　　f_u——对接焊缝的极限抗拉强度;

　　　　n, n_f——接头一侧的螺栓数目和一个螺栓的受剪面数目;

　　　　f_u^b, f_{cu}^b——螺栓钢材的抗拉强度最小值和螺栓连接钢板的极限承压强度(取 $1.5f_u, f_u$ 为
　　　　　　　　连接钢板的极限抗拉强度最小值);

　　　　A_e^b, d——螺纹处的有效截面面积和螺栓杆径;

　　　　$\sum t$——同一受力方向的板叠总厚度;

　　　　h_w, t_w——钢梁腹板的截面高度与厚度;

　　　　W_p, f_y——钢梁截面塑性抵抗矩和钢材的屈服强度。

②计及轴力时的验算。对于承受较大轴力($N > 0.13N_y$)的钢梁(例如设置支撑的框架梁),对于工字形截面(绕强轴)和箱形截面梁,其拼接节点的极限承载力应满足下列公式要求:

$$M_u \geqslant \eta_j M_{pc} \qquad 且 \quad V_u \geqslant 0.58h_w t_w f_y \qquad (5.225)$$

$$M_{pc} = 1.15(1 - N/N_y)M_p \qquad N_y = A_n f_y \qquad (5.226)$$

式中　N, A_n——钢梁的轴力设计值和净截面面积;

　　　　其余字母的含义同前。

③钢梁的拼接节点为全栓连接时,其节点的极限承载力尚应满足下列公式要求:

翼缘　　　　　　　　$nN_{cu}^b \geqslant 1.2A_f f_y \qquad 且 \quad nN_{vu}^b \geqslant 1.2A_f f_y \qquad (5.227)$

腹板　　　　$N_{cu}^b \geqslant \sqrt{(V/n)^2 + (N_M^b)^2} \qquad 且 \quad N_{vu}^b \geqslant \sqrt{(V/n)^2 + (N_M^b)^2} \qquad (5.228)$

式中　N_M^b——钢梁腹板拼接节点中由弯矩设计值引起的一个螺栓的最大剪力;

　　　　V——钢梁拼接节点中的剪力设计值;

　　　　n——钢梁翼缘拼接或腹板拼接一侧的螺栓数目;

　　　　N_{vu}^b, N_{cu}^b——一个高强度螺栓的极限受剪承载力和对应的钢板极限承压承载力;

　　　　其余字母的含义同前。

5.9.4　柱-柱连接节点

1) 节点形式与要求

钢柱的工地节点,一般宜设于主梁顶面以上 1.0 ~ 1.3 m 处,以方便安装;抗震设防时,应位于框架节点塑性区段以外,并按等强度原则设计。

为了保证施工时能抗弯以及便于校正上、下翼缘的错位,钢柱的工地节点应预先设置安装耳板。耳板厚度应根据阵风和其他的施工荷载确定,并不得小于 10 mm,待柱焊接好后用火焰将耳板切除。耳板宜设置于柱的一个主轴方向的翼缘两侧(图 5.97)。对于大型的箱形截面柱,有时在两个相邻的互相垂直的柱面上设置安装耳板[图 5.97(b)中虚线所示]。

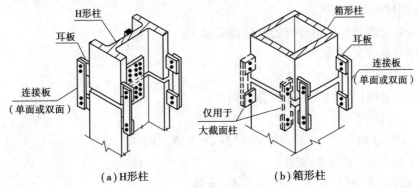

图 5.97　钢柱工地节点的预设安装耳板

2) 柱节点的承载力验算

(1)非抗震设防结构

柱的工地节点一般应按等强度原则设计。当拼接处内力很小时,柱翼缘的拼接计算应按等强度设计,柱腹板的拼接计算可按不低于强度的 1/2 的内力设计。

按构件内力设计柱的拼接连接时,工字形柱的工地拼接处,弯矩应由柱的翼缘和腹板承受,剪力由腹板承受,轴力则由翼缘和腹板按各自的截面面积分担。

(2)抗震设防结构

①柱的节点验算。当用于抗震设防时,为使抗震设防结构符合"强连接、弱杆件"的设计原则,柱节点的承载力应高于母材的承载力,即应符合下列规定:

$$M_u \geqslant \eta_j M_{pc} \quad 且 \quad V_u \geqslant 0.58 h_w t_w f_y \tag{5.229}$$

节点为全栓连接时

翼缘
$$n N_{cu}^b \geqslant 1.2 A_f f_y \quad 且 \quad n N_{vu}^b \geqslant 1.2 A_f f_y \tag{5.230}$$

腹板
$$N_{cu}^b \geqslant \sqrt{(V/n)^2 + (N_M^b)^2} \quad 且 \quad N_{vu}^b \geqslant \sqrt{(V/n)^2 + (N_M^b)^2} \tag{5.231}$$

式中　N_M^b——柱腹板拼接节点中由弯矩设计值引起的一个螺栓的最大剪力;

V——柱拼接节点中的剪力设计值;

n——柱翼缘拼接或腹板拼接一侧的螺栓数目;

N_{vu}^b，N_{cu}^b——一个高强度螺栓的极限受剪承载力和对应的钢板极限承压承载力；

h_w，t_w——柱腹板的截面高度与厚度；

A_f，f_y——钢柱一块翼缘板的截面面积和钢材的屈服强度。

②极限承载力计算。

柱的受弯极限承载力

$$M_u = A_f(h - t_f)f_u \tag{5.232}$$

柱的拼接节点为全焊连接时，其极限受剪承载力 V_u 为：

$$V_u = 0.58A_f^w f_u \tag{5.233}$$

柱的拼接节点为栓焊混合连接时，其极限受剪承载力 V_u 取下列两式计算结果的较小者：

$$V_u = 0.58nn_f A_e^b f_u^b \qquad V_u = nd(\sum t)f_{cu}^b \tag{5.234}$$

式中 t_f，A_f——钢柱的一块翼缘板厚度和截面面积；

h——钢柱的截面高度；

A_f^w——钢柱腹板连接角焊缝的有效截面面积；

其余字母的含义同前。

③M_{pc} 的计算。

a. 对工字形截面(绕强轴)和箱形截面钢柱：

当 $N/N_y \leqslant 0.13$ 时

$$M_{pc} = M_p \tag{5.235}$$

当 $N/N_y > 0.13$ 时

$$M_{pc} = 1.15(1 - N/N_y)M_p \tag{5.236}$$

b. 对工字形截面(绕弱轴)钢柱：

当 $N/N_y \leqslant A_{wn}/A_n$ 时

$$M_{pc} = M_p \tag{5.237}$$

当 $N/N_y > A_{wn}/A_n$ 时

$$M_{pc} = \left[1 - \left(\frac{N - A_{wn}f_y}{N_y - A_{wn}f_y} \right)^2 \right] M_p \tag{5.238}$$

$$M_p = W_p f_y \qquad N_y = A_n f_y \tag{5.239}$$

式中 N——柱所承受的轴力，N 不应大于 $0.6A_n f$；

A_n——柱的净截面面积；

A_{wn}——柱腹板的净截面面积；

W_p，f_y——钢柱截面塑性抵抗矩和钢材的屈服强度。

5.9.5 支撑连接节点

1)连接节点类型与构造

支撑连接节点分为中心支撑节点和偏心支撑节点。

在中心支撑节点中，其中心支撑的重心线应通过梁与柱轴线的交点。当受条件限制有不大于支撑杆件宽度的偏心时，节点设计应计入偏心造成的附加弯矩的影响。

对于中心支撑节点，在多层钢结构中，中心支撑与钢框架和支撑之间均可采用节点板连接(图5.98)，其节点板受力的有效宽度应符合连接件每侧有不小于 30°夹角的规定。支撑杆件的端部至节点板嵌固点(节点板与框架构件焊缝的起点)沿杆轴方向的距离，不应小于节点板厚度的 2 倍，这样可以保证大震时节点板产生平面外屈曲，从而减轻支撑的破坏。而在高层钢结构中,其支撑斜杆两端与框架梁、柱的连接应采用刚性连接构造,且斜杆端部截面变化处宜做成圆弧(图 5.99)。

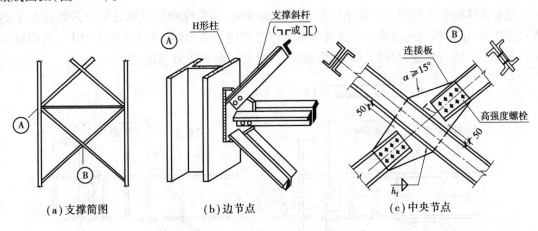

(a)支撑简图　　　　　(b)边节点　　　　　(c)中央节点

图 5.98　支撑采用节点板连接的构造

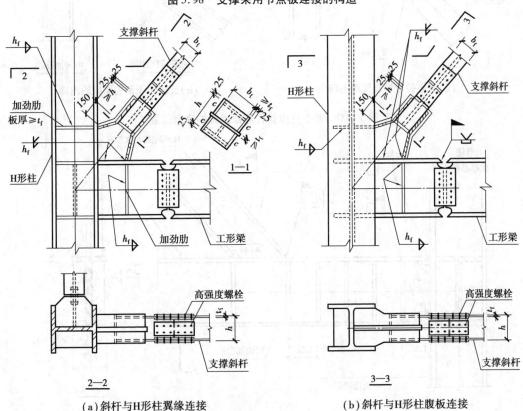

2—2　　　　　　　　　　　　　　3—3

(a)斜杆与H形柱翼缘连接　　　　　(b)斜杆与H形柱腹板连接

图 5.99　高层钢结构中的支撑斜杆与框架梁、柱的刚性连接构造

对于偏心支撑节点,偏心支撑的斜杆中心线与框架梁轴线的交点一般位于消能梁段的端部[图 5.100(a)],也允许位于消能梁段内[图 5.100(b),此时将产生与消能梁段端部弯矩方向相反的附加弯矩,从而减小梁段和支撑斜杆的弯矩,对抗震有利],但交点不应位于消能梁段以外,因为它会增大支撑斜杆和消能梁段的弯矩,不利于抗震。支撑斜杆采用坡口全熔透焊缝直接焊在梁段上的节点连接特别有效[图 5.100(b)],有时支撑斜杆也可通过节点板与框架梁

连接[图5.100(a)],但此时应注意将连接部位置于消能梁段范围以外,并在节点板靠近梁段的一侧加焊一块边缘加劲板,以防节点板屈曲。

偏心支撑的剪切屈服型消能梁段与柱翼缘连接时,梁翼缘和柱翼缘之间应采用坡口全熔透对接焊缝;梁腹板与连接板之间及连接板与柱之间应采用角焊缝连接(图5.101),角焊缝承载力不得小于消能梁段腹板的轴向屈服承载力、受剪屈服承载力、塑性受弯承载力。

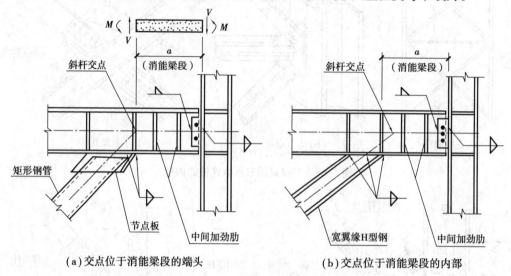

(a)交点位于消能梁段的端头　　　　　(b)交点位于消能梁段的内部

图5.100　偏心支撑斜杆与框架梁的交点位置

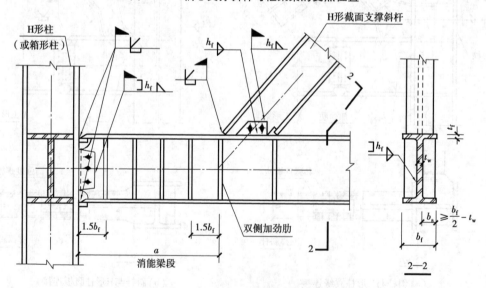

图5.101　偏心支撑的连接节点

2)连接的承载力验算

对于非抗震设防结构,支撑斜杆的拼接节点以及斜杆与梁(偏心支撑时含消能梁段)、柱连接部位的承载力,不应小于支撑的实际承载力。

对于抗震设防结构,则要求不小于支撑实际承载力的1.2倍,即支撑连接设计应满足下式要求:

$$N_i(N_1,N_2,N_3,N_4) \geqslant \eta_j A_n f_y \qquad (5.240)$$

式中　N_i——基于连接材料极限强度最小值计算出的支撑连接在支撑斜杆轴线方向的最大
　　　　　　（极限）承载力,按式(5.241)至式(5.245)计算;

　　　A_n——支撑斜杆的净截面面积;

　　　f_y——支撑斜杆钢材的屈服强度;

　　　η_j——连接系数,可按表5.22采用。

①N_1为螺栓群连接的极限抗剪承载力,取下列两式计算结果的较小者:

$$N_v^b = 0.58 m n_v A_e^b f_u^b \qquad N_c^b = md(\sum t) f_{cu}^b \qquad (5.241)$$

式中　m,n_v——接头一侧的螺栓数目和一个螺栓的受剪面数目;

　　　其余字母含义同前。

②N_2为螺栓连接处的支撑杆件或节点板受螺栓挤压时的剪切抗力,按下式计算:

$$N_2 = metf_u/\sqrt{3} \qquad (5.242)$$

式中　e——力作用方向的螺栓端距,当e大于螺栓间距a时,取$e=a$;

　　　t——支撑杆件或节点板的厚度;

　　　f_u——支撑杆件或节点板的钢材抗拉强度下限。

③N_3为节点板的受拉承载力,按下式计算:

$$N_3 = A_e f_u \qquad A_e = \frac{2}{\sqrt{3}} l_1 t_g - A_d \qquad (5.243)$$

式中　A_e——节点板的有效截面面积,等于以第一个螺栓为顶点,通过末一个螺栓并垂直于支
　　　　　　撑轴线上截取底边的正三角形中,底边长度范围内节点板的净截面面积
　　　　　　(图5.102);

　　　l_1——等边三角形的高度;

　　　t_g——节点板的厚度;

　　　A_d——有效长度范围内螺栓孔的削弱面积。

④N_4为节点板与框架梁、柱等构件连接焊缝的承载
力,按我国现行《抗震规范》计算,即

对接焊缝　　　　$N_4 = A_e^w f_u$ 　　　　(5.244)

角焊缝　　　　　$N_4 = A_e^w f_u/\sqrt{3}$ 　　　(5.245)

式中　A_e^w——焊缝的有效截面面积;

　　　f_u——构件母材的抗拉强度最小值。

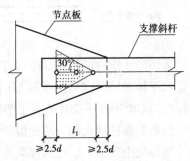

图5.102　支撑与节点板连接

5.9.6　柱脚

多层及高层钢结构的柱脚,依连接方式的不同,可分为埋入式、外包式和外露式3种形式。
高层钢结构宜采用埋入式柱脚,6度、7度抗震设防时也可采用外包式柱脚。对有抗震设防要
求的多层钢结构,应采用外包式柱脚;对非抗震设防或仅需传递竖向荷载的铰接柱脚(例如伸
至多层地下室底部的钢柱柱脚),可采用外露式柱脚。

1)埋入式柱脚

(1)柱脚的形式与构造

埋入式柱脚是直接将钢柱埋入钢筋混凝土基础或基础梁中的柱脚,如图 5.103 所示。其埋入方法有:一种是预先将钢柱脚按要求组装固定在设计标高上,然后浇筑基础或基础梁的混凝土;另一种是预先浇筑基础或基础梁的混凝土,并留出安装钢柱脚的杯口,待安装好钢柱脚后,再用细石混凝土填实。

埋入式柱脚的构造比较合理,易于安装就位,柱脚的嵌固容易保证,当柱脚的埋入深度超过一定数值后,柱的全塑性弯矩可传递给基础。埋入式柱脚的埋入深度 h_f,对于轻型工字形柱,不得小于钢柱截面高度 h_c 的 2 倍;对于大截面 H 形柱和箱形柱,不得小于钢柱截面高度 h_c 的 3 倍(图 5.103)。

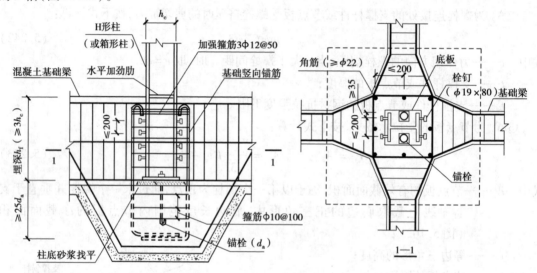

图 5.103　埋入式柱脚的埋入深度与构造

为了防止钢柱的传力部位局部失稳和局部变形,对埋入式柱脚,在钢柱埋入部分的顶部应设置水平加劲肋(H 形柱)或隔板(箱形柱)。其加劲肋或隔板的宽厚比应符合现行《钢结构设计标准》(GB 50017—2017)关于塑性设计的规定。

箱形截面柱埋入部分填充混凝土可起加强作用,其填充混凝土的高度应高出埋入部分钢柱外围混凝土顶面 1 倍柱截面高度以上。

为保证埋入钢柱与周边混凝土的整体性,埋入式柱脚在钢柱的埋入部分应设置栓钉。栓钉的数量和布置按计算确定,其直径不应小于 $\phi16$(一般取 $\phi19$),栓钉的长度宜取 4 倍栓钉直径,水平和竖向中心距均不应大于 200 mm,且栓钉至钢柱边缘的距离不大于 100 mm。

钢柱柱脚埋入部分的外围混凝土内应配置竖向钢筋,其配筋率不小于 0.2%,沿周边的间距不应大于 200 mm,其 4 根角筋的直径不宜小于 22 mm,每边中间的架立筋直径不宜小于 16 mm;箍筋宜为 $\phi10$,间距 100 mm;在埋入部分的顶部应增设不少于三道 $\phi12$、间距不大于 50 mm 的加强箍筋。竖向钢筋在钢柱柱脚底板以下的锚固长度不应小于 $35d$(d 为钢筋直径),并在上端设弯钩。

钢柱柱脚底板需用锚栓固定,锚栓的锚固长度不应小于 $25d_a$(d_a 为锚栓直径)。

对于埋入式柱脚,钢柱翼缘的混凝土保护层厚度应符合下列规定:

①对中柱不得小于 180 mm[图 5.104(a)];

②对边柱[图 5.104(b)]和角柱[图 5.104(c)]的外侧不宜小于 250 mm;

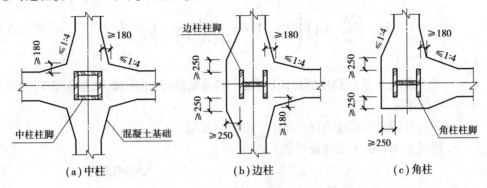

（a）中柱　　　　　　　　（b）边柱　　　　　　　　（c）角柱

图 5.104　埋入式柱脚的混凝土保护层厚度

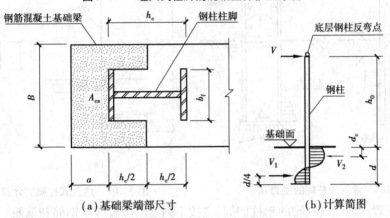

（a）基础梁端部尺寸　　　　　　　　（b）计算简图

图 5.105　埋入式柱脚的基础梁尺寸与计算简图

③埋入式柱脚钢柱的承压翼缘到基础梁端部的距离 a(图 5.105),应符合下列要求:

$$V_1 \leqslant f_{ct} A_{cs} \tag{5.246}$$

$$V_1 = \frac{(h_0 + d_c)V}{3d/4 - d_c} \tag{5.247}$$

$$A_{cs} = B(a + h_c/2) - b_f h_c/2 \tag{5.248}$$

式中　V_1——基础梁端部混凝土的最大抵抗剪力,如图 5.105(b)所示;

　　　V——柱脚的设计剪力;

　　　b_f, h_c——钢柱柱脚承压翼缘宽度和截面高度;

　　　a——自钢柱翼缘外表面算起的基础梁长度;

　　　B——基础梁宽度,等于 b_f 加两侧保护层厚度;

　　　f_{ct}——混凝土的抗拉强度设计值;

　　　h_0, d——底层钢柱反弯点到基础顶面的距离和柱脚埋深,如图 5.105(b)所示;

　　　d_c——钢柱承压区合力作用点至基础混凝土顶面的距离。

（2）承载力验算

①混凝土承压应力。埋入式柱脚通过混凝土对钢柱的承压应力传递弯矩，其受力状态如图 5.106 所示，因此埋入式柱脚的混凝土承压应力 σ 应小于混凝土轴心抗压强度设计值，可按下式验算：

$$\sigma = \left(\frac{2h_0}{d} + 1 \right) \left[1 + \sqrt{1 + \frac{1}{(2h_0/d + 1)^2}} \right] \frac{V}{b_f d} \leq f_c \qquad (5.249)$$

式中　V——柱脚剪力；

　　　h_0——底层钢柱反弯点到柱脚顶面（混凝土基础梁顶面）的距离，如图 5.107（a）所示；

　　　d——柱脚埋深；

　　　b_f——钢柱柱脚承压翼缘宽度，如图 5.107（b）所示；

　　　f_c——混凝土轴心抗压强度设计值。

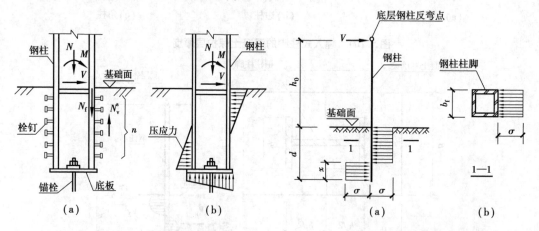

图 5.106　埋入式柱脚的受力状态　　　　图 5.107　埋入式柱脚的计算简图

②钢筋配置。埋入式柱脚的钢柱四周，应按下列要求配置竖向钢筋和箍筋。

a. 柱脚一侧的主筋（竖向钢筋）的截面面积 A_s，应按下列公式计算：

$$A_s = \frac{M}{d_0 f_{st}} \qquad (5.250)$$

$$M = M_0 + Vd \qquad (5.251)$$

式中　M——作用于钢柱柱脚底部的弯矩；

　　　M_0——作用于钢柱柱脚埋入处顶部的弯矩设计值；

　　　V——作用于钢柱柱脚埋入处顶部的剪力设计值；

　　　d——柱脚埋深；

　　　d_0——受拉侧与受压侧竖向钢筋合力点间的距离；

　　　f_{st}——钢筋的抗拉强度设计值。

b. 柱脚一侧主筋的最小配筋率为 0.2%，其配筋不宜小于 4ϕ22。

c. 主筋的锚固长度不应小于 35d（d 为钢筋直径），并在上端设弯钩。

d. 主筋的中心距不应大于 200 mm，否则应设置 ϕ16 的架立筋。

e. 箍筋宜为 ϕ10，间距 100 mm；在埋入部分的顶部，应配置不少于 3 ϕ12、间距 50 mm 的加强箍筋。

③柱脚栓钉。为保证柱脚处轴力和弯矩的有效传递,钢柱翼缘上栓钉的抗剪强度应按下式计算:

$$N_f \leqslant N_s \tag{5.252}$$

式中　N_f——通过钢柱一侧翼缘的栓钉传递给混凝土的竖向力,按式(5.253)计算:

$$N_f = \frac{2}{3}\left(N\frac{A_f}{A} + \frac{M}{h_c}\right) \tag{5.253}$$

N_s——钢柱一侧翼缘的栓钉的总受剪承载力,取下列两式计算结果的较小者:

$$N_s = 0.43nA_s\sqrt{E_cf_c} \qquad N_s = 0.7nA_sf_s \tag{5.254}$$

N,M——柱脚处(基础面)的轴力和弯矩;

h_c,A——钢柱柱脚的截面高度和截面面积;

A_f——钢柱一侧翼缘的截面面积;

A_s,f_s——一个栓钉钉杆的截面面积和抗拉强度设计值;

E_c,f_c——基础混凝土的弹性模量和轴心抗压强度设计值;

n——埋入基础内的钢柱一侧翼缘上的栓钉个数。

注:柱脚栓钉通常采用 $\phi19$;栓钉的竖向间距不宜小于 $6d$,横向间距不宜小于 $4d$(d 为栓钉直径);圆柱头栓钉钉杆的外表面至钢柱翼缘侧边的距离不应小于 20 mm。

④柱脚与基础连接部位的附加验算。对于抗震设防的钢框架,为使结构符合"强连接、弱杆件"的设计原则,其柱脚与基础连接部位的最大抗弯承载力应满足下式要求:

$$M_{uf} \geqslant 1.2M_{pc} \tag{5.255}$$

式中　M_{pc}——考虑轴力影响的钢柱柱身的全塑性抗弯承载力;

M_{uf}——柱脚与基础连接部位的最大抗弯承载力,其计算应考虑柱脚各部位的不同受弯承载力 M_v^s,M_c,M_v^c,M_b,分别按下列公式计算,并取其中的较小值。

a. M_v^s 是由钢柱屈服剪力决定的抵抗弯矩。它是考虑钢柱腹板全部屈服时所发挥的抵抗剪力,并以钢柱埋深为力臂所产生的抵抗弯矩,可按下式计算:

$$M_v^s = h_c t_w df_y/\sqrt{3} \tag{5.256}$$

式中　h_c,t_w——钢柱的截面高度与腹板厚度;

d——钢柱柱脚的埋深;

f_y——钢柱所用钢材的屈服强度。

b. M_c 是由混凝土最大承压力决定的抵抗弯矩。在计算混凝土最大承压力时,要考虑混凝土的有效承压面积、承压力合力作用点"A"的位置以及混凝土局部受压时抗弯强度的提高。M_c 可按下式计算:

$$M_c = Vh_0 = \sigma_m h_0\left(Bb_{e,s} + \frac{1}{2}b_{e,w}d - b_{e,s}b_{e,w}\right)\frac{0.75d - d_c}{0.75d + h_0} \tag{5.257}$$

$$\sigma_m = 2f_c\sqrt{\frac{A_0}{A}} \quad (\leqslant 24f_c) \tag{5.258}$$

式中　V——作用于底层钢柱反弯点处的水平剪力;

h_0——底层钢柱反弯点到柱脚顶面(混凝土基础梁顶面)的距离;

f_c——混凝土轴心抗压强度设计值;

σ_m——部分面积承压情况下的混凝土承压应力;

A_0——混凝土承压范围的总面积,$A_0 = 2B_c d_s$;

A——在 $2d_s$ 高度范围内的有效承压面积,$A = Bb_{e,s} + 2d_s b_{e,w} - b_{e,s}b_{e,w}$;

B_c, B——基础梁和钢柱翼缘的宽度;

d_c——钢柱承压区的承压力合力点"A"至混凝土基础梁顶面的距离 d_c(图5.108):

$$d_c = \frac{b_f b_{e,s} d_s + d^2 b_{e,w}/8 - b_{e,s}b_{e,w}d_s}{b_f b_{e,s} + db_{e,w}/2 - b_{e,s}b_{e,w}} \tag{5.259}$$

b_f——钢柱柱脚的承压翼缘宽度;

$b_{e,s}$——位于柱脚处的钢柱横向水平加劲肋的有效承压宽度[图5.108(b)],$b_{e,s} = t_s + 2(h_f + t_f)$,其中 t_s 为钢柱横向水平加劲肋的厚度,h_f 为水平加劲肋与柱翼缘连接角焊缝的焊脚尺寸,t_f 为钢柱翼缘厚度;

$b_{e,w}$——钢柱腹板的有效承压宽度[图5.108(c)],$b_{e,w} = t_w + 2(r + t_f)$,其中 t_w 为钢柱腹板的宽度,r 为钢柱腹板与翼缘连接处的圆弧半径;

d_s, d——钢柱横向水平加劲肋中心至混凝土基础梁顶面的距离和柱脚埋深。

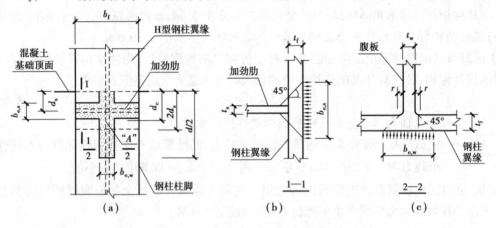

图5.108　钢柱柱脚处混凝土的有效承压面积

c. M_v^c 是由基础梁端部混凝土最大抵抗剪力决定的抵抗弯矩,可按下式计算:

$$M_v^c = Vh_0 = V_1 h_0 \frac{0.75d - d_c}{h_0 + d_c} \tag{5.260}$$

$$V_1 = f_t A_{cs} = 0.21(2f_c)^{0.73}\left[B(a + h_c/2) - b_f h_c/2\right] \tag{5.261}$$

式中　V_1——钢柱柱脚下部的承压反力;

f_t, f_c——混凝土轴心抗拉和轴心抗压强度设计值;

A_{cs}——基础梁端部在 V_1 作用下的受剪面积,如图5.105(a)中的阴影部分;

其余字母含义同前。

d. M_b 是由基础梁上部主筋屈服时所决定的抵抗弯矩,可按下式计算:

$$M_b = Vh_0 = \frac{A_s f_y h_0}{\dfrac{D_1 l_2 - h_1 l_1}{D_1(l_1 + l_2)} + \dfrac{h_1}{d_1}} \tag{5.262}$$

式中　A_s, f_y——基础梁上部纵向主筋的总截面面积和屈服强度;

D_1——基础梁上部纵向主筋质心至下部主筋
　　　质心间的距离(图 5.109);

l_1, l_2——钢柱至左侧和右侧基础梁支座的
　　　　距离;

h_1——底层钢柱反弯点至基础梁上部纵向主筋
　　　质心间的距离;

d_1——基础梁上部纵向主筋质心至钢柱柱脚底
　　　端一侧混凝土压力合力的距离。

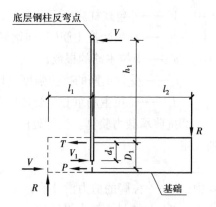

图 5.109　钢柱柱脚与基础梁的力的平衡

2) 外包式柱脚

(1)柱脚的形式与构造

外包式柱脚是将钢柱脚底板搁置在混凝土地下室墙体或基础梁顶面,再外包由基础伸出的钢筋混凝土短柱所形成的一种柱脚形式,如图 5.110 所示。

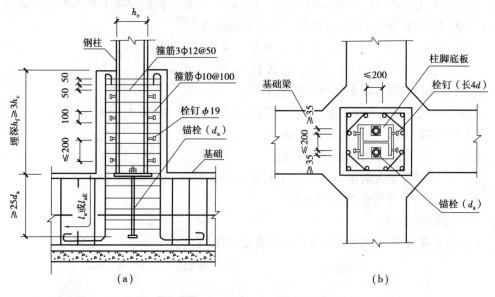

图 5.110　外包式柱脚

外包式柱脚的混凝土外包高度与埋入式柱脚的埋入深度要求相同;外包式柱脚钢柱外侧的混凝土保护层厚度不应小于 180 mm;外包混凝土内的竖向钢筋按计算确定,其间距不应大于 200 mm,在基础内的锚固长度不应小于按受拉钢筋确定的锚固长度;外包钢筋混凝土短柱的顶部应集中设置不小于 3 φ12 的加强箍筋,其竖向间距宜取 50 mm;外包式柱脚的钢柱翼缘应设置圆柱头栓钉,其直径不应小于 φ16(一般取 φ19),其长度取 4d,其竖向间距与水平列距均不应大于 200 mm,边距不宜小于 35 mm(图 5.110);钢柱柱脚底板厚度不应小于 16 mm,并用锚栓固定,锚栓伸入基础内的锚固长度不应小于 25d_a(d_a 为锚栓直径)。

(2)承载力验算

①抗弯承载力验算。外包式柱脚底部的弯矩全部由外包钢筋混凝土承受,其抗弯承载力应按下式验算:

$$M \leqslant nA_s f_{st} d_0 \tag{5.263}$$

式中 M——外包式柱脚底部的弯矩设计值;

A_s——一根受拉主筋(竖向钢筋)的截面面积;

n——受拉主筋的根数;

f_{st}——受拉主筋的抗拉强度设计值;

d_0——受拉主筋重心至受压区合力作用点的距离,可取 $d_0 = 0.7h_0/8$。

②抗剪承载力验算。柱脚处的水平剪力由外包钢筋混凝土承受,其抗剪承载力应符合下列规定:

$$V - 0.4N \le V_{rc} \tag{5.264}$$

式中 V——柱脚的剪力设计值;

N——柱最小轴力设计值;

V_{rc}——外包钢筋混凝土所分配到的受剪承载力。

V_{rc} 应根据钢柱的截面形式按下述公式计算:

a. 当钢柱为工字形(H形)截面时[图5.111(a)],外包式钢筋混凝土柱脚的受剪承载力宜按式(5.265)和式(5.266)计算,并取其计算结果较小者。

$$V_{rc} = b_{rc}h_0(0.07f_c + 0.5f_{ysh}\rho_{sh}) \tag{5.265}$$

$$V_{rc} = b_{rc}h_0(0.14f_c b_e/b_{rc} + f_{ysh}\rho_{sh}) \tag{5.266}$$

式中 b_{rc}——外包钢筋混凝土柱脚的总宽度;

b_e——外包钢筋混凝土柱脚的有效宽度[图5.111(a)], $b_e = b_{e1} + b_{e2}$;

f_c——混凝土轴心抗压强度设计值;

f_{ysh}——水平箍筋的抗拉强度设计值;

ρ_{sh}——水平箍筋配筋率, $\rho_{sh} = A_{sh}/b_{rc}s$,当 $\rho_{sh} > 0.6\%$ 时,取 0.6%;

A_{sh}——一支水平箍筋的截面面积;

s——箍筋的间距;

h_0——混凝土受压区边缘至受拉钢筋重心的距离。

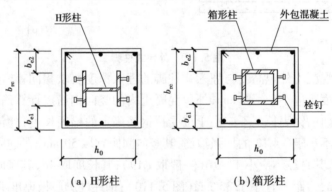

图5.111 外包式柱脚截面

b. 当钢柱为箱形截面时[图5.111(b)],外包式钢筋混凝土柱脚的受剪承载力为:

$$V_{rc} = b_e h_0(0.07f_c + 0.5f_{ysh}\rho_{sh}) \tag{5.267}$$

式中 b_e——钢柱两侧混凝土的有效宽度之和,每侧不得小于 180 mm;

ρ_{sh}——水平箍筋的配筋率, $\rho_{sh} = A_{sh}/b_e s$,当 $\rho_{sh} \ge 1.2\%$ 时,取 1.2%。

③柱脚栓钉设计。外包式柱脚钢柱翼缘所设置的圆柱头栓钉,主要起传递钢柱弯矩至外包混凝土的作用,因此在计算平面内,钢柱柱脚一侧翼缘上的圆柱头栓钉数目 n 应按下列公式计算:

$$n \geqslant \frac{N_f}{N_v^s} \tag{5.268}$$

$$N_f = \frac{M}{h_c - t_f} \tag{5.269}$$

$$N_v^s = 0.43 A_{st} \sqrt{E_c f_c} \quad \text{且} \quad N_v^s \leqslant 0.7 A_{st} \gamma f_{st} \tag{5.270}$$

式中　N_f——钢柱底端一侧抗剪栓钉传递的翼缘轴力;

$\quad\quad M$——外包混凝土顶部箍筋处的钢柱弯矩设计值;

$\quad\quad h_c$——钢柱截面高度;

$\quad\quad t_f$——钢柱翼缘厚度;

$\quad\quad N_v^s$——一个圆柱头栓钉的受剪承载力设计值;

$\quad\quad A_{st}$——一个圆柱头栓钉钉杆的截面面积;

$\quad\quad f_{st}$——圆柱头栓钉钢材的抗拉强度设计值;

$\quad\quad E_c \text{、} f_c$——混凝土的弹性模量与轴心抗压强度设计值;

$\quad\quad \gamma$——圆柱头栓钉钢材的抗拉强度最小值与屈服强度之比,当栓钉材料性能等级为 4.6 级时,取 $f_{st} = 215 \text{ N/mm}^2$,$\gamma = 1.67$。

④抗震设防结构的附加验算。对于抗震设防结构的外包式柱脚,除应进行前述验算外,还应进行如下两项附加验算:

a. 对于抗震设防的钢框架,为使结构符合"强连接、弱杆件"的设计原则,其柱脚与基础连接部位的最大抗弯承载力 M_{uf} 应满足下式要求:

$$M_{uf} \geqslant 1.2 M_{pc} \tag{5.271}$$

$$M_{uf} = M_u^s + M_u^{rc} \tag{5.272}$$

式中　M_{pc}——考虑轴力影响的钢柱柱身的全塑性抗弯承载力;

$\quad\quad M_u^s$——钢柱底端的最大受弯承载力,根据钢柱底板尺寸、锚栓直径和位置,并按锚栓应力达到屈服强度和混凝土应力达到 2 倍抗压强度设计值时计算,若为了方便外包钢筋布置而将钢柱底端减小,为简化计,可取该项为零;

$\quad\quad M_u^{rc}$——外包混凝土的最大抗弯承载力,应分别计算主筋和箍筋屈服时的最大抗弯承载力 M_{u1}^{rc} 和 M_{u2}^{rc},并取其中的较小值。

M_{u1}^{rc} 是外包混凝土的受拉主筋屈服时的抗弯承载力,按下式计算:

$$M_{u1}^{rc} = A_s d_0 f_y \tag{5.273}$$

式中　A_s——外包混凝土一侧受拉主筋(竖向钢筋)的总截面面积;

$\quad\quad f_y$——受拉主筋的屈服强度;

$\quad\quad d_0$——受拉主筋重心至受压主筋重心的距离。

M_{u2}^{rc} 是外包混凝土的箍筋屈服时的抗弯承载力,按下式计算:

$$M_{u2}^{rc} = \sum A_{shi} S_i f_{ysh} \tag{5.274}$$

式中 A_{shi}——外包混凝土第 i 道水平箍筋的截面面积;

    S_i——第 i 支水平箍筋到外包混凝土底面的距离(图 5.112);

    l——底层钢柱反弯点到柱脚底板底面的距离;

    f_{ysh}——箍筋的抗拉强度设计值。

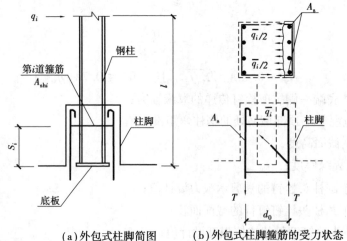

(a)外包式柱脚简图   (b)外包式柱脚箍筋的受力状态

图 5.112 外包式混凝土柱脚的受剪机制

b. 为防止外包混凝土发生较严重的破坏,其抗剪能力应满足下列条件:

$$\frac{V_{cmy}}{2A_{ce}f_c} \le 0.2 \tag{5.275}$$

$$V_{cmy} = \frac{nM_y}{\sum S_i} - \frac{M_y}{l} \tag{5.276}$$

$$M_y = q_0 \sum S_i \tag{5.277}$$

式中 A_{ce}——外包混凝土的有效受剪面积(图 5.113);

    f_c——混凝土的轴心抗压强度设计值;

    n——外包混凝土水平箍筋的总道数;

    q_0——一支水平箍筋屈服时的拉力;

    M_y——外包混凝土各支水平箍筋均达到屈服时,箍筋水平拉力对外包混凝土底面形成的力矩;

    其余字母含义同前。

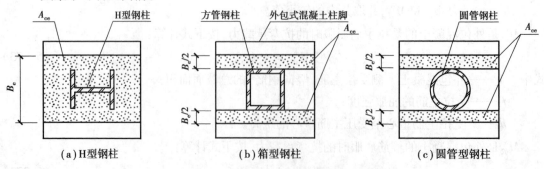

(a)H型钢柱   (b)箱型钢柱   (c)圆管型钢柱

图 5.113 外包式混凝土柱脚的有效受剪面积

3)外露式柱脚

由柱脚锚栓固定的外露式柱脚,可视钢柱的受力特点(轴压或压弯)设计成铰接或刚接。外露式柱脚设计为刚接柱脚时,柱脚的刚性难以完全保证,若内力分析时视为刚接柱脚,应考虑反弯点下移引起的柱顶弯矩增值。当底板尺寸较大时,应考虑采用靴梁式柱脚,其构造与计算见《钢结构基本原理》。

5.10　多层房屋钢结构设计实例

5.10.1　设计任务书

1)提供条件

①概况:该工程为某大学教学楼,总层数为 4 层,层高 3.9 m,平面尺寸为 42 m × 23 m ,总建筑面积约为 3 910 m^2。

②抗震设防要求:抗震设防烈度 7 度,设计基本地震加速度为 0.10g,设计地震分组为第三组,Ⅱ类建筑场地。

③气象资料:基本风压为 0.3 kN/m^2,东南风为主导风向,地面粗糙程度为 C 类,基本雪压为 0.1 kN/m^2。

2)设计内容与要求

①根据建筑施工图的要求确定结构方案和结构布置;
②根据所选结构方案,计算框架结构的内力和位移;
③完成构件和节点设计;
④绘制结构设计图。

5.10.2　钢框架设计

1)结构选型与布置

按建筑设计方案要求,本工程采用 4 层钢框架结构,楼(屋)盖采用压型钢板-钢筋混凝土非组合楼(屋)板,基础采用钢筋混凝土独立基础,内外墙均采用蒸压加气混凝土墙板。钢框架的纵向柱距为 4.2 m,横向柱距分别为 10,3,10 m;纵、横向框架梁与框架柱均为刚接,次梁与框架梁采用上表面齐平的铰接连接方式,次梁间距为 2.5 m。框架柱选用箱形截面,1~4 层均不改变其截面尺寸;钢梁选用 H 型钢。结构布置如图 5.114 所示。

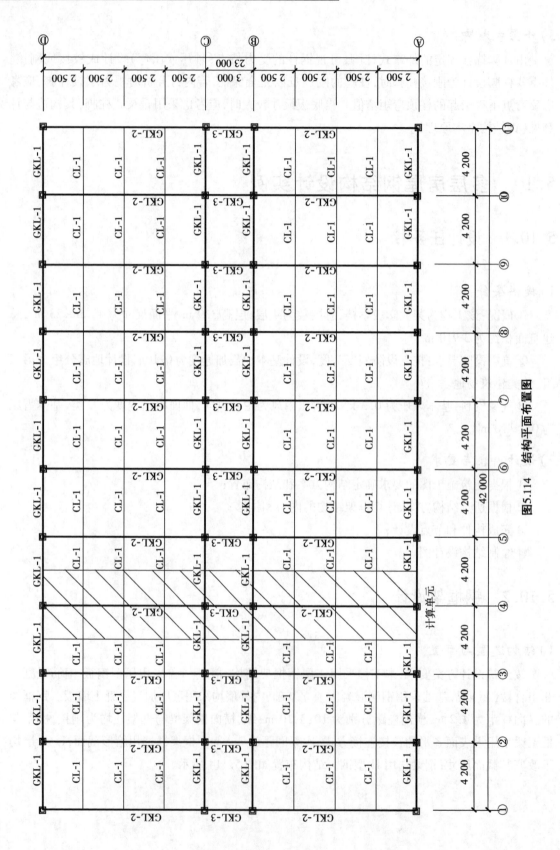

图5.114 结构平面布置图

2）材料选用与构件截面估算

钢材选用 Q345B 钢,焊条 E50;混凝土强度等级为 C30。根据试算选出各构件截面尺寸,其各构件截面尺寸和特性见表 5.24;压型钢板-钢筋混凝土非组合楼(屋)板的总厚度为135 mm,压型钢板采用 YX35-125-750(V125),其厚度为 0.8 mm。

表 5.24　构件截面尺寸和特性

构件类型		代　号	钢材牌号	截面尺寸 $h \times b \times t \times t_f$(mm)	截面面积 A(mm²)	单位长度质量 (kN/m)
柱	边　柱	GKZ-1	Q345B	箱 400×400×20×20	30 400	2.386
	中　柱	GKZ-1	Q345B	箱 400×400×20×20	30 400	2.386
	楼梯柱	GKZ-1	Q345B	箱 400×400×20×20	30 400	2.386
梁	横向框架梁	GKL-2	Q345B	H580×200×10×12	10 360	0.813
		GKL-3	Q345B	H200×100×6×10	3 080	0.242
	纵向框架梁	GKL-1	Q345B	H250×100×6×10	3 380	0.265
	次　梁	CL-1	Q345B	H250×100×6×10	3 380	0.265

3）作用效应分析与组合

（1）荷载标准值计算

恒荷载标准值计算:

屋面荷载

三毡四油绿豆砂卷材防水层	0.4 kN/m²
20 mm 厚 1:3 水泥砂浆找平层	$0.02 \times 20 = 0.4$ kN/m²
70 mm 厚水泥膨胀珍珠岩板保温层	$0.07 \times 4 = 0.28$ kN/m²
1:8 水泥膨胀珍珠岩找坡2%,最薄处 30 mm 厚,平均厚 150 mm	$0.15 \times 4 = 0.6$ kN/m²

结构层:压型钢板-钢筋混凝土非组合屋(楼)板自重

多波形 V125,波高 35 mm,板厚 0.8 mm,楼板有效高度取为 100 mm

自重　　　　$7.8 \times 10^{-3} \times 9.8 + 25 \times \left(0.1 + \dfrac{0.035}{2}\right) = 3.014$ kN/m²

合计 4.694 kN/m²

教室楼面荷载(包括走廊、楼梯等)

人造大理石楼面,干水泥擦缝	$0.02 \times 28 = 0.56$ kN/m²
8 mm 厚 1:1 水泥砂浆黏结层	$0.008 \times 20 = 0.16$ kN/m²
20 mm 厚 1:3 水泥砂浆抹面,素水泥浆结合层一道	$0.02 \times 20 = 0.40$ kN/m²
结构层	3.014 kN/m²

合计 4.134 kN/m²

卫生间楼面荷载

人造大理石面层,水泥砂浆擦缝　　　　　　　　　　$0.02 \times 28 = 0.56$ kN/m²

8 mm 厚 1:1 水泥砂浆黏结层	$0.008 \times 20 = 0.16$ kN/m²
20 mm 厚 1:3 水泥砂浆找平层	$0.02 \times 20 = 0.40$ kN/m²
卷材防水层	0.05 kN/m²
1:3 水泥砂浆找坡层,最薄处 20 mm 厚,平均厚 40 mm	$0.04 \times 20 = 0.80$ kN/m²
结构层	3.014 kN/m²

合计 4.984 kN/m²

钢梁自重
框架梁

GKL-1	H250×100×6×10	$78.5 \times 3\ 380 \times 10^{-6} = 0.265$ kN/m
GKL-2	H580×200×10×12	$78.5 \times 10\ 360 \times 10^{-6} = 0.813$ kN/m
GKL-3	H200×100×6×10	$78.5 \times 3\ 080 \times 10^{-6} = 0.242$ kN/m

次梁

CL-1	H250×100×6×10	$78.5 \times 3\ 380 \times 10^{-6} = 0.265$ kN/m

钢柱自重

GKZ-1	箱 400×400×20×20	$78.5 \times 30\ 400 \times 10^{-6} = 2.386$ kN/m

外墙自重

墙体为 200 mm 厚蒸压加气混凝土砌块	$0.2 \times 6.5 = 1.3$ kN/m²
外表面为 20 mm 厚水泥砂浆外喷砂涂料	$0.02 \times 20 = 0.4$ kN/m²
内表面为 20 mm 厚混合砂浆	$0.02 \times 17 = 0.34$ kN/m²

合计 2.04 kN/m²

内墙自重

墙体 150 mm 厚加气混凝土砌块	$0.15 \times 6.5 = 0.975$ kN/m²
内外双面 20 mm 厚混合砂浆	$2 \times 0.02 \times 17 = 0.68$ kN/m²

合计 1.655 kN/m²

门窗自重

木门	0.2 kN/m²
塑钢窗	0.45 kN/m²

活荷载标准值计算:

不上人屋面	0.5 kN/m²
一般楼面	2.0 kN/m²
走廊、楼梯、门厅	2.5 kN/m²
卫生间	2.0 kN/m²

雪荷载标准值:
基本雪压为 0.10 kN/m²,$u_r = 1.0$

雪荷载 $S_k = u_r s_0 = 1.0 \times 0.10 \ kN/m^2 = 0.10 \ kN/m^2$

屋面活荷载与雪荷载不同时考虑,取两者中的较大值。

风荷载标准值:

基本风压为 $0.30 \ kN/m^2$,体型系数 1.0。

地震作用标准值:

抗震设防烈度 7 度,设计基本地震加速度为 $0.10g$,设计地震分组为第三组,Ⅱ类建筑场地。

④轴框架恒荷载、活荷载、风荷载及地震荷载布置如图 5.115 至图 5.118 所示。

(2)结构侧移计算与检验

经计算机分析获得结构侧向位移,然后检验其是否满足规范要求。

风荷载作用下的位移验算:

层间位移最大值 $\dfrac{1}{1\ 193} < \dfrac{1}{400}$,满足要求;

柱顶位移最大值 $\dfrac{1}{1\ 653} < \dfrac{1}{500}$,满足要求。

地震作用下的位移验算:

层间位移最大值 $\dfrac{1}{393} < \dfrac{1}{250}$,满足要求;

柱顶位移最大值 $\dfrac{1}{528} < \dfrac{1}{300}$,满足要求。

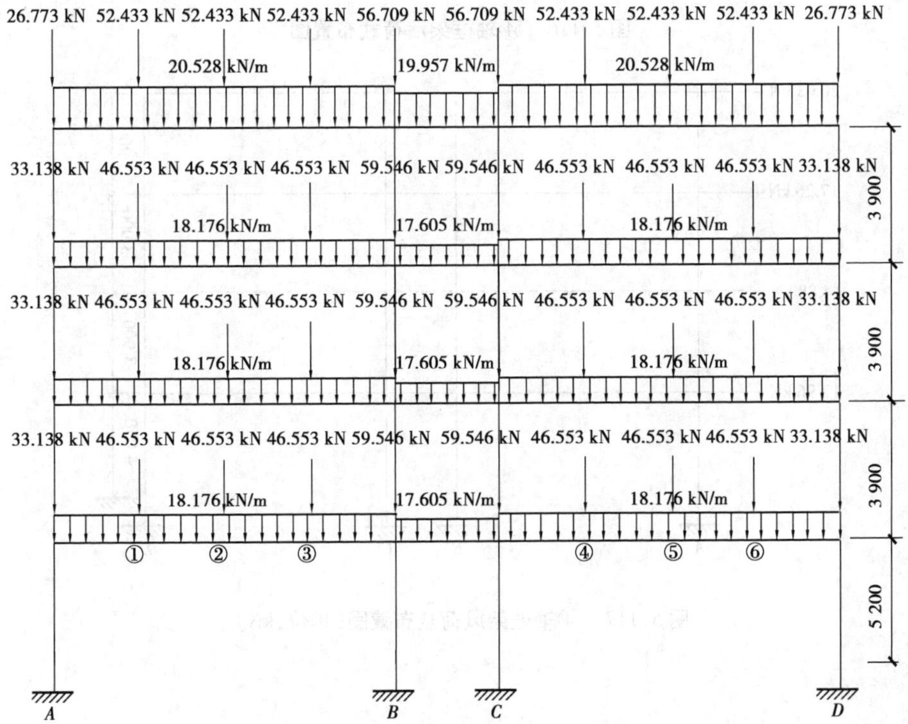

图 5.115　④轴框架恒荷载布置图

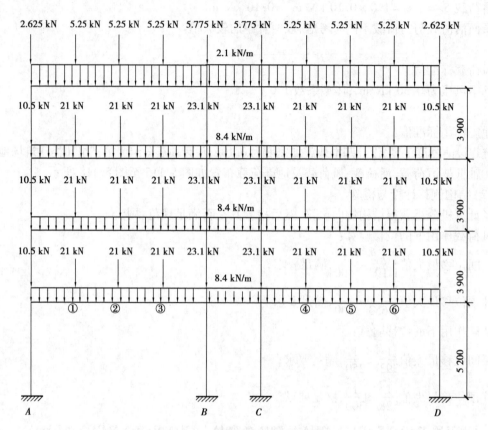

图 5.116 ④轴框架活荷载布置图

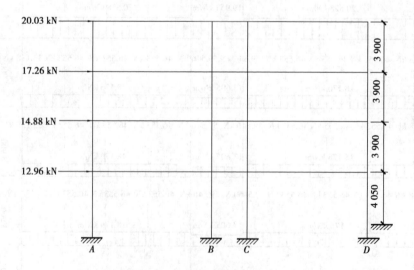

图 5.117 ④轴框架风荷载布置图(单位:kN)

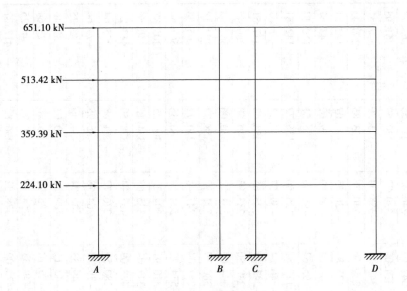

651.10 kN

513.42 kN

359.39 kN

224.10 kN

A　　　　B　C　　　　　D

图 5.118　④轴框架地震荷载布置图(单位:kN)

（3）结构内力计算与内力组合

经计算机分析获得结构内力。

梁柱内力正号约定如图 5.119 所示。

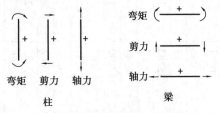

弯矩　剪力　轴力　　　　弯矩（＋）剪力｜＋｜轴力＋

柱　　　　　　　　　　梁

图 5.119　内力正号约定

荷载标准值作用下④轴框架内力,此处略。表 5.25 至表 5.29 示出了④轴框架的内力组合。

4）构件设计

构件设计时,一般先根据内力组合选出各构件各工况的最不利内力组合;然后将其用于验算结构方案中所预估的梁、柱截面,只要各构件均满足现行规范规定的各公式要求即可。

结构方案中所预估的梁、柱截面几何特性分别见表 5.30 和表 5.31。

表 5.25　④轴框架梁内力组合（基本组合）

杆件	跨向	截面	内力	恒荷载	活荷载	风荷载 左风	风荷载 右风	1.2恒+1.4活	1.2恒+1.4(活+0.6风) 左风	1.2恒+1.4(活+0.6风) 右风	1.35恒+1.4×0.7活
屋面横梁	AB跨	梁左端	M	-268.06	-42.30	13.83	-13.83	-380.89	-357.54	-392.40	-404.18
		梁左端	V	181.23	21.12	-2.75	2.75	247.04	240.62	247.55	265.78
		跨中	M	250.40	23.94	0.06	-0.06	334.00	330.72	330.57	361.98
		梁右端	M	-268.67	-14.81	-13.71	13.71	-343.14	-358.34	-323.79	-377.51
		梁右端	V	-181.35	-15.63	-2.75	2.75	-239.50	-240.78	-233.85	-260.45
	BC跨	梁左端	M	-107.33	2.09	-0.07	0.07	-125.87	-126.25	-126.07	-142.81
		梁左端	V	29.94	3.15	0.18	-0.18	40.34	40.12	39.67	43.57
		跨中	M	-84.88	4.45	0.21	-0.21	-95.63	-95.98	-96.51	-110.14
		梁右端	M	-107.33	2.09	0.48	-0.48	-125.87	-125.56	-126.77	-142.81
		梁右端	V	-29.94	-3.15	0.18	-0.18	-40.34	-39.67	-40.12	-43.57
	CD跨	梁左端	M	-268.67	-14.81	13.82	-13.82	-343.14	-323.65	-358.48	-377.51
		梁左端	V	181.35	15.63	-2.67	2.67	239.50	233.95	240.68	260.45
		跨中	M	250.40	23.94	0.46	-0.46	334.00	331.22	330.06	361.98
		梁右端	M	-268.06	-42.30	-12.90	12.90	-380.89	-391.22	-358.72	-404.18
		梁右端	V	-181.23	-21.12	-2.67	2.67	-247.04	-247.45	-240.72	-265.78
4层横梁	AB跨	梁左端	M	-318.52	-137.50	24.51	-24.51	-574.72	-524.59	-586.36	-567.50
		梁左端	V	170.03	76.34	-4.78	4.78	310.91	294.20	306.25	305.88
		跨中	M	188.03	86.72	0.62	-0.62	347.04	335.68	334.12	340.56
		梁右端	M	-225.34	-109.06	-23.27	23.27	-423.09	-437.14	-378.50	-413.27
		梁右端	V	-151.39	-70.66	-4.78	4.78	-280.59	-276.72	-264.68	-275.04
	BC跨	梁左端	M	-34.78	-26.69	8.40	-8.40	-79.10	-64.78	-85.95	-73.64
		梁左端	V	26.41	12.60	-5.42	5.42	49.33	40.74	54.40	48.25
		跨中	M	-14.98	-17.24	0.27	-0.27	-42.11	-39.36	-40.04	-37.46
		梁右端	M	-34.78	-26.69	-7.86	7.86	-79.10	-85.27	-65.46	-73.64
		梁右端	V	26.41	-12.60	-5.42	5.42	-49.33	-54.40	-40.74	-48.25
	CD跨	梁左端	M	-225.34	-109.06	23.02	-23.02	-423.09	-378.82	-436.83	-413.27
		梁左端	V	151.39	70.66	-4.60	4.60	280.59	264.90	276.50	275.04
		跨中	M	188.03	86.72	0.00	0.00	347.04	334.90	334.91	340.56
		梁右端	M	-318.52	-137.50	-23.02	23.02	-574.72	-584.48	-526.47	-567.50
		梁右端	V	-170.03	-76.34	-4.60	4.60	-310.91	-306.02	-294.43	-305.88

楼层	跨	位置	内力								
3层横梁	AB跨	梁左端	M	−331.55	−139.62	35.65	−35.65	−593.33	−528.86	−618.70	−587.21
			V	171.42	76.29	−6.87	6.87	312.51	293.17	310.49	307.71
		跨中	M	181.98	84.32	1.32	−1.32	336.42	326.28	322.96	329.99
		梁右端	M	−224.42	−111.73	−33.01	33.01	−425.73	−451.68	−368.49	−414.70
			V	−150.00	−70.71	−6.87	6.87	−278.99	−277.75	−260.44	−273.21
	BC跨	梁左端	M	−46.85	−23.68	17.12	−17.12	−89.37	−64.49	−107.63	−86.93
			V	26.41	12.60	−11.18	11.18	49.33	33.48	61.65	48.25
		跨中	M	−27.05	−14.23	0.36	−0.36	−52.38	−49.94	−50.84	−50.75
		梁右端	M	−46.85	−23.68	−16.40	16.40	−89.37	−106.72	−65.39	−86.93
			V	−26.41	−12.60	−11.18	11.18	−49.33	−61.65	−33.48	−48.25
	CD跨	梁左端	M	−224.42	−111.73	31.86	−31.86	−425.73	−369.94	−450.23	−414.70
			V	150.00	70.71	−6.45	6.45	278.99	260.97	277.22	273.21
		跨中	M	181.98	84.32	−0.39	0.39	336.42	324.13	325.11	329.99
		梁右端	M	−331.55	−139.62	−32.64	32.64	−593.33	−614.91	−532.65	−587.21
			V	−171.42	−76.29	−6.45	6.45	−312.51	−309.96	−293.70	−307.71
2层横梁	AB跨	梁左端	M	−315.07	−137.79	44.50	−44.50	−570.99	−495.63	−607.77	−563.13
			V	168.51	75.94	−8.32	8.32	308.53	287.41	308.38	303.43
		跨中	M	183.90	84.39	2.90	−2.90	338.83	330.67	323.36	332.66
		梁右端	M	−237.07	−113.43	−38.71	38.71	−443.29	−476.18	−378.63	−433.47
			V	−152.91	−71.06	−8.32	8.32	−282.98	−283.51	−262.54	−277.49
	BC跨	梁左端	M	−69.70	−32.33	28.30	−28.30	−128.90	−88.72	−160.03	−126.43
			V	26.41	12.60	−18.67	18.67	49.33	24.04	71.09	48.25
		跨中	M	−49.90	−22.88	0.30	−0.30	−91.91	−88.33	−89.09	−90.25
		梁右端	M	−69.70	−32.33	−27.71	27.71	−128.90	−159.29	−89.46	−126.43
			V	−26.41	−12.60	−18.67	18.67	−49.33	−71.09	−24.04	−48.25
	CD跨	梁左端	M	−237.07	−113.43	35.50	−35.50	−443.29	−382.68	−472.14	−433.47
			V	152.91	71.06	−7.31	7.31	282.98	263.82	282.24	277.49
		跨中	M	183.90	84.39	−1.04	1.04	338.83	325.70	328.32	332.66
		梁右端	M	−315.07	−137.79	37.58	−37.58	−570.99	−599.05	−504.35	−563.13
			V	−168.51	−75.94	−7.31	7.31	−308.53	−307.11	−288.69	−303.43

表 5.26 ④轴框架梁内力组合（考虑地震组合）

杆件	跨向	截面	内力	恒荷载	活荷载	0.5(雪+活)	地震作用 左震	地震作用 右震	1.2[恒+0.5(雪+活)]+1.3地震 左震	1.2[恒+0.5(雪+活)]+1.3地震 右震
屋面横梁	AB跨	梁左端	M	-268.06	-42.30	-21.15	18.26	-18.26	-323.31	-370.79
		梁左端	V	181.23	21.12	10.56	-2.23	2.23	227.25	233.05
		跨中	M	250.40	23.94	11.97	7.10	-7.10	324.07	305.61
		梁右端	M	-268.67	-14.81	-7.41	-4.06	4.06	-336.57	-326.01
		梁右端	V	-181.35	-15.63	-7.82	-2.23	2.23	-229.90	-224.10
	BC跨	梁左端	M	-107.33	2.09	1.05	6.09	-6.09	-119.63	-135.46
		梁左端	V	29.94	3.15	1.58	-2.88	2.88	34.07	41.56
		跨中	M	-84.88	4.45	2.23	1.76	-1.76	-96.90	-101.47
		梁右端	M	-107.33	2.09	1.05	-2.56	2.56	-130.87	-124.21
		梁右端	V	-29.94	-3.15	-1.58	-2.88	2.88	-41.56	-34.07
	CD跨	梁左端	M	-268.67	-14.81	-7.41	17.44	-17.44	-308.62	-353.96
		梁左端	V	181.35	15.63	7.82	-2.75	2.75	223.42	230.57
		跨中	M	250.40	23.94	11.97	3.71	-3.71	319.67	310.02
		梁右端	M	-268.06	-42.30	-21.15	-10.02	10.02	-360.08	-334.03
		梁右端	V	-181.23	-21.12	-10.56	-2.75	2.75	-233.72	-226.57
4层横梁	AB跨	梁左端	M	-318.52	-137.50	-68.75	31.23	-31.23	-424.13	-505.32
		梁左端	V	170.03	76.34	38.17	-4.35	4.35	244.19	255.50
		跨中	M	188.03	86.72	43.36	9.51	-9.51	290.03	265.31
		梁右端	M	-225.34	-109.06	-54.53	-12.22	12.22	-351.73	-319.96
		梁右端	V	-151.39	-70.66	-35.33	-4.35	4.35	-229.72	-218.41
	BC跨	梁左端	M	-34.78	-26.69	-13.35	9.08	-9.08	-45.95	-69.55
		梁左端	V	26.41	12.60	6.30	-5.00	5.00	32.75	45.75
		跨中	M	-14.98	-17.24	-8.62	1.58	-1.58	-26.27	-30.37
		梁右端	M	-34.78	-26.69	-13.35	-5.91	5.91	-65.43	-50.07
		梁右端	V	-26.41	-12.60	-6.30	-5.00	5.00	-45.75	-32.75
	CD跨	梁左端	M	-225.34	-109.06	-54.53	25.15	-25.15	-303.15	-368.54
		梁左端	V	151.39	70.66	35.33	-4.22	4.22	218.58	229.55
		跨中	M	188.03	86.72	43.36	4.04	-4.04	282.92	272.42
		梁右端	M	-318.52	-137.50	-68.75	-17.06	17.06	-486.90	-442.55
		梁右端	V	-170.03	-76.34	-38.17	-4.22	4.22	-255.33	-244.35

层	跨	位置								
3层横梁	AB跨	梁左端	M	-331.55	-139.62	-69.81	55.55	-55.55	-409.42	-553.85
			V	171.42	76.29	38.15	-8.13	8.13	240.91	262.05
		跨中	M	181.98	84.32	42.16	14.91	-14.91	288.35	249.59
		梁右端	M	-224.42	-111.73	-55.87	-25.72	25.72	-369.78	-302.91
			V	-150.00	-70.71	-35.36	-8.13	8.13	-233.00	-211.86
	BC跨	梁左端	M	-46.85	-23.68	-11.84	13.00	-13.00	-53.53	-87.33
			V	26.41	12.60	6.30	-7.73	7.73	29.20	49.30
		跨中	M	-27.05	-14.23	-7.12	1.41	-1.41	-39.17	-42.83
		梁右端	M	-46.85	-23.68	-11.84	-10.19	10.19	-83.68	-57.18
			V	-26.41	-12.60	-6.30	-7.73	7.73	-49.30	-29.20
	CD跨	梁左端	M	-224.42	-111.73	-55.87	32.39	-32.39	-294.24	-378.45
			V	150.00	70.71	35.36	-5.68	5.68	215.04	229.81
		跨中	M	181.98	84.32	42.16	3.97	-3.97	274.13	263.81
		梁右端	M	-331.55	-139.62	-69.81	-24.46	24.46	-513.43	-449.83
			V	-171.42	-76.29	-38.15	-5.68	5.68	-258.86	-244.09
2层横梁	AB跨	梁左端	M	-315.07	-137.79	-68.90	80.16	-80.16	-356.55	-564.97
			V	168.51	75.94	37.97	-12.20	12.20	231.92	263.64
		跨中	M	183.90	84.39	42.20	19.15	-19.15	296.21	246.42
		梁右端	M	-237.07	-113.43	-56.72	-41.86	41.86	-406.96	-298.12
			V	-152.91	-71.06	-35.53	-12.20	12.20	-241.99	-210.27
	BC跨	梁左端	M	-69.70	-32.33	-16.17	16.02	-16.02	-82.21	-123.86
			V	26.41	12.60	6.30	-9.97	9.97	26.29	52.21
		跨中	M	-49.90	-22.88	-11.44	1.07	-1.07	-72.22	-75.00
		梁右端	M	-69.70	-32.33	-16.17	-13.88	13.88	-121.08	-84.99
			V	-26.41	-12.60	-6.30	-9.97	9.97	-52.21	-26.29
	CD跨	梁左端	M	-237.07	-113.43	-56.72	35.54	-35.54	-306.34	-398.74
			V	152.91	71.06	35.53	-6.45	6.45	217.74	234.51
		跨中	M	183.90	84.39	42.20	3.28	-3.28	275.58	267.05
		梁右端	M	-315.07	-137.79	-68.90	-28.98	28.98	-498.43	-423.08
			V	-168.51	-75.94	-37.97	-6.45	6.45	-256.16	-239.39

表 5.27 ④轴框架柱内力组合（一般组合）

杆件	跨向	截面	内力	恒荷载	活荷载	风荷载 左风	风荷载 右风	1.2恒+1.4活	1.2恒+1.4(活+0.6风) 左风	1.2恒+1.4(活+0.6风) 右风	1.35恒+1.4×0.7活	$\mid M_{max}\mid$及N	N_{max}及M
顶层柱	A柱	柱顶	M	268.06	42.30	-13.83	12.90	380.90	357.55	391.23	404.18	404.18	404.18
			N	208.00	23.75	-2.75	2.67	282.85	276.06	282.89	304.55	304.55	304.55
		柱底	M	-109.45	-59.67	4.87	-4.57	-214.89	-200.39	-212.29	-207.43	-207.43	-207.43
			N	208.00	23.75	-2.75	2.67	282.85	276.06	282.89	304.55	304.55	304.55
	B柱	柱顶	M	-161.33	-16.91	-13.65	13.34	-217.27	-232.10	-198.10	-234.71	-234.71	-234.71
			N	267.99	24.55	2.94	-2.86	355.96	356.23	348.93	386.34	386.34	386.34
		柱底	M	106.89	35.41	7.58	-7.37	177.83	182.43	163.59	179.70	182.43	179.70
			N	267.99	24.55	2.94	-2.86	355.96	356.23	348.93	386.34	356.23	386.34
	C柱	柱顶	M	161.33	16.91	-13.34	13.65	217.27	198.10	232.10	234.71	234.71	234.71
			N	267.99	24.55	-2.86	2.94	355.96	356.23	356.23	386.34	386.34	386.34
		柱底	M	-106.89	-35.41	7.37	-7.58	-177.83	-163.59	-182.43	-179.70	-182.43	-179.70
			N	267.99	24.55	-2.86	2.94	355.96	348.93	356.23	386.34	356.23	386.34
	D柱	柱顶	M	-268.06	-42.30	-12.90	13.83	-380.90	-391.23	-357.55	-404.18	-404.18	-404.18
			N	208.00	23.75	2.67	-2.75	282.85	282.89	276.06	304.55	304.55	304.55
		柱底	M	109.45	59.67	4.57	-4.87	214.89	212.29	200.39	207.43	214.89	207.43
			N	208.00	23.75	2.67	-2.75	282.85	282.89	276.06	304.55	282.85	304.55
3层柱	A柱	柱顶	M	209.07	77.83	-19.64	18.45	359.85	324.20	372.20	360.08	372.20	360.08
			N	411.17	110.59	-7.53	7.28	648.23	623.26	641.92	665.67	641.92	665.67
		柱底	M	-168.76	-67.87	10.90	-11.44	-297.53	-274.29	-302.43	-295.69	-302.43	-295.69
			N	411.17	110.59	-7.53	7.28	648.23	623.26	641.92	665.67	641.92	665.67
	B柱	柱顶	M	-83.67	-46.97	-24.09	23.51	-166.16	-189.95	-129.97	-159.93	-189.95	-159.93
			N	505.34	130.91	2.29	-2.04	789.68	774.24	768.78	813.12	774.24	813.12
		柱底	M	92.96	44.65	18.92	-18.48	174.07	191.66	144.53	170.15	191.66	170.15
			N	505.34	130.91	2.29	-2.04	789.68	774.24	768.78	813.12	774.24	813.12
	C柱	柱顶	M	83.67	46.97	-23.51	24.09	166.16	129.97	189.95	159.93	189.95	159.93
			N	505.34	130.91	-2.04	2.29	789.68	768.78	774.24	813.12	774.24	813.12
		柱底	M	-92.96	-44.65	18.48	-18.92	-174.07	-144.53	-191.66	-170.15	-191.66	-170.15
			N	505.34	130.91	-2.04	2.29	789.68	768.78	774.24	813.12	774.24	813.12
	D柱	柱顶	M	-209.07	-77.83	-18.45	19.64	-359.85	-372.20	-324.20	-360.08	-372.20	-360.08
			N	411.17	110.59	7.28	-7.53	648.23	641.92	623.26	665.67	641.92	665.67
		柱底	M	168.76	67.87	11.44	-10.90	297.53	302.43	274.29	295.69	302.43	295.69
			N	411.17	110.59	7.28	-7.53	648.23	641.92	623.26	665.67	641.92	665.67

2层柱	A柱	柱顶	M	162.79	71.75	-24.75	21.20	295.80	254.57	312.47	291.52	312.47	291.52
			N	615.73	197.38	-14.40	13.73	1 015.21	969.43	1 004.87	1 028.61	1 004.87	1 028.61
		柱底	M	-155.04	-65.44	16.96	-18.07	-277.67	-247.14	-291.28	-274.75	-291.28	-274.75
			N	615.73	197.38	-14.40	13.73	1 015.21	969.43	1 004.87	1 028.61	1 004.87	1 028.61
	B柱	柱顶	M	-84.60	-43.40	-31.21	29.78	-162.28	-195.53	-118.68	-157.61	-195.53	-157.61
			N	741.29	237.32	-2.02	2.69	1 221.79	1 186.03	1 191.95	1 238.06	1 186.03	1 238.06
		柱底	M	102.18	50.05	31.51	-29.98	192.69	225.39	147.90	187.99	225.39	187.99
			N	741.29	237.32	-2.02	2.69	1 221.79	1 186.03	1 191.95	1 238.06	1 186.03	1 238.06
	C柱	柱顶	M	84.60	43.40	-29.78	31.21	162.28	118.68	195.53	157.61	195.53	157.61
			N	741.29	237.32	2.69	-2.02	1 221.79	1 191.95	1 186.03	1 238.06	1 186.03	1 238.06
		柱底	M	-102.18	-50.05	29.98	-31.51	-192.69	-147.90	-225.39	-187.99	-225.39	-187.99
			N	741.29	237.32	2.69	-2.02	1 221.79	1 191.95	1 186.03	1 238.06	1 186.03	1 238.06
	D柱	柱顶	M	-162.79	-71.75	-21.20	24.75	-295.80	-312.47	-254.57	-291.52	-312.47	-291.52
			N	615.73	197.38	13.73	-14.40	1 015.21	1 004.87	969.43	1 028.61	1 004.87	1 028.61
		柱底	M	155.04	65.44	18.07	-16.96	277.67	291.28	247.14	274.75	291.28	274.75
			N	615.73	197.38	13.73	-14.40	1 015.21	1 004.87	969.43	1 028.61	1 004.87	1 028.61
底层柱	A柱	柱顶	M	162.79	72.35	-27.55	19.51	296.63	251.80	311.08	292.11	311.08	292.11
			N	817.38	283.82	-22.72	21.03	1 378.20	1 309.84	1 364.97	1 387.28	1 364.97	1 387.28
		柱底	M	-112.32	-48.84	61.86	-46.32	-203.17	-118.39	-254.69	-200.48	-254.69	-200.48
			N	817.38	283.82	-22.72	21.03	1 378.20	1 309.84	1 364.97	1 387.28	1 364.97	1 387.28
	B柱	柱顶	M	-65.18	-31.04	-35.50	33.23	-121.68	-162.06	-75.47	-119.04	-162.06	-119.04
			N	980.15	16.03	-12.37	14.05	1 198.62	1 180.80	1 214.08	1 339.23	1 180.80	1 339.23
		柱底	M	32.59	16.03	58.67	-56.06	61.54	133.22	-11.33	60.02	133.22	60.02
			N	980.15	16.03	-12.37	14.05	1 198.62	1 180.80	1214.08	1 339.23	1 180.80	1 339.23
	C柱	柱顶	M	65.18	31.04	-33.23	35.50	121.68	75.47	162.06	119.04	162.06	119.04
			N	980.15	344.08	14.05	-12.37	1 657.90	1 627.43	1 594.14	1 667.29	1 594.14	1 667.29
		柱底	M	-32.59	-16.03	56.06	-58.67	-61.54	11.33	-133.22	-60.02	-133.22	-60.02
			N	980.15	344.08	14.05	-12.37	1 657.90	1 627.43	1 594.14	1 667.29	1 594.14	1 667.29
	D柱	柱顶	M	-160.03	-72.35	-19.51	-61.86	-293.32	-307.77	-361.13	-288.39	-361.13	-288.39
			N	817.38	283.82	21.03	-22.72	1 378.20	1 364.97	1 309.84	1 387.28	1 309.84	1 387.28
		柱底	M	112.32	48.84	46.32	27.55	203.17	254.69	231.04	200.48	254.69	200.48
			N	817.38	283.82	21.03	-22.72	1 378.20	1 364.97	1 309.84	1 387.28	1 364.97	1 387.28

表 5.28　④轴框架柱内力组合（考虑地震组合）

杆件	跨向	截面	内力	恒荷载	活荷载	0.5(雪+活)	地震作用		1.2[恒+0.5(雪+活)]+1.3地震		$\lvert M_{max}\rvert$ 及 N	N_{max} 及 M
							左震	右震	左震	右震		
顶层柱	A柱	柱顶	M	268.06	42.30	21.15	−18.26	10.02	323.32	360.08	360.08	360.08
			N	208.00	23.75	11.87	−2.23	2.75	260.95	267.42	267.42	267.42
		柱底	M	−109.45	−59.67	−29.84	−23.50	−10.93	−197.70	−181.35	−197.70	−181.35
			N	208.00	23.75	11.87	−2.23	2.75	260.95	267.42	260.95	267.42
	B柱	柱顶	M	−161.33	−16.91	−8.45	−10.15	20.00	−216.94	−177.75	−216.94	−177.75
			N	267.99	24.55	12.28	−0.65	0.14	335.48	336.50	335.48	336.50
		柱底	M	106.89	35.41	17.70	12.28	−14.78	165.47	130.29	165.47	130.29
			N	267.99	24.55	12.28	−0.65	0.14	335.48	336.50	335.48	336.50
	C柱	柱顶	M	161.33	16.91	8.45	−20.00	10.15	177.75	216.94	216.94	177.75
			N	267.99	24.55	12.28	0.14	−0.65	336.50	335.48	335.48	336.50
		柱底	M	−106.89	−35.41	−17.70	14.78	−12.28	−130.29	−165.47	−165.47	−130.29
			N	267.99	24.55	12.28	0.14	−0.65	336.50	335.48	335.48	336.50
	D柱	柱顶	M	−268.06	−42.30	−21.15	−10.02	18.26	−360.08	−323.32	−360.08	−360.08
			N	208.00	23.75	11.87	2.75	−2.23	267.42	260.95	267.42	267.42
		柱底	M	109.45	59.67	29.84	10.93	23.50	181.35	197.70	197.70	181.35
			N	208.00	23.75	11.87	2.75	−2.23	267.42	260.95	260.95	267.42
3层柱	A柱	柱顶	M	209.07	77.83	38.91	−54.74	6.13	226.43	305.56	305.56	305.56
			N	411.17	110.59	55.30	−6.58	6.97	551.21	568.81	568.81	568.81
		柱底	M	−168.76	−67.87	−33.93	−11.02	−30.19	−257.56	−282.48	−282.48	−282.48
			N	411.17	110.59	55.30	−6.58	6.97	551.21	568.81	568.81	568.81
	B柱	柱顶	M	−83.67	−46.97	−23.48	−9.02	16.28	−140.32	−107.42	−140.32	−107.42
			N	505.34	130.91	65.45	−1.30	0.91	683.26	686.14	683.26	686.14
		柱底	M	92.96	44.65	22.33	41.76	−41.71	192.63	84.12	192.63	84.12
			N	505.34	130.91	65.45	−1.30	0.91	683.26	686.14	683.26	686.14
	C柱	柱顶	M	83.67	46.97	23.48	−16.28	9.02	107.42	140.32	140.32	107.42
			N	505.34	130.91	65.45	0.91	−1.30	686.14	683.26	683.26	686.14
		柱底	M	−92.96	−44.65	−22.33	41.71	−41.76	−84.12	−192.63	−192.63	−84.12
			N	505.34	130.91	65.45	0.91	−1.30	686.14	683.26	683.26	686.14
	D柱	柱顶	M	−209.07	−77.83	−38.91	−6.13	54.74	−305.56	−226.43	−305.56	−305.56
			N	411.17	110.59	55.30	6.97	−6.58	568.81	551.21	568.81	568.81
		柱底	M	168.76	67.87	33.93	30.19	11.02	257.56	257.56	282.48	282.48
			N	411.17	110.59	55.30	6.97	−6.58	551.21	551.21	568.81	568.81

层	柱	位置	内力									
2层柱	A柱	柱顶	M	162.79	71.75	35.88	-66.56	-5.73	151.86	230.95	230.95	230.95
			N	615.73	197.38	98.69	-14.70	12.65	838.19	873.75	873.75	873.75
		柱底	M	-155.04	-65.44	-32.72	73.14	-51.57	-130.23	-292.35	-292.35	-292.35
			N	615.73	197.38	98.69	-14.70	12.65	838.19	873.75	873.75	873.75
	B柱	柱顶	M	-84.60	-43.40	-21.70	3.04	0.87	-123.62	-126.43	-126.43	-126.43
			N	741.29	237.32	118.66	-0.91	2.96	1030.76	1035.78	1035.78	1035.78
		柱底	M	102.18	50.05	25.03	80.75	-70.70	257.63	60.74	257.63	60.74
			N	741.29	237.32	118.66	-0.91	2.96	1030.76	1035.78	1030.76	1035.78
	C柱	柱顶	M	84.60	43.40	21.70	-0.87	-3.04	126.43	123.62	126.43	126.43
			N	741.29	237.32	118.66	2.96	-0.91	1035.78	1030.76	1035.78	1035.78
		柱底	M	-102.18	-50.05	-25.03	70.70	-80.75	-60.74	-257.63	-257.63	-60.74
			N	741.29	237.32	118.66	2.96	-0.91	1035.78	1030.76	1030.76	1035.78
	D柱	柱顶	M	-162.79	-71.75	-35.88	5.73	66.56	-230.95	-151.86	-230.95	-230.95
			N	615.73	197.38	98.69	12.65	-14.70	873.75	838.19	873.75	873.75
		柱底	M	155.04	65.44	32.72	51.57	-73.14	292.35	130.23	292.35	292.35
			N	615.73	197.38	98.69	12.65	-14.70	873.75	838.19	873.75	873.75
底层柱	A柱	柱顶	M	162.79	72.35	36.17	-7.02	-22.59	229.63	209.39	229.63	209.39
			N	817.38	283.82	141.91	-26.91	19.10	1116.16	1175.98	1116.16	1175.98
		柱底	M	-112.32	-48.84	-24.42	373.70	-89.22	321.72	-280.08	321.72	-280.08
			N	817.38	283.82	141.91	-26.91	19.10	1116.16	1175.98	1116.16	1175.98
	B柱	柱顶	M	-65.18	-31.04	-15.52	22.87	-21.28	-67.11	-124.51	-124.51	-124.51
			N	980.15	16.03	8.01	1.33	6.47	1187.53	1194.21	1194.21	1194.21
		柱底	M	32.59	16.03	147.54	147.54	-124.16	240.52	-112.68	240.52	-112.68
			N	980.15	16.03	8.01	1.33	6.47	1187.53	1194.21	1187.53	1194.21
	C柱	柱顶	M	65.18	31.04	15.52	21.28	-22.87	124.51	67.11	124.51	124.51
			N	980.15	344.08	172.04	6.47	1.33	1391.05	1384.36	1391.05	1391.05
		柱底	M	-32.59	-16.03	-8.01	124.16	-147.54	112.68	-240.52	-240.52	112.68
			N	980.15	344.08	172.04	6.47	1.33	1391.05	1384.36	1384.36	1391.05
	D柱	柱顶	M	-160.03	-72.35	-36.17	22.59	7.02	-206.08	-226.31	-226.31	-206.08
			N	817.38	283.82	141.91	19.10	-26.91	1175.98	1116.16	1116.16	1175.98
		柱底	M	112.32	48.84	24.42	89.22	-373.70	280.08	-321.72	-321.72	280.08
			N	817.38	283.82	141.91	19.10	-26.91	1175.98	1116.16	1116.16	1175.98

表 5.29 ④轴框架底层柱荷载基本组合值

杆件	跨向	内力	恒荷载	活荷载	风载		1.2恒+1.4(活+0.6风)		1.2恒+1.4活	1.35恒+1.4×0.7活
					左风	右风	左风	右风		
底层柱	A柱柱底	M	-112.32	-48.84	61.86	-46.32	-118.39	-254.69	-203.17	-200.48
		V	52.38	23.31	-17.19	12.66	70.55	108.17	95.48	94.01
		N	817.38	283.82	-22.72	21.03	1 309.84	1 364.97	1 378.20	1 387.28
	B柱柱底	M	32.59	16.03	58.67	-56.06	133.22	-11.33	61.54	60.02
		V	-18.80	-9.05	-18.11	17.17	-56.78	-12.33	-35.24	-34.44
		N	980.15	344.08	-12.37	14.05	1 594.14	1 627.43	1 657.90	1 667.29
	C柱柱底	M	-32.59	-16.03	56.06	-58.67	11.33	-133.22	-61.54	-60.02
		V	18.80	9.05	-17.17	18.11	12.33	56.78	35.24	34.44
		N	980.15	344.08	14.05	-12.37	1 627.43	1 594.14	1 657.90	1 667.29
	D柱柱底	M	112.32	48.84	46.32	-61.86	254.69	118.39	203.17	200.48
		V	-52.38	-23.31	-12.66	17.19	-108.17	-70.55	-95.48	-94.01
		N	817.38	283.82	21.03	-22.72	1 364.97	1 309.84	1 378.20	1 387.28

表 5.30 梁截面几何特性

名称	截面尺寸	$A(cm^2)$	$I_x(cm^4)$	$W_x(cm^3)$	$S_x(cm^3)$	$i_x(cm)$	$I_y(cm^4)$
GKL-1	H250×100×6×10	33.8	3 693	279.2	159.7	10.16	491.38
GKL-2	H580×200×10×12	103.6	53 043.94	1 829.1	1 068.02	22.62	1 604.63
GKL-3	H200×100×6×10	30.8	1 880	188	119.3	8.25	2.21

表 5.31 柱截面几何特性

名称	截面尺寸	$h(m)$	$t(mm)$	$A(cm^2)$	$I_x(cm^4)$	$W_x(cm^3)$	$i_x(cm)$
GKZ-1	箱400×400×20×20	3.9(5.2)	20	304	73 370	3 670	1 554

注:括号中的值为底层柱截面高度。

(1)基本效应组合下的构件截面验算

①框架梁截面验算。

● GKL-2 梁

GKL-2 梁最不利内力组合在其梁端,其值为 $\begin{cases} M_{max} = -593.33 \text{ kN·m} \\ V_{max} = 312.51 \text{ kN} \end{cases}$

a. 强度验算。

抗弯强度:

$$\sigma = \frac{M_x}{\gamma_x W_x} = \frac{593.33 \times 10^6}{1.05 \times 1\,829.1 \times 10^3} \text{N/mm}^2 = 308.94 \text{ N/mm}^2 < f = 310 \text{ N/mm}^2$$

抗剪强度:

$$\tau = \frac{VS_x}{It_w} = \frac{312.51 \times 10^3 \times 1\,068.02 \times 10^3}{53\,043.94 \times 10^4 \times 10} \text{N/mm}^2 = 62.92 \text{ N/mm}^2 < f_v = 180 \text{ N/mm}^2$$

折算应力验算:

$$s = 20 \times 1.2 \times \frac{58 - 1.2}{2} \text{cm}^3 = 681.6 \text{ cm}^3$$

$$\tau = \frac{Vs}{It_w} = \frac{312.51 \times 10^3 \times 681.6 \times 10^3}{53\,043.94 \times 10^4 \times 10} \text{N/mm}^2 = 40.16 \text{ N/mm}^2$$

$$\sigma = \frac{M_x}{I_x} \frac{h - 2t}{2} = \frac{593.33 \times 10^6}{53\,043.94 \times 10^4} \times \frac{580 - 2 \times 12}{2} \text{N/mm}^2 \approx 301 \text{ N/mm}^2$$

$$\sqrt{\sigma^2 + 3\tau^2} = \sqrt{301^2 + 3 \times 40.16^2} \text{N/mm}^2 = 317.7 \text{ N/mm}^2 < 1.1f = 341 \text{ N/mm}^2$$

梁端截面强度满足要求。

b. 整体稳定验算。

由于楼板与钢梁通过抗剪螺栓紧密连接在一起,可以阻止梁受压翼缘的侧向位移,梁的整体稳定可以得到保证,故可不验算。

c. 局部稳定验算。

受压翼缘：$\dfrac{b_1}{t} = \dfrac{(200-10)/2}{12} = 7.9 < 13\sqrt{\dfrac{235}{345}} \approx 10$，满足要求。

腹板：$\dfrac{h_0}{t_w} = \dfrac{580-2\times 12}{10} = 55.6 < 80\sqrt{\dfrac{235}{345}} \approx 66$，满足要求。

d. 刚度验算。

取荷载的标准组合 $g_k + q_k$ 进行验算。

屋面梁：

恒荷载 $q = 20.528$ kN/m，$p = 52.433$ kN/m。

将集中荷载转化为等效均布荷载：$g_k = \left(20.528 + \dfrac{52.433}{2.5}\right)$ kN/m $= 41.5$ kN/m

活荷载 $g = 2.1$ kN/m，$p = 5.25$ kN/m。

将集中荷载转化为等效均布荷载：$q_k = \left(2.1 + \dfrac{5.25}{2.5}\right)$ kN/m $= 4.2$ kN/m

荷载的标准组合值：$g_k + q_k = (41.5 + 4.2)$ kN/m $= 45.7$ kN/m

$$v = \frac{5(g_k + q_k)l^4}{384EI} = \frac{5\times 45.7\times 10^4 \times 10^{12}}{384\times 2.06\times 10^5 \times 53\,043.94\times 10^4}\text{mm} = 5.44\ \text{mm} < [v] = \frac{l}{400}\text{mm} = 25\ \text{mm}$$

满足要求。

楼面梁：

恒荷载 $q = 18.176$ kN/m，$p = 46.553$ kN/m。

将集中荷载转化为等效均布荷载：$g_k = \left(18.176 + \dfrac{46.553}{2.5}\right)$ kN/m $= 36.8$ kN/m

活荷载 $g = 8.4$ kN/m，$p = 21$ kN/m。

将集中荷载转化为等效均布荷载：$q_k = \left(8.4 + \dfrac{21}{2.5}\right)$ kN/m $= 16.8$ kN/m

荷载的标准组合值：$g_k + q_k = (36.8 + 16.8)$ kN/m $= 53.6$ kN/m

$$v = \frac{5(g_k + q_k)l^4}{384EI} = \frac{5\times 53.6\times 10^4 \times 10^{12}}{384\times 2.06\times 10^5 \times 53\,043.94\times 10^4}\text{mm} = 6.39\ \text{mm} < [v] = \frac{l}{400} = 25\ \text{mm}$$

满足要求。

- GKL-3 梁

GKL-3 梁最不利内力组合在其梁端，其值为 $\begin{cases} M_{max} = -160.03\ \text{kN·m} \\ V_{max} = 71.09\ \text{kN} \end{cases}$

a. 强度验算。

抗弯强度：

$$\sigma = \frac{M_x}{\gamma_x W_x} = \frac{160.03\times 10^6}{1.05\times 188\times 10^3}\text{N/mm}^2 = 81\ \text{N/mm}^2 < f = 310\ \text{N/mm}^2$$

抗剪强度：

$$\tau = \frac{VS_x}{It_w} = \frac{71.09 \times 10^3 \times 119.3 \times 10^3}{1\,880 \times 10^4 \times 6}\,\text{N/mm}^2 = 75.2\ \text{N/mm}^2 < f_v = 180\ \text{N/mm}^2$$

折算应力验算：

$$s = 10 \times 1 \times \frac{20-1}{2}\,\text{cm}^3 = 95\ \text{cm}^3$$

$$\tau = \frac{Vs}{It_w} = \frac{71.09 \times 10^3 \times 95 \times 10^3}{1\,880 \times 10^4 \times 6}\,\text{N/mm}^2 = 59.9\ \text{N/mm}^2$$

$$\sigma = \frac{M_x}{I_x}\frac{h-2t}{2} = \frac{160.03 \times 10^6}{1\,880 \times 10^4} \times \frac{200 - 2 \times 10}{2}\,\text{N/mm}^2 = 76.6\ \text{N/mm}^2$$

$$\sqrt{\sigma^2 + 3\tau^2} = \sqrt{76.6^2 + 3 \times 59.9^2}\,\text{N/mm}^2 = 129\ \text{N/mm}^2 < 1.1f = 341\ \text{N/mm}^2$$

梁端截面强度满足要求。

b. 整体稳定验算。

由于楼板与钢梁通过抗剪栓钉紧密连接在一起，可以阻止梁受压翼缘的侧向位移，梁的整体稳定可以得到保证，故可不验算。

c. 局部稳定验算。

受压翼缘：$\dfrac{b_1}{t} = \dfrac{(100-6)/2}{10} = 4.7 < 11\sqrt{\dfrac{235}{345}} = 9.2$，满足要求。

腹板：$\dfrac{h_0}{t_w} = \dfrac{200 - 10 \times 2}{6} = 30 < (85 - 120\rho)\sqrt{\dfrac{235}{345}} = 85$，满足要求。

d. 刚度验算。

屋面梁：

恒荷载 $g_k = 19.957\ \text{kN/m}$，活荷载 $q_k = 2.1\ \text{kN/m}$，荷载的标准组合值为：

$$g_k + q_k = (19.957 + 2.1)\ \text{kN/m} = 22\ \text{kN/m}$$

屋面梁挠度：

$$v = \frac{5(g_k + q_k)l^4}{384EI} = \frac{5 \times 22 \times 3^4 \times 10^{12}}{384 \times 2.06 \times 10^5 \times 1\,880 \times 10^4}\,\text{mm} = 6\ \text{mm} < [v] = \frac{l}{400} = 7.5\ \text{mm}$$

满足要求。

楼面梁：

恒荷载 $g_k = 17.605\ \text{kN/m}$，活荷载 $q_k = 8.4\ \text{kN/m}$，荷载的标准组合值为：

$$g_k + q_k = (17.605 + 8.4)\ \text{kN/m} = 26\ \text{kN/m}$$

楼面梁挠度：

$$v = \frac{5(g_k + q_k)l^4}{384EI} = \frac{5 \times 26 \times 3^4 \times 10^{12}}{384 \times 2.06 \times 10^5 \times 1\,880 \times 10^4}\,\text{mm} = 7.1\ \text{mm} < [v] = \frac{l}{400} = 7.5\ \text{mm}$$

满足要求。

②框架柱截面验算。

由于所有框架柱截面均相等，而且最不利内力组合在 A 柱，故只选择 A 柱最不利内力组合进行验算。

• 底层柱截面验算

底层 A 柱最不利内力组合为 $\begin{cases} M = 307.77 \text{ kN·m} \\ N = 1\,387.28 \text{ kN} \end{cases}$

a. 强度验算。

$$\frac{N}{A_n} + \frac{M_x}{\gamma_x W_x} = \frac{1\,387.28 \times 10^3}{30\,400} \text{N/mm}^2 + \frac{307.77 \times 10^3}{1.05 \times 3\,670 \times 10^3} \text{N/mm}^2$$

$$= 45.71 \text{ N/mm}^2 < f = 310 \text{ N/mm}^2$$

b. 刚度验算。

由于柱长 $l_0 = 5.2$ m，其上端梁线刚度之和 $\sum k_b = 10.92 \times 10^3$ kN·m，上端柱线刚度之和

$\sum k_c = (29.1 \times 10^3 + 38.8 \times 10^3) \text{kN·m} = 67.9 \times 10^3$ kN·m。则系数：

$$k_1 = \frac{\sum k_b}{\sum k_c} = \frac{10.92 \times 10^3}{67.9 \times 10^3} = 0.16$$

柱与基础刚接，取 $k_2 = 10$。由 $k_1 = 0.16$，$k_2 = 10$，查表得 $\mu = 1.682$。则此柱弯矩平面内的计算长度为 $l_x = \mu l_0 = 1.682 \times 5.2$ m $= 8.7$ m，弯矩平面外的计算长度为柱高 5.2 m。

$$\lambda_x = \frac{l_{0x}}{i_x} = \frac{8.7 \times 10^3}{155.4} = 55.98 < [\lambda] = 120\sqrt{\frac{235}{f_y}} = 104.48$$

$$\lambda_y = \frac{l_{0y}}{i_y} = \frac{5.2 \times 10^3}{155.4} = 33.46 < [\lambda] = 120\sqrt{\frac{235}{f_y}} = 104.48$$

均满足要求。

c. 弯矩作用平面内的稳定验算。

由 $\lambda_x \sqrt{\dfrac{f_y}{235}} = 55.98 \times \sqrt{\dfrac{345}{235}} = 68$，且 $\dfrac{b}{t} = \dfrac{400}{20} = 20$，属于 c 类截面，查表得 $\varphi_x = 0.656$，

$\beta_{mx} = 1.0$，$\gamma_x = 1.05$。

$$N'_{Ex} = \frac{\pi^2 EA}{1.1 \lambda_x^2} = \frac{3.14^2 \times 2.06 \times 10^5 \times 30\,400}{1.1 \times 55.98^2} \text{kN} = 17.93 \times 10^3 \text{ kN}$$

$$\frac{N}{\varphi_x A} + \frac{\beta_{mx} M_x}{\gamma_x W_{1x}\left(1 - 0.8\dfrac{N}{N'_{Ex}}\right)} = \frac{1\,387.28 \times 10^3}{0.656 \times 30\,400} \text{ N/mm}^2 +$$

$$\frac{1.0 \times 307.77 \times 10^6}{1.05 \times 3\,670 \times 10^3 \times \left(1 - 0.8 \times \dfrac{1\,387.28}{17\,930}\right)} \text{N/mm}^2 = 154.7 \text{ N/mm}^2 < f = 310 \text{ N/mm}^2$$

满足要求。

d. 弯矩作用平面外的稳定验算。

$\lambda_y \sqrt{\dfrac{f_y}{235}} = 33.46 \times \sqrt{\dfrac{345}{235}} = 41$，属于 c 类截面，查表得 $\varphi_y = 0.833$。

对箱形截面,$\beta_{tx} = 1.0$,$\varphi_b = 1.0$,$\eta = 0.7$,则有:

$$\frac{N}{\varphi_y A} + \eta \frac{\beta_{tx} M_x}{\varphi_b W_{1x}} = \frac{1\,387.28 \times 10^3}{0.833 \times 30\,400} \text{N/mm}^2 + 0.7 \times \frac{1.0 \times 307.77 \times 10^6}{1.0 \times 3\,670 \times 10^3} \text{N/mm}^2$$

$$= 113.49 \text{ N/mm}^2 < f = 310 \text{ N/mm}^2$$

满足要求。

e. 局部稳定验算。

受压翼缘:$\dfrac{b_0}{t} = \dfrac{400 - 2 \times 20}{20} = 18 < 40\sqrt{\dfrac{235}{f_y}} = 33$,满足要求。

腹板:$\dfrac{b_0}{t} = \dfrac{400 - 2 \times 20}{20} = 18 < 40\sqrt{\dfrac{235}{f_y}} = 33$,满足要求。

- 第二层柱截面验算

第二层 A 柱最不利内力组合为 $\begin{cases} M = 312.47 \text{ kN·m} \\ N = 1\,004.87 \text{ kN} \end{cases}$

a. 强度验算。

$$\frac{N}{A_n} + \frac{M_x}{\gamma_x W_x} = \frac{1\,004.87 \times 10^3}{30\,400} \text{N/mm}^2 + \frac{312.47 \times 10^3}{1.05 \times 3\,670 \times 10^3} \text{N/mm}^2$$

$$= 33.14 \text{ N/mm}^2 < f = 310 \text{ N/mm}^2$$

b. 刚度验算。

由于第二层 A 柱高 $l_0 = 3.9$ m,其柱上端梁线刚度之和 $\sum k_b = 10.92 \times 10^3$ kN·m,上端柱线刚度之和 $\sum k_c = (38.8 \times 10^3 + 38.8 \times 10^3) \text{kN·m} = 77.6 \times 10^3$ kN·m。则系数:

$$k_1 = \frac{\sum k_b}{\sum k_c} = \frac{10.92 \times 10^3}{77.6 \times 10^3} = 0.14$$

下端梁线刚度之和 $\sum k_b = 10.92 \times 10^3$ kN·m,下端柱线刚度之和 $\sum k_c = (29.1 \times 10^3 + 38.8 \times 10^3) \text{kN·m} = 67.9 \times 10^3$ kN·m。则系数:

$$k_2 = \frac{\sum k_b}{\sum k_c} = \frac{10.92 \times 10^3}{67.9 \times 10^3} = 0.16$$

由 $k_1 = 0.14$,$k_2 = 0.16$,查表得 $\mu = 2.59$。则此柱弯矩平面内的计算长度 $l_{0x} = \mu l_0 = 2.59 \times 3.9$ m $= 10.1$ m,弯矩平面外的计算长度为柱高 3 m。

$$\lambda_x = \frac{l_{0x}}{i_x} = \frac{10.1 \times 10^3}{155.4} = 65 < [\lambda] = 120\sqrt{\frac{235}{345}} = 104.48$$

$$\lambda_y = \frac{l_{0y}}{i_y} = \frac{3.9 \times 10^3}{155.4} = 25 < [\lambda] = 120\sqrt{\frac{235}{345}} = 104.48$$

均满足要求。

c. 弯矩作用平面内的稳定验算。

由 $\lambda_x\sqrt{\dfrac{f_y}{235}}=65\times\sqrt{\dfrac{345}{235}}=79$，且 $\dfrac{b}{t}=\dfrac{400}{20}=20$，属于 c 类截面，查表得 $\varphi_x=0.584$，$\beta_{mx}=1.0$，$\gamma_x=1.05$。

$$N'_{Ex}=\frac{\pi^2 EA}{1.1\lambda_x^2}=\frac{3.14^2\times2.06\times10^5\times30\,400}{1.1\times65^2}kN=13.3\times10^3\ kN$$

$$\frac{N}{\varphi_x A}+\frac{\beta_{mx}M_x}{\gamma_x W_{1x}\left(1-0.8\dfrac{N}{N'_{Ex}}\right)}=\frac{1\,004.87\times10^3}{0.584\times30\,400}N/mm^2+$$

$$\frac{1.0\times312.47\times10^6}{1.05\times3\,670\times10^3\times\left(1-0.8\times\dfrac{1\,004.87}{13\,300}\right)}N/mm^2=142.9\ N/mm^2<f=310\ N/mm^2$$

满足要求。

d. 弯矩作用平面外的稳定验算。

$\lambda_y\sqrt{\dfrac{f_y}{235}}=25\times\sqrt{\dfrac{345}{235}}=30$，属于 c 类截面，查表得 $\varphi_y=0.902$。

对箱形截面，$\beta_{tx}=1.0$，$\varphi_b=1.0$，$\eta=0.7$，则有：

$$\frac{N}{\varphi_y A}+\eta\frac{\beta_{tx}M_x}{\varphi_b W_{1x}}=\frac{1\,004.87\times10^3}{0.902\times30\,400}N/mm^2+0.7\times\frac{1.0\times312.47\times10^6}{1.0\times3\,670\times10^3}N/mm^2$$

$$=113.49\ N/mm^2<f=310\ N/mm^2$$

满足要求。

e. 局部稳定验算。

受压翼缘：$\dfrac{b_0}{t}=\dfrac{400-2\times20}{20}=18<40\sqrt{\dfrac{235}{f_y}}=33$，满足要求。

腹板：$\dfrac{b_0}{t}=\dfrac{400-2\times20}{20}=18<40\sqrt{\dfrac{235}{f_y}}=33$，满足要求。

其他柱的验算方法相似，此外不再赘述。

(2)地震作用组合下的构件截面验算

验算梁、柱截面时，其抗震调整系数 γ_{RE} 除柱的稳定计算取 0.8 外，其他项的计算均取0.75。

①框架梁截面验算。

• GKL-2 梁截面验算

GKL-2 梁最不利内力组合在其梁端，其值为 $\begin{cases}M_{max}=-564.97\ kN\cdot m\\ V_{max}=263.64\ kN\end{cases}$

a. 强度验算。

抗弯强度：

$$\sigma=\frac{M_x}{\gamma_x W_x}=\frac{564.97\times10^6}{1.05\times1\,829.1\times10^3}N/mm^2=294.17\ N/mm^2<\frac{f}{\gamma_{RE}}=413\ N/mm^2$$

抗剪强度：

$$\tau = \frac{VS_x}{It_w} = \frac{263.64 \times 10^3 \times 1\,068.02 \times 10^3}{53\,043.94 \times 10^4 \times 10} \text{N/mm}^2 = 53.08 \text{ N/mm}^2 < \frac{f_v}{\gamma_{RE}} = 240 \text{ N/mm}^2$$

折算应力验算：

$$s = 20 \times 1.2 \times \frac{58 - 1.2}{2} \text{cm}^3 = 681.6 \text{ cm}^3$$

$$\tau = \frac{Vs}{It_w} = \frac{263.64 \times 10^3 \times 681.6 \times 10^3}{53\,043.94 \times 10^4 \times 10} \text{N/mm}^2 = 33.88 \text{ N/mm}^2$$

$$\sigma = \frac{M_x}{I_x} \frac{h - 2t}{2} = \frac{564.97 \times 10^6}{53\,043.94 \times 10^4} \times \frac{580 - 2 \times 12}{2} \text{N/mm}^2 = 296.1 \text{ N/mm}^2$$

$$\sqrt{\sigma^2 + 3\tau^2} = \sqrt{296.1^2 + 3 \times 33.88^2} \text{ N/mm}^2 = 301.86 \text{ N/mm}^2 < 1.1 \frac{f}{\gamma_{RE}} = 455 \text{ N/mm}^2$$

梁端截面强度满足要求。

b. 整体稳定验算。

由于楼板与钢梁通过抗剪栓钉紧密连接在一起，可以阻止梁受压翼缘的侧向位移，梁的整体稳定可以得到保证，故可不验算。

c. 局部稳定验算。

受压翼缘：$\dfrac{b_1}{t} = \dfrac{(200 - 10)/2}{12} = 7.9 < 11\sqrt{\dfrac{235}{345}} = 9.2$，满足要求。

腹板：$\dfrac{h_0}{t_w} = \dfrac{580 - 2 \times 12}{10} = 55.6 < (85 - 120\rho)\sqrt{\dfrac{235}{345}} = 85$，满足要求。

● GKL-3 梁截面验算

GKL-3 梁端最不利内力组合为 $\begin{cases} M_{max} = -135.46 \text{ kN·m} \\ V_{max} = 41.56 \text{ kN} \end{cases}$

a. 强度验算。

抗弯强度：

$$\sigma = \frac{M_x}{\gamma_x W_x} = \frac{135.46 \times 10^6}{1.05 \times 188 \times 10^3} \text{N/mm}^2 = 68.6 \text{ N/mm}^2 < \frac{f}{f_{RE}} = 413 \text{ N/mm}^2$$

抗剪强度：

$$\tau = \frac{VS_x}{It_w} = \frac{41.56 \times 10^3 \times 119.3 \times 10^3}{1\,880 \times 10^4 \times 6} \text{N/mm}^2 = 43.95 \text{ N/mm}^2 < \frac{f_v}{f_{RE}} = 240 \text{ N/mm}^2$$

折算应力验算：

$$s_1 = 10 \times 1 \times \frac{20 - 1}{2} \text{cm}^3 = 95 \text{ cm}^3$$

$$\tau = \frac{Vs_1}{It_w} = \frac{41.56 \times 10^3 \times 95 \times 10^3}{1\,880 \times 10^4 \times 6} \text{N/mm}^2 = 35 \text{ N/mm}^2$$

$$\sigma = \frac{M_x}{I_x} \frac{h - 2t}{2} = \frac{135.46 \times 10^6}{1\,880 \times 10^4} \times \frac{200 - 2 \times 10}{2} \text{N/mm}^2 = 64.85 \text{ N/mm}^2$$

$$\sqrt{\sigma^2 + 3\tau^2} = \sqrt{64.85^2 + 3 \times 35^2} \ \text{N/mm}^2 = 88.77 \ \text{N/mm}^2 < 1.1\frac{f}{\gamma_{RE}} = 455 \ \text{N/mm}^2$$

梁端截面强度满足要求。

b. 整体稳定验算。

由于楼板与钢梁通过抗剪栓钉紧密连接在一起,可以阻止梁受压翼缘的侧向位移,梁的整体稳定可以得到保证,故可不验算。

c. 局部稳定验算。

受压翼缘:$\dfrac{b_1}{t} = \dfrac{(100-6)/2}{12} = 4.7 < 11\sqrt{\dfrac{235}{345}} = 9.2$,满足要求。

腹板:$\dfrac{h_0}{t_w} = \dfrac{200 - 10 \times 2}{6} = 30 < (85 - 120\rho)\sqrt{\dfrac{235}{345}} = 85$,满足要求。

②框架柱截面验算。

底层柱截面验算。底层柱中,A 柱内力最不利组合值最大,其值为 $\begin{cases} M = 321.72 \ \text{kN·m} \\ N = 1\,175.98 \ \text{kN} \end{cases}$

a. 强度验算。

$$\frac{N}{A_n} + \frac{M_x}{\gamma_x W_x} = \frac{1\,175.98 \times 10^3}{30\,400} \text{N/mm}^2 + \frac{321.72 \times 10^3}{1.05 \times 3\,670 \times 10^3} \text{N/mm}^2$$

$$= 38.76 \ \text{N/mm}^2 < \frac{f}{\gamma_{RE}} = 413 \ \text{N/mm}^2$$

b. 刚度验算。

$$\lambda_x = \frac{l_{0x}}{i_x} = \frac{8.7 \times 10^3}{155.4} = 55.98 < [\lambda] = 120\sqrt{\frac{235}{f_y}} = 104.48,满足要求。$$

$$\lambda_y = \frac{l_{0y}}{i_y} = \frac{5.2 \times 10^3}{155.4} = 33.46 < [\lambda] = 120\sqrt{\frac{235}{f_y}} = 104.48,满足要求。$$

c. 弯矩作用平面内的稳定验算。

由 $\lambda_x \sqrt{\dfrac{f_y}{235}} = 55.98 \times \sqrt{\dfrac{345}{235}} = 68$,且 $\dfrac{b}{t} = \dfrac{400}{20} = 20$,属于 c 类截面,查表得 $\varphi_x = 0.656$,$\beta_{mx} = 1.0$,$\gamma_x = 1.05$。

$$N'_{Ex} = \frac{\pi^2 EA}{1.1\lambda_x^2} = \frac{3.14^2 \times 2.06 \times 10^5 \times 30\,400}{1.1 \times 55.98^2} \text{kN} = 17.93 \times 10^3 \ \text{kN}$$

$$\frac{N}{\varphi_x A} + \frac{\beta_{mx} M_x}{\gamma_x W_{1x}\left(1 - 0.8\dfrac{N}{N'_{Ex}}\right)} = \frac{1\,175.98 \times 10^3}{0.656 \times 30\,400} \text{N/mm}^2 +$$

$$\frac{1.0 \times 321.72 \times 10^6}{1.05 \times 3\,670 \times 10^3 \times \left(1 - 0.8 \times \dfrac{1\,175.98}{17\,930}\right)} \text{N/mm}^2 = 147.1 \ \text{N/mm}^2 < \frac{f}{\gamma_{RE}} = 387.5 \ \text{N/mm}^2$$

满足要求。

d. 弯矩作用平面外的稳定验算。

$\lambda_y \sqrt{\dfrac{f_y}{235}} = 33.46 \times \sqrt{\dfrac{345}{235}} = 41$，属于 c 类截面，查表得 $\varphi_y = 0.833$。

对箱形截面，$\beta_{tx} = 1.0$，$\varphi_b = 1.0$，$\eta = 0.7$，则有：

$$\dfrac{N}{\varphi_y A} + \eta \dfrac{\beta_{tx} M_x}{\varphi_b W_{1x}} = \dfrac{1\,175.98 \times 10^3}{0.833 \times 30\,400} \text{N/mm}^2 + 0.7 \times \dfrac{1.0 \times 321.72 \times 10^6}{1.0 \times 3\,670 \times 10^3} \text{N/mm}^2$$

$$= 107.8 \text{ N/mm}^2 < \dfrac{f}{\gamma_{RE}} = 387.5 \text{ N/mm}^2$$

满足要求。

e. 局部稳定验算。

受压翼缘：$\dfrac{b_0}{t} = \dfrac{400 - 2 \times 20}{20} = 18 < 40 \sqrt{\dfrac{235}{f_y}} = 33$，满足要求。

腹板：$\dfrac{b_0}{t} = \dfrac{400 - 2 \times 20}{20} = 18 < 40 \sqrt{\dfrac{235}{f_y}} = 33$，满足要求。

其他柱的验算方法相似，此处不再赘述。

③强柱弱梁检验。

查横向框架柱内力组合表，可知底层 B，C 柱柱底轴力最大，$N_{max} = 1\,667.29$ kN，由于 $\dfrac{N}{A_c f} = \dfrac{1\,677.29 \times 10^3}{30\,400 \times 310} = 0.178 < 0.4$，根据现行《抗震规范》的规定，满足强柱弱梁要求，不必验算。

5）节点设计

（1）梁-柱节点

本工程中，框架梁与柱的连接均采用栓焊混合连接，即梁的上、下翼缘与柱翼缘采用全熔透坡口焊缝连接；梁腹板与柱（通过焊接于柱上的连接板）采用高强度螺栓连接。下面以④轴框架中的底层 A 柱与梁连接节点为例介绍其设计方法。

①连接焊缝与螺栓设计。

a. 翼缘连接焊缝和腹板连接螺栓设计。

根据全截面设计法，梁翼缘和腹板分担的弯矩值由其刚度确定。

该处梁端最不利内力组合为：$M_{max} = -607.77$ kN·m，$V = 308.38$ kN

梁腹板对梁形心的惯性矩：$I_w = \dfrac{1}{12} \times 10 \times 556^3 \text{ cm}^4 = 14\,323.3 \text{ cm}^4$

梁腹板承担的弯矩：$M_w = 607.77 \times \dfrac{14\,323.3}{53\,043.94} \text{kN·m} = 164.11 \text{ kN·m}$

梁翼缘承担的弯矩：$M_f = (607.77 - 164.11) \text{kN·m} = 443.66 \text{ kN·m}$

翼缘焊缝强度验算（设有引弧板的全熔透坡口焊缝可不验算）：

$$\sigma = \dfrac{M_f}{b_{eff} t_f (h - t_f)} = \dfrac{443.66 \times 10^6}{200 \times 12 \times (580 - 12)} \text{N/mm}^2 = 325.45 \text{ N/mm}^2 < \dfrac{f_t^w}{\gamma_{RE}} = \dfrac{295}{0.75} = 393.3 \text{ N/mm}^2$$

满足要求。

腹板连接螺栓强度验算:腹板连接螺栓采用 30 个 M20、10.9 级高强度螺栓摩擦型连接,承受剪力及连接截面处部分弯矩。

一个高强度螺栓的预拉力 $P = 155$ kN,则:

$$N_v^b = 0.9 \times 2 \times 0.5 \times 155 \text{ kN} = 139.5 \text{ kN}$$

$$N_{1x}^T = \frac{Ty_1}{\sum x_i^2 + \sum y_i^2} = \frac{164.11 \times 10^2 \times 16.5}{12 \times (8^2 + 16^2) + 10 \times (3.5^2 + 10.5^2 + 16.5^2)} \text{kN} = 34.77 \text{ kN}$$

$$N_{1y}^T = \frac{Tx_1}{\sum x_i^2 + \sum y_i^2} = \frac{164.11 \times 10^2 \times 16}{12 \times (8^2 + 16^2) + 10 \times (3.5^2 + 10.5^2 + 16.5^2)} \text{kN} = 33.71 \text{ kN}$$

剪力由螺栓平均承担,则每个螺栓承受的剪力为 $N_y^V = \frac{308.38}{30} \text{kN} = 10.28$ kN。

最远处螺栓承受的剪力合力为:

$$N = \sqrt{N_{1x}^{T2} + (N_{1y}^T + N_y^V)^2} = \sqrt{34.77^2 + (33.71 + 10.28)^2} \text{ kN} = 56.07 \text{ kN}$$

$$< \frac{139.5}{0.85} \text{ kN} = 164.1 \text{ kN}$$

满足要求。

b. 连接板设计。

焊接于柱上的连接板厚度,按连接板的净截面面积与梁腹板净截面面积相等的原则确定。取连接板厚度 $t = 8$ mm。

验算连接板的抗剪强度。

螺栓连接处的连接板净截面面积:

$$A_n = (h_2 - nd_0) \cdot 2t = (480 - 4 \times 22) \times 2 \times 8 \text{ mm}^2 = 6272 \text{ mm}^2$$

$$\tau = \frac{3}{2} \frac{V}{A_n} = \frac{3 \times 308.38 \times 10^3}{2 \times 6272} \text{N/mm}^2 = 67.8 \text{ N/mm}^2 < f_v = 180 \text{ N/mm}^2$$

验算连接板在 M_w 作用下的抗弯强度:

螺栓连接处连接板净截面抵抗矩:

$$W_x = \frac{\frac{th_2^3}{12} - 2td_0a_1^2 - 2td_0a_2^2}{h_2/2} = \frac{\frac{8 \times 480^3}{12} - 2 \times 8 \times 22 \times 55^2 - 2 \times 8 \times 22 \times 165^2}{480/2} \text{mm}^2 = 262833.3 \text{ mm}^2$$

$$\sigma = \frac{M_w}{W_n} = \frac{164.11 \times 10^6}{262833.3} \text{ N/mm}^2 = 324.3 \text{ N/mm}^2 < \frac{f_t^w}{0.85} = 364.7 \text{ N/mm}^2$$

满足要求。

c. 连接板与柱相连的角焊缝设计。

$h_{fmin} = 1.5\sqrt{t_{max}} = 6$ mm, $h_{fmax} = 1.2t_{min} = 12$ mm,取 $h_f = 8$ mm。

$$\sigma_f^M = \frac{6M_w}{2h_e l_w} = \frac{6 \times 164.11 \times 10^6}{2 \times 0.7 \times 8 \times (480 - 20)^2} \text{N/mm}^2 = 415.5 \text{ N/mm}^2$$

$$\tau_f^V = \frac{V}{h_e \sum l_w} = \frac{308.38 \times 10^3}{2 \times 0.7 \times 8 \times (480 - 20) \times 2} \text{N/mm}^2 = 29.93 \text{ N/mm}^2$$

$$\sqrt{\left(\dfrac{\sigma_f^M}{\beta_f}\right)^2+(\tau_f^V)^2}=\sqrt{\left(\dfrac{415.5}{1.22}\right)^2+29.93^2}\,\text{N}/\text{mm}^2=341.89\ \text{N}/\text{mm}^2<\dfrac{f_t^w}{0.9}=344.4\ \text{N}/\text{mm}^2$$

满足要求。

②"强连接、弱杆件"型节点承载力验算。

对于抗震设防结构，当采用柱贯通型节点时，为了确保"强连接、弱杆件"型节点的抗震设计准则的实现，其连接节点的极限承载力应满足下列要求：

$$\begin{cases}M_u\geqslant1.2M_p\\[2mm]V_u\geqslant1.3\dfrac{2M_p}{l_n}\text{且满足 }V_u\geqslant0.58h_wt_wf_y\end{cases}$$

由于本工程中的全熔透坡口焊缝设有引弧板，故上述第一款自行满足，不必验算。此处仅需对第二款验算即可。

$$M_p=W_pf_y=\gamma_pW_nf_y=1.12\times1\,829.1\times10^3\times345\times10^{-6}\ \text{kN}\cdot\text{m}=706.8\ \text{kN}\cdot\text{m}$$

螺栓抗剪：$V_u=0.58nn_fA_e^bf_u^b=0.58\times12\times244.8\times1\,040\times10^{-6}\ \text{kN}=3\,544\ \text{kN}$

钢板承压：$V_u=nd(\sum t)f_{cu}^b=12\times20\times2\times10\times1.5f_u=2\,484\ \text{kN}$

两者中取较小者：$V_u=2\,484\ \text{kN}>0.58h_wt_wf_y=1\,112.6\ \text{kN}$

同时，$V_u>1.3(2M_p/l_n)=1.3\times(2\times706.8/10)\ \text{kN}=306.3\ \text{kN}$

满足要求。

③柱腹板的抗压承载力与翼缘的抗拉承载力验算。

由于本工程中已设有横向加劲肋，故柱腹板的抗压承载力与柱翼缘的抗拉承载力均不必验算。

④梁-柱节点域承载力验算。

a. 节点域的稳定验算。

按7度及以上抗震设防的结构，为防止节点域的柱腹板受剪时发生局部屈曲，需进行节点域的稳定验算。

$$t_w=20\ \text{mm}>\dfrac{(580-12\times2)+(400-20\times2)}{90}\text{mm}=10\ \text{mm}$$

节点域稳定性满足要求。

b. 节点域的强度验算。

框架④轴底层 A 柱梁端最不利内力 $M_{max}=-607.77\ \text{kN}\cdot\text{m}$，$V=308.38\ \text{kN}$。则有：

$$\dfrac{M_{b2}}{V_p}=\dfrac{607.77\times10^6}{1.8\times(580-12\times2)\times(400-20\times2)\times20}\text{MPa}=84\ \text{MPa}<\dfrac{4}{3}f_v=240\ \text{MPa}$$

抗剪承载力满足要求。

按7度及以上抗震设防的结构，尚应进行下列屈服承载力的补充验算：

由于无左梁，$M_{pb1}=0$。

$$M_{pb2}=W_{pb2}f_y=1.12\times1\,829.1\times10^3\times345\times10^{-6}\ \text{kN}\cdot\text{m}=706.8\ \text{kN}\cdot\text{m}$$

$$\psi\dfrac{M_{pb2}}{V_p}=0.6\times\dfrac{706.8\times10^6}{1.8\times(580-12\times2)\times(400-20\times2)\times20}\text{MPa}=59\ \text{MPa}\leqslant\dfrac{4}{3}\dfrac{f_v}{\gamma_{RE}}=282.3\ \text{MPa}$$

屈服承载力满足要求。

该节点的设计图见附录7。其他节点设计方法与此相似,限于篇幅,此处不再赘述。

(2)柱脚设计

本工程采用外露式刚接柱脚,基础混凝土强度等级为 C30。下面以④轴 C 柱柱脚设计为例,介绍其设计方法。④轴 C 柱柱脚处最不利内力组合 $M_{max} = 119.04$ kN·m,$N = 1667.29$ kN。

①确定柱脚底板平面尺寸。

首先根据柱脚的构造设计初选柱脚底板尺寸 $B = 960$ mm,$L = 940$ mm,然后进行下列验算:

$$\sigma_{max} = \frac{N}{BL} + \frac{6M}{BL^2} = \frac{1667.29 \times 10^3}{960 \times 940} \text{MPa} + \frac{6 \times 119.04 \times 10^6}{960 \times 940^2} \text{MPa} = 2.8 \text{ MPa} < 14.3 \text{ MPa}(满足要求)$$

$$\sigma_{min} = \frac{N}{BL} - \frac{6M}{BL^2} = \frac{1667.29 \times 10^3}{960 \times 940} \text{MPa} - \frac{6 \times 119.04 \times 10^6}{960 \times 940^2} \text{MPa} = 1 \text{ MPa}$$

②确定底板厚度。

首先按底板的4种区格(见施工图)分别计算其弯矩,然后根据其最大弯矩,按底板的抗弯强度确定底板厚度。

经分析影响4种区格弯矩的各种因素,并经试算发现,四边支承区格中的弯矩最大,因此下面仅计算四边支承板中的弯矩。

在四边支承板中,$b/a = 400/400 = 1$,查表 $\alpha = 0.0479$,则有:

$M_1 = \alpha q a^2 = 0.0479 \times 2.8 \times 400^2$ N·mm $= 21459.2$ N·mm

则底板厚度 $t = \sqrt{\dfrac{6M_{max}}{f}} = \sqrt{\dfrac{6 \times 21459.2}{295}}$ mm $= 21.6$ mm,考虑构造要求等各因素后实际取底板厚度为 40 mm。

③加劲肋设计。

加劲肋按悬臂梁计算,将自板底传来的基础反力看作荷载。为简化计算,以 σ_{max} 作为均布荷载作用于底板上,故可根据作用在加劲肋的剪力计算出加劲肋上的焊缝长度,再由焊缝长度确定加劲肋高度。拟定加劲肋宽为 250 mm,故加劲肋上的剪力为:

$V = \sigma_{max}BL = 2.8 \text{ N/mm}^2 \times 250 \text{ mm} \times 260 \text{ mm} \times 10^{-3} = 182 \text{ kN}$

$$l_w = \frac{V}{h_e f_f^w} = \frac{182 \times 10^3}{2 \times 0.7 \times 7 \times 200} \text{mm} = 92.9 \text{ mm}$$

加劲肋高度:$h_b = l_w + 2h_f = (92.9 + 2 \times 7)$ mm $= 107$ mm

考虑制作安装等过程中的一些不利因素,实际取加劲肋高度为 380 mm、厚度为 20 mm。

④确定锚栓直径。

由于 $\sigma_{min} = 1$ MPa > 0,底板与基础间不存在拉应力,因此锚栓直径按构造确定(详见柱脚节点详图)。

6)绘制结构设计图

结构设计图的部分图纸见附录7。

多高层房屋钢结构设计流程图

```
                    ┌──────────────────┐
                ┌──→│   结构方案选择     │←──┐
                │   └──────────────────┘   │
                │     │                     │
    ┌────┬──────┼─────┼──────┬─────────┐    │
  ┌─┴─┐┌─┴─┐  ┌─┴─┐ ┌─┴─┐  ┌─┴─┐          │
  │结 ││结 │  │连 │ │材 │  │构 │          │
  │构 ││构 │  │接 │ │料 │  │件 │          │
  │体 ││布 │  │方 │ │选 │  │预 │          │
  │系 ││置 │  │式 │ │择 │  │估 │          │
  └───┘└───┘  └───┘ └───┘  └───┘
```

- 结构体系
- 结构布置
- 连接方式
- 材料选择
- 构件预估

荷载与作用计算

作用效应分析

否　内力组合与构件验算　　　　结构侧移检验　否

满足要求

节点设计

基础设计

施工图绘制

复习思考题

5.1　试述多高层建筑钢结构的设计特点。

5.2　为什么需要考虑柱的轴向变形和梁柱节点域的剪切变形？

5.3　试述框架结构体系的组成、受力及变形特性。

5.4　试述双重抗侧力结构体系的组成、受力及变形特性。

5.5　在多高层建筑钢结构的抗震设计中,为何宜采用多道抗震防线？

5.6　与楼层屈服机制相比,结构的总体屈服机制具有哪些优越性？

5.7　试述耐震设计四准则的含义。

5.8　试述地震作用和风荷载的区别。

5.9 试述钢-混凝土组合楼盖的类型及其组成。

5.10 在抗震计算中,如何确定重力荷载代表值?

5.11 试述计算水平地震作用的常用方法,各种计算方法的适用条件、计算模型及计算步骤。

5.12 在抗震设计中,什么情况下才需要考虑竖向地震作用? 如何计算?

5.13 在竖向荷载和水平荷载作用下的框架结构,分别宜用何种简化计算方法计算其作用效应? 各种方法的基本假定、计算模型、计算思路或计算步骤如何?

5.14 在框架结构的简化计算中,为什么要考虑节点柔性和梁、柱节点域剪切变形对其作用效应的影响? 如何考虑?

5.15 为什么要对双重抗侧力体系简化计算中的框架剪力作适当调整? 如何调整?

5.16 试述结构稳定分类及区别。

5.17 试述不需要验算高层钢结构整体稳定的条件及验算整体稳定的方法。

5.18 试述不需要计算钢梁整体稳定的条件。

5.19 试述中心支撑的类型及应用。

5.20 试述偏心支撑框架的性能与特点。

5.21 试述压型钢板-混凝土组合楼板的构成与特点。

5.22 试述组合楼板的设计原则、验算内容及方法。

5.23 试述组合梁的构成及特点。

5.24 试述组合梁的计算内容、计算原则及验算方法。

5.25 试述钢框架安装单元的划分原则及其规定。

5.26 试述梁-柱节点的承载力验算内容及其验算方法。

5.27 主梁的节点形式及其构造要求有哪些?

5.28 主、次梁的连接方式及其构造要求有哪些?

5.29 试述梁-梁节点的承载力验算内容及其方法。

5.30 试述柱-柱节点的承载力验算内容及其方法。

5.31 试述柱脚形式、受力特点、构造要求及其验算内容与方法。

5.32 试述支撑连接的构造要求与计算方法。

习 题

5.1 用分层法分析图 5.120 所示平面框架内力,图中括号内的数字为构件线刚度的相对比值。

5.2 用 D 值法分析图 5.121 所示平面框架内力,图中括号内的数字为构件线刚度的相对比值。

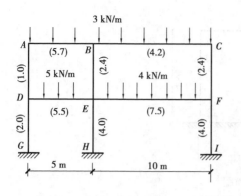

图 5.120 习题 5.1 简图

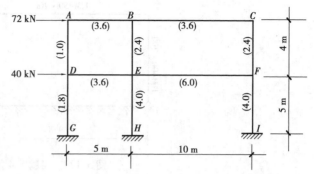

图 5.121 习题 5.2 简图

5.3 某 4 层刚接钢框架如图 5.122 所示,间距 8 m,与基础刚性连接,各构件截面几何尺寸及力学特性见表 5.32,柱和梁分别采用 Q345B 和 Q235B 钢材。所在建筑场地类别为Ⅲ类场地土,8 度抗震设防,特征周期取 0.55 s。楼层(包括屋面)自重 5 kN/m², 内墙自重 1.0 kN/m²; 楼层活荷载 5 kN/m², 屋面活荷载 1.5 kN/m²; 基本雪压 0.2 kN/m²。

要求:①各层水平地震作用计算(第一周期取 1.2 s,按底部剪力法);

②各荷载作用下的内力分析(荷载标准值);

③进行内力组合;

④进行二层与顶层左边梁-柱节点设计。

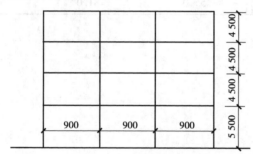

图 5.122 习题 5.3 简图

表 5.32 习题 5.3 构件截面几何尺寸及力学特性

构件	截面	$A(cm^2)$	$I_x(cm^4)$	$W_x(cm^3)$	自重(kN/m)
1,2 层柱	I400×500×20×12	215.2	101 946.9	4 077.9	1.689
3,4 层柱	I400×500×16×12	184.16	85 239.5	3 409.6	1.466
梁	I300×650×16×10	157.8	116 159	3 574.1	1.239

5.4 单层单跨钢框架如图 5.123 所示,跨度 9 m,柱高 4.5 m,柱底铰接,柱顶与横梁刚接,沿房屋纵向在柱顶有可靠支撑。柱及横梁均采用热轧 H 型钢,材质为 Q235,横梁采用 HN450×200,柱采用 HM400×300,其截面特性见表 5.33,根据内力分析所得荷载标准值作用下的柱顶弯矩和轴力见表 5.34。试验算柱截面强度和整体稳定。

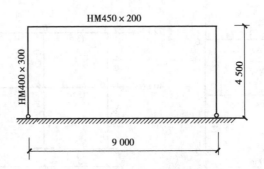

图 5.123　习题 5.4 简图

表 5.33　习题 5.4 构件截面特性

	$H(\text{mm})$	$B(\text{mm})$	$t_x(\text{mm})$	$A(\text{cm}^2)$	$I_x(\text{cm}^4)$	$W_x(\text{cm}^3)$	$i_x(\text{cm})$	$i_x(\text{cm})$
HN450×200	450	200	9.0	97.41	33 700	1 500	18.6	4.38
HN450×300	390	300	10.0	136.7	38 900	1 995	16.9	7.26

表 5.34　习题 5.4 柱顶弯矩和轴力

	恒荷载	活荷载	风荷载
$N(\text{kN})$	32.0	56.0	18.0
$M(\text{kN}\cdot\text{m})$	55.0	81.0	97.0

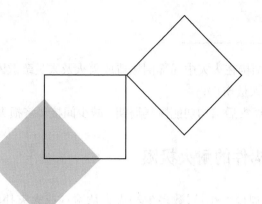

第6章
钢结构防火与防腐设计

本章导读

内容及要求：钢结构防火设计与钢结构防腐设计的设计方法与构造措施。通过本章学习，应对钢结构防火与防腐设计的相关知识有较全面的了解。

重点：钢结构防火与防腐的方法和构造。

难点：钢结构防火设计方法。

当火以一种不适当的方式在建筑空间内释放能量时，便形成了建筑火灾。在危害建筑物的诸种灾害中，火灾是最常见、最危险和最具毁灭性的灾害之一。与此同时，钢材在空气和潮湿的环境中易于锈蚀，而锈蚀危害建筑结构的安全。因此，必须对钢结构进行防火和防腐设计。

6.1 钢结构防火设计

火灾高温对钢材的性能特别是力学性能具有显著影响。在高温条件下钢材的屈服强度和弹性模量随着温度升高而降低，且其屈服台阶变得越来越小，在温度超过 300 ℃以后，已无明显的屈服极限和屈服平台；当温度超过 400 ℃后，钢材的屈服强度和弹性模量急剧下降；当温度达到 450~500 ℃时，钢材已基本丧失承载能力。当结构构件的热膨胀受到约束时，还会在构件内部产生附加温度内力，进一步削弱结构的承载力，甚至致使结构垮塌。建筑物的火灾温度可高达 900~1 000 ℃，因此必须采取防火保护措施，才能使建筑钢结构及构件达到规定的耐火极限。

钢结构防火设计，可归结为设计钢结构防火保护措施，使其在承受确定外荷载条件下，满足结构耐火时间要求，一般应通过计算对结构构件采取防火保护措施，使其在火灾中承载力降低不致过多而满足受力要求来实现。

钢结构防火设计的意义如下：

①减轻结构在火灾中的破坏,避免结构在火灾中局部倒塌造成灭火及人员疏散困难;

②避免结构在火灾中整体倒塌造成人员伤亡;

③减少火灾后结构的修复费用,缩短灾后结构功能恢复周期,减少间接经济损失。

6.1.1 建筑物的耐火等级与构件的耐火极限

各类建筑由于使用性质、重要程度、规模大小、层数多少和火灾危险性或火灾扑救难易程度存在差异,所要求的耐火能力便有所不同。根据建筑物不同的耐火能力要求,可将建筑物分成若干耐火等级。我国《建筑设计防火规范》(GB 50016—2014,2018 年版)将一般民用建筑、厂房建筑、仓库建筑划分为 4 个耐火等级,将高层民用建筑划分为 2 个耐火等级。

耐火等级是衡量建筑物耐火程度的标志,对不同类型、性质的建筑物提出不同的耐火等级要求,既可保证建筑在火灾下的安全,又有利于节约建设投资。

建筑物是由建筑结构构件(梁、板、柱等)承受荷载,因此建筑结构构件的耐火极限(以小时计)是依据建筑物的耐火等级确定的。

在不同的耐火等级中,《建筑设计防火规范》(GB 50016—2014,2018 年版)对不同建筑物各构件的耐火极限作出了规定,如表 6.1 和表 6.2 所示。

表 6.1　不同耐火等级建筑相应构件的燃烧性能和耐火极限　　　　单位:h

构件名称		耐火等级			
		一级	二级	三级	四级
墙	防火墙	不燃性 3.00	不燃性 3.00	不燃性 3.00	不燃性 3.00
	承重墙	不燃性 3.00	不燃性 2.50	不燃性 2.00	难燃性 0.50
	非承重外墙	不燃性 1.00	不燃性 1.00	不燃性 0.50	可燃性
	楼梯间和前室的墙 电梯井的墙 住宅建筑单元之间的墙和分户墙	不燃性 2.00	不燃性 2.00	不燃性 1.50	难燃性 0.50
	疏散走道两侧的隔墙	不燃性 1.00	不燃性 1.00	不燃性 0.50	难燃性 0.25
	房间隔墙	不燃性 0.75	不燃性 0.50	难燃性 0.50	难燃性 0.25
柱		不燃性 3.00	不燃性 2.50	不燃性 2.00	难燃性 0.50
梁		不燃性 2.00	不燃性 1.50	不燃性 1.00	难燃性 0.50
楼板		不燃性 1.50	不燃性 1.00	不燃性 0.50	可燃性

构件名称	耐火等级			
	一级	二级	三级	四级
屋顶承重构件	不燃性 1.50	不燃性 1.00	可燃性 0.50	可燃性
疏散楼梯	不燃性 1.50	不燃性 1.00	不燃性 0.50	可燃性
吊顶（包括吊顶搁栅）	不燃性 0.25	难燃性 0.25	难燃性 0.15	可燃性

表 6.2　不同耐火等级厂房和仓库建筑构件的燃烧性能和耐火极限　单位:h

构件名称		耐火等级			
		一级	二级	三级	四级
墙	防火墙	不燃性 3.00	不燃性 3.00	不燃性 3.00	不燃性 3.00
	承重墙	不燃性 3.00	不燃性 2.50	不燃性 2.00	难燃性 0.50
	楼梯间和前室的墙 电梯井的墙	不燃性 2.00	不燃性 2.00	不燃性 1.50	难燃性 0.50
	疏散走道两侧的隔墙	不燃性 1.00	不燃性 1.00	不燃性 0.50	难燃性 0.25
	非承重外墙 房间隔墙	不燃性 0.75	不燃性 0.50	难燃性 0.50	难燃性 0.25
柱		不燃性 3.00	不燃性 2.50	不燃性 2.00	难燃性 0.50
梁		不燃性 2.00	不燃性 1.50	不燃性 1.00	难燃性 0.50
楼板		不燃性 1.50	不燃性 1.00	不燃性 0.75	难燃性 0.50
屋顶承重构件		不燃性 1.50	不燃性 1.00	难燃性 0.50	可燃性
疏散楼梯		不燃性 1.50	不燃性 1.00	不燃性 0.75	可燃性
吊顶（包括吊顶搁栅）		不燃性 0.25	难燃性 0.25	难燃性 0.15	可燃性

6.1.2 防火保护设计要点

1）钢结构防火设计方法

尽管未加保护的钢结构耐火极限一般仅为 0.25 h 左右，但通过计算采取适当的防火保护措施后，钢结构构件可以达到规范所规定的相应耐火极限。关于钢结构构件防火计算的相关条款在此不再详述，可参见《建筑钢结构防火技术规范》（GB 51249—2017），以下简称《防火规范》）中各项条款。在此简述以构件在火灾下的最高温度不超过构件临界温度为验算准则的防火设计方法，和以构件在火灾下的作用效应设计值不超过构件的承载力设计值为验算准则的防火设计方法。

（1）基于临界温度法进行防火保护设计

① 按《防火规范》第 3.2.2 条计算构件的最不利荷载（作用）效应组合设计值。

② 根据构件和荷载类型，按《防火规范》第 7.2.1 ~ 7.2.7 条计算构件的临界温度 T_d。

③ 按《防火规范》第 6.2.1 条计算无防火保护构件在设计耐火极限 t_m 时间内的最高温度 T_m。当 $T_d > T_m$ 时，构件耐火能力满足要求，可不进行防火保护；当 $T_d \leq T_m$ 时，按步骤④，⑤确定构件所需的防火保护。

④ 确定防火保护方法，计算构件的截面形状系数。

⑤ 按《防火规范》第 7.2.8 和第 7.2.9 条确定防火保护层的厚度。

（2）基于承载力法进行防火保护设计

① 确定防火保护方法，设定钢构件的防火保护层厚度（可设定为无防火保护）；

② 按《防火规范》第 6 章的规定计算构件在设计耐火极限 t_m 时间内的最高温度 T_m；

③ 按《防火规范》第 5.1 节的规定确定高温下钢材的力学参数；

④ 按《防火规范》第 3.2.2 条的规定计算构件的最不利荷载（作用）效应组合设计值；

⑤ 按《防火规范》第 7.1 节的规定验算构件的耐火承载力；

⑥ 当设定的防火保护层厚度过小或过大时，调整防火保护层厚度，重复上述① ~ ⑤步骤。

2）防火保护材料的类型及性能

钢结构防火保护材料种类较多，常用的防火保护材料有防火涂料、不燃性防火板材、柔性毡状材料等。

（1）防火涂料

钢结构防火涂料是专门用于敷设钢结构构件表面，能形成耐火隔热保护层，以提高钢结构耐火极限的一种耐火材料。

① 防火涂料的类型。钢结构防火涂料的品种较多，通常根据高温下涂层变化情况可分为膨胀型和非膨胀型两大系列。

a. 膨胀型防火涂料又称为薄涂型防火涂料。其涂层厚度一般为 2 ~ 7 mm，其基料为有机树脂，配方中还含有发泡剂、碳化剂等成分，遇火后自身会发泡膨胀，形成比原涂层厚度大几倍到数十倍的多孔碳质层。多孔碳质层可阻挡外部热源对基材的传热，如同绝热屏障。其用于钢结构防火，耐火极限可达 0.5 ~ 1.5 h。

b.非膨胀型防火涂料,主要成分为无机绝热材料,遇火不膨胀,自身具有良好的隔热性,故又称为隔热型防火涂料。其涂层厚度为 7~50 mm,耐火极限可达 0.5~3 h 以上。因其涂层比薄涂型涂料要厚得多,因此又称为厚涂型防火涂料。

②钢结构防火涂料的选用原则。

a.室内隐蔽构件,宜选用非膨胀型防火涂料;

b.设计耐火极限大于 1.50 h 的构件,不宜选用膨胀型防火涂料;

c.室外、半室外钢结构采用膨胀型防火涂料时,应选用符合环境对其性能要求的产品;

d.非膨胀型防火涂料涂层的厚度不应小于 10 mm;

e.防火涂料与防腐涂料应相容、匹配。

(2)不燃性防火板材

①防火板的类型。钢结构防火板材分为两类:一类是密度大、强度高的薄板;另一类是密度较小的厚板。现将两类防火板材的性能、品种简介如下:

a.防火薄板。这类板有短纤维增强的各种水泥压力板(包括 TK 板、FC 板等)、纤维增强硅酸钙板、纸面石膏板,以及各种玻璃布增强的无机板(俗称无机玻璃钢)。

b.防火厚板。其特点是密度小(小于 500 kg/m³)、导热系数低[0.08 W/(m·K)以下],其厚度可按耐火极限需要确定,大致为 20~50 mm。由于本身具有优良的耐火隔热性,可直接用于钢结构防火,提高结构耐火极限。这类板主要有轻质(或超轻质)硅酸钙防火板及膨胀蛭石防火板两种。

②钢结构防火板的选用原则。

a.防火板应为不燃材料,且受火时不应出现炸裂和穿透裂缝等现象;

b.防火板的包覆应根据构件形状和所处部位进行构造设计,并应采取确保安装牢固稳定的措施;

c.固定防火板的龙骨及黏结剂应为不燃材料。龙骨应便于与构件及防火板连接,黏结剂在高温下应能保持一定的强度,并应能保证防火板的包覆完整。

3) 防火保护与构造

(1)钢结构防火保护措施

钢结构防火保护措施应从工程实际情况出发,考虑结构类型、耐火极限要求、工作环境等,按照安全可靠、经济合理的原则选用,并应符合下列要求:

①防火保护施工及受火时,不产生对人体有害的粉尘或气体;

②钢构件受火后发生允许变形时,防火保护应不发生结构性破坏与失效;

③施工方便,施工质量良好、稳定;

④具有良好的耐久性,在钢结构防腐设计年限内,防火保护性能下降不超过初始性能的 20%;

⑤后续施工应不影响防火保护的性能。

(2)防火保护方法及构造

防火保护方法也较多,下面仅就常用方法进行叙述。

①涂抹防火涂料。在钢构件表面涂覆防火涂料,形成耐火隔热保护层,这种方法施工简

便、质量轻、耐火时间长,且不受钢构件几何形状的限制,具有较好的经济性和实用性。长期以来,涂抹防火涂料一直是应用最多的钢结构防火保护方法。

钢结构采用非膨胀型防火涂料保护时,防火保护构造宜按图 6.1 选用。有下列情况之一时,宜在涂层内设置与钢构件相连接的镀锌铁丝网或玻璃纤维布:

　　a. 构件承受冲击、振动荷载;

　　b. 防火涂料的黏结强度不大于 0.05 MPa;

　　c. 构件的腹板高度大于 500 mm 且涂层厚度不小于 30 mm;

　　d. 构件的腹板高度大于 500 mm 且涂层长期暴露在室外。

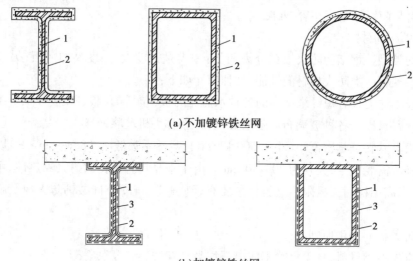

(a)不加镀锌铁丝网

(b)加镀锌铁丝网

图 6.1　防火涂料保护构造图

1—钢构件;2—防火涂料;3—锌铁丝网

②不燃性防火板材包覆法。采用防火板将钢构件包覆封闭起来,可以起到很好的防火保护效果,且防火板外观良好,可兼做装饰,施工为干作业,综合造价有一定的优势,尤其适用于钢柱的防火保护。

钢结构采用包覆防火板保护时,钢柱的防火保护构造宜按图 6.2 选用,钢梁的防火保护构造宜按图 6.3 选用。

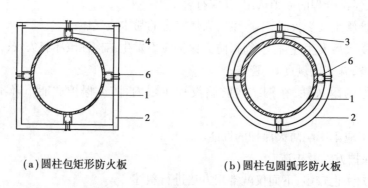

(a)圆柱包矩形防火板　　　　　　(b)圆柱包圆弧形防火板

图 6.2　防火板保护钢柱的构造图

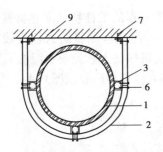

(c)靠墙圆柱包弧形防火板

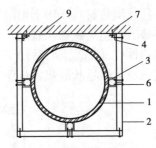

(d)靠墙圆柱包矩形防火板

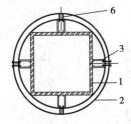

(e)箱形柱包圆弧形防火板

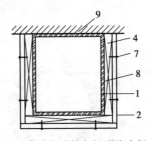

(f)靠墙箱形柱包矩形防火板

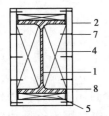

(g)独立H型柱包矩形防火板

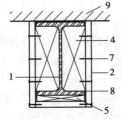

(h)靠墙H型柱包矩形防火板

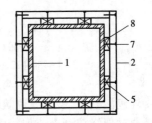

(i)独立矩形柱包矩形防火板

图6.2 防火板保护钢柱的构造图(续图)

1—钢柱;2—防火板;3—钢龙骨;4—防火板支撑件;
5—垫块;6—自攻螺钉;7—钢钉(射钉);8—高温粘贴剂;9—墙体

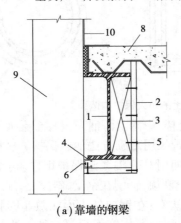

(a)靠墙的钢梁 　　　　　　(b)一般位置的钢梁

图6.3 防火板保护钢梁的构造图

1—钢梁;2—防火板;3—防火板支撑件;4—墙体钢龙骨;5—钢钉;
6—射钉;7—高温粘贴剂;8—楼板;9—墙体;10—金属防火板

③包覆柔性毡状隔热材料。用于钢结构防火保护工程的柔性毡状隔热材料主要有硅酸铝纤维毡、岩棉毡、玻璃棉毡等矿物质棉毡。使用时,可采用钢丝网将防火毡直接固定于钢材表面。这种方法隔热性好、施工方便,适用于室内不易受机械伤害和免受水湿的部位。

钢结构采用包覆柔性毡状隔热材料保护时,其防火保护构造宜按图 6.4 选用。

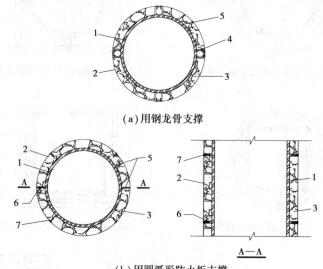

(a)用钢龙骨支撑

(b)用圆弧形防火板支撑

图 6.4　柔性毡状隔热材料防火保护构造图

1—钢柱;2—金属保护板;3—柔性毡状隔热材料;4—钢龙骨;
5—高温粘贴剂;6—弧形支撑板;7—钢钉(射钉)

④外包混凝土、砂浆或砌筑砖砌体。外包混凝土、砂浆或耐火砖完全封闭钢构件。外包混凝土是通过现浇混凝土或加气混凝土,将钢构件包裹其中。现浇混凝土内宜用细箍筋或钢筋网进行加固,以固定混凝土,防止遇火爆裂、剥落,如图 6.5 所示。

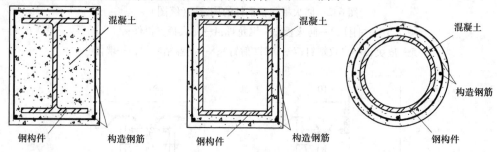

图 6.5　外包混凝土的防火保护构造

美国的纽约宾馆、英国的伦敦保险公司办公楼、中国上海浦东世界金融大厦的钢柱等均采用这种方法。我国石化工业钢结构厂房以前也曾采用砖砌方法加以保护。这种方法的优点是强度高、耐冲击。其缺点是占用的空间较大,例如用 C20 混凝土保护钢柱,其厚度为 5 ~ 10 cm 才能达到 1.5 ~3 h 的耐火极限;另外,施工也较麻烦,特别在钢梁、斜撑上,施工十分困难。

⑤复合防火保护。常见的复合防火保护做法有:在钢构件表面涂敷非膨胀防火涂料或采用柔性防火毡包覆,再用纤维增强无机板材、石膏板等作饰面板。这种方法具有良好的隔热性、完整性和装饰性,适用于耐火性能要求高,并有较高装饰要求的钢柱和钢梁。

钢结构采用复合防火保护时,钢柱的防火保护构造宜按图 6.6、图 6.7 选用,钢梁的防火保护构造宜按图 6.8 选用。

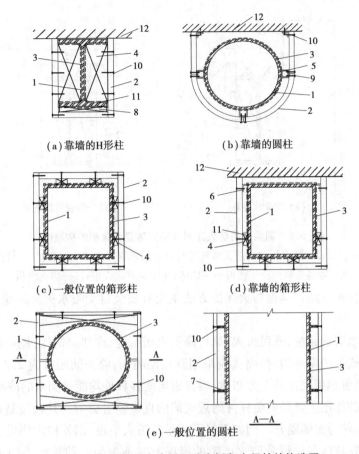

（a）靠墙的 H 形柱　　　　（b）靠墙的圆柱

（c）一般位置的箱形柱　　　　（d）靠墙的箱形柱

（e）一般位置的圆柱

图 6.6　钢柱采用防火涂料和防火板复合保护的构造图

1—钢柱;2—防火板;3—防火涂料;4—防火板龙骨;5—钢龙骨;6—支撑固定件;

7—支撑板;8—垫块;9—自攻螺钉;10—钢钉（射钉）;11—高温粘贴剂;12—墙体

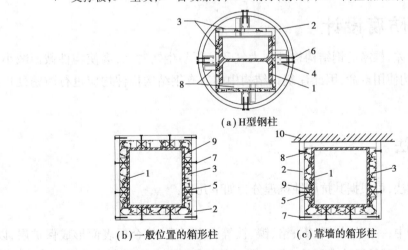

（a）H 型钢柱

（b）一般位置的箱形柱　　　　（c）靠墙的箱形柱

图 6.7　钢柱采用柔性毡和防火板复合保护的构造图

1—钢柱;2—防火板;3—柔性毡状隔热材料;4—钢龙骨;5—防火板龙骨;

6—自攻螺钉;7—钢钉;8—支撑固定件;9—高温粘贴剂;10—墙体

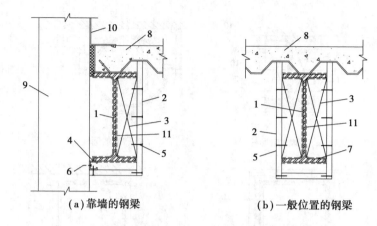

（a）靠墙的钢梁　　　　　　　（b）一般位置的钢梁

图6.8　钢梁采用防火涂料和防火板复合保护的构造图

1—钢梁;2—防火板;3—防火板支撑件;4—墙体钢龙骨;5—钢钉;6—射钉;

7—高温粘贴剂;8—楼板;9—墙体;10—金属防火板;11—防火涂料

⑥其他防火保护方法。其他防火保护方法主要有安装自动喷水灭火系统（水冷却法）、单面屏蔽法等。

设置自动喷水灭火系统,既可灭火,又可降低火场温度、冷却钢构件,提高钢结构的防火能力。采用这种方式保护钢结构时,喷头应采用直立型喷头,喷头间距宜为2.2 m左右;保护钢屋架时,喷头宜沿着钢屋架在其上方布置,确保钢屋架各杆件均能受到水的冷却保护。

单面屏蔽法的作用主要是避免杆件附近火焰的直接辐射影响。其做法是在钢构件的迎火面设置屏障,将构件与火焰隔开。例如钢梁下面吊装防火平顶、钢外柱内侧设置有一定宽度的防火板等。这种在特殊部位设置防火屏障的措施有时不失为一种较经济的钢构件防火保护方法。

6.2　钢结构防腐设计

钢结构耐腐蚀性差,裸露的钢结构构件在大气环境下易生锈腐蚀,会使构件截面减小,降低其承载力,影响结构使用寿命,因此建筑钢结构中的所有钢结构构件均应进行防锈处理,以保证其耐久性。

6.2.1　防腐方法

钢结构的防腐方法,可根据其抗腐蚀机理分为如下几种:

（1）使用耐候钢

在钢材冶炼过程中,一般增加磷、铜、铬、镍、钛等合金元素,使金属表面形成保护层,以提高钢材的抗锈蚀能力。其低温冲击韧性也比一般的结构用钢好。对处于强腐蚀环境中的建筑钢结构,宜使用耐候钢,目前使用标准为《焊接结构用耐候钢》（GB/T 4172—2000）。

（2）金属镀层保护

在钢材表面施加金属镀层保护,如电镀或热浸镀锌等方法,以提高钢材的抗锈蚀能力。

（3）非金属涂层保护

在钢材表面涂以非金属保护层（即涂料），使钢材不受空气中有害介质的侵蚀，是钢结构防腐的最常用方法。这种方法效果好，涂料品种较多且价格低廉，选择范围广，适应性强，不受构件形状和大小的限制，操作方便。但非金属涂料的耐久性较差，经过一定时期需要进行维修，这是非金属涂料的最大缺点；其次，在刷涂料前需要对钢材表面进行彻底清理，去除铁锈、轧屑等，这需要花费一定的人力、物力。

该法设计（涂层设计）的主要内容包括：除锈方法的选择、除锈质量等级的确定、涂料品种的选择、涂层结构和涂层厚度的设计等。

（4）阴极保护

在钢结构表面附加较活泼的金属取代钢材的腐蚀。这种防腐方法主要用于水下或地下钢结构。

（5）构造措施

钢结构除必须采取防锈措施外，尚应在构造上尽量避免出现难于检查、清刷和油漆之处，以及能积留湿气和大量灰尘的死角或凹槽。闭口截面构件应沿全长和端部焊接封闭。这些构造措施虽没有直接防锈的作用，但它给钢结构造成了一个良好的环境，可减缓钢结构的锈蚀速度，对钢结构防锈也起到了积极作用，在钢结构设计过程中不容忽视。

6.2.2　涂料品种的选择

防腐涂料的种类繁多，性能用途各异，选用时应视结构所处环境、有无侵蚀介质及建筑物的重要性而定。

防腐涂料一般有底漆（层）和面漆（层）之分，有时还有中间漆。底漆含粉料多、基料少，成膜粗糙，主要起附着和防锈作用；面漆则基料多，成膜有光泽，能保护底漆不受大气腐蚀，具有防腐、耐老化和装饰作用。因此，底漆应选用防锈性能好、渗透性强的品种，适用于除锈质量较低的涂装工程；面漆则应选用色泽性好、耐候性优良、施工性能好的品种。另外，选用涂料时，还应注意涂料的配套性，即底漆、中间漆、面漆应配套。最好选用同一厂家相同品种及牌号的产品配套使用，以使底漆与面漆良好结合。

根据高层钢结构防火要求高的特点，应选用与防火涂料相配套的底漆，大多选用溶剂型无机富锌底漆。因为这种底漆的防锈寿命长，而且本身也可耐500 ℃的高温。

6.2.3　涂层结构和涂层厚度设计要点

一个完整的涂层结构一般由多层防锈底漆和面漆组成。设计上一般规定两遍底漆、两遍面漆。干漆膜总厚度一般为 $100 \sim 150$ μm，通常室外工程为 150 μm，室内工程为 125 μm，允许偏差为 25 μm。在海边或海上或是在有强烈腐蚀性的大气中，干漆膜总厚度可加厚为 $200 \sim 220$ μm。

对于高层钢结构，通常均有防火要求，当采用厚涂型防火涂料时，钢结构表面可以仅涂两遍防锈底漆，其干漆膜总厚度一般为 $75 \sim 100$ μm；然后在其表面涂装防火涂料，既起防火作用,又可保护底漆。

涂层厚度用干漆膜测厚仪测定,并应满足设计规定和现行《钢结构工程施工质量验收规范》的要求。

注意:

①结构的有些部位是禁止涂漆的,在设计图中应予以注明,如:

a. 地脚螺栓和底板;

b. 高强度螺栓摩擦接触面;

c. 与混凝土紧贴或埋入的部位(钢骨混凝土部分);

d. 焊接封闭的空心界面内壁;

e. 工地焊接部位及其两侧 100 mm,且要满足超声波探伤要求的范围。但工地焊接部位及其两侧应进行不影响焊接的防锈处理,在除锈后刷涂防锈保护漆(如环氧富锌底漆等),其漆膜厚度可取 8 ~ 15 μm。

②工程安装完毕后,需要对有些部位进行补漆,如接合部的外露部位和紧固件、工地焊接部位,以及运输和安装过程中的损坏部位等。

③对于安装后油漆不到的构件部位,如紧贴围护墙板的钢柱边缘等处,应在安装前预先刷好油漆。

6.2.4　除锈方法选择与除锈等级确定

钢材的表面处理(主要是除锈)是涂装工程的重要一环,其质量好坏直接影响涂装质量,因此钢结构涂装前应对其表面进行除锈处理。而试验研究表明,影响钢结构防腐涂层保护寿命的诸多因素中,最主要的是钢材涂装前的表面涂装质量,因此我国现行《钢结构工程施工质量验收规范》中规定了除锈方法与除锈等级,见表 6.3。设计时可参照确定。

表 6.3　钢结构除锈方法与除锈等级

除锈方法	喷射或抛射除锈			手工和动力工具除锈	
除锈等级	Sa2	Sa2 $\frac{1}{2}$	Sa3	St2	St2

注:当材料和零件采用化学除锈方法时,应选用具备除锈、磷化、钝化两个以上功能的处理液,其质量应符合《多功能钢铁表面处理液通用技术条件》的规定。

1)除锈方法的选择

钢结构的除锈方法主要有手工和动力工具除锈、喷射或抛射除锈等。

手工和动力工具除锈使用的除锈工具有手工铲刀、钢丝刷、机动钢丝刷和打磨机械等,工具简单、操作方便、费用低,但劳动强度大、效率低、质量差,只能满足一般涂装要求。

喷射或抛射除锈使用的除锈设备有空气压缩机、喷射机等。喷射或抛射除锈能控制除锈质量,可获得不同要求的表面粗糙度。

用手工除锈法对钢材表面进行处理,不太适合多高层钢结构的防锈要求,有条件时应首选喷射或抛射除锈。

2)除锈等级的确定

钢材表面除锈等级的确定是涂装设计的主要内容,确定的等级过高,无疑会造成人力、财力的浪费;而等级过低会降低涂装质量,起不到应有的防护作用。因此,设计时应根据钢材表面的原始状态、选用的底漆、可能采用的除锈方法、工程造价及要求的涂装维护周期等因素,确定除锈的质量等级及其要求,但不宜盲目追求过高标准,因为随着除锈等级的提高,其除锈费用急剧增加。

在多高层钢结构中,常选用的除锈等级为 Sa2 $\frac{1}{2}$ 级。

本章小结

为了科学有效地保障钢结构建筑在其使用周期内的安全性,必须对钢结构进行防火和防腐设计。本章主要知识要点为:

(1)我国《建筑设计防火规范》(GB 50016—2014)将一般民用建筑、厂房建筑、仓库建筑划分为 4 个耐火等级,将高层民用建筑划分为 2 个耐火等级。

(2)钢结构常用的防火保护材料有防火涂料、不燃性防火板材、柔性毡状材料等。

(3)钢结构防火保护措施应从工程实际情况出发,考虑结构类型、耐火极限要求、工作环境等,按照安全可靠、经济合理的原则选用。

(4)钢结构的防腐方法主要有使用耐候钢、金属镀层保护、非金属涂层保护、阴极保护、构造措施。

(5)钢结构除锈方法主要有手工和动力工具除锈、喷射或抛射除锈等。

复习思考题

6.1　如何选择防火保护材料?

6.2　如何确定防火保护层厚度?

6.3　多高层钢结构中常用的防火保护方法及其构造措施有哪些?并比较其优缺点。

6.4　钢结构的防腐方法有哪些?

6.5　涂料品种的选择原则是什么?

6.6　涂层结构和涂层厚度如何设计?

6.7　多高层钢结构常用的除锈方法与除锈等级是什么?

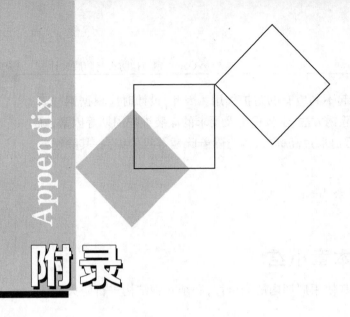

附录

附录1 疲劳计算的构件和连接分类

项　次	构造细节	说　明	类　别
1		● 无连接处的母材 轧制型钢	Z1
2		● 无连接处的母材 钢板 (1)两边为轧制边或刨边 (2)两侧为自动、半自动切割边(切割质量标准应符合现行国家标准《钢结构工程施工质量验收规范》GB 50205)	Z1 Z2
3		● 连系螺栓和虚孔处的母材 应力以净截面面积计算	Z4
4		● 螺栓连接处的母材 高强度螺栓摩擦型连接应力以毛截面面积计算;其他螺栓连接应力以净截面面积计算 ● 铆钉连接处的母材 连接应力以净截面面积计算	Z2 Z4

项　次	构造细节	说　明	类　别
5		● 受拉螺栓的螺纹处母材 连接板件应有足够的刚度,保证不产生撬力。否则受拉正应力应考虑撬力及其他因素产生的全部附加应力 对于直径大于 30 mm 螺栓,需要考虑尺寸效应对容许应力幅进行修正,修正系数 γ_t: $$\gamma_t = \left(\frac{30}{d}\right)^{0.25}$$ d——螺栓直径,单位为 mm	Z11

注:箭头表示计算应力幅的位置和方向。

附表 1.2　纵向传力焊缝的构件和连接分类

项　次	构造细节	说　明	类　别
6		● 无垫板的纵向对接焊缝附近的母材 焊缝符合二级焊缝标准	Z2
7		● 有连续垫板的纵向自动对接焊缝附近的母材 (1)无起弧、灭弧 (2)有起弧、灭弧	Z4 Z5
8		● 翼缘连接焊缝附近的母材 翼缘板与腹板的连接焊缝 自动焊,二级 T 形对接与角接组合焊缝 自动焊,角焊缝,外观质量标准符合二级 手工焊,角焊缝,外观质量标准符合二级 双层翼缘板之间的连接焊缝 自动焊,角焊缝,外观质量标准符合二级 手工焊,角焊缝,外观质量标准符合二级	 Z2 Z4 Z5 Z4 Z5
9		● 仅单侧施焊的手工或自动对接焊缝附近的母材,焊缝符合二级焊缝标准,翼缘与腹板很好贴合	Z5

续表

项 次	构造细节	说　明	类　别
10	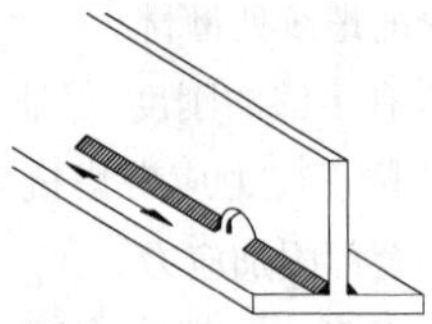	• 开工艺孔处焊缝符合二级焊缝标准的对接焊缝、焊缝外观质量符合二级焊缝标准的角焊缝等附近的母材	Z8
11		• 节点板搭接的两侧面角焊缝端部的母材	Z10
		• 节点板搭接的三面围焊时两侧角焊缝端部的母材	Z8
		• 三面围焊或两侧面角焊缝的节点板母材(节点板计算宽度按应力扩散角 θ 等于30°考虑)	Z8

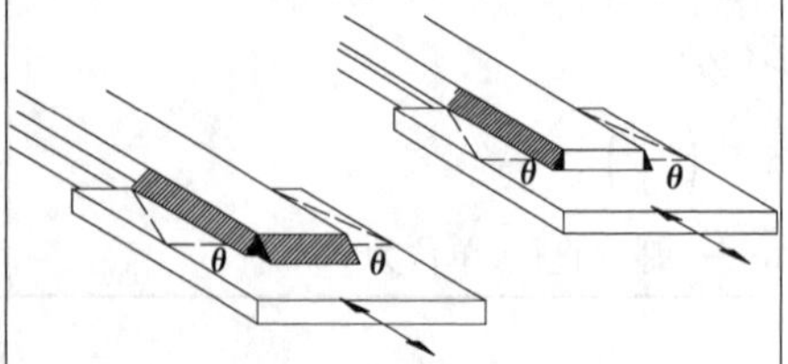

注:箭头表示计算应力幅的位置和方向。

附表 1.3　横向传力焊缝的构件和连接分类

项 次	构造细节	说　明	类　别
12		• 横向对接焊缝附近的母材,轧制梁对接焊缝附近的母材 符合现行国家标准《钢结构工程施工质量验收规范》(GB 50205)的一级焊缝,且经加工、磨平	Z2
		符合现行国家标准《钢结构工程施工质量验收规范》(GB 50205)的一级焊缝	Z4
13	坡度 ≤1/4	• 不同厚度(或宽度)横向对接焊缝附近的母材 符合现行国家标准《钢结构工程施工质量验收规范》(GB 50205)的一级焊缝,且经加工、磨平	Z2
		符合现行国家标准《钢结构工程施工质量验收规范》(GB 50205)的一级焊缝	Z4
14	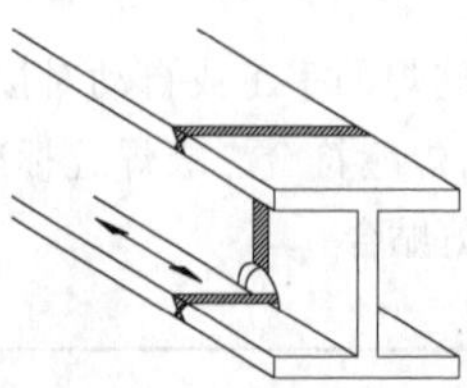	• 有工艺孔的轧制梁对接焊缝附近的母材,焊缝加工成平滑过渡并符合一级焊缝标准	Z6

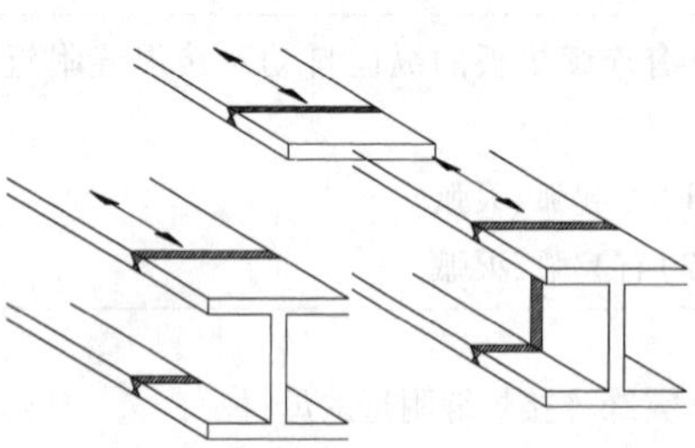

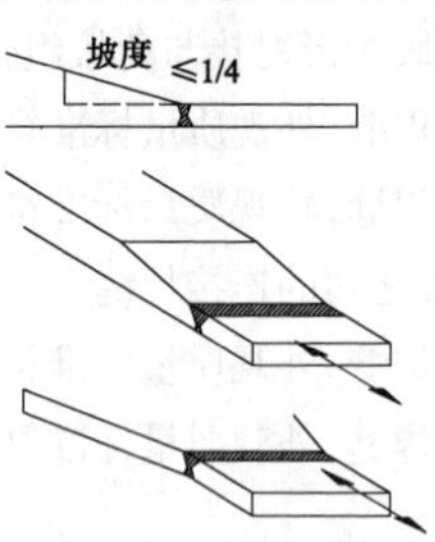

项　次	构造细节	说　明	类　别
15		●带垫板的横向对接焊缝附近的母材垫板端部超出母板距离 d $d \geqslant 10$ mm $d < 10$ mm	Z8 Z11
16		●节点板搭接的端面角焊缝的母材	Z7
17		●不同厚度直接横向对接焊缝附近的母材,焊缝等级为一级,无偏心	Z8
18		●翼缘盖板中断处的母材(板端有横向端焊缝)	Z8
19		●十字形连接、T形连接 (1)K形坡口、T形对接与角接组合焊缝处的母材,十字形连接两侧轴线偏离距离小于 $0.15\ t$,焊缝为二级,焊趾角 $\alpha \leqslant 45°$ (2)角焊缝处的母材,十字形连接两侧轴线偏离距离小于 $0.15\ t$	Z6 Z8
20		●法兰焊缝连接附近的母材 (1)采用对接焊缝,焊缝为一级 (2)采用角焊缝	Z8 Z13

注:箭头表示计算应力幅的位置和方向。

附表 1.4　非传力焊缝的构件和连接分类

项　次	构造细节	说　明	类　别
21	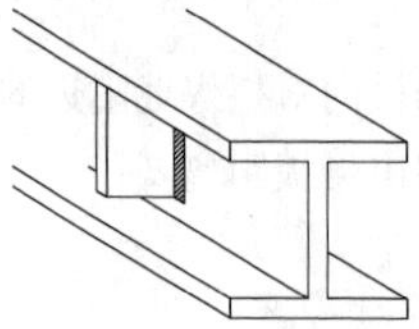	• 横向加劲肋端部附近的母材 肋端焊缝不断弧(采用回焊) 肋端焊缝断弧	Z5 Z6
22	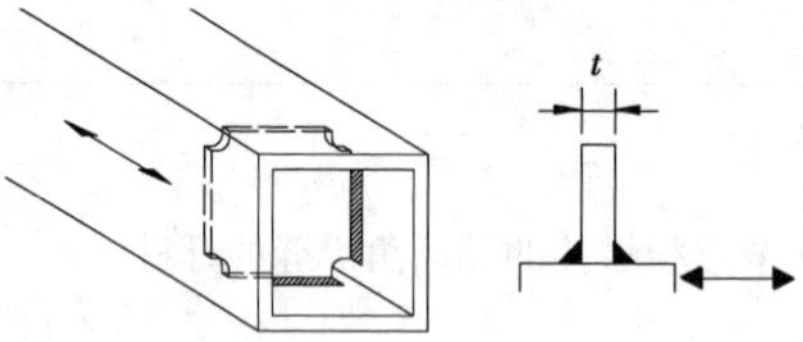	• 横向焊接附件附近的母材 (1)$t \leq 50$ mm (2)50 mm $< t \leq 80$ mm t 为焊接附件的板厚	Z7 Z8
23	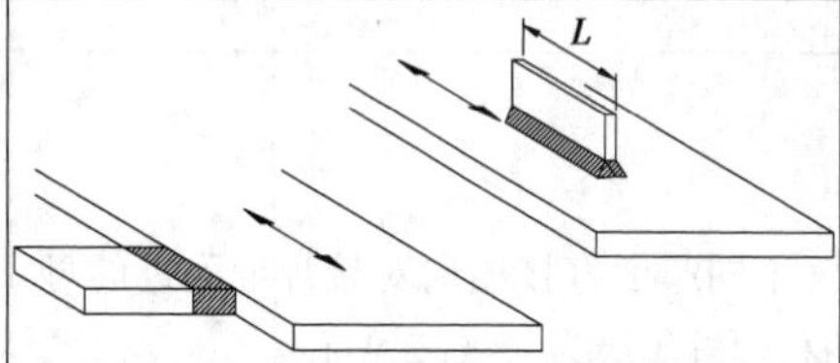	• 矩形节点板焊接于构件翼缘或腹板处的母材 (节点板焊缝方向的长度 $L > 150$ mm)	Z8
24	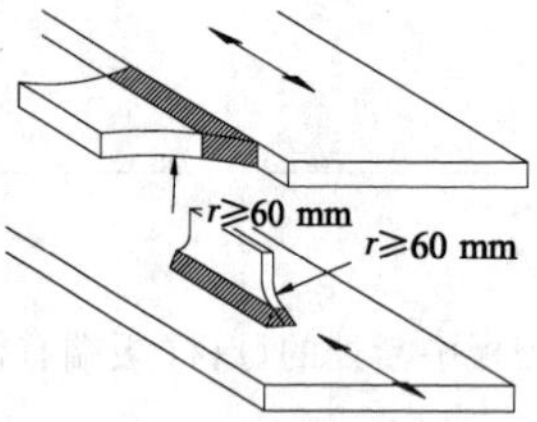	• 带圆弧的梯形节点板用对接焊缝焊于梁翼缘、腹板以及桁架构件处的母材,圆弧过渡处在焊后铲平、磨光、圆滑过渡,不得有焊接起弧、灭弧缺陷	Z6
25	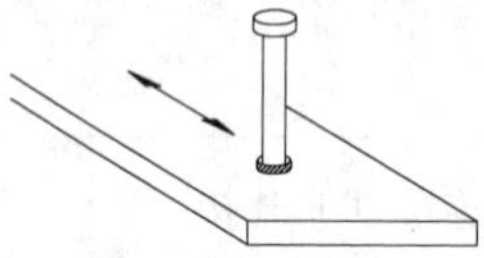	• 焊接剪力栓钉附近的钢板母材	Z7

注:箭头表示计算应力幅的位置和方向。

附表 1.5　钢管截面的构件和连接分类

项　次	构造细节	说　明	类　别
26	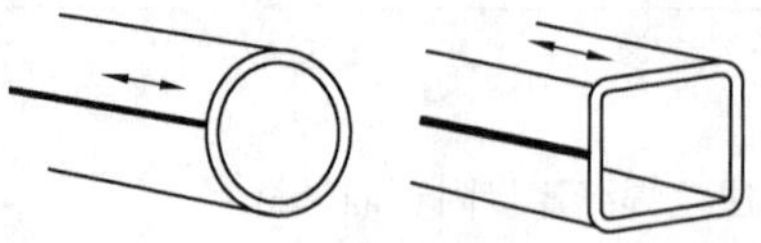	• 钢管纵向自动焊缝的母材 (1)无焊接起弧、灭弧点 (2)有焊接起弧、灭弧点	Z3 Z6
27	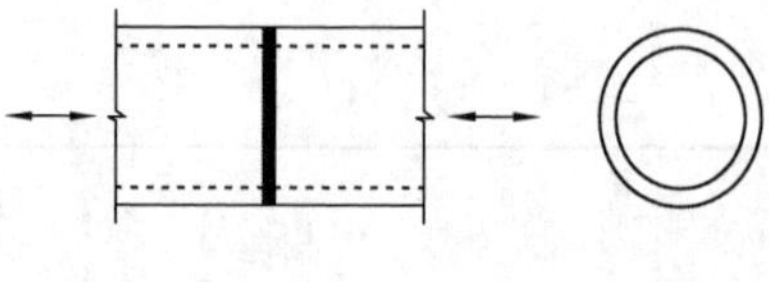	• 圆管端部对接焊缝附近的母材,焊缝平滑过渡并符合现行国家标准《钢结构工程施工质量验收规范》(GB 50205)的一级焊缝标准,余高不大于焊缝宽度的10%。 (1)圆管壁厚 8 mm $< t \leq 12.5$ mm (2)圆管壁厚 $t \leq 8$ mm	 Z6 Z8

项 次	构造细节	说 明	类 别
28		● 矩形管端部对接焊缝附近的母材,焊缝平滑过渡并符合一级焊缝标准,余高不大于焊缝宽度的10%。 (1)方管壁厚 8 mm < t ≤ 12.5 mm (2)方管壁厚 t ≤ 8 mm	Z8 Z10
29		● 焊有矩形管或圆管的构件,连接角焊缝附近的母材,角焊缝为非承载焊缝,其外观质量标准符合二级,矩形管宽度或圆管直径不大于100 mm	Z8
30		● 通过端板采用对接焊缝拼接的圆管母材,焊缝符合一级质量标准 (1)圆管壁厚 8 mm < t ≤ 12.5 mm (2)圆管壁厚 t ≤ 8 mm	Z10 Z11
31		● 通过端板采用对接焊缝拼接的矩形管母材,焊缝符合一级质量标准 (1)方管壁厚 8 mm < t ≤ 12.5 mm (2)方管壁厚 t ≤ 8 mm	Z11 Z12
32		● 通过端板采用角焊缝拼接的圆管母材,焊缝外观质量标准符合二级,管壁厚度 t ≤ 8 mm	Z13
33		● 通过端板采用角焊缝拼接的矩形管母材,焊缝外观质量标准符合二级,管壁厚度 t ≤ 8 mm	Z14

续表

项　次	构造细节	说　明	类　别
34	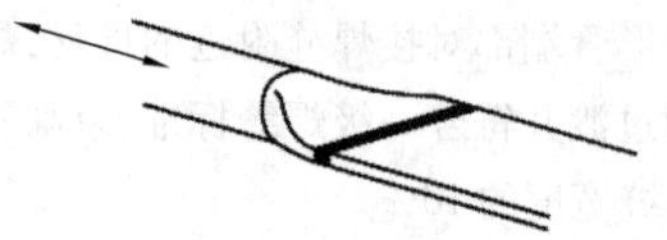	• 钢管端部压扁与钢板对接焊缝连接(仅适用于直径小于 200 mm 的钢管),计算时采用钢管的应力幅	Z8
35	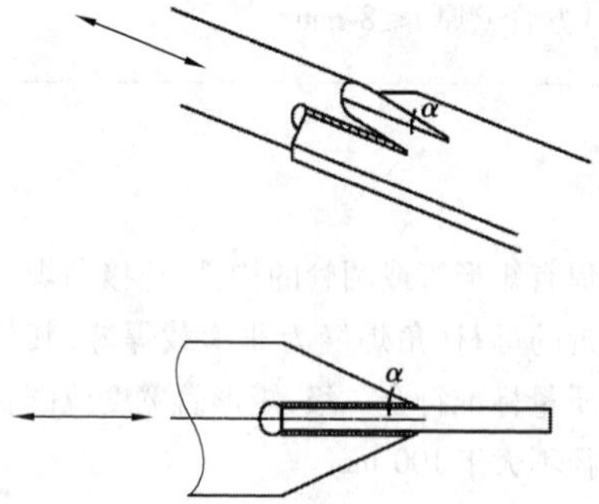	• 钢管端部开设槽口与钢板角焊缝连接,槽口端部为圆弧,计算时采用钢管的应力幅 (1)倾斜角 $\alpha \leqslant 45°$ (2)倾斜角 $\alpha > 45°$	Z8 Z9

注:箭头表示计算应力幅的位置和方向。

附表 1.6　剪应力作用下的构件和连接分类

项　次	构造细节	说　明	类　别
36	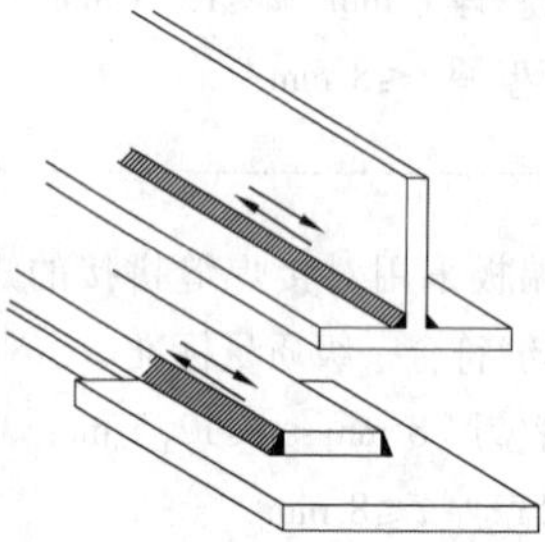	• 各类受剪角焊缝 剪应力按有效截面计算	J1
37	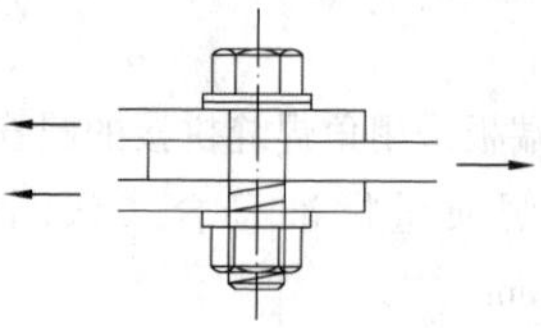	• 受剪力的普通螺栓 采用螺杆截面的剪应力	J2
38	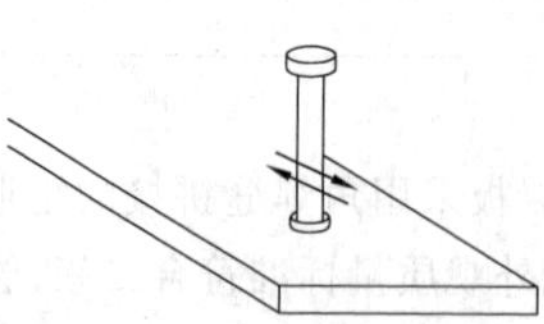	• 焊接剪力栓钉 采用栓钉名义截面的剪应力	J3

注:箭头表示计算应力幅的位置和方向。

附录2　锚栓规格

附表　锚栓规格

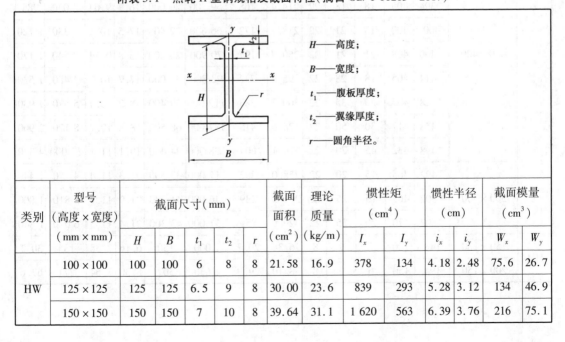

形　式	I				II			III			
锚栓直径 d(mm)	20	24	30	36	42	48	56	64	72	88	90
锚栓有效截面面积(cm²)	2.45	3.53	5.61	8.17	11.20	14.70	20.30	26.80	34.60	43.44	55.91
锚栓拉力设计值(Q235钢)(kN)	34.4	49.4	78.5	114.4	156.9	206.2	284.2	375.2	484.4	608.2	782.7
III型锚栓　锚板宽度 c(mm)	—	—	—	—	140	200	200	240	280	350	400
III型锚栓　锚板厚度 t(mm)	—	—	—	—	20	20	20	25	30	40	40

附录3　部分型钢规格和截面特性

附表3.1　热轧H型钢规格及截面特性(摘自GB/T 11263—2017)

H——高度;

B——宽度;

t_1——腹板厚度;

t_2——翼缘厚度;

r——圆角半径。

类别	型号(高度×宽度)(mm×mm)	截面尺寸(mm)					截面面积(cm²)	理论质量(kg/m)	惯性矩(cm⁴)		惯性半径(cm)		截面模量(cm³)	
		H	B	t_1	t_2	r			I_x	I_y	i_x	i_y	W_x	W_y
HW	100×100	100	100	6	8	8	21.58	16.9	378	134	4.18	2.48	75.6	26.7
	125×125	125	125	6.5	9	8	30.00	23.6	839	293	5.28	3.12	134	46.9
	150×150	150	150	7	10	8	39.64	31.1	1 620	563	6.39	3.76	216	75.1

续表

类别	型号 (高度×宽度) (mm×mm)	截面尺寸(mm)					截面 面积 (cm²)	理论 质量 (kg/m)	惯性矩 (cm⁴)		惯性半径 (cm)		截面模量 (cm³)	
		H	B	t_1	t_2	r			I_x	I_y	i_x	i_y	W_x	W_y
HW	175×175	175	175	7.5	11	13	51.42	40.4	2 900	984	7.50	4.37	331	112
	200×200	200	200	8	12	13	63.53	49.9	4 720	1 600	8.61	5.02	472	160
		*200	204	12	12	13	71.53	56.2	4 980	1 700	8.34	4.87	498	167
	250×250	*244	252	11	11	13	81.31	63.8	8 700	2 940	10.3	6.01	713	233
		250	250	9	14	13	91.43	71.8	10 700	3 650	10.8	6.31	860	292
		*250	255	14	14	13	103.9	81.6	11 400	3 880	10.5	6.10	912	304
	300×300	*294	302	12	12	13	106.3	83.5	16 600	5 510	12.5	7.20	1 130	365
		300	300	10	15	13	118.5	93.0	20 200	6 750	13.1	7.55	1 350	450
		*300	305	15	15	13	133.5	105	21 300	7 100	12.6	7.29	1 420	466
	350×350	*338	351	13	13	13	133.3	105	27 700	9 380	14.4	8.38	1 640	534
		*344	348	10	16	13	144.0	113	32 800	11 200	15.1	8.83	1 910	646
		*344	354	16	16	13	164.7	129	34 900	11 800	14.6	8.48	2 030	669
		350	350	12	19	13	171.9	135	39 800	13 600	15.2	8.88	2 280	776
		*350	357	19	19	13	196.4	154	42 300	14 400	14.7	8.57	2 420	808
	400×400	*388	402	15	15	22	178.5	140	49 000	16 300	16.6	9.54	2 520	809
		*394	398	11	18	22	186.8	147	56 100	18 900	17.3	10.1	2 850	951
		*394	405	18	18	22	214.4	168	59 700	20 000	16.7	9.64	3 030	985
		400	400	13	21	22	218.7	172	66 600	22 400	17.5	10.1	3 330	1 120
		*400	408	21	21	22	250.7	197	70 900	23 800	16.8	9.74	3 540	1 170
		*414	405	18	28	22	295.4	232	92 800	31 000	17.7	10.2	4 480	1 530
		*428	407	20	35	22	360.7	283	119 000	39 400	18.2	10.4	5 570	1 930
		*458	417	30	50	22	528.6	415	187 000	60 500	18.8	10.7	8 170	2 900
		*498	432	45	70	22	770.1	604	298 000	94 400	19.1	11.1	12 000	4 370
	500×500	*492	465	15	20	22	258.0	202	117 000	33 500	21.3	11.4	4 770	1 440
		*502	465	15	25	22	304.5	239	146 000	41 900	21.9	11.7	5 810	1 800
		*502	470	20	25	22	329.6	259	151 000	43 300	21.4	11.5	6 020	1 840
HM	150×100	148	100	6	9	8	26.34	20.7	1 000	150	6.16	2.38	135	30.1
	200×150	194	150	6	9	8	38.10	29.9	2 630	507	8.30	3.64	271	67.6

类别	型号（高度×宽度）（mm×mm）	截面尺寸（mm）					截面面积（cm²）	理论质量（kg/m）	惯性矩（cm⁴）		惯性半径（cm）		截面模量（cm³）	
		H	B	t_1	t_2	r			I_x	I_y	i_x	i_y	W_x	W_y
HM	250×175	244	175	7	11	13	55.49	43.6	6 040	984	10.4	4.21	495	112
	300×200	294	200	8	12	13	71.05	55.8	11 100	1 600	12.5	4.74	756	160
		*298	201	9	14	13	82.03	64.4	13 100	1 900	12.6	4.80	878	189
	350×250	340	250	9	14	13	99.53	78.1	21 200	3 650	14.6	6.05	1 250	292
	400×300	390	300	10	16	13	133.3	105	37 900	7 200	16.9	7.35	1 940	480
	450×300	440	300	11	18	13	153.9	121	54 700	8 110	18.9	7.25	2 490	540
	500×300	*482	300	11	15	13	141.2	111	58 300	6 760	20.3	6.91	2 420	450
		488	300	11	18	13	159.2	125	68 900	8 110	20.8	7.13	2 820	540
	550×300	*544	300	11	15	13	148.0	116	76 400	6 760	22.7	6.75	2 810	450
		*550	300	11	18	13	166.0	130	89 800	8 110	23.3	6.98	3 270	540
	600×300	*582	300	12	17	13	169.2	133	98 900	7 660	24.2	6.72	3 400	511
		588	300	12	20	13	187.2	147	114 000	9 010	24.7	6.93	3 890	601
		*594	302	14	23	13	217	170	134 000	10 600	24.8	6.97	4 500	700
HN	*100×50	100	50	5	7	8	11.84	9.30	187	14.8	3.97	1.11	37.5	5.91
	*125×60	125	60	6	8	8	16.68	13.1	409	29.1	4.95	1.32	65.4	9.71
	150×75	150	75	5	7	8	17.84	14.0	666	49.5	6.10	1.66	88.8	13.2
	175×90	175	90	5	8	8	22.89	18.0	1 210	97.5	7.25	2.06	138	21.7
	200×100	*198	99	4.5	7	8	22.68	17.8	1 540	113	8.24	2.23	156	22.9
		200	100	5.5	8	8	26.66	20.9	1 810	134	8.22	2.23	181	26.7
	250×125	*248	124	5	8	8	31.98	25.1	3 450	255	10.4	2.82	278	41.1
		250	125	6	9	8	36.96	29.0	3 960	294	10.4	2.81	317	47.0
	300×150	*298	149	5.5	8	13	40.80	32.0	6 320	442	12.4	3.29	424	59.3
		300	150	6.5	9	13	46.78	36.7	7 210	508	12.4	3.29	481	67.7
	350×175	*346	174	6	9	13	52.45	41.2	11 000	791	14.5	3.88	638	91.0
		350	175	7	11	13	62.91	49.4	13 500	984	14.6	3.95	771	112
	400×150	400	150	8	13	13	70.37	55.2	18 600	734	16.3	3.22	929	97.8
	400×200	*396	199	7	11	13	71.41	56.1	19 800	1 450	16.6	4.50	999	145
		400	200	8	13	13	83.37	65.4	23 500	1 740	16.8	4.56	1 170	174
	450×150	*446	150	7	12	13	66.99	52.6	22 000	677	18.1	3.17	985	90.3

续表

类别	型号 (高度×宽度) (mm×mm)	截面尺寸(mm)					截面 面积 (cm²)	理论 质量 (kg/m)	惯性矩 (cm⁴)		惯性半径 (cm)		截面模量 (cm³)	
		H	B	t_1	t_2	r			I_x	I_y	i_x	i_y	W_x	W_y
HN	450×150	450	151	8	14	13	77.49	60.8	25 700	806	18.2	3.22	1 140	107
	450×200	*446	199	8	12	13	82.97	65.1	28 100	1 580	18.4	4.36	1 260	159
		450	200	9	14	13	95.43	74.9	32 900	1 870	18.6	4.42	1 460	187
	475×150	*470	150	7	13	13	71.53	56.2	26 200	733	19.1	3.20	1 110	97.8
		*475	151.5	8.5	15.5	13	86.15	67.6	31 700	901	19.2	3.23	1 330	119
		482	153.5	10.5	19	13	106.4	83.5	39 600	1 150	19.3	3.28	1 640	150
	500×150	*492	150	7	12	13	70.21	55.1	27 500	677	19.8	3.10	1 120	90.3
		*500	152	9	16	13	92.21	72.4	37 000	940	20.0	3.19	1 480	124
		504	153	10	18	13	103.3	81.1	41 900	1 080	20.1	3.23	1 660	141
	500×200	*496	199	9	14	13	99.29	77.9	40 800	1 840	20.3	4.30	1 650	185
		500	200	10	16	13	112.3	88.1	46 800	2 140	20.4	4.36	1 870	214
		*506	201	11	19	13	129.3	102	55 500	2 580	20.7	4.46	2 190	257
	550×200	*546	199	9	14	13	103.8	81.5	50 800	1 840	22.1	4.21	1 860	185
		550	200	10	16	13	117.3	92.0	58 200	2 140	22.3	4.27	2 120	214
	600×200	*596	199	10	15	13	117.8	92.4	66 600	1 980	23.8	4.09	2 240	199
		600	200	11	17	13	131.7	103	75 600	2 270	24.0	4.15	2 520	227
		*606	201	12	20	13	149.8	118	88 300	2 720	24.3	4.25	2 910	270
	625×200	*625	198.5	13.5	17.5	13	150.6	118	88 500	2 300	24.2	3.90	2 830	231
		630	200	15	20	13	170.0	133	101 000	2 690	24.4	3.97	3 220	268
		*638	202	17	24	13	198.7	156	122 000	3 320	24.8	4.09	3 820	329
	650×300	*646	299	10	15	13	152.8	120	110 000	6 690	26.9	6.61	3 410	447
		*650	300	11	17	13	171.2	134	125 000	7 660	27.0	6.68	3 850	511
		*656	301	12	20	13	195.5	154	147 000	9 100	27.4	6.81	4 470	605
	700×300	*692	300	13	20	18	207.5	163	168 000	9 020	28.5	6.59	4 870	601
		700	300	13	24	18	231.5	182	197 000	10 800	29.2	6.83	5 640	721
	750×300	*734	299	12	16	18	182.7	143	161 000	7 140	29.7	6.25	4 390	478
		*742	300	13	20	18	214.0	168	197 000	9 020	30.4	6.49	5 320	601
		*750	300	13	24	18	238.0	187	231 000	10 800	31.1	6.74	6 150	721
		*758	303	16	18	18	284.8	224	276 000	13 000	31.1	6.75	7 270	859
	800×300	*792	300	14	22	18	239.5	188	248 000	9 920	32.2	6.43	6 270	661
		800	300	14	26	18	263.5	207	286 000	11 700	33.0	6.66	7 160	781
	850×300	*834	298	14	19	18	227.5	179	251 000	8 400	33.2	6.07	6 020	564

类别	型号 （高度×宽度） （mm×mm）	截面尺寸（mm）					截面 面积 （cm²）	理论 质量 （kg/m）	惯性矩 （cm⁴）		惯性半径 （cm）		截面模量 （cm³）	
		H	B	t_1	t_2	r			I_x	I_y	i_x	i_y	W_x	W_y
HN	850×300	*842	299	15	23	18	259.7	204	298 000	10 300	33.9	6.28	7 080	687
		*850	300	16	27	18	292.1	229	346 000	12 200	34.4	6.45	8 140	812
		*858	301	17	31	18	324.7	255	395 000	14 100	34.9	6.59	9 210	939
	900×300	*890	299	15	23	18	266.9	210	339 000	10 300	35.6	6.20	7 610	687
		900	300	16	28	18	305.8	240	404 000	12 600	36.4	6.42	8 990	842
		*912	302	18	34	18	360.1	283	491 000	15 000	36.9	6.59	10 800	1 040
	1 000×300	*970	297	16	21	18	276.0	217	393 000	9 210	37.8	5.77	8 110	620
		*980	298	17	26	18	315.5	248	472 000	11 500	38.7	6.04	9 630	772
		*990	298	17	31	18	345.3	271	544 000	13 700	39.7	6.03	11 000	921
		*1 000	300	19	36	18	395.1	310	634 000	16 300	40.1	6.41	12 700	1 080
		*1 008	302	21	40	18	439.3	345	712 000	18 400	40.3	6.47	14 100	1 220
HT	100×50	95	48	3.2	4.5	8	7.620	5.98	115	8.39	3.88	1.04	24.2	3.49
		97	49	4	5.5	8	9.370	7.36	143	10.9	3.91	1.07	29.6	4.45
	100×100	96	99	4.5	6	8	16.20	12.7	272	97.2	4.09	2.44	56.7	19.6
	125×60	118	58	3.2	4.5	8	9.250	7.26	218	14.7	4.85	1.26	37.0	5.08
		120	59	4	5.5	8	11.39	8.94	271	19.0	4.87	1.29	45.2	6.43
	125×125	119	123	4.5	6	8	20.12	15.8	532	186	5.14	3.04	89.5	30.3
	150×75	145	76	3.2	4.5	8	11.47	9.00	416	29.3	6.01	1.59	57.3	8.02
		147	74	4	5.5	8	14.12	11.1	516	37.3	6.04	1.62	70.2	10.1
	150×100	139	97	3.2	4.5	8	13.43	10.6	476	68.6	5.94	2.25	68.4	14.1
		142	99	4.5	6	8	18.27	14.3	654	97.2	5.98	2.30	92.1	19.6
	150×150	144	148	5	7	8	27.76	21.8	1 090	378	6.25	3.69	151	51.1
		147	149	6	8.5	8	33.67	26.4	1 350	469	6.32	3.73	183	63.0
	175×90	168	88	3.2	4.5	8	13.55	10.6	670	51.2	7.02	1.94	79.7	11.6
		171	89	4	6	8	17.58	13.8	894	70.7	7.13	2.00	105	15.9
	175×175	167	176	5	7	13	33.32	26.2	1 780	605	7.30	4.26	213	69.9
		172	175	6.5	9.5	13	44.64	35.0	2 470	850	7.43	4.36	287	97.1
	200×100	193	98	3.2	4.5	8	15.25	12.0	994	70.7	8.07	2.15	103	14.4
		196	99	4	6	8	19.78	15.5	1 320	97.2	8.18	2.21	135	19.6
	200×150	188	149	4.5	6	8	26.34	20.7	1 730	331	8.09	3.54	184	44.4

续表

类别	型号 (高度×宽度) (mm×mm)	截面尺寸(mm)					截面 面积 (cm²)	理论 质量 (kg/m)	惯性矩 (cm⁴)		惯性半径 (cm)		截面模量 (cm³)	
		H	B	t_1	t_2	r			I_x	I_y	i_x	i_y	W_x	W_y
HT	200×200	192	198	6	8	13	43.69	34.3	3 060	1 040	8.37	4.86	319	105
	250×125	244	124	4.5	6	8	25.86	20.3	2 650	191	10.1	2.71	217	30.8
	250×175	238	173	4.5	6	13	39.12	30.7	4 240	691	10.4	4.20	356	79.9
	300×150	294	148	4.5	6	13	31.90	25.0	4 800	325	12.3	3.19	327	43.9
	300×200	286	198	6	8	13	49.33	38.7	7 360	1 040	12.2	4.58	515	105
	350×175	340	173	4.5	6	13	36.97	29.0	7 490	518	14.2	3.74	441	59.9
	400×150	390	148	6	6	13	47.57	37.3	11 700	434	15.7	3.01	602	58.6
	400×200	390	198	6	8	13	55.57	43.6	14 700	1 040	16.2	4.31	752	150

注:①表中同一型号的产品,其内侧尺寸高度一致。

②表中截面面积计算公式为:$t_1(H-2t_2)+2Bt_2+0.858r^2$。

③表中"＊"表示的规格为市场非常用规格。

附表 3.2　剖分 T 型钢规格及截面特性(摘自 GB/T 11263—2017)

h——高度;

B——宽度;

t_1——腹板厚度;

t_2——翼缘厚度;

r——圆角半径;

C_x——重心。

类别	型号 (高度×宽度) (mm×mm)	截面尺寸(mm)					截面 面积 (cm²)	理论 质量 (kg/m)	惯性矩 (cm⁴)		惯性半径 (cm)		截面模量 (cm³)		重心 C_x(cm)	对应 H 型钢系 列型号
		H	B	t_1	t_2	r			I_x	I_y	i_x	i_y	W_x	W_y		
TW	50×100	50	100	6	8	8	10.79	8.47	16.1	66.8	1.22	2.48	4.02	13.4	1.00	100×100
	62.5×125	62.5	125	6.5	9	8	15.00	11.8	35.0	147	1.52	3.12	6.91	23.5	1.19	125×125
	75×150	75	150	7	10	8	19.82	15.6	66.4	282	1.82	3.76	10.8	37.5	1.37	150×150
	87.5×175	87.5	175	7.5	11	13	25.71	20.2	115	492	2.11	4.37	15.9	56.2	1.55	175×175
	100×200	100	200	8	12	13	31.76	24.9	184	801	2.40	5.02	22.3	80.1	1.73	200×200
		100	204	12	12	13	35.76	28.1	256	851	2.67	4.87	32.4	83.4	2.09	
	125×250	125	250	9	14	13	45.71	35.9	412	1 820	3.00	6.31	39.5	146	2.08	250×250
		125	255	14	14	13	51.96	40.8	589	1 940	3.36	6.10	59.4	152	2.58	
	150×300	147	302	12	12	13	53.16	41.7	857	2 760	4.01	7.20	72.3	183	2.85	300×300
		150	300	10	15	13	59.22	46.5	798	3 380	3.67	7.55	63.7	225	2.47	

类别	型号 （高度×宽度） （mm × mm）	截面尺寸(mm)					截面 面积 （cm²）	理论 质量 （kg/m）	惯性矩 （cm⁴）		惯性半径 （cm）		截面模量 （cm³）		重心 C_x(cm)	对应H 型钢系 列型号
		H	B	t_1	t_2	r			I_x	I_y	i_x	i_y	W_x	W_y		
TW	150×300	150	305	15	15	13	66.72	52.4	1 110	3 550	4.07	7.29	92.5	233	3.04	300×300
	175×350	172	348	10	16	13	72.00	56.5	1 230	5 620	4.13	8.83	84.7	323	2.67	350×350
		175	350	12	19	13	85.94	67.5	1 520	6 790	4.20	8.88	104	388	2.87	
	200×400	194	402	15	15	22	89.22	70.0	2 480	8 130	5.27	9.54	158	404	3.70	400×400
		197	398	11	18	22	93.40	73.3	2 050	9 460	4.67	10.1	123	475	3.01	
		200	400	13	21	22	109.3	85.8	2 480	11 200	4.75	10.1	147	560	3.21	
		200	408	21	21	22	125.3	98.4	3 650	11 900	5.39	9.74	229	584	4.07	
		207	405	18	28	22	147.7	116	3 620	15 500	4.95	10.2	213	766	3.68	
		214	407	20	35	22	180.3	142	4 380	19 700	4.92	10.4	250	967	3.90	
TM	75×100	74	100	6	9	8	13.17	10.3	51.7	75.2	1.98	2.38	8.84	15.0	1.56	150×100
	100×150	97	150	6	9	8	19.05	15.0	124	253	2.55	3.64	15.8	33.8	1.80	200×150
	125×175	122	175	7	11	13	27.74	21.8	288	492	3.22	4.21	29.1	56.2	2.28	250×175
	150×200	147	200	8	12	13	35.52	27.9	571	801	4.00	4.74	48.2	80.1	2.85	300×200
		149	201	9	14	13	40.1	32.2	661	949	4.01	4.80	55.2	94.4	2.92	
	175×250	170	250	9	14	13	49.76	39.1	1 020	1 820	4.51	6.05	73.2	146	3.11	350×250
	200×300	195	300	10	16	13	66.62	52.3	1 730	3 600	5.09	7.35	108	240	3.43	400×300
	225×300	220	300	11	18	13	76.94	60.4	2 680	4 050	5.89	7.25	150	270	4.09	450×300
	250×300	241	300	11	15	13	70.58	55.4	3 400	3 380	6.93	6.91	178	225	5.00	500×300
		244	300	11	18	13	79.58	62.5	3 610	4 050	6.73	7.13	184	270	4.72	
	275×300	272	300	11	15	13	73.99	58.1	4 790	3 380	8.04	6.75	225	225	5.96	550×300
		275	300	11	18	13	82.99	65.2	5 090	4 050	7.82	6.98	232	270	5.59	
	300×300	291	300	12	17	13	84.60	66.4	6 320	3 830	8.64	6.72	280	255	6.51	600×300
		294	300	12	20	13	93.60	73.5	6 680	4 500	8.44	6.93	288	300	6.17	
		297	302	14	23	13	108.5	85.2	7 890	5 290	8.52	6.97	339	350	6.41	
TN	50×50	50	50	5	7	8	5.920	4.65	11.8	7.39	1.41	1.11	3.18	2.95	1.28	100×50
	62.5×60	62.5	60	6	8	8	8.340	6.55	27.5	14.6	1.81	1.32	5.96	4.85	1.64	125×60
	75×75	75	75	5	7	8	8.920	7.00	42.6	24.7	2.18	1.66	7.46	6.59	1.79	150×75
	87.5×90	85.5	89	4	6	8	8.790	6.90	53.7	35.3	2.47	2.00	8.02	7.94	1.86	175×90
		87.5	90	5	8	8	11.44	8.98	70.6	48.7	2.48	2.06	10.4	10.8	1.93	
	100×100	99	99	4.5	7	8	11.34	8.90	93.5	56.7	2.87	2.23	12.1	11.5	2.17	200×100
		100	100	5.5	8	8	13.33	10.5	114	66.9	2.92	2.23	14.8	13.4	2.31	
	125×125	124	124	5	8	8	15.99	12.6	207	127	3.59	2.82	21.3	20.5	2.66	250×125
		125	125	6	9	8	18.48	14.5	248	147	3.66	2.81	25.6	23.5	2.81	
	150×150	149	149	5.5	8	13	20.40	16.0	393	221	4.39	3.29	33.8	29.7	3.26	300×150
		150	150	6.5	9	13	23.39	18.4	464	254	4.45	3.29	40.0	33.8	3.41	

续表

类别	型号 (高度×宽度) (mm×mm)	截面尺寸(mm)					截面面积 (cm²)	理论质量 (kg/m)	惯性矩 (cm⁴)		惯性半径 (cm)		截面模量 (cm³)		重心 C_x(cm)	对应H型钢系列型号
		H	B	t_1	t_2	r			I_x	I_y	i_x	i_y	W_x	W_y		
TN	175×175	173	174	6	9	13	26.22	20.6	679	396	5.08	3.88	50.0	45.5	3.72	350×175
		175	175	7	11	13	31.45	24.7	814	492	5.08	3.95	59.3	56.2	3.76	
	200×200	198	199	7	11	13	35.70	28.0	1 190	723	5.77	4.50	76.4	72.7	4.20	400×200
		200	200	8	13	13	41.68	32.7	1 390	868	5.78	4.56	88.6	86.8	4.26	
	225×150	223	150	7	12	13	33.49	26.3	1 570	338	6.84	3.17	93.7	45.1	5.54	450×150
		225	151	8	14	13	38.74	30.4	1 830	403	6.87	3.22	108	53.4	5.62	
	225×200	223	199	8	12	13	41.48	32.6	1 870	789	6.71	4.36	109	79.3	5.15	450×200
		225	200	9	14	13	47.71	37.5	2 150	935	6.71	4.42	124	93.5	5.19	
	237.5×150	235	150	7	13	13	35.76	28.1	1 850	367	7.18	3.20	104	48.9	7.50	475×150
		237.5	151.5	8.5	15.5	13	43.07	33.8	2 270	451	7.25	3.23	128	59.5	7.57	
		241	153.5	10.5	19	13	53.20	41.8	2 860	575	7.33	3.28	160	75.0	7.67	
	250×150	246	150	7	12	13	35.10	27.6	2 060	339	7.66	3.10	113	45.1	6.36	500×150
		250	152	9	16	13	46.10	36.2	2 750	470	7.71	3.19	149	61.9	6.53	
		252	153	10	18	13	51.66	40.6	3 100	540	7.74	3.23	167	70.5	6.62	
	250×200	248	199	9	14	13	49.64	39.0	2 820	921	7.54	4.30	150	92.6	5.97	500×200
		250	200	10	16	13	56.12	44.1	3 200	1 070	7.54	4.36	169	107	6.03	
		253	201	11	19	13	64.65	50.8	3 660	1 290	7.52	4.46	189	128	6.00	
	275×200	273	199	9	14	13	51.89	40.7	3 690	921	8.43	4.21	180	92.6	6.85	550×200
		275	200	10	16	13	58.62	46.0	4 180	1 070	8.44	4.27	203	107	6.89	
	300×200	298	199	10	15	13	58.87	46.2	5 150	988	9.35	4.09	235	99.3	7.92	600×200
		300	200	11	17	13	65.85	51.7	5 770	1 140	9.35	4.14	262	114	7.95	
		303	201	12	20	13	74.88	58.8	6 530	1 360	9.33	4.25	291	135	7.88	
	312.5×200	312.5	198.5	13.5	17.5	13	75.28	59.1	7 460	1 150	9.95	3.90	338	116	9.15	625×200
		315	200	15	20	13	84.97	66.7	8 470	1 340	9.98	3.97	380	134	9.21	
		319	202	17	24	13	99.35	78.0	9 960	1 160	10.0	4.08	440	165	9.26	
	325×300	323	299	10	15	12	76.26	59.9	7 220	3 340	9.73	6.62	289	224	7.28	650×300
		325	300	11	17	13	85.60	67.2	8 090	3 830	9.71	6.68	321	255	7.29	
		328	301	12	20	13	97.88	76.8	9 120	4 550	9.65	6.81	356	302	7.20	
	350×300	346	300	13	20	13	103.1	80.9	1 120	4 510	10.4	6.61	424	300	8.12	700×300
		350	300	13	24	13	115.1	90.4	1 200	5 410	10.2	6.85	438	360	7.65	
	400×300	396	300	14	22	18	119.8	94.0	1 760	4 960	12.1	6.43	592	331	9.77	800×300
		400	300	14	26	18	131.8	103	1 870	5 860	11.9	6.66	610	391	9.27	
	450×300	445	299	15	23	18	133.5	105	2 590	5 140	13.9	6.20	789	344	11.7	900×300
		450	300	16	28	18	152.9	120	2 910	6 320	13.8	6.42	865	421	11.4	
		456	302	18	34	18	180.0	141	3 410	7 830	13.8	6.59	997	518	11.3	

附表 3.3　普通高频焊接薄壁 H 型钢的规格和截面特性（摘自 JG/T 137—2007）

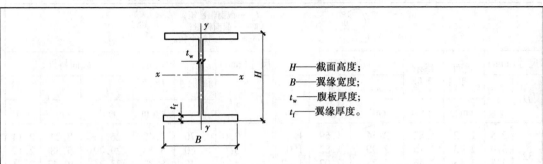

H——截面高度；
B——翼缘宽度；
t_w——腹板厚度；
t_f——翼缘厚度。

序号	截面尺寸（mm）				A（cm²）	理论质量（kg/m）	x—x			x—y		
	H	B	t_w	t_f			I_x（cm⁴）	W_x（cm³）	i_x（cm）	I_y（cm⁴）	W_y（cm³）	i_y（cm）
1	100	50	2.3	3.2	5.35	4.20	90.71	18.14	4.12	6.68	2.67	1.12
2			3.2	4.5	7.41	5.82	122.77	24.55	4.07	9.40	3.76	1.13
3		100	4.5	6.0	15.96	12.53	291.00	58.20	4.27	100.07	20.01	2.50
4			6.0	8.0	21.04	16.52	369.05	73.81	4.19	133.48	26.70	2.52
5	120	120	3.2	4.5	14.35	11.27	396.84	66.14	5.26	129.63	21.61	3.01
6			4.5	6.0	19.26	15.12	515.53	85.92	5.17	172.88	28.81	3.00
7	150	75	3.2	4.5	11.26	8.84	432.11	57.62	6.19	31.68	8.45	1.68
8			4.5	6.0	15.21	11.94	565.38	75.38	6.10	42.29	11.28	1.67
9		100	3.2	4.5	13.15	10.61	551.24	73.50	6.39	75.04	15.01	2.36
10			4.5	6.0	18.21	14.29	720.99	96.13	6.29	100.10	20.02	2.34
11		150	4.5	6.0	24.21	19.00	1 032.21	137.63	6.53	337.60	45.01	3.73
12			6.0	8.0	32.04	25.15	1 331.43	177.52	6.45	450.24	60.03	3.75
13	250	125	4.5	6.0	25.71	20.18	2 738.60	219.09	10.32	195.49	31.28	2.76
14			4.5	8.0	30.53	23.97	3 409.75	272.78	10.57	260.59	41.70	2.92
15			6.0	8.0	34.04	26.72	3 569.91	285.59	10.24	260.84	41.73	2.77
16		150	4.5	6.0	28.71	22.54	3 185.21	254.82	10.53	337.68	45.02	3.43
17			4.5	8.0	34.53	27.11	3 995.60	319.65	10.76	450.18	60.02	3.61
18			6.0	8.0	38.04	29.86	4 155.77	332.46	10.45	450.42	60.06	3.44
19		200	6.0	8.0	46.04	36.14	5 327.47	426.20	10.76	1 067.09	106.71	4.81
20	300	150	4.5	6.0	30.96	24.30	4 785.96	319.06	12.43	337.72	45.03	3.30
21			4.5	8.0	36.78	28.87	5 976.11	398.41	12.75	450.27	60.03	3.50
22			6.0	8.0	41.04	32.22	6 262.44	417.50	12.35	450.51	60.07	3.31
23		200	6.0	8.0	49.04	38.50	7 968.14	531.21	12.75	1 067.18	106.72	4.66
24	350	150	4.5	6.0	33.21	26.07	6 773.70	387.07	14.28	337.76	45.03	3.19
25			6.0	8.0	44.04	34.57	8 882.11	507.55	14.20	450.60	60.08	3.20
26		175	4.5	6.0	36.21	28.42	7 661.31	437.79	14.55	536.19	61.28	3.85
27			4.5	8.0	43.03	33.78	9 586.21	547.78	14.93	714.84	81.70	4.08
28			6.0	8.0	48.04	37.71	10 051.96	574.40	14.47	715.18	81.74	3.86
29		200	6.0	8.0	52.04	40.85	11 221.81	641.25	14.68	1 067.27	106.73	4.53
30	400	150	4.5	8.0	41.28	32.40	11 344.49	567.22	16.58	450.29	60.04	3.30
31		200	6.0	8.0	55.04	43.21	15 125.98	756.30	16.58	1 067.36	106.74	4.40
32			4.5	9.0	53.19	41.75	15 852.08	792.60	17.26	1 200.29	120.03	4.75

附表3.4　热轧无缝钢管的规格和截面特性(按 GB/T 8162—2008 计算)

I——截面惯性矩；
W——截面模量；
i——截面回转半径。

尺寸(mm)		截面面积 A	每米质量	截面特性			尺寸(mm)		截面面积 A	每米质量	截面特性		
D	t			I	W	i	D	t			I	W	i
		cm²	kg/m	cm⁴	cm³	cm			cm²	kg/m	cm⁴	cm³	cm
32	2.5	2.32	1.82	2.54	1.59	1.05	63.5	3.0	5.70	4.48	26.15	8.24	2.14
	3.0	2.73	2.15	2.90	1.82	1.03		3.5	6.60	5.18	29.79	9.38	2.12
	3.5	3.13	2.46	3.23	2.02	1.02		4.0	7.48	5.87	33.24	10.47	2.11
	4.0	3.52	2.76	3.52	2.20	1.00		4.5	8.34	6.55	36.50	11.50	2.09
								5.0	9.19	7.21	39.60	12.47	2.08
38	2.5	2.79	2.19	4.41	3.32	1.26		5.5	10.02	7.87	42.52	13.39	2.06
	3.0	3.30	2.59	5.09	2.68	1.24		6.0	10.84	8.51	45.28	14.26	2.04
	3.5	3.79	2.98	5.70	3.00	1.23	68	3.0	6.13	4.81	32.42	9.54	2.30
	4.0	4.27	3.35	6.26	3.29	1.21		3.5	7.09	5.57	36.99	10.88	2.28
42	2.5	3.10	2.44	6.07	2.89	1.40		4.0	8.04	6.31	41.34	12.16	2.27
	3.0	3.68	2.89	7.03	3.35	1.38		4.5	8.98	7.05	45.47	13.37	2.25
	3.5	4.23	3.32	7.91	3.77	1.37		5.0	9.90	7.77	49.41	14.53	2.23
	4.0	4.78	3.75	8.71	4.15	1.35		5.5	10.80	8.48	53.14	15.63	2.22
45	2.5	3.34	2.62	7.56	3.36	1.51		6.0	11.69	9.17	56.68	16.67	2.20
	3.0	3.96	3.11	8.77	3.90	1.49	70	3.0	6.31	4.96	35.50	10.14	2.37
	3.5	4.56	3.58	9.89	4.40	1.47		3.5	7.31	5.74	40.53	11.58	2.35
	4.0	5.15	4.04	10.93	4.86	1.46		4.0	8.29	6.51	45.33	12.95	2.34
50	2.5	3.73	2.93	10.55	4.22	1.68		4.5	9.26	7.27	49.89	14.26	2.32
	3.0	4.43	3.48	12.28	4.91	1.67		5.0	10.21	8.01	54.24	15.50	2.30
	3.5	5.11	4.01	13.90	5.56	1.65		5.5	11.14	8.75	58.38	16.68	2.29
	4.0	5.78	4.54	15.41	6.16	1.63		6.0	12.06	9.47	62.31	17.80	2.27
	4.5	6.43	5.05	16.81	6.72	1.62	73	3.0	6.60	5.18	40.48	11.09	2.48
	5.0	7.07	5.55	18.11	7.25	1.60		3.5	7.64	6.00	46.26	12.67	2.46
54	3.0	4.81	3.77	15.68	5.81	1.81		4.0	8.67	6.81	51.78	14.19	2.44
	3.5	5.55	4.36	17.79	6.59	1.79		4.5	9.68	7.60	57.04	15.63	2.43
	4.0	6.28	4.93	19.76	7.32	1.77		5.0	10.68	8.38	62.07	17.01	2.41
	4.5	7.00	5.49	21.61	8.00	1.76		5.5	11.66	9.16	66.87	18.32	2.39
	5.0	7.70	6.04	23.34	8.64	1.74		6.0	12.63	9.91	71.43	19.57	2.38
	5.5	8.38	6.58	24.96	9.24	1.73	76	3.0	6.88	5.40	45.91	12.08	2.58
	6.0	9.05	7.10	26.46	9.80	1.71		3.5	7.97	6.26	52.50	13.82	2.57
57	3.0	5.09	4.00	18.61	6.53	1.91		4.0	9.05	7.10	58.81	15.48	2.55
	3.5	5.88	4.62	21.14	7.42	1.90		4.5	10.11	7.93	64.85	17.07	2.53
	4.0	6.66	5.23	23.52	8.25	1.88		5.0	11.15	8.75	70.62	18.59	2.52
	4.5	7.42	5.83	25.76	9.04	1.86		5.5	12.18	9.56	76.14	20.04	2.50
	5.0	8.17	6.41	27.86	9.78	1.85		6.0	13.19	10.36	81.41	21.42	2.48
	5.5	8.90	6.99	29.84	10.47	1.83	83	3.5	8.74	6.86	69.19	16.67	2.81
	6.0	9.61	7.55	31.69	11.12	1.82		4.0	9.93	7.79	77.64	18.71	2.80
60	3.0	5.37	4.22	21.88	7.29	2.02		4.5	11.10	8.71	85.76	20.67	2.78
	3.5	6.21	4.88	24.88	8.29	2.00		5.0	12.25	9.62	93.56	22.54	2.76
	4.0	7.04	5.52	27.73	9.24	1.98		5.5	13.39	10.51	101.04	24.35	2.75
	4.5	7.85	6.16	30.41	10.14	1.97		6.0	14.51	11.39	108.22	26.08	2.73
	5.0	8.64	6.78	32.94	10.98	1.95		6.5	15.62	12.26	115.10	27.74	2.71
	5.5	9.42	7.39	35.32	11.77	1.94		7.0	16.71	13.12	121.69	29.32	2.70
	6.0	10.18	7.99	37.56	12.52	1.92							

尺寸(mm) D	尺寸(mm) t	截面面积A cm²	每米质量 kg/m	截面特性 I cm⁴	截面特性 W cm³	截面特性 i cm
89	3.5	9.40	7.38	86.05	19.34	3.03
	4.0	10.68	8.38	96.68	21.73	3.01
	4.5	11.95	9.38	106.92	24.03	2.99
	5.0	13.19	10.36	116.79	26.24	2.98
	5.5	14.43	11.33	126.29	28.38	2.96
	6.0	15.65	12.28	135.43	30.43	2.94
	6.5	16.85	13.22	144.22	32.41	2.93
	7.0	18.03	14.16	152.67	34.31	2.91
95	3.5	10.06	7.90	105.45	22.20	3.24
	4.0	11.44	8.98	118.60	24.97	3.22
	4.5	12.79	10.04	131.31	27.64	3.20
	5.0	14.14	11.10	143.58	30.23	3.19
	5.5	15.46	12.14	155.43	32.72	3.17
	6.0	16.78	13.17	166.86	35.13	3.15
	6.5	18.70	14.19	177.80	37.45	3.14
	7.0	19.35	15.19	188.51	39.69	3.12
102	3.5	10.83	8.50	131.52	25.79	3.48
	4.0	12.32	9.67	148.09	29.04	3.47
	4.5	13.78	10.82	164.14	32.18	3.45
	5.0	15.24	11.96	179.68	35.23	3.43
	5.5	16.67	13.09	194.72	38.18	3.42
	6.0	18.10	14.21	209.28	41.03	3.40
	6.5	19.50	15.31	223.25	43.79	3.38
	7.0	20.89	16.40	236.96	46.46	3.37
114	4.0	13.82	10.85	209.35	36.73	3.89
	4.5	15.48	12.15	232.41	40.77	3.87
	5.0	17.12	13.44	254.81	44.70	3.86
	5.5	18.75	14.72	276.58	48.52	3.84
	6.0	20.36	15.98	297.73	52.23	3.82
	6.5	21.95	17.23	318.26	55.84	3.81
	7.0	23.53	18.47	338.19	59.33	3.79
	7.5	25.09	19.70	357.58	62.73	3.77
	8.0	26.64	20.91	376.30	66.02	3.76
121	4.0	14.70	11.54	251.87	41.63	4.14
	4.5	16.47	12.93	279.83	46.25	4.12
	5.0	18.22	14.30	307.05	50.75	4.11
	5.5	19.96	15.67	333.54	55.13	4.09
	6.0	21.68	17.02	359.32	59.39	4.07
	6.5	23.38	18.35	384.40	63.54	4.05
	7.0	25.07	19.68	408.40	67.57	4.04
	7.5	26.74	20.99	432.51	71.49	4.02
	8.0	28.40	22.29	455.57	75.30	4.01

尺寸(mm) D	尺寸(mm) t	截面面积A cm²	每米质量 kg/m	截面特性 I cm⁴	截面特性 W cm³	截面特性 i cm
127	4.0	15.46	12.13	292.61	46.08	4.35
	4.5	17.32	13.59	325.29	51.23	4.33
	5.0	19.16	15.04	357.14	56.24	4.32
	5.5	20.99	16.48	388.19	61.13	4.30
	6.0	22.81	17.90	418.44	65.90	4.28
	6.5	24.61	19.32	447.92	70.54	4.27
	7.0	26.39	20.72	476.63	75.06	4.25
	7.5	8.16	22.10	504.58	79.46	4.23
	8.0	29.91	23.48	531.80	83.75	4.22
133	4.0	16.21	12.73	337.53	50.76	4.56
	4.5	18.17	14.26	375.42	56.45	4.55
	5.0	20.11	15.78	412.40	62.02	4.53
	5.5	22.03	17.29	448.50	67.44	4.51
	6.0	23.94	18.79	483.72	72.74	4.50
	6.5	25.83	20.28	518.07	77.91	4.48
	7.0	27.71	21.75	551.58	82.94	4.46
	7.5	29.57	23.21	584.25	87.86	4.45
	8.0	31.42	24.66	616.11	92.56	4.43
140	4.5	19.16	15.04	440.12	62.87	4.79
	5.0	21.21	16.65	483.76	69.11	4.78
	5.5	23.24	18.24	526.40	75.20	4.76
	6.0	25.26	19.38	568.06	81.15	4.74
	6.5	27.26	21.40	608.76	86.97	4.73
	7.0	29.25	22.96	648.51	92.64	4.71
	7.5	31.22	24.51	687.32	98.19	4.69
	8.0	33.18	26.04	725.21	103.60	4.68
	9.0	37.04	29.08	798.29	114.04	4.64
	10.0	40.84	32.06	867.86	123.98	4.61
146	4.5	20.00	15.70	501.16	68.65	5.01
	5.0	22.15	17.39	551.10	75.49	4.99
	5.5	24.28	19.06	599.95	82.19	4.97
	6.0	26.39	20.72	647.73	88.73	4.95
	6.5	28.49	22.36	694.44	95.13	4.94
	7.0	30.57	24.00	740.12	101.39	4.92
	7.5	32.63	25.62	784.77	107.50	4.90
	8.0	34.68	27.23	828.41	113.48	4.89
	9.0	38.74	30.41	912.71	125.03	4.85
	10	42.73	33.54	993.16	136.05	4.82

续表

尺寸(mm)		截面面积 A	每米质量	截面特性			尺寸(mm)		截面面积 A	每米质量	截面特性		
D	t			I	W	i	D	t			I	W	i
		cm²	kg/m	cm⁴	cm³	cm			cm²	kg/m	cm⁴	cm³	cm
152	4.5	20.85	16.37	576.61	74.69	5.22	194	5.0	29.69	23.31	1 326.54	136.76	6.68
	5.0	23.09	18.13	624.43	82.16	5.20		5.5	32.57	25.57	1 447.86	149.26	6.67
	5.5	25.31	19.87	680.06	89.48	5.18		6.0	35.44	27.82	1 567.21	161.57	6.65
	6.0	27.52	21.60	734.52	96.65	5.17		6.5	38.29	30.06	1 684.61	173.67	6.63
	6.5	29.71	23.32	787.82	103.66	5.15		7.0	41.12	32.28	1 800.08	185.57	6.62
	7.0	31.89	25.03	839.99	110.52	5.13		7.5	43.94	34.50	1 913.64	197.28	6.60
	7.5	34.05	26.73	891.03	117.24	5.12		8.0	46.75	36.70	2 025.31	208.79	6.58
	8.0	36.19	28.41	940.97	123.81	5.10		9.0	52.31	41.06	2 243.08	231.25	6.55
	9.0	40.43	31.74	1 037.59	136.53	5.07		10	57.81	45.38	2 453.55	252.94	6.51
	10	44.61	35.02	1 129.99	148.99	5.03		12	68.61	53.86	2 853.25	294.15	6.45
159	4.5	21.84	17.15	652.27	82.05	5.46	203	6.0	37.13	29.15	1 803.07	177.64	6.97
	5.0	24.19	18.99	717.88	90.30	5.45		6.5	40.13	31.05	1 938.81	191.02	6.95
	5.5	26.52	20.82	782.18	98.39	5.43		7.0	43.10	33.84	2 072.43	204.18	6.93
	6.0	28.84	22.64	845.19	106.31	5.41		7.5	46.06	36.16	2 203.94	217.14	6.92
	6.5	31.14	24.45	906.92	114.08	5.40		8.0	49.01	38.47	2 333.37	229.89	6.90
	7.0	33.43	26.24	967.41	121.69	5.38		9.0	54.85	43.06	2 586.08	254.79	6.87
	7.5	35.70	28.02	1 026.65	129.14	5.36		10	60.63	47.60	2 830.72	278.89	6.83
	8.0	37.95	29.79	1 084.67	136.44	5.35		12	72.01	56.52	3 296.49	324.78	6.77
	9.0	42.41	33.29	1 197.12	150.58	5.31		14	83.13	65.25	3 732.07	367.69	6.70
	10	46.81	36.75	1 304.88	164.14	5.28		16	94.00	73.79	4 138.78	407.76	6.64
168	4.5	23.11	18.14	772.96	92.02	5.78	219	6.0	40.15	31.52	2 278.74	208.10	7.53
	5.0	25.60	20.10	851.14	101.33	5.77		6.5	43.39	34.06	2 451.64	223.89	7.52
	5.5	28.08	22.04	927.85	110.46	5.75		7.0	46.62	36.60	2 622.04	239.46	7.50
	6.0	30.54	23.97	1 003.12	119.42	5.73		7.5	49.83	39.12	2 789.96	254.79	7.48
	6.5	32.98	25.89	1 076.95	128.21	5.71		8.0	53.03	41.63	2 955.43	269.90	7.47
	7.0	35.41	27.79	1 149.36	136.83	5.70	219	9.0	59.38	46.61	3 279.12	299.46	7.43
	7.5	37.82	29.69	1 220.38	145.28	5.68		10	62.66	51.54	3 593.29	328.15	7.40
	8.0	40.21	31.57	1 290.01	153.57	5.66		12	78.04	61.26	4 193.81	383.00	7.33
	9.0	44.96	35.29	1 425.22	169.67	5.63		14	90.16	70.78	4 758.50	434.57	7.26
	10	45.64	38.97	1 555.13	185.13	5.60		16	102.04	80.10	5 288.81	483.00	7.20
180	5.0	27.49	21.58	1 053.17	117.02	6.19	146	6.5	48.70	38.23	3 465.46	282.89	8.44
	5.5	30.15	23.67	1 148.79	127.64	6.17		7.0	52.34	41.08	3 709.06	302.78	8.42
	6.0	32.80	25.75	1 242.72	138.08	6.16		7.5	55.96	43.93	3 949.52	322.41	8.40
	6.5	35.43	27.81	1 335.00	148.33	6.14		8.0	59.96	46.76	4 186.87	341.79	8.38
	7.0	38.04	29.87	1 425.63	158.40	6.12		9.0	66.73	52.38	4 652.32	379.78	8.35
	7.5	40.64	31.91	1 514.64	168.29	6.10		10	73.83	57.95	5 105.63	416.79	8.32
	8.0	43.23	33.93	1 602.04	178.00	6.09		12	87.84	68.95	5 976.67	487.89	8.25
	9.0	48.35	37.95	1 772.12	196.90	6.05		14	101.60	79.76	6 801.68	555.24	8.18
	10	53.41	41.92	1 936.01	215.11	6.02		16	115.11	90.36	7 582.30	618.96	8.12
	12	63.33	49.72	2 245.84	249.54	5.95							

尺寸（mm）		截面面积 A	每米质量	截面特性			尺寸（mm）		截面面积 A	每米质量	截面特性		
				I	W	i					I	W	i
D	t	cm²	kg/m	cm⁴	cm³	cm	D	t	cm²	kg/m	cm⁴	cm³	cm
273	6.5	54.42	42.72	4 834.18	354.15	9.42	426	9	117.84	93.00	25 646.28	1 204.05	14.75
	7.0	58.50	45.92	5 177.30	379.29	9.41		10	130.62	102.59	28 294.52	1 328.38	14.71
	7.5	62.56	49.11	5 516.47	404.14	9.39		11	143.34	112.58	30 903.91	1 450.89	14.68
	8.0	66.60	52.28	5 851.71	428.70	9.37		12	156.00	122.52	33 474.84	1 571.59	14.64
	9.0	74.64	58.60	6 510.56	476.96	9.34		13	168.59	132.41	36 007.67	1 690.50	14.60
	10	82.63	64.86	7 154.09	524.11	9.31		14	181.12	142.25	38 502.80	1 807.64	14.57
	12	98.39	77.24	8 396.14	615.10	9.24		15	193.58	152.04	40 960.60	1 923.03	14.54
	14	113.91	89.42	9 579.75	701.81	9.17		16	205.98	161.78	43 381.44	2 036.69	14.51
	16	129.18	101.41	10 706.79	784.38	9.10	450	9	124.63	97.88	30 332.67	1 348.12	15.60
299	7.5	68.68	53.92	7 300.02	488.30	10.31		10	138.61	108.51	33 477.56	1 487.89	15.56
	8.0	73.14	57.41	7 747.42	518.22	10.29		11	151.63	119.09	36 578.87	1 625.73	15.53
	9.0	82.00	64.37	8 628.09	577.13	10.26		12	165.04	129.62	39 637.01	1 761.65	15.49
	10	90.79	71.27	9 490.15	634.79	10.22		13	178.38	140.10	42 652.38	1 895.66	15.46
	12	108.20	84.93	11 159.52	746.46	10.16		14	191.67	150.53	45 625.38	2 027.79	15.42
	14	125.35	98.40	12 757.25	853.35	10.09		15	204.89	160.92	48 556.41	2 158.06	15.39
	16	142.25	111.67	14 286.48	955.62	10.02		16	218.04	171.25	51 445.87	2 286.48	15.35
325	7.5	74.81	58.73	9 431.80	580.42	11.23	465	9	128.87	101.21	33 533.41	1 442.30	16.13
	8.0	79.67	62.54	10 013.92	616.24	11.21		10	142.87	112.46	37 018.21	1 592.18	16.09
	9.0	89.35	70.14	11 161.33	686.85	11.18		11	156.81	123.16	40 456.34	1 740.06	16.06
	10	98.96	77.68	12 286.52	756.09	11.14		12	170.69	134.06	43 848.22	1 885.94	16.02
	12	118.00	92.63	14 471.45	890.55	11.07		13	184.51	144.81	47 194.27	2 029.86	15.99
	14	136.78	107.38	16 570.98	1 019.75	11.01		14	198.26	155.71	50 494.89	2 171.82	15.95
	16	155.32	121.93	18 587.38	1 143.84	10.94		15	211.95	166.47	53 750.51	2 311.85	15.92
351	8.0	86.21	67.67	12 684.36	722.76	12.13		16	225.58	173.22	56 961.53	2 449.96	15.88
	9.0	96.70	75.91	14 147.55	806.13	12.10	480	9	133.11	104.54	36 951.77	1 539.66	16.66
	10	107.13	81.10	15 584.62	888.01	12.06		10	147.58	115.91	40 300.14	1 700.01	16.62
	12	127.80	100.32	18 381.63	1 047.39	11.99		11	161.99	127.23	44 598.63	1 858.28	16.59
	14	148.22	116.35	20 177.86	1 201.02	11.93		12	176.34	138.50	48 347.69	2 014.49	16.55
	16	168.39	132.19	23 675.75	1 349.05	11.86		13	190.63	149.08	52 047.74	2 168.66	16.52
377	9	104.00	81.68	17 628.57	935.20	13.02		14	204.85	160.20	55 699.21	2 320.80	16.48
	10	115.24	90.51	19 430.86	1 030.81	12.98		15	219.02	172.01	59 302.54	2 470.94	16.44
	11	126.42	99.29	21 203.11	1 124.83	12.95		16	233.11	183.08	62 858.14	2 619.09	16.41
	12	137.53	108.02	22 945.66	1 217.28	12.91	500	9	138.76	108.98	41 860.49	1 674.42	17.36
	13	148.59	116.70	24 658.84	1 308.16	12.88		10	153.86	120.84	46 231.77	1 849.27	17.33
	14	159.58	125.33	26 342.98	1 397.51	12.84		11	168.90	132.65	50 548.75	2 021.95	17.29
	15	170.57	133.91	27 998.42	1 485.33	12.81		12	183.88	144.42	54 811.88	2 192.48	17.26
	16	181.37	142.45	29 625.48	1 571.64	12.78		13	198.79	156.13	59 021.61	2 360.86	17.22
402	9	111.06	87.23	21 469.37	1 068.13	13.90		14	213.65	167.80	63 178.39	2 527.14	17.19
	10	123.09	96.67	23 676.21	1 177.92	13.86		15	228.44	179.41	67 282.66	2 691.31	17.15
	11	135.05	106.07	25 848.66	1 286.00	13.83		16	243.16	190.98	71 334.87	2 853.39	17.12
	12	146.95	115.42	27 987.08	1 392.39	13.80	530	9	147.23	115.64	50 009.99	1 887.17	18.42
	13	158.79	124.71	30 091.82	1 497.11	13.76		10	163.28	128.24	55 251.25	2 084.95	18.39
	14	170.56	133.96	32 163.24	1 600.16	13.73		11	179.26	140.79	60 431.21	2 282.42	18.35
	15	182.28	143.16	34 201.69	1 701.58	13.69		12	195.18	153.30	65 550.35	2 473.60	18.32
	16	193.93	152.31	36 207.53	1 801.37	13.66		13	211.04	165.75	70 609.15	2 664.50	18.28
								14	226.83	178.15	75 608.08	2 853.14	18.25
								15	242.57	190.51	80 547.62	3 039.53	18.22
								16	258.23	202.82	85 428.24	3 223.71	18.18

续表

尺寸(mm)		截面面积 A	每米质量	截面特性			尺寸(mm)		截面面积 A	每米质量	截面特性		
D	t			I	W	i	D	t			I	W	i
		cm²	kg/m	cm⁴	cm³	cm			cm²	kg/m	cm⁴	cm³	cm
550	9	152.89	120.08	55 992.00	2 036.07	19.13	500	9	167.02	131.17	72 992.31	2 433.08	20.90
	10	169.56	133.17	61 873.07	2 249.93	19.10		10	185.26	145.50	80 696.05	2 689.87	20.86
	11	186.17	146.22	67 687.94	2 461.38	19.06		11	203.44	159.78	88 320.50	2 944.02	20.83
	12	202.72	159.22	73 437.11	2 670.44	19.03		12	221.56	174.01	95 866.21	3 195.54	20.79
	13	219.20	172.16	79 121.07	2 877.13	18.99		13	239.61	183.19	103 333.73	3 444.46	20.76
	14	235.63	185.06	84 740.31	3 081.47	18.96		14	257.61	202.32	110 723.59	3 690.79	20.72
	15	251.99	197.91	90 295.34	3 283.47	18.92		15	275.54	216.41	118 036.75	3 934.55	20.69
	16	268.28	210.71	95 786.64	3 483.15	18.89		16	293.40	230.44	125 272.54	4 175.75	20.66
560	9	155.71	122.30	59 154.07	2 112.65	19.48	630	9	175.50	137.83	84 679.83	2 688.25	21.96
	10	172.70	135.64	65 373.70	2 334.78	19.45		10	194.68	152.90	93 639.59	2 972.69	21.92
	11	189.62	148.93	71 524.61	2 554.45	19.41		11	213.80	167.92	102 511.65	3 254.34	21.89
	12	206.49	162.17	77 607.30	2 771.69	19.38		12	232.86	182.89	111 296.59	3 533.23	21.85
	13	223.29	175.37	83 622.29	2 986.51	19.34		13	251.86	197.81	118 884.98	3 809.36	21.82
	14	240.02	188.51	89 570.06	3 198.93	19.31		14	270.79	212.68	128 607.39	4 082.77	21.78
	15	256.70	201.61	95 451.14	3 408.97	19.28		15	289.67	227.50	137 134.39	4 353.47	21.75
	16	273.31	214.65	101 266.01	3 616.64	19.24		16	308.47	242.27	145 576.54	4 621.48	21.72

附表 3.5　电焊钢管的规格和截面特性(按 GB/T 13793—2016 计算)

I——截面惯性矩；
W——截面模量；
i——截面回转半径。

尺寸(mm)		截面面积 A	每米质量	截面特性			尺寸(mm)		截面面积 A	每米质量	截面特性		
D	t			I	W	i	D	t			I	W	i
		cm²	kg/m	cm⁴	cm³	cm			cm²	kg/m	cm⁴	cm³	cm
32	2.0	1.88	1.48	2.13	1.33	1.06	57	2.0	3.46	2.71	13.08	4.59	1.95
	2.5	2.32	1.82	2.54	1.59	1.05		2.5	4.28	3.36	15.93	5.59	1.93
38	2.0	2.26	1.78	3.68	1.93	1.27		3.0	5.09	4.00	18.61	6.53	1.91
	2.5	2.79	2.19	4.41	2.32	1.26		3.5	5.88	4.62	21.14	7.42	1.90
40	2.0	2.39	1.87	4.32	2.16	1.35	60	2.0	3.64	2.86	15.34	5.11	2.05
	2.5	2.95	2.31	5.20	2.60	1.33		2.5	4.52	3.55	18.70	6.23	2.03
42	2.0	2.51	1.97	5.04	2.40	1.42		3.0	5.37	4.22	21.88	7.29	2.02
	2.5	3.10	2.44	6.07	2.89	1.40		3.5	6.21	4.88	24.88	8.29	2.00
45	2.0	2.70	2.12	6.26	2.78	1.52	63.5	2.0	3.86	3.03	18.29	5.76	2.18
	2.5	3.34	2.62	7.56	3.36	1.51		2.5	4.79	3.76	22.32	7.03	2.16
	3.0	3.96	3.11	8.77	3.90	1.49		3.0	5.70	4.48	26.15	8.24	2.14
51	2.0	3.08	2.42	9.26	3.63	1.73		3.5	6.60	5.18	29.79	9.38	2.12
	2.5	3.81	2.99	11.23	4.40	1.72	70	2.0	4.27	3.35	24.72	7.06	2.41
	3.0	4.52	3.55	13.08	5.13	1.70		2.5	5.30	4.16	30.23	8.64	2.39
	3.5	5.22	4.10	14.81	5.81	1.68		3.0	6.31	4.96	35.50	10.14	2.37
53	2.0	3.20	2.52	10.43	3.94	1.80		3.5	7.31	5.74	40.53	11.58	2.35
	2.5	3.97	3.11	12.67	4.78	1.79		4.5	9.26	7.27	49.89	14.26	2.32
	3.0	4.71	3.70	14.78	5.58	1.77							
	3.5	5.44	4.27	16.75	6.32	1.75							

尺寸(mm)		截面面积 A	每米质量	截面特性			尺寸(mm)		截面面积 A	每米质量	截面特性		
				I	W	i					I	W	i
D	t	cm²	kg/m	cm⁴	cm³	cm	D	t	cm²	kg/m	cm⁴	cm³	cm
76	2.0	4.65	3.65	31.85	8.38	2.62	140	3.5	15.01	11.78	349.79	49.97	4.83
	2.5	5.77	4.53	39.03	10.27	2.60		4.0	17.09	13.42	395.47	56.50	4.81
	3.0	6.88	5.40	45.91	12.08	2.58		4.5	19.16	15.04	440.12	62.87	4.79
	3.5	7.97	6.26	52.50	13.82	2.57		5.0	21.21	16.65	438.76	69.11	4.78
	4.0	9.05	7.10	58.81	15.48	2.55		5.5	23.24	18.24	526.40	75.20	4.76
	4.5	10.11	7.93	64.85	17.07	2.53	152	3.5	16.33	12.82	450.35	59.26	5.25
83	2.0	5.09	4.00	41.76	10.06	2.86		4.0	18.60	14.60	509.59	67.05	5.23
	2.5	6.32	4.96	51.26	12.35	2.85		4.5	20.85	16.37	567.61	74.69	5.22
	3.0	7.54	5.92	60.40	14.56	2.83		5.0	23.09	18.13	624.43	82.16	5.20
	3.5	8.74	6.86	69.19	16.67	2.81		5.5	25.31	19.87	680.06	89.48	5.18
	4.0	9.93	7.79	77.64	18.71	2.80	219.1	5	33.61	26.61	1 988.54	176.04	7.57
	4.5	11.10	8.71	85.76	20.67	2.78		6	40.15	31.78	2 822.53	208.36	7.54
89	2.0	5.47	4.29	51.75	11.63	3.08		7	46.62	36.91	2 266.42	239.75	7.50
	2.5	6.79	5.33	63.59	14.29	3.06		8	53.03	41.98	2 900.39	283.16	7.49
	3.0	8.11	6.36	75.02	16.86	3.04	244.5	5	37.60	29.77	2 699.28	220.80	8.47
	3.5	9.40	7.38	86.05	19.34	3.03		6	44.93	35.57	3 199.36	261.71	8.44
	4.0	10.68	8.38	96.68	21.73	3.01		7	52.20	41.33	3 686.70	301.57	8.40
	4.5	11.95	9.38	106.92	24.03	2.99		8	59.41	47.03	4 611.52	340.41	8.37
95	2.0	5.84	4.59	63.20	13.31	3.29	273	6	50.30	39.82	4 888.24	328.81	9.44
	2.5	7.26	5.70	77.76	16.37	3.27		7	58.47	46.29	5 178.63	379.39	9.41
	3.0	8.67	6.81	91.83	19.33	3.25		8	66.57	52.70	5 853.22	428.81	8.37
	3.5	10.06	7.90	105.45	22.20	3.24	323.9	6	59.89	47.41	7 574.41	467.70	11.24
102	2.0	6.28	4.93	78.57	15.41	3.54		7	69.65	55.14	8 754.84	540.59	11.21
	2.5	7.81	6.13	96.77	18.97	3.52		8	79.35	62.82	9 912.63	612.08	11.17
	3.0	9.33	7.32	114.42	22.43	3.50	325	6	60.10	47.70	7 653.29	470.97	11.28
	3.5	10.83	8.50	131.52	25.79	3.48		7	69.90	55.40	8 846.29	544.39	11.25
	4.0	12.32	9.67	148.09	29.04	3.47		8	79.63	63.04	10 016.50	616.40	11.21
	4.5	13.78	10.82	164.14	32.18	3.45	355.6	6	65.87	52.23	10 073.14	566.54	12.36
	5.0	15.24	11.96	179.68	35.23	3.43		7	76.62	60.68	11 652.71	655.38	12.33
108	3.0	9.90	7.77	136.49	25.28	3.71		8	87.32	69.08	13 204.77	742.68	12.25
	3.5	11.49	9.02	157.02	29.08	3.70	377	6	69.90	55.40	11 079.13	587.75	13.12
	4.0	13.07	10.26	176.95	32.77	3.68		7	81.33	64.37	13 932.53	739.13	13.08
114	3.0	10.46	8.21	161.24	28.29	3.93		8	92.69	73.30	15 795.91	837.98	13.05
	3.5	12.15	9.54	185.63	32.57	3.91		9	104.00	82.18	17 628.57	935.20	13.02
	4.0	13.82	10.85	209.35	36.73	3.89	406.4	6	75.44	59.75	15 132.21	744.70	14.16
	4.5	15.48	12.15	232.41	40.77	3.87		7	87.79	69.45	17 523.75	862.39	14.12
	5.0	17.12	1.44	254.81	44.70	3.86		8	100.09	79.10	19 879.00	978.30	14.09
121	3.0	11.12	8.73	193.69	32.01	4.17		9	112.31	88.70	22 198.33	1 092.44	14.05
	3.5	12.92	10.14	223.17	36.89	4.16		10	124.47	98.26	24 482.10	1 204.83	14.02
	4.0	14.70	11.54	251.87	41.63	4.14	426	6	79.13	62.65	17 464.62	819.94	14.85
127	3.0	11.69	9.17	224.75	35.39	4.39		7	92.10	72.83	20 231.72	949.85	14.82
	3.5	13.58	10.66	259.11	40.80	4.37		8	105.00	82.97	22 958.81	1 077.88	14.78
	4.0	15.46	12.13	292.61	46.08	4.35		9	117.84	93.05	25 646.28	1 206.05	14.75
	4.5	17.32	13.59	325.29	51.23	4.33		10	130.62	103.09	28 294.52	1 328.38	14.71
	5.0	19.16	15.04	357.14	56.24	4.32							
133	3.5	14.24	11.18	298.71	44.92	4.58							
	4.0	16.21	12.73	337.53	50.76	4.56							
	4.5	18.17	14.26	375.42	56.45	4.55							
	5.0	20.11	15.78	412.40	62.02	4.53							

附表 3.6　冷弯薄壁卷边槽钢的规格和截面特性(摘自 GB 50018—2002)

A—截面面积;
I—截面惯性矩;
W—截面模量;
i—截面回转半径;
I_t—截面抗扭惯性矩;
I_ω—截面扇性惯性矩;
W_ω—截面扇性模量;
k—弯扭特性系数$\left(k=\sqrt{\dfrac{GI_t}{EI_\omega}}\right)$。

| 尺寸(mm) | | | | 截面面积 | 每米质量 | x_0 | x—x | | | y—y | | | | y_1—y_1 | e_0 | I_t | I_w | k | $W_{\omega 1}$ | $W_{\omega 2}$ |
h	b	a	t	(cm^2)	(kg/m)	(cm)	$I_x(cm^4)$	$i_x(cm)$	$W_x(cm^3)$	$I_y(cm^4)$	$i_y(cm)$	$W_{ymax}(cm^3)$	$W_{ymin}(cm^3)$	$I_{y1}(cm^4)$	(cm)	(cm^4)	(cm^4)	(cm^{-1})	(cm^3)	(cm^3)
80	40	15	2.0	3.47	2.72	1.452	34.16	3.14	8.54	7.79	1.50	5.36	3.06	15.10	3.36	0.046 2	112.9	0.012 6	16.03	15.74
100	50	15	2.5	5.23	4.11	1.706	81.34	3.94	16.27	17.19	1.81	10.08	5.22	32.41	3.94	0.109 0	352.8	0.010 9	34.47	29.41
120	50	20	2.5	5.98	4.70	1.706	129.40	4.65	21.57	20.96	1.87	12.28	6.36	38.36	4.03	0.124 6	660.9	0.008 5	51.04	48.36
120	60	20	3.0	7.65	6.01	2.106	170.68	4.72	28.45	37.36	2.21	17.74	9.59	71.31	4.87	0.229 6	1 153.2	0.008 7	75.68	68.84
140	50	20	2.0	5.27	4.14	1.590	154.03	5.41	22.00	18.56	1.88	11.68	5.44	31.86	3.87	0.070 3	794.79	0.005 8	51.44	52.22
140	50	20	2.2	5.76	4.52	1.590	167.40	5.39	23.91	20.036	1.87	12.62	5.87	34.53	3.84	0.092 9	852.46	0.006 5	55.98	56.84
140	50	20	2.5	6.48	5.09	1.580	186.78	5.45	26.68	22.11	1.85	13.96	6.47	38.38	3.80	0.135 1	931.89	0.007	62.56	63.56
140	60	20	3.0	8.25	6.48	1.964	245.42	5.45	35.06	39.49	2.19	20.11	9.79	71.33	4.61	0.247 6	1 589.8	0.007	92.69	79.00
160	60	20	2.0	6.07	4.76	1.850	236.59	6.24	29.57	29.99	2.22	16.19	7.23	50.83	4.52	0.080 9	1 596.28	0.004 4	76.92	71.30
160	60	20	2.2	6.64	5.21	1.850	257.57	6.23	32.20	32.45	2.21	17.53	7.82	55.19	4.50	0.107 1	1 717.82	0.004 9	83.82	77.55
160	60	20	2.5	7.48	5.87	1.850	288.13	6.21	36.02	35.96	2.19	19.47	8.66	61.49	4.45	0.155 9	1 887.71	0.005 6	93.87	86.63
160	60	20	3.0	9.45	7.42	2.224	373.64	6.29	46.71	60.42	2.53	27.17	12.65	107.20	5.25	0.283 6	3 070.6	0.006	135.49	109.92
180	70	20	2.0	6.87	5.39	2.110	343.93	7.08	38.21	45.18	2.57	21.37	9.25	75.87	5.17	0.091 6	2 934.34	0.003 5	109.50	95.22
180	70	20	2.2	7.52	5.90	2.110	374.90	7.06	41.66	48.97	2.55	23.19	10.02	82.49	5.14	0.121 3	3 165.62	0.003 8	119.44	103.58
180	70	20	2.5	8.48	6.66	2.110	420.20	7.04	46.69	54.42	2.53	25.82	11.12	92.08	5.10	0.176 7	3 492.15	0.004	133.99	115.73
200	70	20	2.0	7.27	5.71	2.000	440.04	7.78	44.00	46.71	2.54	23.32	9.35	75.88	4.96	0.096 9	3 672.33	0.003 5	126.74	106.15
200	70	20	2.2	7.96	6.25	2.000	479.87	7.77	47.99	50.64	2.52	25.31	10.13	82.49	4.93	0.128 4	3 963.82	0.003 5	138.26	115.74
200	70	20	2.5	8.98	7.05	2.000	538.21	7.74	53.82	56.27	2.50	28.18	11.25	92.09	4.89	0.187 1	4 376.18	0.004	155.14	129.75
220	75	20	2.0	7.87	6.18	2.080	574.45	8.54	52.22	56.88	2.69	27.35	10.50	90.93	5.18	0.104 9	5 313.52	0.002 8	158.43	127.32
220	75	20	2.2	8.62	6.77	2.080	626.85	8.53	56.99	61.71	2.68	29.70	11.38	98.91	5.15	0.139 1	5 742.07	0.003 1	172.92	138.93
220	75	20	2.5	9.73	7.64	2.070	703.76	8.50	63.98	68.66	2.66	33.11	12.65	110.51	5.11	0.202 8	6 351.05	0.003 5	194.18	155.94

附表 3.7　冷弯薄壁卷边 Z 型钢的规格和截面特性（摘自 GB 50018—2002）

I——截面惯性矩；
W——截面模量；
i——截面回转半径；
I_t——截面抗扭惯性矩；
I_ω——截面扇性惯性矩；
W_ω——截面扇性模量；
k——弯扭特性系数 $\left(k=\sqrt{\dfrac{GI_t}{EI_\omega}}\right)$。

尺寸（mm）				截面面积	每米质量	θ	x_1-x_1			y_1-y_1			$x-x$	
h	b	a	t	（cm²）	（kg/m）	（°）	I_{x1}（cm⁴）	i_{x1}（cm）	W_{x1}（cm³）	I_{y1}（cm⁴）	i_{y1}（cm）	W_{y1}（cm³）	I_x（cm⁴）	i_x（cm）
100	40	20	2.0	4.07	3.19	24.017	60.04	3.84	12.01	17.02	2.05	4.36	70.70	4.17
100	40	20	2.5	4.98	3.91	23.767	72.10	3.80	14.42	20.02	2.00	5.17	84.63	4.12
120	50	20	2.0	4.87	3.82	24.050	106.97	4.69	17.83	30.23	2.49	6.17	126.06	5.09
120	50	20	2.5	5.98	4.70	23.833	129.39	4.65	21.57	35.91	2.45	7.37	152.05	5.04
120	50	20	3.0	7.05	5.54	23.600	150.14	4.61	25.02	40.88	2.41	8.43	175.92	4.99
140	50	20	2.5	6.48	5.19	19.417	186.77	5.37	26.68	53.91	2.35	7.37	209.19	5.67
140	50	20	3.0	7.65	6.01	19.200	217.26	5.33	31.04	40.83	2.31	8.43	241.62	5.62
160	60	20	2.5	7.48	5.87	19.983	288.12	6.21	36.01	58.15	2.79	9.90	323.13	6.57
160	60	20	3.0	8.85	6.95	19.783	336.66	6.17	42.08	66.66	2.74	11.39	376.76	6.52
160	70	20	2.5	7.98	6.27	23.767	319.13	6.32	39.89	87.74	3.32	12.76	374.76	6.85
160	70	20	3.0	9.45	7.42	23.567	373.64	6.29	46.71	101.10	3.27	14.76	437.72	6.80
180	70	20	2.5	8.48	6.66	20.367	420.18	7.04	46.69	87.74	3.22	12.76	473.34	7.47
180	70	20	3.0	10.05	7.89	20.183	492.61	7.00	54.73	101.11	3.17	14.76	553.83	7.42

续表

尺寸（mm）				x—x		y—y				I_{x1y1} (cm⁴)	I_t (cm⁴)	I_ω (cm⁶)	k (cm⁻¹)	$W_{\omega1}$ (cm⁴)	$W_{\omega2}$ (cm⁴)
h	b	a	t	W_{x1} (cm³)	W_{x2} (cm³)	I_y (cm⁴)	i_y (cm)	W_{y1} (cm³)	W_{y2} (cm³)						
100	40	20	2.0	15.93	11.94	6.36	1.25	3.36	4.42	23.93	0.054 2	325.0	0.008 1	49.97	29.16
100	40	20	2.5	19.18	14.47	7.49	1.23	4.07	5.28	18.45	0.103 8	381.9	0.010 2	62.25	35.03
100	40	20	2.0	15.93	11.94	6.36	1.25	3.36	4.42	23.93	0.054 2	325.0	0.008 1	49.97	29.16
100	40	20	2.5	19.18	14.47	7.49	1.23	4.07	5.28	18.45	0.103 8	381.9	0.010 2	62.25	35.03
120	50	20	2.0	23.55	17.40	11.14	1.51	4.83	5.74	42.77	0.064 9	785.2	0.005 7	84.05	43.96
120	50	20	2.5	28.55	21.21	13.25	1.49	5.89	6.89	51.30	0.124 6	930.9	0.007 2	104.68	52.94
120	50	20	3.0	33.18	24.80	15.11	1.46	6.89	7.92	58.99	0.211 6	1 058.9	0.008 7	125.37	61.22
140	50	20	2.5	32.55	26.34	14.48	1.49	6.69	6.78	60.75	0.135 0	1 289.0	0.006 4	137.04	60.03
140	50	20	3.0	37.76	30.70	16.52	1.47	7.84	7.81	69.93	0.229 6	1 468.2	0.007 7	164.94	69.51
160	60	20	2.5	44.00	34.95	23.14	1.76	9.00	8.71	96.32	0.155 9	2 634.3	0.004 8	205.98	86.28
160	70	20	3.0	51.48	41.08	26.56	1.73	10.58	10.07	111.51	0.265 6	3 019.4	0.005 8	247.41	100.15
160	70	20	2.5	52.35	38.23	32.11	2.01	10.53	10.86	126.37	0.166 3	3 793.3	0.004 1	238.87	106.91
160	70	20	3.0	61.33	45.01	37.03	1.98	12.39	12.58	146.86	0.283 6	4 365.0	0.005 0	285.78	124.26
180	70	20	2.5	57.27	44.88	34.58	2.02	11.66	10.86	143.18	0.176 7	4 907.9	0.003 7	294.53	119.41
180	70	20	3.0	67.22	52.89	39.89	1.99	13.72	12.59	166.47	0.301 6	5 652.2	0.004 5	353.32	138.92

附表 3.8　冷弯薄壁斜卷边 Z 型钢的规格和截面特性（摘自 GB 50018—2002）

I——截面惯性矩；
W——截面模量；
i——截面回转半径；
I_t——截面抗扭惯性矩；
I_ω——截面扇性惯性矩；
W_ω——截面扇性模量；
k——弯扭特性系数$\left(k=\sqrt{\dfrac{GI_t}{EI_\omega}}\right)$。

| 尺寸(mm) | | | | 截面面积 (cm^2) | 每米质量 (kg/m) | θ $(°)$ | x_1—x_1 | | | y_1—y_1 | | | x—x | |
h	b	a	t				I_{x1} (cm^4)	i_{x1} (cm)	W_{x1} (cm^3)	I_{y1} (cm^4)	i_{y1} (cm)	W_{y1} (cm^3)	I_x (cm^4)	i_x (cm)
140	50	20	2.0	5.392	4.233	21.986	162.065	5.482	23.152	39.363	2.702	6.234	185.962	5.872
140	50	20	2.2	5.909	4.638	21.998	176.813	5.470	25.259	42.928	2.695	6.809	202.926	5.860
140	50	20	2.5	6.676	5.240	22.018	198.446	5.452	28.349	48.154	2.686	7.657	227.828	5.842
160	60	20	2.0	6.192	4.861	22.104	246.830	6.313	30.854	60.271	3.120	8.240	283.680	6.768
160	60	20	2.2	6.789	5.329	22.113	269.592	6.302	33.699	65.802	3.113	9.009	309.891	6.756
160	60	20	2.5	7.676	6.025	22.128	303.090	6.284	37.886	73.935	3.104	10.143	348.487	6.738
180	70	20	2.0	6.992	5.489	22.185	356.620	7.141	39.624	87.417	3.536	10.514	410.315	7.660
180	70	20	2.2	7.669	6.020	22.193	389.835	7.130	43.315	95.518	3.529	11.502	448.592	7.648
180	70	20	2.5	8.676	6.810	22.205	438.835	7.112	48.759	107.460	3.519	12.964	505.087	7.630
200	70	20	2.0	7.392	5.803	19.305	455.430	7.849	45.543	87.418	3.439	10.514	506.903	8.281
200	70	20	2.2	8.109	6.365	19.309	498.023	7.837	49.802	95.520	3.432	11.503	554.346	8.268
200	70	20	2.5	9.176	7.203	19.314	560.921	7.819	56.092	107.462	3.422	12.964	624.421	8.249
220	75	20	2.0	7.992	6.274	18.300	592.787	8.612	53.890	103.580	3.600	11.751	652.866	9.038
220	75	20	2.2	8.769	6.884	18.302	648.520	8.600	58.956	113.220	3.593	12.860	714.276	9.025
220	75	20	2.5	9.926	7.792	18.305	730.926	8.581	66.448	127.443	3.583	14.500	805.086	9.006
250	75	20	2.0	8.592	6.745	15.389	799.640	9.647	63.791	103.580	3.472	11.752	856.690	8.985
250	75	20	2.2	9.429	7.402	15.387	875.145	9.634	70.012	113.223	3.465	12.860	937.579	9.972
250	75	20	2.5	10.676	8.380	15.385	986.898	9.615	78.952	127.447	3.455	14.500	1057.30	9.952

续表

尺寸(mm)				$x-x$		$y-y$				I_{x1y1} (cm⁴)	I_t (cm⁴)	I_ω (cm⁶)	k (cm⁻¹)	$W_{\omega 1}$ (cm⁴)	$W_{\omega 2}$ (cm⁴)
h	b	a	t	W_{x1} (cm³)	W_{x2} (cm³)	I_y (cm⁴)	i_y (cm)	W_{y1} (cm³)	W_{y2} (cm³)						
140	50	20	2.0	30.377	22.470	15.466	1.694	6.107	8.067	59.189	0.0719	1 298.621	0.0046	118.281	59.185
140	50	20	2.2	33.352	24.544	16.814	1.687	6.659	8.823	64.638	0.0953	1 407.575	0.0051	130.014	64.382
140	50	20	2.5	37.792	27.598	18.771	1.667	7.468	9.941	72.659	0.1391	1 563.520	0.0058	147.558	71.926
160	60	20	2.0	40.271	29.603	23.422	1.945	8.018	9.554	90.733	0.0826	2 559.036	0.0035	175.940	82.223
160	60	20	2.2	44.225	32.367	25.503	1.938	8.753	10.450	99.179	0.1095	2 779.796	0.0039	193.430	89.569
160	60	20	2.5	50.132	36.445	28.537	1.928	9.834	11.775	111.642	0.1599	3 098.400	0.0044	219.605	100.26
180	70	20	2.0	51.502	37.679	33.722	2.196	10.191	11.289	131.674	0.0932	4 643.994	0.0028	249.609	111.10
180	70	20	2.2	56.570	91.226	36.761	2.189	11.136	12.351	144.034	0.1237	5 052.769	0.0031	274.455	121.13
180	70	20	2.5	64.143	46.471	41.208	2.179	12.528	13.923	162.307	0.1807	5 654.157	0.0035	311.661	135.81
200	70	20	2.0	56.094	43.435	35.944	2.205	11.109	11.339	146.944	0.0986	5 882.294	0.0025	302.430	123.44
200	70	20	2.2	61.618	47.533	39.197	2.200	12.138	12.419	160.756	0.1308	6 403.010	0.0028	332.826	134.66
200	70	20	2.5	69.876	53.596	43.962	2.189	13.654	14.021	181.182	0.1912	7 160.113	0.0032	378.452	151.08
220	75	20	2.0	65.085	51.328	43.500	2.333	12.829	12.343	181.661	0.1066	8 483.845	0.0022	383.110	148.38
220	75	20	2.2	71.501	56.190	47.465	2.327	14.023	13.524	198.803	0.1415	9 242.136	0.0024	421.750	161.95
220	75	20	2.5	81.096	63.392	53.283	2.317	15.783	15.278	224.175	0.2068	10347.65	0.0028	479.804	181.87
250	75	20	2.0	71.976	61.841	46.532	2.327	14.553	12.090	207.280	0.1146	11298.92	0.0020	485.919	169.98
250	75	20	2.2	78.870	67.773	50.789	2.321	15.946	14.211	226.864	0.1521	12314.34	0.0022	535.491	184.53
250	75	20	2.5	89.108	76.584	57.044	2.312	18.014	16.169	255.870	0.2224	13797.02	0.0025	610.188	207.38

参考文献

［1］中华人民共和国住房和城乡建设部. 钢结构设计标准：GB 50017—2017［S］. 北京：中国建筑工业出版社，2018.

［2］董军，曹平周. 钢结构原理与设计［M］. 北京：中国建筑工业出版社，2008.

［3］陈绍蕃. 钢结构（下册）：房屋建筑钢结构设计［M］. 2 版. 北京：中国建筑工业出版社，2007.

［4］黄呈伟. 钢结构设计［M］. 北京：科学出版社，2005.

［5］中华人民共和国住房和城乡建设部. 空间网格结构技术规程：JGJ 7—2010［S］. 北京：中国建筑工业出版社，2010.

［6］姚谏，夏志斌. 钢结构—原理与设计［M］. 2 版. 北京：中国建筑工业出版社，2011.

［7］孙建琴. 大跨度空间结构设计［M］. 北京：科学出版社，2009.

［8］完海鹰，黄炳生. 大跨空间结构［M］. 2 版. 北京：中国建筑工业出版社，2008.

［9］刘声扬，王汝恒. 钢结构——原理与设计［M］. 2 版. 武汉：武汉理工大学出版社，2010.

［10］王仕统. 钢结构设计［M］. 广州：华南理工大学出版社，2010.

［11］黄炳生，刘正保，徐钧. 钢结构设计［M］. 北京：人民交通出版社，2009.

［12］王燕，李军，刁延松. 钢结构设计［M］. 北京：中国建筑工业出版社，2009.

［13］张毅刚，薛素铎，杨庆山，等. 大跨空间结构［M］. 2 版. 北京：机械工业出版社，2014.

［14］肖炽，李维滨，马少华. 空间结构设计与施工［M］. 南京：东南大学出版社，1999.

［15］牛秀艳，刘伟. 钢结构原理与设计［M］. 武汉：武汉理工大学出版社，2010.

［16］中华人民共和国住房和城乡建设部. 建筑结构荷载规范：GB 50009—2012［S］. 北京：中国建筑工业出版社，2012.

［17］戴国欣. 钢结构［M］. 4 版. 武汉：武汉理工大学出版社，2012.

［18］沈祖炎，陈以一，陈扬骥. 房屋钢结构设计［M］. 北京：中国建筑工业出版社，2008.

［19］《钢结构设计手册》编辑委员会. 钢结构设计手册（上册）［M］. 3 版. 北京：中国建筑工业出版社，2004.

［20］柴昶，宋曼华. 钢结构设计与计算［M］. 2 版. 北京：机械工业出版社，2006.

［21］《轻型钢结构设计指南（实例与图集）》编辑委员会. 轻型钢结构设计指南：实例与图集［M］. 2 版. 北京：中国建筑工业出版社，2000.

［22］周俐俐，姚勇，等. 土木工程专业钢结构课程设计指南［M］. 北京：中国水利水电出版社，知识产权出版社，2006.

［23］中华人民共和国住房和城乡建设部. 建筑结构抗震设计规范：GB 50011—2010（2016 年

版)[S].北京:中国建筑工业出版社,2016.

[24] 中华人民共和国住房和城乡建设部.门式刚架轻型房屋钢结构技术规范:GB 51022—2015[S].北京:中国计划出版社,2016.

[25] 中华人民共和国建设部.冷弯薄壁型钢结构技术规范:GB 50018—2002[S].北京:中国计划出版社,2002.

[26] 郑廷银.高层钢结构设计[M].北京:机械工业出版社,2006.

[27] 郑廷银.钢结构高等分析理论与实用计算[M].北京:科学出版社,2007.

[28] 王静峰.钢结构课程设计指导与设计范例[M].武汉:武汉理工大学出版社,2010.

[29] 张志国,张庆芳.钢结构课程设计指导[M].武汉:武汉理工大学出版社,2010.

[30] 郑廷银.多高层房屋钢结构设计与实例[M].重庆:重庆大学出版社,2014.

[31] 中华人民共和国住房和城乡建设部.高层民用建筑钢结构技术规程:JGJ 99—2015[S].北京:中国建筑工业出版社,2016.

[32] 中华人民共和国住房和城乡建设部.建筑钢结构防火技术规范:GB 51249—2017[S].北京:中国计划出版社,2018.